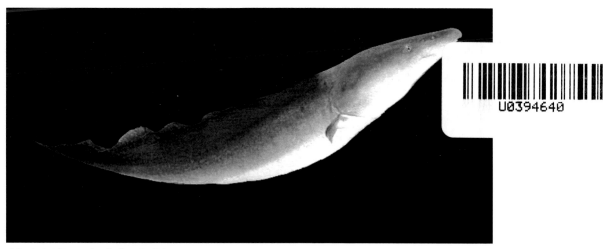

第16章　电力与电场

　　图片中这条美丽的鱼是非洲尼罗河中的反天刀，又名裸臀鱼、尼罗河魔鬼。反天刀行动灵敏准确，在紧紧追逐猎物的同时还能避开途中的障碍物。令人惊奇的是，它在向后游动的时候也能如此精确。此外，反天刀视力极弱，它的眼睛只能对极强光有反应。那么，它又如何能够在泥泞河流的昏暗光线中定位它的猎物呢？

第17章　电势

　　心电图仪（ECG）是医学上用以诊断心脏状况的常用仪器。心电图仪的数据记录在一条曲线上，显示随心跳重复的图形。心电图仪测量的是什么物理量呢？

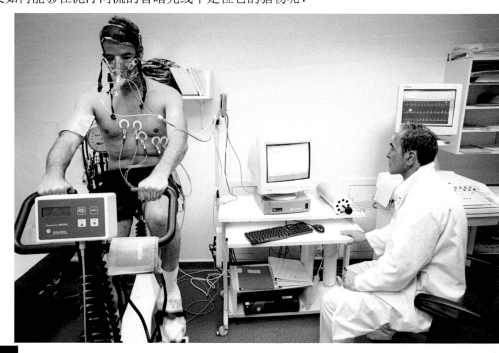

图 17.13

　　"怒发冲冠"实验。当一个人与地面绝缘并且用手触碰范德格拉夫起电机的金属圆球时，就和金属圆球处于同样的电势。尽管效果十分惊人，但人没有任何危险，原因何在？

图 17.30

闪电照亮了西弗吉尼亚州议会大厦附近的天空。

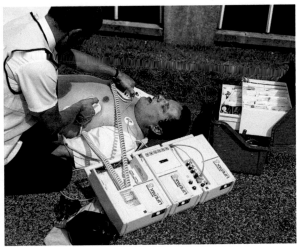

图 17.34

一名医护人员使用心脏除颤器拯救病人的生命。

第18章　电流和电路

　　格雷厄姆的汽车前照灯在亮了一夜以后，蓄电池没电了，汽车无法起动。厨房抽屉里有几个 1.5 V 的手电筒电池。格雷厄姆决定把其中 8 个电池串联在一起，就像在手电筒中两个 1.5 V 的电池串联能提供 3.0 V 的电压一样。他断定，8 个 1.5 V 的电池能提供 12 V 的电压，恰好相当于汽车的电瓶。这个计划为什么不能实现呢？

图 18.4

　　南美电鳗体内有成百上千的电池（称为生物电池）提供电动势。这些生物电池提供的电流用以击昏它们的敌人，也用来捕获食物。

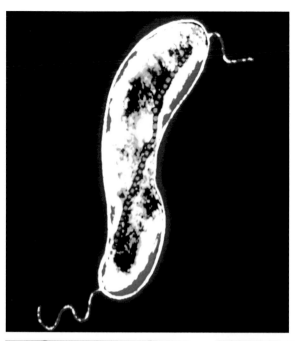

第19章 磁力与磁场

有些细菌生活在海底的淤泥中。只要它们在泥里，一切都很好。若泥被搅起，事情就不那么乐观了。泡在水中太久，细菌将无法生存，所以它们必须尽快地游回泥里。问题是，知道哪个方向是向下的，对细菌来说，并不那么容易。由于细菌的密度几乎与水相同，所以浮力阻止它们"感觉"向下的重力。然而，细菌能沿着正确的方向游回泥里。它们是如何做到的呢？

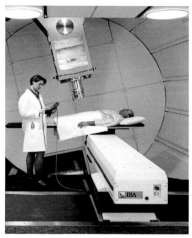

图 19.18 美国马萨诸塞州总医院的东北质子治疗中心内一位将接受外科手术的病人，质子由回旋加速器加速。

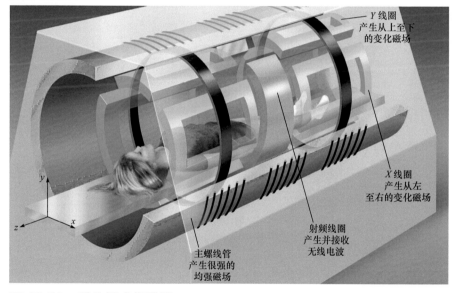

Y 线圈产生从上至下的变化磁场

X 线圈产生从左至右的变化磁场

射频线圈产生并接收无线电波

主螺线管产生很强的均强磁场

图 19.39 磁共振成像装置。

第20章 电磁感应

与具有电阻加热元件的电炉相比，电磁炉有很多优势。在这些炉灶中，能量被消耗于锅或罐等金属灶具本身，而不是用于一个加热元件，因而它们的效率约是传统电炉的两倍。若不小心将隔热垫放在开启的电磁炉上，它也不会被加热。即使在烹饪过程中，炉子表面变暖也只是由于锅底的热量传至而来的结果。那么，电磁炉是如何在锅或罐等灶具中产生电流而没有任何电路与之相连呢？

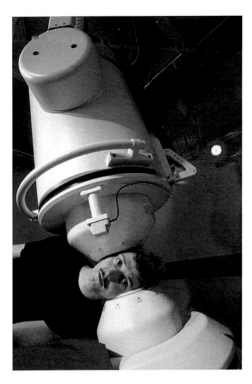

图 20.16

在脑磁图中，脑功能可以通过非侵入性方法来实时观察。图中，人头部两侧的两个白色的低温恒温器包含由液氦冷却的敏感的磁场探测器。

第 21 章 交流电

请仔细看一下为一所房屋供电的架空电力线路，为什么要用三根电缆而不是两根才足以构成一个完整的电路？这三根电缆是对应一电插座的三个插脚吗？

第 22 章 电磁波

蜜蜂用太阳在天空中的位置导航并找到自己回蜂巢的路径。这是了不起的，因为白天太阳在天空中移动，蜜蜂是用移动的参考点而不是一个固定的参考点来导航。即使白天部分时候处于阴暗中，蜜蜂仍可参考太阳导航。它们可根据在阴暗中的时间算出太阳的运动。它们内部一定有某种生物钟，使他们能够跟踪太阳的运动。

当太阳的位置被云遮住时，它们是怎么做的呢？实验表明，只要有一小片蓝天，蜜蜂仍旧可以导航。这怎么可能呢？

第 22 章 插图

瓦氏蝮蛇（韦氏竹叶青）原产于东南亚，在其头部两侧各有一个颊窝器位于眼睛和鼻孔之间。这些器官可使蝮蛇探测到红外辐射。

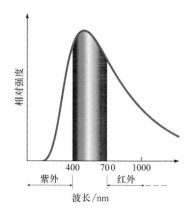

图 22.6

入射到地球大气中的太阳光的相对强度（每单位面积的平均功率）关于波长的函数曲线。

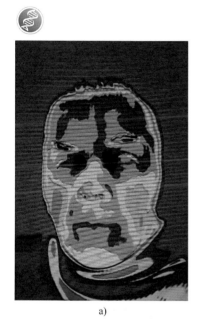

a)

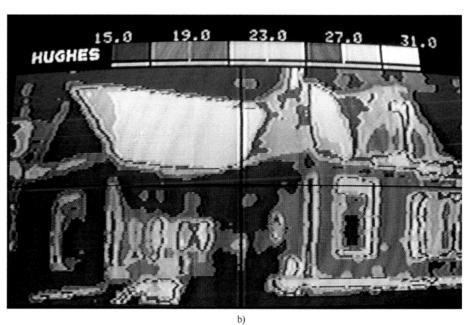

b)

图 22.7 （a）一个男子头部的伪彩色红外热像图，红色区域显示头痛区域，此区域较温暖从而提供更多的红外辐射；（b）冬季一座房屋的伪彩色红外热像图，表明大部分的热量从屋顶散失，标度显示出蓝色区域最冷，而粉红色区域最暖。请注意，一些热量在窗框周围散失，而由于是双层玻璃，窗户本身是凉的。

a)

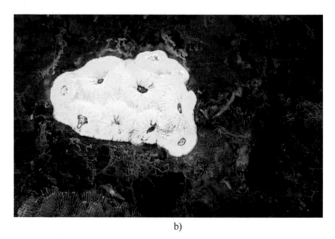

b)

图 22.8 （a）大型星珊瑚（菊珊瑚）被白光照射时是暗褐色的；（b）紫外光照射时，珊瑚吸收紫外光并发射明黄色可见光。一块小海绵（右下角）在白光下由于选择性反射看起来鲜红，而当用紫外线照射时，由于不发出荧光则显示为黑色。

◀ 图 22.12

来自超新星 SN1987a 的光到达地球后的天空照片。

图 22.13 ▶

棱镜将白光（从左侧传来的）分离成彩色光谱。

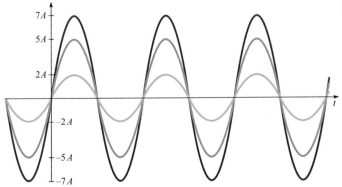

图 22.28

宇航员从无畏号登月舱走出时，灿烂的阳光照耀着阿波罗 12 号着陆地。请注意，虽然太阳在地平线以上，但天空是黑暗的；月球上缺乏大气散射阳光，没有蓝天。

第 23 章　干涉与衍射

对于动物来说，颜色的产生机制则多种多样。中南美洲许多种类的大闪蝶翅膀上闪耀着的强烈蓝色却产生于看上去浅浅的色素。当它的翅膀或者观察者移动时，翅膀的颜色会发生轻微改变，出现所谓虹彩的微光效果。虹彩的彩色效果通常见于俄勒冈燕尾蝶、红宝石喉蜂鸟以及很多其他种类的蝴蝶和鸟类的翅膀或者羽毛。有些甲虫、鱼的鳞片以及蛇的皮肤中也会出现虹彩。那么这些虹彩色是如何产生的呢？

图 23.7

两列波（绿线和蓝线所示）的相长干涉

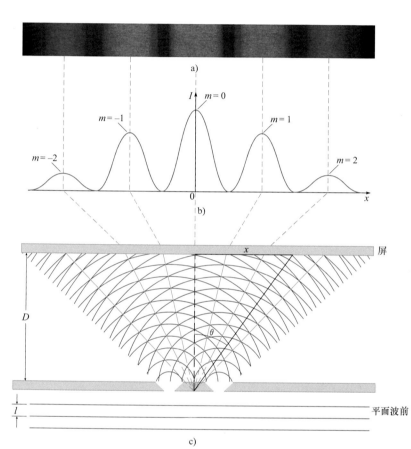

◀ 图 23.8
两列波（绿线和蓝线所示）的相消干涉

图 23.13 ▶
观察肥皂水膜对光的反射。

图 23.23

红光的双缝干涉图样。（a）屏上的干涉图样照片，相长干涉在屏上产生红光亮纹，而相消干涉在屏上留下暗纹。（b）光强随屏上位置 x 变化的函数。极值处（干涉相长的位置）用对应的 m 值标记。（c）双缝干涉实验的惠更斯原理图示。蓝色线表示波腹（干涉加强的点）。

图 23.44 ▶
（a）乔治·修拉名作：翁弗勒海滩（1859—1891）。（b）这幅作品的特写。

a)

b)

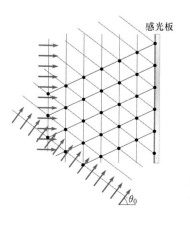

◀ 图 23.48
两列沿不同方向传播的相干平面波让感光板曝光。感光板上出现干涉图样。红线表示两列波干涉相长的点。亮纹就出现在这些红线与感光板相交处。

第24章　相对论

NGC6251 星系的内核发射出能量极高的带电粒子喷射流。照片中显示出的喷射流是位于新墨西哥州的甚大阵列射电望远镜拍摄的，星系核在右下方。

当科学家首次测量这些喷射流顶端的速度时，他们用了两张射电望远镜照片，花了连续两天的时间。他们将测量到的喷射流的顶端移动的距离除以两张照片之间间隔的时间，竟得到了大于光速的速度！喷射流中的带电粒子有可能跑得比光还快吗？如果不能，科学家们哪里出了错？

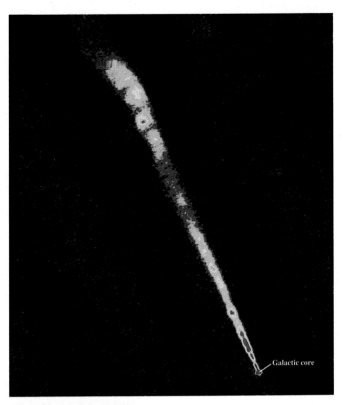

Galactic core

第25章　光子与早期的量子物理

警察接到报警后去现场查案一条在正常光线下看起来很干净的走廊，一位侦探在墙壁和地板上喷洒了一种无色液体后却看到地板上出现了一些发出蓝色辉光斑迹，他让警察把走廊作为一个可能的凶案现场用警戒线封闭起来。蓝色辉光是怎么出现的？为什么这位侦探怀疑凶案发生在走廊？

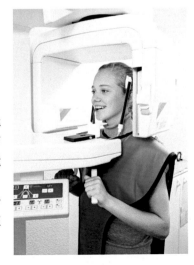

图 25.7

人体在拍摄 X 光医学影像片时用铅防护板保护身体。铅能够很好地吸收 X 射线，所以防护板可以减少身体其他部位暴露在 X 射线中的机会。

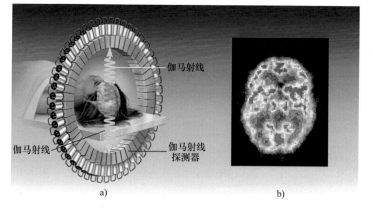

图 25.25

（a）当一个正电子和一个电子在体内湮灭时，PET 可探测到伽马射线发射。（b）大脑 PET 扫描图。颜色用于区分正电子发射时不同的能级区域。

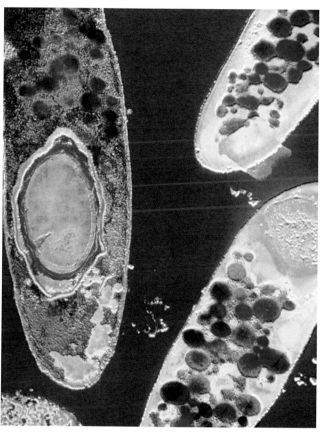

第 26 章　量子物理

生物学家和药物研究者在获取非常精密的细节信息时，通常使用电子显微镜而非光学显微镜。电子显微镜为什么能比光学显微镜具有更高分辨率？电子显微镜的分辨率有什么限制吗？

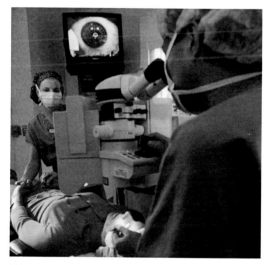

图 26.25

一位病人正经过光学激光手术来矫正她的视力。这种治疗过程被称为 LASIK 手术（准分子激光原位角膜磨镶术）。

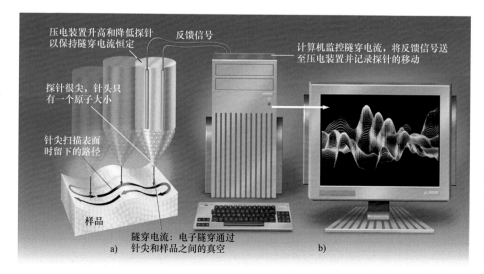

图 26.28　（a）扫描隧道显微镜（STM）的原理图。（b）DNA 分子片段的扫描隧道显微图像。螺旋结构的平均螺距是 3.5nm（见黄色波峰）

第27章 核物理

历经三百多年，伦勃朗 1653 年的画作"亚里士多德与荷马半身像"需要清洁，亚里士多德的黑袍出现了损坏的迹象，但并不清楚裙下的原始画作是否也出现了损坏。纽约大都会博物馆的管理员在对画作进行修复和清理之前，需要尽可能多地了解画作的损坏区域。艺术史学家则想知道伦勃朗在创作这幅画时是否改变过它的构图。为了帮助提供这些信息，这幅画作被送到布鲁克海文国家实验室的核反应堆。那么核反应堆是如何帮助博物馆管理员和艺术史学家了解一幅画作的信息的呢？

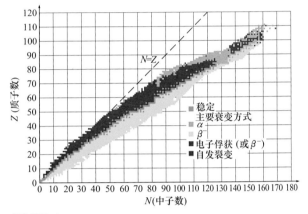

图 27.4

最常见的核素图。稳定核素用绿色点表示。注意稳定核素随着 N/Z 比例增长的大致趋势。

第28章 粒子物理

位于瑞士日内瓦的欧洲核物理研究机构（CERN）建立的大型强子对撞机（LHC），用于实现动能高达 7 TeV（$= 7 \times 10^{12}$ eV）的质子在 14 TeV 能量上的碰撞。研究能量越来越高的粒子碰撞的目的是什么？

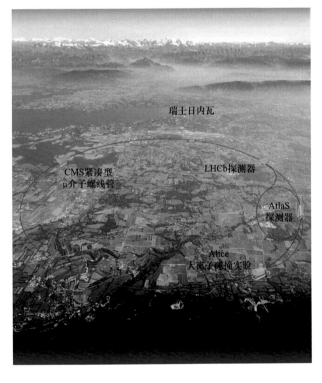

第28章插图

超级神冈，世界上最大的地下中微子天文台，位于日本池野山下 1 km 深处。该图为工作人员正在清洗 11 200 个光电倍增管中的一部分形成的 50 cm 直径面，这些光电倍增管线状排列形成圆柱形内嵌探测器的墙面。运行过程中，这种内嵌探测器中充满了 32 000 t 超纯水。当带电粒子以大于水中光速的速度通过水时，带电粒子发出可被光电倍增光探测到的蓝色光。1998 年，超级神冈宣布获得确凿的实验证据表明中微子的质量不为零。

部分应用列表

生物 / 生命科学

鱼的电子定位，节 16.4

心电图和脑电图，节 17.2

神经元的电容，例 17.11

心脏除颤器，例 17.12

神经元中的 RC 电路，节 18.10

电流对人体的影响，节 18.11

趋磁细菌，节 19.1

回旋加速器的医用，节 19.3

电磁血液流量计，节 19.5

磁共振成像，节 19.8

脑磁图仪，节 20.3

人体热像图，节 22.3

医学和牙科中的 X 射线，CT 扫描，节 22.3

蜜蜂的导航，节 22.7

蝴蝶翅膀闪耀的颜色 节 23.4

人眼的分辨率，节 23.9

正电子发射断层成像术，节 25.8

电子显微镜，节 26.3

练习题 (16) 计算题：10, 28.(17) 计算题：4, 20, 46, 49, 53-55, 59.(18) 思考题：6-7；计算题：14, 15, 45, 50, 51, 57.(19) 计算题：14-18, 34, 41, 50-53, 57.(20) 计算题：12.(21) 计算题：28.(22) 计算题：10.(23) 思考题：8；计算题：7, 27, 30, 31, 34, 43.(24) 思考题：3.(25) 思考题：1, 10；计算题；35-37.(26) 计算题：7, 8.(27) 思考题：5-8；计算题：22, 25, 26, 33, 41, 43, 44.(28) 综合复习题：14, 15.

化学

水分子的极化，节 16.1

霓虹灯和荧光灯中的电流，节 18.1

元素的光谱分析，节 25.6

荧光、磷光和化学发光，节 25.7

原子的电子组态，节 25.7

了解元素周期表，节 25.7

医学中的激光，节 26.9

放射性碳年代测定，节 27.4

测定考古遗址，例 27.9

辐射的生物效应，例 27.5

在医疗诊断中的放射性示踪剂，节 27.5

伽马刀放射外科，节 27.5

放射疗法，节 27.5

练习题 (18) 选择题：1；计算题：4.(19) 计算题：16, 17.(24) 计算题：24, 26.(25) 计算题：3, 6, 21, 27, 34, 41, 44.(26) 思考题：7-9；计算题：6, 40.(27) 计算题：2-9, 13, 17-23, 27-32.(28)

综合复习题：6, 9；MCAT：1, 2, 6-13.

地质学 / 地球科学

雷暴云中的电势能，例 17.1

雷暴云和闪电，节 17.6

地磁场，节 19.1

宇宙射线的偏转，例 19.1

地面太阳光强度，例 22.6

白天和日落时天空的颜色，节 22.7

宇宙射线，例 24.2

地质信息的放射性年代测定，节 27.4

中子活化分析，节 27.6

练习题 (16) 计算题：41, 43.(17) 思考题：10；计算题：42.(22) 思考题：4, 6；计算题：27, 33.(27) 计算题：36.

天文学 / 空间科学

地球、木星和土星上的极光，节 19.4

宇宙微波背景辐射，节 22.3

来自超新星的光，例 22.2

多普勒雷达和膨胀的宇宙，节 22.8

观测活跃星系核，节 24.2

宇航员在太空旅行时的年龄，例 24.1

恒星中的核聚变，节 27.8

练习题 (16) 计算题：42.(21) 综合复习题：3.(22) 计算题：18, 21, 28.(23) 思考题：2；计算题：36；MCAT：3-6.(24) 计算题：2, 3, 5, 7-10, 23, 33-35, 37, 39.

技术 / 机械

复印机和激光打印机，节 16.2

阴极射线管，例 16.5

示波器，节 16.5

静电屏蔽，节 16.6
静电除尘器，节 16.6
避雷针，节 16.6
电池供电灯，例 17.3
范德格拉夫起电机，节 17.2
神经脉冲的传输，节 17.2
计算机键盘，例 17.9
相机闪光灯，节 17.5
电容式麦克风，节 17.5
内存 (RAM) 芯片，节 17.5
电阻温度计，节 18.4
手电筒中电池的连接，节 18.6
用手电筒电池启动汽车，例 18.3
电阻加热，节 18.10
电子围栏，节 18.11
家庭电路，节 18.11
气泡室，节 19.3
质谱仪，节 19.3
回旋加速器，例 19.4
速度选择器，节 19.5
霍尔效应，节 19.5
电机，节 19.7
检流计，节 19.7
音频扬声器，节 19.7
电磁铁，节 19.10
磁存储，节 19.10
发电机，节 20.2
直流发电机，节 20.2
接地故障断路器，节 20.3
动圈式麦克风，节 20.3
电机中的反电动势，节 20.5
变压器，节 20.6
电力分配，节 20.6
涡流制动，节 20.7
电磁炉，节 20.7
收音机调谐电路，例 21.3
笔记本电源，例 21.5
调谐电路，节 21.6
整流器，节 21.7
分频网络，节 21.7
电偶极子天线，例 22.1
微波炉，节 22.3
液晶显示，节 22.7
迈克尔逊干涉仪，节 23.3
读取光盘（CD），节 23.3

干涉显微镜，节 23.3
抗反射涂层，节 23.4
光盘轨道，节 23.6
衍射和光刻，例 23.8
光谱学，节 23.6
激光打印机的分辨率，例 23.10
X 射线衍射，节 23.10
全息照相，节 23.11
声控器、防盗报警器和车库门开启器中的光电池，节 25.3
X 射线医学诊断，例 25.4
量子围栏，节 26.5
激光，节 26.9
扫描隧道显微镜，节 26.10
原子钟，节 26.10
核聚变反应堆，节 27.7
聚变反应，节 27.8
高能粒子加速器，节 28.4
练习题 (18) 计算题：3, 53.(19) 思考题：3, 7；计算题：29, 30, 47, 54.(20) 思考题：1, 4；选择题：1, 4；计算题：5-11, 15-19, 22.(21) 思考题：1-9；选择题：1-5；计算题：1-5, 13, 20, 29-33, 35-47.(22) 思考题：1, 5；选择题：4, 5；计算题：1-12, 13-16, 29, 31, 33, 34, 38.(23) 思考题：4；计算题：1, 6, 7, 22.(25) 计算题：9-11, 38.(26) 思考题：7；计算题：10.(27) 思考题：7；计算题：4.(28) 计算题：8, 10.

运输
再生制动，节 20.7
自行车发电机，例 20.2
练习题 (18) 计算题：6.(20) 选择题：3.

日常生活
走过地毯所产生的静电，例 16.1
燃料车的接地，节 16.2
电阻加热，节 21.1
偏光太阳镜，节 22.7
肥皂膜和油膜中的彩色，节 23.4
霓虹灯和荧光灯，节 25.6
衣物洗涤剂中的荧光染料，节 25.7
练习题 (17) 思考题：2；计算题：34.(18) 思考题：1, 2, 5, 7；计算题：1, 15, 30, 31, 34, 44, 49, 57, 59；综合复习题：11；MCAT：2-13.(19) 思考题：5.(20) 思考题：9；计算题：17.(21) 计算题：1.(22) 计算题：6, 7, 30.(23) 计算题：4, 8, 9.

时代教育·国外高校优秀教材精选

物　理　学

卷2（电磁学、光学与近代物理）

（翻译版·原书第4版）

艾伦·詹巴蒂斯塔（Alan Giambattista）（康奈尔大学）

［美］贝蒂·麦卡锡·理查森（Betty McCarthy Richardson）（康奈尔大学）著

罗伯特 C. 理查森（Robert C. Richardson）（康奈尔大学）

胡海云　吴晓丽　王菲　译

机 械 工 业 出 版 社

Alan Giambattista, Betty McCarthy Richardson, Robert C. Richardson
College Physics Volume 2: With an Integrated Approach to Forces and Kinematics
ISBN 978-0-07-743783-1
Copyright ©2012 by McGraw-Hill Education.

北京市版权局著作权合同登记　图字：01-2013-0177 号

图书在版编目（CIP）数据

物理学：第 4 版. 卷 2，电磁学、光学与近代物理 /（美）詹巴蒂斯塔（Giambattista, A.），（美）理查森（Richardson, B. M.），（美）理查森（Richardson, R. C.）著；胡海云，吴晓丽，王菲译. —北京：机械工业出版社，2015.6（2022.1 重印）

（时代教育·国外高校优秀教材精选）
书名原文：College Physics (Volume 2),4th edition
ISBN 978-7-111-50302-6

Ⅰ.①物…　Ⅱ.①詹…　②理…　③理…　④胡…⑤吴…　⑥王…　Ⅲ.①物理学—高等学校—教材②电磁学—高等学校—教材③光学—高等学校—教材　Ⅳ.①O4

中国版本图书馆CIP数据核字（2015）第106808号

机械工业出版社（北京市百万庄大街 22 号　邮政编码 100037）
策划编辑：张金奎　责任编辑：张金奎　任正一
版式设计：霍永明　责任校对：张晓蓉
封面设计：张　静　责任印制：单爱军
北京虎彩文化传播有限公司印刷
2022 年 1 月第 1 版第 4 次印刷
203mm×275mm　·　26 印张　·　6 插页　·　669 千字
标准书号：ISBN 978-7-111-50302-6
定价：98.00 元

凡购本书，如有缺页、倒页、脱页，由本社发行部调换
电话服务　　　　　　　　网络服务
服务咨询热线：010-88379833　机 工 官 网：www.cmpbook.com
　　　　　　　　　　　　　机 工 官 博：weibo.com/cmp1952
读者购书热线：010-88379649　教育服务网：www.cmpedu.com
封底无防伪标均为盗版　金 书 网：www.golden-book.com

国外高校优秀教材审定委员会

主任委员：

杨叔子

委员（以姓氏笔画为序）：

丁丽娟　　王先逵　　王大康　　白峰衫　　石德珂　　史荣昌　　孙洪祥

朱孝禄　　陆启韶　　孙润琦　　张　策　　张三慧　　张福润　　张延华

吴宗泽　　吴　麒　　宋心琦　　李俊峰　　佘远斌　　陈文楷　　陈立周

单辉祖　　俞正光　　赵汝嘉　　郭可谦　　翁海珊　　龚光鲁　　章栋恩

黄永畅　　谭泽光　　郭鸿志

译者序

　　《物理学》（第4版）由美国康奈尔大学（Cornell University）的艾伦·詹巴蒂斯塔、贝蒂·麦卡锡·理查森和1996年诺贝尔物理学奖得主罗伯特 C. 理查森三人合著，于2012年出版。在美国，该书用作以代数和几何为数学工具的大学物理课程教材，其内容涵盖了经典和近代物理。

　　这本教材体现了美国物理教育的特色，即以学生为中心，关注物理学习过程的控制，并应用物理教育的最新研究成果。书中每章采用概念和知识预备、引子中的问题、讲述、检测、分段练习、综合练习、阶段复习等环节，为学生搭建学习物理学的台阶，引领学生顺利地完成学习。作者尽量使用直白且生动风趣的语言，将物理知识向学生们娓娓道来，并给出了大量生动的实例，涉及物理学在生物、生命科学、医学、化学、地理学、地球科学、天体和宇宙学、建筑学、力学、交通和高新技术等众多方面的应用，尤以物理学在生物医学方面的应用实例最为突出，用以激发学生对于物理学的兴趣。书中每章都配备了"日常物理演示"，提供一些有趣且易行的实验，供学生自己动手尝试，加深对物理概念的理解。为配合最新教育研究的成果，书中还配备了 clicker 题，提供给使用课堂应答系统的教师和学生们。作者从许多角度进行努力，力图使学生爱上物理。

　　我们翻译时，力求体现原著者的风格，并延续了原作以学生为中心的理念，尽量采用简明、通俗的语言，使中译本的语言风格本土化，并易于理解。例如：我们将"Chapter Opener"译为"引子"，"Checkpoint"译为"检测题"等。为了进一步帮助国内读者理解此教材，对于一些带有浓郁美国色彩而国内读者可能不太熟悉的地方和缩写给予了注释，如对"NASA"、一些建筑、著名的景物等。与此同时，为了保持原书的讲述特色和风格，一些词汇仍然采用了直译的方式。例如：在第2章中，谈到作用力与反作用力的概念时，作者采用了"interaction partner"一词，其强调两者的关系，我们将之译为"相互作用伙伴"；在谈到物体受力时，将与接触面垂直的力，"Normal force"，译为"法向力"，而没有采用"支持力""正压力"等说法。书中还用到了许多美国常用的非国际单位制中的单位，如英里、磅等，这可能会增加阅读的难度，但从另外一个角度看，这也会开拓读者的视野，有利于国际交流。

　　交流从来都是进步与提高的重要手段，译者希望通过这本教材的翻译，能够使我国的读者更多地了解国外物理教育的理念、物理教学的实施和国外物理教材的水平，目的是借鉴其长处，以促进我国物理教育的发展与腾飞。

　　全套教材分为两卷，参加翻译工作的有刘兆龙（1～5章）、罗莹（6～10章）、冯艳全（11～15章）、吴晓丽（16～18章）、胡海云（19～22章）、王菲（23～28章）。在翻译过程中曾经得到美国俄亥俄州立大学物理系 Evan Sugarbaker 教授的慷慨帮助，在此致以深深的感谢！

　　真诚欢迎读者和专家就译文的不妥之处提出宝贵的意见和建议！

译者

2015 年 5 月于北京

前言

本书用于两学期的大学物理课程，需要学生具备代数和几何方面的数学知识。我们写作此书的主要目标为：

- 向学生介绍学习其他课程和未来工作中必须具备的基本物理概念。
- 强调物理学是认识真实世界的工具。
- 教授可使学生受益终身的、用途广泛的解决问题的方法。

在阐述全书主题的过程之中，我们始终将上述目标铭记于心。

本版的改进之处

尽管本书的基本原则一以贯之，但是使用过前三版的教师和学生们对本书提出的详尽建议和反馈，促使我们不断更细致地改进（讲授）方法。第 4 版所做的一些最重要的改进如下：

- 为了使学生了解他们正在学习的物理与今后工作的联系，第 4 版章后题目中新增加了 111 处⊖涉及**生物医学方面的应用**，12 个生物医学的例题，10 处关于生物医学方面应用的文字讨论。
- 各章首页罗列了本章所提供的**物理学在生物医学方面的应用**。
- 在检测题、练习题和章后题目中增加了 **89 个排序题**。
- 新增了一些**检测题**，使学生们在读书时有更多的机会暂停下来，检查对于所学新概念的理解。
- 每章都配置了一套**合作题**，供学生小组合作解题之用。
- 扩展和加强了**链接**内容，以开阔学生视野，让学生们发现一个新概念或许就是以前引入的某个概念的拓展、应用或特殊形式。其目的在于使学生领悟：物理学将为数不多的一系列基本概念应用于众多不同的情景，它不是彼此间缺乏联系的事实或方程的堆积。
- 以前版本中的大部分旁注现被并入正文，以便更流畅地表达思想，减少杂乱的表述。
- 适用于**学生反馈系统**的选择题被冠以"应答器（Clicker）"标记。偶数号选择题目没有给出答案⊖，以供教师利用应答器检测学生的学习效果之用。

各章的一些改动如下：

第 1 章 扩展了通用解题指导部分的内容。

第 2 章 2.1 节中介绍力是物体间相互作用时，明确地指出要参考牛顿第三定律。更加突出了对于力的识别：要求学生分辨施力物体和受力物体。增加了一个链接，以加强牛顿运动定律中的主题，即在求合力的时候，无论什么种类的力作用于物体上，均按相同的方法相加（矢量加法）。

第 3 章 较早地引入了运动图，并充分使用。通过检测题、例题、练习题和章后题目要求学生们建立或解释运动图。

第 4、5 章 继续强调运动图。在其他描述方法（图像或方程）之前，通过运动图，引入匀加速运动。第

⊖ 译文作了少量的删减。

⊖ 译文中删除了大部分原书中的偶数号题。

4 章中增加了一个链接，对 g（引力场强度）的表面上看来不同的解释进行了说明。

第 6 章 增加了解题方法专栏，说明如何选用不同的解题方法（能量或牛顿运动定律）。更加简单和直观地解释了"为什么引力势能等于引力功的负值"。本章中更多地使用了能量曲线。

第 7 章 现在包含了对投影心博计的文字讨论。

第 11 章 讨论了动物怎样通过地震波互相联络和感受环境。简化了关于干涉和相位差的表述。

第 12 章 扩展了关于各种动物可感知的声波频率范围的讨论。更加直接地讲述了（非相对论）多普勒效应，强调了波对于波源和观察者的相对速度。增加了关于多普勒效应解题方法的专栏。

第 16、17 章 增加了对水、DNA 和蛋白质中氢键的描述。将氢键简化为点电荷间的相互作用，该模型使学生可以估测其中力的大小和氢键的结合能。第 16 章中还加入了关于凝胶电泳的讨论。

第 18 章 加强了对水的电阻率及其如何强烈地依赖于离子浓度的讨论。

第 19 章 右手定则的图示更清晰，并引入了与之等效的右手螺旋法则。关于回旋加速器工作原理的解释更明确。

第 22 章 通过证明电磁波的存在，说明电场和磁场是真实的，而更加清楚地解释了麦克斯韦对于统一电和磁规律的贡献。本章包含了对动物感知红外以及紫外暴露引起的生物效应的讨论，并改进了偏振片工作原理的讲述。

第 23 章 简化了关于干涉相长和干涉相消相位差的讨论。

第 27 章 给出了其他模式的放射性衰变，例如：质子发射、双 β 发射。讨论了 2011 年日本东北海啸引发的福岛核电站事故。

第 28 章 简明地叙述了宇宙膨胀和 Higgs 场。

综合覆盖

学生通过本书能够了解整体物理知识。我们将以前的版本用作学生们最初的学习资源，在自己的课程中对此进行了测试。不过，在更传统的教室环境中应用此教材，其所具有的完整性和清晰性同样是优势。使用本书时，教师不必面面俱到，可以根据学生需求——这个更重要的因素确定课时讲解例题，指导学生开展同伴教学及合作学习，讲述应用或进行演示，以加强他们对较难概念的理解。

概念优先的教学方法

大学物理课程的一些初学者错误地认为学习物理学就是记住一长串的方程并且具备将数字代入其中的能力。我们要帮助学生明白：为数不多的基本物理概念可以广泛地用于多种情景。物理教育研究已经表明：学生不能自动地获得概念性的认识，概念必须被讲解，学生才有机会掌握它们。我们呈现给大家的这套教材，基于我们多年对本课程的教学工作，将概念理解与分析技巧结合在一起。这种"概念优先"的方法帮助学生建立起对于物理学的直觉；那些"公式"和解题技能不过是应用概念的工具。书中的**概念例题、概念练习题**，以及各章后面的各种排序题、思考题和选择题为学生提供了检查和加强理解物理概念的机会。

直观地介绍概念

对于重要的物理概念和物理量，我们借助为什么需要这个量，为什么它是有用的，为什么它需要精确的定义等问题，以一种非正式的方法引入它们。然后我们从这种非正式的、直觉性的想法过渡到它们的正式定义和物理名称。与看上去随意地、直接地被正式定义的概念相比，这种采用富于启发性方法引入的概念，更容易被学生记忆和掌握。

例如：在第 8 章中，通过对转动动能的讨论自然地引出了转动惯量的概念。学生可以理解旋转的刚体具有转动动能，因为其上的粒子在运动。我们讨论为什么将刚体的动能用一个对于所有粒子均相同的量（角速率）来表达更有用，而不通过对速率这个对各粒子不同的量来求和。一旦学生明白了为什么要这样定义转动惯量，他们就为进入更困难的力矩和角动量部分的学习作了更好的准备。

我们回避毫无目的地给出概念和公式。如果教材中没有对某个公式进行推导，我们至少会给出它的出处或对其合理性进行论证。例如：9.9 节中引入泊肃叶定律时，通过两根连在一起的相同管子，证明体积流量与单位长度的压强差成正比。然后再讨论为什么 $\Delta V/\Delta t$ 与半径的 4 次方成正比（而不是像理想流体那样与半径的平方成正比）。

同样，我们发现如果不说明目的而直接定义位移和速度矢量的话，那么这些定义对于学生来说似乎太随意，也不直观。因此，我们在讨论运动学量前就先引入了牛顿定律，使学生明确力决定物体运动状态如何变化。这样，当我们定义了运动学量，给出了加速度的准确定义之后，便可定量地应用牛顿第二定律去发现力如何影响物体的运动。在介绍像速度、功这样具备通用名称的物理概念时，我们特别注意为概念的讲解进行铺垫。

创新的内容组织

作为概念优先教学法的一部分，本套教材在内容组织方面与其他的一些教科书有所不同。最有意义的内容重组是对力与运动部分内容的处理。在本教材中，第 2 ~ 4 章的主题是力与牛顿运动定律。运动学被作为研究力是怎样影响运动的工具在第 3、4 章引入。

第 2 章为引入力和牛顿定律后面的内容搭建了概念框架。牛顿第三定律所暗含的成对相互作用力的概念，从一开始就被建立起来（参见 2.1 节）。力被直观地用作矢量的典型——当两个力同时作用时，它们的作用效果与两者的方向以及大小都相关。较早地引入力这个概念使学生有更充裕的时间来发展一些关键的技能，用于进行受力分析、作受力分析图，用矢量加法求合力（可暂时只用于求解平衡问题）。这些内容不涉及变化率的概念，也不用求解二次方程。

采用这种方法的一个优点是，第 2 章中的公式较少，所以能够更多地教授物理概念和必须的数学技巧。本教材从开始就使学生建立起今后难以改变的观念，我们要学生知道物理学不是操作方程，推理技能和基本物理概念才是更重要的。

第 3 章以提问开始：如果作用于一个物体上的合力不为零，物体将如何运动？牛顿第二定律给出了定义加速度的契机，并且使运动学被融进了牛顿运动定律的内容。学生们已经学过了矢量，因此没有必要将运动学讲两遍（一遍关于一维运动，另一遍关于二维和三维运动）。即使对于物体的直线运动，也使用了正确的、统一的矢量表示法。例如：我们仔细地区分了矢量的分量与大小的不同表示，即使物体沿 x 轴作直线运动，我们也写 "$v_x = -5$ m/s"，而绝不写 "$v = -5$m/s"。试用了此教学法后，几位教授反映：在使用矢量分量方面遇到困难的学生人数减少了。

消减了第 3 章中纯运动学（脱离了力和牛顿运动定律）的部分。本章中许多例题和习题涉及的是运动学与作用力间的联系。学生将继续练习在第 2 章中学到的那些重要技能，例如受力分析，作受力分析图。

第 4 章分析了一个重要案例——合力为常量时情况如何？这是前面所学内容的延续——学生继续分析受力并应用牛顿第二定律。理想的抛体运动作为一个近似成立的理想化情况给出，这就是除了重力之外的其他力均可被忽略。我们希望强化一个思想，这就是物理学解释了真实世界是如何运行的，而不留下物理学是一个与现实无关的独立系统的（错误）印象。

清晰友好的写作风格

作者保持了务实的风格，使用资深教师坐在桌边与学生一对一讨论时的语言，以对话式的语气写作。我们希望学生发现本书阅读起来是令人愉快的，是可亲的，精确而全无晦涩，充满了能够使抽象概念易于掌握的比喻。我们想让学生自信：他们可以通过这本教材学会物理。

尽管我们同意学习正确的物理术语是基本的，但是我们还是回避使用所有不必要的、难懂的、不利于学生理解的专业术语。例如：我们不使用"向心力"这个术语，因为它的使用有时会导致学生在受力分析图上添加一个假想的"向心力"。同样，我们使用"加速度的径向分量"这一表述方法，因为相比于"向心加速度"的说法，它有更有利于减少对概念的错误理解。

确保正确性

作者和出版者清楚，无论对于教师还是学生，不准确都将导致困难与挫折。因此在写作和编辑印刷这一版的过程中，我们试图努力地消除错误和不准确。LaurelTech（DiacriTech 的一个部门）的 Kurt Norlin，独立地进行了正确性检查，包括最终手稿中每章后的问题和习题，并对检查出的不同处进行了协调解决，以保证文字和书后答案的正确性。

本书的校样与手稿进行了核对，以更正排版中的错误。每章后的问题、习题和答案在手稿排版后由 Feller Math & Science 检查了校样。最后一道检查工序中还与习题解答进行了交叉核对。

提供学生所需工具

解决问题的方法

解题技能是物理基础课程的中心。我们通过例题对这些技能予以说明。罗列解题策略有时是有帮助的，我们在适当的时候给出了这些策略。但是，那些最难以掌握的技巧——也许是最重要的技能则是微妙的，不能被简洁地列表表达。要发展实用的解决问题的技能，学生必须学会如何进行批判性和分析性思考。解决问题是多维的复杂过程，程序式的方法不适合发展实际的解决问题的技能。

策略　在给出每个例题的解之前，我们都用学生能够明白的语言讨论求解这个问题用到的策略。策略中说明学生求解一个题目时所必须具备的分析思想：我如何选择所用的方法？这道题目中用到了什么物理定律，在求解过程中哪些是可用的？题目的叙述中给出了什么线索？什么信息暗含在题目中没有直接给出？如果有几种解法的话，我如何决定哪种方法最有效？我可以做什么假设？什么样的草图或图像可以帮助我处理问题？是否要作简化或近似？如果是，我怎样说明这个近似是合理的？我可以预先估测答案吗？只有考虑了这些问题后，学生才能有效地解题。

解答　接下来是题目的详细解答。解释与方程及分步计算合并给出，帮助学生明白解决问题所用的方法。我们希望学生顺利地明白解答中的数学式，而没有这样的疑问："它是怎么来的？"。

讨论　以数字或表达式给出的答案不是一道题目的结尾，我们的例题都以"讨论"环节结束。学生必须学会运用数量级分析，与已有估测的比较，检查量纲，用不同解法核对计算结果等方法来确定所得答案的可靠性和合理性。如果有几种解法，我们就讨论各个解法的优劣之处。我们还讨论答案的意义——从中可以得到什么？我们借助特例和一些引申性的情景，提出"如果……会怎样？"的问题。这种讨论有时会扩展解决问题所用的技能。

练习题　每道例题后都配备了练习题，为学生提供采用相同的物理原理和解题工具获得经验的机会。对比每章后的答案，学生们可以评判自己的理解程度，决定是否开始后续章节的学习。

多年不断改进讲授大学物理课程方法的经验，使我们可以预知学生学习中的难点。除了常用的解题方法外，我们在书中还为学生提供了其他一些辅助的学习方法。对某种特殊类型的题目，在解题方法中给出更为详细的信息，并加上边框。在解题帮助中加 🌑 图标提示该技巧有通用性。在解出的例题及章后题目中通过提示给出解题线索或可作的简化。警示图标 ⚠ 提示此处是对某个易混淆点的解释或此处学生易出现共同错误。

许多学生都缺乏一个很重要的解决问题的技能，那就是从图像提取信息的能力或作不带数据点的草图。相比于代数方法，图像通常帮助学生更清晰地明确物理关系。我们在本书的正文、例题和习题中都强调图像和草图的使用。

近似、估算和比例推理的应用

本书中在求解物理问题时，一直都明确简化模型和近似的使用。学生解题时需要知道的难点之一是：简化模型或近似通常是必须的。我们讨论了什么情况下可以忽略摩擦力，将 g 视为常量，忽略黏滞性，将带电体视为点电荷及忽略衍射。

有些例题或习题要求学生进行估测，无论在物理学还是其他领域中，这均是有用的技能。同样，我们讲述比例推理，它不仅是极好的捷径，而且是理解模型的方法。我们常使用百分数和比例，以期使学生练习使用和理解它们。

展示创新的艺术插图

我们在每章中都配备了一系列的插图，从简单的图线到精美漂亮的图片，使得物理概念与其复杂的应用方式间建立生动的联系。我们相信，这些插图，从电场线到人体生物力学的立体图，从波的图示到家庭用电，使学生看到了物理学的美与用途。

帮助学生认识物理在他们生活中的实用性

学习物理基础课程的学生背景不同，兴趣广泛。我们将物理学原理与学生的生活及兴趣相联系，以激发他们学习物理的兴趣。书的正文、例题和每章后的练习题来自日常生活，来自熟悉的技术应用，来自诸如生物学、医学、考古学、天文学、体育学、环境科学和地球物理学。（书中在讲述应用处通过加标题或旁注做出了标识。图标 🌐 表示生物或医学科学方面的应用。）

日常物理演示　提供给学生探究和理解日常生活中物理原理的机会。所选择的活动既简单又有效地演示了物理原理。

每章的引子由一幅照片和文字简介组成，用以激发和保持学生对于本章内容的兴趣。引子中的文字简介描述了照片显示的情景，并要求学生们思考其中涉及的物理。正文讲到引子提及的话题时，在页旁空白处用缩小的引子照片并附上相应问题提示读者。

聚焦概念

通过**链接**来标识某些重要概念的再次出现，这使得我们可以聚焦物理学中基本的、核心的概念，也使学生进一步明确物理学的基础是少量的基本思想。页边空白处的链接标题和相应正文旁的总结，令学生们轻松地意识到：当前正使用着一个以前学过的概念。

综合复习部分中的练习帮助学生明确已经学过的前几章中概念间的联系。其中的练习还帮助学生进行测试准备，在测试中他们需在无各章、各节标题的情况下解题。

配备检测题是鼓励学生停下来测试一下对当前所学概念的理解。每章检测题的答案置于该章的后面，这样学生可以核对自己对知识的掌握程度，而不是快速跳到给出的答案。

应用在教材中被清晰地标识出来，所有主题列于各章首页。通过应用，学生有机会在日常生活中体验物理概念。

提供给学生和教师的更多资源[⊖]

McGraw-Hill ConnectPlus® Physics

本书配备了 McGraw-Hill ConnectPlus® Physics，它在线提供电子作业、电子书，以及大量为教师和学生准备的资源。教师可以轻松地创建作业，由程序自动生成题目。这也使得自动判分和公布成绩更简单。

- 章后习题和综合复习中的练习在在线作业系统中以不同的形式伴随多种工具而出现。
- 在线作业系统包含新而有趣的人机交互工具和题型：排序习题，绘制图线的工具，作受力分析图的工具，符号输入，数学工具模板和多重问题。
- 通过面向学生的细致讲解、探查性问题及若干涵盖课程主干内容的综合习题，模拟与教师的交互，提供帮助学生仔细地、富于思考地学习物理概念的方法，并且引领他们更深入地理解内容。

教师还可获得在线 PPT 教案，教师资源指南包括解答、推荐演示和教材中插图电子版、为使用应答器设计的题目、小测验、辅导、交互式模拟，及其他与教材中文字材料直接相关的资源。学生可以获得自测题、交互模拟、辅导、部分习题答案等。

登录 www.mhhe.com/grr 可以了解更多信息并进行注册。

物理教育研究在线工作簿

为了帮助教师了解关于学生如何学习方面的研究新进展，Slippery Rock 大学的 Athula Herat 和 Ben Shaevitz 博士写作了与本书配套的工作簿。工作簿中包含使学生以新的、综合的方法思考物理的课堂练习，指导学生自己发现物理，以引导学生更深入地直观理解教学内容。一些在课堂上采用物理教育研究新理念的教授对此工作簿进行了评阅，提出了改进意见和新题目。在线提供这样的工作簿，教师们可免费选择所需材料。

⊖ 致电 McGraw-Hill 的客服代理（800）338–3987，或通过 www.mhhe.com 发电子邮件，或通过填写书后所附《教学资源申请表》可以得到更多信息。登录 www.mhhe.com 进入 My Sales Rep，可以查询到本地的销售代理。

与 ConnectPlus 电子书配套的电子媒介

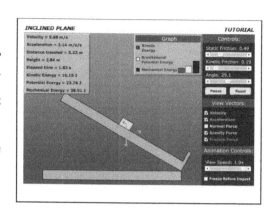

McGraw-Hill 公司很高兴地向大家推出一批独特的优秀人机交互和辅导活动。这些活动让学生采用真实数据工作，提供了一种教授基础物理学的新颖、动感方法。在教材中标注有 connect 图标的内容可通过教材网站上的人机交互或辅导获得更好的理解。

人机交互中，学生可以调整参数，观察效果，从而对较难的物理概念获得更好的理解。每个人机交互包含：

- 分析工具（交互模型）
- 功能解说
- 原理描述

ConnectPlus Physics 网站提供交互小测试。每个人机交互的在线教师指南中提供相关内容的全部概述、导航工具、深入学习所需的参考书、相关内容的推荐章后练习题。

由 Cornell 大学的 Raphael Littauer 开发整合的辅导，为学生提供了分步掌握概念的机会。当学生给出不正确的答案时，会出现详细的反馈，鼓励学生进一步考虑答案，帮助学生通过练习获得进步。

面向教师的电子书图像和资源

随时、随处、随意地积累教学材料。

通过与本书配套的 ConnectPlus Physics 网站上提供的包含图片、插图、人机交互和其他媒体的在线图书馆，可定制个性化教学方案、可视化强的试卷和测验，制作引人入胜的课程网站并可打印出精美的教辅材料。这些资源的版权属于 McGraw-Hill 高等教育，教师可在教室中以教学为目的使用这些资源。提供的多媒体资源为

- **插图**　书中所有插图的彩色数字文件。以便用于授课、考试和定制的教学材料。此外，所有插图的文件都已被置于 PPT 幻灯片，以便备课。
- **灵活的图库**　以 PPT 幻灯片格式呈现的关键图片使教师可以一步一步地讲解较难的概念。插图被分解为小的、渐增的片段，以便教师随心所欲地在各种教学安排中使用。
- **照片**　照片库中包含教材中所有照片的数字文件，可供各课堂使用。
- **例题库、表格库和方程库**　提供书中例题、表格和方程的电子版，可融入个人课堂教学资源。
- **人机交互**　包含用于人机交互的 Flash 文件，可轻松地用于授课及教室环境。
  ConnectPlus Physics 网站上还提供
- **在线 PPT 教案**　为教材每章提供文图兼配的教案。
- **PPT 幻灯片**　所有的插图、照片均以章为序放入了幻灯片，供喜欢自己制作教案的教师使用。

在线计算机题库

提供综合性、可用于不同层次的、选择题形式的计算机测试题库，它由 McGraw-Hill 的灵活电子考试项目——EZ 在线测试（ www.eztestonline.com ）支持。 EZ 在线测试项目可使使用者轻松地创建纸质或在线考试及小测验。

设想一下，你可以随时、随处、不用安装测试软件来创建或使用考试或小测验。现在，通过 EZ 在线测

试，教师可以从 McGraw-Hill 多个题库中选题，或创建自己的既可印刷又可在线使用的测验题。登录 www.mhhe.com/grr 查阅更多信息。

电子书

如果教师或学生准备使用非传统版的教材，McGraw-Hill 提供创新的价格不贵的电子书。从 McGraw-Hill 购买电子书，对于在最先进的电子书平台上的部分图书，学生可节省 50% 的支出。

McGraw-Hill 的电子书是智能化的，可进行人机交互，具备查找功能，便于携带，配备诸如详细查找、高光显示、作注释、学生间和师生间注释共享的强大工具。McGraw-Hill 的电子书帮助学生更智能化地学习，更快地查找所需信息。它还帮助学生节约开支。联系 McGraw-Hill 的销售代理，可以商讨电子书的配置。

个人反馈系统

个人反馈系统，也被称为"应答器"，可以实现教室或大教室中的互动教学。无线应答系统使得教师和学生立即获得全班的反馈结果。无线应答器实际上是遥控器，易于使用且惹人喜欢，教师可以使用它激发学生预习的兴趣，相互交流，进行主动学习。接收到的实时反馈帮助教师度量学生对概念的掌握程度。覆盖本书教学内容的问题（PPT 格式）可在本书的网站上得到。

教师用资源指南

教师用资源指南包含许多为教师准备的宝贵资料，例如演示、来自物理教育研究的推荐改革理念，及与新的教学技术相衔接的一些想法。配套的教师解答手册中含有：每章后思考题的答案，每章后习题的完整解答。ConnectPlus Physics 网站上提供与本书配套的教师用资源指南。

ALEKS®

与本书配套的 ALEKS 数学准备

ALEKS 数学准备是与本书配套的网络化课程，目标是提供学生成功完成此教材学习所需的关键数学知识。ALEKS 采用人工智能和自适应问题，精确地评估学生的准备情况，并且针对学生最应该学习的主题提供个性化教学。通过综合讲解、练习和反馈，ALEKS 使学生快速弥补个人知识缺陷，奠定坚实的数学基础。

在学期前 6 周内使用 ALEKS 数学准备，会看到学生们自信心的提高和成绩的进步，以及退课人数的下降。

与本书配套的 ALEKS 数学准备的特色：

- **人工智能**：瞄准学生知识空白。
- **个性化的评估与学习**：确保学生掌握知识。
- **自适应的、开放的反馈系统**：回避选择题。
- **动态自动报告**：掌握学生和班级进展。

请登录 www.aleks.com/highered/math 查询关于 ALEKS 的更多信息。

学生用解答手册

学生用解答手册包括教材中部分章后习题和问题、部分综合练习题和 MCAT 复习题的完整答案。书中的解答按教材中例题的解题模式给出，还帮助学生创建个人解答中的图像。

目　录

译者序

前言

第三篇　电磁学

第16章　电力与电场　1

16.1　电荷　2

16.2　导体与绝缘体　6

16.3　库仑定律　10

16.4　电场　12

16.5　均匀电场中点电荷的运动　16

16.6　导体的静电平衡　20

16.7　电场的高斯定理　23

第17章　电势　32

17.1　电势能　33

17.2　电势　36

17.3　电场与电势的关系　42

17.4　运动电荷的能量守恒　45

17.5　电容器　46

17.6　电介质　49

17.7　电容器储存的能量　54

第18章　电流与电路　64

18.1　电流　65

18.2　电动势与电路　66

18.3　金属中电流的微观图像：自由电子模型　68

18.4　电阻与电阻率　70

18.5　基尔霍夫定律　76

18.6　串联与并联电路　77

18.7　利用基尔霍夫定律进行电路分析　82

18.8　电路中的功率与能量　84

18.9　电流与电压的测量　85

18.10　RC电路　87

18.11　用电安全　90

综合复习：第16～18章　100

第19章　磁力与磁场　103

19.1　磁场　104

19.2　点电荷受到的磁力　107

19.3　垂直于匀强磁场运动的带电粒子　110

19.4　带电粒子在匀强磁场中的运动：一般情况　114

19.5　在相互垂直的电场E和磁场B中的带电粒子　115

19.6　载流导线受到的磁力　118

19.7　载流线圈受到的力矩　120

19.8　电流激发的磁场　124

19.9　安培定理　128

19.10　磁介质　130

第20章　电磁感应　139

20.1　动生电动势　140

20.2　发电机　142

20.3　法拉第定律　146

20.4　楞次定律　150

20.5　电动机中的反电动势　153

20.6　变压器　153

20.7　涡电流　155

20.8　感应电场　156

20.9　电感　157

20.10　LR电路　160

第 21 章　交流电　170

21.1　正弦电流与电压：交流电路中的电阻元件　171

21.2　家庭用电　174

21.3　交流电路中的电容元件　175

21.4　交流电路中的电感元件　178

21.5　*RLC* 串联电路　180

21.6　*RLC* 谐振电路　184

21.7　交直流转换　滤波器　186

综合复习：第 19～21 章　192

第四篇　电磁波和光学

第 22 章　电磁波　195

22.1　麦克斯韦方程组与电磁波　196

22.2　天线　197

22.3　电磁波谱　199

22.4　真空及介质中电磁波的速度　203

22.5　真空中电磁行波的性质　207

22.6　电磁波传播的能量　209

22.7　偏振　212

22.8　电磁波的多普勒效应　219

第 23 章　干涉与衍射　225

23.1　波阵面、波线和惠更斯原理　226

23.2　相长干涉与相消干涉　228

23.3　迈克尔逊干涉仪　232

23.4　薄膜　234

23.5　杨氏双缝实验　239

23.6　光栅　243

23.7　衍射与惠更斯原理　246

23.8　单缝衍射　247

23.9　衍射与光学仪器的分辨本领　250

23.10　X 射线衍射　253

23.11　全息照相　254

综合复习：第 22～23 章　261

第五篇　相对论　量子力学和粒子物理

第 24 章　相对论　262

24.1　相对论的假设　263

24.2　同时性与理想的观察者　266

24.3　时间膨胀　268

24.4　长度收缩　271

24.5　不同参考系中的速度　273

24.6　相对论动量　275

24.7　质量与能量　277

24.8　相对论动能　279

第 25 章　光子与早期的量子物理　287

25.1　量子化　288

25.2　黑体辐射　288

25.3　光电效应　289

25.4　X 射线的产生　294

25.5　康普顿散射　295

25.6　光谱与早期原子模型　297

25.7　氢原子的玻尔模型　原子能级　300

25.8　对的产生与湮灭　306

第 26 章　量子物理　313

26.1　波粒二象性　314

26.2　物质波　315

26.3　电子显微镜　318

26.4　不确定原理　319

26.5　束缚粒子的波函数　321

26.6　氢原子：波函数和量子数　323

26.7　不相容原理　原子中电子的排布（除氢原子外）　325

26.8　固体中的电子能级　328

26.9　激光　329

26.10　隧道效应　332

第 27 章 核物理 **339**

　27.1 原子核的结构 340

　27.2 结合能 343

　27.3 放射性 347

　27.4 放射性衰变率与半衰期 352

　27.5 辐射的生物效应 358

　27.6 人工核反应 362

　27.7 裂变 364

　27.8 聚变 367

第 28 章 粒子物理 **374**

　28.1 基本粒子 375

28.2 基本相互作用 377

28.3 统一 379

28.4 粒子加速器 381

28.5 粒子物理中尚待解决的问题 382

综合复习：第 24 ～ 28 章 385

答案 387

致谢 395

教师反馈表 399

谨以此书

献给玛丽安
——艾伦

纪念我们的女儿帕米拉
献给昆廷、奥利弗、达希尔、贾斯珀
詹妮弗和吉姆·默利斯
——鲍勃和贝蒂

第 16 章

电力与电场

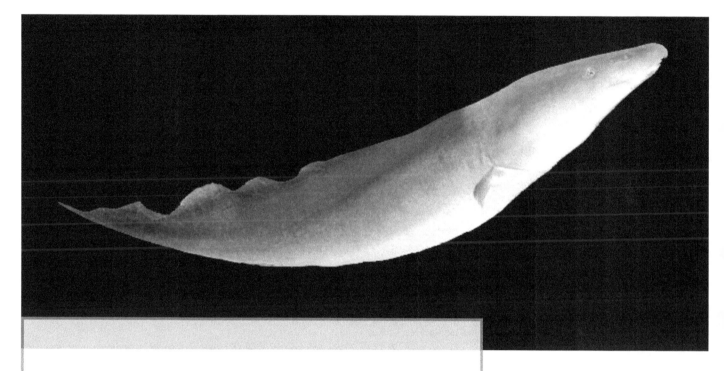

　　图片中这条美丽的鱼是非洲尼罗河中的反天刀，又名裸臀鱼、尼罗河魔鬼。反天刀具有一些有趣的特性。它能够以同样的灵活度向前或向后游动。反天刀不像其他大多数鱼那样靠左右摆动尾部来游动，而是保持它的脊柱挺直，不仅向前游动时如此，转弯时也如此。它的游动是靠背鳍的起伏波动来实现的。

　　反天刀行动灵敏准确，在紧紧追逐猎物的同时还能避开途中的障碍物。令人惊奇的是，它在向后游动的时候也能如此精确。此外，反天刀视力极弱，它的眼睛只能对极强光有反应。那么，它又如何能够在泥泞河流的昏暗光线中定位它的猎物呢？（见第 16 页。）

生物医学应用

- 水和 DNA 中的氢键（16.1 节；计算题 10）
- 动物的电子定位（16.4 节）
- 凝胶电泳（16.5 节）
- 质子射线疗法（计算题 28）

概念与技能预备

- 力，基本力（2.4节和2.7节）
- 隔离体受力图（2.2节）
- 牛顿第二定律：力和加速度（3.3节）
- 匀加速度运动（4.1–4.3节）
- 平衡问题（2.2节）
- 矢量的合成与分解

16.1 电荷

在本书第三部分，我们将学习关于电场和磁场的知识。回顾第2章，我们曾经学习过，自然界物体之间的各种相互作用可以归结为四种基本形式：万有引力、电磁力、强力和弱力。日常生活中我们所熟悉的力中，除重力外，其他如接触力、绳中存在的张力等，都属于电磁力。我们所认为的单一的相互作用力，实际上是大量的电子以及原子间的微观相互作用叠加的效果。电磁相互作用能将电子和原子核结合成原子和分子，也能使大量原子结合在一起形成液体和固体，如摩天大楼、树木和人体。由于无线电波、微波、光以及其他形式的电磁辐射都是由振荡的电场和磁场组成的，所以电磁学在技术中的应用无处不在。

日常生活中的许多电磁现象是比较复杂的；这里，我们只研究简单的情况以对电磁学的基本原理有深入的了解。电磁学这个混合词说明，电和磁这两种当初被认为完全没有联系的作用力，实质上却是同一种基本相互作用的两个方面。电和磁的统一发生在19世纪后期。这里，我们先学习电学（16～18章），再学习磁学（19章），最后学习电磁感应（20～22章），这样能帮助我们更容易理解电和磁之间的相互联系。

电力的存在早在3000年前就被人类所熟知。古希腊人用琥珀（见图16.1）来制作珠宝。在用织物摩擦琥珀将其擦亮的过程中，人们观察到琥珀能吸引轻小的物体，如细线、头发等。现在我们知道，琥珀在摩擦过程中被起电，电荷在琥珀和织物之间转移。"电"（electric）这个词就出自希腊词语琥珀（elektron）。

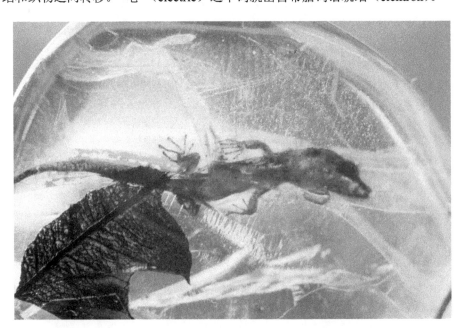

图 16.1 琥珀是一种坚硬的松树树脂的化石。发现于多米尼加共和国的这块琥珀中保存了4千万年前陷于树脂中的蜥蜴。

在干燥的天气下，当人穿着袜子走过一个铺有地毯的房间时，类似的现象也会发生。此时电荷在地毯和袜子间以及袜子和人身体间转移。人身体上所聚集的电荷就会在无意之中通过手指传向门把手或某位朋友身上——并会伴随着被电击的感觉。

电荷的种类

上述这些过程中并不能产生电荷，只能将电荷从一个物体转移到另一个物体上。**电荷守恒**定律是物理学的基本定律之一，至今尚没有发现任何违背电荷守恒定律的例子。

链接：

电荷守恒是一个基本的守恒定律。电荷和能量一样是守恒的标量。动量和角动量是守恒的矢量。

> **电荷守恒定律**
> 　　封闭系统的净电荷保持不变。

有关琥珀和其他可以被起电的材料的实验揭示了电力或者是吸引力、或者是排斥力（可以利用普通透明胶带做类似的实验——见 16.2 节）。为了解释这些实验结果，我们总结出电荷有两种。本杰明·富兰克林（1706—1790）首先称它们为正电荷（+）和负电荷（-）。一个系统的**净电荷**是系统中所有粒子所带电荷的代数和——求和时必须包含电荷的正负号。如果用丝绸去摩擦一块玻璃，玻璃就会带上正电荷，而丝绸将带上负电荷；但是由玻璃和丝绸所组成系统的净电荷并不发生改变。一个**电中性**的物体带有等量的正电荷和负电荷，因此其所带的净电荷为零。表示电荷的量值即电量的符号为 q 或 Q。

物质由原子组成，而原子又由电子、质子和中子组成。由于质子和中子位于原子核中，因此它们又被称为核子。中子是电中性的（因此命名为 neutron）。质子和电子所带电荷等量异号。质子所带电荷正好被定义为正电荷，因此电子所带电荷就是负电荷。一个电中性的原子包含相同数目的质子和电子，即其所含的正、负电荷相互平衡。如果原子中的电子数和质子数不相等，其净电荷不为零，这时原子就被称为离子。如果离子中的电子数多于质子数，其净电荷为负；如果离子中的电子数少于质子数，其净电荷为正。

基本电荷

质子和电子所带电量的大小相等（见表 16.1），这一电量被称为**基本电荷**（符号 e）。如果用国际单位制中电量的单位库仑（C）来表示，基本电荷 e 的值为

$$e=1.602\times10^{-19}\text{C} \tag{16-1}$$

表 16.1　质子、电子和中子的质量和电量

粒子种类	质量	电量
质子	$m_p=1.673\times10^{-27}\,\text{kg}$	$q_p=+e=+1.602\times10^{-19}\text{C}$
电子	$m_e=9.109\times10^{-31}\,\text{kg}$	$q_e=-e=-1.602\times10^{-19}\text{C}$
中子	$m_n=1.675\times10^{-27}\,\text{kg}$	$q_n=0$

通常情况下，由于物体所包含的正负电荷的量只有细微差异，因此库仑是一个非常大的电量单位，实际中用起来并不方便。电量经常以毫库（mC）、微库（μC）、纳库（nC）或者皮库（pC）为单位。库仑这一单位是以法国物理学家查尔斯·库仑（1736—1806）来命名的，他发现了两个带电粒子间电力的表达式。

任何物体所带的净电荷都是基本电荷的整数倍。即使在某些不寻常的地方，

如恒星的内部、大气层的上层或者粒子加速器中，所观测到的电荷也总是基本电荷 e 的整数倍。

✓ 检测题 16.1

一根玻璃棒和一片丝绸都是电中性的，这时用丝绸摩擦玻璃棒。如果有 4.0×10^9 个电子从玻璃棒转移到丝绸上，但是离子并不发生转移，两个物体的净电荷为多少？

例 16.1

无意的电击

当你从地毯上走过并和一个朋友握手时，无意中会使朋友产生被电击的感觉，在此过程中所转移的电量一般为 1 nC。（a）如果被转移的全部是电子，总共转移了多少个电子？（b）如果你的身体所带的净电量为 -1 nC，试估计多余电子的比例。[提示：参见表 16.1。电子的质量约为核子质量的 1/2000，所以人体的质量基本上就是核子的质量和。做数量级估算时，我们可以假设人体中质子和中子的数量相等。]

分析 由于库仑（C）是电量国际单位，所以 "n" 就应该表示词头 "纳"（10^{-9}）。我们知道基本电荷的值是以库仑表示的。对于（b），我们可以首先估计人体中所含电子数目的数量级。

解 （a）转移的电子数等于转移的总电量除以单个电子的电量：

$$\frac{-1 \times 10^{-9} \text{C}}{-1.6 \times 10^{-19} \text{C} / \text{电子}} = 6 \times 10^9 \text{电子}$$

注意转移电量的大小是 1 nC，但由于转移的是电子，因此转移电量的符号应该为负。

（b）假设人体的质量约为 70 kg。人体质量主要集中在核子上，所以

$$\text{核子的数量} = \frac{\text{身体质量}}{\text{一个核子的质量}} = \frac{70 \text{ kg}}{1.7 \times 10^{-27} \text{ kg}} = 4 \times 10^{28} \text{核子}$$

假设近一半的核子是质子，因此

$$\text{质子数} = \frac{1}{2} \times 4 \times 10^{28} = 2 \times 10^{28} \text{质子}$$

在电中性的物体中，电子数等于质子数。当净电量为 -1 nC 时，人体中含有 6×10^9 个多余的电子，因此多余电子的比例为

$$\frac{6 \times 10^9}{2 \times 10^{28}} \times 100\% = (3 \times 10^{-17})\%$$

讨论 如此例所示，带电的宏观物体所包含的正电荷和负电荷的数量只有微小的差别。因此，宏观物体间的电力通常忽略不计。

练习题 16.1 气球上的多余电子

一个带有 -12 nC 净电量的气球上有多少个多余的电子？

万有引力相互作用和电力相互作用的一个重要区别在于：两个有质量的物体之间的引力总是吸引力，但两个带电粒子间的电力依赖于其所带电荷的符号可以是吸引力也可以是排斥力。两个带有同号电荷的粒子间相互排斥，而两个带有异号电荷的粒子间相互吸引。简言之：

同号电荷相斥，异号电荷相吸。

通常我们也把 "带电粒子" 简称为 "电荷"。

极化

电中性的物体中有可能会存在互相隔开的区域，其中某些区域只包含正电荷，而其他的区域只包含负电荷。这样的物体就被称作**极化**了。虽然一个被极

化的物体其净电量依然为零，但它可以受到电力作用。一根橡胶棒与毛皮摩擦后带有负电，它能吸引碎纸屑。而一根与丝绸摩擦后带有正电的玻璃棒，同样能吸引碎纸屑（见图 16.2a、b）。纸屑是电中性的，但带电棒能使纸屑极化——它吸引纸屑中的异号电荷使之离棒更近，排斥纸屑中的同号电荷使之离棒更远（见图 16.2c）。由于电力相互作用随距离的增大而减弱，而这里同号电荷间距离更远，因此棒和异号电荷间的吸引力就比棒和同号电荷之间的排斥力强。这样，不管棒所带电荷的正负，其对纸屑的作用力总表现为吸引力。这种情形下，我们称纸屑通过感应被极化了；纸屑的极化是由附近的棒所带的电荷引起的。 如果将棒远远移开，纸屑就不再被极化。

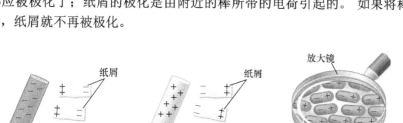

图 16.2 a）带负电的橡胶棒吸引碎纸屑。b）带正电的玻璃棒吸引碎纸屑。c）纸屑中极化分子的放大图像。

有些分子本来就是极化的，其中一个重要的例子就是水。水分子为电中性，含有等量的正负电荷（10 个质子和 10 个电子）。但是，相较于氢原子核，氧原子核将共有电子更紧密地吸引在它周围。这样，水分子中的正电荷中心和负电荷中心就不重合（见图 16.3）。

应用：水中的氢键 由于水分子具有较强的极化特征，一个水分子中的负电区域（氧）受到另外一个水分子中的正电区域（氢）的吸引力。这种吸引力比起多数物质中不带电的分子间作用力要大得多，因此相邻的水分子就被称为通过**氢键**连接在一起（见图 16.4）。水之所以具有许多非同寻常的重要性质，能保证生命在地球上得以存在，氢键在其中起到了重要的作用。由于氢键的存在，水：

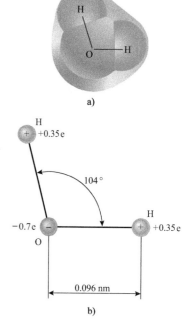

图 16.3 a）显示电荷分布的水分子模型。红色和蓝色分别表示净正电荷和净负电荷。共有电子在氧原子核附近的时间较长，在氢原子核附近的时间较短，因此平均来讲，氧原子区域的净电荷为负，氢原子区域的净电荷为正。b）水分子的简化模型。原子被表示成带电的小球，氧原子上带有 $-0.7e$ 的电量，每个氢原子上带有 $0.35e$ 的电量。

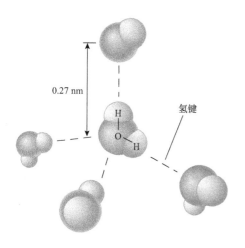

图 16.4 水中的氢键。一个水分子中带负电的氧原子被另一个水分子中带正电的氢原子吸引。这个键比起使原子结合成分子的共价键弱，但比起多数物质中没有带电的分子间的作用力又要强。最近的研究表明氢键具有某些共价键的特征——也就是说，两个水分子间共用了一些电子——但是我们更多的还是认为氢键就是极性分子间电力相互作用的结果。氢键是水具有许多非同寻常的性质的原因。

- 在室温下为液体而不是气体；
- 有很大的比热；
- 有很大的汽化热；
- 其固体形态（冰）的密度比其液体形态的密度低；

- 有很大的表面张力；
- 与某些表面表现出很强的粘附力；
- 是一种很好的极性分子的溶剂。

应用：DNA、RNA 和蛋白质中的氢键　　同一分子的不同部分间形成的氢键在决定生物大分子如核酸和蛋白质等的构形时起着重要的作用。一般来说，氢键是在氢原子和氧原子或者氮原子间形成的。DNA 的双螺旋结构主要是由氢键引起的。两条 DNA 分子链通过碱基对之间形成的氢键而结合在一起（见图16.5）。当用酶将 DNA 中的两条分子链解开时，就必须使这些氢键断开。在蛋白质中，氢键也在决定分子的三维结构上起着重要的作用，进而帮助决定了蛋白质分子的化学性质和生物学功能。

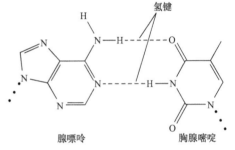

图16.5　两个氢键将 DNA 分子中的一个碱基对（腺嘌呤和胸腺嘧啶）结合在一起。其他的碱基对，鸟嘌呤和胞嘧啶，是通过三个氢键结合在一起。碱基对之间形成的氢键将两条 DNA 分子链连接在一起，对 DNA 分子的双螺旋结构起着主要作用。

腺嘌呤　　　　　胸腺嘧啶

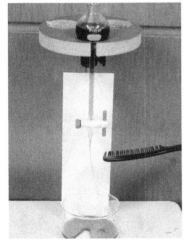

图16.6　水流被起电的梳子偏折。

> **日常物理演示**
>
> 　　在干燥的天气下用塑料梳子梳头发（最好头发清洁而且干燥，并且没有使用护发素）或者用梳子和羊毛毛衣相摩擦，如果确认梳子已经被起电（通过观察头发的变化、听是否有噼啪声等），将其移近准备好的碎纸屑。再次摩擦梳子使其起电，走到水槽边上轻轻打开水龙头使一股细细的水流流出，不管水流是否在底部断成水滴，将起电的梳子移近水流。你会发现水流受到梳子上所带电荷施加的作用力（见图16.6）。这个作用力是吸引力还是排斥力？这是否意味着水龙头中流出的水流上带有净电荷？请解释为什么将梳子移近水流上部比移近水流下部观察到的效果更明显（梳子离开水流的水平距离相等）。

16.2　导体与绝缘体

　　物质由原子组成，原子包含电子和原子核。但原子中电子和原子核结合的紧密程度却有很大差异。在多电子原子中，其中大多数电子和原子核结合得很紧密——在通常情况下很难将这些电子和原子核分开。但有些电子与原子核的结合要弱得多，很多方法都能将其与原子核分离开。

　　电荷在不同材料中运动的难易程度差别很大。电荷在其中很容易运动的材料叫作电**导体**，而电荷在其中很难运动的材料叫作电**绝缘体**。

　　金属中的某些电子和原子核的结合非常弱，这些电子并不受某一特定的原子核束缚，它们可以在整个金属内部自由地移动。金属中的这些自由电子使金属成为很好的导体。一些金属相较于另外一些金属导电性更好，例如铜就是最好的导体之一。玻璃、塑料、橡胶、木材、纸以及许多其他熟悉的材料都是绝缘体。绝缘体内部没有自由电子，每一个电子都被某一特定的原子核所束缚。

导体和绝缘体被广泛应用于日常生活中无所不在的电线中（见图 16.7）。电线中央的铜线能让自由电子流过，而其外面的塑料或者橡胶绝缘层将阻止电流——电荷的定向移动——流出电线（如流入拿着电线的手）。

水通常被认为是一种电导体，因此应该避免用湿手去触摸电子设备。实际上，纯水是一种电绝缘体。纯水主要由完整的水分子组成（H_2O），在它流动时并不带有净电荷；而离子（H^+ 和 OH^-）的浓度非常低。但自来水无论如何不能称为纯水——其中包含了很多溶解的矿物质。矿物离子使自来水成为一种电导体。人体也包含很多离子，因此人体也是导体。

同样地，空气是一种很好的绝缘体，这是因为空气中绝大多数分子都是电中性的，当它们移动时并不带电荷。但空气中确实包含一些离子；空气分子能被放射性衰变或者宇宙射线电离。

介于导体和绝缘体之间的是**半导体**。集中在加利福尼亚州北部的计算机工业地区被称为"硅谷"，这是因为硅是一种用于制造计算机芯片和其他电子设备的常见半导体材料。纯的半导体材料也是一种好的绝缘体，但通过掺杂——可控地掺入微量的杂质——就能够精细地调整其电学性能。

通过摩擦使绝缘体带电 当不同的绝缘物体相互摩擦时，电子和离子（带电的原子）就能从一个物体转移到另一个物体上。如果摩擦前两个物体的净电荷都为零，由于电荷守恒，所以摩擦后它们将分别带上等量异号的净电荷。摩擦起电在空气干燥时最有效。当空气湿度较大时，物体表面将凝结一层薄薄的液膜，摩擦产生的电荷非常容易被释放掉，因此这种条件下就很难积聚起电荷。

注意我们可以通过摩擦两个绝缘体来分离电荷。而对一块金属，即使你用毛皮或者丝绸摩擦它一整天，也很难使它带上电荷；这是由于金属中的电荷非常容易随处移动，很难将其转移走。而一旦一个绝缘体带电，电荷只能处于它产生的位置。

通过接触使导体带电 如何才能使导体带电呢？首先摩擦两个绝缘体来分离电荷，再用其中一个带电的绝缘体去接触导体（见图 16.8）。由于转移到导体上的电荷在导体上分散开来，因此可以不断重复这一过程，使导体带上越来越多的电荷。

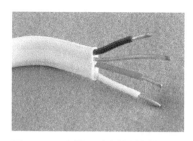

图 16.7 电线，金属导线外包覆着绝缘材料层。在用电线与电路中其他部分进行电连接时，必须将其外面的绝缘层剥开。

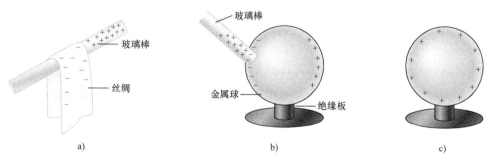

图 16.8 使导体带电 a）用丝绸摩擦一根玻璃棒后，玻璃棒带上了正电荷，丝绸带上了负电荷。b）用玻璃棒接触一个金属球。带正电的玻璃棒将金属球中的部分自由电子吸引到玻璃棒上。c）移开玻璃棒。金属球上的电子比质子少，因此金属球带正电。虽然这里转移走的实际上是负电荷（电子），但习惯上经常说"正电荷转移到了金属球上"，这是因为两者的最终效果是相同的。

使导体接地　如何才能使导体放电呢？一种方法就是使导体接地。由于地球中存在离子和水分，所以地球是一个导体。而且地球很大，因此很多情形下，地球都可以看作是一个储存电荷的无限大容器。使导体接地就是指将导体和地球（或者其他大的电荷容器）通过导电路径连接起来。带电导体接地时，其上所带电荷将离开导体分散到地球上，这样导体就放电了。

油罐车上即使是非常少量的电荷积聚也是非常危险的——一个电火花就可能引发爆炸。为了避免电荷的积累，油罐车在向加油站输送汽油前应该将油罐接地。

插座上的圆形开孔就是"地"，它直接通过一根导线连接在插入大地的金属棒上，或者连接在地下金属水管上，来达到接地的目的。接地的目的将在第18章中做更为详细的讨论，这里只需要明白其中一个目的：通过接地可以避免在导体上积累静电荷。

通过感应使导体带电　当导体接地时，如果其附近存在其他带电体，导体上的电荷就不能完全被释放掉，甚至可能通过接地使本来电中性的导体带上一定量的电荷。在如图16.9所示的过程中，带电的绝缘体并没有接触导体球。带正电的玻璃棒首先使导体球极化，它吸引导体球上的负电荷并排斥正电荷。这时将导体球接地，导体球上的电荷分离将导致大地中的负电荷受到棒上正电荷的吸引，沿着接地线分布到导体球上。

图16.9　感应起电a）用丝绸摩擦玻璃棒使其带正电。b）带正电的玻璃棒靠近金属球，但不接触金属球。金属球被极化，球内自由电子被吸引到靠近玻璃棒一侧的球面上。c）当金属球接地，大地中的电子将转移到球上。符号⊥表示接地。d）在移开玻璃棒前断开接地线。e）然后移开玻璃棒（接地线依然处于断开状态）。多余的电子将留在球上，由于同号相斥，球上的电荷将分散到金属球表面，金属球带上了负电。

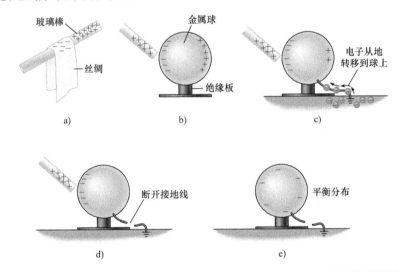

例 16.2

验电器

如图16.10所示，当验电器带上负电后，悬挂着的两片金箔会张开。当我们按照如下步骤顺序操作时，金箔会怎样？

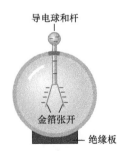

图16.10　验电器是用于检验电荷存在的装置。其导电杆顶端有一金属球，底端有一对极薄的金箔。两片金箔在所带负电荷间的排斥力的作用下张开。

请解释每一步骤后你所观察到的现象。（a）用手接触验电器上的金属球。（b）手持与丝绸摩擦过的玻璃棒靠近金属球，但不要接触金属球。[提示：玻璃棒与丝绸摩擦后将带上正电荷]（c）用玻璃棒接触金属球。

解及讨论　（a）用手接触验电器的金属球，相当于将金属球接地，金属球上的电荷将通过手发生转移直至球上净电荷为零。由于验电器上的电荷被释放

图16.11　验电器不带电，两片金箔闭合。

例 16.2 续

掉了，悬挂的金箔将闭合，如图 16.11 所示。（b）当带正电的玻璃棒靠近金属球时，验电器通过感应被极化。带负电的自

由电子将被吸引到球上，这样远端的金箔上就带上了正电，两片金箔在所带正电荷间的相互排斥作用下张开。（c）当用带正电的玻璃棒接触金属球时，球上的一部分负电荷将转移到玻璃棒上，验电器将带上正的净电荷。玻璃棒此时仍然带正电，它对验电器上的正电荷有排斥作用，并使其流向尽量远的地方——流到远端的金箔处。因为相较于接触前金箔带上了更多的正电荷，此时悬挂的金箔将进一步张开，如图 16.12 所示。

带正电的玻璃棒

图 16.12　当带正电的玻璃棒靠近金属球时，验电器上的净电荷仍然为零，但是被极化：球上带负电，金箔上带正电。金箔所带正电荷间的排斥力使两片金箔张开。

练习题 16.2　移开玻璃棒

当玻璃棒移开时，金箔会如何？

日常物理演示

　　普通透明胶带的粘性能使它和纸及其他很多材料粘连在一起。由于粘连力在实质上是一种电力，所以可以利用粘性来分离电荷。如果非常快地撕下一条胶带，你会注意到胶带条会卷曲在一起并且表现得很奇怪，其实这就是电荷分离的效应——胶带条在被撕下的过程中带上了净电荷（剩下的胶带也带上了净电荷，只是符号相反）。慢慢地从一个表面上将胶带剥开则不会产生净电荷。大家可以做以下具有启发性的实验：

- 非常快地从胶带卷上撕下一条胶带。如何判断胶带已经带上净电荷？
- 在黑暗的储物间中，迅速地撕下一条胶带，你观察到了什么？
- 将胶带条靠近一回形针，观察它是被吸引还是被排斥，解释观察到的现象。
- 在拇指和食指间摩擦胶带的两面，然后再如上用回形针来做实验，会发生什么？解释其原因。
- 慢慢地从胶带卷上再撕下一条胶带，两条胶带之间的作用力是吸引力还是排斥力？这一结果说明了什么？
- 将第二条胶带靠近回形针，它们之间会存在作用力吗？你的结论是什么？
- 你能找到一种可靠的方法，使得两条胶带带上同号电荷或者带上异号电荷吗？
- 建议足够多了——轻松愉快地去做实验，看看你会发现什么！

应用：复印机和激光打印机

　　复印机和激光打印机的工作原理就是基于电荷分离以及异号电荷之间的相互吸引作用（见图 16.13）。它们工作时，镀硒的铝鼓在电极下转动，正电荷被均匀地喷射到硒鼓上，然后硒鼓在复印文件的投影影像下被白光或者激光照射。

　　硒是一种光导体——一种光敏半导体。在没有光照射的情况下，硒是一种很好的绝缘体，但当有光照射时，它就变成了一种良导体。复印过程开始时硒鼓处于黑暗中，此时它是一种绝缘体，因此可以带上电荷。当硒被光照射时，被照射部分就变得导电了。由于铝是一种良导体，它内部的自由电子就会进入被照射的镀硒层并中和上面的正电荷。而仍处于暗处的硒依然是绝缘的，铝中的电子不能流到这些区域，因此处于暗处部分的硒仍然带有正电荷。

　　接下来，硒鼓就和墨粉接触。墨粉粒子带有负电荷，它们被硒鼓上带正电的

区域吸引并黏附在上面，而没有带电的区域则不黏附墨粉。然后一张复印纸从硒鼓上滚过，纸张的背面带有正电荷，其电量大于硒鼓所带的电量，带负电的墨粉就被从硒鼓上吸引到纸张上，在复印纸上形成复印文件的影像。最后纸张再经过加热辊定影，墨粉就固定在复印纸上，从而完成复印过程。

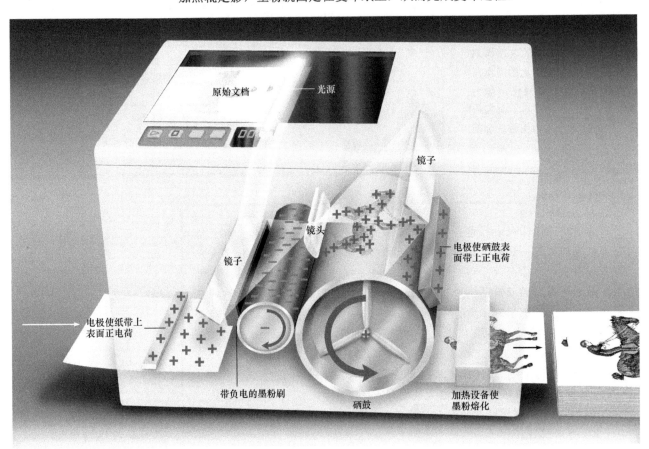

图16.13　复印机的工作原理是基于硒鼓上带正电荷的区域对带负电的墨粉粒子的吸引作用。

16.3　库仑定律

现在开始定量分析带电物体间的电力相互作用。库仑定律给出了两个点电荷间相互作用的电力的表达式。点电荷是指带电的点状物体。点状物体是指其几何尺寸足够小，以致其内部结构在所讨论的问题中并不重要。由于至今仍无实验依据来确定电子的内部结构，所以电子可以被看作是一个点电荷。质子有其内部结构——它包含三个被称为夸克且紧密束缚在一起的粒子——但其线度仅约 10^{-15} m，因此在多数情形下质子也可以被当作点电荷。当一个半径为 10 cm 的带电金属球和位于 100 m 以外的另外一个同样的球发生相互作用时，这个金属球可以被认为是点电荷，但当两球相距只有几厘米时，就不能当作点电荷处理。这要视具体情况而定！

和万有引力一样，电力是一种平方反比作用力。也就是说，力的大小随间距的增大而减小，两个点电荷间相互作用的电力和其间距 r 的平方成反比（$F \propto 1/r^2$）。电力的大小还和两个点电荷电量的大小成正比（$|q_1|$ 和 $|q_2|$），就像万有引力和两个相互作用的物体的质量成正比一样。

电力的大小　两个点电荷间相互作用的电力的大小表示为

$$F = k \frac{|q_1||q_2|}{r^2} \qquad (16\text{-}2)$$

由于这里只考虑电荷 q_1 和 q_2 的大小。因此 F——电力这个矢量的大小——总是一个正数。实验证明，比例系数 k 的值为

$$k = 8.99 \times 10^9 \ \frac{\text{N} \cdot \text{m}^2}{\text{C}^2} \qquad (16\text{-}3a)$$

常数 k 被称为库仑常量，也可以用另一个常数 ε_0 来表示，ε_0 称为真空电容率：

$$\varepsilon_0 = \frac{1}{4\pi k} = 8.85 \times 10^{-12} \ \frac{\text{C}^2}{\text{N} \cdot \text{m}^2} \qquad (16\text{-}3b)$$

用真空电容率 ε_0 表示的电力大小为

$$F = \frac{1}{4\pi\varepsilon_0} \frac{|q_1||q_2|}{r^2}$$

电力的方向　一个点电荷受到另一个点电荷的电力的方向总是沿着两个点电荷的连线。注意，和万有引力不同，电力既可以是吸引力也可以是排斥力，取决于两个相互作用的电荷的符号（见图 16.14）。

✓ 检测题 16.3

（a）请列举电力和万有引力之间的共同点。（b）它们之间的主要区别是什么？

库仑定律解题要点

1. 采用统一的单位；由于在国际单位制中常数 k 的单位是 $\text{N} \cdot \text{m}^2/\text{C}^2$，因此距离 r 一定要用米表示，电量 q 一定用库仑表示。如果电量是用 μC 或者 nC 给出的，一定要将其转换为库仑：$1\ \mu\text{C} = 10^{-6}\text{C}$，$1\ \text{nC} = 10^{-9}\text{C}$。

2. 当求解两个或多个电荷作用在一个电荷上的电力时，应先分别求出其他各个电荷作用在这个电荷上的作用力。一个电荷所受到的合力等于其他各个电荷作用在这个电荷上的作用力的矢量和。在进行矢量叠加时通常将每个作用力分解为 x 分量和 y 分量，再将每个方向上的分量求和，最后由 x 分量和 y 分量求出合力的大小和方向。

3. 如果几个电荷位于一条直线上，不需要考虑中间电荷对两边电荷间相互作用的"屏蔽"效应。和万有引力一样，电力是一种长程力，太阳对地球的引力不会因为月亮从它们中间经过而发生改变。

如果讨论作用在物质的微观组成单元（如原子、分子、离子和电子）上的力，其间的电力要比其间的万有引力大得多。只有当把大量原子和分子放到一起构成宏观的物体时，万有引力才起主要作用。这是因为宏观物体中正负电荷几乎完全均衡，以致宏观物体的净电量近似为零。

链接：

库仑定律满足牛顿第三定律：两个电荷之间的电力相互作用大小相等、方向相反（见图 16.14）。

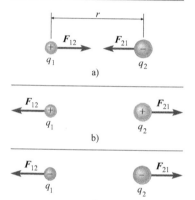

图 16.14　作用在 a）两个异号电荷；b）和 c）两个同号电荷之间的电力。图中用矢量表示每个电荷受到的另外一个电荷的作用力。（F_{21} 表示电荷 2 作用在电荷 1 上的力，F_{21} 表示电荷 1 作用在电荷 2 上的力。）

链接：

电力的叠加和其他力叠加一样——是一种矢量叠加。当对某一物体应用牛顿第二定律（$\sum F = ma$）时，作用力应包含所有作用在这个物体上的力（不应包含这个物体对其他物体的作用力），并将这些力进行矢量叠加来求出合力。

链接：

　　电场的定义和引力场的定义相类似。引力场定义为单位质量物体所受的引力；电场定义为单位电荷所受的电力。

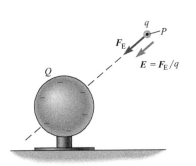

图 16.15　电量为 Q 的带电体在空间 P 点产生的电场等于位于 P 点的一个小的试验电荷 q 所受的电力 $\boldsymbol{F}_{\mathrm{E}}$ 除以电量 q。

16.4　电场

　　以前学习过，空间某点的引力场定义为在该点一个单位质量物体受到的万有引力的大小。如果一个质量为 m 的苹果受到的地球的引力为 $\boldsymbol{F}_{\mathrm{g}}$，那么在苹果所在位置处的地球引力场 $\boldsymbol{g}$ 就可以表示成

$$\boldsymbol{g}=\frac{\boldsymbol{F}_{\mathrm{g}}}{m}$$

　　由于质量 m 为正，因此 $\boldsymbol{F}_{\mathrm{g}}$ 的方向和 $\boldsymbol{g}$ 的方向一致。我们经常讨论的引力场是地球引力场，但引力场也可以是某个宇宙天体或者多个物体产生的。例如，在宇宙飞船所在位置，与宇航员相关的引力场可能是由太阳、地球和月球共同产生的。由于万有引力和其他所有的力一样是矢量，所以飞船所在位置处的引力场就是太阳、地球和月球单独在此处产生的引力场的矢量叠加。

　　相类似地，一个点电荷 q 在其他电荷附近时，它会受到一个电力 $\boldsymbol{F}_{\mathrm{E}}$。空间某点的电场（符号 $\boldsymbol{E}$）就定义为单位电荷在该点所受的电力（见图 16.15）：

$$\boldsymbol{E}=\frac{\boldsymbol{F}_{\mathrm{E}}}{q} \tag{16-4a}$$

　　在国际单位制中，电场的单位是 N/C。

　　万有引力的方向总是与引力场的方向相同，与此不同，电力的方向或者平行于或者反平行于电场，这取决于用来检验电场的试验电荷 q 的正负。如果 q 为正，电力 $\boldsymbol{F}_{\mathrm{E}}$ 的方向与电场 $\boldsymbol{E}$ 的方向一致；如果 q 为负，则 $\boldsymbol{F}_{\mathrm{E}}$ 与 $\boldsymbol{E}$ 反向。设想将点电荷 q 置于区域内的不同点，对每一点都可通过计算作用在这个试验电荷上的电力和电量 q 的比值，来得出该处的电场。通常可以设想试验电荷带正电，这样电场的方向就和电力的方向一致。但不论 q 的大小和符号如何，空间某点的电场都是一样的，除非试验电荷的电量太大，以至于它的存在改变了原有的其他电荷的空间分布，从而改变了原来的电场。

　　为什么电场 $\boldsymbol{E}$ 定义为单位电荷的受力而不是像万有引力那样定义为单位质量的受力呢？这是因为物体所受万有引力与它的质量成正比，所以讨论单位质量的受力就有意义（$\boldsymbol{g}$ 的国际单位制单位是 N/kg）。与此不同，点电荷所受的电力却只与它的电量成正比。

　　为什么电场这个概念非常实用？一个原因就是只要知道空间某点的电场，就很容易计算出位于该点的任意点电荷 q 所受的电力 $\boldsymbol{F}_{\mathrm{E}}$：

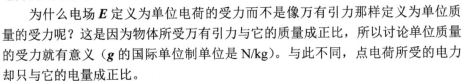

$$\boldsymbol{F}_{\mathrm{E}}=q\boldsymbol{E} \tag{16-4b}$$

　　注意电场 $\boldsymbol{E}$ 是点电荷 q 所在位置处由附近的其他所有电荷所产生的。当然点电荷也会在它的附近产生自己的电场，这个电场也会对其他电荷有电力作用。换句话说，电荷不会对自己产生作用力。

点电荷的电场

　　一个点电荷 Q 所产生的电场可以通过库仑定律来求得。假设将一个正的试

验电荷 q 放置于空间不同点，由库仑定律可得点电荷 Q 作用在这个试验电荷上的电力为

$$F = \frac{k|q||Q|}{r^2} \qquad (16\text{-}2)$$

电场强度的大小为

$$E = \frac{F}{|q|} = \frac{k|Q|}{r^2} \qquad (16\text{-}5)$$

电场按照 $1/r^2$ 的规律减小，与万有引力一样遵从同样的平方反比定律（见图16.16）。

电场的方向是什么呢？如果 Q 为正，则正的试验电荷受到一个排斥力，此时电场矢量指向离开 Q 的方向（或沿径向向外）。如果 Q 为负，则电场矢量指向 Q（沿径向向内）。

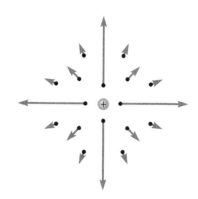

图16.16　矢量箭头表示正的点电荷附近相应点的电场。箭头的长短正比于电场的大小。

> **链接：**
> 电场叠加原理是电力作为矢量相加的直接结果。

叠加原理

多个点电荷产生的电场可以通过**叠加原理**求得：

> 空间某点的电场等于每个点电荷在该点单独产生的电场的矢量和。

电场线

实际中用矢量箭头来形象地表示电场还是有一定困难的，因为空间不同点的矢量箭头会重叠在一起而无法分辨。另外一种形象描述电场的方法就是画出**电场线**——用一簇连续曲线来同时表示电场矢量在空间各点的大小和方向。

电场线的解释

- 空间某点电场矢量的方向就是电场线在该点的切线方向，指向与电场线上的箭头方向一致。（见图16.17a）。
- 电场强的区域电场线密集，电场弱的区域电场线稀疏（见图16.17b）。（具体来讲，可以想象一个垂直于电场线的小平面，电场的大小正比于穿过这个平面的电场线条数与这个平面面积的比值。）

为了有助于绘制电场线，以下三个辅助规则非常有用：

绘制电场线的规则

- 电场线只能起始于正电荷，终止于负电荷。
- 从一个正电荷发出的电场线条数（或者终止于一个负电荷的电场线条数）与该电荷电量的大小成正比（见图16.17c），（画出的电场线的总条数是任意的，画的电场线越多，表示的电场就越清楚。）
- 电场线不能相交。空间某点电场具有唯一的方向；如果电场线相交，电场在该点就会出现两个方向（见图16.17d）。

图16.17　绘制电场线的规律。
a）空间 P 点和 R 点的电场方向。
b）P 点处的电场大小大于 R 点
处的电场大小。c）如果绘制了
12 条起始于一个 +3 μC 点电荷的
电场线，那么终止于一个 -2 μC
点电荷的电场线就应该有 8 条。
d）如果电场线相交，交点处的电
场 E 的方向就不能确定。

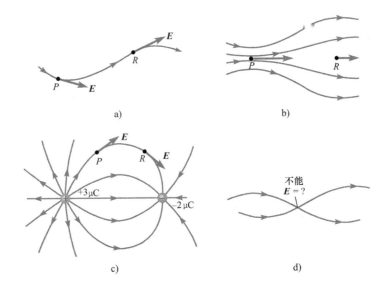

点电荷的电场线

　　图 16.18 画出了单个点电荷的电场线。电场线表明电场的方向沿径向（远离正电荷或指向负电荷）。在点电荷附近电场线较为密集，此处的电场较强，而距离点电荷较远的地方电场线却较为稀疏，表明电场强度随着距离的增大而减小。图中点电荷附近并不存在其他电荷，电场线将延伸到无穷远，就好像整个空间中只有该点电荷存在。如果考虑在更大空间范围内还存在其他电荷，这些起始于正点电荷的电场线将终止于某些位于远处的负电荷，而那些终止于负电荷上的电场线则起始于位于远处的正电荷。

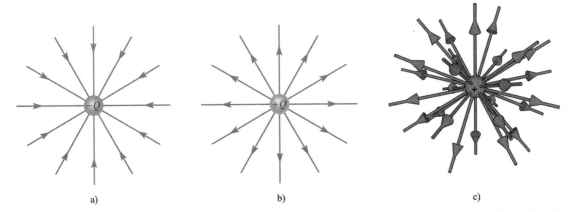

图16.18　孤立点电荷的电场线。a）负点电荷电场；b）正点电荷电场。这些图只画出了位于二维平面内的电场线。c）正电荷电场线的三维描述。电场线密集的地方电场较强，电场线稀疏的地方电场较弱。可与图 16.16 中所示的电场矢量箭头的长短进行比较。

电偶极子的电场

　　一对相距很近的等量异号电荷被称为**电偶极子**。利用库仑定律来确定电偶极子在空间各点的电场是非常繁琐的，但是通过绘制其电场线就可以立即对其产生的电场分布有一个直观近似的认识（见图 16.19）。

　　由于电偶极子中两电荷电量的大小相同，因此有相同数目的电场线起始于正电荷并终止于负电荷。在距离每个电荷较近的区域，电场线在所有方向等间距分布，就好像另一个电荷不存在一样。当无限靠近其中一个电荷时，这个电荷产生的电场会变得很大（$F \propto 1/r^2$，$r \to 0$），这样另一个电荷在此处产生的电场与之相比较就可以忽略不计，该处的电场就如同单个点电荷产生的球对称分布的电场一样。

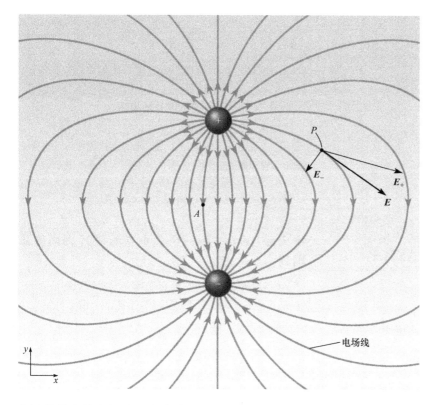

图 16.19　电偶极子的电场线。P 点处的电场矢量 E 与通过该点的电场线相切，该电场是两个电荷分别产生的电场（E_- 和 E_+）的矢量叠加。

空间其他点的电场由两个电荷共同产生。从图 16.19 可以看出，两个电荷在 P 点处分别产生的电场矢量（E_- 和 E_+）是如何应用矢量叠加原理叠加出 P 点处的合电场 E。注意合电场的方向与 P 点处的电场线相切。

叠加原理和对称性是分析电场时的两个非常有用的工具。如何利用对称性进行分析将在例 16.3 中进行讨论。

✓ 检测题 16.4

a）图 16.19 中 A 点处的电场指向什么方向？ b）A 点和 P 点相比较，哪点处的电场较弱？

例 16.3

薄球壳的电场线

一个半径为 R 的金属薄球壳带有正电量 Q。电荷均匀分布在球壳的外表面上。试在如下两种不同情形下画出其电场线：（a）球壳很小，并且在距离球壳较远的地方观察电场；（b）在球壳的空腔内观察电场。在（a）中，请画出球壳外两个不同点的电场矢量 E。

分析　由于球壳带正电，所以电场线起始于球壳。球具有对称性：从球心沿着不同的方向进行观察，将得到同样的结果。这种对称性有助于画出电场线。

解　（a）在很远处观察一个小球壳时，和观察一个点电荷没有区别。此时球就像一个点，球上发出的电场线就如同一个正的点电荷发出的电场线一样（见图 16.20）。图中所示的电场线表明场是离开球壳的中心沿着径向向外的。图 16.20

中所画的两个不同点的电场矢量表明，电场的大小随着距离的增大而减小。

（b）电场线起始于球壳表面的正电荷。其中一部分电场线指向外，代表球壳外部空间的电场，而另外一部分则可能指向内，代表球壳内部空间的电场。球壳内部空间的电场线一定均匀地起始于球壳表面并指向球壳的中心（见图 16.21）；由于球的对称性，电场线不可能偏离径向方向。但当电场线到达球心后会发生什么呢？只有在球壳中心处存

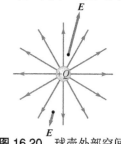

图 16.20　球壳外部空间的电场线沿着径向向外。

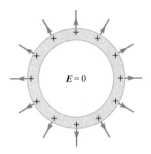

图 16.21　如果球壳内部空间存在电场线，则它们必须起始于球壳并沿着径向向内，这样将会发生什么呢？

图 16.22　在球壳内部空间不可能存在电场线——所以球壳内部就没有电场。

在负点电荷时，电场线才能终止于中心——但是球壳中心不存在点电荷。如果电场线不能在球壳中心处终止，它们就在中心处相交。由于电场在空间任意位置只能有一个确定的方向——电场线永不相交，因此这一结果肯定是错误的。这样就不可避免地得出结论：在球壳内部不会存在电场线（见图16.22），因此球壳内部电场 E 处处为0。

　　讨论　这里我们通过电场线和对称性分析得到了在带电球壳的内部电场为零的结论。这一结论同样也可以通过库仑定律、叠加原理和微积分加以证明——但这一方法要复杂得多！

　　电场线的图像也表明球壳外的电场分布与所有电荷都集中在球心的一个点电荷的电场分布相同。

练习题 16.3　把一个负电荷置于球壳内部后的电场线

　　假设正电荷 Q 均匀分布在球壳上，球壳中心有一电量为 $-Q$ 的点电荷。（a）画出电场线。[提示：由于电量大小相等，因此起始于球壳上的电场线与终止于点电荷上的电场线的条数相等。]（b）利用叠加原理来解释你所画出的电场线（总电场＝球壳上电荷产生电场＋点电荷产生电场）。

反天刀是如何在泥泞的河流中定位呢？

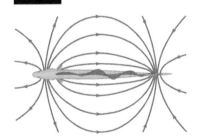

图 16.23　尼罗河反天刀产生的电场。它产生的电场与电偶极子的电场相近似。鱼的头部带正电，尾部带负电。

电场的应用：电子定位

　　远在科学家们学会如何检测电场之前，一些动物和鱼就进化出产生和检测电场的器官了。尼罗河反天刀（见本章开始）沿着它身体的长度方向分布着电器官；这些器官能在鱼周围产生电场（见图16.23）。如果附近的物体使电场线变形，反天刀就可以通过主要位于头部附近的感觉接收器探测到这种改变，并做出相应的反应。这种特别的感觉使反天刀即使在泥泞昏暗的河水中也能够探测到食物或天敌的存在，而这样的环境下眼睛几乎毫无用处。

　　由于尼罗河反天刀主要依靠电子定位，而电场的微小变化就意味着附近存在其他物体，所以能够不断产生相同的电场对反天刀来说非常重要。因此，反天刀是靠背鳍的起伏波动来游动的，同时保持身体挺直。保持脊柱挺直可以使正负电荷中心相隔一定距离排成一列。摆动的尾部会改变电场，从而使电子定位不太精准。

16.5　均匀电场中点电荷的运动

　　讨论带电体在电场中行为的最简单例子就是电场（由其他电荷产生的电场）为均匀的情形——也就是说，电场在空间各点具有相同的大小和方向。单个点电荷产生的电场不是匀强电场；它的方向沿径向，大小符合平方反比定律。为了产生匀强电场，需要大量的电荷。产生（近似）均匀电场的最普遍的方法就是让两个平行金属极板带上等量异号的电荷（见图16.24）。如果带上的电荷为 $\pm Q$，金属极板的面积为 A，则板间电场的大小为

$$E = \frac{Q}{\varepsilon_0 A} \tag{16-6}$$

（这一关系式可以通过高斯定理推导出来——见 16.7 节。）电场的方向与金属板垂直，从带正电的极板指向带负电的极板。

假设匀强电场 E 已知，一个点电荷 q 受到的电场力为

$$F=qE \tag{16-4b}$$

如果这是唯一作用在点电荷上的力，那么力为恒力，其产生的加速度也是恒定的：

$$a = \frac{F}{m} = \frac{qE}{m} \tag{16-7}$$

具有恒定加速度的点电荷的运动可被分成两种形式。如果点电荷的初速度为零，或者平行于或反平行于电场，那么点电荷将做直线运动。如果点电荷的初速度具有垂直于电场方向的分量，那么其轨道为抛物线（类似于在其他力忽略不计的均匀重力场中的抛体运动）。在第 4 章中学到的所有用于分析匀加速度运动的方法都可以在这里应用。加速度的方向或者平行于电场 E（对正的点电荷），或者反平行于电场 E（对负的点电荷）。

> **链接：**
>
> 　　如果除了匀强电场对点电荷的作用力外再无其他力，那么加速度就为常数。前面学到的有关在均匀重力场中匀加速运动的所有原理都适用。但是，在同一电场中加速度的大小和方向并不是对所有点电荷都一样——见式（16-7）。

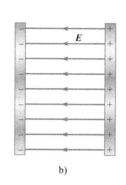

a) 　　　　　　b)

图 16.24　a）带有异号电荷 $+Q$ 和 $-Q$ 的平行金属极板间的匀强电场。电场的大小为 $E = Q/(\varepsilon_0 A)$，这里 A 是每个金属板的面积。b）电场线的侧视图。

✓ 检测题 16.5

一个电子在匀强电场中沿 $+x$ 方向运动，电场也是指向 x 轴正方向。讨论电子的运动。

例 16.4

电子束

阴极射线管（CRT）是某些电视、计算机显示器、示波器及 X 射线管中用于加速电子的装置。由热灯丝发射的电子经过阴极上的小孔后被阴极和阳极之间的电场加速（见图 16.25）。假设电子经过阴极孔时速度的大小为 1.0×10^5m/s，方向指向阳极方向。阳极和阴极间的电场是均匀的，其大小为 1.0×10^4 N/C。（a）电子的加速度为多少？（b）如果阳极和阴极相距 2.0cm，电子抵达阳极时的速度是多少？

分析　由于电场是均匀的，所以电子的加速度是恒定的。因此，我们可以应用牛顿第二定律及以前分析匀加速运动的所有方法。

已知：初速度 $v_i = 1.0 \times 10^5$ m/s；极板间距 $d = 0.020$ m；电场大小 $E = 1.0 \times 10^4$ N/C。

查得：电子质量 $m_e = 9.109 \times 10^{-31}$ kg，电子电量 $q = -e = -1.602 \times 10^{-19}$ C。

求：（a）加速度；（b）末速度。

解　（a）首先证明电子所受重力可以忽略不计。电子所受的重力大小为

$$F_g = mg = 9.109 \times 10^{-31} \text{ kg} \times 9.8 \text{ m/s}^2 = 8.9 \times 10^{-30} \text{ N}$$

电力的大小为

例 16.4 续

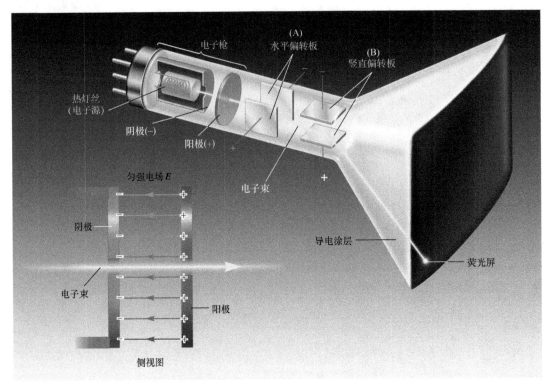

图 16.25   在阴极射线管（CRT）中，电子被阴极和阳极之间的电场加速到很高的速度。这种被用于示波器的 CRT 中存在两对平行极板，用于在水平方向（A）和竖直方向（B）偏转电子束。注意，电子束的偏移大部分发生在离开极板区域以后。在每一对极板之间，电子受到一个恒力，所以电子沿着抛物线轨迹运动。一旦电子离开极板后，电场基本为零，所以电子将以恒定速度做直线运动。

$$F_E = eE = 1.602 \times 10^{-19}\,\text{C} \times 1.0 \times 10^4\,\text{N/C} = 1.6 \times 10^{-15}\,\text{N}$$

可见电场力比重力大了约 14 个数量级，重力可以完全忽略不计。因此，极板间电子的加速度为

$$a = \frac{F}{m_e} = \frac{eE}{m_e} = \frac{1.602 \times 10^{-19}\,\text{C} \times 1.0 \times 10^4\,\text{N/C}}{9.109 \times 10^{-31}\,\text{kg}} = 1.76 \times 10^{15}\,\text{m/s}^2$$

保留两位有效数字，$a = 1.8 \times 10^{15}\,\text{m/s}^2$。由于电子带负电，其加速度的方向与电场方向相反，在图中指向右方。

（b）电子的初速度也指向右方。由于加速度和初速度的方向相同，因此所讨论的是一维匀加速运动。由式（4-5），末速度为

$$v_f = \sqrt{v_i^2 + 2ad} = \sqrt{(1.0 \times 10^5\,\text{m/s})^2 + 2 \times 1.76 \times 10^{15}\,\text{m/s}^2 \times 0.020\,\text{m}}$$
$$= 8.4 \times 10^6\,\text{m/s}$$

方向向右

讨论   电子的加速度看起来很大。如此大的加速度可能会引起关注，但是物理定律并不排除如此大的加速度。注意其末速度仍然低于光速（3×10^8 m/s）——所有物体的极限速度。

你可能会想到通过能量的方法也可以解决这个问题。确实，我们可以求出电场力做的功，并利用它来求出电子动能的改变。用能量法来求解电场的方法将在第 17 章中进行讨论。

练习题 16.4   质子减速

如果一束初速度为 $v_i = 3.0 \times 10^5$ m/s 的质子沿水平方向向右从阴极孔中射出（见图 16.25），那么质子到达阳极的速度是多少（如果它们能到达）？

电场的应用：示波器   电场在 CRT 中被用于加速电子束。在示波器中——一种用于测量电路中随时间变化物理量的仪器——电场也被用于偏转电子束。但在电视机和计算机显示器的 CRT 中，并不是用电场来偏转电子束，电子束的偏转是通过磁场来完成的。

例 16.5

电子射入匀强电场 E 后的偏转

一个电子沿着水平方向射入两个平行极板间竖直向下的匀强电场中（见图 16.26）。两板相距 2.00 cm，其长度为 4.00 cm。电子的初速度为 $v_i = 8.00 \times 10^6$ m/s。当电子进入两板间区域时，电子位于两板之间的中间位置；当它离开两板区域时，正好从上板边沿经过。电场的大小为多少？

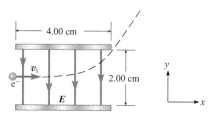

图 16.26 电场中的电子偏转。由于电场对电子的作用力恒定，因此电子在板间的轨迹为抛物线。离开板间区域后，由于合力为零，电子将以恒定速度运动。

分析　建立如图 16.26 所示的 xy 坐标系，电场指向 y 轴负方向，电子的初速度沿着 x 轴正方向。由于电子带负电，电子所受电场力向上（指向 y 轴正方向）。又由于电场均匀，所以电子所受电场力恒定。因此，电子的加速度恒定且方向向上。由于加速度的方向指向 y 轴正方向，因此电子速度的 x 分量保持不变。此问题类似于抛体运动问题，但是这里的恒定加速度是由匀强电场引起的，而不是由均匀的引力场引起的。如果电子恰好从上板的边沿经过，它在 y 方向就发生了 +1.00 cm 的位移，在 x 方向发生了 +4.00 cm 的位移。根据 v_x 和 Δx，就能求出电子在板间运动的时间。再由 Δy 和板间运动时间，就能求出 a_y。由加速度并利用牛顿第二定律 $\sum F = ma$，就能求出电场。

这里电子的重力可以忽略不计。这一假设也能在后面得到验证。

已知：$\Delta x = 4.00$ cm；$\Delta y = 1.00$ cm；$v_x = 8.00 \times 10^6$ m/s

求：电场的大小 E

解　首先通过 Δx 和 v_x 求出电子在板间的运动时间

$$\Delta t = \frac{\Delta x}{v_x} = \frac{4.0 \times 10^{-2} \text{ m}}{8.0 \times 10^6 \text{ m/s}} = 5.00 \times 10^{-9} \text{ s}$$

由板间的运动时间和 Δy，求出加速度的 y 方向分量。

$$\Delta y = \frac{1}{2} a_y (\Delta t)^2$$

$$a_y = \frac{2\Delta y}{(\Delta t)^2} = \frac{2 \times 1.00 \times 10^{-2} \text{ m}}{(5.00 \times 10^{-9}\text{s})^2} = 8.00 \times 10^{14} \text{ m/s}^2$$

由于假设除电力外没有其他力作用在电子上，此加速度完全由电子所受电场力引起。由牛顿第二定律，有

$$F_y = qE_y = m_e a_y$$

解得

$$E_y = \frac{m_e a_y}{q} = \frac{9.109 \times 10^{-31} \text{ kg} \times 8.00 \times 10^{14} \text{ m/s}^2}{-1.602 \times 10^{-19}\text{C}} = -4.55 \times 10^3 \text{ N/C}$$

由于电场没有 x 方向分量，电场的大小就是 4.55×10^3 N/C。

讨论　由于假设重力和电场力相比较可以忽略不计，所以这里没有考虑重力对电子的作用。可以证明这一假设是合理的。

$$F = m_e g = 9.109 \times 10^{-31} \text{ kg} \times （9.8 \text{ N/kg 向下}）= 8.93 \times 10^{-30} \text{ N 向下}$$
$$F_E = qE = -1.602 \times 10^{-19} \text{ C} \times （4.55 \times 10^3 \text{ N/C 向下}）$$
$$= 7.29 \times 10^{-16} \text{ N 向上}$$

可见电场力比重力大了约 10^{14} 倍，因此假设是成立的。

练习题 16.5　质子射入匀强电场 E 后的偏转

如果用质子代替电子以同样的初速度射入电场，质子会射出两板间的区域还是会打在其中的一个板上？如果质子不能撞到其中的一个板上，那么它离开两板间区域时偏移了多少距离？

应用：凝胶电泳　凝胶电泳是一种用电场按照大小来筛选生物大分子（如蛋白质或核酸）的技术。被筛选的分子首先经过化学处理，展开成为棒状，并在溶液里带有一定的净电荷。然后将分子沉积到凝胶矩阵中，并外加电场（见图 16.27）。电场力将根据分子所带电荷的符号使其向其中一个电极运动。

如果不存在其他作用力，分子将以恒定加速度运动，而凝胶会给运动分子一个相反方向的作用力。这个力和黏滞阻力相类似（见 9.10 节）——它与分子的运动速率成正比，其正比系数取决于分子的大小和形状。每个分子在电场力和黏滞阻力相平衡时达到一终极速度；由于小分子运动较快而大分子运动较慢，经过一段时间后，不同分子就能按照它们的大小被分开。此后，分子将被染色使它们能够被看到（见图 16.28）。

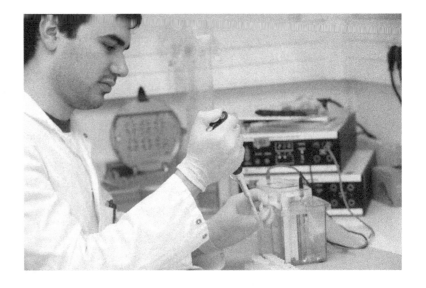

图 16.27　用于凝胶电泳的装置。被筛选的分子首先被注入凝胶中。然后打开电源，使分子处于一个大电场中并在凝胶中发生迁移。

图 16.28　在经过电泳处理后，分子将被染色。某一给定大小的分子将在凝胶中形成一个可区分带，分子带的位置取决于分子的大小和分子所带电量。凝胶电泳是一种用于"DNA 指纹分析"的方法。

16.6　导体的静电平衡

在 16.1 节中，我们提到了纸张是如何被附近的电荷极化的。极化就是纸张对外加电场的一种反应。所谓外加电场是指由纸张外的电荷引起的电场。纸张内的电荷将发生分离并产生自己的电场。空间任一点的净电场——不管是纸张内还是纸张外——是所加外电场和纸张上分离电荷产生电场的叠加。

纸张内有多少电荷发生分离，取决于所加外电场的强度和组成纸张的原子和分子的性质。一些材料比另外一些材料更容易被极化。最容易被极化的材料是导体，这是因为导体内含有能在整个导体内自由移动的电荷。

不管导体带有净电荷或者存储于外加电场中，或者两种情况均存在，检测导体中电荷的分布都是非常有用的。这里只讨论导体中的自由电荷平衡时处于静止状态的情形，这种状态称为**静电平衡**状态。如果使导体带上电荷，导体中的自由电荷将发生移动直至达到一个稳定的分布。当加上外电场或外电场发生变化时，将发生同样的事情——导体内自由电荷在外电场作用下发生移动，并很快达到一个新的平衡分布。

如果导电材料内的电场不为零，电场就会给其中的自由电荷（通常是电子）施加力的作用，并使它们优先向某一方向运动。在自由电荷移动过程中，导体并不处于静电平衡状态。由此可以得出如下结论：

> 1. 导体处于静电平衡状态时，其内部电场处处为零。

电子线路或者电缆经常通过将其置于金属外壳内来屏蔽其他仪器产生的杂散电场（见章后思考题 4）。当外电场变化时，金属外壳中的自由电荷将重新分布。只要金属外壳中的自由电荷能跟上外电场的变化，外电场在金属外壳中就能被抵消掉。

导体内部电场为零，但其外部电场不一定为零。如果导体外部存在电场线而内部没有电场线，电场线必定起始于或者终止于导体表面的电荷。电场线总是起始于或者终止于电荷，因此

> 2. 如果导体处于静电平衡状态，则净电荷只能分布在其表面上。

在导体内部的任意一点，都有相等数量的正负电荷。只有在表面上才会出现正负电荷不平衡的情形。

在静电平衡状态下，导体还具有如下性质：

3. 导体表面处的电场处处垂直于表面。

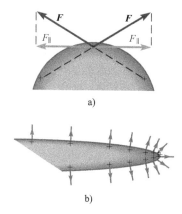

如何证明这一点？如果表面处的电场存在平行于表面的分量，位于表面上的自由电荷就会受到平行于表面的作用力并发生相应的移动。因此，电场只要有平行于表面的分量，导体就不处于静电平衡状态。

如果导体的形状不规则，表面上分布的电荷将更多地集中在尖端处。设想电荷只能沿着导体表面运动。在平坦的表面，相邻电荷之间的排斥力平行于表面，这使这些表面电荷均匀分散开。而在一个弯曲的表面上，只有平行于表面的排斥力分量 $F_\parallel$ 才能使电荷有效地分散开（见图 16.29a）。要使电荷在不规则表面上均匀分散，由于表面越尖锐，电荷间排斥力平行于表面的分量就越小，所以电荷就倾向于朝着这些区域运动。因此，

4. 处于静电平衡的导体的面电荷密度（单位面积的电量）在尖端处最大（见图 16.29b）。

由于导体外的电场线总是起始于或者终止于位于表面的电荷，因此导体外尖端处的电场线非常密集。由于电场线的密度反映了电场的大小，因此导体外的电场在表面最尖端附近最大。

关于导体处于静电平衡时的结论也可以根据电场线的规则重新叙述为：

对于处于静电平衡的导体，则
5. 导体内部不存在电场线。
6. 起始于或者终止于导体表面处的电场线与该处表面垂直。
7. 导体表面外紧邻处的电场在表面尖端附近最强。

图 16.29 a）局限在弯曲表面上运动的一个电荷受到的两个相邻电荷的排斥力。排斥力平行于表面的分量（$F_\parallel$）决定了表面电荷的间距。b）对处于静电平衡的导体，在表面曲率半径最小的位置处面电荷密度最大，导体表面外紧邻处的电场在该处最强。

例 16.6

两个导体上的平衡电荷分布

一个带有 -16 μC 电荷的实心导体球放置于一个带有 +8 μC 电荷的空心导体球壳中心。两导体都处于静电平衡状态。求导体球壳内、外表面所带电量，并画出电场线的分布图。

分析 这里可以利用前面得到的有关处于静电平衡的导体的所有结论以及电场线的性质。

解 首先分析处于内部的球体，由前面的结论 2 可得，实心导体球所带的所有电量都分布在球体表面。内球和外球壳是同心的，由对称性可知，电荷均匀分布在内球的表面上。由于电场线终止于负电荷，所以内球外的电场线如图 16.30 所示。

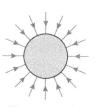

图 16.30 实心球外的电场线。

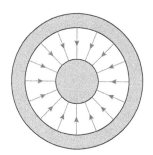

图 16.31 球壳内的电场线。球壳外的电场线没有画出。

例 16.6 续

这些电场线起始于哪里呢？由于处于静电平衡的导体内部不存在电场线（结论5），这些电场线只能起始于外球壳的内表面。球壳内的电场线如图16.31所示。由于起始于球壳内表面和终止于内球的电场线的数量相同，而内球表面带有 −16 μC 的电荷，因此球壳内表面带有 +16 μC 的电量。

球壳上所带电荷只能分布在球壳的表面上（结论2），而球壳所带的净电量为 +8 μC，因此球壳外表面所带电量为 −8 μC（$Q_{net}=Q_{inner}+Q_{outer}$）。现在就能画出球壳外的电场线分布。由于球壳外表面带负电，由对称性，球壳外部的电场线沿径向均匀分布且指向球心。因为球壳外表面所带电量大小是内表面的一半（8 μC 而不是 16 μC），所以只需画出与球壳内电场线数量的一半。整个的电场线分布如图16.32所示。

讨论　如果球体不同心，或者导体的形状不是球对称的，那么在每个表面上电荷的分布就不是均匀的，我们也就不能详细获知如何画出电场线，但是关于每个表面上的净电荷仍然可以得到同样的结论。虽然不能确知如何画出电场线，但是仍然可以得到起始于空心导体内表面的每一条电场线都会终止于其内部实心导体的表面，所以它们所带的电量等量异号。又由所有净电荷只能分布在导体表面，就能得到空心导体外表面所带的电量。

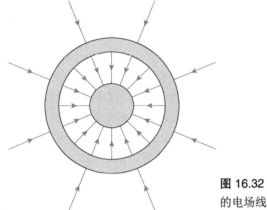

图 16.32　整个空间的电场线分布图。

练习题 16.6　空心导体内部的点电荷

一个点电荷位于空心导体的内部空腔中。空心导体的内外表面分别带有 +5 μC 和 +8 μC 的电量。点电荷电量是多少？

图 16.33　威斯康星州一座维多利亚时代的建筑受到精致的避雷针的保护。

图 16.34　静电除尘器。除尘室中有一对极性相反的金属极板。带正电的极板上装有用于电离空气的针状电极。针状电极附近的电场足够强，能够使空气分子电离。粉尘通过和离子接触而带上正电。两极板之间的电场使带正电的粉尘粒子朝着带负电的收集极板运动。当足够多的粉尘物质积累在收集极板之上之后，就会掉入除尘室的底部而很容易被清除掉。

应用：避雷针　避雷针（富兰克林发明）常见于高大建筑及古老农舍的顶部（见图16.33）。避雷针的顶端非常尖锐。当经过的雷雨云将电荷吸引到避雷针的顶端时，尖端处强的电场将使附近的空气分子电离。中性的空气分子在移动时不能传输净电荷，但是电离的空气分子可以。因此电离可以使建筑物上的电荷通过空气慢慢释放掉，而不至于使电荷积累到一个引发危险的程度。如果避雷针的顶端不是尖的，其产生的电场就有可能不够大而不能电离空气。

应用：静电除尘器　电场的一个直接应用就是静电除尘器——一种减少由工业烟囱排放的空气污染物的设备（见图16.34）。许多工业过程，如发电厂中化石燃料的燃烧，都释放包含粉尘的废气到空气中。为了减少粉尘的排放，通常让废气在进入烟囱前先经过除尘室。许多家用空气净化器也是静电除尘器。

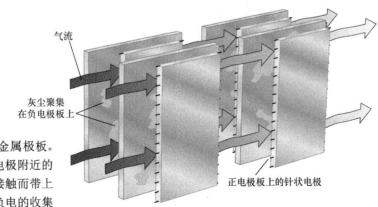

16.7　电场的高斯定理

以德国数学家卡尔·弗里德里希·高斯（1777—1855）命名的高斯定理，是描述电场基本性质的非常重要的物理规律。它将一任意闭合曲面上的电场和闭合曲面内所包围的净电荷联系起来。一个**闭合曲面**包围了一定的空间体积，空间也因此被闭合曲面分成内外两部分。例如，一个球面就是一闭合曲面，但一个圆就不是闭合曲面。高斯定理告诉我们：并不需要去看"盒子"里面，只需要看有多少条电场线穿入或者穿出盒子，就能知道盒子里面包含多少电荷。

如果盒子里面没有电荷，那么穿进和穿出盒子的电场线的条数相同，这是因为盒子里不存在电场线起始或终止的地方。即使盒子里存在电荷，但只要净电荷为零，起始于正电荷的电场线和终止于负电荷的电场线条数相同，穿进和穿出盒子的电场线数目同样相等。如果盒子里包含正的净电荷，就一定会有起始于正电荷的电场线穿出盒子，此时穿出盒子的电场线多于穿入盒子的电场线条数。如果盒子里包含负的净电荷，一些电场线就会穿入盒子并终止于负电荷，此时穿入盒子的电场线多于穿出盒子的电场线条数。

电场线是分析电场时一种非常有用的形象化工具，但它并不是一种定量的标准方法。为了使高斯定理实用化，需要用数学公式将其表达出来，这样就不再涉及电场线的数量。为了描述高斯定理，需要满足两个条件。第一，必须找到一个与穿出闭合曲面的电场线条数成正比的数学量。第二，为了求解正比系数，必须将其包含在一个方程中。

在 16.4 节中曾经讲过，电场的大小与穿过单位横截面积的电场线条数成正比：

$$E \propto \frac{电场线条数}{横截面积}$$

如果面积为 A 的平面处处与大小为 E 的均匀电场垂直，那么穿过此平面的电场线条数正比于 EA。由于

$$电场线条数 = \frac{电场线条数}{横截面积} \times 横截面积 \propto EA$$

所以这一关系式只适用于平面处与电场方向垂直的情形。作为对比，可以分析一下雨滴竖直向下落入水桶的情况。如果水桶是向一边倾斜的，落入水桶中的雨水将少于水桶口垂直于雨滴下落方向的情形。一般来说，穿过一个平面的电场线条数正比于电场在垂直于平面方向的分量乘以平面的面积：

$$电场线条数 \propto E_\perp A = EA\cos\theta$$

如图 16.35a 所示，这里 θ 是电场线与平面法线（与平面相垂直的线）之间的夹角。同样，图 16.35b 显示穿过平面的电场线条数与穿过面积为 $A\cos\theta$ 的平面的电场线条数相等，而后一平面垂直于电场方向。

与穿过平面的电场线条数成正比的数学量被称为**电场通量**，符号 Φ_E。

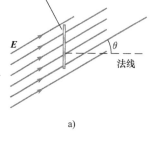

a)

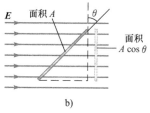

b)

图 16.35 a）穿过矩形平面的电场线（侧视图）。电场线与法线（与平面相垂直的线）之间的夹角为 θ。b）穿过面积为 A 的平面的电场线条数与穿过面积为 $A\cos\theta$ 的垂直平面的电场线条数相等。

通量的定义

$$\Phi_E = E_\perp A = EA_\perp = EA\cos\theta \qquad (16\text{-}8)$$

对于闭合曲面，当穿出电场线多于穿入电场线时通量为正，穿入电场线多于穿出电场线时通量为负。当闭合曲面所包围的净电荷为正时，通量为正；而当闭合曲面所包围的净电荷为负时，通量为负。

由于净穿出一闭合曲面的电场线条数与其所包围的净电量成正比，因此高斯定理可写为

$$\Phi_E = 常数 \times q$$

这里 q 表示闭合曲面所包围的净电荷。在例 16.7 中将证明比例系数为 $4\pi k = 1/\varepsilon_0$，因此有

高斯定理

$$\Phi_E = 4\pi k q = q/\varepsilon_0 \tag{16-9}$$

例 16.7

穿过球面的通量

一球面半径为 r=5.0 cm，其球心处放置一点电荷 q=-2.0 μC。求穿过此球面的通量为多少？

分析 有两种方法可以求出通量。一种方法是通过库仑定律求出电场分布，再根据通量的定义来求出穿过球面的通量；另一种方法是通过高斯定理来求解。

解 与点电荷相距 r 处的电场为

$$E = \frac{kq}{r^2}$$

点电荷为负，因此电场方向沿径向向内。由于点电荷位于球心，点电荷与球面上各点距离相等，所以在球面上电场大小处处相等。此外，电场处处与球面垂直（对球面上每一点有 θ=0）。因此，

$$\Phi_E = EA = \frac{kq}{r^2} \times 4\pi r^2 = 4\pi k q$$

这正是高斯定理所给出的。通量与球的半径无关，这是因为无论球面半径是大是小，所有的电场线都会穿过球面。这里 q

为负，得到的通量也为负。由于电场线是穿入球面的，因此这一结果也是正确的。这里

$$\Phi_E = 4\pi k q = 4\pi \times 9.0 \times 10^9 \frac{N \cdot m^2}{C^2} \times (2.0 \times 10^{-6} C)$$
$$= -2.3 \times 10^5 \frac{N \cdot m^2}{C}$$

讨论 这里能够直接求出电场通量，是因为电场的大小在球面上处处相等，且电场方向处处垂直于球面。但是，由高斯定理可以得到穿过任意闭合曲面的通量，只要闭合曲面包含了同一电荷，不管它的形状和大小如何变化，通量的大小一定不变。

练习题 16.7　通过立方体一面的电场通量

一个 -2.0 μC 的点电荷放置于一个立方体的中心处，求穿过立方体其中一面的电场通量为多少？［提示：在所有的电场线中，有几分之一会穿过立方体的一个面？］

利用高斯定理求解空间电场分布

如前所述，如果给出闭合曲面上各处的电场分布，可利用高斯定理求出闭合曲面内部所包围的净电荷。而高斯定理更多地被用于根据电荷分布来求空间电场的分布。为什么不直接利用库仑定律来求解空间电场分布呢？这是因为在许多情形下都存在大量的电荷，它们可以被看作连续地分布在一条线上、一个面上或者一个体积内。从微观上看，电荷仍然是基本电荷的整倍数，但是由于存在大量的电荷，因此可以近似认为电荷是连续分布的。

对于电荷连续分布的情形，定义**电荷密度**对于描述电荷分布通常是非常方便

的。这里定义了三种电荷密度：

- 如果电荷分布在某一体积内，可定义单位体积内的电荷为体电荷密度（符号 ρ）。
- 如果电荷分布在某二维曲面上，可定义单位面积的电荷为面电荷密度（符号 σ）。
- 如果电荷分布在一维直线或曲线上，可定义单位长度的电荷为线电荷密度（符号 λ）。

如果问题具有足够的对称性，可以获知电场线的分布，那么就可以利用高斯定理来求解空间的电场分布。例 16.8 对这一方法进行了讨论。

例 16.8

长直带电细线附近的电场分布

电荷均匀分布在一条长直细线上。线上单位长度所带电荷恒定为 λ。求距离细线 r 处电场的大小，假设此处与线的两端相距很远。

分析　空间任一点的电场都是线上所有电荷产生电场的叠加。由库仑定律可知，带电线上与所求位置处距离较近的电荷对合电场的贡献最大，而距离较远的电荷对合电场的贡献按 $1/r^2$ 的规律减小。如果只考虑距离带电线较近位置处的电场，此处与带电线的两端就相距很远，这种情形下可假设带电线是无限长的，也能近似得到正确的结果。

这一简化会增加更多的电荷吗？如果利用高斯定理来求解电场分布，电荷分布具有对称性的情形比缺乏对称性的情形要简单得多。一无限长均匀带电直线上的电荷分布具有轴对称性。这里首先画出电场线，可以从其对称性分析出电场分布。

解　首先画出无限长带电直线的电场线。电场线应起始于或者终止于带电线（这由所带电荷的正负决定）。接下来电场线会如何呢？唯一的可能性就是电场线沿着径向离开（或者指向）带电线。图 16.36a 中分别画出了带正电荷和带负电荷时的电场线。从所有方向观察带电线都是一样的，因此电场线不可能如图 16.36b 中所示为圆环形：如果是圆环形，那该如何确定电场线的方向呢？同样，电场线也不可能如图 16.36c 中所示为平行于带电线的直线：如果是这样的直线，电场线的方向应该是向左还是向右呢？带电线从两个方向看是完全一样的。

一旦确定电场线是沿径向的，下一步就是选择闭合曲面。如果电场在所选曲面上大小处处相等，而电场方向或者垂直于或者平行于曲面，那么利用高斯定理就非常容易处理。选择一个以带电线为轴线、半径为 r 的圆柱体，由于电场线沿径向，因此电场线处处与圆柱面垂直（见图 16.37）。由于柱面上每一点与带电直线的距离相等，因此柱面上电场的大小处处相等。这里需要考虑一个闭合曲面，因此圆柱体的两个圆形底面也应该包括进来。由于电场线并不穿过两个底面，因此通过底面的电场通量为零，也可以说，电场在柱体轴线方向的分量为零。

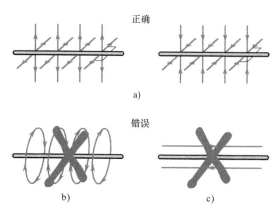

图 16.36　a）一条长直带电线发出的电场线，沿着径向向外或者向内；b）假想的环绕带电直线的圆环状电场线；c）假想的平行于带电直线的电场线。

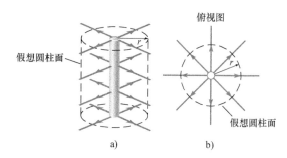

图 16.37　a）长直带电线发出的电场线垂直于以带电线为轴线的假想圆柱体的圆柱面。b）圆柱体和电场线的俯视图：电场线垂直于圆柱面，平行于圆柱体的两个圆形底面。

由于电场垂直于圆柱面，且在柱面上各处大小相等，因此穿过柱面的通量为

$$\Phi_E = E_r A$$

这里 E_r 为电场的径向分量。如果电场沿径向向外，E_r 为正，反之，如果电场沿径向向内，E_r 则为负。A 是半径为 r 的圆柱面的面积。那么圆柱面的长度是多少呢？由于圆柱体是假想

例 16.8 续

的，因此可设其长度为任意值，用 L 表示。则圆柱面的面积为（见附录 A.6）

$$A = 2\pi r L$$

有多少电荷被圆柱体所包围呢？带电线单位长度所带的电量为 λ，长度为 L 的带电线位于圆柱体内部，因此圆柱体包围的电量为

$$q = \lambda L$$

此电荷可为正也可为负。根据高斯定理和通量的定义，得

$$4\pi k q = \Phi_E = E_r A$$

将面积 A 和 q 的表达式代入高斯定理得

$$E_r \times 2\pi r L = 4\pi k \lambda L$$

解出 E_r 为

$$E_r = \frac{2k\lambda}{r}$$

当 $\lambda > 0$ 时，电场方向沿径向向外；当 $\lambda < 0$ 时，电场方向沿径向向内。

讨论 电场的最终表达式与假想圆柱体的任意长度 L 无关。如果 L 出现在答案里，一定是什么地方出现了错误。

可以通过量纲来检查最后的结果：λ 是单位长度所带电量，它的国际单位制单位是

$$[\lambda] = \frac{C}{m}$$

常数 k 的国际单位制单位是

$$[k] = \frac{N \cdot m^2}{C^2}$$

因子 2π 没有单位，r 表示距离，因此

$$\left[\frac{2k\lambda}{r}\right] = \frac{C}{m} \times \frac{N \cdot m^2}{C^2} \times \frac{1}{m} = \frac{N}{C}$$

这正好是电场的国际单位制单位。

电场随距离的增大而反比减小（$E \propto 1/r$）。注意，这是否与库仑定律（$E \propto 1/r^2$）相矛盾呢？答案当然是否定的，因为库仑定律所描述的是距离点电荷为 r 处的电场。而这里电荷分布在一条线上。电荷在空间的不同分布使电场线分布发生了改变（电场线是相对于空间一条直线沿径向向外，而不是相对于空间一点），当然电场与距离之间的关系也随之发生改变。

练习题 16.8　计算中用哪个面积

在例 16.8 中，圆柱的面积表示为 $A = 2\pi r L$，这只是圆柱的侧面面积。圆柱体总的表面积也应包含两个底面的面积：$A_{total} = 2\pi r L + 2\pi r^2$。为什么在计算通量时没有考虑圆柱体的两个底面积呢？

本章提要

- 库仑定律给出了一个点电荷受到另外一个点电荷的电力。电力的大小为

$$F = k\frac{|q_1||q_2|}{r^2} \qquad (16\text{-}2)$$

这里库仑常数为

$$k = 8.99 \times 10^9 \, \frac{N \cdot m^2}{C^2} \qquad (16\text{-}3a)$$

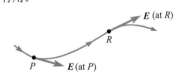

- 一个点电荷所受另外一个点电荷施加电力的方向或者是指向施力电荷（两电荷异号）或者是指向远离施力电荷（两电荷同号）。
- 电场（符号为 E）定义为单位电荷所受电力。它是一个矢量。
- 如果一个点电荷 q 处于其他电荷产生的电场 E 中，则此点电荷受到的电场力为

$$F_E = qE \qquad (16\text{-}4b)$$

- 电场的国际单位制单位为 N/C。
- 电场线对于描述电场非常有用。
- 空间某点电场方向沿着电场线在该点处的切线方向，并指向电场线上箭头的方向。
- 电场线密集的区域电场强，电场线稀疏的区域电场弱。
- 电场线永不相交。
- 电场线起始于正电荷，终止于负电荷。

本章提要续

- 正电荷发出的（或终止于负电荷的）电场线条数正比于电荷的大小。
- 电场叠加原理指出：电荷系在空间某点产生的合电场，是每个电荷单独存在时在该点产生电场的矢量和。
- 面积为 A 的带有等量异号电荷 $\pm Q$ 的平行金属极板间的均匀电场大小为

$$E = \frac{Q}{\varepsilon_0 A} \qquad (16\text{-}6)$$

电场方向垂直于平板并从正极板指向负极板。

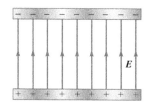

- 电通量：

$$\Phi_E = E_\perp A = EA_\perp = EA\cos\theta \qquad (16\text{-}8)$$

- 高斯定理：

$$\Phi_E = 4\pi kq = q/\varepsilon_0 \qquad (16\text{-}9)$$

思考题

1. 由于牛顿的万有引力定律和库仑定律具有相似性，一个朋友提出如下观点：可能根本就不存在引力相互作用。而我们所说的万有引力可能就是一种作用在几乎是、但又不完全是电中性的物体间的电力。尽量列举事例反驳此观点。

2. 解释当实心金属导体处于静电平衡时，净电荷为什么分布在导体外表面，而不是均匀分布在整个导体体积内。

3. 一个金属球开始不带电，在和一个带电棒接触后带上了正电荷。（a）和带上电荷之前比较，金属球的质量是变大了、变小了还是没有改变？解释原因。（b）带电棒上所带的是何种电荷？

4. 电子设备多是封装在金属外壳内的。金属外壳的一个功能就是屏蔽外电场，使内部的电子元件不受影响。（a）静电屏蔽的原理是什么？（b）为什么对恒定电场或者缓慢变化的电场的屏蔽效果好于变化迅速的电场？（c）解释为什么不可能用类似的方法来屏蔽万有引力。

5. 实验伙伴交给你一个玻璃棒并问你它上面是否带有负电荷。实验室中有一验电器。你如何判断玻璃棒是否带电？你能判断出电荷的符号吗？如果玻璃棒开始时带电，当你检测出结果时它所带的还是原来的电荷吗？解释原因。

6. 如下的假想反应显示一个中子（n）衰变成一个质子（p^+）和一个电子（e^-）：

$$n \rightarrow p^+ + e^-$$

反应前并不存在电荷，但反应后似乎电荷被"制造"出来。这一反应是否违背电荷守恒定律呢？解释原因。（27.3 节中将讲到一个中子不只是衰变成一个质子和一个电子，衰变产物中还包括第三个电中性的粒子。）

7. 运送易燃易爆气体的货车都有导电的链条或者带子拖在地上，或者它使用的是特殊的导电轮胎（一般的轮胎是绝缘体）。解释为什么链条、带子或者导电轮胎在这里是必需的。

8. 验电器由导电球、导电电极和两个金属箔组成（见图16.10）。验电器初始不带电。（a）用一带正电的棒接触验电器的导电球后移开。金属箔将发生什么变化？它们将带上什么电荷？（b）然后将另外一个带正电的棒移近导电球但不接触导电球。将观察到什么现象？（c）将此带正电的棒移开，再将一带负电的棒移近导电球，此时又会观察到什么现象？

9. 将一带负电的棒移近一接地导体，然后断开接地线，再移走带电棒。导体上是带正电、负电还是不带电？解释原因。

10. 通量（flux）这个词语源自拉丁语中的"流动（to flow）"。物理量 $\Phi_E = E_\perp A$ 与流动有什么关系？图中显示了管道中的水流动的流线。流线实际上就是速度场的场线。那么 $v_\perp A$ 的物理意义是什么？有时，物理学家把正电荷称为电场的源，而负电荷称为电场的汇，为什么？

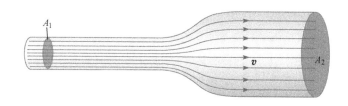

11. 考虑一包含 Q_1 和 Q_2 但不包含 Q_3 和 Q_4 的闭合曲面。（a）哪些电荷对 P 点的电场有贡献？（b）如果用 Q_1 和 Q_2 产生的电场来计算通过闭合曲面的通量，其结果是大于、小于还是等于用总电场计算得到的结果？

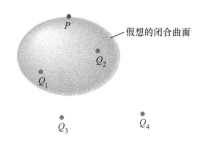

选择题

🔘 学生课堂应答系统题目

1. 一 α 粒子（电量 $+2e$、质量 $4m_p$）撞向一个质子（电量 $+e$、质量 m_p）。假设除静电斥力外没有其他相互作用。下列关于两个粒子的加速度的描述哪一个是正确的？

(a) $a_\alpha = a_p$　(b) $a_\alpha = 2a_p$　(c) $a_\alpha = 4a_p$　(d) $2a_\alpha = a_p$

(e) $4a_\alpha = a_p$　(f) $a_\alpha = -a_p$　(g) $a_\alpha = -2a_p$　(h) $a_\alpha = -4a_p$

(i) $-2a_\alpha = a_p$　(j) $-4a_\alpha = a_p$

2. 🔘 空间某点的电场反映了：

(a) 位于该点的物体所带的总电荷。

(b) 位于该点的任意带电物体所受的电力。

(c) 位于该点的物体的荷质比。

(d) 位于该点的点电荷单位质量所受的电力。

(e) 位于该点的点电荷单位电荷所受的电力。

3. 彼此靠近的一带电绝缘体与一不带电的导体

(a) 不存在电力相互作用。

(b) 相互电排斥。

(c) 相互电吸引。

(d) 吸引或者排斥，这取决于所带电荷的正负。

4. 下列关于电力和万有引力比较的叙述，哪些是正确的？

(a) 两个点电荷之间电力作用的方向与它们之间引力作用的方向是一致的。

(b) 两个粒子间相互作用的电力和万有引力都和其间距成反比。

(c) 一个行星对另外一个行星的电力作用通常比它们之间的万有引力作用强。

(d) 以上都不对。

5. 🔘 在图中，按照电场强度增加的顺序将 $1\sim4$ 点排列起来。

(a) 2, 3, 4, 1

(b) 2, 1, 3, 4

(c) 1, 4, 3, 2

(d) 4, 3, 1, 2

(e) 2, 4, 1, 3

计算题

🔘 综合概念/定量题

🔘 生物医学应用

◆ 较难题

16.1　电荷；16.2　电导体和绝缘体

1. 求 1.0 mol 水中所包含的所有质子的总电量。

2. 🔘 一个气球，初始不带电，将其与毛皮摩擦使其带上 -0.60 nC 的净电荷。（a）假设摩擦过程中只有电子能发生转移，那么气球是失去了电子还是得到了电子？（b）有多少

↑ 电子发生了转移？

3. 🔘 将正电棒移近两个大小相同且彼此接触的不带电的导体球（图a）。然后将两球彼此分开再把带电棒移走（图b）。（a）图b中球1所带的净电荷的极性是什么？（b）与球1所带电荷相比较，球2上所带电荷的数量和极性是什么？

4. 一金属球A带有电荷 Q。另外两个与球A完全相同的金属球B和C不带电。先使A和B相接触，然后分开，再使B与C相接触，然后分开。最后，使C和A相接触，然后分开。球C和球B接触时接地，球C在其他时候不接地。最后每个球上所带的电荷量是多少？

16.3　库仑定律

5. 在以下五种情形中，两个点电荷（Q_1, Q_2）之间距离用 d 表示。将这五种情形按照 Q_1 所受的电力从大到小的顺序排列起来。

(a) $Q_1 = 1$ μC, $Q_2 = 2$ μC, $d = 1$ m

(b) $Q_1 = 2$ μC, $Q_2 = -1$ μC, $d = 1$ m

(c) $Q_1 = 2$ μC, $Q_2 = -4$ μC, $d = 4$ m

(d) $Q_1 = -2$ μC, $Q_2 = 2$ μC, $d = 2$ m

(e) $Q_1 = 4$ μC, $Q_2 = -2$ μC, $d = 4$ m

6. 两个小的金属球相距 25.0 cm。两个金属球带有等量的负电荷，它们间的排斥力大小为 0.036 N。每个球所带的电量是多少？

7. 要使两个 5.0 kg 的铜球间的静电排斥力和万有引力大小相等，必须从每个铜球上移走多少个电子？

8. 两个金属球具有相同的质量 m 并带有相同的电量 q，两球间距远大于球半径。当它们之间的万有引力和电场力相互平衡时，球的电荷量和质量的比值 q/m 是多少 C/kg？

9. 两个点电荷相距 r，彼此间的排斥力为 F。如果它们之间的间距减小到原来的 0.25 倍，它们间排斥力的大小为多少？

10. 🔘 DNA 分子中，碱基对腺嘌呤和胸腺嘧啶之间通过两个氢键结合在一起（见图 16.5）。假设每个氢键可以看成是一条直线上四个点电荷。利用图中所示信息计算一条碱基对另外一条碱基的合电力的大小。

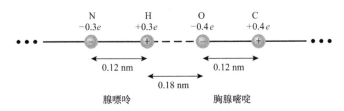

11. 三个点电荷分别位于直角三角形的三个顶点上，如图所示，其中 $+1.0$ μC 的电荷受到另外两个电荷的合电力是多少？

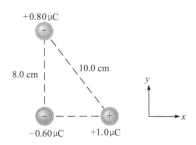

12. ◆ 总电量 7.50×10^{-6} C 分布在两个小的金属球上。如果两球相距 6.00 cm，它们间的排斥力为 20.0 N。问每个球上所带的电量是多少？

16.4　电场

13. 一个带电量为 -0.60 μC 的小球放置于一匀强电场中，电场的大小为 1.2×10^6 N/C，电场方向向西。求小球所受的电场力的大小和方向。

14. 电场的大小为 33 kN/C，方向竖直向上，求在其中的质子的加速度的大小和方向。

15. 两个点电荷，分别带有 -15 μC 和 $+12$ μC 的电量，彼此相距 8.0 cm。求它们之间中点处的电场的大小和方向。

16. 按照电场从大到小的顺序将图中的 $A \sim E$ 点排列起来。

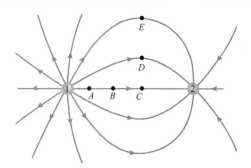

计算题 17–19。 正的点电荷 q 和 $2q$ 分别位于 $x=0$ 和 $x=3d$ 处。

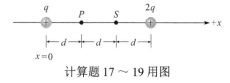

计算题 17 ～ 19 用图

17. $x=d$（点 P）处的电场是多少？
18. 是否存在不在 x 轴上的点，此点处电场 $E=0$？请解释原因。
19. 求 x 轴上电场 $E=0$ 的点的位置。
20. 画出两个孤立且相同的（a）正点电荷及（b）负点电荷附近的电场线，用箭头标示电场的方向。

计算题 21—22。

如图所示，两个带有相同的电量 7.00 μC 的小物体位于边长为 0.300 m 的正方形的两个顶点上。

21. 求正方形中心 C 点的电场。

22. ◆ 在什么位置放置第三个带相同电荷的小物体，就能使正方形顶点 A 处的电场为 0？

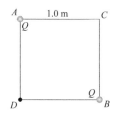

23. 两个相同电荷（$Q = +1.00$ nC）位于边长为 1.0 m 的正方形的对角线顶点 A 和 B 处，求 D 点的电场大小。

24. 两个点电荷 $q_1 = +20.0$ nC 和 $q_2 = +10.0$ nC，分别位于 x 轴上 $x=0$ 和 $x=1.00$ m 的位置，问 x 轴上什么位置电场为零？

16.5　点电荷在匀强电场中的运动

25. 在如下六种情形中，一个带电粒子（质量 m、电量 q）处于电场大小为 E 的电场中的一点，除电场力外不存在其他作用力。将下列六种情形按照粒子加速度从大到小的顺序排列起来。

 （a）$m = 6$ pg, $q = 5$ nC, $E = 40$ N/C
 （b）$m = 3$ pg, $q = -5$ nC, $E = 40$ N/C
 （c）$m = 3$ pg, $q = -10$ nC, $E = 80$ N/C
 （d）$m = 6$ pg, $q = -1$ nC, $E = 200$ N/C
 （e）$m = 1$ pg, $q = 3$ nC, $E = 300$ N/C
 （f）$m = 3$ pg, $q = -1$ nC, $E = 100$ N/C

26. 电子沿着水平方向射入带有相反电荷的平行金属板之间空间，金属板间的电场为 500.0 N/C，方向向上。（a）在电场中，电子所受的力为多大？（b）如果电子离开金属板时在竖直方向的偏移为 3.00 mm，其由于电场作用而增加的动能为多大？

27. 一个质量为 2.30 g、电量为 $+10.0$ μC 的带电粒子以 8.50 m/s 的速度和 55.0° 的角度通过金属板上的小孔从下面射入到金属板上面的区域，如图所示。所进入区域为匀强电场，电场的大小为 6.50×10^3 N/C，方向向下。金属板上面区域为真空，不存在空气阻力。（a）在计算粒子在水平方向的位移时是否可以忽略重力的影响？为什么？（b）粒子在打到金属板前移动的距离 Δx 为多少？

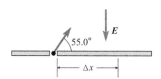

28. ◆ ☢ 某些肿瘤可以用质子疗法进行处理。这种疗法中质子束首先被加速到具有较高的能量，然后被引向肿瘤并与其发生碰撞，杀死其中的恶性细胞。假设一质子加速器长 4.0 m，如要使质子从静止开始被加速到 1.0×10^7 m/s，忽略相对论效应（见 26 章），求平均电场的大小。

29. 电子束经过例 16.4 中的阳极后具有 8.4×10^6 m/s 的速度。此后电子从一对平行带电板（如图 16.25 中（A）所示）之间通过，平行板面积为 2.50 cm×2.50 cm，板间距为 0.50 cm，板间匀强电场的大小为 1.0×10^3 N/C。（a）电子束在平行板中沿着什么方向偏转？（b）通过平行板后电子束被偏转了多少距离？

16.6 处于静电平衡的导体

30. 一导体球带有 -6 μC 的电量，并置于一带有 +1 μC 的导体球壳的中心，如图所示。导体组处于静电平衡。求导体球壳外表面上所带电量。[提示：画出电场线分布图。]

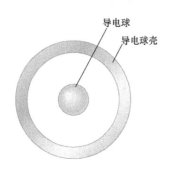

导电球
导电球壳

31. ◆ 一导体空腔处于静电平衡，其内部空腔内有两个点电荷：$q_1 = +5$ μC，$q_2 = -12$ μC。导体上所带净电量为 -4 μC。问：（a）导体内表面所带电量为多少？（b）导体外表面所带电量为多少？

32. 两个半径都为 R 的金属球带有等量异号的电荷。其附近没有其他电荷。画出金属球中心间距约为 $3R$ 时的空间电场线分布。

33. ◆ 一导体球置于一导体球壳内部中心处，导体组处于静电平衡。内球半径为 1.50 cm，外部球壳的内径为 2.25 cm，外径为 2.75 cm，如图所示。如果内球带有 230 nC 的电量，而外球壳带电为 0。（a）距离中心 1.75 cm 处的电场的大小为多少？（b）距离中心 2.50 cm 处的电场的大小为多少？（c）距离中心 3.00 cm 处的电场的大小为多少？[提示：处于静电平衡的导体内部的电场是多少？]

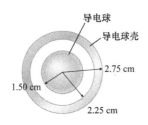

导电球
导电球壳
2.75 cm
1.50 cm
2.25 cm

16.7 电场的高斯定理

34. （a）求通过边长为 a 的立方体的每一面的电通量的大小，假设电场为匀强电场，大小为 E，方向垂直于立方体的两个面。（b）通过立方体的总的电通量为多少？

35. 一带有 0.890 μC 电量的物体位于立方体中心。求通过立方体的每个面的电通量为多少？

36. （a）利用高斯定理证明具有球对称分布的电荷外部的电场与所有电荷都集中在球心的点电荷的电场相同。（b）利用高斯定理证明具有球对称分布的电荷内部的电场为 0，假设所求电场处与中心之间的球状空间内不存在电荷。

37. ◆ 一个电子悬在距离一均匀带电线 1.20 cm 的位置，忽略边沿效应，求线电荷带电的线密度为多少？

38. ◆ 一个导体平板的面积为 A，每个表面带有 q 的电量。（a）导体平板内的电场为多少？（b）利用高斯定理证明平板外的电场为 $E = q/(\varepsilon_0 A) = \sigma/\varepsilon_0$。

39. ◆ 同轴电缆由半径为 a 的中央导线和环绕中央导线的半径为 b 的外部金属柱层组成。中央导线均匀带电，线密度 $\lambda > 0$，外部柱层同样均匀带电，线密度为 $-\lambda$。（a）画出电缆的电场线分布图。（b）求出 $r \leq a$，$a < r < b$ 和 $b \leq r$ 三个区域内的电场大小的表达式。

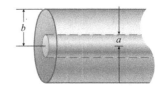

合作题

40. 雷雨中，正负电荷是通过复杂的机理最终利用太阳提供的能量被分开。雷雨云所带电荷的简化模型可以用一对点电荷代表，雷雨云的上层积累了正电荷，下层积累了负电荷，如图所示。（a）两个点电荷在地球表面上一点 P 处产生的场的大小和方向是什么？（b）将地球看成是导体，什么符号的电荷将被感应到地球表面 P 点附近？（这一感应电荷将增大 P 点附近的电场。）

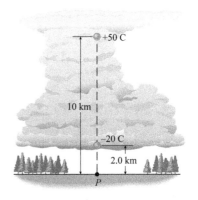

+50 C
10 km
-20 C
2.0 km
P

41. Ⓒ 两个金属球半径为 5.0 cm，分别带有 +1.0 μC 和 +0.2 μC 的净电量。（a）如果其两球中心相距 1.00 m 时，其间电排斥力的大小约为多少？（b）当两球相距 12 cm 时，为什么不能用库仑定律来计算两球之间的排斥力？（c）当两球相距 12 cm 时，实际的排斥力比起用库仑定律计算的结果是偏大还是偏小？为什么？

42. ◆Ⓒ（a）如果用电力代替万有引力，地球要继续在原有轨道上绕太阳运动，太阳和地球上要带的净电量为多少？（假设所带的电量的多少与质量成正比。）（b）如果质子和电子的电量不完全相等，宇宙星体就会带有与其质量近似成正比的净电量。这能解释为什么地球绕着太阳运动吗？

综合题

43. 如果两质子（电量 +e）相距 2.0×10^{-15} m（如在原子核中）。其静电力的大小与多大质量的物体在地球表面所受的重力相同？

44. 雷雨云中的一个雨滴带有 $-8e$ 的电量。雨滴处的电场（云中其他电荷产生的）的大小为 2.0×10^6 N/C，方向向上，那么雨滴所受的电场力的大小为多少？

45. 一点电荷 $q_1 = +5.0$ μC 位于 $x = 0$ 处，第二个点电荷 $q_2 = -3.0$ μC 位于 $x = -20.0$ cm 处。将第三个点电荷 $q_3 = -8.0$ μC 置于何处时，q_2 和 q_3 对 q_1 的合力为 0？

46. 两个点电荷位于 x 轴上：一个点电荷电量为 +6.0 nC，位于 $x = 0$ 处，另一个点电荷电量 q 未知，位于 $x = 0.50$ m 处。周围不存在其他电荷。如果 $x = 1.0$ m 处电场为 0，求 q 的大小为多少？

47. 一个 63.0 nC 的电荷距离另一个 -47.0 nC 的电荷 3.40 cm。求在 63.0 nC 电荷的正

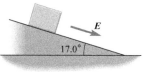

上方距离 1.40 cm 处的 P 点的电场的 x 和 y 分量为多少？P 点和两个电荷分别位于直角三角形的三个顶点上，如图所示。

48. 在阴极射线管中，电子从静止开始被大小为 4.0×10^5 N/C 的电场加速，加速距离为 5 cm，然后以恒定速度经过 45 cm 距离到达显示屏。(a) 求电子到达显示屏时的速度。(b) 电子在阴极射线管中经历的时间是多少？

49. ◆ 一个小的带电物体质量为 2.35 g，放置在一个与水平方向夹角为 17.0° 的无摩擦的绝缘斜面上，如图所示。空间存在一匀强电场，大小为 465 N/C，方向沿着斜面向下。带电物体正好能停在斜面上，求物体所带电量的大小和符号是什么？

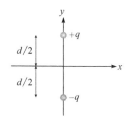

50. 电偶极子由相距为 d 的两个等量异号点电荷组成（$\pm q$）。

(a) 求电偶极子轴上 $(0, y)$ 处的电场，其中 $y > \frac{1}{2}d$。(b) 当 $y \gg d$ 时，通过近似写出电场的简化表达式，此时电场与 y 的几次方成正比？这与库仑定律相矛盾吗？[提示：利用二项式近似公式 $(1 \pm x)^n \approx 1 \pm nx$，$x \ll 1$。]

练习题答案

16.1　7.5×10^{10} 个电子

16.2　当带正电的棒移开时，验电器上的自由电子将更均匀地

分散开来。由于两片金箔上所带的净的正电荷减少，因此它们分开的距离将减小。

16.3　(a) 在球壳内部，电场线起始于位于球壳内表面的正电荷，并沿着径向终止于位于球壳中心的负电荷上。

(b) 在球壳外部，可以想象成所有的正电荷 $+Q$ 都集中在球心处，并与球心处的点电荷 $-Q$ 相抵消。这样球壳外部区域的电场 $E = 0$。球壳上的正电荷在球壳内部不产生电场（如同在例题中得到的一样），所以球壳内部的电场就是由点电荷 $-Q$ 产生的。

16.4　2.3×10^5 m/s 向右

16.5　质子向下偏转，但是由于质子的质量（$m_p = 1.673 \times 10^{-27}$ kg）比电子的质量要大得多，因此其加速度就小得多。质子垂直向下的加速度为 4.36×10^{11} m/s²。质子在板间运动 5.00×10^{-9} s 后其在 y 方向的位移为 5.44×10^{-6} m，或 5.44×10^{-4} cm。质子在离开板间区域之前几乎没有被偏转。

16.6　-5 μC

16.7　-3.8×10^4 N·m²/C

16.8　在圆柱形的两个底面上，电场 E 的方向平行于底面，所以电场 E 垂直于底面的分量为零，穿过底面的通量为零。没有电场线穿过圆柱形的两个底面。

检测题答案

16.1　由于电荷守恒，玻璃棒和丝绸带有等量异号的电荷。电子带负电，因此丝绸上带负电荷，玻璃棒上带正电荷。4.0×10^9 个电子所带的总电量为 $4.0 \times 10^9 \times (-1.6 \times 10^{-19}$ C$) = -0.64$ nC（纳库）。因此丝绸上所带电量为 $Q_{silk} = -0.64$ nC，玻璃棒上所带电量为 $Q_{rod} = +0.64$ nC。

16.3　(a) 万有引力和电力都是长程力。一个粒子对另外一个粒子的作用力的大小在两种情形下都与粒子间距离有着相同的关系（$F \propto 1/r^2$）。万有引力或电力的大小还分别与两个粒子的质量或电量的乘积成正比。(b) 万有引力总是吸引力，但电力可以是吸引力也可以是排斥力。（也就是说，质量不能为负，但电量既可为正也可为负。）

16.4　(a) 任意一点处的电场矢量的方向都沿着通过该点电场线的切线方向。在 A 点，电场的方向向下（$-y$ 方向）。(b) 电场线稀疏的地方电场较弱。因此 P 点的电场较弱。

16.5　电子的电量为负，因此电子所受的电场力与电场方向相反（$-x$ 方向）。电子以沿着 $-x$ 方向的恒定加速度运动。由于电子初始时沿着 $+x$ 方向运动，因此电子首先被减速直至速度为零，然后转向并沿着 $-x$ 方向做加速运动。

第 17 章

电势

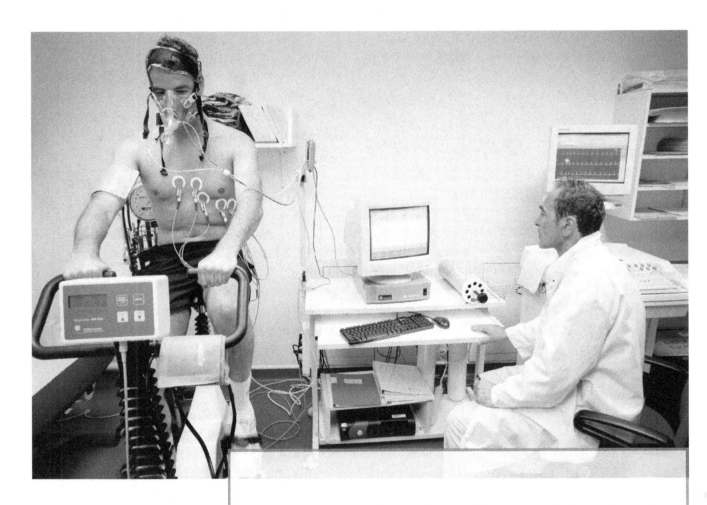

心电图仪（ECG）是医学上用以诊断心脏状况的常用仪器。心电图仪的数据记录在一条曲线上，显示随心跳重复的图形。心电图仪测量的是什么物理量呢？（答案见42页）

生物医学应用

- 心电图仪，脑电图仪和视网膜电图仪（17.2节）
- 神经脉冲信号的传递（17.2节；计算题55）
- 水和DNA中氢键的能量（计算题4,49）
- 细胞膜两侧的电势差（17.2节；例17.11；练习题17.11；计算题53～55）
- 心脏除颤器（例17.12；计算题46）

- 万有引力（2.4 节）
- 万有引力势能（6.4 节和 6.5 节）
- 库仑定律（16.3 节）
- 导体内的电场（16.6 节）
- 极化（16.1 节）

概念与技能预备

17.1　电势能

在第 6 章中，我们学习了万有引力势能——储存在引力场中的能量。**电势能**是储存在电场中的能量（见图 17.1）。对于电势能和万有引力势能，当物体运动时，势能的改变在大小上等于场所做的功，但是符号相反：

$$\Delta U = -W_{\text{field}} \tag{6-8}$$

负号表示当场对物体做正功 W_{field} 时，物体的能量增加了 W_{field}。此增加的能量来自储存的势能。就好像场动用它的"势能银行账户"并把能量"支付"给物体，这样如果力做正功，势能就减少了。

> **链接：**
>
> 势能是储存在场中的能量，以前我们学习了储存在引力场中的能量，这里我们学习储存在电场中的能量。

> **链接：**
>
> 万有引力势能和电势能的一些相似特点如下：
> - 两种情形下，势能都只由物体的位置决定，而与把物体移动到该位置的路径无关。
> - 只有势能的改变具有物理意义，所以我们可以任意规定某一方便的点为零势能点。某一给定情况下的势能分布取决于势能零点位置的选取，但势能的改变却不因势能零点选取位置的不同而不同。
> - 对于两个质点或两个点电荷，通常选取当两个粒子相距无限远时，$U = 0$。
> - 一个粒子作用在另外一个粒子上的万有引力和电场力都与其间距离的平方成反比（$F \propto 1/r^2$）。因此万有引力势能和电势能与粒子间距离的关系也是相同的（$U \propto 1/r$，选取 $r = \infty$ 时，$U=0$）。
> - 一对质点间相互作用的万有引力及其万有引力势能与其质量的乘积成正比：
>
> $$F = \frac{Gm_1m_2}{r^2} \tag{2-4}$$
>
> $$U_{\text{g}} = -\frac{Gm_1m_2}{r} \quad (r = \infty \text{ 时，} U_{\text{g}}=0) \tag{6-14}$$
>
> 一对点电荷间相互作用的电场力及其电势能与其电量的乘积成正比：
>
> $$F = k\frac{|q_1||q_2|}{r^2} \tag{16-2}$$
>
> $$U_{\text{E}} = \frac{kq_1q_2}{r} \quad (r = \infty \text{ 时，} U_{\text{E}}=0) \tag{17-1}$$

正势能和负势能　式（6-14）中的负号表示万有引力总是一种吸引力：如果两个粒子相向运动（r 减小），万有引力做正功，ΔU 为负——部分万有引力势能转变为其他形式的能量。如果两个粒子做彼此远离的运动，万有引力势能增加。

为什么在式（17-1）中没有负号？如果两个电荷符号相反，它们之间的作用力为吸引力。如同在万有引力（吸引力）时的情形，这里电势能为负。两个电荷符号相反时，乘积 q_1q_2 为负，如图 17.2 所示，此时电势能的符号是正确的。如果两个电荷具有相同的符号——都为正或都为负——乘积 q_1q_2 为正。两个同号电荷间的电场力为排斥力，当它们相互靠近时，电势能增加。因此，式（17-1）就自然地在每种情形下都给出了正确的符号。

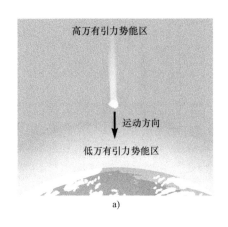 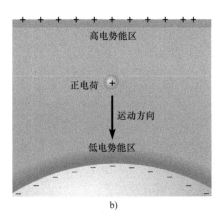

图 17.1 a) 一个物体在引力场中运动，当物体沿着引力的方向运动时，引力势能减小。b) 一个带电粒子在电场中运动，当带电粒子沿着电场力的方向运动，电势能减小。

a)　　　　　　　　　b)

图 17.2 一对质点或点电荷间的势能随其间距离 r 的变化关系。在每种情形下，都选取 $r = \infty$ 时 $U = 0$。对于吸引力的情形，如 a）和 b），势能为负。如果两个粒子从彼此远离（$U = 0$）开始，它们能自发地相互靠近，此时势能减小。对于排斥力的情形 c），势能为正。如果两个粒子从彼此远离开始，只有通过外力做功才能将它们推到一起，此时它们的势能增加。

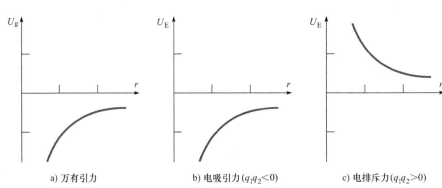

a) 万有引力　　　　b) 电吸引力（$q_1q_2<0$）　　　c) 电排斥力（$q_1q_2>0$）

库仑定律是用电荷电量的大小（$|q_1||q_2|$）表达出来的，这是因为它给出的是电力这个矢量的大小。在势能表达式（17-1）中，我们没有用电荷的绝对值来表示，此时两个电荷的符号就决定了势能的符号。虽然势能为标量，但它的取值可为正、可为负或为零。

雷暴云中的电势能

在雷雨中，电荷是通过一种由太阳引发的复杂机制被分离的。可以用一个简单的模型来表示雷暴云中的电荷：正电荷聚集在顶部，负电荷聚集在底部，就像一对点电荷（见图 17.3）。（a）这一对点电荷的电势能为多少？假设两个电荷相距无限远时电势能 $U = 0$。（b）通过要分开雷暴云中的电荷外力必须做正功来解释所得电势能的符号。

分析 （a）一对点电荷所具有的电势能由式（17-1）给出，这里假定它们相距无限远时电势能 $U = 0$。在求电势能时需要考虑电荷的符号。（b）在用外力分开雷暴云中的正负电荷时，外力所做的功等于系统电势能的改变。

解及讨论 （a）两个点电荷所具有的电势能表达式为

$$U_E = \frac{kq_1q_2}{r} \qquad (17\text{-}1)$$

将已知量代入上式得雷暴云所带电荷具有的电势能为

$$U_E = 8.99 \times 10^9 \ \frac{\text{N} \cdot \text{m}^2}{\text{C}^2} \times \frac{(+50\,\text{C}) \times (-20\,\text{C})}{8\ 000\ \text{m}} = -1 \times 10^9 \ \text{J}$$

（b）选择两个点电荷相距无限远时电势能 $U = 0$。电势能为负值，这表示如果两个点电荷从相距无限远开始，当它

图 17.3 雷暴云中的电荷分离
（图中标注：+50 C，8 km，-20 C）

例 17.1 续

们的距离减小时电势能将减小——这样在不存在其他外力时，电荷能自发地彼此靠近。但是在雷暴云中，异号电荷在外力作用下从相互靠近到彼此分开，外力一定做正功，系统的电势能增加。初始时如果异号电荷相距较近，其具有的电势能就小于 -1×10^9 J；当异号电荷被分开时电势能的改变为正值，即电势能增加。

练习题 17.1　两个同号点电荷

两个点电荷，$Q = +6.0$ μC 和 $q = +5.0$ μC，相距 15.0 m。（a）它们所具有的电势能是多少？（b）电荷 q 可自由移动，没有其他力作用在其上，而电荷 Q 固定不动。初始时两个电荷都静止。电荷 q 是向着 Q 方向还是远离 Q 方向运动？（c）电荷 q 的运动如何影响电势能？解释能量是如何保持守恒的。

多个点电荷的势能

为了得到两个以上点电荷间的电势能，我们把每一对点电荷间的电势能全部加起来。对于三个点电荷的情形，共有三对点电荷，因此其势能为

$$U_{\mathrm{E}} = k\left(\frac{q_1 q_2}{r_{12}} + \frac{q_1 q_3}{r_{13}} + \frac{q_2 q_3}{r_{23}}\right) \tag{17-2}$$

这里 r_{12} 表示 q_1 和 q_2 之间的距离，r_{13} 和 r_{23} 含义相似。式（17-2）所表示的势能等于将三个点电荷从相距无限远处移到最终位置过程中电场所做功的负值。如果有三个以上的点电荷，势能为与式（17-2）相似的求和，其中包含每一对点电荷之间的相互作用势能项。 注意求和时不要将同一对点电荷对应的势能计算两次。例如当势能表达式中包含 $(q_1 q_2)/r_{12}$ 项时，就不能再有 $(q_2 q_1)/r_{21}$ 项。

✓ 检测题 17.1

在求四个点电荷构成的系统所具有的势能时，一共有几对电荷？在势能表达式中有几项？

例 17.2

三个点电荷的电势能

求如图 17.4 所示的三个点电荷系统所具有的电势能。电荷 $q_1 = +4.0$ μC，位于（0.0, 0.0）m 处；电荷 $q_2 = +2.0$ μC，位于（3.0, 4.0）m 处；电荷 $q_3 = -3.0$ μC，位于（3.0, 0.0）m 处。

分析　三个电荷所具有的电势能表达式中应包含三项 [式（17-2）]。三个电荷的电量已知，这里只需要计算出每一对点电荷之间的距离。用不同的下标来表示不同点电荷之间的距离，例如，用 r_{12} 表示 q_1 和 q_2 间的距离。

解　由图 17.4 可得，$r_{13} = 3.0$ m，$r_{23} = 4.0$ m。又由勾股定理可得 r_{12}

$$r_{12} = \sqrt{3.0^2 + 4.0^2}\ \mathrm{m} = \sqrt{25}\ \mathrm{m} = 5\ \mathrm{m}$$

电势能公式中的每一项代表每一对点电荷间的电势能

$$U_{\mathrm{E}} = k\left(\frac{q_1 q_2}{r_{12}} + \frac{q_1 q_3}{r_{13}} + \frac{q_2 q_3}{r_{23}}\right)$$

代入相应的数值，得

$$U_{\mathrm{E}} = 8.99 \times 10^9\ \frac{\mathrm{N \cdot m^2}}{\mathrm{C^2}} \times \left[\frac{(+4.0) \times (+2.0)}{5.0} + \frac{(+4.0) \times (-3.0)}{3.0} + \frac{(+2.0) \times (-3.0)}{4.0}\right]$$

$$\times 10^{-12}\ \frac{\mathrm{C^2}}{\mathrm{m}} = -0.035\ \mathrm{J}$$

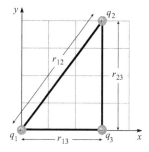

图 17.4　三个点电荷。

例 17.2 续

讨论 为了解释所得结果，假定三个点电荷初始时彼此相距无限远。当三个点电荷彼此靠近并被放入相应位置时，电场所做的总功为 +0.035 J。或者说，要使三个点电荷从相应位置再彼此分开到相距无限远，外界必须提供 0.035J 的能量。

练习题 17.2　三个正电荷

当例 17.2 中的 q_3 所带电量变成 +3.0 μC 时，系统所具有的电势能为多少？

17.2　电势

假设有一组点电荷，其位置固定不动，而另外一个电荷 q 能够自由移动。移动电荷 q 时，由于它和其他固定点电荷之间的距离发生了改变，因此引起电势能的改变。如同电场定义为单位电荷所受的电场力一样，电势 V 定义为单位电荷的电势能（见图 17.5）。

$$V = \frac{U_E}{q} \qquad (17\text{-}3)$$

式（17-3）中，U_E 表示电势能，它是可移动的电荷 q 的位置的函数。因此电势 V 也是电荷 q 的位置的函数。

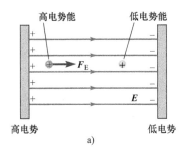
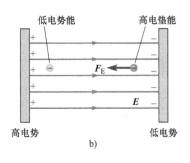

图 17.5 作用在一个电荷上的电场力总是指向电势能较低的方向。电场总是指向低电势的方向。

在国际单位制中，电势的单位是焦耳每库仑，也称为伏特（符号为 V），是以意大利科学家亚历山德罗·伏特（1745—1827）命名的。伏特发明了伏打电堆，这是一种早期的电池。这里需要注意区分电势和电势能。这两个概念非常容易被混淆，但它们是完全不能互换的。

$$1 \text{ V} = 1 \text{ J/C} \qquad (17\text{-}4)$$

由于势能和电荷都是标量，所以电势也是标量。因为电场叠加是矢量叠加，所以将叠加原理应用于电势比应用于电场要容易得多。如果给出空间各点的电势，就很容易计算出把电荷从一点移动到另外一点时电势能的改变。电势在空间中没有方向，在叠加时和其他标量一样，只需要将它们的值简单地加起来。电势可正可负，所以叠加时必须带上它们的代数符号。

由于只有电势能的改变才有物理意义，所以也只有电势的改变才有物理意义。我们可以规定空间中任意一点的电势值。式（17-3）中是假设离开位置固定的电荷系无限远处电势为零。

如果固定电荷系在空间某点的电势为 V，当电荷 q 位于该点时，电势能为

$$U_E = qV \qquad\qquad (17\text{-}5)$$

电势差

如果将点电荷 q 从 A 点移动到 B 点，它所经过的电势差为

$$\Delta V = V_f - V_i = V_B - V_A \qquad\qquad (17\text{-}6)$$

电势差为单位电荷电势能的改变

$$\Delta U_E = q\,\Delta V \qquad\qquad (17\text{-}7)$$

电场和电势差　就像物体所受重力指向重力势能较低的区域（即向下）一样，一个电荷所受的电场力总是指向电势能较低的区域。 对于正电荷，较低的电势能意味着较低的电势（见图 17.5a），但对负电荷，较低的电势能意味着较高的电势（见图 17.5b）。这并不奇怪，因为负电荷所受的电场力与电场 E 的方向相反，而正电荷所受的电场力与电场 E 的方向相同。对于正电荷，电场指向电势能较低的区域，因此

　电场 E 指向电势 V 减小的方向。

在电场为零的区域，电势为常数。

✔ 检测题 17.2

如果从 P 点沿着 x 轴正方向移动时电势增加，但从 P 点沿着 y 轴或 z 轴方向移动时电势却不变，请问 P 点的电场指向什么方向？

例 17.3

电池供电灯

电池供电灯接通 5.0 min。在接通时间内，共有 -8.0×10^2 C 的电子流过灯泡，9 600 J 的电势能被转变为光和热。求电子流过的电势差是多少？

分析　式（17-7）描述了电势能的改变与电势差之间的关系。可将式（17-7）用于单个电子，但这里由于所有电子都流过了相同的电势差，因此可将表达式中的 q 看作是所有电子的总电量，ΔU_E 看作是总的电势能改变。

解　流过灯泡的总电量为 $q=-800$ C。电势能的改变为负值，这是因为电势能被转变成其他形式的能量。因此，

$$\Delta V = \frac{\Delta U_E}{q} = \frac{-9\,600\text{ J}}{-8.0\times10^2\text{ C}} = +12\text{ V}$$

讨论　电势差为正值：负电荷经过电势增加的区域时，其电势能减小。

练习题 17.3　电子束

电子束经过一对带有相反电荷的平行板时将被偏转（见图 17.6）。哪个板的电势较高？

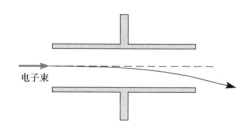

图 17.6　电子束被一对带有相反电荷的平行板偏转。

点电荷的电势

如果点电荷 q 在另外一个点电荷 Q 的附近，其电势能为

$$U = \frac{kQq}{r} \qquad (17\text{-}1)$$

这里 r 是电荷 Q 和 q 之间的距离。因此点电荷 Q 在距离其 r 处的电势为

$$V = \frac{kQ}{r} \qquad (r = \infty \text{时，} V = 0) \qquad (17\text{-}8)$$

电势叠加原理　由 N 个点电荷在 P 点产生的电势等于各点电荷在 P 点单独产生的电势之和

$$V = \sum V_i = \sum \frac{kQ_i}{r_i} \qquad (i=1, 2, 3, \cdots, N) \qquad (17\text{-}9)$$

这里 r_i 为第 i 个点电荷 Q_i 到 P 点的距离。

例 17.4

三个点电荷产生的电势

如 图 17.7 所示，电荷 $Q_1 = +4.0$ μC 位于（0.0, 3.0）cm 处；电荷 $Q_2 = +2.0$ μC 位于（1.0, 0.0）cm 处；电荷 $Q_3 = -3.0$ μC 位 于（2.0, 2.0）cm 处。（a）求三个电荷在点 A（$x = 0.0$, $y = 1.0$ cm）处产生的电势。（b）一点电荷 $q = -5.0$ nC 从无限远处移至 A 点处。求电势能的改变为多少？

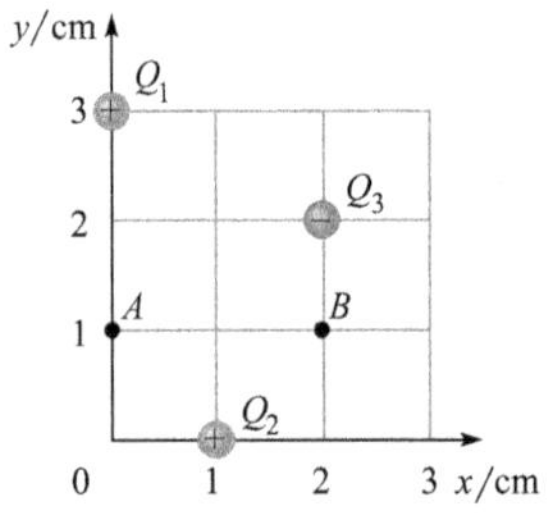

分析　A 点的电势为每个点电荷单独在 A 点产生电势的叠加。首先计算三个点电荷到 A 点的距离 r_1、r_2 和 r_3。再将每个点电荷单独在 A 点产生的电势加起来。

图 17.7　三个点电荷。

解　（a）由图及勾股定理，可得

$$r_1 = 2.0 \text{ cm}$$
$$r_2 = \sqrt{2.0} \text{ cm} = 1.414 \text{ cm}$$
$$r_3 = \sqrt{1.0^2 + 2.0^2} \text{ cm} = \sqrt{5.0} \text{ cm} = 2.236 \text{ cm}$$

A 点的电势为每个点电荷单独在 A 点产生电势的叠加

$$V = k \sum \frac{Q_i}{r_i}$$

代入相应数值，得

$$V_A = 8.99 \times 10^9 \, \frac{\text{N} \cdot \text{m}^2}{\text{C}^2} \times$$

$$\left(\frac{+4.0 \times 10^{-6} \text{ C}}{0.020 \text{ m}} + \frac{+2.0 \times 10^{-6} \text{ C}}{0.014\,14 \text{ m}} + \frac{-3.0 \times 10^{-6} \text{ C}}{0.022\,36 \text{ m}} \right)$$

$$= +1.863 \times 10^6 \text{ V}$$

保留两位有效数字，得 A 点的电势为 $+1.9 \times 10^6$ V。

（b）电势能的改变为

$$\Delta U_E = q \Delta V$$

这里，ΔV 是电荷 q 移动经过的电势差。假定电荷 q 初始时位于无限远处，无限远处电势 $V_i = 0$。因此

$$\Delta U_E = q(V_A - 0) = (-5.0 \times 10^{-9} \text{ C}) \times (+1.863 \times 10^6 \text{ J/C} - 0)$$
$$= -9.3 \times 10^{-3} \text{ J}$$

讨论　电势为正值表示一个正电荷在 A 点的电势能为正。将一个正电荷从无限远处移至 A 点处电势能一定增加，因此移动过程中外力做的功一定为正。相反，一个负电荷在 A 点处的电势能为负，因此将负电荷从电势为零处移至正电势处时，其电势能一定减小。

在练习题 17.4 中，要计算 q 从 A 移动到 B 时电场所做的功。由于移动过程中电场力的大小和方向都不恒定，所以不能简单计算力在位移方向的分量与位移的乘积来求功。虽然理论上可以通过微积分来这样求解问题，但通过计算两点间的电势差也能得到相同的结果，同时避免了使用矢量的分量或者微积分。

练习题 17.4　B 点的电势

三个电荷的分布同例 17.4，求在 B 点（$x = 2.0$ cm, $y = 1.0$ cm）产生的电势，并求将电荷 $q = -5.0$ nC 从 A 点移动到 B 点时电场所做的功。

例 17.5

正方形中心的电场和电势

四个相同的点电荷 q 位于边长为 s 的正方形的四个顶点处（见图 17.8）。（a）正方形中心处的电场是否为零？（b）正方形中心处的电势是否为零？

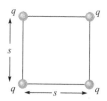

分析和解　（a）正方形中心的电场是每个点电荷在中心产生的电场的矢量叠加。图 17.9 画出了四个点电荷在正方形中心产生的电场矢量。由于中心到四个顶点的距离相等且四个点电荷的电量相同，因此这四个电场矢量的大小相等。由对称性可得，四个电场的矢量叠加为零。

图 17.8　位于正方形顶点上的四个相同的点电荷。

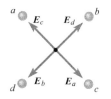

图 17.9　每个点电荷在正方形中心产生的电场矢量。

（b）由于电势是标量而不是矢量，因此正方形中心的电势是四个点电荷分别在中心产生电势的标量叠加。由于距离和电量相等，因此四个点电荷在中心产生的电势也相等。由于 $q > 0$，因此每个电势都为正值。正方形中心的总的电势为

$$V = 4\frac{kq}{r}$$

这里 $r = s/\sqrt{2}$ 为正方形中心到顶点的距离。

讨论　在此例中，电场为零的地方电势却不为零。同样，电势为零的地方电场也可以不是零。一定不要认为某点电场为零电势也应该为零或者相反。如果某点电场为零，这表示位于该点的点电荷将不受净电力。如果某点电势为零，这表示将某一点电荷从无限远移到该点电场力做的功为零。

练习题 17.5　不同电荷系产生的电场和电势

边长为 2.0 cm 的正方形的四个顶点上分别放置 1 个 +9.0 μC 的点电荷和 3 个 −3.0 μC 的点电荷（见图 17.10）。求正方形中心的电场和电势。

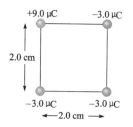

图 17.10　练习题 17.5 中的电荷分布。

球形导体的电势

在 16.4 节中已经讲到，一个带电的导体球外的电场和其上所有电荷都集中在球心时形成的点电荷产生的电场相同。因此，带电导体球所产生的电势分布和点电荷产生的电势分布相似。

图 17.11 表示了半径为 R、电量为 Q 的空心导体球所产生的电场强度和电势随离开球心距离 r 的变化关系。导体球内部（从 $r = 0$ 到 $r = R$）电场为零。电场在导体表面处最大，在导体球外电场随距离增大按 $1/r^2$ 减小。导体球外的电场与位于 $r = 0$ 处的点电荷 Q 单独产生的电场相同。

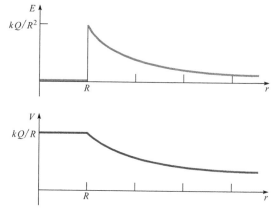

图 17.11　半径为 R、电量为 Q 的空心导体球所产生的电场和电势随离开球心距离 r 的变化关系。在 $r \geq R$ 的区域，电场和电势分布与位于球心处的一个点电荷 Q 所产生的电场和电势分布相同。在 $r < R$ 区域，电场为零，电势为常数。

选取 $r = \infty$ 处电势为零。带电球体外 r 处（$r \geq R$）的电场与点电荷 Q 在距离其 r 处产生的电场相同。因此，与球心相距 $r \geq R$ 的任一点处的电势和点电荷 Q 在距离其 r 处产生的电势相同：

$$V = \frac{kQ}{r} \quad (r \geq R) \tag{17-8}$$

对于正电荷 Q，其产生的电势为正，但对于负电荷，其产生电势为负。在带电导体球的表面，电势为

$$V = \frac{kQ}{R}$$

由于导体球空腔内电场为零，在导体空腔内移动试验电荷时电场不做功。因此，球内任意位置的电势都与球表面处的电势相等。这样，当 $r < R$ 时，电势分布和点电荷产生的电势分布不同。（点电荷产生的电势在 $r \to 0$ 的过程中持续增大。）

应用：范德格拉夫起电机

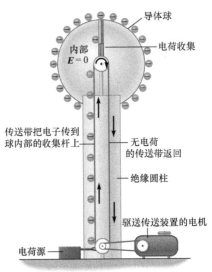

图 17.12　范德格拉夫起电机

图 17.13　"怒发冲冠"实验。当一个人与地面绝缘并且用手触碰范德格拉夫起电机的金属圆球时，就和金属圆球处于同样的电势。尽管效果十分惊人，但由于人整体等电势，所以没有任何危险。如果在人身体的两部分之间产生大的电势差，就会非常危险甚至是致命的。

范德格拉夫起电机是一种使导体起电产生大的电势差的装置。如图 17.12 所示，一个大的导体球放在一个绝缘的圆柱形支柱上。在圆柱体内部有一电机驱动的传送带，传送带或者通过摩擦或者通过圆柱底部的其他电荷源收集负电荷。负电荷被传送带运送到圆柱顶部由一个小的金属杆收集，并被输运给导体球。随着越来越多的电荷聚集在导体球上，电荷间相互排斥且彼此尽量远离，最后电荷都分布在导体球的外表面上。

在导体球内部电场为零，因此传送带上的电荷不会受到已被输运到导体球表面的电荷的排斥力。这样，大量的电荷能持续不断地被运送到导体球，以至于可以在导体球上产生一个非常大的电势差。如果导体球足够大（见图 17.13），产生的电势差可达几百万伏。商用的范德格拉夫起电机能提供一个大的电势差，足以用来产生高强度的高能 X 射线束。X 射线在医学上可用于癌症治疗，其工业应用包括 X 射线照相术（探测机器中的微小缺陷）和塑料的聚合过程。老的科幻电影中经常出现从这类起电机上发出火花的镜头。

例 17.6

范德格拉夫起电机需要的最小半径

当空气中的湿度处于平均水平时，电场达到或超过 8.0×10^5 N/C 就能使空气分子电离，此时范德格拉夫起电机所

产生的电荷就会被泄漏掉。若想利用范德格拉夫起电机产生 240 kV 的电势，求范德格拉夫起电机上的导体球在此条件下

例 17.6 续

的最小半径。

分析　可设导体球的电势为 $V_{max}=240$ kV，并要求导体球表面外紧邻处的电场强度比 $E_{max}=8.0\times10^5$ N/C 略小。由于电场 E 和电势 V 都与球上所带电量及球半径有关，这样就可以通过电场和电势的表达式消去球上所带电量，求解出需要的最小半径。

解　半径为 R、电量为 Q 的导体球表面处的电势为

$$V=\frac{kQ}{R}$$

导体球表面外紧邻处的电场强度为

$$E=\frac{kQ}{R^2}$$

比较两个表达式可得，在导体球表面外紧邻处有 $E=V/R$。设 $V=V_{max}$，且要求 $E<E_{max}$

$$E=\frac{V_{max}}{R}<E_{max}$$

可解得

$$R>\frac{V_{max}}{E_{max}}\quad\frac{2.4\times10^5\,\text{V}}{8.0\times10^5\,\text{N/C}}=0.30\text{ m}$$

导体球的最小半径为 30cm。

讨论　为获得大的电势差，就需要半径较大的导体球。当导体球较小时，或者导体上存在尖端（如同曲率半径较小的球的一部分），就不能使这样的导体达到较高的电势。对于具有尖端的导体，如避雷针，由于尖端附近的强电场能使周围的空气电离，因此即使在相对较低的电势下，导体上的电荷也能通过放电泄漏到空气中。

⚠️　此例题中推导出的表达式 $E=V/R$ 并不是电场和电势之间的普遍关系式。电场和电势之间的普遍关系式将在 17.3 节中讨论。

练习题 17.6　小的导体球

　　求半径为 0.5 cm 的导体球能达到的最大电势为多少？设 $E_{max}=8.0\times10^5$ N/C。

生物系统中的电势差

　　一般来说，生物细胞的内外处于不同的电势。细胞膜两侧的电势差起源于细胞内外体液中的离子浓度不同。这些电势差在神经细胞和肌肉细胞中尤为显著。

应用：神经脉冲信号的传递　神经细胞或神经元由细胞体和一个叫作轴突的长的延伸部分组成（见图 17.14a），人类轴突的直径约为 10—20 μm。当轴突处于休息状态时，在细胞膜内表面的负离子和膜外的正离子造成膜内体液的电势相比膜外体液处于约 −85mV 的电势。

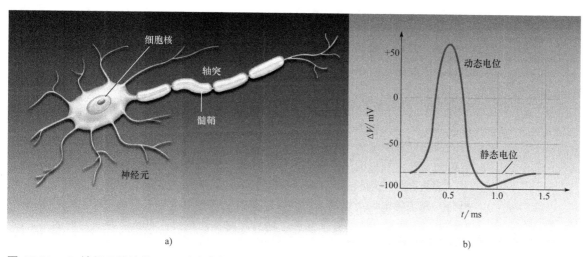

a)　　　　　　　　　　　　　　　　　b)

图 17.14　a）神经元的结构。b）动态电位。图中显示了在轴突上某点的细胞膜内外的电势差随时间的变化曲线。

　　神经脉冲是沿着轴突传播的细胞膜两侧的电势差变化。处于末梢的细胞膜受

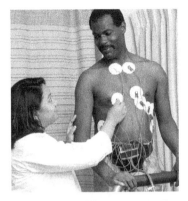

图 17.15 负荷实验。心电图画出了两个电极测量的电势差随时间的变化曲线。电势差可以显示心脏在训练期间是否工作正常。

ECG 测量的是什么物理量

到突发刺激后会在 0.2 ms 的时间内对此的钠离子具有通透性。钠离子了会涌入细胞内，并改变细胞膜内表面的电荷极性。细胞膜两侧的电势差从约 -85 mV 变为约 +60 mV。细胞膜两侧电势差极性的反转叫作动态电位（见图 17.14b）。动态电位沿着轴突以 30 m/s 的速度传播。

随着钾离子的扩散和钠离子被泵出细胞外，静态电位会逐渐恢复——这一过程称为主动运输。钠离子的主动运输需要人体多达 20% 的静息能量来完成。

相似的极性变化还会发生在肌肉细胞的细胞膜两侧。当神经脉冲传递到肌肉纤维时，它所引起的电势变化会沿着肌肉纤维传播并引起肌肉收缩。

肌肉细胞，包括心脏的肌肉细胞，在细胞膜的内侧有一层负离子，外侧有一层正离子。每次心脏收缩之前，正离子被泵入细胞，中和了原来的电势差。就如同神经元的动态电位一样，肌肉细胞的去极化过程从细胞的一端开始并向另一端扩展。不同细胞的去极化发生在不同的时间。当心脏舒张时，细胞又重新被极化。

应用：心电图仪、脑电图仪和视网膜电图仪   心电图仪测量的是胸部不同部位之间的电势差随时间的变化曲线（见图 17.15）。心脏细胞的极化和去极化引起电势差，这一电势差由连接在皮肤上的电极测出。电极所测得的电势差被放大并被图表记录仪或计算机记录下来（见图 17.16）。

其他不由心脏引起的电势差也可以用于诊断目的。在脑电图仪（EEG）中，电极被放置于头部。脑电图仪测量的是脑的电活动引起的电势差。在视网膜电图仪（ERG）中，电极被放置于眼部附近，用于测量由闪光刺激所引起的视网膜中的电活动产生的电势差。

图 17.16 a）正常的心电图显示心脏是健康的。b）非正常的或不规则的心电图显示心脏出现了某种问题。这张心电图表明存在心室纤颤，这是一种潜在威胁生命的情形。

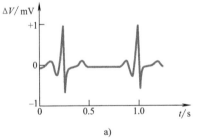

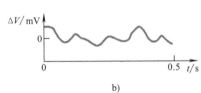

17.3   电场与电势的关系

这一节中，我们将详细讨论电场和电势之间的关系。首先从电场和电势的形象化描述开始。

等势面   电场线图是一种非常有用的形象化描述电场的方法。为了形象描述电势分布，可以采用与等高线图相类似的方式。等势面是其上所有点都具有相同电势的面。这与地形图中等高线上各点都具有相同的高度相似（见图 17.17）。由于等势面上任意两点间的电势差为零，因此，沿等势面移动电荷时电场不做功。

等势面和电场线之间存在着密切的联系。假如你要沿着电势不变的方向移动电荷，为了使电场对电荷不做功，电荷的位移必须垂直于电场力（也就是垂直于电场）。只要你总是沿着垂直于电场的方向移动电荷，电场所做的功就为零，且电势保持不变。

等势面处处垂直于电场线。

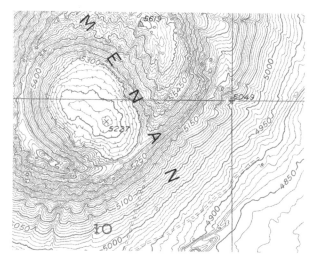

图 17.17 用英尺标识等高线的地形图。

反之，如果要沿着电势变化最大的方向移动电荷，就应该顺着或者逆着电场方向移动。只有垂直于等势面的位移分量才能改变电势。对比等高线图：最陡的坡度——高度变化最大的方向——是垂直于等高线的。电场是电势梯度的负值（见图 17.18）。梯度指向电势增加最快的方向，所以梯度的负值——即电场——指向电势降落最快的方向。在等高线图中，最陡峭的地方就是等高线最密集的地方；等势面图也有相似的特点。

> 假设在等势面图中相邻等势面之间的电势差为某一恒定值，则等势面最密集处电场最强。
> 电场总是指向电势降落最快的方向。

链接：

在等高线图中，等高线也是重力势（单位质量的重力势能）相同的线。

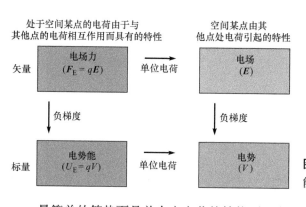

图 17.18 电场力、电场、电势能和电势之间的关系。

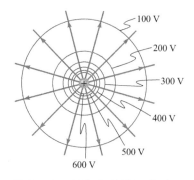

图 17.19 正点电荷附近的等势面。圆表示等势球面与书页平面的交线。当逐渐远离正电荷时，电势逐渐减小。电场线与等势球面垂直并指向电势降落的方向。当与正电荷的距离增大时，电场变弱，所以等势面之间的间隔也相应变大。

最简单的等势面是单个点电荷的等势面。点电荷的电势只取决于离开点电荷的距离，因此其等势面是以电荷为球心的球面（见图 17.19）。由于有无限多个等势面，因此习惯上只画出一些电势差相等的相邻等势面——如同在等高线图中，相邻等高线对应的高度增量为 5m。

例 17.7

两个点电荷电场的等势面

画出两个点电荷 +Q 和 -Q 所产生电场中的一些等势面。

分析和解 一种画等势面的方法就是首先画出电场线，然后通过画出一组与所有电场线相垂直的曲线来构成等势面。在靠近每个点电荷的区域，电场主要由距离较近的点电荷贡

例 17.7 续

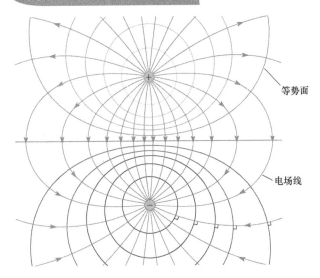

等势面

电场线

献，因此等势面近似于球面。

图 17.20 中画出了两个点电荷产生电场中的一组电场线及等势面。

讨论 在二维等势面图中只画出了等势面与纸面的交线。除了两个电荷之间正中的那个等势面是平面外，其他等势面都是包围其中一个电荷的封闭曲面。离每个点电荷非常近的等势面近似为球面。

练习题 17.7　两个正电荷的等势面

画出两个相同的正电荷产生电场中的等势面。

图 17.20　两个等量异号的点电荷产生电场中的一组等势面和电场线。

均匀电场中的电势

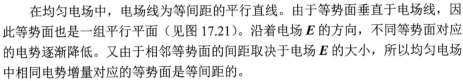

图 17.21　均匀电场中的电场线和等势面（电势差为 1 V）。等势面为垂直于电场线的等间距的平面。

在均匀电场中，电场线为等间距的平行直线。由于等势面垂直于电场线，因此等势面也是一组平行平面（见图 17.21）。沿着电场 E 的方向，不同等势面对应的电势逐渐降低。又由于相邻等势面的间距取决于电场 E 的大小，所以均匀电场中相同电势增量对应的等势面是等间距的。

为了定量导出电场强度和等势面间距之间的关系，假想沿着电场方向移动一个点电荷 $+q$，电场的大小为 E，移动的距离为 d。电场做的功为

$$W_E = F_E d = qEd$$

电势能的改变为

$$\Delta U_E = -W_E = -qEd$$

根据电势的定义，电势改变为

$$\Delta V = \frac{\Delta U_E}{q} = -Ed \qquad (17\text{-}10)$$

式（17-10）中的负号是正确的，因为沿着电场方向电势减小。

式（17-10）表明在国际单位制中，电场的单位（N/C）还可以写成伏特每米（V/m），即

$$1 \text{ N/C} = 1 \text{ V/m} \qquad (17\text{-}11)$$

电场较强的区域，等势面相距较近：即使对于很大的伏特每米数值，电势改变给定的伏特数也不需要太大的距离。

✓ 检测题 17.3

在图 17.21 中，相邻等势面对应的电势差为 1.0 V。如果电场的大小为 25 N/C = 25 V/m，相邻等势面的间距为多少？

导体内部的电势

在 16.6 节中已经学过，处于静电平衡（没有电荷的运动）的导体内部任一点的电场 $E = 0$。如果任一点的电场为零，则在导体内部各点的电势都相同。假如导体内部存在电势差，电荷则会在电场作用下运动，正电荷会被加速朝着低电势的区域运动，负电荷会被加速朝着高电势的区域运动。如果导体内部不存在运动的电荷，则导体内部电场处处为零，且也不存在电势差。因此：

> 当导电材料处于静电平衡状态时，其内部各点电势相等。

17.4 运动电荷的能量守恒

当电荷在电场中运动时，电势能的改变必然伴随着其他形式能量的改变，以保证总能量守恒。如同处理万有引力势能和弹性势能的问题一样，利用能量守恒定律常常可以简化问题，使之更易解决。

如果一个点电荷在电场中运动，除电场力外没有其他形式的力作用在该点电荷上，那么其动能和电势能之和为一个常量，即

$$K_i + U_i = K_f + U_f = 常量$$

此过程中万有引力势能的变化与电势能的变化相比较可以忽略不计，因为引力比电场力要弱得多。

链接：

这同样是能量守恒定律，只不过在这里用到的是另外一种形式的能量——电势能。

例 17.8

CRT 中的电子枪

在电子枪中，由于阳极电势高于阴极，因此电子在从阴极运动到阳极过程中将被加速（见图 16.25）。如果阴极和阳极间电势差为 12 kV，电子到达阳极时具有多大的速率？假设电子离开阴极时的初始动能可忽略不计。

分析 由能量守恒，电子的初动能和初势能之和等于电子的末动能和末势能之和。初动能为零，只要求出末动能，就能求得电子到达阳极时的速率。

已知：$K_i = 0$；$\Delta V = +12$ kV

求：v

解 电势能的改变为

$$\Delta U = U_f - U_i = q\Delta V$$

由能量守恒

$$K_i + U_i = K_f + U_f$$

解得末动能为

$$K_f = K_i + (U_i - U_f) = K_i - \Delta U = 0 - q\Delta V$$

为了求出速率，设 $K_f = \frac{1}{2}mv^2$。

$$\frac{1}{2}mv^2 = -q\Delta V$$

解得速率为

$$v = \sqrt{\frac{-2q\Delta V}{m}}$$

对于电子

$$q = -e = -1.602 \times 10^{-19}\ C$$
$$m = 9.109 \times 10^{-31}\ kg$$

代入数值得

$$v = \sqrt{\frac{-2 \times (-1.602 \times 10^{-19}\ C) \times (12,000\ V)}{9.109 \times 10^{-31}\ kg}} = 6.5 \times 10^7\ m/s$$

讨论 从答案可以看出，电子的速率达到了光速（3×10^8 m/s）的 20% 以上。如果考虑爱因斯坦的相对论效应，速率更为精确的计算结果是 6.4×10^7 m/s。

利用能量守恒求解问题使我们清楚地看出，电子的末速率只依赖于阴极阳极间的电势差，而和阴极阳极间的距离无关。如果利用牛顿第二定律进行求解，即使电场是均匀的，也需要设定阴极和阳极间的距离 d。通过 d 可以求得电场的大小

$$E = \frac{\Delta V}{d}$$

电子的加速度为

$$a = \frac{F_E}{m} = \frac{eE}{m} = \frac{e\Delta V}{md}$$

这样由于加速度为常数，就可以求出电子的末速率

$$v = \sqrt{v_i^2 + 2ad} = \sqrt{0 + 2 \times \frac{e\Delta V}{md} \times d}$$

式中可看出，距离 d 将被消去，也就是说与距离无关。从而

得到与利用能量守恒计算相同的结果。

练习题 17.8   质子加速

一个质子从静止开始经过一电势差被加速。质子的末速率为 2.00×10^6 m/s。电势差的大小为多少？（质子的质量为 1.673×10^{-27} kg。）

17.5   电容器

能不能制作一种储存电势能的有用元件呢？答案是肯定的。电容器就是这样一类元件，几乎存在于每一个电子设备中（见图 17.22）。

图 17.22   箭头仅指出了放大器电路板上许多电容器中的某几个。

电容器是一种通过分别储存正、负电荷而储存电势能的元件。电容器由两个被真空或者绝缘材料隔开的导体组成。电荷是分开的，正电荷被放置于其中一个导体上，等量的负电荷被放置于另外一个导体上。由于正、负电荷间存在吸引力，电荷分离过程中必须做功。分离正负电荷所做的功最终会被转化成电势能。电容器两导体间存在电场，电场线由带正电荷的导体发出并终止于带负电荷的导体（见图 17.23）。储存的电势能就是与这一电场相联系的。通过将分开的正、负电荷再次中和，就可以把电容器储存的能量转化成其他形式的能量。

最简单的电容器是**平行板电容器**，由两个具有同样面积 A 并间隔一定距离 d 的平行金属极板组成。电荷 $+Q$ 被放置于其中一个金属板上，而等量的 $-Q$ 被放置于另外一个金属板上。这里假设两个金属板之间是空气。使金属极板带电的一种方法就是将其中一个金属板与电池的正极连接，而另一个金属板与电池负极连接。电池将一个金属板上的电子移走并运送到另外一个金属板上，这样被移走电子的金属板就带上了正电，得到电子的金属板就带上了等量的负电。为了达到分离电荷的目的，电池必须做功，即将电池的一部分化学能转化成电势能。

一般来说，两个金属板之间的电场并不一定是均匀电场（见图 17.23）。但是只要两个金属板距离足够近，就可以近似认为电荷均匀分布在两金属板的内侧，而不分布在外侧。真实电容器的两极板间的距离几乎总是足够近的，因此这一近似是有效的。

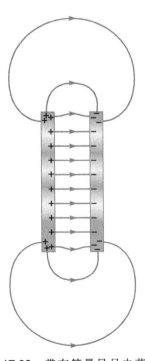

图 17.23   带有等量异号电荷的两个平行金属板的侧视图。两个金属板之间存在电势差，带正电的金属板电势较高。

如果电荷均匀分布在两极板的内侧，两极板间的电场就是一个均匀电场。只要两极板足够近，就可以忽略极板边缘电场的不均匀性。电场线起始于正电荷并终止于负电荷。当电荷 Q 均匀分布在面积为 A 的极板上，则电荷面密度 σ（单位面积的电荷）为

$$\sigma = Q/A \qquad (17\text{-}12)$$

在计算题 35 中，可以证明导体外部紧邻处电场的大小为

导体外部紧邻处的电场

$$E = 4\pi k\sigma = \sigma/\varepsilon_0 \qquad (17\text{-}13)$$

常数 $\varepsilon_0 = 1/(4\pi k) = 8.85 \times 10^{-12}\ \text{C}^2/(\text{N·m}^2)$ 称为真空电容率［见式（16-3b）］。由于平行板电容器两极板之间的电场是均匀的，式（17-13）给出了极板间任一位置电场的大小。

两极板间的电势差为多少呢？由于电场均匀，则两极板间电势差的大小为

$$\Delta V = Ed \qquad (17\text{-}10)$$

电场和极板储存电荷的多少成正比，而电势差和电场的大小成正比，因此储存电荷的多少与电势差成正比。这一点不仅仅是对平行板电容器成立，对所有电容器都成立。储存电荷与电势差之间的比例系数仅由电容器的几何因素（极板的大小和形状）以及极板间的材料决定。为方便起见，这种正比关系写成

电容的定义

$$Q = C\Delta V \qquad (17\text{-}14)$$

这里 Q 是每个极板上储存电荷的大小，ΔV 是两个极板间电势差的大小。比例系数 C 称为**电容**。电容反映了电容器在给定电势差下储存电荷的能力。在国际单位制中，电容的单位是库仑每伏特，也称为法拉（符号 F）。因为法拉是一个非常大的单位，所以电容通常用更小的单位，如 μF（微法）、nF（纳法）或 pF（皮法）来量度；一对面积为 $1\ \text{m}^2$、间距为 $1\ \text{mm}$ 极板构成的平行板电容器的电容只有约 $10^{-8}\ \text{F}=10\ \text{nF}$。

现在就来求平行板电容器的电容的大小。板间电场的大小为

$$E = \frac{\sigma}{\varepsilon_0} = \frac{Q}{\varepsilon_0 A}$$

这里 A 是极板面积。如果两极板间的距离为 d，则电势差的大小为

$$\Delta V = Ed = \frac{Qd}{\varepsilon_0 A}$$

通过整理写成 $Q=$ 常数 $\times \Delta V$ 的形式，即

$$Q = \frac{\varepsilon_0 A}{d}\Delta V$$

与电容定义式相比较，可得平行板电容器的电容为

平行板电容器的电容

$$C = \frac{\varepsilon_0 A}{d} = \frac{A}{4\pi k d} \qquad (17\text{-}15)$$

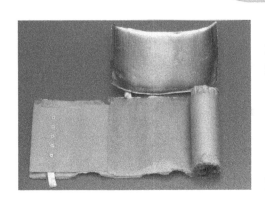

为了获取大的电容，就应该让极板面积尽量大而极板间距尽量小。为了在有限体积的电容器中得到更大的极板面积，极板通常用导电箔来制成，导电箔间插入一层绝缘材料，并将其卷成一个圆柱体（见图17.24）。使用绝缘材料而不是空气或真空将在17.6节中讨论。

图17.24 一个拆开的电容器，显示出导电箔极板和薄的绝缘材料层。

✓ 检测题 17.5

一个电容器与 6.0 V 的电池连接。当完全充电时，极板上的净电荷为 +0.48 C 和 −0.48 C。如果此电容器与 1.5 V 的电池连接，极板上的净电荷是多少？

例 17.9

计算机键盘

在某种计算机键盘上，每个按键都连接在一个平行板电容器的一个极板上；平行板电容器的另外一个极板固定（见图17.25）。电容器通过外部电路保持恒定的 5.0 V 电势差。当按键被按下后，上、下极板间的距离变近，电容器的电容发生变化，引起外部电路中电荷流动。如果电容器极板形状是边长为6.0 mm 的正方形，当按键按下时，上、下极板间距从 4.0 mm 减小到 1.2 mm，此时有多少电荷流过外部电路？电容器所带的电荷是增加还是减少了？假设电容器两极板间是空气而不是柔性绝缘体。

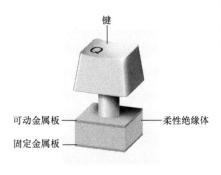

图 17.25 这种计算机按键就是一个极板间距可调的电容器。当有电荷通过外部电路从一个极板流向另外一个极板时，电路可探测到极板间距的变化。

分析 由于极板面积和极板间距已知，可通过式（17-15）求出电容。电容所带的电荷可通过电容和极板间电势差的乘积求出：$Q = C\Delta V$。

解 由式（17-15），可得平行板电容器的电容为

$$C = \frac{A}{4\pi k d}$$

这里面积 $A = (6.0 \text{ mm})^2$。由于电势差 ΔV 保持恒定，极板上电荷的改变为

$$Q_f - Q_i = C_f \Delta V - C_i \Delta V = \left(\frac{A}{4\pi k d_f} - \frac{A}{4\pi k d_i} \right) \Delta V = \frac{A\Delta V}{4\pi k} \left(\frac{1}{d_f} - \frac{1}{d_i} \right)$$

代入相应数值，得

$$Q_f - Q_i = \frac{(0.006\,0 \text{ m})^2 \times 5.0 \text{ V}}{4\pi \times 8.99 \times 10^9 \text{ N m}^2/\text{C}^2} \left(\frac{1}{0.0012 \text{ m}} - \frac{1}{0.0040 \text{ m}} \right)$$
$$= +9.3 \times 10^{-13} \text{ C} = +0.93 \text{ pC}$$

由于 ΔQ 为正，极板上的电荷量增加。

讨论 如果两个极板彼此靠近，电容增加。电容变大意味着在相同的电势差下电容器能储存更多的电荷。因此，极板上的电荷量增加。

练习题 17.9　电容及其储存的电荷

一平行板电容器的极板面积为 1.0 m²，极板间距为 1.0 mm，极板间的电势差为 2.0 kV。求其电容以及极板上的电荷量。这些量中哪个量与电势差有关？

电容器的应用

许多装置中都包含一个具有可动极板的电容器，就像例 17.9 中的计算机键盘。在一个电容式麦克风（见图 17.26）中，电容器的一个极板在声波作用下向内和向外运动，电容器两极板间的电势差始终维持不变，这时当两极板间距离发生变化时，电荷就向极板流进或从极板流出。电荷运动所产生的电流被放大而产生一个电信号。许多高频扬声器的设计正与电容式麦克风相反，在电信号的作用下，电容器的一个可动极板来回运动而产生了声波。

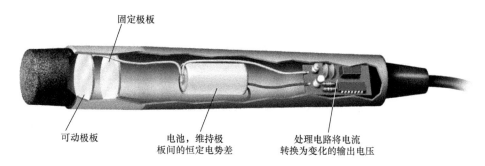

固定极板

可动极板　　　电池，维持极　　　处理电路将电流
　　　　　　　板间的恒定电势差　　转换为变化的输出电压

图 17.26　这种麦克风使用一个具有可移动极板的电容器来产生电信号。

电容器还有许多其他的应用。计算机中的每一个内存（RAM）芯片上都有无数的微型电容器。每个电容器存放 1 个比特（二进制的数字）。为了储存 1，电容器被充电；为了储存 0，电容器被放电。由于电容器与周围环境的绝缘不是特别好，如果不阶段性地进行更新，储存的电荷就会泄漏掉。这就是为什么计算机电源被切断后，RAM 中储存的内容会消失的原因。

除了能储存电荷和能量，电容器还用于产生均匀电场。电容器极板间的这种电场可用于有控制地加速或偏转电荷。示波器——一种用于显示电路中电压随时间变化关系的装置——就是一个阴极射线管，其发射电子通过两个电容器的极板间区域（见图 16.25）。一个电容器用于在竖直方向偏转电子，另一个电容器用于在水平方向偏转电子。

日常物理演示

当你下一次使用闪光拍摄照片时，可试试连续按两次快门。如果你使用的不是专业相机，第二次闪光一般不会起作用。这是因为连续两次闪光之间的最小时间间隔为几秒钟。许多相机都有一个显示灯，用于显示闪光灯是否准备就绪。

你有没有惊奇过为什么相机中如此小的一个电池却能产生这么亮的一个闪光？比较一下同种电池产生的闪光的亮度。如果只靠电池本身，一个小的电池是不可能输运足够的电荷来产生一次明亮的闪光。在闪光灯不工作时，电池给一个电容器充电。当电容器完全充满时，闪光就准备就绪。此时拍摄照片时，电容器将通过灯泡放电，产生一次明亮的闪光。

17.6　电介质

在利用电容器储存大电荷时会遇到一个根本性的问题：为了在有限的电势差下储存更多的电荷，就需要很大的电容。电容与两极板之间的距离 d 成反比，因此可通过减小极板间距来增大电容。减小极板间距的一个问题就是极板间的干燥空气在大约 3 000 V/mm 的电场下就击穿了（潮湿空气会更低）。击穿使两极板间产生火花放电，所以电容器所储存的电荷就被放掉了。

解决这个难题的一种方法就是在两个极板间加入一层比空气好的绝缘体。一些绝缘材料，能够承受比空气的击穿场强更大的电场强度，也叫作**电介质**。放入电介质的另外一个优点就是电容也会随之升高。

对一个平行板电容器，当两极板间充满电介质后，其电容变为

有介质的平行板电容器的电容

$$C = \kappa \frac{\varepsilon_0 A}{d} = \kappa \frac{A}{4\pi kd} \qquad (17\text{-}16)$$

电介质的作用就是使电容增大 κ 倍，κ 称为相对**介电常数**。相对介电常数是一个量纲为一的数，即有介质时的电容和没有介质时的电容的比值。不同材料具有不同的相对介电常数值。式（17-16）比式（17-15）更常用，后者只适用于 $\kappa = 1$ 这种特殊情形。根据定义，当极板间是真空时，$\kappa = 1$。空气的相对介电常数只比 1 大一点点，在多数情况下可以认为空气的相对介电常数 $\kappa = 1$。计算机按键中的柔性绝缘体（见例17.9）能够把电容提高 κ 倍，因此当按下按键时流过的电荷量就比原来的计算结果大。

相对介电常数的大小依赖于所用的绝缘材料。表17.1 给出了几种材料的相对介电常数及其击穿场强（或**介电强度**）。介电强度是恰好发生介质击穿，材料变成导体时所对应的电场强度。由于对于匀强电场有 $\Delta V = Ed$，因此介电强度就决定了电容器在每米极板间距上所能加的最大电势差。

表 17.1　20℃时几种材料的相对介电常数及介电强度
（按照相对介电常数升高的顺序排列）

材料	相对介电常数 κ	介电强度 / (kV/mm)
真空	1（exact）	—
空气（干燥，1 atm）	1.000 54	3
石蜡纸	2.0～3.5	40～60
聚四氟乙烯	2.1	60
橡胶（硫化的）	3.0～4.0	16～50
纸（黏合）	3.0	8
云母	4.5～8.0	150～220
胶木	4.4～5.8	12
玻璃	5～10	8～13
钻石	5.7	100
瓷器	5.1～7.5	10
橡胶（氯丁橡胶）	6.7	12
二氧化钛陶瓷	70～90	4
水	80	—
钛酸锶	310	8
尼龙 11	410	27
钛酸钡	6 000	—

不要混淆相对介电常数和介电强度这两个概念，它们之间没有任何关系。相对介电常数决定了在给定电势差下储存电荷的多少，而介电强度决定了电容器被击穿前所能承受的最大电势差的大小。

电介质的极化

电容器极板间的介质上微观上发生了什么呢？极化是原子或分子内的电荷分离过程（见 16.1 节）。虽然原子或分子仍然保持电中性，但其中的正电荷中心和负电荷中心不再彼此重合。

图 17.27 是原子极化的示意图。没有极化的原子中心的正电荷被电子云均匀地围绕，因此负电荷中心与正电荷中心重合。如果用一个带正电的棒逐渐靠近这个原子，它将排斥原子内的正电荷而吸引原子内的负电荷。电荷的分离意味着正电荷中心和负电荷中心不再重合。它们受到带电棒的影响而产生极化。

如图 17.28a 所示，板状电介质材料被放入平行板电容器的两个极板之间。电容器极板上的电荷使电介质极化。整个介质材料都被极化了，因此正电荷相对于负电荷产生一个微小的位移。

在整个电介质内部，正电荷和负电荷的量依然相等。介质极化的净效果就是在与电容器极板相对的电介质的两个表面上分别出现了一层正电荷和一层负电荷（见图 17.28b）。与每一个导体极板相对的是一层极性相反的电荷。

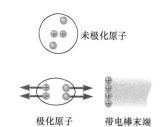

图 17.27 一个带正电的棒引起附近原子的极化。

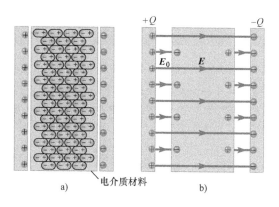

a) 电介质材料 b)

图 17.28 a）介质材料中分子的极化。b）平行板电容器极板间 $\kappa=2$ 的电介质。电介质内的电场（E）小于电介质外的电场（E_0）。

在相同的电势差下，介质表面出现的这层异号电荷会比没有电介质时吸引更多的电荷到与之相对的电容器极板上。由于电容定义为单位电势差下的电荷量，因此电容器的电容也增大了。材料的相对介电常数是绝缘材料被极化的难易程度的量度。大的相对介电常数意味着这种材料更容易被极化。因此，氯丁橡胶（$\kappa=6.7$）就比聚四氟乙烯（$\kappa=2.1$）更容易被极化。

电介质表面产生的极化电荷使电介质内部的电场强度减小，因此弱于电介质外部的电场。一些电场线将终止于绝缘电介质材料的表面，只有一小部分电场线能穿过电介质内部，因此电介质内部电场强度减弱。由于电场被减弱，极板间的电势差也相应减小（因为对于匀强电场，$\Delta V=Ed$）。较小的电势差就使电容器极板上容易存放更多的电荷。由于极板间的电势差不能超过击穿电压，以免发生介质击穿，所以使电容器在小的电势差下储存更多的电荷是达到最大电荷储存能力的关键因素。

相对介电常数 假设将电介质放入一外加电场 E_0 中。**相对介电常数**就定义为真空中的电场 E_0 和介质材料中的电场 E 的比值：

相对介电常数的定义

$$\kappa=\frac{E_0}{E} \tag{17-17}$$

由于极化使介质中的电场减弱，因此 $\kappa > 1$。电介质中的电场（E）为

$$E = E_0 / \kappa$$

在电容器中，电介质处于极板上的电荷所产生的外加电场 E_0 中。由于电介质将极板间的电场减小为 E_0/κ，所以极板间的电势差也相应减小为原来的 $1/\kappa$。由 $Q = C\Delta V$，对于给定的电荷 Q，极板间电势差 ΔV 减小为 $1/\kappa$，意味着电介质使电容增大为原来的 κ 倍［见式（17-16）］。

✓ 检测题 17.6

首先对极板间介质为空气的平行板电容器充电，然后断开电源，接着放入电介质板（$\kappa = 3$）充满极板间的空间。定量描述以下物理量是如何变化的：电容、电势差、极板上的电荷、电场及电容器储存的能量。［提示：首先确定什么量保持不变。］

例 17.10

有介质的平行板电容器

一平行板电容器极板面积为 $1.00\ \text{m}^2$，极板间距为 $0.500\ \text{mm}$，极板间充满相对介电常数为 4.9 的绝缘体，绝缘体介电强度为 18 kV/mm。（a）其电容是多少？（b）此电容器所能储存的最大电荷量是多少？

分析 直接利用式（17-16）来求解电容。由介电强度和极板间距可求出最大电势差；再利用电容值就可求出所能储存的最大电荷量。

解 （a）电容为

$$C = \kappa \frac{A}{4\pi kd} = 4.9 \times \frac{1.00\ \text{m}^2}{4\pi \times 8.99 \times 10^9\ \text{N}\cdot\text{m}^2 /\text{C}^2 \times 5.00 \times 10^{-4}\ \text{m}}$$
$$= 8.67 \times 10^{-8}\ \text{F} = 86.7\ \text{nF}$$

（b）最大电势差为

$$\Delta V = 18\ \text{kV/mm} \times 0.500\ \text{mm} = 9.0\ \text{kV}$$

由电容的定义式，可得所能储存的最大电荷量为

$$Q = C\Delta V = 8.67 \times 10^{-8}\ \text{F} \times 9.0 \times 10^3\ \text{V} = 7.8 \times 10^{-4}\ \text{C}$$

讨论 检查：每个极板上的面电荷密度为 $\sigma = Q/A$［见式（17-12）］。如果极板间不存在介质时，极板上的面电荷密度仍为此值，则极板间的电场为［见式（17-13）］：

$$E_0 = 4\pi k\sigma = \frac{4\pi kQ}{A} = 8.8 \times 10^7\ \text{V/m}$$

由式（17-17），介质使极板间的电场强度减小了一个因子 4.9：

$$E = \frac{E_0}{\kappa} = \frac{8.8 \times 10^7\ \text{V/m}}{4.9} = 1.8 \times 10^7\ \text{V/m} = 18\ \text{kV/mm}$$

因此，当电容器带上（b）中所求得的电荷量时，其间电场达到最大可能值。

练习题 17.10　更换电介质

如果电容器极板间更换为另一种介质，相对介电常数增大为原来的两倍而介电强度减小为原来的一半，其电容和所能储存的最大电荷量变为多少？

例 17.11

神经元的电容

神经元细胞可以模拟成一个平行板电容器，其中细胞膜就是电介质，异号离子就是"极板"上储存的电荷（见图 17.29）。求神经元的电容及产生 85 mV 电势

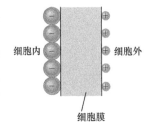

图 17.29　细胞膜作为电介质。

差所需的离子数（假设为单电荷离子）。假设细胞膜的相对介电常数 $\kappa = 3.0$，膜厚为 10.0 nm，膜面积为 $1.0 \times 10^{-10}\ \text{m}^2$。

分析 由已知的 κ、A 及 d 可求出电容。然后通过电势差和电容求出细胞膜两边的电荷 Q 的大小。单电荷离子的电量大小为 e，因此 Q/e 就是细胞膜两边的离子数。

解 由式（17-16）

例 17.11 续

$$C = \kappa \frac{A}{4\pi k d}$$

代入数值得

$$C = 3.0 \times \frac{1.00 \times 10^{-10} \text{ m}^2}{4\pi \times 8.99 \times 10^9 \text{ N} \cdot \text{m}^2 / \text{C}^2 \times 10.0 \times 10^{-9} \text{ m}}$$
$$= 2.66 \times 10^{-13} \text{ F} = 0.27 \text{ pF}$$

由电容的定义

$$Q = C\Delta V = 2.66 \times 10^{-13} \text{ F} \times 0.085 \text{ V} = 2.26 \times 10^{-14} \text{ C} = 0.023 \text{ pC}$$

每个离子所带电量的大小为 $e = +1.602 \times 10^{-19} \text{C}$。因此细胞膜两边的离子数为

$$\text{离子数} = \frac{2.26 \times 10^{-14} \text{ C}}{1.602 \times 10^{-19} \text{ C}} = 1.4 \times 10^5 \text{个离子}$$

讨论 为了验证所得结果是否合理，可估算一下离子的平均间距。如果 10^5 个离子平均分布在 10^{-10} m^2 的面积上，那么每个离子所占的面积为 10^{-15} m^2。假定每个离子所占区域是面积为 10^{-15} m^2 的正方形，那么最邻近的离子间的距离为正方形的边长 $s = \sqrt{10^{-15} \text{ m}^2} = 30$ nm。一个典型的原子或离子的大小为 0.2 nm。由于所得的离子间距远远大于离子的尺寸，因此所得结果是合理的；如果所得的离子间距小于离子的尺寸，那么结果就不合理。

练习题 17.11 动态电位

要使电势差从 –0.085 V（膜内负电荷、膜外正电荷）变成 +0.060 V（膜内正电荷、膜外负电荷），多少个离子应透过细胞膜？

应用：雷暴云和闪电

闪电（见图 17.30）与空气介质的击穿有关。在雷暴云中电荷产生分离，雷暴云的上部极性为正，下部极性为负（见图 17.31a）。发生电荷分离的原因目前还不完全清楚，但一个主要的观点是认为冰粒之间或冰粒与水滴之间的碰撞会使电子从小的粒子转移到大的粒子。雷暴云中的上升气流将小的、带正电的粒子带到云的上部，而大的、带负电的粒子停留在云层的下部。

图 17.30 闪电照亮了西弗吉尼亚州议会大厦附近的天空。

雷暴云底部的负电荷使正对雷暴云的大地感应出正电荷。当雷暴云和大地之间的电场强度达到湿润空气的击穿场强（约 3.3×10^5 V/m）时，负电荷将脱离雷暴云，沿着约 50m 长的一个个分支运动。负电荷逐步从雷暴云传播进入空气中的放电过程称为梯级先导（见图 17.31b）。

由于平均电场强度等于 $\Delta V/d$，因此距离 d 最小处，即地面上较高的物体与梯级先导之间电场最强。正流柱——由地面上的正感应电荷逐步发展起来的——从地面上最高的物体向空气中发展。如果正流柱与其中一个梯级先导连接上，就

形成了一个闪电通道，雷暴云中的电子将导入地面，并在通道的底部形成闪光。当更多的电子被导向地面时，通道的其他部分也发出闪光。其他的梯级先导也会发出闪光，但由于流过的电子较少，因此不如主通道明亮。闪光从地面产生并向上发展，也叫作回击（见图 17.31c）。一次闪电过程中共有约 -20 C 至 -25 C 的电荷从雷暴云传送到地面。

如何在雷雨中保护自己？如果可能的话，雷雨时尽量待在室内或车中。如果正好在室外开阔地，应尽量降低自己的高度以避免自己成为正流柱的源头。不要站在高大树木的下面；如果闪电击中树木，电荷通过树木流向地面并沿着地面流散，这会使树下的人处于极度的危险之中。也不要平躺在地面上，因为当闪电击中地面，电流从地面上流过时，就有可能在与地面接触的头部和脚部之间形成较大的电势差而威胁人的生命。如果可能应躲避到附近的深沟或者地势较低的地方，并保持低头、蹲伏及尽量并拢双脚，这样可以减小双脚间的电势差。

图 17.31　a）雷暴云中的电荷分离。雷暴云就如同一个巨大的热机，通过做功将正、负电荷分离开。b）一个梯级先导从雷暴云底部向地面发展。c）当由地面发展起来的正流柱与一个梯级先导连接上，就形成了一个完整的通道——一个电离了的空气柱——使得电荷沿此通道在雷暴云和地面之间运动。

17.7　电容器储存的能量

电容器不仅能储存电荷，还能储存能量。图 17.32 所示为一个电池与未充电的电容器相连接时发生的情况。电子从上极板被运送到下极板，直到上、下极板间的电势差等于电池所提供的电势差 ΔV。

图 17.32　一个平行板电容器通过电池充电。总电量为 $-Q$ 的电子从上极板移动到下极板，这样两极板就带上了等量异号的电荷。

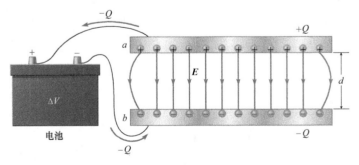

电容器储存的能量可以用电池分离这些电荷所做的功来计算。随着极板上电荷量的增多，继续移动电荷所需克服的电势差 ΔV 也增大。考虑某一时刻电容器

一个极板上带 $+q_i$ 的电量，另外一个极板上带 $-q_i$ 的电量，此时两极板间的电势差为 ΔV_i。

为了避免在公式中出现负号，可以假设电池转移的是正电荷而不是负电荷；无论是转移正电荷或者负电荷，最终结果都是一样。由电容的定义，

$$\Delta V_i = \frac{q_i}{C}$$

此时电池将少量电荷 Δq_i 从一个极板转移到另外一个极板，电势能也随之升高。假设 Δq_i 足够小，在此电荷的转移过程中两极板之间的电势差可认为近似不变。增加的能量为

$$\Delta U_i = \Delta q_i \times \Delta V_i$$

储存在电容器中的总能量是移动所有电荷所增加的电势能 ΔU_i 之和：

$$U = \Sigma \Delta U_i = \Sigma \Delta q_i \times \Delta V_i$$

上面求和的结果可以利用电势差 ΔV_i 随充电量 q_i 变化的关系曲线（见图 17.33）来得到。由于 $\Delta V_i = q_i/C$，所以这一关系曲线是一条直线。移动少量电荷所增加的电势能 $\Delta U_i = \Delta q_i \times \Delta V_i$ 就可以用图中高为 ΔV_i 宽为 Δq_i 的一个矩形的面积来表示。

对所有增加的能量求和就是将这一系列高度逐渐增加的矩形的面积加起来。因此，电容器中储存的总能量就可以用关系曲线下方的三角形的面积来表示。如果电容最终充电量为 Q、电势差为 ΔV，则

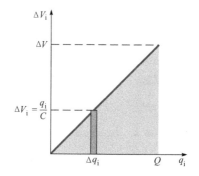

图 17.33 转移的总能量等于曲线 $\Delta V_i = q_i/C$ 下的面积。

电容器储存的能量

$$U = 三角形面积 = \frac{1}{2}（底 \times 高）$$

$$U = \frac{1}{2}Q\Delta V \qquad (17\text{-}18a)$$

公式中存在因子 1/2 说明在移动电荷过程中，电势差是从零开始逐渐增加到 ΔV 的；电荷移动经过的平均电势差为 $\Delta V/2$。将电荷 Q 转移通过 $\Delta V/2$ 的平均电势差时需要做 $Q\Delta V/2$ 的功。

通过电容的定义分别消去 Q 或 ΔV，式（17-18a）也可以表达成其他有用的形式。

$$U = \frac{1}{2}Q\Delta V = \frac{1}{2}(C\Delta V) \times \Delta V = \frac{1}{2}C(\Delta V)^2 \qquad (17\text{-}18b)$$

$$U = \frac{1}{2}Q\Delta V = \frac{1}{2}Q \times \frac{Q}{C} = \frac{Q^2}{2C} \qquad (17\text{-}18c)$$

链接：

我们以前曾经运用过这样的求平均的方法。例如，一个物体从静止开始以恒定的加速度在时间 Δt 内加速到速度 v_x，则位移 $\Delta x = \frac{1}{2}v_x\Delta t$。

例 17.12

心脏除颤器

纤维性颤动是心脏的一种无序活动，会使心脏不能有效地供血，因此是一种危害生命的疾病。一种叫作心脏除颤器的设备可用于刺激心脏恢复正常的跳动。心脏除颤器通过皮肤上的电极板使电容器放电，其中一部分电荷将流过心脏

（见图 17.34）。（a）如果一个 11.0 μF 的电容器被充电到 6.00 kV，然后再通过电极板放电进入病人的身体，电容器中储存了多少能量？（b）如果电容器完全放电，有多少电荷流过病人的身体？

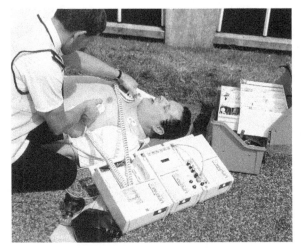

图 17.34　一名医护人员使用心脏除颤器拯救病人的生命。

分析　电容器储存的能量可以用三个等价的表达式来描述。由于已知电容和电势差，因此可用式（17-18b）求出电容器储存的能量。因为电容器完全放电，所以电容器储存的所有电荷都会流过病人的身体。

解　（a）电容器储存的能量为

$$U = \frac{1}{2}C(\Delta V)^2 = \frac{1}{2}\times 11.0\times 10^{-6}\,\text{F}\times\left(6.00\times 10^3\,\text{V}\right)^2 = 198\,\text{J}$$

（b）电容器初始储存的电荷为

$$Q = C\Delta V = 11.0\times 10^{-6}\,\text{F}\times 6.00\times 10^3\,\text{V} = 0.066\,0\,\text{C}$$

讨论　为了验证所得结果的正确性，可通过储存的电荷再计算一下电容器储存的能量：

$$U = \frac{Q^2}{2C} = \frac{(0.066\,0\,\text{C})^2}{2\times 11.0\times 10^{-6}\,\text{F}} = 198\,\text{J}$$

练习题 17.12　平行板电容器储存的电荷和能量

一平行板电容器的极板面积为 0.24 m²，极板间距为 8.00 mm，极板间为空气。极板间的电势差为 0.800 kV。求（a）极板上所带的电量；（b）电容器储存的能量。

电场中储存的能量

电容器所储存的能量也可以认为是储存在极板间的电场中的。通过电容器储存的能量，可以计算出储存在单位体积电场中的能量是多少。为什么要计算单位体积的能量？这是因为两个电容器可以具有相同的电场，但储存的能量却不同。大的电容器可以储存更多的能量，所储存的能量与极板间的空间体积成正比。

在一个平行板电容器中，储存的能量为

$$U = \frac{1}{2}C(\Delta V)^2 = \frac{1}{2}\kappa\frac{A}{4\pi kd}(\Delta V)^2$$

假设极板间的电场是均匀的，则电势差为

$$\Delta V = Ed$$

将 Ed 代入消去 ΔV

$$U = \frac{1}{2}\kappa\frac{A}{4\pi kd}(Ed)^2 = \frac{1}{2}\kappa\frac{Ad}{4\pi k}E^2$$

这里的 Ad 正好就是电容器极板间空间的体积，也正好是储存能量的电场的体积，因为在一个理想的平行板电容器之外电场 $E = 0$。因此**能量密度** u——单位体积的电势能——为

$$u = \frac{U}{Ad} = \frac{1}{2}\kappa\frac{1}{4\pi k}E^2 = \frac{1}{2}\kappa\varepsilon_0 E^2 \tag{17-19}$$

能量密度与电场强度的平方成正比。此式虽然是在电容器的特例下推导出来的，但却对任意电场都普遍成立，只要有电场的地方就有能量。

本章提要

- 电势能可以储存在电场中。相距 r 的两个点电荷系统所具有的电势能为

$$U_E = \frac{kq_1q_2}{r} \quad (r=\infty 时，U_E=0) \quad (17\text{-}1)$$

- q_1 和 q_2 的符号决定了电势能的正负。对于两个以上电荷组成的系统，总的电势能是每一对电荷之间单独作用的电势能的标量和。

- 空间某点的电势 V 是单位电荷在此点的电势能：

$$V = \frac{U_E}{q} \quad (17\text{-}3)$$

- 在式（17-3）中，U_E 是一可移动的电荷 q 与一固定不动的电荷系统相互作用的电势能，V 是固定不动的电荷系统产生的电势。U_E 和 V 都是可移动电荷 q 的位置的函数。

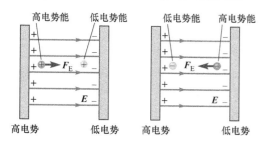

- 和电势能一样，电势是一个标量。在国际单位制中电势的单位是伏特（$1\ V = 1\ J/C$）。

- 如果将一个点电荷移过电势差 ΔV，其电势能的改变为

$$\Delta U_E = q\Delta V \quad (17\text{-}7)$$

- 与一个点电荷 Q 距离为 r 的一点处的电势为

$$V = \frac{kQ}{r} \quad (r=\infty 时，V=0) \quad (17\text{-}8)$$

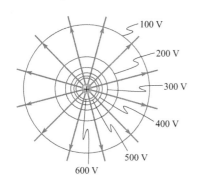

- P 点处由 N 个点电荷产生的电势是每个点电荷单独在 P 点产生的电势的和。

- 在等势面上处处电势相等。等势面与电场处处垂直。当沿着等势面移动电荷时，电势能不发生改变。如果所画出的

相邻等势面的电势差都相同，那么电场较强处的等势面较密集。

- 电场总是指向电势减小最快的方向。

- 在匀强电场 E 中沿着电场方向移动距离 d，电势差为

$$\Delta V = -Ed \quad (17\text{-}10)$$

- 电场的单位为

$$1\ N/C = 1\ V/m \quad (17\text{-}11)$$

- 处于静电平衡的导体是一个等势体。

- 电容器由带有异号电荷的两个导体（极板）组成。电容器是储存电荷和电势能的器件。电容定义为每个极板上所带的电量（Q）和极板间电势差（ΔV）的比值。电容的单位为法拉（F）。

$$Q = C\Delta V \quad (17\text{-}14)$$

$$1\ F = 1\ C/V$$

- 平行板电容器的电容为

$$C = \kappa\frac{A}{4\pi kd} = \kappa\frac{\varepsilon_0 A}{d} \quad (17\text{-}16)$$

这里 A 为极板面积，d 为极板间距，ε_0 为真空电容率 [$\varepsilon_0 = 1/(4\pi k) = 8.854\times10^{-12}\ C^2/(N\cdot m^2)$]。如果极板间为真空，$\kappa=1$；如果不是真空，$\kappa>1$，κ 为电介质（绝缘材料）的相对介电常数。如果电介质处于外电场中，相对介电常数就是外电场 E_0 与电介质内部电场 E 的比值。

$$\kappa = \frac{E_0}{E} \quad (17\text{-}17)$$

- 相对介电常数是描述绝缘材料被极化的难易程度的物理量。

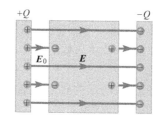

- 介质的介电强度是电介质恰好被击穿而变成导体的临界电场强度。

- 电容器储存的能量为

$$U = \frac{1}{2}Q\Delta V = \frac{1}{2}C(\Delta V)^2 = \frac{Q^2}{2C} \quad (17\text{-}18)$$

- 电场所具有的能量密度，即单位体积的电势能为

$$u = \frac{1}{2}\kappa\frac{1}{4\pi k}E^2 = \frac{1}{2}\kappa\varepsilon_0 E^2 \quad (17\text{-}19)$$

思考题

1. 一负电荷 $-q$ 远离一固定不动的正电荷 Q。当 $-q$ 移近 Q 时，（a）电场做正功还是负功？（b）$-q$ 移动过程中电势是升高还是降低？（c）$-q$ 移动过程中电势能是升高还是降低？（d）如果固定不动的是负电荷 $-Q$，重复回答问题（a）到（c）。

2. 一只鸟停留在电势从 -100 kV 到 100 kV 变化的高压电线上。为什么鸟没有被电击？

3. A 点和 B 点等势。如果将一电荷从 A 点移动到 B 点，外力做的总功是多少？这是否意味着不需要外力就能将电荷从 A 点移动到 B 点？试解释原因。

4. 为什么处于静电平衡的导体是一个等势体？

5. 如果在一个区域内各点的 $E = 0$，那么这一区域内各点的电势如何？

6. 如果空间某区域内的各点电势都相等，此区域内各点的电场是否也相等？你能否说出此区域内电场的大小？试解释原因。

7. 当我们描述电容器两极板间的电势差时，是否需要分别指定两极板上的两个特定点并指出这两点间的电势差？或者是指两极板上任意两点之间的电势差？试解释原因。

8. 如果电容器所带电量翻倍，其电容会发生什么变化？

9. 在雷雨天气中，两头牛躲在一棵大树下。一头牛直接面对大树站立。另外一头牛侧对大树站在离大树差不多远的地方（与以树为中心的圆相切）。当闪电击中大树时，你认为哪头牛更可能受到伤害？〔提示：考虑牛在这两个位置时前后腿之间的电势差〕。

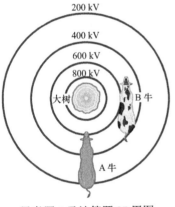

思考题9及计算题37用图

10. 晴天时地球表面开阔处的电场约为 150V/m，方向竖直向下。地面和上层大气，哪一处的电势高？

11. 一平行板电容器极板间为空气，充电后将其与电源断开。试定量描述当两极板彼此靠近时，电容、极板间电势差、极板上所带电荷、极板间电场和电容器储存的能量会发生什么变化？〔提示：首先确定哪些量不发生变化。〕

选择题

🔵 学生课堂应答系统题目

除非特别指出，一般都规定一个点电荷在距离点电荷无限远处产生的电势为零。

1. 以下单位中哪些是电场的单位？
（a）只有 N/kg　　（b）只有 N/C　　（c）只有 N
（d）只有 N·m/C　（e）只有 V/m　（f）N/C 和 V/m

2. 以下哪些单位是电势的单位？
（a）N/C　　　（b）J　　　　（c）V·m
（d）V/m　　　（e）N·m/C

3. 🔵 一平行板电容器连接在提供恒定电势差的电池两端，此时将两极板彼此分开少许。如下描述哪些是正确的？
（a）电场增加，极板所带电荷减少。
（b）电场保持不变，极板所带电荷增加。
（c）电场保持不变，极板所带电荷减少。
（d）电场和极板所带电荷都减小。

4. 两个不同半径的实心金属球彼此远离，将它们用一根细金属线连接。在其中一个金属球上放一些电荷，达到静电平衡后将金属线移开。以下哪些量对两个金属球来说是相等的？
（a）每个球上所带电荷。
（b）两个金属球内离开球心相同距离处的电场。
（c）两个金属球外紧邻表面处的电场。
（d）两个金属球表面的电势。
（e）选项（b）和（c）都对
（f）选项（b）和（d）都对
（g）选项（a）和（c）都对

5. 一带电的质量为 m 的小球悬浮在两个水平的带电金属板中间且处于静止状态。下面的金属板带正电，上面的金属板带负电。以下哪个叙述是错误的？

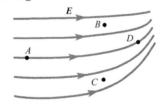

（a）两板间的电场方向垂直向上。
（b）小球带负电。
（c）小球所受电场力的大小等于 mg。
（d）两板的电势不同。

6. 🔵 图中哪两点最像是具有相同的电势？
（a）A 和 D　　（b）B 和 C
（c）B 和 D　　（d）A 和 C

计算题

🅒 综合概念/定量题

🔵 生物医学应用

◆ 较难题

17.1 电势能

1. 在以下五种情形中，两个点电荷 Q_1 和 Q_2 相距为 d。按照电势能从大到小的顺序排列它们。
（a）$Q_1 = 1$ μC，$Q_2 = 2$ μC，$d = 1$ m
（b）$Q_1 = 2$ μC，$Q_2 = -1$ μC，$d = 1$ m
（c）$Q_1 = 2$ μC，$Q_2 = -4$ μC，$d = 2$ m
（d）$Q_1 = -2$ μC，$Q_2 = -2$ μC，$d = 2$ m
（e）$Q_1 = 4$ μC，$Q_2 = -2$ μC，$d = 4$ m

2. Ⓒ 一个氢原子由一个位于中心的质子和距离质子约为 0.052 9 nm 的一个电子组成。（a）其电势能是多少焦耳？（b）电势能符号的物理意义是什么？

3. 氦核由两个相距约为 1 fm 的质子组成。外力需要做多少功才能使相距无限远的两个质子移动到 1.0 fm 的间距？

4. 🌱 两条 DNA 分子链通过碱基对之间的氢键结合在一起（见 16.1 节）。当用酶使 DNA 中的两条分子链解开时，就必须破坏这些氢键。氢键可以用位于一条直线上的四个点电荷的静电相互作用这一简化模型来表示。如图所示是腺嘌呤和胸腺嘧啶之间形成的氢键的电荷排列情况。试估算破坏氢键所需要的能量。

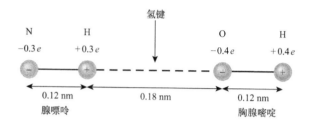

计算题 5 和 6。两个点电荷（10.0 nC 和 -10.0 nC）相距 8.00 cm。对每一道题都假设：所有电荷都相距无限远时 $U=0$。

5. 如果将第三个点电荷 $q=-4.2$ nC 放置于 a 点处，系统的电势能是多少？

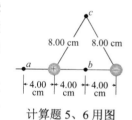

计算题 5、6 用图

6. 如果将第三个点电荷 $q=-4.2$ nC 放置于 c 点处，系统的电势能是多少？

7. 如图所示，当将第三个点电荷 $q_3=+2.00$ nC 从无限远移至 a 点处，电场做的功为多少？

8. 如图所示，当将第三个点电荷 $q_3=+2.00$ nC 从 a 点处移至 b 点处，电场做的功为多少？

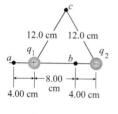

$q_1=+8.00$ nC
$q_2=-8.00$ nC

计算题 7、8 用图

17.2　电势

除非特别指出，一般都规定一个点电荷在距离点电荷无限远处产生的电势为零。

9. 将一个 $q=+3.0$ nC 的点电荷移过 $\Delta V=V_f-V_i=+25$ V 的电势差。其电势能的改变为多少？

10. 四个 +9.0 μC 的点电荷位于边长为 2.0 cm 的正方形的四个顶点上，求正方形中心处的电场和电势。

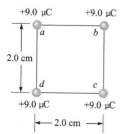

11. 一个点电荷 $Q=-50.0$ nC 距离 A 点 0.30 m，距离 B 点 0.50 m。

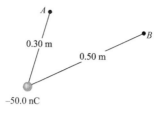

（a）A 点的电势为多少？
（b）B 点的电势为多少？
（c）如果将一个点电荷从 A 点移至 B 点，而点电荷 Q 固定不动，其移过的电势差是多少？电势是增大了还是减小了？（d）如果 $q=-1.0$ nC，将其从 A 点移至 B 点时电势能的改变是多少？电势能是增大了还是减小了？（e）将 q 从 A 点移至 B 点时，电荷 Q 产生电场做的功是多少？

12. 距离一点电荷 20.0 cm 处的电势为 +1.0 kV（假设无限远处电势 $V=0$）。（a）点电荷为正电荷还是负电荷？（b）距离点电荷多远处电势为 +2.0 kV？

13. 四个点电荷两两相距 1.0 m 沿着 x 轴排列。（a）如果其中两个电荷的电量为 +1.0 μC，另外两个电量为 -1.0 μC，要使 $x=0$ 处的电势最低，画出四个点电荷的排列方式。（b）如果靠左的三个电荷的电量均为 +1.0 μC，最右端的电荷电量为 -1.0 μC，求原点处的电势。

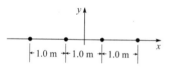

14. +2.0 nC 和 -1.0 nC 的两个点电荷分别位于边长为 1.0 m 的正方形的对顶角 A 和 C 上。求正方形的第三个顶点 B（此处无电荷）的电势。

15. （a）如图所示，$Q_1=+2.50$ nC，$Q_2=-2.50$ nC，求 a 和 b 两点处的电势。
（b）要将点电荷 q 从无限远处移到 b 点处，外力所做的功为多少？

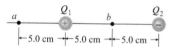

16. （a）如图所示，假设无限远处电势 $V=0$，求 b 和 c 两点处的电势为多少？（b）如果将第三个电荷 $q_3=+2.00$ nC 从 b 点移至 c 点，其电势能的改变为多少？

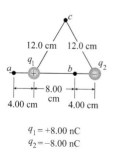

$q_1=+8.00$ nC
$q_2=-8.00$ nC

17.3　电场与电势的关系

17. 将点 $A \sim E$ 按照电势从高到低的顺序排列。

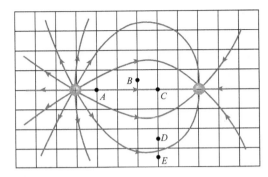

18. 在有电场存在的区域将一个电子从 X 点移至 Y 点，电场力做的功为 8.0×10^{-19} J。(a) X 点和 Y 点哪点的电势高？(b) Y 点和 X 点之间的电势差 V_Y-V_X 是多少？

19. 画出带负电的空心导体球外部的电场线和等势面的大致分布。其中等势面是什么形状？

20. 🌀 一种称作地中海电鳐的电鱼能够电击它的猎物。一般来说，在一次电击中它能传输 0.20 kV 的电势差，持续时间达到 1.5 ms。这一脉冲以 18 C/s 的速率传送电荷。(a) 在一个脉冲内电器官做功的功率是多少？(b) 一个脉冲内做的总功是多少？

21. 两个带相反电荷且相距 16 cm 的平板水平放置，其间电场均匀，一带正电的油滴被射入电场区域。如果两板间的电势差为 480 V，油滴所受的电场力为 9.6×10^{-16} N，求油滴上带有多少基本电荷 e？忽略作用在油滴上的微小的浮力。

17.4 运动电荷的能量守恒

22. P 点的电势为 500.0 kV，S 点电势为 200.0 kV。这两点之间的空间为真空。当一个 $+2e$ 的电荷从 P 点运动到 S 点时，其动能改变多少？

23. 一电子在运动过一定空间后速率从 8.50×10^6 m/s 减小至 2.50×10^6 m/s。此过程中电子只受到电场力的作用。(a) 电子是向电势较高处运动还是向电势较低处运动？(b) 电子移过的电势差为多少？

24. 在例 17.8 的电子枪中，如果电子到达阳极时的速率为 3.0×10^7 m/s，阴极和阳极之间的电势差是多少？

25. 一个 α 粒子（电荷为 $+2e$）移过一电势差 $\Delta V=-0.50$ kV。它的初动能为 1.20×10^{-16} J。其末动能为多少？

26. ✦ 如图所示是电势随 x 轴上不同位置变化的曲线。一个质子初始时位于 A 点，并沿着 x 轴正向运动。如果运动到 E 点，在 A 点时它至少需要具有的动能是多少（除此电势引起的电场力外电子不受到其他力的作用）？质子运动必须经过点 B、C 和 D。

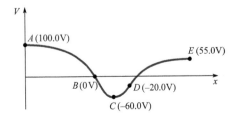

27. 在以下六种情形中，一个粒子（质量 m、电量 q）从电势为 V_i 的点运动到电势为 V_f 的点。除电场力外没有其他力作用在此粒子上。按照粒子动能改变从大到小的顺序排列这六种情形。先排动能增大（改变为正），再排动能减小（改变为负）。

(a) $m=5\times10^{-15}$ g, $q=-5$ nC, $V_i=100$ V, $V_f=-50$ V
(b) $m=1\times10^{-15}$ g, $q=25$ nC, $V_i=50$ V, $V_f=50$ V
(c) $m=1\times10^{-15}$ g, $q=-5$ nC, $V_i=100$ V, $V_f=20$ V
(d) $m=5\times10^{-15}$ g, $q=-1$ nC, $V_i=400$ V, $V_f=-100$ V
(e) $m=25\times10^{-15}$ g, $q=1$ nC, $V_i=-100$ V, $V_f=-250$ V
(f) $m=1\times10^{-15}$ g, $q=5$ nC, $V_i=100$ V, $V_f=250$ V

17.5 电容器

28. 一个 2.0 μF 的电容器接在一个 9.0 V 的电池上。其每个极板上所带电荷的大小为多少？

29. 一个 10.2 μF 的电容器，要使其两极板间的电势差降低 60.0 V，需要从每个极板上移走多少电荷？

30. 一平行板电容器与一 12 V 的电池相连接，充电完成后将电池断开，然后再增大其两极板之间的距离。(a) 极板间的电场将怎样变化？(b) 极板间的电势差将怎样变化？

31. 一平行板电容器与一 12 V 的电池相连接，充电完成后保持与电池连接，然后再减小其两极板之间的距离。(a) 极板间的电势差将怎样变化？(b) 极板间的电场将怎样变化？(c) 极板上所带的电荷将怎样变化？

32. 一可变电容器由两个平行的半圆形的极板组成，板间为空气。其中一个极板固定不动，另外一个极板可以转动。

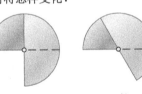

除了两极板重叠的区域外，其他区域电场为零。当两极板完全相对时，电容器的电容为 0.694 pF。(a) 当可移动极板只有一半面积正对固定极板时的电容是多少？(b) 当可移动极板只有三分之二的面积正对固定极板时的电容为多少？

33. 两个金属球带有大小同为 3.2×10^{-14} C 但异号的电荷。如果两球间的电势差为 4.0 mV，其电容为多少？[提示：虽然此处两"极板"不彼此平行，但是电容的定义式仍然成立。]

34. ✦ 在带电的电容器正、负极板的中央开一小孔，一电子束能从一个小孔穿入并从另一小孔穿出。如果电容器极板间的电势差为 40.0 V，且电子以 2.50×10^6 m/s 的速率从极板上的小孔穿入电容器。电子穿出正极板上小孔时的速率为多少？

35. 一球形导体半径为 R，电量为 Q。(a) 证明导体球外紧邻表面处的电场的大小为 $E=\sigma/\varepsilon_0$，这里 σ 为导体球表面单位面积的电量。(b) 构造论据证明处于静电平衡的任意导体外紧邻表面处的 P 点的电场为 $E=\sigma/\varepsilon_0$，其中 σ 为此处导体表面的面电荷密度。[提示：考虑任意导体表面上的一个小的面积，并将其与导体球表面同样大小且同样电荷密度的小面积进行比较。讨论起始或者终止于这两个小面积的电场线的数量。]

17.6　电介质

36. 一平行板电容器的极板大小为 6.2 cm×2.2 cm，极板间距为 2.0 mm。（a）如果电容器电量为 $4.0×10^{-11}$ C，求极板间电场的大小。（b）在极板上所带电荷保持不变的情况下将相对介电常数为 5.5 的电介质放入极板间，介质中电场的大小为多少？

37. 🄒 雷雨时，前后腿间距约为 1.8 m 的两头牛站在树下，如思考题 9 图中所示。（a）如果闪电击中树后的等势面如图所示，求 A 牛前后腿间的平均电场的大小为多少？（b）哪头牛更容易被击中？试解释原因。

38. 两个金属球相距 1.0 cm，用电源保持两球为恒定电势差 900 V。将两球彼此移近直至产生火花放电。如果干燥空气的介电强度为 $3.0×10^6$ V/m，问两球间发生火花放电时的距离为多少？

39. 一电容器由两片铝膜及夹在其间的一张蜡纸组成。如果铝膜的大小为 0.30 m×0.4 m，蜡纸稍大且厚度为 0.030 mm，其相对介电常数 $\kappa = 2.5$，此电容器的电容为多少？

17.7　电容器储存的能量

40. 一带电量为 $8.0×10^{-2}$ C 的电容器所储存的能量为 450 J。（a）求此电容器电容的大小。（b）求电容器极板间的电势差。

41. 平行板电容器的一个极板上带电 $5.5×10^{-7}$ C，另一个极板上带电 $-5.5×10^{-7}$ C。在极板上带电量保持不变的情况下将极板间距增大 50%。电容器储存的能量将怎样变化？

42. 如图 17.31b 所示是发生闪电前的雷暴云。雷暴云的底部和地球表面可以看作是一个充电的平行板电容器模型：与地球表面近似平行的雷暴云底部相当于负极板，雷暴云下方的地球表面相当于正极板。雷暴云底部和地球表面之间的距离与雷暴云的长度相比很小。（a）设雷暴云底部的大小为 4.5 km×2.5 km，其与地球表面的距离为 550 m，求此电容器的电容。（b）如果此电容器的带电量为 18 C，求它所储存的能量。

43. 一平行板电容器由两个边长为 10.0 cm 的方形极板组成，板间为空气，极板间距为 0.75 mm。（a）当极板间的电势差为 150 V 时，电容器的带电量是多少？（b）此时电容器储存的能量是多少？

44. 电容器被应用于很多领域，如产生一个能量短脉冲。在闪光灯中，一个 100.0 μF 的电容器能够在 2.0 ms 内给闪光灯提供 10.0 kW 的平均功率。（a）初始时电容器必须被充电至多大的电势差？（b）初始时电容器的带电量是多少？

45. 一平行板电容器的电容为 1.20 nF，每个极板带有 0.80 μC

的电量。在保持电容器带电量不变的情况下使极板间距增大一倍，外力做的功为多少？

46. 🄢 一心脏除颤器由一个 15 μF 的电容器组成，电容器被充电至 9.0 kV。（a）如果电容器在 2.0 ms 内被放电，有多少电荷流过了人体组织？（b）电容器向人体组织传输能量的平均功率为多少？

合作题

47. 🄒 质量为 m_e 的电子束被竖直方向上的匀强电场偏转。匀强电场由带有异号电荷的两平行金属板产生，两金属板之间的距离为 d，金属板间的电势差为 ΔV。（a）金属板间电场指向什么方向？（b）设电子离开电场区域时，电子速度的 y 分量为 v_y，求电子通过金属板间的电场区域所用的时间（用 ΔV、v_y、m_e、d 和 e 等参数来表示）。（c）电子在金属板间运动过程中，其电势能是增加了、减少了还是保持不变？试解释原因。

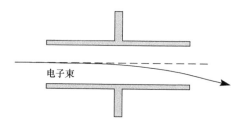

电子束

48. 两个点电荷（+10.0 nC 和 -10.0 nC）相距 8.00 cm。（a）当电量为 -4.2 nC 的第三个点电荷从 c 点移到 b 点时，电势能的改变为多少？（b）将点电荷从 b 点移到 a 点，外力所做的功为多少？

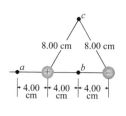

49. 🄢 🄒 水有许多非同寻常的性质，氢键在其中起了重要的作用（见 16.1 节）。如图所示，氢键的一种简化模型可以表示成在一条直线上排列的四个点电荷之间的静电相互作用。（a）利用此模型估算要破坏一个氢键所必须提供的能量。（b）估算要破坏 1 kg 液态水中的氢键所必须提供的能量，并将结果与水的蒸发热相比较。这两个量大小相近是巧合吗？试解释原因。

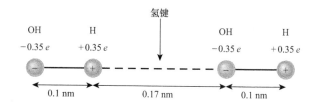

综合题

50. 当一个电子从电势为 -100.0 V 的点运动至电势为 +100.0 V 的另外一个点时，电场所做的功是多少？

51. 如图所示，在水中一个 Na^+ 离子被两个氯离子 Cl^- 和一个钙离子 Ca^{2+} 包围。Na^+ 处的电势是多少？水中钠离子的等效电荷量为 2.0×10^{-21} C，氯离子的等效电荷量为 -2.0×10^{-21} C，钙离子的等效电荷量为 4.0×10^{-21} C。

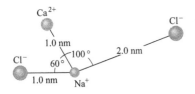

52. 两个平行极板相距 4.0 cm。下极板带有正电，上极板带有负电，极板间的匀强电场大小为 5.0×10^4 N/C。一电子初始时静止，求它从上极板运动至下极板所需的时间。（设极板间为真空。）

53. 细胞膜的表面积为 1.1×10^{-7} m^2，相对介电常数为 5.2，厚度为 7.2 nm。细胞膜两侧的电势差为 70 mV。(a) 求细胞膜两侧表面所带电荷的大小。(b) 细胞膜的两侧表面上各有多少个离子？假设离子都带有单一电荷（$|q|=e$）。

54. 细胞膜内侧的电势比外侧的电势低 90.0 mV。当一个电量为 $+e$ 的钠离子（Na^+）从外侧通过细胞膜进入内侧时，电场所做的功是多少？

55. 轴突膜的外侧带有正电荷，内侧带有负电荷。膜的厚度为 4.4 nm，相对介电常数 $\kappa = 5$。如果将轴突看成一个极板面积为 5 μm^2 的平行板电容器模型，其电容是多少？

56. 示波器中一电子束以 3.0×10^7 m/s 的速率射入偏置极板间，偏置极板产生大小为 2.0×10^4 N/C，方向向下的匀强电场。初始时电子的速度与电场方向垂直，偏置极板的长度为 6.0 cm。(a) 求电子在偏置极板间速度变化的方向以及大小。(b) 电子在偏置极板间沿 y 方向被偏转的距离是多少？

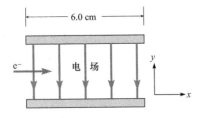

57. 一带负电粒子的质量为 5.00×10^{-19} kg，以 35.0 m/s 的速率进入平行板电容器的两极板间。粒子的初速度沿着与极板表面平行的 x 轴正向。极板为边长为 1.00 cm 的正方形，极板间的电压为 3.00 V。初始时粒子与两极板的距离同为 1.00 mm，在极板间区域运动 1.00 cm 后粒子正好运动到正极板处。忽略边缘效应。(a) 证明在此过程中可以忽略重力的影响。(b) 求当粒子运动出极板间区域时其速度的两个分量分别是多少？

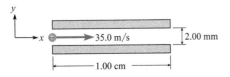

58. 一带电量为 0.020 μC 的平行板电容器两极板间势差为 240 V。平行极板间距为 0.40 mm，其间为空气。(a) 电容器电容的大小是多少？ (b) 每个极板的面积是多少？ (c) 假设空气的介电强度为 3.0 kV/mm，极板间电压为多大时其间空气将被电离？

59. 在电影《黑客帝国》中人类被用于产生电力。试估算人大脑中的 10^{11} 个神经细胞储存的电能总量。假设平均每个神经细胞的细胞膜的面积为 1×10^{-7} m^2，厚度为 8 nm，相对介电常数为 5，膜两侧的电势差为 70 mV。

60. 一 α 粒子（氦核，电量 $+2e$）在大小为 10.0 kV/m 的匀强电场中从静止开始运动了 1.0 cm 的距离。求 α 粒子的末动能。

61. 一平行板电容器与提供恒定电压的电池相连接。在电池接通的情况下将相对介电常数 $\kappa = 3.0$ 的电介质插入并充满极板间空间。用介质插入前电容器储存的能量 U_0 表示介质插入后电容器储存的能量是多少？

62. 一平行板电容器与一电池相连接。极板间为空气，电场强度为 20.0 V/m。在电池接通的情况下将一块电介质板（$\kappa=4.0$）插入电容器极板间。电介质板的厚度为极板间距的一半。求电介质中电场的大小。

练习题答案

17.1 (a) $+0.018$ J；(b) 离开 Q；(c) U 随距离的增大而减小。随着 q 运动得越来越快，电势能减小、动能增加。

17.2 $+0.064$ J

17.3 下极板

17.4 $V_B = -1.5 \times 10^5$ V；电场做的功 $= -\Delta U_E = -0.010$ J

17.5 $E = 5.4 \times 10^8$ N/C，方向沿着离开 9.0 μC 电荷的方向；$V=0$。

17.6 4 kV

17.7

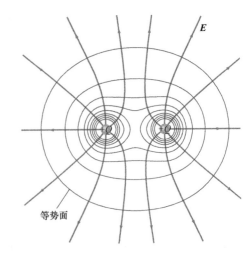

17.8 -20.9 kV（注意正电荷的动能随着其电势的减小而增加，负电荷动能随着其电势的增加而增加。）

17.9 8.9 nF；18 μC；电量（电容的大小与电势差无关）

17.10 C 增大一倍；最大电量不变

17.11 $2.4×10^5$ 个离子

17.12 （a）0.21 μC；（b）85 μJ

检测题答案

17.1 共有六对电荷，势能表达式中共有 6 项（下标分别为 12、13、14、23、24 和 34）。

17.2 电场指向电势降落的方向，即电场沿着负 x 轴方向。

17.3 电场的大小为 25 V/m，所以沿着电场方向每移动 1 m 的距离电势减小 25 V，电势差为 1.0 V 的相邻等势面间的距离为

$$\frac{1.0\ \text{V}}{25\ \text{V/m}} = 0.040\ \text{m}$$

17.5 电容器每个极板上的电量与两极板间的电势差成正比。当极板间电势差减为四分之一时，极板上所带的电量也减为原来的四分之一：即为 0.12 C 和 -0.12 C。（电容为 $C=Q/\Delta V=0.080$ F。）

17.6 $C'=3C, \Delta V'=\Delta V/3, Q'=Q, E'=E/3, U'=U/3$。断开电源后，电容器极板上的电荷无处可去，因此极板上的电量 Q 保持不变。电场与没有电介质时相比减小到 $1/\kappa$。由于极板间距保持不变，因此极板间的电势差 $\Delta V = Ed$ 与电场成正比，即电势差也减小到 $1/\kappa$。由于电量不变而电势差减小，由 $C = Q/(\Delta V)$ 可得，电容增加到了原来的 κ 倍。电容器所储存的能量为 $U = Q^2/(2C)$。

第 18 章

电流与电路

格雷厄姆的汽车前照灯在亮了一夜以后，蓄电池没电了，汽车无法起动。厨房抽屉里有几个 1.5 V 的手电筒电池。格雷厄姆决定把其中 8 个电池串联在一起，就像在手电筒中两个 1.5 V 的电池串联能提供 3.0 V 的电压一样。他断定，8 个 1.5 V 的电池能提供 12 V 的电压，恰好相当于汽车的电瓶。这个计划为什么不能实现呢？（答案见 75 页）

生物医学应用

- 神经脉冲的传递（18.10 节）
- 电流对人身体的影响（18.11 节；思考题 6 和 7；计算题 14、50 和 51）
- 心脏起搏器和心脏除颤器（计算题 45, 57）

不要自己在家中做如此尝试！如果车内的蓄电池不是彻底没电，它会产生非常危险的大电流并流过手电筒电池，引起其中的一个或多个发生爆炸。

- 导体和绝缘体（16.2 节）
- 电势（17.2 节）
- 电容器（17.5 节）
- 求解联立方程组（附录 A.2）
- 功率（6.8 节）

18.1　电流

　　电荷的净流动称为**电流**。电流强度（符号 I）定义为单位时间通过垂直于电流方向的某一面积的净电量（见图 18.1）。电流的大小表明电量的净流速。如果用 Δq 表示某一时间间隔 Δt 内通过如图 18.1 所示的阴影部分面积的净电量，那么流过导线的电流就定义为

电流定义

$$I = \frac{\Delta q}{\Delta t} \qquad (18\text{-}1)$$

　　电路中的电流不一定恒定。如果要用式（18-1）定义瞬时电流，则必须选取足够小的时间间隔 Δt。

　　在国际单位制中，电流的单位是安培（A），是以法国科学家安德鲁 - 玛立·安培（1975—1836）的名字来命名的。1 安培等于 1 库仑每秒。安培是国际单位制中的基本单位；库仑则是导出单位，定义为 1 安培秒。

$$1\ \text{C} = 1\ \text{A} \cdot \text{s}$$

　　小的电流用毫安培（mA=10^{-3} A）或者微安培（μA=10^{-6} A）来量度更加方便。单位安培经常简写成安；对小电流，相应简写成毫安和微安。

常规电流　习惯上，电流的方向定义为正电荷运动的方向。在科学家们知道金属中的运动电荷（或者载流子）是电子以前，本杰明·富兰克林就建立起了这一规则（并且规定了哪一种电荷称为正电荷）。如果在金属导线中电子向左方运动，则电流的方向是指向右方；负电荷向左方运动，在电荷的净分布上等效于正电荷向右方运动。

　　多数情况下，正电荷向一个方向的运动在宏观上等效于负电荷向相反方向的运动。在电路分析中，一般总是标出电流的常规方向，而不用考虑载流子的正负。

✓ 检测题 18.1

　　在水管中存在着大量流动的电荷——中性水分子中的质子（电量 $+e$）和电子（电量 $-e$）都以同样的平均速度流动。流动的水中存在电流吗？试解释原因。

液体和气体中的电流

　　就像固态导体中能存在电流一样，液体和气体中也能存在电流。在离子溶液中，正电荷和负电荷通过向相反方向运动都对电流产生贡献（见图 18.2）。图中溶液里的电场方向是离开正电极指向负电极，即指向右侧。在电场作用下，正

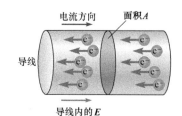

图 18.1　载有电流的一段导线的特写图像。电流定义为单位时间通过垂直于电流方向的某一面积的净电量。

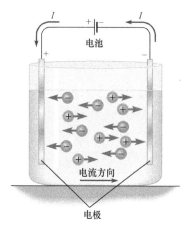

图 18.2　氯化钾溶液中的电流由向相反方向运动的正离子（K^+）和负离子（Cl^-）形成。电流的方向是正离子运动的方向。

离子沿着电场方向向右运动，负离子沿着与电场相反的方向向左运动。 由于正、负电荷沿着相反方向运动，因此它们都对同一方向的电流产生贡献。 这样，我们可以分别计算由正电荷或负电荷单独运动而引起的电流，并把计算结果相加就得到总的电流。图18.2 中电流的方向是指向右侧。 如果正电荷和负电荷沿着相同的方向运动，它们就产生相反方向的电流，这样就需要将分别引起的电流相减才能得到净电流。（见检测题18.1）

应用：霓虹灯和荧光灯中的电流

电流也能在气体中存在。图18.3 是一个霓虹灯的结构简图。在充满氖气的玻璃容器中，一个大电势差被加在两端的金属电极上。由于自然存在的放射性和宇宙射线的撞击，气体中总是存在一些正离子。这些正离子在电场作用下加速向阴极运动；如果它们有足够的能量，就能把阴极中的电子撞出来。这些电子又在电场作用下加速向阳极运动；当它们通过容器时就能电离更多的气体分子。电子和离子间的碰撞产生了霓虹灯的特征红光。荧光灯的原理和霓虹灯相似，只是碰撞产生了紫外辐射；在玻璃容器内壁的涂层能吸收这些紫外辐射并发射出可见光。

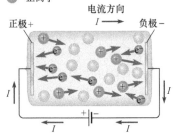

中性气体分子
自由电子
正离子

电流方向 I
正极+ 　　负极−

图18.3 霓虹灯的简化模型图。玻璃管中的氖气被两个电极间的大电势差电离。

18.2　电动势与电路

要想在导线中维持电流，就需要在导线两端维持一定的电势差。一种方法就是将导线的两端连接到电池的两极上。理想的电池能在两极维持恒定的电势差，而不用考虑它需要以多快的速率输运电荷。一个理想电池就像一个理想水泵一样，不管水的流量有多大，都能够维持水泵入口和出口之间的恒定压差。

电路中电池用符号—╫—表示。在两条竖线中，长线代表高电势的电极，短线代表低电势的电极。许多电池都是由几个单元电池串联而成，相应的符号表示为—╫╫—。

理想电池两极间的电势差称为电池的电动势 **emf**（符号$\mathscr{E}$）。 电动势原本代表电动力，但电动势并不是作用在电荷上的力的量度；电动势的单位也不是牛顿。实际上，电动势用电势的单位（伏特）来量度，表示电池在其内部两极间移动单位电荷所做的功。为了避免这种概念上的混淆，电动势经常用缩写"emf"（发音 ee-em-ef）来表示。如果具有电动势 e 的理想电池在两极间输运了 q 的电量，电池所做的功为

理想电池所做的功

$$W = \mathscr{E} q \qquad (18\text{-}2)$$

任何能把正电荷从低电势抽运到高电势的装置都称为电动势的源，简称电源。发电机、太阳能电池以及燃料电池都是电源。燃料电池与普通的电池相似，区别就在于燃料电池的反应物由电池外部提供，已被用于宇宙飞船，可能某一天也会用于汽车和家庭。许多有机生物体也包含电源（见图18.4）。人类神经系统传递的信号实际上就是电信号，所以我们的人体中也包含电动势的源。任何恒定的电动势源都用相同的符号—╫—来表示。所有的电源都是能量转换装置；它们把其他形式的能量转化为电能。电源中用到的能源包括化学能（电池、燃料电池、生物电源），太阳光（太阳能电池），以及机械能（发电机）。

图 18.4　南美电鳗体内有成百上千的电池（称为生物电池）提供电动势。这些生物电池提供的电流用以击昏它们的敌人，也用来捕获食物。

电路中的电动势　如图 18.5 所示，可以用水的流动形象地表示电路中的电流（电荷的流动）。人就像是水泵，通过做功把水从势能最低的地方向上运送到势能最高的地方。然后水克服水流中的一些阻碍（如闸门），从高处流回到低处。电池（或者其他电动势的源）的作用就像人往高处搬运水一样。假设电流是正电荷的运动，电池通过做功将正电荷从电势最低的地方（电池的负极）运送到电势最高的地方（电池的正极）。这样正电荷就能流过一些对电流有阻碍作用的用电器（如灯泡或 MP3 播放器）返回到电池的负极。

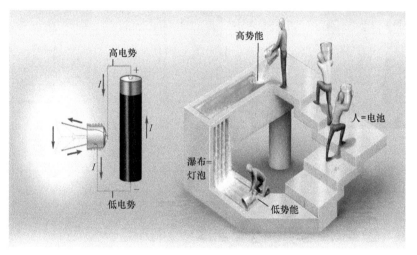

图 18.5　用水的流动过程来模拟电路中电荷的流动过程。

电池　一个 9 V 的电池（例如用在烟雾报警器里的电池），只要条件允许把它看作理想电池，就能维持正极比负极高 9 V 的电压。因为 1 V 就是 1 J/C，因此这一电池每抽运 1 C 的电荷需要做 9 J 的功。电池通过做功将电池储存的化学能转化为电能。如果一个电池用尽，它所储存的化学能就被完全消耗掉，也就不再具备抽运电荷的能力。有些电池能够通过外力使电荷沿相反方向流过电池而被充电。充电的过程就是将电池中的电化学反应沿反方向进行，从而达到把电能转化为化学能的目的。

　　不同种类的电池具有不同的电动势（12 V、9 V、1.5 V 等）和不同的大小（见图 18.6）。电池的大小并不决定其电动势的大小。普通电池的不同尺寸可以分别用 AAA、AA、A、C 和 D 来代表，但它们都提供相同的电动势（1.5 V）。但是电池越大，它储存的化学物质的量就越多，相应储存的化学能就越多。大电池比

图 18.6　电池有不同的大小和形状。图中后面的是铅酸汽车电池。在前排从左到右是三种可充电的镍镉电池，七种常用于手电筒、相机和电子表中的电池，以及锌石墨干电池。

小电池能抽运更多的电荷从而提供更多的能量，虽然它们抽运单位电荷所做的功是相等的。一个电池能抽运的电荷的量通常用 A·h（安培小时）来量度。不同大小电池的另外一个区别就是大电池通常能更快地抽运电荷，也就是说大电池能提供更大的电流。

电路

要使电流连续地流动，就需要一个闭合电路。也就是说，必须有一个连续的导电回路通过电源的一极连接到一个或多个用电器再回到电源的另一极。如图 18.7a、b 所示的闭合回路，电流从电池的正极通过一根导线，流经灯泡的灯丝，再通过另外一根导线，流到电池的负极，再通过电池流回到正极。由于电路只有一个回路供电流流过，因此电路中各处的电流相等。如图 18.7c 所示，如果把电池想象成一个水泵，导线想象成水管，灯泡就可以看作汽车发动机和散热器。水必须流过水泵，流过水管，流过发动机和散热器，并通过另外一段水管，流回到水泵。这个单一水回路中各处的水流量是相同的。 电流并没有在灯泡中被消耗掉，就像水并没有在散热器中被消耗掉一样。

图 18.7 a）将电池与灯泡连接起来。当电流流过灯丝时，灯泡会发光。b）要维持电流，必须有一个闭合的电路。注意图中的箭头标明了电流流过电线、灯泡和电池时的方向。c）一个表示水的流动而不是电荷流动的相似回路。

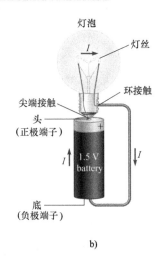
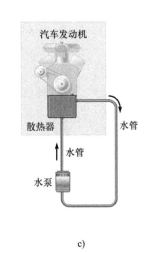

a)　　　　　　　　　　b)　　　　　　　　　　c)

在这一章中，我们只考虑电流在每个支路中都沿着同一方向流动的电路，即**直流**电路。在 21 章中，我们将讨论**交流**电路，其中电流周期性地改变方向。

18.3　金属中电流的微观图像：自由电子模型

图 18.1 显示了金属中传导电子的简单图像，所有电子在电场作用下都以相同的恒定速度在运动。为什么电子在恒定电场力作用下不以恒定的加速度运动呢？为了回答这个问题并进一步理解金属中电场和电流的关系，我们需要一个更加精确的描述金属中电子运动的图像。

在没有外加电场的情形下，金属中的传导电子以高速率（在铜中约 10^6 m/s）做无规则的运动。这些电子彼此之间、并且和离子（原子核及其束缚电子）不断地发生碰撞。在铜中，一个传导电子每秒钟发生 4×10^{13} 次碰撞，连续两次碰撞之间平均移动 40 nm。碰撞能改变电子的运动方向，因此每个电子像气体分子一样沿无规则的路径运动（见图 18.8a）。在没有电场的情况下，金属中传导电子的平均速度为零，因此就不存在电荷的净传输。

如果在金属中存在一个匀强电场，作用在传导电子上的电场力使得电子在连续两次碰撞之间做匀加速运动（假设附近离子和其他传导电子作用在这个电子上

链接：

金属中传导电子的随机运动类似于气体中原子或分子的随机运动。一个区别是电子的速率分布与麦克斯韦 - 玻耳兹曼分布律完全不同（见 13.6 节）。

的合力很小）。此时，虽然电子仍然做着和气体分子一样的无规则运动，但是电场力使它们在力的方向上运动的平均速度比反方向稍快，就像气体分子在微风中的运动一样。这样，电子就沿着电场力方向做缓慢的漂移运动（见图 18.8b）。此时电子具有非零的平均速度，称为**漂移速度 v_D**（相当于对空气分子而言的风速）。漂移速度的大小（漂移速率）远远小于电子的瞬时速率，通常不到 1 mm/s，但由于它不等于零，就产生了电子的净传输。

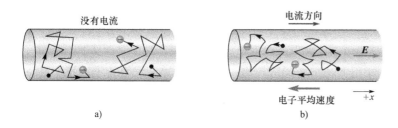

没有电流

电流方向

电子平均速度

$+x$

a)

b)

似乎匀加速运动能使电子运动得越来越快。如果没有碰撞，确实会如此。然而实际上电子只在两次碰撞之间做匀加速运动，每次碰撞都能使电子沿着一个新的方向以不同的速率运动。通过碰撞，电子也将一部分动能传递给离子。总的效果就是电子的漂移速度是恒定的，并且电子以恒定速率向离子传递能量。

电流和漂移速度之间的关系

为了导出电流和漂移速度之间的关系，我们使用了一个简化模型，假设所有电子都以恒定的漂移速度 v_D 运动（见图 18.9）。单位体积内传导电子的数量（n）是金属的一个特征量。我们可以通过计算在时间 Δt 内通过阴影面积的电量来得到电流的大小。在时间 Δt 内，每个电子向左侧运动了 $v_D\Delta t$ 的距离。那么，每个在体积 $Av_D\Delta t$ 内的传导电子都能通过阴影面积。在这个体积内的电子数为 $N = nAv_D\Delta t$；电量为

$$\Delta Q = Ne = neAv_D\Delta t$$

因此，导线中电流的大小为

$$I = \frac{\Delta Q}{\Delta t} = neAv_D \qquad (18\text{-}3)$$

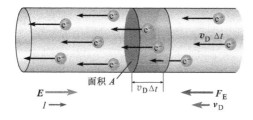

面积 A

$v_D\Delta t$

E

I

F_E

v_D

由于电子是负电荷，所以电流的方向与电子运动方向相反。电子所受的电场力方向也与电场的方向相反，因此电流的方向就是导线中电场的方向。

在式（18-3）中，只需要简单地将 e 换成某种载流子的电量，就可将此式推广到载流子不是电子的体系。在半导体材料中，既有正的载流子，也有负的载流子。负的载流子就是电子；正的载流子叫作空穴，相当于电荷为 $+e$ 的粒子。电子和空穴沿相反方向做漂移运动，都对电流有贡献。由于电子和空穴的浓度可能不同，它们的漂移速度也可能不同，因此在半导体中，电流可以表示成

图 18.8　a）不存在电场的情况下，金属导线中两个传导电子的随机运动轨迹。b）沿着 x 轴方向的电场使电子在连续两次碰撞之间以沿 x 轴负方向的恒定加速度运动。平均来讲，电子会沿着 x 轴负方向作漂移运动。导线中的电流沿着 x 轴方向。

链接：

在力的作用下物体以恒定速度运动（而不是恒定加速度）的另外一种情形就是物体在黏滞流体中的下落（见 9.10 节）。当物体以终极速度下落时，黏滞阻力与向下作用的恒定重力大小相等、方向相反，因此物体所受合力为零。与此相似，金属中的电场力就如同物体下落时所受到的重力（恒定的外力），电子和金属离子间的碰撞就起到阻力的作用。

图 18.9　传导电子以恒定速度 v_D 运动的简化图像。在时间 Δt 内，每个电子都移动一段距离 $v_D\Delta t$。图中黑色的矢量箭头表示电子在时间 Δt 内发生的位移。所有处于 $v_D\Delta t$ 长度内的传导电子在时间 Δt 内都流过了图中阴影的横截面积。

$$I = n_+ eAv_+ + n_- eAv_-$$ (18-4)

在式（18-4）中，v_+ 和 v_- 都是漂移速率，都为正。

 检测题 18.3

两条不同直径的铜导线，载有同样大小的电流。试比较这两种导线内传导电子的漂移速率的大小。

当我们通过墙上的开关打开一盏灯时，电流差不多立即就流过灯泡。我们并不需要等待电子从开关流向灯泡。这是因为传导电子在电路中的所有导线中都存在（见例18.1）。只要开关闭合，电场就能非常快地传递到整个电路中。只要电场不为零，电子就开始作漂移运动。

例 18.1

家居电路中电子的漂移速率

在家居电路中普遍应用 12 号铜导线，其直径为 2.053 mm。铜中每立方米有 8.00×10^{28} 个传导电子。如果电线中流过 5.00 A 的恒定的直流电流，电子的漂移速率是多少？

分析 先由导线的直径求出导线的横截面积 A。式（18-3）中的 n 是每立方米中的传导电子数。这样利用式（18-3）就能求出电子的漂移速率。

解 导线的横截面积为

$$A = \pi r^2 = \frac{1}{4} \pi d^2$$

漂移速率为

$$v_D = \frac{I}{neA}$$

$$= \frac{5.00 \text{ A}}{8.00 \times 10^{28} \text{ m}^{-3} \times 1.602 \times 10^{-19} \text{ C} \times \frac{1}{4} \pi \times \left(2.053 \times 10^{-3} \text{ m}\right)^2}$$

$$= 1.179 \times 10^{-4} \text{ m s}^{-1} \rightarrow 0.118 \text{ mm/s}$$

讨论 电子的漂移速率似乎非常小：平均速率仅为 0.118 mm/s。这样一个电子要沿着导线运动一米的距离就要花费超过 2 h 的时间！电子以如此小的速度运动，如何使导线中流过 5 C/s 这样大小可观的电流呢？这是因为导线中有数量巨大的传导电子。作为检验：单位长度的导线中传导电子的数目为

$$nA = 8.00 \times 10^{28} \text{ m}^{-3} \times \frac{1}{4} \pi \times \left(2.053 \times 10^{-3} \text{ m}\right)^2$$

$$= 2.648 \times 10^{23} \text{ 电子 /m}$$

那么在 0.117 9 mm 长度的导线内传导电子的数量为

$$2.648 \times 10^{23} \text{ 电子 /m} \times 0.1179 \times 10^{-3} \text{ m} = 3.122 \times 10^{19} \text{ 电子}$$

这些电子所带的总电量为

$$3.122 \times 10^{19} \text{ 电子} \times 1.602 \times 10^{-19} \text{C/ 电子} = 5.00 \text{ C}$$

练习题 18.1 **银导线中的电流和电子的漂移速率**

银导线的直径为 2.588 mm，其中每立方米含有 5.80×10^{28} 个传导电子。一个 1.50 V 的电池使 880 C 的电荷在 45 min 内流过银导线。求（a）电流的大小。（b）导线中电子的漂移速率。

18.4 电阻与电阻率

电阻

假设在导体的两端保持一定的电势差，那么流过导体的电流 I 和导体两端的电势差 ΔV 之间是什么关系呢？对大多数导体，电流 I 与电势差 ΔV 成正比。格奥尔格·欧姆（1789—1854）第一个发现了它们之间的关系，称为**欧姆定律**：

欧姆定律

$$I \propto \Delta V$$ (18-5)

欧姆定律并不像守恒定律一样，它不是物理学中的一个普适定律。欧姆定律对一些材料不适用，另外有的材料虽然在电势差 ΔV 的很大范围内都服从欧姆定律，但当 ΔV 变得很大时，就不再服从欧姆定律。这与胡克定律（$F \propto \Delta x$ 或者应力∝应变）有些相似；胡克定律在多数情况下对很多材料都适用，但也不是物理学中的普适定律。各向同性的材料在一定的电势差范围内服从欧姆定律；当金属是良导体时，在很大的电势差范围内都服从欧姆定律。

电阻 R 定义为导体两端的电势差（或电压）ΔV 与流过导体的电流之间的比值：

链接：

傅里叶发现流过导热体的热流速与导热体两端的温度差成正比（见 14.6 节）。欧姆受此启发决定对电流和电势差之间的关系进行研究。另一种类似的情形是石油（或其他黏滞流体）流过管道时。泊肃叶定律指出流体的流速与管道两端的压差成正比（见 9.9 节）。

电阻定义

$$R = \frac{\Delta V}{I} \qquad (18\text{-}6)$$

在国际单位制中，电阻的单位是欧姆（Ω），定义为

$$1\Omega = 1 \text{ V/A} \qquad (18\text{-}7)$$

在一定的电势差下，当导体电阻较小时流过的电流较大，当导体电阻较大时流过的电流较小。

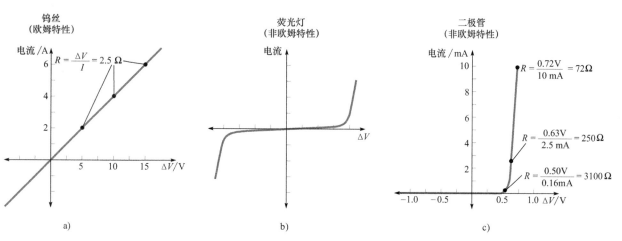

图 18.10　a）恒定温度下流过钨丝的电流与电势差之间的关系曲线。图中不同 ΔV 值时的电阻都相同，所以钨丝是一种欧姆导体。对于　b）荧光灯中的气体和　c）二极管（一种半导体器件），其电流与电势差之间的关系曲线都不是线性的；这样的系统是非欧姆的。

链接：

回到与流体运动的类比：长的管道对流体的阻力比短的管道大，粗的管道对流体的阻力比细的管道小。

 一个欧姆导体，即满足欧姆定律的导体，不管导体两端的电势差如何变化，电阻都是恒定的。式（18-6）并不是欧姆定律的表达式，因为它并不要求电阻为恒定值；它是非欧姆导体和欧姆导体的电阻的定义式。对于欧姆导体，电流随电势差变化的关系曲线是一条通过原点、斜率为 $1/R$ 的直线（见图 18.10a）。对于非欧姆系统，I 随 ΔV 的变化关系明显是非线性的（见图 18.10b、c）。

电阻率

导体的电阻决定于其大小和形状。一般来讲，一根长的导线比一根短的导线具有更大的电阻（其他参数相同），而一根粗的导线比细的导线具有更小的电阻。一个长为 L、横截面积为 A 的导体的电阻可写成

$$R = \rho \frac{L}{A} \qquad (18\text{-}8)$$

式（18-8）中假设电流在整个导体横截面内是均匀分布的。

比例系数 ρ 称为材料的**电阻率**，它是某一材料在某一温度下的特征参数。在国际单位制中，电阻率的单位是 $\Omega \cdot m$。表 18.1 列出了不同物质在 20℃时的电阻率。良导体的电阻率很小。纯的半导体的电阻率非常大。通过掺杂（控制掺入杂质的数量），半导体的电阻率会发生巨大的变化，这也是半导体被用于制作计算机芯片和一些电子元器件的原因（见图 18.11）。绝缘体的电阻率非常大（约比导体大 10^{20} 倍）。电阻率的倒数称为电导率［国际单位制单位（$\Omega \cdot m$）$^{-1}$］

为什么电阻与长度成正比呢？假设我们有两条除了长度不同其他都相同的导线。如果导线通过同样的电流，那么导线中电子就有同样的漂移速度。为了得到同样的漂移速度，导线中电场就应该相等。因为在匀强电场中，$\Delta V = EL$，因此导线两端的电势差正比于导线的长度。所以，电阻 $R = \Delta V/I$ 就正比于长度。

表 18.1　20℃时的电阻率及其温度系数

	$\rho/(\Omega \cdot m)$	$a/℃^{-1}$		$\rho/(\Omega \cdot m)$	$a/℃^{-1}$
导体			**半导体（纯）**		
银	1.59×10^{-8}	3.8×10^{-3}	碳	3.5×10^{-5}	-0.5×10^{-3}
铜	1.67×10^{-8}	4.05×10^{-3}	锗	0.6	-50×10^{-3}
金	2.35×10^{-8}	3.4×10^{-3}	硅	2300	-70×10^{-3}
铝	2.65×10^{-8}	3.9×10^{-3}			
钨	5.40×10^{-8}	4.50×10^{-3}			
铁	9.71×10^{-8}	5.0×10^{-3}	**绝缘体**		
铅	21×10^{-8}	3.9×10^{-3}	玻璃	$10^{10} \sim 10^{14}$	
铂	10.6×10^{-8}	3.64×10^{-3}	有机玻璃	$>10^{13}$	
锰铜	44×10^{-8}	0.002×10^{-3}	石英（熔化的）	$>10^{16}$	
康铜	49×10^{-8}	0.002×10^{-3}	橡胶（坚硬的）	$10^{13} \sim 10^{16}$	
汞	96×10^{-8}	0.89×10^{-3}	聚四氟乙烯	$>10^{13}$	
镍铬合金	108×10^{-8}	0.4×10^{-3}	木材	$10^{8} \sim 10^{11}$	

为什么电阻反比于导体的横截面积呢？假设我们有两条除了横截面积不同其他都相同的导线。在导线两端加上同样的电势差使两条导线中电子的漂移速度相等，但是粗的导线单位长度内有更多的传导电子。由于 $I = neAv_D$［见式（18-3）］，所以电流就正比于横截面积，而电阻 $R = \Delta V/I$ 反比于导线的横截面积。

水的电阻率　水的电阻率主要取决于水中离子的浓度。纯水中只包含自偶电离（$H_2O \rightleftharpoons H^+ + OH^-$）产生的离子。因此纯水是一种绝缘体；20 ℃时其理论上的最大电阻率约为 $2.5 \times 10^{5} \, \Omega \cdot m$。水是一种非常好的溶剂，即使是溶解少量的矿物质在水中，都能很大程度地降低其电阻率。水的电阻率对水中杂质的浓度非常敏感，因此电阻率测试被用于检测水的纯度。自来水的电阻率取决于矿物质成分，一般处于 $10^{-1} \, \Omega \cdot m$ 到 $10^{2} \, \Omega \cdot m$ 的范围内。

✓ 检测题 18.4

为什么在数据表中查到的是物质的电阻率（某一温度下），而不是此物质的电阻？

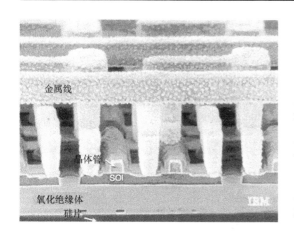

金属线

晶体管

SOI

氧化绝缘体
硅片

图 18.11　微处理器芯片的扫描电子显微镜图像。大部分的芯片都是由硅制成。通过在硅中有控制地掺入杂质，使芯片上有些区域成为绝缘体，有些区域变成导线，还有一些区域作为晶体管——一种电路开关元件。缩写 SOI 代表绝缘体上的硅，这是一种用于减少芯片发热的技术。

电阻率和温度的关系

电阻率并不取决于材料的大小和形状，但却和温度有关。主要有两个因素决定金属的电阻率：单位体积内的传导电子的数量和电子与离子间的碰撞频率。这两个因素中的第二个因素对温度的变化非常敏感。当温度较高时，内能较大；离子以较大的振幅振动，电子和离子发生碰撞的频率就较高。所以，电子在两次碰撞间被电场加速的时间较短，它们的漂移速度就较小；在给定电场下的电流就较小。因此，当金属的温度升高时，它的电阻率也增大。亮着的白炽灯中的金属灯丝的温度可达 3 000 K 左右；它的电阻就比在室温下显著增大。

对多数材料而言，电阻率和温度的关系在较大温度范围内（大约 500 ℃）都是线性的：

$$\rho = \rho_0 (1 + \alpha \Delta T) \qquad (18\text{-}9)$$

这里，ρ_0 是温度 T_0 时的电阻率，ρ 是温度 $T = T_0 + \Delta T$ 时的电阻率。系数 α 称为**电阻率的温度系数**，在国际单位制中的单位是 ℃$^{-1}$ 或者 K^{-1}。一些材料的温度系数列在表 18.1 中。

应用：电阻温度计　电阻温度计是利用材料电阻率随温度变化的性质制作而成的测量温度的装置。分别在某一参考温度和待测温度下测量导体的电阻，所测得的电阻变化就可被用来计算未知温度。在有限的温度变化范围内测量，式（18-9）中的线性关系可被用来计算待测温度；对更大的温度变化范围，需要把电阻率随温度的非线性变化关系考虑进来，所以必须对电阻温度计进行校准。具有较高熔点的金属（如钨）可用于测量较高的温度。

半导体　对于半导体，$\alpha < 0$。负的温度系数意味着半导体电阻率随温度的升高而降低。前面讲过，对于金属这样的良导体，碰撞频率会随温度的升高而增大，对于半导体也是如此。但是在半导体中，单位体积内的载流子（传导电子和 / 或空穴）数量会随温度的升高而迅速增加，因此电阻率就随温度升高而减小。

水　纯水在室温下的电阻率温度系数也为负（$\alpha = -0.05$ ℃$^{-1}$），这是因为自偶电离反应（$H_2O \rightleftharpoons H^+ + OH^-$）与温度有关。温度升高时，离子浓度升高。和半导体一样，载流子增多，电阻率减小。

超导体 一些金属在低温下变成超导体（$\rho = 0$）。一旦超导回路中产生了电流，电流就可以在没有电源的情况下永不休止的持续下去。实验表明超导电流在两年时间内都没有测得一点变化。水银是第一种被发现的超导体（1911年由荷兰科学家卡末林·昂内斯发现）。当水银温度降低，像其他金属一样其电阻率会降低，但当水银温度降到某一临界值（$T_C = 4.14$ K）时，其电阻率突然变为零。许多其他的超导体随后也被发现。在过去20年间，科学家们制成了具有更高临界温度的陶瓷材料超导体。在临界温度之上，陶瓷是绝缘体。

例 18.2

电阻随温度的变化关系

烤面包机中镍铬合金加热元件在加热到炽热（1 200 ℃）的时候，其电阻为 12.0 Ω，求它在室温（20 ℃）时的电阻为多少？忽略元件的长度和直径随温度的变化。

分析 由于假定长度和横截面积都不随温度而变化，因此加热元件在两个不同温度的电阻值就正比于该温度下的电阻率：

$$\frac{R}{R_0} = \frac{\rho L/A}{\rho_0 L/A} = \frac{\rho}{\rho_0}$$

所以在计算中并不需要知道加热元件的长度和横截面积。
已知：$T = 1\,200$ ℃时，$R = 12.0$ Ω。
求：$T_0 = 20$ ℃时，$R_0 = ?$

解 由式（18-9）

$$\frac{R}{R_0} = \frac{\rho L/A}{\rho_0 L/A} = \frac{\rho}{\rho_0} = 1 + \alpha \Delta T$$

温度的变化为

$$\Delta T = T - T_0 = 1\,200 ℃ - 20 ℃ = 1\,180 ℃$$

对于镍铬合金，由表 18.1 可得

$$\alpha = 0.4 \times 10^{-3} ℃^{-1}$$

解得 R_0 为

$$R_0 = \frac{R}{1 + \alpha \Delta T} = \frac{12.0\,Ω}{1 + 0.4 \times 10^{-3} ℃^{-1} \times 1\,180 ℃} = 8\,Ω$$

讨论 为什么只写出一位有效数字？由于温度变化很大（1 180℃），因此结果一定是作为一种估算。电阻率和温度的关系在如此大的温度范围内不一定都是线性的。

练习题 18.2　应用电阻温度计

一个由铂金制成的电阻温度计在 20.0 ℃时的电阻值为 225 Ω。当把温度计放入火炉中，其电阻值变为 448 Ω。求火炉的温度为多少？假设电阻率的温度系数在此题的温度范围内为常数。

图 18.12 在这个计算机电路板上的小圆柱体就是电阻器。其上彩色的条纹标明了电阻器的阻值。

电阻器

电阻器是一种具有确定电阻值的电路元件。几乎在所有的电气设备中都能找到电阻器（见图 18.12）。在电路分析中，习惯上将电阻器的电压和电流之间的关系写为 $V = IR$。虽然 V 前面省略了符号 Δ，但这里 V 表示电阻器两端的电势差。有时 V 也称作电压降。电阻器中电流沿着电场方向流动，也就是从高电势流向低电势。因此，沿着电流方向电阻器产生的电压降为 IR。记住一个有用的类比：水总是流向低处势能较低的地方，而电阻器中的电流总是流向低电势。

在电路图中，用符号 —$\wedge\wedge\wedge$— 表示电阻器或其他耗散电能的元件。直线——表示电阻可忽略不计的导线。（如果导线电阻不能忽略不计，就在电路中把它画成一个电阻器。）

电池的内阻

图 18.13a 所示为前面出现过的一个电路。图 18.13b 是这个电路的电路图。图中灯泡用电阻器（R）的符号表示，电池用虚线包围的两个符号来表示。电池符号代表一个理想电源，电阻器（r）代表电池的内阻。

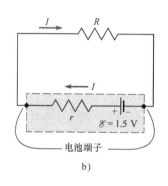

图 18.13　a）由导线连接在电池上的灯泡。b）该电路的电路图。电池的电动势及其内阻位于虚线框内，表示实际中二者并不能分开，二者间不能用"导线"连接。

如果流过电源的电流为零，则**路端电压**，即电源两极之间的电势差，就等于电动势的大小。如果电源给一个负载（灯泡、面包机或其他电器）提供电流，它的路端电压就比其电动势小；这是因为电源的内阻会产生一个电压降。如果电流为 I，内阻为 r，则内阻上的电压降为 Ir，路端电压为

$$V = \mathscr{E} - Ir \tag{18-10}$$

如果电流足够小，则内阻引起的电压降 Ir 相比于电动势 $\mathscr{E}$ 可忽略不计，此时电源可看作一个理想电动势（$V \approx \mathscr{E}$）。手电筒在亮了很长时间后灯光会变暗，这是由于电池内的化学物质慢慢消耗掉，内阻也因此而升高。如果内阻升高，路端电压 $V = \mathscr{E} - Ir$ 就会减小；灯泡两端的电压就会降低，因而灯光变暗。

例 18.3

用手电筒电池起动汽车

为什么格雷厄姆的计划不能实现？

讨论格雷厄姆的方案是否可行。格雷厄姆计划用 8 节 D 型手电筒电池串联来起动他的汽车。每节电池的电动势为 1.50 V，内阻为 0.10 Ω。（起动汽车马达的电流通常要求达到几百安培，但是流过手电筒内灯泡的电流通常小于 1 A。）

分析　这里不仅要考虑电池电动势的大小，还要考虑电池是否能提供所需的电流。

解和讨论　将 8 个 1.5 V 的电池像在手电筒里那样连接起来——一个电池的正极和另外一个电池的负极相连接——这样就能提供 12 V 的电动势。每节电池在流过 1 库仑的电荷时都做功 1.5 J；如果这些电荷先后经过所有 8 节电池，做的总功就为 12 J。

如果这些电池被用于为需要小电流的设备供电（由于负载的电阻 R 比每个电池的内阻 r 大很多），每个电池的路端电压就接近 1.5 V，电池组的路端电压就接近 12 V。例如手电筒需要 0.50 A 的电流，每个 D 型电池的路端电压为

$$V = \mathscr{E} - Ir = 1.50\,\text{V} - 0.50\,\text{A} \times 0.10\,\Omega = 1.45\,\text{V}$$

但是用于起动汽车的电流很大。当电流增大时，路端电压减小。可以通过将电池的路端电压设定为零（可能的最小值）来估算电池能提供的最大电流：

$$V = \mathscr{E} - I_{\max}r = 0$$

$$I_{\max} = \mathscr{E}/r = 1.5\,\text{V}/0.1\,\Omega = 15\,\text{A}$$

（这是一种理想的估算，因为电池的化学能会被迅速消耗掉，电池的内阻会急剧增加。）手电筒电池组不能提供足以起动汽车的大电流。

练习题 18.3　钟表内电池的路端电压

钟表内的碱性 D 型电池（1.500 V 电动势，0.100 Ω 内阻）能提供的电流为 50.0 mA。求这个电池的路端电压为多少？

日常物理演示

　　打开汽车的前照灯并发动汽车，可以发现前照灯非常暗。如果汽车电池是一个12 V的理想电源，那么不管流过多大的电流，它都能连续地给前照灯提供12 V的电压。但由于电池有内阻，当电池同时给启动装置提供几百安培的电流时，电池的路端电压就会大大低于12 V。

18.5　基尔霍夫定律

　　由基尔霍夫（1824—1887）提出的两个定律是电路分析的基础。**基尔霍夫节点电流定律**指出流入一个节点的所有支路的电流之和等于流出这个节点的所有支路的电流之和。任何一个电的连接点即为节点。节点电流定律是电荷守恒定律的必然结果。由于电荷不能在节点处累积，因此单位时间内净流入节点的电荷也就是净电流一定为零。

链接：

　　节点电流定律只是电荷守恒定律用于电路时的一种方便的形式。

基尔霍夫节点电流定律

$$\sum I_{\text{in}} - \sum I_{\text{out}} = 0 \qquad (18\text{-}11)$$

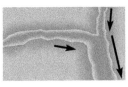

　　如图18.14a所示，两条支流汇集成更大的主流。与此类似，在图18.14b中显示出了一个电路中的节点（节点A）。对节点A应用节点电流定律，有$I_1+I_2-I_3=0$。

　　基尔霍夫回路电压定律是能量守恒定律在电路中电势改变上的应用。空间每一点都有其确定的电势，某一点的电势与到达这一点的路径无关。因此，沿着电路中的一个回路绕行一周，由于起始和终止于同一点，所以电势改变的代数和一定为零（见图18.15）。就像登山一样，如果起始于一点，又回到同一点，不管登山的路径如何选择，所有高度改变的代数和一定为零。

图18.14　a）两条支流流入汇聚点的总流量等于汇聚而成的主流流出汇聚点的流量。也就是，流入汇聚点的净流量为零。b）电路中一个类似的节点。

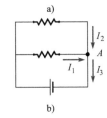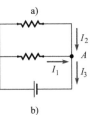

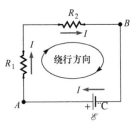

图18.15　应用回路电压定律。如果从A点开始，沿着如图所示的方向（顺时针）绕回路一周，由回路电压定律得：$\sum\Delta V = -IR_1 - IR_2 + \mathscr{E} = 0$。（如果从$B$点开始，沿逆时针方向绕回路一周，由回路电压定律可得等价的公式：$\sum\Delta V = +IR_2 + IR_1 - \mathscr{E} = 0$。）

基尔霍夫回路电压定律

$$\sum \Delta V = 0 \qquad (18\text{-}12)$$

　　适用于电路中起始和终止于同一点的任何回路。（电势升高是正的，电势降低是负的。）

链接：

　　回路电压定律只是能量守恒定律用于电路时的一种方便的形式。

　　在运用回路电压定律时要注意符号的正负。当沿着电流方向通过一个电阻器时，电势降落（$\Delta V = -IR$）；当沿着与电流相反的方向（逆流）通过一个电阻器时，电势升高（$\Delta V = +IR$）。对于电源，当从正极向负极方向通过时，电势降落（$\Delta V = -\mathscr{E}$）；当从负极向正极方向通过时，电势升高（$\Delta V = +\mathscr{E}$）。

运用基尔霍夫定律　在 18.6 节中，我们将学习如何利用基尔霍夫定律将串联或并联的元件用一个等效元件来表示。这比直接运用基尔霍夫定律通常要容易得多。但是并不是所有的电路都可以通过串联或并联等效电路来简化；在 18.7 节将讨论如何运用基尔霍夫定律来分析这些电路。

18.6　串联与并联电路

串联电阻器

当多个电器元件依次连接使得通过每个电器元件的电流都相等，这种连接电器元件的方式就称为**串联**（见图 18.16 和图 18.17）。如图 18.17a 所示，两个电阻器串联在电路中，其中直线代表电阻可忽略不计的导线。没有电阻就意味着没有电压降（$V = IR$），所以用电阻可以忽略不计的导线连接的点电势相等。把节点电流定律用于电路中 $A \sim D$ 中的每一点，可知同样大小的电流流过电源和这两个电阻器。

将回路电压定律沿顺时针方向用于回路 $DABCD$。从 D 到 A 是从电动势的负极到正极，因此 $\Delta V = +1.5$ V。由于是随着电流绕回路一周，在经过每个电阻器时电势都是降落的。因此有

$$1.5 \text{ V} - IR_1 - IR_2 = 0$$

由于同样的电流经过串联的两个电阻器，将电流因子提出有

$$I(R_1 + R_2) = 1.5 \text{ V}$$

如果用一个等效电阻器 $R_{eq} = R_1 + R_2$ 代替两个串联电阻器，流过的电流 I 也是相同的，即

$$IR_{eq} = I(R_1 + R_2) = 1.5 \text{ V}$$

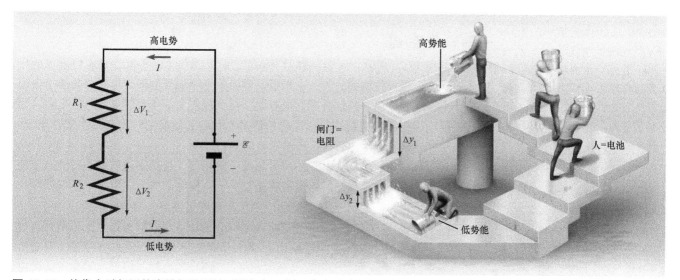

图 18.16　就像水以相同的流量相继通过两道闸门一样，在电路中同样的电流先后流过两个串联电阻器。如同 $\Delta y_1 + \Delta y_2 = \Delta y$ 一样，电路中串联电阻器两端的总电势差 ΔV 等于每个电阻器两端的电势差之和。在此电路中，$\Delta V_1 + \Delta V_2 = \mathscr{E}$，$\mathscr{E}$ 为电池的电动势。如果 $R_1 \neq R_2$，则电阻器两端的电势差（ΔV_1 和 ΔV_2）不相同，但是流过它们的电流（I）仍然是相同的。

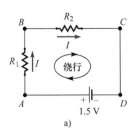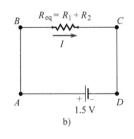

图 18.17　a）两个电阻器串联的电路。b）用一个等效电阻器替代这两个电阻器。

图 18.7b 就是简化了的等效电路图。

可以将这一结果推广到任意多的电阻器相串联的情形：

> 对 N 个电阻器串联
>
> $$R_{eq} = \sum R_i = R_1 + R_2 + \cdots + R_N \qquad (18\text{-}13)$$

　　注意两个或多个电阻器串联时的等效电阻比其中任何一个电阻器的电阻值都大。

串联电动势

在许多装置中，一个电池的正极和另外一个电池的负极连接在一起，这样的连接称为电池的串联。电池串联提供的电动势比其中任一个电池单独提供的电动势都要大（见图 18.18）。串联电池的总的电动势就等于所有电池电动势的和，就如串联电阻器的等效电阻等于所有电阻值之和一样。但这样的连接有一个不足之处，就是相应的电池内阻也变大，因为所有电池的内阻也相应串联起来了。

电源也可以沿电动势的相反方向串联起来。这类电路的一个常见应用就是电池充电器。在图 18.19 中，如果沿着从 C 点到 B 点再到 A 点的方向运动，电势首先降低 $\mathscr{E}_2$ 然后又升高 $\mathscr{E}_1$，因此净的电动势为 $\mathscr{E}_1 - \mathscr{E}_2$。

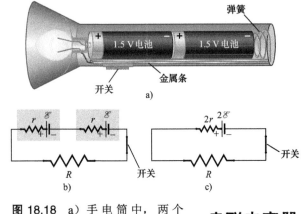

图 18.18　a）手电筒中，两个 1.5 V 的电池串联得到 3.0 V 的电压。b）包括电池内阻的电路图。c）简化电路图，图中两节电池表示成一个电动势为 $2\mathscr{E}$ 的、内阻为 $2r$ 的电源。符号 ╼╱╾ 表示断开的开关（没有电连接）。符号 ╼━╾ 表示闭合的开关。

图 18.19　给可充电电池（用电动势 $\mathscr{E}_2$ 表示）充电的电路。用于给可充电电池提供能量的电源必须具有较大的电动势（$\mathscr{E}_1 > \mathscr{E}_2$）。电路中净的电动势为 $\mathscr{E}_1 - \mathscr{E}_2$；电流为 $I = (\mathscr{E}_1 - \mathscr{E}_2)/R$（这里 R 也包含电池的内阻）。

串联电容器

如图 18.20 所示，两个电容器串联在一起。虽然电荷不能穿过电容器中的电介质从一个极板传输到另外一个极板，但流入一个极板的瞬时电流总是等于流出另一个极板的电流。为什么呢？电容器的两个极板总是带着等量异号的电荷。因此，两个极板上的电荷总是以同样的速率变化，而电荷的时间变化率就是电流。所以从外界来看，电流好像是流过了电容器。

通过串联电容器 C_1 和 C_2 的瞬时电流一定相等，这是因为电荷不可能产生和消失，另外两个电容器之间也没有连接到另一个支路的节点。由于电荷以同样的速率变化，因此在串联电容器上的瞬时电荷也相等。

等效电容器 C_{eq} 应该在相同的外加电压下储存与每个串联电容器上相等的电荷。当开关闭合时，电源对电容器充电使 A、B 两点的电势差等于电动势。此时电容器完全充电，充电电流变为零。由基尔霍夫回路电压定律，

$$\mathscr{E} - V_1 - V_2 = 0 \qquad (18\text{-}14)$$

串联电容器上的电荷 Q 是相等的，所以

$$V_1 = \frac{Q}{C_1}, \qquad V_2 = \frac{Q}{C_2}$$

等效电容（见图 18.20b）定义为 $\mathscr{E} = Q/C_{eq}$。代入式（18-14），得

$$\frac{Q}{C_{eq}} - \frac{Q}{C_1} - \frac{Q}{C_2} = 0$$

由此得等效电容为

$$\frac{1}{C_{eq}} = \frac{1}{C_1} + \frac{1}{C_2}$$

此推导可以推广到任意多个电容器串联的一般情形。

对 N 个电容器串联

$$\frac{1}{C_{eq}} = \sum \frac{1}{C_i} = \frac{1}{C_1} + \frac{1}{C_2} + \cdots + \frac{1}{C_N} \qquad (18\text{-}15)$$

注意等效电容器储存了和每个串联电容器上同样的电荷。

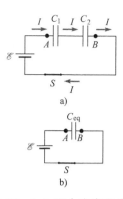

图 18.20 （a）两个电容器串联。（b）等效电路。

并联电阻器

当多个电器元件连接时，每个元件两端的电势差都相等，这样连接电器元件的方式就称为**并联**（见图 18.21）。如图 18.22 所示，一个电源与三个彼此并联在一起的电阻器连接在一起。由于三个电阻器的左端和右端都分别用电阻忽略不计的导线连接在一起，所以并联电容器的左端和右端都分别等电势。因此三个电阻器两端的电势差相等。对 A 点应用基尔霍夫节点电流定律，得

$$+I - I_1 - I_2 - I_3 = 0 \quad \text{或者} \quad I = I_1 + I_2 + I_3 \qquad (18\text{-}16)$$

每个电阻器流过多大的电流呢？电流在三个支路中的分配必须保证三个电阻器两端的电势差 $V_A - V_B$ 相等，并等于电动势 $\mathscr{E}$。由电阻的定义，得

$$\mathscr{E} = I_1 R_1 = I_2 R_2 = I_3 R_3$$

因此，电流分别为

$$I_1 = \frac{\mathscr{E}}{R_1}, \qquad I_2 = \frac{\mathscr{E}}{R_2}, \qquad I_3 = \frac{\mathscr{E}}{R_3}$$

将以上电流代入式（18-16），得

$$I = \frac{\mathscr{E}}{R_1} + \frac{\mathscr{E}}{R_2} + \frac{\mathscr{E}}{R_3}$$

上式两边同除以 $\mathscr{E}$，得

$$\frac{I}{\mathscr{E}} = \frac{1}{R_1} + \frac{1}{R_2} + \frac{1}{R_3}$$

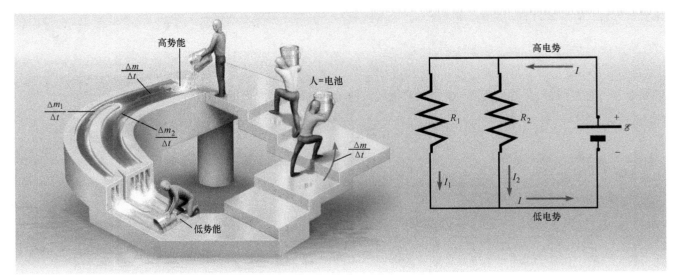

图18.21　图中水流被分成两个支路，然后再汇聚成一个水流。水在分流前的流量和再次汇聚后的流量相等，并且等于两个支路中水流量之和。由于两支流在同一高度处分流又在同一高度处汇聚，因此两支流的高度落差 Δy 相同。对于两个并联电阻器，电流相加（$I = I_1 + I_2$）；电势差相等（$\Delta V_1 = \Delta V_2 = \mathscr{E}$）。如果 $R_1 \neq R_2$，则两电流 I_1 和 I_2 不相等，但两个电阻器两端的电势差仍然相等。

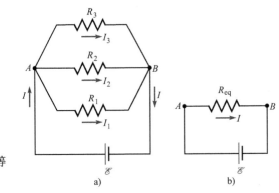

图18.22　a）三个电阻器并联。b）等效电路。

三个并联电阻器可以用单个等效电阻器 R_{eq} 来代替。为了保证同样的电流流过等效电阻，R_{eq} 的大小必须满足 $\mathscr{E} = IR_{\mathrm{eq}}$，即 $I/\mathscr{E} = 1/R_{\mathrm{eq}}$，所以

$$\frac{1}{R_{\mathrm{eq}}} = \frac{1}{R_1} + \frac{1}{R_2} + \frac{1}{R_3}$$

虽然上述结论是在三个电阻器并联的情况下推导得到的，也可以将其推广到任意多个电阻器并联的一般情形。

链接：

式（18-13）和式（18-17）所示的串联和并联电阻器的关系式同样也适用于热阻（14.6 节）和管道对黏滞流体的阻力（9.9 节）。

> 对 N 个电阻器并联
>
> $$\frac{1}{R_{\mathrm{eq}}} = \sum \frac{1}{R_i} = \frac{1}{R_1} + \frac{1}{R_2} + \cdots + \frac{1}{R_N} \qquad (18\text{-}17)$$

注意两个或多个电阻器并联时的等效电阻比其中任何一个电阻器的电阻值都小（$1/R_{\mathrm{eq}} > 1/R_i$，所以 $R_{\mathrm{eq}} < R_i$）。另外，并联电阻器的等效电阻的推导方法与串联电容器的等效电容的推导方法一样。其原因就是电阻定义为 $R = \Delta V/I$，而电容定义为 $C = Q/\Delta V$，一个 ΔV 在分子中，另一个 ΔV 在分母中。

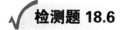

检测题 18.6

两个相同的电阻器（R）并联，其等效电阻是多少？

并联电动势

当两个或多个具有相同电动势的电源并联在一起，即将它们的正极连在一起，负极也连在一起（见图 18.23a），此时，等效电动势等于其中每一个电源的电动势。这样连接电源的优点不在于获得更大的电动势，而在于降低电源的内阻以提供更大的电流。在图 18.23b 中，两个电源的内阻（r）相等。由于两端 A 点和 B 点等势，所以两个内阻相当于并联，其等效内阻为 $r/2$。为了起动一辆小轿车，就可以这样将两个电池并联起来。

永远不要把不同电动势的电源并联在一起，或者把电源的相反极性并联在一起（见图 18.23b）。如果这样连接，将导致两个电池迅速消耗且不能或只能给电路其他部分提供很小的电流。

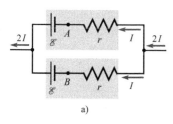

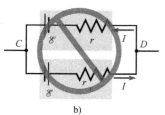

图 18.23　a）两个相同的电池（内阻为 r）并联。由于等效内阻变为 $r/2$，该电池组能提供 $\mathscr{E}$ 的电动势及相当于一个电池时两倍的电流。b）严禁将电池沿着极性相反的方向并联起来，在图中所示情形中，电池的电动势大小相同，那么 C 点和 D 点的电势相同，电池组就不能给电路的其他部分提供电动势；两个电池都将耗尽。如果两个汽车电池以这种方式连接，一个非常危险的大电流将会流过电池，并可能引起爆炸。

并联电容器

串联的电容器具有相同的电荷，但可能电势差不同。并联的电容器具有相同的电势差，但可能载有不同的电荷。假如三个电容器并联，如图 18.24 所示。在开关闭合后，电源将电荷充到电容器的极板上，直到每个电容器两端的电势差等于电动势 $\mathscr{E}$。假设总的充电电荷为 Q，充到三个电容器上的电荷分别为 q_1、q_2 和 q_3，电荷守恒定律要求

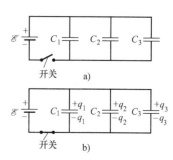

$$Q = q_1 + q_2 + q_3$$

电容器两端的电势差与充电电荷的关系为 $q = C\Delta V$。对每个并联电容器，$\Delta V = \mathscr{E}$。因此

$$Q = q_1 + q_2 + q_3 = C_1 \mathscr{E} + C_2 \mathscr{E} + C_3 \mathscr{E} = (C_1 + C_2 + C_3)\mathscr{E}$$

图 18.24　a）三个电容器并联。b）当开关闭合时，每个电容器都被充电直至其两极板间的电势差等于电源的电动势 $\mathscr{E}$。如果电容器的电容不同，充到电容器上的电荷也不相同。

这里可将三个并联电容器用一个等效电容器来代替，此等效电容器在电势差 $\mathscr{E}$ 下要储存的电荷仍为 Q。由 $Q = C_{eq}\mathscr{E}$，可得

$$C_{eq} = C_1 + C_2 + C_3$$

这一结论可同样推广到任意多个电容器并联的一般情形。

对 N 个电容器并联

$$C_{eq} = \sum C_i = C_1 + C_2 + \cdots + C_N \qquad (18\text{-}18)$$

18.7　利用基尔霍夫定律进行电路分析

有时一个电路不能仅仅通过替换并联和串联来做简化。这种情况下就需要直接利用基尔霍夫定律列出方程式并联立求解。

解题策略：利用基尔霍夫定律进行电路分析

1. 用相应的等效电路代替串联和并联的元件。
2. 设定不同支路中电流的大小（I_1, I_2, $\cdots$）及其方向。在电路中用箭头标示电流的方向。即使所选择的电流方向不是实际的正确方向也无关。
3. 对除一个节点之外的所有节点运用基尔霍夫节点电流定律（如果对每一个节点列出方程，其中有一个方程是多余的）。记住流入节点的电流为正，流出节点的电流为负。
4. 对足够多的回路运用基尔霍夫回路电压定律列出方程，并与基尔霍夫节点电流方程联立求解。注意方程的个数与未知量的数目相等。对每一个回路，选取一个起点及绕行方向。注意方程中每一项的符号。对电阻器，如果沿着电流方向（"顺流"）通过此电阻器，电势就降落；如果逆着电流方向（"逆流"）通过这个电阻器，电势就升高。对电动势，电势是降落还是升高取决于是从正极运动到负极还是相反。这和电流的方向没有关系。一个有用的方法是在每个电阻器和电源的两端用"+"和"–"标记出哪一端是高电势和哪一端是低电势。
5. 联立求解回路方程和节点方程，如果解得的电流为负值，说明实际的电流方向与所假设的电流方向相反。
6. 用一个或多个回路或节点来验证求解的结果。一个好的验证方法是选取在联立方程中没有用到的回路。

例 18.4

两个回路的电路

求流过如图 18.25 所示的电路中每个支路的电流的大小。

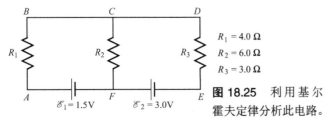

$R_1 = 4.0\ \Omega$
$R_2 = 6.0\ \Omega$
$R_3 = 3.0\ \Omega$

图 18.25　利用基尔霍夫定律分析此电路。

分析　首先找出电路中的串联和并联组合。R_1 和 $\mathscr{E}_1$ 为串联，但是由于一个是电阻器，另外一个是电源，因此不能用一个等价的电路元件来代替它们。电路中没有串联或者并联的电阻器。R_1 和 R_2 看起来像是并联，但由于电源 $\mathscr{E}_1$ 的存在，A 点和 F 点并不等电势，因此它们不是并联。两个电源看起来像是串联，但是节点 F 意味着流过两个电源的电流并不相等。由于既没有可以简化的串联组合也没有可以简化的并联组合，因此就直接利用基尔霍夫定律来分析电路。

解　首先在电路图中标出各支路的电流符号和方向：C 点和 F 点是电路中三个支路交汇的节点。这里用 I_1 表示支路 $FABC$ 中的电流，用 I_3 表示支路 $FEDC$ 中的电流，用 I_2 表示支路 CF 中的电流。

例 18.4 续

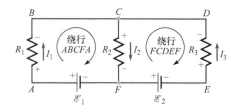

现在利用基尔霍夫节点电流定律。电路中有两个节点；可以选择任一节点。对于节点 C，电流 I_1 和 I_3 流入该节点，电流 I_2 流出该节点。由节点电流定律可得方程式为

$$I_1 + I_3 - I_2 = 0 \qquad (1)$$

在利用回路电压定律前，按照假设的电流方向，将"$+$"和"$-$"号标在每个电阻和电源两端用以表示哪端的电势高哪端的电势低。在电阻器中，电流从高电势流向低电势。图中用长线表示电源的正极，用短线表示其负极。

现在选择一回路并沿着回路绕行一周将电势升高和降落加起来。假设从 A 点开始沿着回路 $ABCFA$ 绕行一周。回路的起点和绕行方向是任意选择的，但是一旦做出选择，就要不管电流的方向始终沿所选的方向绕行。从 A 点到 B 点，绕行方向和电流 I_1 的方向相同。电流从电阻器的高电势端流向低电势端，所以从 A 点到 B 点电势降落：$\Delta V_{A \to B} = -I_1 R_1$。

从 B 点到 C 点，由于导线的电阻可忽略不计，这两点间就没有电势的改变。从 C 点到 F 点，绕行方向与电流 I_2 的方向相同，因此会产生又一个电势降落：$\Delta V_{C \to F} = -I_2 R_2$。

最后，从 F 点到 A 点，绕行方向沿着从电源负极到正极的方向。电势升高：$\Delta V_{F \to A} = +\mathscr{E}_1$。$A$ 是回路的起点，因此回到 A 点就构成一个完整的回路。按照回路电压定律，回路中电势的改变之和为零：

$$-I_1 R_1 - I_2 R_2 + \mathscr{E}_1 = 0 \qquad (2)$$

由于还没有经过电阻 R_3 和电源 $\mathscr{E}_2$，所以应该再选取一个回路。这里有两种可能的选取方式：右手回路（如 $FCDEF$）或者外回路（$ABCDEFA$）。这里选取回路 $FCDEF$。

从 F 点到 C 点是逆着电流 I_2 的方向（"逆流"），电势升高：$\Delta V_{F \to C} = +I_2 R_2$。从 C 到 D 点，电势不变。从 D 到 E 点又与电流 I_3 方向相反，电势升高 $\Delta V_{D \to E} = I_3 R_3$。从 E 到 F 点沿着负极到正极的方向经过电源，电势增加：$\Delta V_{E \to F} = \mathscr{E}_2$。由回路电压定律，得

$$+I_2 R_2 + I_3 R_3 + \mathscr{E}_2 = 0 \qquad (3)$$

这里得到了三个方程和三个未知数（三个电流）。为了求解出三个未知的电流，先将已知的数值代入以上三个方程：

$$I_1 + I_3 - I_2 = 0 \qquad (1)$$
$$-(4.0\ \Omega) I_1 - (6.0\ \Omega) I_2 + 1.5\ \text{V} = 0 \qquad (2)$$
$$(6.0\ \Omega) I_2 + (3.0\ \Omega) I_3 + 3.0\ \text{V} = 0 \qquad (3)$$

为了求解方程组，先求解某一方程得到某一未知量的表

达式，再将其代入另外两个方程，就能将这个未知量消去。求解方程（1）得：$I_1 = -I_3 + I_2$。代入方程（2）得

$$-(4.0\ \Omega)(-I_3 + I_2) - (6.0\ \Omega) I_2 + 1.5\ \text{V} = 0$$

化简为

$$4.0 I_3 - 10.0 I_2 = -1.5\ \text{V}/\Omega = 1.5\ \text{A} \qquad (2\text{a})$$

方程（2a）和方程（3）只有两个未知量。要消去未知量 I_3，可将方程（2a）乘以 3 并将方程（3）乘以 4，这样两个方程中的 I_3 就有相同的系数。

$$12.0 I_3 - 30.0 I_2 = -4.5\ \text{A} \qquad 3 \times (2\text{a})$$
$$12.0 I_3 + 24.0 I_2 = -12.0\ \text{A} \qquad 4 \times (3)$$

再将两式相减

$$54.0 I_2 = -7.5\ \text{A}$$

这样可解得

$$I_2 = -0.139\ \text{A}$$

将所得 I_2 的值代入方程（2a），可解得 I_3

$$4 I_3 + 10 \times 0.139\ \text{A} = -1.5\ \text{A}$$
$$I_3 = -0.723\ \text{A}$$

再由方程（1）可解得 I_1

$$I_1 = -I_3 + I_2 = 0.723\ \text{A} - 0.139\ \text{A} = +0.584\ \text{A}$$

小数点后保留两位，电流分别为 $I_1 = +0.58\ \text{A}$，$I_3 = -0.72\ \text{A}$ 及 $I_2 = -0.14\ \text{A}$。这里 I_3 和 I_2 为负值，表示相应支路中电流的实际流向与开始任意选取的电流方向相反。

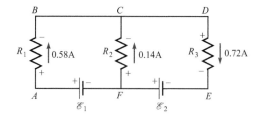

讨论　注意在开始设定支路中电流的方向时，即使设定错误也没有关系。另外选取哪几个回路（只要电路中任一支路都包含在所选回路中）、回路中起点选在哪或者回路沿哪个方向绕行也都没有关系。

应用基尔霍夫定律最困难的事情就是正确地确定符号。另外在求解方程组时也容易出现运算错误。因此，求解完毕后验证所得结果非常重要。一个好的验证方法就是写出求解时没有选取过的某一回路并写出其回路方程（见练习题 18.4）。

练习题 18.4　利用回路电压定律验证所得结果

将基尔霍夫回路电压定律用于回路 $CBAFEDC$，验证例 18.4 所解得的结果是否正确。

18.8　电路中的功率与能量

根据电势的定义，如果电荷 q 经过电势差为 ΔV 的两点，其电势能的改变为

$$\Delta U_{\mathrm{E}} = q\Delta V \tag{17-7}$$

由能量守恒定律，电势能的改变意味着发生了两种形式的能量相互转化的过程。例如，电池把储存的化学能转化为电势能。电阻器将电势能转化为内能。能量转化的时间变化率就是功率 P。由于电流是电荷流量的时间变化率，即 $I = q/\Delta t$，有

功率

$$P = \frac{\Delta U_{\mathrm{E}}}{\Delta t} = \frac{q}{\Delta t}\Delta V = I\Delta V \tag{18-19}$$

因此，任何电器元件的功率就等于电流和电势差的乘积。如果将安培用库仑每秒表示，并将伏特用焦耳每库仑表示，就可以证明电流乘以电压得到的单位正好是功率的单位：

$$\mathrm{A} \times \mathrm{V} = \frac{\mathrm{C}}{\mathrm{s}} \times \frac{\mathrm{J}}{\mathrm{C}} = \frac{\mathrm{J}}{\mathrm{s}} = \mathrm{W}$$

电源的功率　根据电动势的定义，如果电动势为恒量 $\mathscr{E}$ 的理想电源抽运的电量为 q，则电池所做的功为

$$W = \mathscr{E}q \tag{18-2}$$

电源的功率就是其做功的时间变化率：

$$P = \frac{\Delta W}{\Delta t} = \mathscr{E}\frac{q}{\Delta t} = \mathscr{E}I \tag{18-20}$$

因为对于理想电源，$\Delta V = \mathscr{E}$，所以式（18-20）和式（18-19）是等价的。

电阻器消耗的功率

如果电源使电流流过一个电阻器，电源提供的能量发生了什么样的变化呢？为什么电源必须不断地提供能量才能维持电流呢？

如果电源在金属导线的两端提供一个电势差，将有电流流过这一导线。电场使传导电子流向电势能低（电势高）的方向。如果电子和金属中原子之间没有碰撞，电子的平均动能就会不断增加。实际上，电子频繁地和金属原子发生碰撞，每次碰撞都使电子将一部分动能传递给金属原子。对于一个恒定的电流，传导电子的平均动能不会增加；传导电子在电场中获得动能的时间变化率等于电子在碰撞中损失动能的时间变化率。因此，电流流过导线的净效果实际上是电动势提供的能量转变成金属原子的振动能量。原子的振动能量是金属内能的一部分，因此金属的温度会升高。

由电阻的定义，电阻器两端的电势降落为

$$V = IR$$

因此单位时间**耗散**（有规则运动的能量转变成无规则运动的能量）在电阻上的能量可以表达为

$$P = I \times IR = I^2 R \tag{18-21a}$$

或

$$P = \frac{V}{R} \times V = \frac{V^2}{R} \qquad (18\text{-}21\text{b})$$

耗散在电阻器上的功率是和电阻阻值成正比［见式（18-21a）］还是和电阻阻值成反比［见式（18-21b）］？对这一问题的回答需要具体问题具体分析。对两个电阻器流过相同电流的情形（如两个电阻器串联），功率与电阻阻值成正比，此时两个电阻器上的电压降不同。对两个电阻器两端的电压降相同的情形（如两个电阻器并联），功率与电阻阻值成反比，此时两个电阻器上流过的电流不同。

并不是在所有情况下都希望避免电阻器耗散电能。在电加热器——移动式或踢脚板式取暖器、电烤炉、电烘箱、烤面包机、电吹风机、烘干机——以及白炽灯中，耗散的能量及电阻器相应的温度升高都得到了很好的应用。

有内阻的电源提供的功率

如果电源具有内阻，其提供的净功率将低于 $\mathscr{E}I$。电源提供的一部分能量将耗散其内阻上。其输出给电路中其他部分的净功率为

$$P = \mathscr{E}I - I^2 r \qquad (18\text{-}22)$$

这里 r 是电源的内阻。式（18-22）与式（18-19）是一致的，这是因为在电源有内阻的情形下，电路其他部分的电势差并不等于电动势。

18.9　电流与电压的测量

电路中的电流和电势差可以分别用**电流表**和**电压表**来测量。一个万用表（见图 18.26）通过开关的设置及其终端的连接，既可以用作电流表也可以用作电压表。这些仪表既可以是数字式的也可以是模拟式的；模拟式的仪表通过一个旋转指针在一个标定过的刻度盘上指示电流值或电压值。模拟电压表或模拟电流表的核心部分实际上是一个**检流计**，它是一个工作原理基于磁场力的灵敏的电流检测器。

图 18.26　用于测试电路板的数字万用表。万用表可用作电流表、电压表或者欧姆表（测量电阻）。大多数万用表都可测量直流和交流的电流以及电压。

假设某一检流计的内阻为 100.0 Ω，其在电流为 100 μA 时偏转到满刻度。我们要用这一检流计制作一个能测量 0 到 10 A 范围内电流的电流表，也就是说，当 10 A 的电流流过电流表时，其指针将偏转到满刻度。因此，当 10 A 的电流流过电流表时，100 μA 应流过检流计，另外 9.999 9 A 电流必须从检流计的旁路流过。为此我们将一个电阻器和检流计并联，这样 10 A 电流将分别流入两个支路，其中 100 μA 用于偏转检流计的指针，另外 9.999 9 A 电流流过分流电阻器（见图 18.27a）。

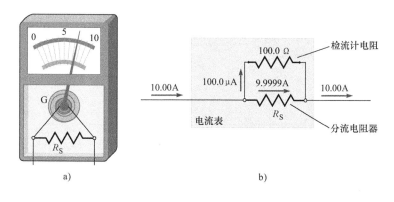

图 18.27　a）利用一个检流计制作电流表。b）电流表的电路图。其中检流计表示成一个 100.0 Ω 的电阻器。

例 18.5

利用检流计制作电流表

假设检流计（见图 18.27a）的内阻为 100.0 Ω，其满偏电流为 100.0 μA，要制作一量程为 10.00 A 的电流表时，求其中分流电阻的阻值为多少？

分析 当 10.00 A 电流流过电流表，其中 100.0 μA 将流过检流计，另外的 9.999 9 A 电流将流过分流电阻（见图 18.27b）。由于检流计和分流电阻并联，因此它们两端的电势差相等。

解 检流计满偏时其上的电压降为

$$V = IR = 100.0\ \mu A \times 100.0\ \Omega$$

分流电阻上的电压降也相同，因此

$$V = 100.0\ \mu A \times 100.0\ \Omega = 9.9999\ A \times R_S$$

$$R_S = \frac{100.0\ \mu A \times 100.0\ \Omega}{9.999\ 9\ A} = 0.001\ 000\ \Omega = 1.000\ m\Omega$$

讨论 这里电流表的内阻为

$$\left(\frac{1}{0.001\ 000\ \Omega} + \frac{1}{100.0\ \Omega} \right)^{-1} = 1.000\ m\Omega$$

好的电流表应该具有较小的内阻。如果要利用电流表测量电路中某一支路上的电流，就需要将电流表串联接入这个支路中——电流表只能测量流过它自己的电流的大小。因此，电流表的内阻越小，其串联进电路时对电路的影响就越小。

练习题 18.5 改变电流表的量程

如果电流表要测量 0 ～ 1.00A 的电流，需要选用多大的分流电阻？此时电流表的内阻为多少？利用例 18.5 中相同的检流计。

为了能准确测量电流，电流表的内阻必须很小，这样当电流表串联接入电路中进行测量时不会明显改变接入前电路中的电流值。一个理想的电流表的内阻为零。

同样可以通过将一个电阻器（R_S）和检流计串联的方法来制成一个电压表（R_S，见图 18.28）。串联电阻 R_S 的选取应保证电压表在显示满刻度电压时，流过检流计的电流正好使检流计满偏。电压表测量的是其两端的电势差；要测量电阻器上的电压降，就需要将电压表与电阻并联，即将电压表的两端分别与电阻器的两端连接。为了尽量减小对电路的影响，一个好的电压表必须具有很大的内阻；这样在进行测量时，流过电压表的电流（I_m）与电流 I 比起来很小，电压表并联接入后的电势差与没连接电压表时电阻器两端的电势差近似相等。一个理想的电压表具有无限大的内阻。

为了测量电路中的某一电阻值，可以用电压表测量电阻器两端的电势差，用电流表测量流过电阻器的电流（见图 18.29）。根据电阻的定义，测得的电压与电流的比值就是电阻值。

图 18.28 a）利用一个检流计制作电压表。b）利用电压表测量电阻器 R 两端电压的电路图。

图 18.29 利用电流表和电压表测量电阻 R 的两种接法。如果电流表和电压表是理想的（电流表的内阻为零，电压表的内阻为无限大），两种接法会得到几乎完全相同的测量结果。注意电路图中表示电流表和电压表的符号。

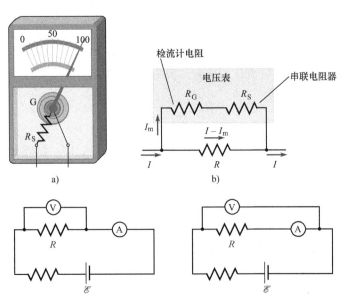

18.10 *RC* 电路

同时包含电阻器和电容器的电路有许多重要的应用。*RC* 电路通常被用来控制定时。当风挡玻璃雨刷被设置成间歇工作时，电容被充电到某一特定电压将触发雨刷开始工作。连续两次刷动之间的时间延迟由电路中的电阻值和电容值决定；调节一个可变电阻器可改变时间延迟的长短。与此相似，在闪光灯和一些心脏起搏器中也用 *RC* 电路来控制时间延迟。*RC* 电路也可以作为神经脉冲传输的简单模型。

RC 电路的充电

如图 18.30 所示，开关 *S* 初始时是断开的，电容器没有被充电。如果闭合开关，电流开始流动，电荷就开始聚集在电容器的极板上。在任意时刻，基尔霍夫回路电压定律都要求

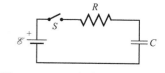

图 18.30 *RC* 电路

$$\mathscr{E} - V_R - V_C = 0$$

这里 V_R 和 V_C 分别是电阻器和电容器上的电压降。随着聚集在电容器极板上的电荷越来越多，要在极板上聚集更多的电荷就变得越来越困难。

在开关闭合的瞬间，由于电容器还没有充电，所以电阻器两端的电势差就等于电源电动势，此时流过的电流相对较大，为 $I_0 = \mathscr{E}/R$。随着电容器两端的电压降慢慢升高，电阻器两端的电压降就慢慢减小，流过的电流也相应减小。在开关闭合很长时间之后，电容器两端的电势差近似等于电源电动势，电流就变得非常小。

通过微积分运算，可以证明电容器两端的电压降随时间的变化是指数函数（见图 18.31 ）

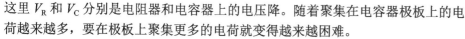

$$V_C(t) = \mathscr{E}(1 - e^{-t/\tau}) \qquad (18\text{-}23)$$

这里 $e \approx 2.718$ 为自然对数的底，常量 $\tau = RC$ 称为 *RC* 电路的**时间常数**。

$$\tau = RC \qquad (18\text{-}24)$$

乘积 *RC* 具有时间的量纲

$$[R] = \frac{\text{V}}{\text{A}}, \qquad [C] = \frac{\text{C}}{\text{V}}, \qquad 因此 \quad [RC] = \frac{\text{C}}{\text{A}} = \text{s}$$

时间常数是电容器充电快慢程度的量度。当 $t = \tau$ 时，电容器两端的电压为

$$V_C(t=\tau) = \mathscr{E}(1 - e^{-1}) \approx 0.632\,\mathscr{E}$$

由式 $Q = CV_C$ 可知，当经过时间常数 τ 时，电容器所充的电量为其最终充电量的 63.2%。

由式（18-23），再根据回路电压定律可以求得电流随时间变化的关系。

$$\mathscr{E} - IR - \mathscr{E}(1 - e^{-t/\tau}) = 0$$

由此解得电流 I

$$I(t) = \frac{\mathscr{E}}{R} e^{-t/\tau} \qquad (18\text{-}25)$$

当 $t = \tau$ 时，电流为

$$I(t=\tau) = \frac{\mathscr{E}}{R} e^{-1} \approx 0.368 \frac{\mathscr{E}}{R}$$

当经过时间常数 τ 时，充电电流减小为其初始值的 36.8%。电阻器两端的电压降随时间的变化关系可以通过关系式 $V_R = IR$ 求得。

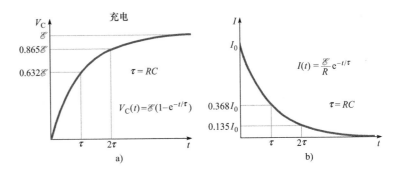

图 18.31　a）电容器充电过程中其两端的电势差随时间变化的关系曲线。b）此过程中电阻器上流过的电流随时间变化的关系曲线。

功率　对于一个充电电容器，功率 $P = IV_C$ [见式（18-19）]表示了电容器储存能量的时间变化率。在电容器充电时，电源提供的功率为 $P = I\mathscr{E}$；这等于耗散在电阻上的功率（IV_R）与电容器储存能量的功率（IV_C）之和，这是由能量守恒决定的。

例 18.6

有两个电容器串联的 RC 电路

　　$t = 0$ 时刻，将两个 0.500 μF 电容器串联，并通过 4.00 MΩ 电阻器与一 50.0 V 的电池相连接（见图 18.32），此时电容器没有被充电。（a）求 $t = 1.00$ s 和 $t = 3.00$ s 时电容器上所带的电量。（b）求这两个时刻电路中的电流。

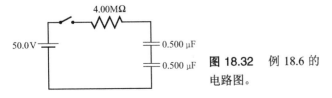

图 18.32　例 18.6 的电路图。

　　分析　首先求出两个 0.500 μF 电容器串联的等效电容，然后利用等效电容求出时间常数。式（18-23）给出了任意 t 时刻等效电容器两端的电压。只要求得相应时刻的电压值，就能由公式 $Q = CV_C$ 求得等效电容器所带的电量。两个电容器上带的电量都与计算出的等效电容器所带电量相等。由式（18-25），电流随时间按指数形式衰减。

　　解　（a）对于两个相同的电容器 C 串联

$$\frac{1}{C_{eq}} = \frac{1}{C} + \frac{1}{C} = \frac{2}{C}$$

等效电容 $C_{eq} = \frac{1}{2}C = 0.250$ μF。时间常数为

$$\tau = RC_{eq} = 4.00 \times 10^6\ \Omega \times 0.250 \times 10^{-6}\ F = 1.00\ s$$

充电完成后电容器所带的电量为

$$Q_f = C_{eq}\mathscr{E} = 0.250 \times 10^{-6}\ F \times 50.0\ V = 12.5 \times 10^{-6}\ C = 12.5\ \mu C$$

某一时刻 t，每个电容器上带的电量为

$$Q(t) = C_{eq}V_C(t) = C_{eq}\mathscr{E}(1 - e^{-t/\tau}) = Q_f(1 - e^{-t/\tau})$$

$t = 1.00$ s 时，$t/\tau = 1.00$；每个电容器上所带的电量为

$$Q = Q_f(1 - e^{-1.00}) = 12.5\ \mu C \times (1 - e^{-1.00}) = 7.90\ \mu C$$

$t = 3.00$ s 时，$t/\tau = 3.00$；每个电容器上所带的电量为

$$Q = Q_f(1 - e^{-3.00}) = 12.5\ \mu C \times (1 - e^{-3.00}) = 11.90\ \mu C$$

例 18.6 续

（b）初始时刻充电电流为

$$I_0=\frac{\mathscr{E}}{R}=\frac{50.0\text{ V}}{4.00\times10^6\text{ }\Omega}=12.5\text{ }\mu A$$

某一时刻 t，充电电流为

$$I(t)=I_0\mathrm{e}^{-t/\tau}$$

$t=1.00$ s 时，充电电流为

$$I=I_0\mathrm{e}^{-1.00}=12.5\text{ }\mu A\times\mathrm{e}^{-1.00}=4.60\text{ }\mu A$$

$t=3.00$ s 时，充电电流为

$$I=I_0\mathrm{e}^{-3.00}=12.5\text{ }\mu A\times\mathrm{e}^{-3.00}=0.622\text{ }\mu A$$

讨论　求解的结果可以利用回路电压定律来加以验证。$t=\tau$ 时刻，可求得 $Q=7.90$ μC，$I=4.60$ μA。因此 $t=\tau$ 时

$$V_\mathrm{C}=\frac{Q}{C_\mathrm{eq}}=\frac{7.90\text{ }\mu C}{0.250\text{ }\mu F}=31.6\text{ V}$$

$$V_\mathrm{R}=IR=4.60\text{ }\mu A\times4.00\text{ M}\Omega=18.4\text{ V}$$

由于 31.6 V + 18.4 V = 50.0 V = $\mathscr{E}$，因此满足回路电压定律。

注意：每经过一个时间常数的时间间隔，电流就减小为原来的 1/e。因此，如果 $t=\tau$ 时电流为 4.60 μA，那么 $t=2\tau$ 时电流为 4.60 μA×1/e = 1.69 μA，$t=3\tau$ 时电流为 1.69 μA×1/e = 0.622 μA。

练习题 18.6　另外一种 RC 电路

$t=0$ 时刻，将一个 0.050 μF 电容器通过一个 5.0 MΩ 电阻与一个 12 V 的电池相连接。初始时刻电容器没有被充电。求初始时刻的充电电流，以及 $t=0.25$ s、$t=1.00$ s 和完全充电时电容器上所带的电量。

RC 电路的放电

如图 18.33 所示，通过闭合开关 S_1 并断开开关 S_2，电容器首先被充电至电压 $\mathscr{E}$。当电容器被完全充电后，在 $t=0$ 时刻，将开关 S_1 断开并将开关 S_2 闭合。此时电容器就如同一个电池一样给电路提供能量，尽管其提供的电势差不是恒定值。由于电容器两极之间的电势差引起电流流过电路，因此电容器放电。

回路电压定律要求电容器两端的电压与电阻器两端的电压大小相等。随着电容器放电，电容器上的电压减小。电阻器上相应减小的电压意味着电流必须减小。电流随时间变化的关系与充电电路中的关系式［见式（18-25）］相同，时间常数都为 $\tau=RC$。电容器两端的电压从其初始时的最大值 $\mathscr{E}$ 按照指数规律减小（见图 18.34）：

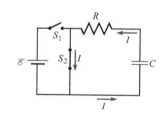

图 18.33　一个电容器通过一个电阻器 R 放电。

$$V_\mathrm{C}(t)=\mathscr{E}\mathrm{e}^{-t/\tau} \tag{18-26}$$

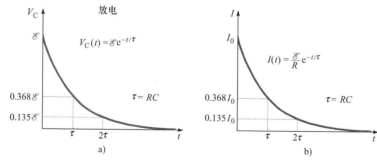

a)　　　　　　　　　　b)

图 18.34　a）当电容器通过一个电阻器放电时，其两端的电压随时间减小的关系曲线。b）放电电流随时间变化的关系曲线。

电流随时间变化的关系与充电电路的关系式［见式（18-25）］相同。

应用：照相机闪光灯

照相机闪光灯中的灯泡需要一个比小电池所能提供的电流（由于电池具有内阻）大得多的电流脉冲来点亮。因此首先用电池给一个电

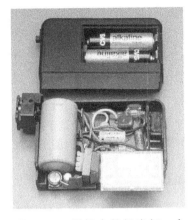

图 18.35　相机中的闪光灯。大的灰色圆柱体是电容器。

容器充电（见图 18.35）。当电容器完全充电后，闪光灯准备就绪；在拍摄照片时，电容器迅速放电。一次闪光后，需要 1～2s 的延迟时间闪光灯才能重新充电。由于电池都具有内阻，所以充电电路的时间常数会变得更长。

功率　当电容器放电时，电容器储存的能量按照时间变化率 IV_C 减少。由于能量守恒，能量按照同样的时间变化率 $IV_R = IV_C$ 耗散在电阻上。

神经元中的 *RC* 电路

RC 电路的时间常数也决定了神经脉冲的传递速率。图 18.36a 是一个有髓鞘的轴突的简化模型。轴突内的液体称为轴浆，由于其中存在离子，轴浆是一种导体。轴突外是细胞间液，它是一种具有很低电阻率的导电液体。在郎飞氏结之间，细胞膜上覆盖了一层髓鞘。这是一种绝缘体，它能减小轴突的电容（通过增加两种导电液体间的距离），同时也能减小通过细胞膜的泄漏电流。

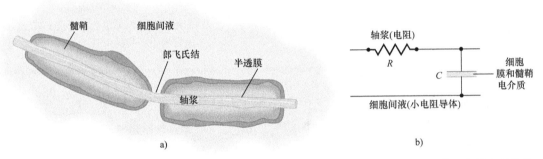

图 18.36　a）两段有髓鞘的轴突的一个简化模型图。b）郎飞氏结之间的一段轴突的简化 *RC* 电路模型。髓鞘位于两种导体——轴浆和细胞间液之间，其作用相当于电介质。

郎飞氏结之间的一段轴突可以用一个 *RC* 电路来模拟，如图 18.36b 所示。细胞间液基本上没有电阻，所以它可以模拟为一段导线。电流 *I* 在轴突内流过轴浆（电阻 *R*）。两种导电液体构成了电容器的两极板，细胞膜和髓鞘作为极板间的绝缘介质。对于一段长 1 mm、半径为 5 μm 的轴突，其电阻值和电容值大约为 $R = 13$ MΩ 和 $C = 1.6$ pF。因此时间常数为，

$$\tau = RC = 13 \text{ M}\Omega \times 1.6 \text{ pF} \approx 20 \text{ μs}$$

电脉冲的传递速率估计为

$$v = \frac{\text{轴突长度}}{\tau} = \frac{1 \text{ mm}}{20 \text{ μs}} = 50 \text{ m/s}$$

这种简单的估计是相当精确的；神经脉冲在人体内半径为 5 μm 的有髓鞘的轴突上的传递速率在（60～90）m/s 的范围内。

电容 *C* 和电阻 *R* 的大小都和轴突的半径 *r* 有关。人体内轴突的半径在 2 μm 以下至 10 μm 以上的范围内变化。电容的大小和半径 *r* 成正比，这是因为半径越大，极板的面积就越大。但是电阻的大小和 r^2 成反比，这是由于"导线"的横截面积随 *r* 增大而变大。这样，$RC \propto 1/r$，$v \propto r$。最大半径的轴突——具有最大的信号传递速率——是那些需要把信号传递较长距离的轴突。

18.11　用电安全

电流对人体的影响

当电流流过人体时，人体肌肉的活动和神经系统会受到干扰。大的电流甚至

会由于能量耗散在人体组织中而引起烧伤。大约 1 mA 甚至更小的电流就会带来不舒适的感觉，但并不会产生其他影响。能通过人体且不会给人带来伤害的最大电流约为 5 mA。电流达到 10 到 20 mA 就能引起肌肉收缩或瘫痪；瘫痪可能会阻碍人摆脱电流源。

如果 100 到 300 mA 的电流流过心脏或心脏附近，就会引起心室纤颤（心脏无法控制的、无节律的收缩）。这种情况通常会导致人死亡，除非采用心脏除颤器电击心脏使心律恢复正常。通过除颤器电极板，一个高达几个安培的电流短脉冲会流过心脏附近（见例 17.12）。被电击的心脏肌肉会突然收缩，之后心脏会恢复到正常的状态，开始有规律地收缩。

人体的电阻主要来自于皮肤。人体内的体液由于存在离子，所以是一种很好的导体。当皮肤干燥时，人体上相距较远的两点间的总电阻范围为 10 kΩ ～ 1 MΩ。当皮肤湿润时，人体电阻就低很多——大约为 1 kΩ 或者更小。

当电器的内部电路和外部的金属部分发生短路（低电阻通路）时，人在用手去触摸电器时，就会使手相对于地带上 120 V 的电压（为了简化讨论，假设电源为直流而不是交流）。如果人站在与接地水管连接的湿浴盆中，此时人体电阻较低约为 500 Ω。那么就有约 120 V/500 Ω=0.24 A=240 mA 的电流流过人体并通过心脏。心室纤颤就非常有可能发生。如果人不是站在浴盆中，而是用一只手拿着电吹风机，另一只手去接触通过家用水管接地的金属水龙头，他同样可能会有很大的麻烦。从一只潮湿的手到另外一只手的人体电阻约为 1 600 Ω，这样就可能有 75 mA 的电流，这同样是致命的。

电子围栏（见图 18.37）能将饲养的动物圈在牧场中，也能将野生动物隔离在花园外。在电子围栏中，电源的一极与篱笆上的金属线相连接；金属线通过陶瓷绝缘体与篱笆桩绝缘。电源的另外一极通过插入地面的金属棒接地。当动物或人碰触到围栏上的金属线，从金属线经过动物或人身体再到地就形成了一个闭合的通路。当有电流流过身体时，其大小是被限定在安全范围的，因此它只会给动物或人带来不舒服的感觉，而不会带来危险。

电器的接地

两芯插头不能对短路提供很好的保护措施。一般来说，电器的外壳和内部电路之间是绝缘的。但是，如果电线意外地松开了或电线的绝缘层被磨损掉了，就有可能发生短路，并出现低电阻的通路直接接到电器的金属外壳。如果此时人碰触到金属外壳，就处于高电势，有可能出现致人危险的电流经过人体流向地面（见图 18.38a）。

对于使用三芯插头的电器，电器的外壳通过第三个插头直接与地相连（见图 18.38b）。此时如果发生短路，大部分流向大地的电流都通过低电阻的电线及第三个插头流进墙上的电源插座。出于安全考虑，许多电器的金属外壳都是接地的。

医院必须保证与各种监护仪器相连接的病人不会受到可能发生的短路的伤害。为此，病人的病床以及病人能触及的地方，都是与地绝缘的。这样即使病人接触到高电势的物体，也会因为没有接地而不能形成通过病人身体的回路。

熔丝和断路器

简单的熔丝由铅和锡的合金制成，其在较低的温度下就能熔化。熔丝是串联到电路中的。由于流过的电流产生 I^2R 的热量，熔丝就被设计成当电流超过一定限度时自身熔断。熔断的熔丝就相当于一个打开的开关，因此电路被断开且不再有电流流过。许多电器都安装有熔丝来进行保护。如果更换成能流过超过额定电流的熔丝将会非常危险。因为可能会有非常大的电流流过电器，引起电器的损坏

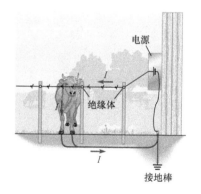

图 18.37 电子围栏。当人或动物碰到围栏上的金属线，就会形成了一个闭合的通路。符号 ⏚ 表示接地。

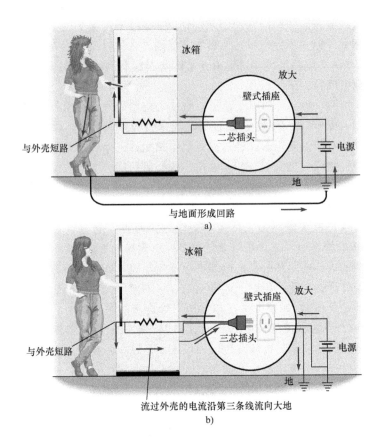

图18.38 a）如果冰箱通过两芯插头与墙上的插座相连，冰箱外壳的短路就会使电路通过接触冰箱的人的身体构成了一个闭合的回路。b）当使用三芯插头时，即使出现短路，人也是安全的。

或者产生火灾。

　　许多家庭电路都使用断路器而不是熔丝来进行过热保护。当同一个电路连接了过多的电器，电路中流过的电流就可能过大，此时双金属片或者电磁体就会触发断路器，使之变成开路状态。当过载的问题解决后，可将断路器重新推回到闭合的位置。

　　家庭电路设计成许多电器都与一个单回路并联连接，单回路由接地的零线和电势相对于地为120V的火线组成（简化的直流模式）。在一栋房子或公寓中，有很多这样的电路；每个电路都由一个连接在火线上的断路器（或熔丝）来保护。如果发生短路，大电流能触发断路器断开。如果断路器连接在零线上，断开的断路器对过载的火线不起作用，就可能导致非常危险的后果。因为同样的原因，墙上电灯以及插座的开关也是连接在火线上。

本章提要

- 电流定义为单位时间通过垂直于电流方向的某一面积的净电量。

$$I = \frac{\Delta q}{\Delta t} \tag{18-1}$$

国际单位制中电流的单位是安培（1A=1C/s），它是国际单位制中的基本单位之一。习惯上规定正电荷的运动方向就是电流的方向。如果载流子是负电荷，电流的方向就与载流子的运动方向相反。

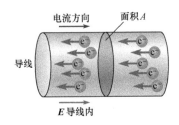

- 一个闭合的电路要求电荷能连续地流动。
- 金属中电流的大小正比于传导电子的飘移速度（v_D）、单位体积内的电子数（n）以及金属的横截面积（A）：

本章提要续

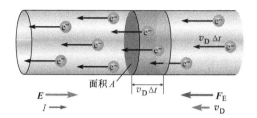

$$I = \frac{\Delta Q}{\Delta t} = neAv_D \qquad (18\text{-}3)$$

- 导电材料的电阻等于其两端的电势差除以其中的电流。电阻的单位是欧姆：$1\,\Omega = 1\,\mathrm{V/A}$。

$$R = \frac{\Delta V}{I} \qquad (18\text{-}6)$$

- 对于欧姆导体，R 的大小与 ΔV 和 I 无关；因此其两端的电势差 ΔV 正比于其中的电流 I。

- 导线电阻的大小与其长度成正比，与其横截面积成反比：

$$R = \rho \frac{L}{A} \qquad (18\text{-}8)$$

- 电阻率 ρ 是某一材料在某一温度下的特征参数，其单位为 $\Omega\cdot\mathrm{m}$。对于许多材料，其电阻率随温度变化的关系是线性的：

$$\rho = \rho_0(1 + \alpha \Delta T) \qquad (18\text{-}9)$$

- 能抽运电荷的装置称为电源。电动势 $\mathscr{E}$ 的大小等于移动单位电量所做的功 $[W = \mathscr{E}q,\ 式（18\text{-}2）]$。由于电源有内阻 r，因此路端电压和电动势可能不同：

$$V = \mathscr{E} - Ir \qquad (18\text{-}10)$$

- 基尔霍夫节点电流定律：对于任意节点，$\sum I_{\mathrm{in}} - \sum I_{\mathrm{out}} = 0$ [见式（18-11）]。基尔霍夫回路电压定律：沿电路中的任意回路绕行一周，$\sum \Delta V = 0$ [见式（18-12）]。电势升高为正，电势降低为负。

- 串联的电器元件具有相同的电流。并联的电器元件两端的电势差相同。

- 功率——电能转化为其他形式能量的时间变化率——对于任意电器元件有

$$P = I\Delta V \qquad (18\text{-}19)$$

- 国际单位制中功率的单位为瓦特（W）。在电阻中，电能将被耗散掉（转化成内能）。

- 对于 RC 电路，时间常数 $\tau = RC$。电流和电压随时间的变化关系为

$$V_C(t) = \mathscr{E}(1 - e^{-t/\tau})\ （充电） \qquad (18\text{-}23)$$

$$V_C(t) = \mathscr{E}e^{-t/\tau}\ （放电） \qquad (18\text{-}26)$$

$$I(t) = \frac{\mathscr{E}}{R}e^{-t/\tau}\ （充电和放电） \qquad (18\text{-}25)$$

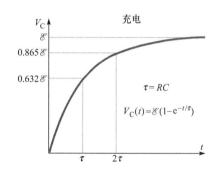

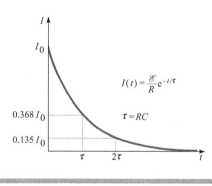

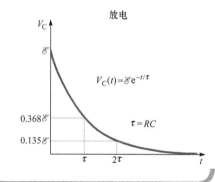

思考题

1. 导体内的电场永远为零吗？如果不是，什么情况下不为零？试解释原因。

2. 画出如下两种情形中汽车前照灯的电路图，将两个灯泡和一个开关与电池相连接，使（1）开关能同时将两个灯泡打开和关闭；（2）即使其中一个灯泡坏掉，另外一个灯泡还亮着。

3. 杰夫的电路中需要一个 $100\,\Omega$ 的电阻器，但他只有一盒 $300\,\Omega$ 的电阻器。他该怎么办？

4. 试比较理想电流表和理想电压表的内阻。哪种仪器的内阻

较大？为什么？

5. 为什么电磁炉和衣物烘干机采用 240V 供电，而照明灯、收音机和钟表却采用 120V 供电？

6. 🔵 分别用干手和湿手去触碰通电的电线，而其他条件都相同，哪种情形更危险？试解释原因。

7. 🔵 一只鸟停留在供电线上并不会造成伤害，但是如果你在修剪一棵树时使用的金属锯子碰到供电线，就会有触电的危险。试解释原因。

8. 如图所示，电池通过铜导线与一只表相连接。电流是沿着什么方向（B 到 C 还是 C 到 B）流过表的？电流是沿着什

么方向（D 到 A 还是 A 到 D）流过电池的？电池的哪端具有较高的电势（A 或 D）？表的哪端具有较高的电势（B 或 C）？电流是不是总是从高电势流向低电势？试解释原因。

1.5 V 电池

9. 将一根横截面积为 A 的导线想象成两根横截面积为 A/2 的导线相并联。试据此解释为什么导线的电阻一定与它的横截面积成反比。

10. 如果将几个电池并联，这些电池必须具有相同的电动势。但是电池串联时却不必具有相同的电动势。试解释原因。

11. 四个相同的灯泡被连接在含有相同电池的两个不同电路中。灯泡 A 和 B 串联并与电池连接。灯泡 C 和 D 并联在电池两端。（a）比较灯泡的亮度。（b）如果将灯泡 A 替换成一根导线，灯泡 B 的亮度将会发生怎样的变化？（c）如果将灯泡 D 从电路中去掉，灯泡 C 的亮度将会发生怎样的变化？

选择题

🅸 学生课堂应答系统题目

1. 🅸 在离子溶液中，钠离子（Na^+）向右运动，氯离子（Cl^-）向左运动。由（1）钠离子和（2）氯离子的运动产生的电流是沿着哪个方向？
   （a）两个都向右。
   （b）Na^+ 运动产生的电流向左；Cl^- 运动产生的电流向右。
   （c）Na^+ 运动产生的电流向右；Cl^- 运动产生的电流向左。
   （d）两个都向左。

2. 能量的单位是什么？
   （a）$A^2 \cdot \Omega$　　（b）$V \cdot A$　　（c）$\Omega \cdot m$
   （d）$N \cdot m/V$　　（e）A/C　　（f）$V \cdot C$

3. 🅸 以下每幅图分别表示不同电器元件两端的电压（V）随其中电流（I）变化的关系曲线。哪幅图对应于电阻随电流增大而增大的元件。

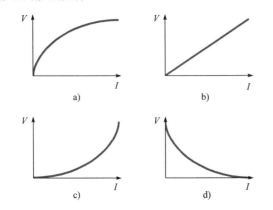

a)

b)

c)

d)

4. 铜和橡胶的电性质不同，这是因为
   （a）正离子能在铜内自由运动，但在橡胶内却固定不动。
   （b）许多电子在铜内能自由运动，但在橡胶内几乎所有电

子都被束缚在分子中。
   （c）正离子能在橡胶内自由运动，但在铜内却固定不动。
   （d）许多电子在橡胶内能自由运动，但在铜内几乎所有电子都被束缚在分子中。

5. 以下哪个量等于电池的电动势？
   （a）电池储存的化学能
   （b）没有电流时电池的路端电压
   （c）电池能提供的最大电流
   （d）电池能抽运的电量
   （e）电池储存的化学能除以电池的净电量

计算题

◉ 综合概念 / 定量题
🅱 生物医学应用
✦ 较难题

18.1　电流

1. 一电池充电器以 3.0 A 的电流给一个 12 V 的电池充电 4.0 h。在这段时间内流过电池的总电量为多少？

2. （a）如图所示真空管中的电流方向是什么？（b）电子与阳极的碰撞频率为每秒 6.0×10^{12} 次。真空管的电流为多大？

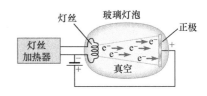

3. 计算机显示屏中的电子束电流为 320 μA。每秒有多少个电子撞击荧光屏？

4. 两个电极被放置于氯化钙溶液中，并在其间保持一定的电势差。如果每秒有 3.8×10^{16} 个 Ca^{2+} 离子和 6.2×10^{16} 个 Cl^- 离子沿着相反方向通过电极间的某一假想截面。溶液中的电流为多少？

18.2　电动势与电路

5. 一个小电池能在 1.20 V 的电势差下输运 675 C 的电量。其中储存的能量为多少？

6. 为了起动汽车的马达，12.0 V 的电瓶需要在 1.20 s 内提供 220 A 的电流。（a）此过程中电瓶抽运了多少电荷？（b）电瓶提供了多少电能？

18.3　金属中电流的微观图像：自由电子模型

7. 下面给出了 6 条铜导线的几何尺寸和其中流过的电流。将它们按照漂移速度减小的顺序排列起来。
   （a）直径 2 mm，长度 2 m，电流 80 mA
   （b）直径 1 mm，长度 1 m，电流 80 mA
   （c）直径 4 mm，长度 16 m，电流 40 mA

（d）直径 2 mm，长度 2 m，电流 160 mA

（e）直径 1 mm，长度 4 m，电流 20 mA

（f）直径 2 mm，长度 1 m，电流 40 mA

8. 半径为 1.00 mm 的铜导线上载有 2.50 A 的电流。如果传导电子的密度为 8.47×10^{28} m^{-3}，求传导电子的漂移速率。

9. 直径为 1.0 mm 的银导线上载有 150 mA 的电流。银中传导电子的密度为 5.8×10^{28} m^{-3}。传导电子沿着导线移动 1.0 cm 的距离（平均）需要多长时间？

10. 直径为 0.50 mm 的金导线中传导电子的密度为 5.90×10^{28} m^{-3}。如果传导电子的漂移速率为 6.5 mm/s，导线中的电流为多大？

11. 直径为 2.6 mm 的铝导线上载有 12 A 的电流。其上传导电子沿着导线移动 12 m 的距离平均需要多长时间？假设每个铝原子有 3.5 个传导电子。铝的质量密度为 2.7 g/cm^3，其摩尔质量为 27 g/mol。

18.4　电阻与电阻率

12. 一个 12 Ω 的电阻器两端的电势差为 16 V。其上流过多大的电流？

13. 相同长度的铜导线和铝导线具有相同的电阻。求铜导线直径和铝导线直径的比值。

14. 50 mA 的电流从人的心脏附近流过就有可能致死。一个电工在潮湿的天气里工作，他的手也因为出汗而变得潮湿。假设他两手之间的身体电阻是 1 kΩ。当他的两只手分别触及两条不同的导线时，（a）要产生 50 mA 的电流从他的一只手经过身体流到另外一只手，两条导线之间的电势差为多少？（b）电工在进行带电操作时把他的一只手放在背后，为什么？

15. 纯水中只有非常少的离子（每立方厘米约 1.2×10^{14} 个离子），这使其具有高的电阻率，37 ℃时约为 1×10^5 Ω·m。溶解在血浆中的离子使其具有非常低的电阻率，37 ℃时仅为 0.6 Ω·m。假设电阻率只由离子浓度决定，问血浆中每立方厘米有多少个离子？

16. 如果 46 m 长的镍铬合金导线在 20 ℃时的电阻为 10.0 Ω，导线的直径为多少？

17. 一个普通的手电筒灯泡的额定值为 0.300 A 和 2.90 V（工作条件下的电流和电压值）。如果灯泡中钨丝在室温（20 ℃）时的电阻为 1.10 Ω，试估计灯泡工作时钨丝的温度。

18. 电池没有电流流过时的端电压为 12.0 V，其内阻为 2.0 Ω。如果一个 1.0 Ω 的电阻器接到电池的两端，求端电压和流过 1.0 Ω 电阻器的电流分别为多少？

19. 一导线的横截面积为 A，其上载有电流 I。证明导线中的电场强度 E 正比于单位面积流过的电流（I/A），并导出比例系数。[提示：假设导线的长度为 L，导线两端的电势差与导线中的电场强度 E 的关系是什么？（哪一个是均匀的）利用 $V = IR$ 及电阻与电阻率之间的关系。]

20. 一条铜导线 20 ℃时的电阻为 24 Ω。将铜导线连接到理想电池的两端，当把铜导线浸入液态氮中时，流过其中的电流显著增加。忽略此过程中导线尺寸的变化，说明以下物理量在导线变冷的过程中是增大了、减小了还是保持不变：导线中的电场、电阻率和漂移速率。并说明原因。

18.6　串联与并联电路

21. 假设四个电池如图所示串联连接。（a）若将电池看作是理想电源，串联的四个电池的等效电动势为多少？（b）如果电路中流过 0.40 A 的电流，问电阻 R 的大小为多少？

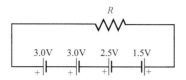

22. （a）如图所示 A 点和 B 点间的五个电容器的等效电容为多少？（b）如果一个 16.0 V 的电源两端与 A、B 两点相连，用单个等效电容器代替五个电容器，其上所带电量为多少？（c）3.0 μF 的电容器上所带电量为多少？

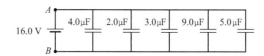

23. （a）如图所示，当 $R=1.0$ Ω 时，A 点和 B 点间的等效电阻为多少？（b）如果一个 20 V 的电源两端与 A、B 两点相连时，流过 2.0 Ω 电阻器的电流为多少？

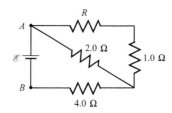

24. （a）如图所示，当 $C=1.0$ μF 时，A 点和 B 点间的等效电容为多少？（b）当充电完成时，4.0 μF 的电容器上所充的电量是多少？

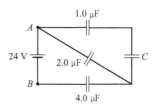

25. 如图所示，一个 24 V 的电源两端与电路中的 A、B 两点相连。（a）流过其中一个 2.0 Ω 电阻器的电流为多少？（b）流过 6.0 Ω 电阻器的电流为多少？（c）流过最左边的 4.0 Ω 电阻器的电流为多少？

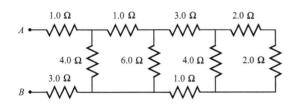

26. 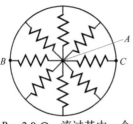 ✦（a）如图所示，设每个电阻器都有相同的阻值，问 *A*、*B* 两点间的电阻是多少？［提示：重新画电路图。］（b）*B*、*C* 两点间的电阻是多少？（c）如果将一个 32 V 的电源两端与 *A*、*B* 两点相连，且每个电阻 *R* = 2.0 Ω，流过其中一个电阻器的电流为多少？

27. （a）如果用单个电容器替代图中所示的三个电容器，求其电容。（b）图中左边的 12 μF 电容器两端的电势差是多少？（c）电路最右端的 12 μF 电容器上所带的电量为多少？

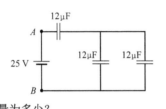

28. （a）求图中 *A*、*B* 两点间的所有电阻器对应的等效电阻的大小。（b）流过电源的电流是多少？（c）流过最下端的 4.00 Ω 电阻器的电流为多少？

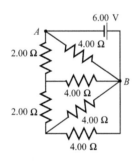

18.7　利用基尔霍夫定律进行电路分析

29. 求出电路中每条支路中电流的大小，并标明其方向。

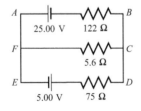

30. 求出电路中未知的电动势和电阻的大小。

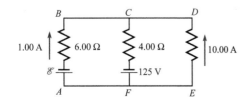

18.8　电路中的功率与能量

31. 当电动势为 2.00 V 时，消耗在电路中的电阻上的功率是多少？

32. 当 60.0 W 的灯泡接在 120 V 的电源两端时，流过灯泡的电流是多少？

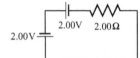

33. 如果一个吊灯标有 120 V 和 5.0 A 的额定值，能确定其额定功率吗？如果能，是多少？

34. 在如图所示的电路中，电池组每 10.0 s 的时间间隔所做的功是多少？

35. 考虑如图所示的电路。（a）画出最简化的等效电路并标出电阻器的阻值。（b）由电池流出的电流是多大？（c）*A*、*B* 两点间的电势差是多少？（d）流过 *A*、*B* 两点间所有支路的电流分别是多少？（e）求消耗在 50.0 Ω、70.0 Ω 和 40.0 Ω 电阻器上的功率。

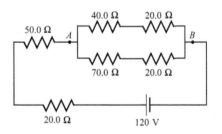

36. 在图中 4.00 Ω 和 5.00 Ω 电阻器上，电能是以多大的时间变化率转换成内能的？

37. ⓒ 在电力公司不能满足高的用电需求时，会采用"局部暂时限制用电"措施，此时家庭电路的电压会降到正常的 120 V 以下。（a）如果电压降到 108 V，求一个"100.0 W"的灯泡（此灯泡在 120 V 电压时的功率为 100 W）消耗的功率是多少？（忽略灯丝电阻的变化）。（b）实际上，在限制用电期间灯丝的温度没有正常用电时那么高。这会使（a）中计算的功率下降数字更大还是更小？试解释原因。

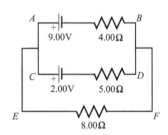

18.9　电流与电压的测量

38. 在如图所示的电路中，要接入一个电流表分别去测量（a）15 Ω 电阻器中的电流和（b）24 Ω 电阻器中的电流，请画出相应的测量电路图。

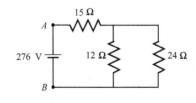

39. (a) 在如图所示的电路中，要接入一个电流表去测量 1.4 kΩ 电阻器中的电流，请画出相应的测量电路图。（b）假设电流表是理想的，其读数是多少？（c）如果电流表有 120 Ω 的内阻，其读数又是多少？

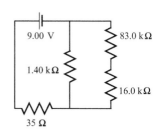

40. 一个检流计的线圈电阻为 50.0 Ω，要利用它制作一个量程为 10.0 A 的电流表。如果检流计的满偏电流为 0.250 mA，则分流电阻器的阻值为多少？

41. 利用检流计制作一个量程为 100.0 V 的电压表。如果检流计的内阻为 75 Ω，满偏电流为 2.0 mA，问与检流计串联的电阻器的阻值为多少？

42. 电流表的量程为 10.0 A，其内阻为 24 Ω。要用此电流表测量 12.0 A 的电流。为了保护电流表需要接入一个电阻器。（a）需要将保护电阻器与电流表串联还是并联？保护电阻器的阻值为多少？（b）接入保护电阻器后如何解释电流表的读数？

18.10 　*RC* 回路

43. 在如图所示的电路中，$R = 30.0$ kΩ，$C = 0.10$ μF。先将电容器充满电，再将开关从位置 a 拨到位置 b。8.4 ms 后电阻器两端的电压是多少？

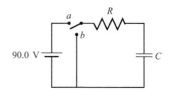

44. *RC* 充电电路可用于控制汽车上的间歇式雨刷，电动势为 12.0 V。当 125 μF 的电容器充电至 10.0 V 时，雨刷会被触发。触发后电容器迅速放电（通过一个非常小的电阻），然后过程会不断被重复。如果雨刷每 1.80 s 工作一次，求充电电路中所用的电阻的大小。

45. 🄒 🌀 在心脏除颤器（见例 17.12）中，充电电容器连接到与病人皮肤发生电接触的电极板上。如果将凝胶涂抹在病人的胸部，电极板和皮肤间的接触会非常好，此时电容器放电回路的等效电阻为 52.0 Ω。（a）要产生 40.0 A 的最大电流，电容器需要被充电到多高的电压？（b）如果电流在放电 1.00 ms 后变为 10.0 A，求电容值为多大？（c）为什么护理人员在电击前都会大声喊"离床！"？

46. 电容器被用于许多需要产生短的大电流脉冲的情形中。在电子闪光灯中，一个 100.0 μF 的电容器可以产生一个消耗

20.0 J 能量（以光和热的形式耗散掉）的电流脉冲。（a）电容器初始时必须被充电到多大的电势差？（b）初始时电容器所带的电量是多少？（c）如果电流在 2.0 ms 内下降到其初始值的 5.0%，问灯的电阻大约为多少？

47. 在电路中电容器初始时未充电。开关 S 在 $t = 0$ 时刻闭合。分别求出点 1 和点 2 在如下各时刻的电流 I_1 和 I_2 以及电压 V_1 和 V_2（假设 $V_3 = 0$）：（a）$t = 0$（即开关刚闭合时），（b）$t = 1.0$ ms，以及（c）$t = 5.0$ ms。

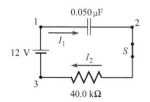

48. 一个 20 μF 电容器通过一个 5 kΩ 电阻器放电。电容器上的初始电量为 200 μC。（a）画出电阻器上的电流随时间变化的关系曲线。在图中坐标轴上标出数值和单位。（b）初始时刻消耗在电阻器上的功率是多少？（c）放电过程中消耗的总能量是多少？

49. ✦ 利用一个 9.0 V 电池给一个电容器充电。充电电流 $I(t)$ 如图所示。（a）电容器上最终大约被充上了多少电量？[提示：在一个很小的时间间隔 Δt 内，流过电路的电荷量为 $I\Delta t$。]（b）利用（a）中所得结果求电容器的电容值 C。（c）求出电路中的总电阻 R。（d）什么时刻电容器所储存的能量达到其最大值的一半？

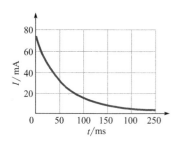

18.11 　用电安全

50. 🌀 一个光脚的人在雷雨时站在一棵树下躲雨。一个闪电击中了这棵树。一个持续 40 μs 的电流脉冲流过地面；这段时间内他两脚之间的电势差为 20 kV。如果两脚间的身体电阻为 500 Ω，（a）流过他身体的电流为多少？（b）闪电过程中有多少能量耗散在他的体内？

51. 🌀 切尔茜无意中碰到一组具有 100.0 V 电动势和 5.0 W 最大功率的电池。如果她与电池的两个接触点之间的电阻为 1.0 kΩ，流过她身体的电流为多少？

合作题

52. 在明迪的浴室里，有一个由镍铬合金丝制成的加热器。镍

铬合金丝被拉直时的长度为 3.0 m。加热元件两端接在常规的 120 V 电路上，当它发光发热时，其温度约为 420 ℃，功率为 2200 W。镍铬合金在 20 ℃时的电阻率为 108×10^{-8} Ω·m，电阻率的温度系数为 0.000 40 ℃$^{-1}$。（a）加热器接通后的电阻为多少？（b）合金丝上流过的电流为多少？（c）如果合金丝有一圆形的横截面，问其直径是多少？忽略因温度变化引起的合金丝直径和长度的变化。（d）当加热器刚被打开时，因还未来得及加热，其工作温度仍为 20 ℃。此时流过合金丝的电流为多少？

53. **ⓒ**（a）利用两个相同的理想电池（电动势 =$\mathscr{E}$）和两个相同的灯泡（电阻 R 为常数）设计一个电路，使两个灯泡都尽可能最亮。（b）在这个电路中每个灯泡的功率是多少？（c）设计一个电路，使两个灯泡都能发光但是其中一个灯泡更亮点，并在图中标明哪个灯泡更亮。

54. 铜和铝可被用于能承载 50 A 电流的高压传输线的电缆中。每千米长的电缆的电阻为 0.15 Ω。（a）如果通过输电线从尼亚加拉大瀑布向纽约市（距离约为 500 km）供电，消耗在这些电缆上的功率是多少？计算铜和铝两种材料制成的（b）电缆的直径及（c）每米长电缆的质量。铜和铝的电阻率由表 18.1 给出；铜和铝的质量密度分别为8920 kg/m^3 和 2702 kg/m^3。

综合题

55. 一个 1.5 V 的手电筒电池在其耗尽前能在 4.0 h 内保持 0.30 A 的电流。在此过程中有多少化学能被转化成电能？（假设电池的内阻为零。）

56. 图中 A$_1$ 和 A$_2$ 分别代表两个内阻可以忽略不计的电流表。求 A$_1$ 和 A$_2$ 分别测得的电流值是多少？

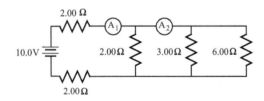

57. **ⓢ** 在心脏病人使用的心脏起搏器中，一个 25 μF 的电容器每 0.80 s 就被充电至 1.0 V 然后通过心脏放电一次。求平均的放电电流。

58. 一个 1.5 马力的马达的工作电压为 120 V。忽略 I^2R 的损耗，问流过它的电流为多少？

59. 图中是两个相同的电动势为 $\mathscr{E}$ 的理想电池和两个相同的电阻为 R 的灯泡（R 假定为常数），试用 $\mathscr{E}$ 和 R 表示耗散在电路中的功率。

60. 一个 500 W 电加热器的工作电压为 120 V。（a）如果电力公司为了减轻负荷而将电压降低到 110 V，求加热器输出的热量降低的百分比。（假定加热器电阻不变。）（b）如果考虑到实际中电阻随温度的变化关系，输出热量的降低和

（a）的计算结果相比较会更多还是更少？

61. 咖啡机可以看成是一个加热元件（电阻为 R）接在 120 V 电压的插座上（假设为直流）。在煮咖啡时加热元件首先将少量的水加热至沸腾。当水蒸气的气泡形成时，会把液态水通过导管输送到上方。因此，咖啡壶只煮沸 5.0% 的水；其他水被加热至 100℃但保持液态。如果开始时水是 10 ℃，要在 8.0 min 内煮好 1.0 L 的咖啡。求电阻 R 的大小。

62. 在如图所示电路中，一个 150 V 的电源被连接在电阻网络的两端。问流过 R$_2$ 的电流为多少？每个电阻器的阻值为 10 Ω。

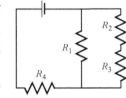

63. 一组装饰照明灯有 25 个并联在一起、额定功率为 9.0 W 的灯泡。它们接在 120 V 的电源上。（a）每个灯的电阻为多少？（b）流过每个灯泡的电流为多少？（c）电源提供的总电流为多少？（d）当电流超过 2.0 A 时，这组灯泡的熔丝将断开。要将原灯泡替换成10.4 W 的灯泡而不使熔丝烧断，最多可以替换几个灯泡？

64. **ⓒ** 如图所示，三个相同的灯泡用导线与一个理想电池相连接。每个灯座上的端子都和其上的灯泡两端连接。图中看起来相互交叉的导线并没有彼此连接上。忽略灯丝电阻随温度的变化。（a）下面的六个电路图中哪个正确地表示了实际的电路？（如果有一个以上的正确电路图，请全部选出来。）（b）哪些灯泡最亮？哪些灯泡最暗？或者它们的亮度都相同吗？请解释原因。（c）如果每个灯泡的灯丝电阻都是 24.0 Ω，电动势为 6.0 V，则流过每个灯泡的电流为多少？

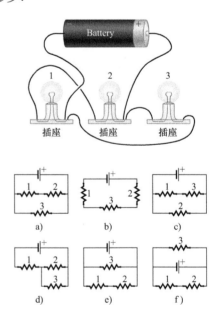

65. 一条金导线的长度为 L，电阻为 R$_0$。假设将其拉长至原来长度的 3 倍。用原来的阻值 R$_0$ 表示拉长后的新阻值 R 为多少？

66. 一条金导线和一条铝导线具有相同的几何尺寸并流过相同

的电流。铝中的电子密度（电子个数 /cm³）比金中电子密度大 3 倍。这两种导线中电子的漂移速度，v_{Au} 和 v_{Al} 相比较会如何？

67. 一平行板电容器由边长为 $L = 0.10$ m 的正方形导体板组成。极板间为空气，间距为 $d = 89$ mm。电容器接在 10.0 V 的电池上。（a）电容器完全充满电后，上极板所带的电量是多少？（b）将电池与极板断开，然后电容器通过一个 $R = 0.100$ MΩ 的电阻器放电。画出流过电阻的电流随时间 t 变化的关系曲线（$t = 0$ 对应于 R 刚被接到电容器上的时刻）。（c）在整个放电过程中有多少能量耗散在电阻 R 上？

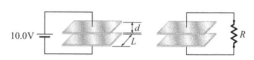

68. ◆ Ⓒ 如图中（a）部分所示，一个电动势为 1.0 V 的电池和一个 1.0 kΩ 的电阻器和一个二极管（非欧姆元件）相连接。流过二极管的电流随电压降变化的关系曲线如图中（b）部分所示。（a）流过二极管的电流为多少？（b）流过电池的电流为多少？（c）消耗在二极管和电阻上的总功率是多少？（d）如果电池的电动势增加，使消耗在 1.0 kΩ 电阻器上的功率增大一倍。那么消耗在二极管上的功率是否也增大一倍？如果不是，增大的因子是大于 2 还是小于 2？试简单解释原因。

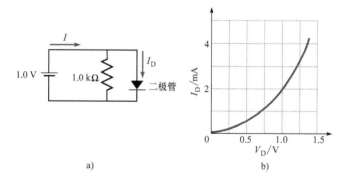

a)　　　　b)

综合复习：第16~18章

复习题

1. 一空心金属球带有 6.0 μC 的电荷。另一个相同的球带有 18.0 μC 的电荷。使这两个球彼此接触后再分开，每个球上所带的电荷是多少？

2. 如图所示，三个点电荷分别位于边长为 0.150 m 的等边三角形的三个顶点上。问 2.50 μC 的点电荷受到的总电场力为多少？

2.50 μC
5.00 μC　−7.00 μC

3. 物体 A 的质量为 90.0 g，被一条绝缘线悬挂着。当将带有电量为 +130 nC 的物体 B 置于物体 A 附近时，物体 A 被吸引过来。平衡时，悬挂物体 A 的绝缘线与竖直方向的夹角为 θ=7.20°，两物体相距 5.00 cm。问：（a）物体 A 所带的电量是多少？（b）绝缘线上的张力是多少？

θ
5.00 cm
A　B　130 nC

4. 一个 35.0 nC 的电荷位于原点，另一个 55.0 nC 的电荷位于 +x 轴上距离原点 2.20 cm 位置处。（a）这两个电荷连线中点处的电势为多少？（b）沿 x 轴正向上距离原点 3.40 cm 位置处的电势为多少？（c）使一个 45.0 nC 的电荷在外力作用下从（b）中的位置移动到（a）中的位置，外力做功为多少？

5. 一个电子以 10.0 m/s 的速度沿着正 y 轴方向进入一匀强电场区域，电场的大小为 200 V/m，方向沿着 x 轴正方向。电子除电场力外不受其他外力的作用，问电子在进入电场区域 2.40 ms 后位移的 x 分量和 y 分量是多少？

6. 一个电子悬于两个带有相反电荷的水平平行极板之间的真空中。两板间距为 3.00 mm。（a）上板和下板所带电荷的符号是什么？（b）两板间的电压是多少？

7. 考虑如图所示的电路。已知电流 I_1 = 2.50 A。求（a）I_2，（b）I_3，（c）R_3。

V_2 = 9.00 V　　V_1 = 30.0 V
R_3　I_3　　I_2　　I_1
R_2 = 5.00 Ω　R_1 = 8.00 Ω

8. ⓒ 电位计是一种测量电动势的电路。如图所示，当开关 S_1 闭合而开关 S_2 打开，R_1=20.0 Ω，标准电池 $\mathscr{E}_s$ 的电动势为 2.00 V 时，没有电流流过检流计 G。当开关 S_2 闭合而开关 S_1 打开，R_2 = 80.0 Ω 时，没有电流流过检流计 G。（a）求未知的电动势 $\mathscr{E}_x$ 为多少？（b）试解释为什么利用电位计，即

使在电源有较大内阻时，也可以精确测量其电动势。

9. 两个浸没式加热器 A 和 B 都与 120 V 电源相连接。加热器 A 可以使 1.0 L 水在 2.0 min 内从 20.0℃ 加热到 90.0 ℃，而加热器 B 可以使 5.0 L 水在 5.0 min 内从 20.0 ℃ 加热到 90.0 ℃。问加热器 A 和 B 之间电阻的比值是多少？

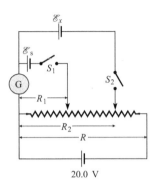

$\mathscr{E}_x$
$\mathscr{E}_s$　S_1
G　　　　　S_2
R_1
R_2
R
20.0 V

10. ◆ 求以下不同材料导线在同样长度和同样质量（注意不是同样直径）下电阻的比值：（a）银导线和铜导线（R_{Ag}/R_{Cu}）；（b）铝导线和铜导线（R_{Al}/R_{Cu}）。（c）哪种材料在相同的长度和质量下是最好的导体？三种材料的密度为：银 $10.1×10^3$ kg/m³；铜 $8.9×10^3$ kg/m³；铝 $2.7×10^3$ kg/m³。

11. 照相机闪光灯中的平行板电容器在电压为 300 V 时必须储存 32 J 的能量。（实际中多数电子闪光灯使用的是 1.5 ～ 6.0V 的电池，再利用直流 - 直流转换器来提高有效电压。）假设放电 $4.0×10^{-3}$ s 后电容器只剩下初始电量的 1.0%。（a）这个 RC 电路的时间常数是多少？（b）闪光灯灯泡的电阻是多少？（c）在灯泡上消耗的最大功率是多少？

12. 许多家庭供暖系统是通过将热水用泵抽运到散热器管中进行工作的。通过恒温器来控制区域阀的开关，就能将热水送到房子中的不同区域。区域阀的打开和关断通常是通过如图所示的一个蜡式驱动器来实现的。如果恒温器给阀门一个打开信号，一个 24 V 的直流电压就被加在驱动器内的加热元件（电阻 R = 200 Ω）的两端。当蜡开始融化，蜡的体积会变大并推动圆柱杆（半径为 2.0 mm）往外移动 1.0 cm 的距离，这样区域开关就被打开。已知驱动器中有 2.0 mL 的固态蜡，其在室温（20 ℃）时的密度为 0.90 g/cm³。蜡的比热为 0.80 J/(g·℃)，其融化潜热为 60 J/g，熔点为 90 ℃。当蜡融化后它的体积增大 15%。从开始加热到阀门完全打开需要多长时间？

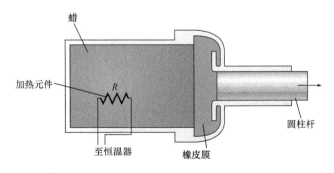

蜡
加热元件
R
圆柱杆
至恒温器　橡皮膜

13. ◆ ⓒ 空气负离子发生器可利用电力将空气中的灰尘、花

粉和其他过敏源过滤掉。在如图所示的离子发生器中，气流速度为 3.0 m/s。空气经过一高度荷电的细钢丝网时电荷会被传递到空气中的粒子上。此后气流会经过一个能吸引带电粒子的平行"收集器"板，这些粒子会被捕集到过滤器中。设粉尘粒子的半径为 6.0 μm，质量为 2.0×10^{-13} kg，所带电量为 1000e。收集板的长度为 10 cm，间距为 1.0 cm。（a）忽略黏滞力，要保证粒子在过滤器中被捕集，两收集板间的最小电势差是多少？（b）粉尘粒子在打到过滤板之前相对于空气流以多大的速率运动？（c）计算当粉尘粒子以（b）中求得速率运动时所受到的黏滞力的大小。（d）实际中忽略黏滞力是否可行？如果考虑黏滞力，（a）中计算的最小电势差会变大还是变小？［提示：当粒子以终极速度运动时，粒子所受的合力为零。球状粒子所受到的黏滞力由斯托克斯定律式（9-16）给出，这里 v 是粒子相对于周围流体的速度，浮力由阿基米德原理给出（9.6 节）。］

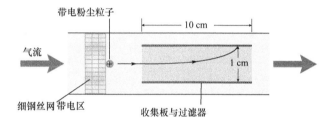

MCAT 复习题

　　以下题目包括医学院入学考试（MCAT）的考试材料，其转载得到了美国医学院校协会（AAMC）的许可。

1. 在给定温度下，导线在直流时的电阻只决定于

　A. 导线两端的电压。

　B. 电阻率、长度和电压。

　C. 电压、长度和横截面积。

　D. 电阻率、长度和横截面积。

　　参考 13～15 章的 MCAT 复习题中关于合成润滑油储罐的两段内容，回答以下两个问题。

2. 要用一个 600 V 电源让所有的加热器以最大功率运行，需要多大的电流？

　A. 7.2 A　　　　B. 24.0 A

　C. 83.0 A　　　　D. 120.0 A

3. 在一次试验中，10 个加热器被替换成 5 个更大的加热器，这些大加热器在接 800 V 电源时流过的电流为 20 A。求 5 个新的加热器的总能耗是多少？

　A. 16 kW　　　　B. 32 kW

　C. 80 kW　　　　D. 320 kW

阅读以下内容并回答问题：

　　如图所示，一个小型热水器是利用电流提供能量来使水加热的。加热元件 R_L 被浸入水中，它的作用相当于一个 1.0 Ω 的负载电阻器。一直流电源安装在热水器外并且给并联的 2.0 Ω 电阻器（R_S）和负载电阻器供电。在水被加热的过程中，电

源给电路提供 0.5 A 的恒定的电流（I）。热水器的热容为 C，其内装有 1.0×10^{-3} m^3 的水。水的质量为 1.0 kg。整个系统和外界是绝热的，并被设计成能保持大约 60 ℃ 的恒定温度。［注意：水的比热容（c_w）为 4.2×10^3 J/(kg·K)。］

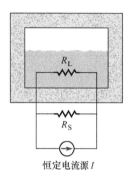

恒定电流源 I

4. R_L 两端的电压降为多少？

　A. 0.22 V　　　　B. 0.33 V

　C. 0.75 V　　　　D. 1.50 V

5. 如果热水器外面的设备发生改变，使 I 变成 1.2 A，R_S 变成 3.0 Ω，R_S 上消耗的功率是多少？

　A. 0.27 W　　　　B. 0.40 W

　C. 1.08 W　　　　D. 4.32 W

6. 在电流流过 R_L 的过程中，以下哪些量不增加？

　A. 系统的熵　　　　B. 系统的温度

　C. 水中的总能量　　D. R_L 上消耗的功率

7. 如果热水器使用的电源是电池，以下哪一个最好地描述了电流流过热水器系统电路过程中的能量转换？

　A. 化学能转变成电能再转变成热能

　B. 化学能转变成热能再转变成电能

　C. 热能转变成化学能再转变成电能

　D. 电能转变成热能再转变成化学能

8. 如果电阻 R_L 随着时间增加，以下哪些量也随时间增加？

　A. R_L 消耗的功率

　B. 流过 R_L 的电流

　C. 流过 R_S 的电流

　D. R_S 的电阻

9. 如果使用另一个电源时 R_L 传输到水中的热功率为 1.0 W，要使水的温度升高 1.0 ℃ 需要多少时间？［注意：假定用于加热加热元件和隔热层的热可忽略不计。］

　A. 70 s　　　　B. 420 s

　C. 700 s　　　　D. 4200 s

阅读以下内容并回答问题：

　　电力通常是通过空中的电线传输给消费者的。为了减小输电过程中的热损失，公用事业公司努力减小输电线中流过的电流（I）和输电线的电阻（R）的大小。

　　要使 R 减小，就需要使用高导电材料和较粗的导线。输电线的尺寸受限于材料的成本和重量。表中列出了 1 000 m 长、不同直径的铜导线在两个不同温度时的电阻和质量。

直径 /m	25 ℃时每 10^3 m 电阻 /Ω	65 ℃时每 10^3 m 电阻 /Ω	每 10^3 m 质量 /kg
6.6×10^{-2}	7.2×10^{-3}	8.2×10^{-3}	2.4×10^{-4}
2.9×10^{-2}	3.5×10^{-2}	4.1×10^{-2}	4.6×10^{-3}
2.1×10^{-2}	7.1×10^{-2}	8.2×10^{-2}	2.3×10^{-3}
9.5×10^{-3}	3.4×10^{-1}	3.8×10^{-1}	4.9×10^{-2}

出于安全和技术设备方面的考虑，输电电压也会被限制。因为电力是高电压长距离传输的，在将电传输到住宅前需要用变压器将电压降到安全水平。

10. 如果住宅在 120 V 供电时的用电功率为 1.2×10^4 W，需要提供多大的电流？

A. 10 A   B. 12 A

C. 100 A   D. 120 A

11. 如果长 10^5 m、直径 9.5×10^{-3} m 的输电线的温度从 25 ℃变化到 65 ℃，根据上表计算输电线的电阻大约变化了多少？

A. 0.04 Ω   B. 0.4 Ω

C. 4.0 Ω   D. 40 Ω

12. 如果输电线的电阻为 3 Ω，电流为 2 A，其上消耗了多少热功率？

A. 1.5 W   B. 6 W

C. 12 W   D. 18 W

13. 为了给 10 户居民供电，每户的用电功率为 10^4 W，输电网络的热损失为 5×10^3 W，总共需要多少电功率？

A. 1.5×10^4 W   B. 5.25×10^4 W

C. 1.05×10^5 W   D. 1.5×10^5 W

磁力与磁场

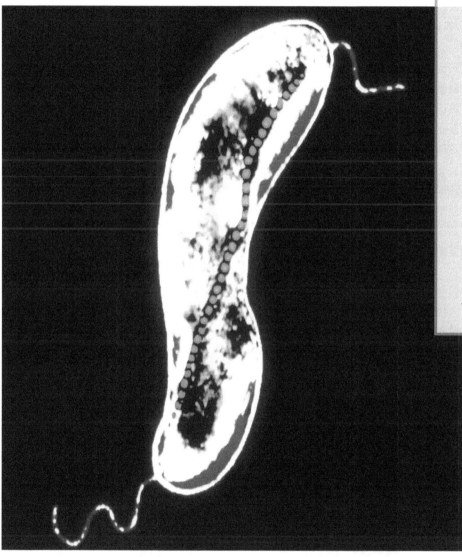

一种趋磁细菌的电子显微镜照片

有些细菌生活在海底的淤泥中。只要它们在泥里，一切都很好。若泥被搅起，也许是由甲壳类动物行走造成的，对于细菌而言，事情就不那么乐观了。泡在水中太久，细菌将无法生存，所以它们必须尽快地游回泥里。问题是，知道哪个方向是向下的，对细菌来说，并不那么容易。由于细菌的密度几乎与水相同，所以浮力阻止它们"感觉"向下的重力。然而，细菌能沿着正确的方向游回泥里。它们是如何做到的呢？（答案请参阅 106 页）

生物医学应用

- 趋磁细菌（19.1 节）
- 质谱仪（19.3 节；计算题 16 ~ 18，50）
- 回旋加速器的医用（19.3 节；计算题 14 和 15）
- 电磁血液流量计（19.5 节；计算题 51，57）
- 磁共振成像（19.8 节；计算题 41）

概念与技能预备

汉朝（公元前202年—公元220年）勺形司南模型。将用磁石（磁铁矿）制作的勺子置于称为"天盘"的青铜板或占卜者用的式盘上。这种中国最早的指南针先是用来占卜；后来才作为导航设备。该模型是由苏珊·西尔弗曼（Susan Silverman）制作。

链接：

电偶极子：一个正电荷和一个负电荷。磁偶极子：一个N极和一个S极。

- 电场线的描绘及解释（16.4节）
- 匀速圆周运动；径向加速度（5.1～5.2节）
- 力矩；力臂（8.2节）
- 电流与漂移速度的关系（18.3节）

19.1 磁场

永久磁铁

古希腊时，即大约2500年前人们就认识了永久磁铁。一种自然产生的被称为天然磁石（现称为磁铁矿）的铁矿石在多个地方包括现今土耳其称为镁土的区域被开采出来。其中，有些天然磁石是永久磁铁。它们彼此施加磁力，并能把一块铁变成永久磁铁。在中国，至少一千年前甚至更早人们就把指南针作为导航设备了。直到1820年，当丹麦科学家汉斯·克里斯蒂安·奥斯特（1777—1851）发现一个磁针在电流附近偏转，电和磁之间的联系才被揭示出来。

图19.1a所示为，在一块条形磁铁上放一块玻璃，玻璃上撒上铁屑，再轻轻敲打玻璃板来抖动铁屑，则铁屑会沿着条形磁铁的**磁场**（符号：**B**）排列。图19.1b则为该磁场磁感应线的示意图。与电场线类似，磁感应线反映磁感应强度的大小和方向。任何一点的磁感应强度沿着磁感应线的切线方向，大小正比于通过单位垂直面积的磁感应线条数。

图19.1b看上去类似于一个电偶极子的电场线（见图16.19）。这种相似并非偶然，条形磁铁正是**磁偶极子**的一个实例。偶极即指相反的两极。电偶极子的两电极是正电荷和负电荷；磁偶极子则由两个相反的磁极组成。条形磁铁磁感应线发出的一端被称为北极（**N**），而返回的一端称为南极（**S**）。如果两个磁铁彼此靠近，异极（一个磁铁的N极和另一磁铁的S极）相吸；同极（两个N极或两个S极）相斥。

a)

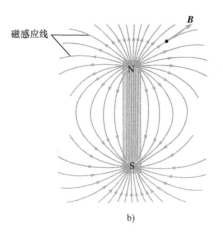

磁感应线　　　　　　　　　　**B**

b)

图19.1 a）条形磁铁附近的铁屑沿磁场排列的照片；b）条形磁铁磁感应线示意图，其磁感应强度沿着磁感应线的切线方向。

北极和南极的名称来自磁罗盘。磁罗盘是有一个自由转动小磁铁棒的简单装置。任何磁偶极子包括罗盘针，受到一个使之转向外磁场的力矩（见图19.2）。罗盘针的北极就是其指向磁场方向的那一端。在指南针中，磁针安装时要减少摩擦和其他扭矩，从而可自由摆动以响应磁场。

除了条形磁铁，永磁体有许多形状。图19.3显示了一些永磁体及其磁感应线。注意在图19.3a中，如果磁极面平行且很近，其间的磁场近似均匀。磁铁需要的不只是两极；它必须至少有一个N极和至少有一个S极。一些磁铁设计有大量S极和N极。常见于冰箱门的软磁卡（见图19.3b），被设计为一侧具有多个 NS 极，而另一侧无极。在有极这一侧附近磁场强，可贴于铁表面（例如，冰箱门），而另一侧磁场弱则其贴不住。

> **日常物理演示**
>
> 　　拿两个冰箱磁贴（薄的、软的那种），或将一个切成两半。用一个磁贴的背面按图 19.4 所示的四个方向擦过另一个的背面，确定磁化带的方向并估算它们的宽度。

无磁单极子　关于电力的库仑定律给出了两个点电荷即两电单极子间的作用力。然而，据人们所知，不存在磁单极子，也就是说，没有一个单独存在的 N 极或一个单独存在的 S 极。如果你把一个条形磁铁切成两半，你不会得到一块只有 N 极，而另一块只有 S 极；两块均是磁偶极子（见图 19.5）。已有理论预言磁单极子存在，但多年来的实验还未发现一个，如果磁单极子在我们的宇宙中存在，它们一定极为罕见。

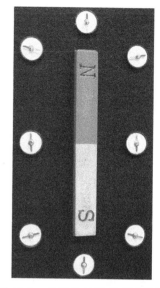

图 19.2　各罗盘针沿条形磁铁的磁场排列，其"北"极指向磁场方向。

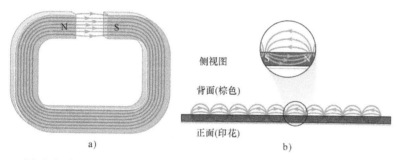

图 19.3　两个永久磁铁磁场线，磁体外部的磁感应线由 N 极到 S 极。a）一个 C 形磁铁两极面间磁场近似均匀；b）一个冰箱磁贴背面（侧视图）具有交替的南北两极带。

磁感应线

　　如图 19.1 所示，磁感应线不是从 N 极开始，也不从 S 极结束：磁感应线总是形成闭合回路。因为如果不存在磁单极子，就没有磁感应线开始或结束的地方，所以它们一定是闭合回路。对比图 19.1b 和图 16.19 电偶极子的电场线，远离偶极子时，两种场线模式是相似的，但是在其附近及两极之间，它们有很大的不同。电场线不是闭合回路；它们起始于正电荷，终止于负电荷。

　　尽管电场线和磁感应线之间有如此差异，对磁感应线的说明与电场线完全相同。

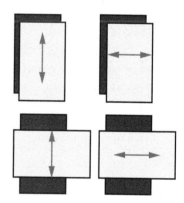

图 19.4　确定冰箱磁贴磁化带的方向和宽度。

> **对磁感应线的说明**
>
> - 任一点磁感应强度的方向与过该点的磁感应线相切，并在磁感应线上以箭头表示（见图 19.1b）。
> - 磁感应线密集的地方磁场强，磁感应线稀疏的地方磁场弱。具体而言，假想有一小面元垂直于磁感应线，则磁场的大小与穿过该面的磁感应线条数除以其面积成正比。

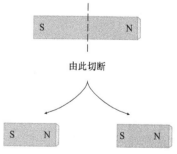

图 19.5　一个条形磁铁，被切成两半，每一块均有北极和南极。

地球的磁场

　　图 19.6 显示了地球磁场的磁感应线。地面附近的磁场近似于一个偶极子的磁场，仿佛一个条形磁铁被埋在地球的中心。距地面较远处，该偶极子磁场被由

太阳风即太阳发至地球的带电粒子流扭曲。正如第19.8节中所讨论的，运动电荷激发自磁场，所以太阳风也产生磁场。

在地面上，大多数地方的磁场不是水平的，有一个明显的垂直分量，其可用倾角仪来直接测量。倾角仪就是一个可在垂直平面内旋转的指南针。在北半球，垂直分量是向下的，而在南半球，它是向上的。换句话说，磁感应线从南半球地表面出来再从北半球入内。一个可自由转动的磁偶极子会沿磁场取向，使其N极指向磁场方向。图19.2显示了一个条形磁铁及其附近的几个罗盘。每个罗盘针指向该磁铁在此处的磁场方向。罗盘通常用来检测地球的磁场。一个水平放置的罗盘，其指针只可在一个水平平面上自由旋转，则其N极指向地球磁场的水平分量的方向。

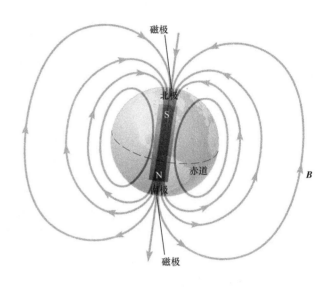

图19.6 地球的磁场。该图显示了一个平面上地球磁场的磁感应线。在一般情况下，地面的磁场具有水平和垂直分量。磁极是在磁场与地面完全垂直处，并不与地理的两极即转轴与地面相交处重合。地面附近的磁场近似于一个偶极子的磁场，像是虚构的条形磁铁给出的。请注意，该条形磁铁的S（南）极指向北极地带而磁铁的N（北）极指向南极地区。

注意图19.6中虚构的条形磁铁的取向：磁铁的南极大致指向地理北极而磁体的北极大致指向地理南极。磁感应线从南半球地面出来再返回北半球。

地球磁场的起源　地球磁场的起源仍在研究中。根据主流理论，该磁场是由地壳表面之下3 000 km多深处的地球外核熔融的铁和镍中的电流产生的。地球磁场在缓慢变化。1948年，加拿大科学家发现，地球在北极地区的磁极位置距离1831年一名英国探险家发现的位置大约有250 km。磁极每年移动约40 km。在过去的500万年中，磁极已经历了约100次极性的完全逆转（南北颠倒）。加拿大2001年5月完成的地质调查，确定了磁北极即磁场垂直向下的地面处的位置在北纬81°西经111°，地理北极（地球的自转轴与地面相交处，北纬90°）以南约1 600 km。

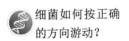

细菌如何按正确的方向游动？

应用：趋磁细菌

在本章引子所显示的细菌的电镜图中，一列晶体（被涂上橙色，见文前彩插）引人注目。它们是磁铁矿晶体，是古希腊人就知道的氧化铁（Fe_3O_4）。这些晶体是微小的永久磁铁，基本上起着指南针的作用。当细菌被搅进水里，它们的指南针自动转向磁场排列。细菌会沿着磁感应线向前游动。在北半球，其"指南针"的N极面向前方。细菌在磁场方向上游动，磁场有一个向下的分量。于是它们可回到泥中的自家。在南半球，细菌的S极朝前；它们必须向磁场的反方向游动，因为磁场有一个向上的分量。如果把一些趋磁（趋＝感觉或感知）细菌从南半球带到北半球，它们不是向下而是向上游动，反之亦然。

已有几种细菌以及一些高等生物磁导航的证据。信鸽、知更鸟和蜜蜂的实验表明这些生物有某种磁感。晴天时，它们主要是利用太阳的位置进行导航，但阴天时，它们则是利用地球磁场。在这些生物的大脑中已发现永久磁化晶体，与那些在泥里细菌中所发现的类似。但它们可感觉到地球磁场并使用它来导航的机制还不清楚。一些实验表明，甚至人类对地球磁场有某种感觉，这不是不可能的，因为已在大脑中发现一些微小的磁铁矿晶体。

19.2　点电荷受到的磁力

在详细介绍磁偶极子的磁力及力矩之前，我们需要从一个运动的点电荷所受磁力这个简单的情况开始。记得在 16 章中，我们把电场定义为单位电荷所受的电场力。电场力与 E 的方向相同或相反，取决于该点电荷的符号。

一个点电荷上的磁力更为复杂，它不是电量乘以磁场。磁力取决于点电荷的速度以及磁场。如果点电荷静止，则没有磁力。磁力的大小和方向取决于电荷运动的方向和速度。我们已经了解到其他与速度有关的力诸如流体中运动物体所受的阻力。像阻力那样，磁力大小随速度增大而增大。然而，阻力的方向总是与物体的速度方向相反，而作用在带电粒子上的磁力的方向垂直于粒子的速度方向。

设一个正的点电荷 q 以速度 v 运动至磁感应强度为 B 处，v 和 B 间的夹角为 θ（见图 19.7a）。作用在点电荷上的磁力的大小是下面三项的乘积。

* 电荷 $|q|$ 的大小，
* 磁场 B 的大小，
* 垂直于该磁场的速度分量（见图 19.7b）

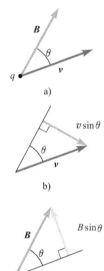

> ### 一个运动点电荷的磁力大小为
>
> $$F_B = |q|v_\perp B = |q|(v\sin\theta)B$$
>
> （由于 $v_\perp = v\sin\theta$）　　　　(19-1a)

需要注意的是，如果点电荷静止（$v=0$），或者它的运动与磁感应强度在同一直线上（$v_\perp=0$），则磁力为零。

在某些情况下，可以很方便地从不同角度查看因子 $\sin\theta$。如果我们把因子 $\sin\theta$ 与磁感应强度相关联而不是与速度相关联，则 $B\sin\theta$ 是垂直于带电粒子速度的磁感应强度的分量（见图 19.7c）：

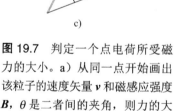

图 19.7　判定一个点电荷所受磁力的大小。a）从同一点开始画出该粒子的速度矢量 v 和磁感应强度 B，θ 是二者间的夹角，则力的大小是 $F_B = |q|vB\sin\theta$；b）垂直于 B 的 v 的分量是 $v_\perp = v\sin\theta$；c）垂直于 v 的 B 的分量是 $B_\perp = B\sin\theta$。

> $$F_B = |q|v(B\sin\theta) = |q|vB_\perp$$
> 　　　　　　　　　　　　　　(19-1b)

磁感应强度的 SI 单位　　由式（19-1），磁感应强度的 SI 单位是

$$\frac{力}{电量\times 速度} = \frac{\mathrm{N}}{\mathrm{C\cdot m/s}} = \frac{\mathrm{N}}{\mathrm{A\cdot m}}$$

将这种单位组合称为特斯拉（符号为 T），它是以克罗地亚出生的美国工程师尼古拉·特斯拉（1856—1943）命名。

$$1\text{T} = 1\frac{\text{N}}{\text{A} \cdot \text{m}} \tag{19-2}$$

链接：

两个矢量的叉积是一个矢量，两个矢量的点积是一个标量（见第6.2节），叉积和点积是不同的数学运算。当两个矢量垂直时，叉积的值最大；当两个矢量平行时，点积最大。

✓ **检测题 19.2**

一个电子以速度 v 在均匀向下的磁场 B 中运动。
（a）它在什么方向运动受到的磁力为零？
（b）它在什么方向运动受到的磁力最大？

磁力的方向

带电粒子所受的磁力可以写为电量乘以 v 和 B 的叉积：

带电粒子所受的磁力

$$\boldsymbol{F}_\text{B} = q\boldsymbol{v} \times \boldsymbol{B} \tag{19-3}$$

大小：$F_\text{B} = qvB\sin\theta$

方向：既垂直于 v 也垂直于 B；利用右手螺旋法则确定 $\boldsymbol{v} \times \boldsymbol{B}$（见图19.8），若 q 是负的，则再反向。

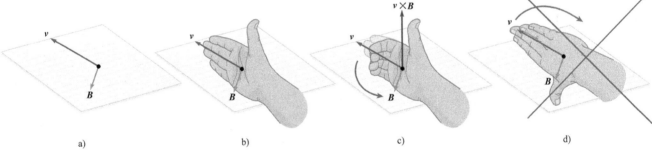

a)   b)   c)   d)

图19.8 用右手螺旋法则确定叉积 $\boldsymbol{v} \times \boldsymbol{B}$ 的方向。a）首先从同一点出发画出两个矢量箭头 v 和 B。在这种情况下，两个矢量均在纸面中，叉积 $\boldsymbol{v} \times \boldsymbol{B}$ 一定既垂直于 v 也垂直于 B，那么 $\boldsymbol{v} \times \boldsymbol{B}$ 的两个可能的方向为向上（从页面出来）和向下（进入页面）。右手螺旋法则常用来判定这两种可能性。b）判定 $\boldsymbol{v} \times \boldsymbol{B}$ 是否向上，将右手大拇指朝上并伸展四指指向 v；c）四指能沿小于180°的角度弯向 B，则确认 $\boldsymbol{v} \times \boldsymbol{B}$ 向上。d）判定 $\boldsymbol{v} \times \boldsymbol{B}$ 是否向下，将右手大拇指朝下并伸展四指指向 v，现在的四指弯曲的方向错了，所以这不是正确的 $\boldsymbol{v} \times \boldsymbol{B}$ 方向。

磁力的方向不是沿场的方向（如电场的情况）；反而，它垂直于磁场。磁力也垂直于带电粒子的速度。因此，如果 v 和 B 位于一个平面内，则磁力总是垂直于该平面。磁场实际上是三维的。带负电的粒子受到的磁力与 $\boldsymbol{v} \times \boldsymbol{B}$ 相反；通过将 $\boldsymbol{v} \times \boldsymbol{B}$ 乘以一个负的标量（q）使磁力的方向反转。

由于磁场实际上是三维的，我们经常需要画出垂直于页面的矢量。符号 ●（或 ⊙）代表一个矢量箭头指出页面，可视作箭头的尖端朝你而来。符号 ×（或 ⊗）代表一个矢量指入页面；说明这箭头的尾部羽毛离你而去。

矢量符号 ● 或 ⊙ ＝指出页面；× 或 ⊗ ＝指入页面

> **解题技巧：求作用在一个点电荷上的磁力**
>
> 1. 一个点电荷所受的磁力为零，若（a）粒子不动（$v = 0$），（b）其速度没有垂直于磁场的分量（$v_\perp = 0$），或（c）磁场为零。
> 2. 另外，从同一点出发画出速度与磁感应强度，定义 θ 为二者之间的夹角。
> 3. 利用电量（因为矢量的大小是非负的）求得力的大小 $F_B = |q|vB\sin\theta$［见式（19-1）］。
> 4. 使用右手螺旋法则确定 $v \times B$ 的方向。如果电荷是正的，磁力沿 $v \times B$ 的方向；如果电荷是负的，磁力沿 $v \times B$ 的反方向。

磁场所做的功　因为一个点电荷所受的磁力总是与速度垂直，所以磁力不做功。如果没有其他力作用于点电荷，那么它的动能不变。只有磁力作用时，可改变速度的方向，但不改变速率（速度的大小）。

概念性例题 19.1

宇宙射线的偏转

宇宙射线是朝地球高速运动的带电粒子。粒子的起源尚不完全清楚，但其中的大部分可能源于超新星爆炸。大约八分之七的粒子是质子，以约三分之二光速的平均速度朝着地球运动。假设一个质子正一直向下朝赤道运动，（a）地球磁场对质子的磁力沿什么方向？（b）解释一下地球磁场如何保护我们免受宇宙射线的轰击。（c）在地面上这种屏蔽哪里最无效？

分析与解　（a）首先画出地球的磁感应线和质子的速度矢量（见图 19.9）。磁感应线从南半球到北半球；在赤道上空，磁场近似为水平（正北）。为求出磁力的方向，我们先来确定既垂直于 v 也垂直于 B 的两个方向；然后用右手螺旋法则确定哪一个是 $v \times B$ 的方向。图 19.10 是 v 和 B 在 xy 平面的示意图。x 轴从赤道指向远处（向上），y 轴向北。垂直于两个矢量的两个方向都与 xy 平面垂直：进入页面和从页面出来。利用右手

螺旋法则，如果大拇指指出页面，右手的手指从 v 弯向 B 必须扫过 $270°$ 的角度。因此，$v \times B$ 指入页面（见图 19.11）。由于 $F_B = qv \times B$ 并且 q 是正的，那么此磁力指入页面或向东。

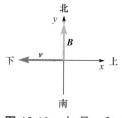

图 19.10　矢量 v 和 B。y 轴向北；x 轴远离赤道。

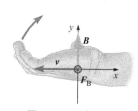

图 19.11　右手螺旋法则显示 $v \times B$ 指入页面。用大拇指指入页面，四指从 v 弯向 B 扫过角度 $90°$。

（b）如果没有地球磁场，质子将直接掉向地面。磁场使粒子向一侧偏转并阻止它到达地面，而能够到达地面的宇宙射线粒子比如果没有地球磁场的话要少得多。

（c）两极附近，v 垂直于磁场的分量（$v_\perp$）是 v 的很小部分，由于磁力与 $v_\perp$ 成正比，则两极附近的偏转力很无效。

讨论　当求磁力（或任何叉积）的方向时，画好草图是必不可少的。由于涉及三个维度，我们必须选取两个轴位于草图平面。在这个例子中，两个矢量 v 和 B 位于草图平面，因此我们知道，F_B 是垂直于该平面。

练习题 19.1　宇宙射线粒子的加速度

若 $v = 6.0 \times 10^7$ m/s 和 $B = 6.0$ μT，质子所受的磁力的大小和质子的加速度的大小各是多少？

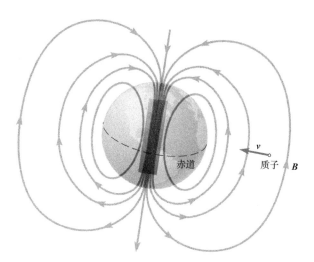

图 19.9　地球磁感应线和质子速度 v 的示意图。

例 19.2

磁场中的电子

在磁感应强度为 1.4T 方向指向正北的匀强磁场中，一个电子以 $v = 2.0 \times 10^6$ m/s 速率运动。在某一瞬时，电子受到一个 1.6×10^{-13} N 向上的磁力。电子在那一瞬时的运动是什么方向？[提示：如果有不止一个可能的答案，给出所有可能。]

分析 这个例题比例 19.1 更复杂。我们需要再次应用磁力规律，但这次我们需要由力和磁场的方向推断出速度的方向。

解 磁力总是既垂直于磁场也垂直于粒子的速度。此力

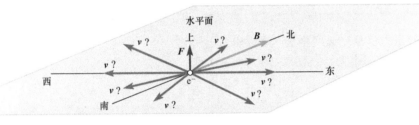

向上，因此速度一定位于一个水平面上。

如图 19.12 所示，磁场向北，速度有多种可能性（均在水平面内）。磁力的方向是向上的，因为电荷是负的，所以 $v \times B$ 的方向一定是向下的。将右手的大拇指指向下指，四指按顺时针方向卷曲。由于我们是从 v 弯向 B，所以速度一定在左半平面的某处；换句话说，它除了有一个向北或向南的分量外，一定有一个向西的分量。

图 19.12 速度一定垂直于磁力，从而在所示的平面中。考虑了 v 的各种可能方向。只有在西半平面的那些才给出正确的 $v \times B$ 方向。

向西分量是 v 垂直于磁场的分量。利用磁力的大小，我们可以求出速度的这个垂直分量

$$F_B = |q| v_\perp B$$

$$v_\perp = \frac{F_B}{|q| B} = \frac{1.6 \times 10^{-13} \text{ N}}{1.6 \times 10^{-19} \text{ C} \times 1.4 \text{ T}} = 7.14 \times 10^5 \text{ m/s}$$

速度在磁场方向也有一个分量并可以用勾股定理得到

$$v^2 = v_\perp^2 + v_\parallel^2$$

$$v_\parallel = \sqrt{v^2 - v_\perp^2} = \pm 1.87 \times 10^6 \text{ m/s}$$

± 号意味着 $v_\parallel$ 是一个要么向北要么向南的分量。图 19.13 中给出了这两种可能性。使用右手螺旋法则确定两者中给出 $v \times B$ 正确方向的那一个。

现在，已知 v 的分量，我们需要求其方向。由图 19.13

$$\sin\theta = \frac{v_\perp}{v} = \frac{7.14 \times 10^5 \text{ m/s}}{2.0 \times 10^6 \text{ m/s}} = 0.357$$

$\theta =$ 北偏西 21° 或北偏西 159°

由于北偏西 159° 与南偏西 21° 是相同的，所以速度的方向是北偏西 21° 或南偏西 21°。

讨论 我们不能想当然地认为 v 是垂直于 B 的。磁力总是垂直于 v 和 B 二者，但 v 和 B 之间可以有任意角度。

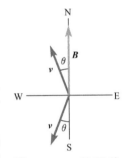

图 19.13 v 的两种可能方向。

练习题 19.2　平行于磁场的速度分量

假设电子以相同的速率在相同的磁场中运动。若电子所受的磁力大小为 2.0×10^{-13} N，电子平行于磁场的速度分量是多少？

19.3　垂直于匀强磁场运动的带电粒子

利用磁力规律和牛顿第二运动定律，我们可以推出没有其他力作用时带电粒子在匀强磁场中运动的轨迹。在本节中，我们将讨论一个特别有趣的情况：粒子初始运动的速度方向垂直于磁场将会怎样。

图 19.14 a）在指入页面的磁场中向右运动的正电荷所受的力。b）随着速度方向变化，磁力方向亦变化以保持其垂直于 v 和 B 二者。力的大小是恒定的，因此粒子沿圆弧运动。c）在相同的磁场中一个负电荷的运动。

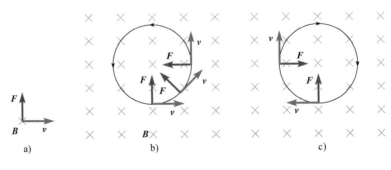

图 19.14a 显示的是垂直于磁场运动的正电荷所受的磁力。由于 $v_\perp = v$，则力的大小是

$$F = |q|vB \qquad (19\text{-}4)$$

由于该力垂直于速度，所以粒子的方向变化，但速率不变。该力也垂直于磁场，因此没有在 **B** 方向上的加速度分量。然而，粒子的速度仍然垂直于 **B**。随着速度的方向变化，磁力方向亦变化以保持其垂直于 **v** 和 **B** 二者。该磁力作为转向力作用，使粒子以恒定的速率沿着半径为 r 的轨道作曲线运动。由于该粒子做匀速圆周运动，因此其加速度沿径向向内并且大小为 v^2/r [式（5-12）]。由牛顿第二定律，

$$a_{\mathrm{r}} = \frac{v^2}{r} = \frac{\sum F}{m} = \frac{|q|vB}{m} \qquad (19\text{-}5)$$

其中，m 是粒子的质量。由于该轨道半径是恒定的（r 只取决于 Q、v、B 和 m，这些都是恒定的），所以粒子以恒定的速度在一圆上运动（见图 19.14b）。负电荷在同一磁场中的运动与正电荷的情况相反（见图 19.14c）。

应用：气泡室

带电粒子在匀强磁场中的圆周运动有许多应用。由美国物理学家唐纳德·格拉泽（1926—）发明的气泡室，是从 20 世纪 50 年代到 70 年代用于高能物理实验的粒子探测器。腔室充满液氢并处于磁场中。当一个带电粒子穿过液体时，它会留下气泡痕迹。图 19.15a 显示的是气泡室中的一些粒子形成的痕迹。该磁场指出页面。任何粒子的磁力都指向粒子运动轨迹的曲率中心。图 19.15b 显示一个粒子的 **v** 和 **B** 的方向。利用右手螺旋法则，得到 **v**×**B** 的方向，如图 19.15b 所示。由于 **v**×**B** 远离曲率中心，**F** 的方向指向曲率中心，所以该粒子一定带负电。磁力规律可使我们确定粒子的电荷极性。

应用：质谱仪

质谱仪的基本目的是通过质量将离子（带电的原子或分子）分开并测量每种离子的质量。虽然最初的设计是为了测量核反应生成物的质量，现在质谱仪被许多不同的科学领域和医学的研究人员用来确定样品中存在什么原子或分子及其浓度多少。即使离子浓度极小，也可以被分离，使质谱仪成为毒理学和对微量污染物的环境监测的一个重要工具。质谱仪已用于食品生产、石油化工、电子工业以及核设施的国际监测。它们也是犯罪现场调查的一个重要工具，正如广受欢迎的电视每周所呈现的节目一样。

当今，许多不同类型的质谱仪在使用。最古老的类型，现被称为磁质谱仪，是基于带电粒子在磁场中的圆周运动。首先，原子或分子被电离使它们带上一个已知的电荷。然后，它们被电场加速，并通过改变电场来调整它们的速度。接下来，这些粒子进入一个匀强磁场区域，**B** 的取向垂直于它们的速度 **v**，使它们沿圆弧运动。由电量、速率、磁感应强度以及圆弧的半径，我们就能确定粒子的质量。

在一些磁质谱仪中，离子开始静止或低速并通过一恒定电压加速。如果所有离子具有相同的电荷，那么它们都以相同的动能进入磁场，但是，如果它们具有不同的质量，它们的速度是不一样的。另一种可能是使用一个速度选择器（见第 19.5 节）以确保所有的离子——无论什么质量或电荷——都以相同的速率进入磁场。在例 19.3 的质谱仪中，不同质量的离子沿不同半径的圆形路径行进（见图

链接：

　　匀速圆周运动的粒子的径向向内的加速度表达式，$a_{\mathrm{r}} = v^2/r$，与其他种类的圆周运动所用的相同。

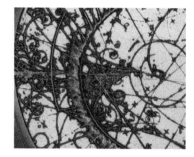

a)

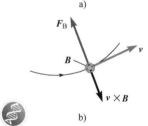

b)

图 19.15　a）运动带电粒子穿过欧洲大气泡室（BEBC）所留下的增强了艺术感的轨迹。该轨迹由于磁场的存在是弯曲的。曲率的方向反映电荷的极性。b）对一个特定粒子所受磁力的分析。此粒子一定带负电，因为该力与 **v**×**B** 反向。

19.16a）。在其他质谱仪中，只有沿一确定半径前行的离子到达探测器；通过改变离子速度或者磁场大小来选择那些以正确半径运动的离子（见图19.16b）。

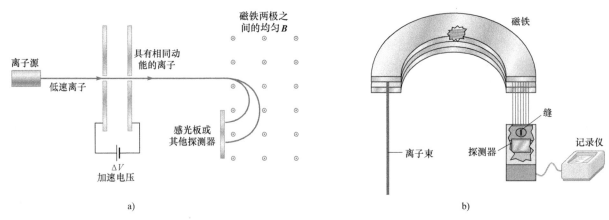

图 19.16　a）磁质谱仪的简化图，它通过一恒定电势差加速离子，使它们都以相同的动能进入磁场。b）质谱仪，其中离子沿一确定半径的路径行进。

例 19.3

在质谱仪中锂离子的分离

在质谱仪中，一束 $^6\text{Li}^+$ 和 $^7\text{Li}^+$ 离子通过一速度选择器以使离子都具有相同的速度。然后该离子束进入匀强磁场区。若 $^6\text{Li}^+$ 离子的轨道半径是 8.4 cm，$^7\text{Li}^+$ 离子的轨道半径是多少？

分析　在这个问题上很多信息是隐含的。$^6\text{Li}^+$ 离子的电荷与 $^7\text{Li}^+$ 离子的相同。这些离子以相同的速率进入磁场。我们不知道电量、速度或磁感应强度的大小，但它们对这两类离子都是相同的。有如此多的共同量，一个好的策略就是去找两类离子半径之间的比例而使这些共同量消掉。

解　我们从附录 B 得到 $^6\text{Li}^+$ 和 $^7\text{Li}^+$ 的质量为

$$m_6 = 6.015\text{u}$$
$$m_7 = 7.016\text{u}$$

其中，1 u = 1.66×10^{-27} kg。我们现在在做圆周运动的离子应用牛顿第二定律，匀速圆周运动的加速度为

$$a_\perp = \frac{v^2}{r} = \frac{F}{m} = \frac{|q|vB}{m} \qquad (1)$$

由于电荷 q、速率 v 和磁场的 B 对两类离子是相同的，那么半径一定与质量成正比。

$$r \propto m$$

$$\frac{r_7}{r_6} = \frac{m_7}{m_6} = \frac{7.016\text{u}}{6.015\text{u}} = 1.166$$

$$r_7 = 8.4\text{ cm} \times 1.166 = 9.8\text{ cm}$$

讨论　解决这类问题，没有任何新的公式要学习。我们对磁力定律给出的合力（$F_B = qv \times B$）和始终是匀速圆周运动的径向加速度的大小（v^2/r）应用牛顿第二定律。

如果 r 和 m 的正比例关系不显见，我们可以继续求解式（1）得到半径

$$r = \frac{mv^2}{|q|vB}$$

现在，若我们将 r_7 和 r_6 相除，那么除了质量以外，所有的量都会消掉，得到

$$\frac{r_7}{r_6} = \frac{m_7}{m_6}$$

练习题 19.3　离子速度

若例 19.3 质谱仪中所用的磁感应强度为 0.50 T。Li^+ 离子以多大的速度通过磁场？（每个离子带有电荷 $q = +e$ 并垂直于磁场运动。）

应用：回旋加速器

另一个装置是回旋加速器，最初用于实验物理学，但现在用于生命科学和医学，1929 年由美国物理学家恩奈斯特·劳伦斯（1901—1958）发明。图 19.17 给出了一个质子回旋加速器的示意图。在回旋加速器中，质子每次通过电势的反复

减少来获得动能。外加磁场使质子沿圆形路径运动，因此，它们不是离开装置而是返回来以获得更多的动能。回旋加速器工作的关键思想是，即使这些质子速率增加，但它们绕一整圈所用的时间保持不变（见计算题 19）。当速率增加时，圆形路径的半径成比例增加，所以转一圈的时间是不变的。因此，可将恒定频率的交变电压施加到 D 形盒上，以确保质子每次跨越间隙时获得动能。

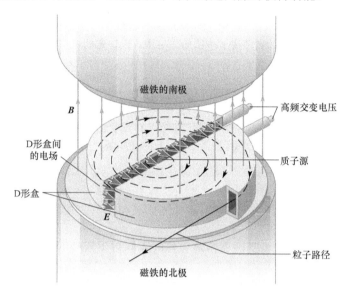

图 19.17　回旋加速器示意图。两个中空的金属壳根据它们的形状称为 D 形盒（像字母 "D"）。D 形盒被放置在一个大电磁铁的两极之间，并且 D 形盒内的质子受外加磁场的作用而沿着一圆形路径运动。在 D 形盒内没有电场，通过给 D 形盒加上一个交变电压在 D 形盒之间的间隙中产生电场。选择所加电压的频率，使得每次质子穿过间隙都沿电场方向运动并因此获得动能。动能越大，质子的轨道半径就越大。经过多圈后，当质子达到 D 形盒的最大半径时，将它们从回旋加速器引出并用这样的高能质子束去轰击一些靶目标。

⊙ 回旋加速器的医疗用途　在医院，回旋加速器可产生一些核医学中使用的放射性同位素。虽然核反应堆也产生医用放射性同位素，但回旋加速器拥有一定的优势。原因之一是，回旋加速器非常容易操作而且非常小——通常半径为 1 m 或更小。回旋加速器可以设置在医院内或邻近医院的地方，以便在需要时及时生产寿命短的放射性同位素供使用。但是在核反应堆中很难产生寿命短的同位素并将它们足够快地运送到医院以供使用。比起核反应堆，回旋加速器也往往会产生不同的同位素。

　　回旋加速器的另一个医疗用途是质子束放射外科治疗，其中回旋加速器的质子束用作外科手术工具（见图 19.18）。质子束放射外科治疗在形状异常的脑肿瘤治疗上优于外科手术和其他放射性方法。原因之一是，给周围组织的剂量远低于其他形式的放射治疗。

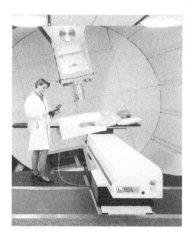

图 19.18　美国马萨诸塞州总医院的东北质子治疗中心内一位将接受外科手术的病人，质子由回旋加速器（图中未显示）加速。

例 19.4

质子回旋加速器中的最大动能

　　质子回旋加速器用磁铁在其两极间产生一个 0.60 T 的场。D 形盒的半径为 24 cm。由该回旋加速器加速的质子的最大动能可以是多少？

　　分析　当质子的动能增加时，其在 D 形盒内的路径的半径也增加。因此，最大动能可通过最大半径来确定。

　　解　当在 D 形盒内时，只有磁力作用在质子上。首先，我们对圆周运动运用牛顿第二定律。

$$F = |q|vB = \frac{mv^2}{r}$$

例 19.4 续

我们可以解出

$$v = \frac{|q|Br}{m}$$

继而计算动能

$$K = \frac{1}{2}mv^2 = \frac{1}{2}m\left(\frac{|q|Br}{m}\right)^2$$

对一个质子，$q = +e$；磁感应强度 $B = 0.60$ T。为求最大动能，我们设半径达到其最大值 $r = 0.24$ m。

$$K = \frac{(|q|Br)^2}{2m} = \frac{(1.6 \times 10^{-19} \text{ C} \times 0.60 \text{ T} \times 0.24 \text{ m})^2}{2 \times 1.67 \times 10^{-27} \text{ kg}}$$
$$= 1.6 \times 10^{-13} \text{ J}$$

讨论　与例 19.3（质谱仪）一样，这个回旋加速器问题也使用了牛顿第二定律。以恒定的速率沿圆弧运动的电荷所受的合力再次由磁力规律和大小为 v^2/r 的径向加速度给定。

练习题 19.4　质子回旋加速器增加动能

使用相同的磁场，D 形盒的半径应该是多大才能够将质子加速到 1.6×10^{-12} J（先前值的十倍）的动能？

19.4　带电粒子在匀强磁场中的运动：一般情况

当没有其他力的作用时，带电粒子在匀强磁场中运动的轨迹是什么？在第 19.3 节中，我们看到，如果速度垂直于磁场，该运动轨迹是一个圆。如果 v 没有垂直分量，则磁力为零并且粒子以恒定的速度运动。

在一般情况下，速度可能既有平行于磁场的分量又有垂直于磁场的分量。平行于磁场的分量是恒定的，因为磁力总是垂直于磁场。因此，粒子沿螺旋路径运动（教材网站交互：磁场）。螺旋线是由电荷在垂直于磁场的平面中的圆周运动与电荷以恒定的速度沿磁感应线的运动叠加形成的（见图 19.19a）。

✓ 检测题 19.4

一个粒子的螺旋运动如图 19.19a 所示。该粒子是带正电还是带负电？给出解释。

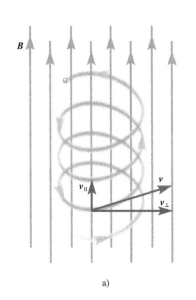

a)

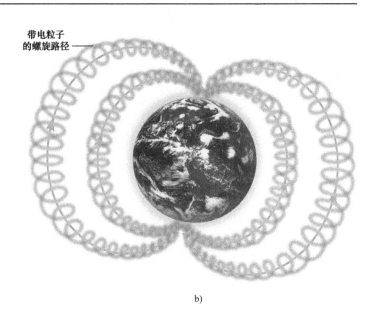

b)

图 19.19　a）带电粒子在匀强磁场中的螺旋运动。b）带电粒子沿大气上空磁感应线来回螺旋运动。

应用：地球、木星和土星上的极光　　即使在非匀强磁场中，带电粒子也趋于围绕磁感应线做螺旋运动。在地面上空，来自宇宙射线和太阳风的带电粒子（从太阳流向地球的带电粒子）被地球的磁场所困住。粒子沿磁感应线来回螺旋运动（见图 19.19b）。两极附近，磁感应线密集些，所以磁场也强些。随着磁感应强度的增加，粒子的螺旋路径的半径越来越小。其结果是，这些粒子汇聚在两极附近。它们相互碰撞并且电离空气分子。当离子与电子复合形成中性原子时，发出可见光——在北半球的北极光和在南半球的南极光。极光也发生在磁场比地球更强的木星和土星上。

19.5　在相互垂直的电场 *E* 和磁场 *B* 中的带电粒子

如果一个带电粒子在电场和磁场二者都存在的空间区域中运动，则粒子所受的电磁力是电力和磁力的矢量和，即

$$F = F_E + F_B \tag{19-6}$$

一个特别重要并有用的情况是当电场和磁场彼此垂直以及带电粒子的速度垂直于这两个场。由于磁力总是垂直于 *v* 和 *B* 二者，它一定是在与电场力相同或相反的方向上。如果这两个力的大小相同而方向相反，则带电粒子受的合力为零（见图 19.20）。对于任何给定的电场和磁场的组合，这种力的平衡只在一个特定的粒子速度下发生，使合力为零的粒子的速度可以由下式得到。

$$F = F_E + F_B = 0$$

$$qE + qv \times B = 0$$

将公因子 *q* 除去

$$E + v \times B = 0 \tag{19-7}$$

只有

$$v = \frac{E}{B} \tag{19-8}$$

而且如果 *v* 的方向是正确的，则对粒子的合力为零。因为 *E* = −*v*×*B*，它说明（见思考题 4），*v* 的正确方向是 *E*×*B* 的方向。

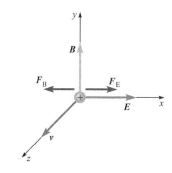

图 19.20　在正交的 *E* 和 *B* 场中运动的正点电荷。速度方向如图所示，如果 *v* = *E/B*，*F**E*+*F**B* = 0。

**检测题 19.5**

一个电子在电场向东和磁场向北的区域中向上直行。（a）该电子受到的电场力沿什么方向？（b）该电子受到的磁力沿什么方向？

应用：速度选择器

速度选择器利用正交电磁场从带电粒子束中选择单一速度。设一束离子在质谱仪的第一阶段产生。该离子束可包含一定范围内的以不同速度运动的离子。如果质谱仪的第二阶段是一个速度选择器（见图 19.21），只有以单一速度 $v = E_1/B_1$ 运动的离子才能通过速度选择器并进入第三阶段。这个速度可通过调节电场和磁场的大小来选择。对于比选定的速度快的运动粒子，磁力比电力强些；快速粒子沿磁力的方向行进离开离子束。对于比选定的速度慢的运动粒子，磁力比电力弱

些；慢速粒子沿电场力的方向行进离开离子束。速度选择器确保只有速度非常接近 $v = E_1/B_1$ 的离子进入质谱仪的磁场区。

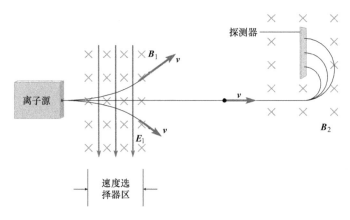

图 19.21　此质谱仪使用的速度选择器确保只有速度 $v = E_1/B_1$ 的离子径直通过而进入第二磁场。

　　速度选择器可以用于确定带电粒子的荷质比 q/m。首先，通过一个电势差 ΔV 将该粒子从静止加速，把电势能转换成动能。其电势能的变化为 $\Delta U = q\Delta V$，所以该电荷获得的动能

$$K = \frac{1}{2}mv^2 = -q\Delta V$$

K 为正，与 q 的符号无关：正电荷通过其电势降低被加速，而负电荷通过电势增加被加速。通过调节电场和磁场使得粒子径直穿过，可以用速度选择器来确定速度 $v = E/B$。现在可以确定荷质比 q/m（见计算题 24）。1897 年，英国物理学家约瑟夫·约翰·汤姆逊（1856—1940）用这种技术表明"阴极射线"是带电粒子。他在一个真空管两电极间加上几千伏的电势差（见图 19.22）以使负电极（阴极）发射阴极射线。通过测量荷质比，汤姆逊确定，阴极射线是带负电荷的粒子流，这些粒子都具有相同的荷质比。我们现在称这些粒子为电子。

图 19.22　原理上类似汤姆逊所用过的测定电子荷质比的现代装置。从阴极发射的电子被两极间的电场加速向阳极运动。有些电子穿过阳极，然后进入速度选择器。屏上可看到这些电子的偏转。调节速度选择器的电场和磁场直到电子不偏转。

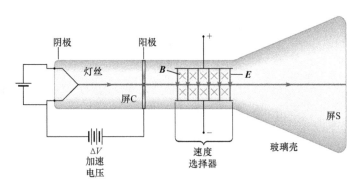

应用：电磁血流量计

　　速度选择器的原理在电磁流量计中有另一应用，电磁流量计用于测量心血管手术时主动脉血流速度。血液中含有离子，离子的运动会受磁场的影响。在电磁流量计中，在垂直于流动方向加上磁场。正离子所受的磁力指向动脉一侧，而负离子所受的磁力指向相反的一侧（见图 19.23a）。这样，正电荷在一侧而负电荷在另一侧的电荷分离产生一个横跨动脉的电场（见图 19.23b）。随着该电场的逐步建立，它对运动离子施加一个与磁场方向相反的力。在平衡状态下，这两个力大小相等：

$$F_{\mathrm{E}} = F_{\mathrm{B}}$$

$$qE = qvB$$
$$E = vB$$

其中，v 是离子的平均速度，等于血流的平均速度。因此，该流量计就像一个速度选择器，只不过是由离子的速度决定了电场大小，而不是反过来。

一伏特计连接到动脉的相对两侧测量其电势差。由该电势差，我们可以计算出电场；从电场和磁场的大小，我们可以确定血液流动的速度。电磁流量计的一大优点是，它不用在动脉中插入任何东西。

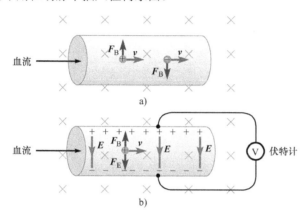

图 19.23　电磁血流量计的基本原理。a）当外加磁场垂直于血流的方向时，正离子和负离子朝动脉的两侧相向偏转。b）随着离子偏转，横跨动脉的电场产生。当平衡时，离子所受的电场力与磁场力大小相等而方向相反；离子以大小为 $v = E/B$ 的平均速度沿着动脉一直运动。

应用：霍尔效应

霍尔效应［以美国物理学家埃德温·赫伯特·霍尔（1855—1938）命名］在原理上与电磁流量计类似，但涉及载流导线或其他固体中的运动电荷，而不是血液中的运动离子。一个垂直于导线的磁场使运动电荷偏转到一边。此电荷分离引起导线的横向电场。测量该导线的横向电势差（或**霍尔电压**）并用于计算导线的横向电场（或**霍尔电场**）。则电荷的漂移速度通过 $v_D = E/B$ 给出。霍尔效应能够进行漂移速度的测量和电荷极性的判定。（金属中的载流子一般是电子，而半导体中可以具有正的载流子或负的载流子或两者兼而有之。）

霍尔效应也是霍尔探头的基本原理，霍尔探头是测量磁场的常见装置。如例 19.5 所示，导电片的霍尔电压与磁感应强度成正比。电路产生恒定电流通过该片。探头通过测量已知磁感应强度的磁场引起的霍尔电压来校准。一旦校准了，霍尔电压的测量能够快速并准确地测定磁感应强度。

例 19.5

霍尔效应

一个半导体平板的厚度 $t = 0.50$ mm、宽度 $w = 1.0$ cm 和长度 $L = 30.0$ cm。$I = 2.0$ A 的电流沿其长度方向向右流动（见图 19.24）。$B = 0.25$ T 的磁场指入页面，且垂直于板平面。假定载流子是电子，每立方米有 7.0×10^{24} 个移动电子。（a）板的横向霍尔电压的大小是多少？（b）哪一边（顶部或底部）电势较高？

分析　我们需要从电流和漂移速度之间的关系来求电子的漂移速度。由于霍尔电场是均匀的，则霍尔电压等于霍尔电场乘以板的宽度。

已知：电流 $I = 2.0$ A，磁感应强度 $B = 0.25$ T，厚度 $t = 0.50 \times 10^{-3}$ m，宽度 $w = 0.010$ m，$n = 7.0 \times 10^{24}$ 个电子 /m³

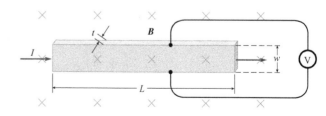

图 19.24　测量霍尔电压。

解　（a）漂移速度与电流有关

$$I = neAv_D \qquad (18\text{-}3)$$

面积等于板的宽度乘以板的厚度

例 19.5 续

$$A = wt$$

解出漂移速度

$$v_\mathrm{D} = \frac{I}{newt}$$

我们通过设置磁力的大小等于板的横向霍尔电场引起的电力大小求出霍尔电场

$$F_\mathrm{E} = eE_\mathrm{H} = F_\mathrm{B} = ev_\mathrm{D}B$$

$$E_\mathrm{H} = v_\mathrm{D}B$$

霍尔电压为

$$V_\mathrm{H} = E_\mathrm{H}w = Bv_\mathrm{D}w$$

将漂移速度的表达式代入

$$V_\mathrm{H} = \frac{BIw}{newt} = \frac{BI}{net}$$

$$= \frac{0.25\,\mathrm{T} \times 2.0\,\mathrm{A}}{7.0 \times 10^{24}\,\mathrm{m}^{-3} \times 1.6 \times 10^{-19}\,\mathrm{C} \times 0.50 \times 10^{-3}\,\mathrm{m}}$$

$$= 0.89\,\mathrm{mV}$$

（b）由于电流向右流动，电子实际上向左运动。图19.25a表明向左运动的电子受到的磁力向上。磁力使电子偏转朝板的顶部运动，底部剩下正电荷。一个向上的电场横跨板产生（见图19.25b）。因此，底部边缘处于较高的电势。

讨论　在最终的霍尔电压的表达式 $V_\mathrm{H} = BI/(net)$ 中板的宽度 w 不出现。霍尔电压与宽度无关可能吗？若板比如是两倍宽，那么电流相同意味着漂移速度 v_D 变为一半，因为单位

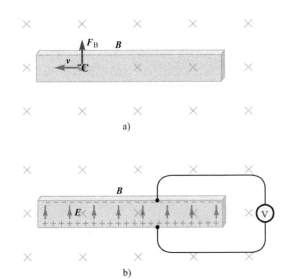

图 19.25　a）向左运动的电子受到的磁力。b）电子偏转至板的顶部，顶部带上负电荷而底部带上正电荷。在此情况下，霍尔电场是向上的，即从正电荷至负电荷。

体积载流子的数目 n 及其电荷的大小 e 不变。具有一半的平均速度的运动载流子，受到的平均磁力为一半。于是在平衡时，电场力为一半，其意味着该电场为一半。一半强的电场强度乘以两倍的宽度给出相同的霍尔电压。

练习题 19.5　作为载流子的空穴

如果例 19.5 中的载流子是带电荷 $+e$ 的粒子而不是电子，其他一切相同，霍尔电压将有什么不同？给出解释。

19.6　载流导线受到的磁力

一条载流导线中有许多移动的电荷。对于磁场中的载流导线，对各个运动电荷的磁力总和产生对导线的合磁力。虽然其中单个电荷所受的平均力可能很小，但有如此多的电荷，其合磁力是可观的。

设在匀强磁场 $\boldsymbol{B}$ 中一段长度为 L 的直导线通有电流 I，运动的载流子带有电荷 q。任一电荷所受的磁力为

$$\boldsymbol{F} = q\boldsymbol{v} \times \boldsymbol{B}$$

其中，$\boldsymbol{v}$ 是该电荷的瞬时速度。导线所受的合磁力为这些力的矢量和。这个求和不容易进行，因为我们不知道每个电荷的瞬时速度。这些电荷在随机的方向上高速运动；当它们与其他粒子碰撞时速度发生大的变化。我们不是对每个电荷所受的瞬时磁力求和，而是将每个电荷所受的平均磁力乘以电荷数。由于每个电荷具有相同的平均速度——漂移速度，所以每个电荷都受到相同的平均磁力 $\boldsymbol{F}_\mathrm{av}$。

$$\boldsymbol{F}_\mathrm{av} = q\boldsymbol{v}_\mathrm{D} \times \boldsymbol{B}$$

那么，如果 N 是导线中载流子的总数，则导线所受的总磁力为

$$F = Nq\boldsymbol{v}_{\mathrm{D}} \times \boldsymbol{B} \tag{19-9}$$

式（19-9）可以改写成一个更方便的形式。不需要计算出载流子的数量和漂移速度，而以电流 I 给出磁力的表达式更方便。电流 I 与漂移速度有关：

$$I = nqA\boldsymbol{v}_{\mathrm{D}} \tag{18-3}$$

这里，n 是单位体积的载流子数。如果导线的长度为 L，横截面积为 A，则

$$N = 单位体积的数目 \times 体积 = nLA$$

通过替换，对导线的磁力可以写为

$$F = Nq\boldsymbol{v}_{\mathrm{D}} \times \boldsymbol{B} = nqLA\boldsymbol{v}_{\mathrm{D}} \times \boldsymbol{B}$$

差不多了！由于电流不是矢量，我们不能用 $\boldsymbol{I} = nqA\boldsymbol{v}_{\mathrm{D}}$ 替换。因此，我们定义一个长度矢量 $\boldsymbol{L}$ 为沿电流方向的一个矢量且大小等于导线的长度（见图 19.26）。于是 $nqLA\boldsymbol{v}_{\mathrm{D}} = I\boldsymbol{L}$ 并且

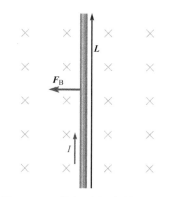

图 19.26 外加磁场中的一根载流导线受到磁力。

对载流直导线的磁力

$$\boldsymbol{F} = I\boldsymbol{L} \times \boldsymbol{B} \tag{19-10a}$$

电流 I 乘以叉积 $\boldsymbol{L} \times \boldsymbol{B}$ 给出该力的大小和方向。力的大小为

$$F = IL_\perp B = ILB_\perp = ILB \sin\theta \tag{19-10b}$$

力的方向既垂直于 $\boldsymbol{L}$ 也垂直于 $\boldsymbol{B}$。适于任意叉积的右手螺旋法则在两种可能之间做出选择。

> **链接：**
>
> 对载流导线的磁力为导线中的载流子所受的磁力之和。

解题技巧：求作用在载流直导线上的磁力

1. 磁力为零：若导线中的电流为零，或导线平行于磁场，或磁场为零。
2. 否则，从同一点出发画出 $\boldsymbol{L}$ 和 $\boldsymbol{B}$，确定二者之间的夹角 θ。
3. 由式（19-10b）求出力的大小。
4. 使用右手螺旋法则确定 $\boldsymbol{L} \times \boldsymbol{B}$ 的方向。

✓ 检测题 19.6

假设图 19.26 中的磁场向右（在页面所在的平面上）而不是指入页面。导线所受的磁力是什么方向？

例 19.6

输电线所受的磁力

一条 125 m 长的输电线水平放置并通以 2 500 A 向南的电流。此处地磁场为 0.052 T 向北且水平偏下 62°（见图 19.27）。求对该输电线的磁力。（忽略电线的下垂；假设它是直的。）

分析 我们已知计算磁力需要的所有物理量：

$I = 2\,500\ \mathrm{A}$；

L 大小为 125 m 且方向向南；

B 大小为 0.052 T，它有一个向下的分量和一个向北的分量。

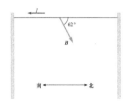

图 19.27　电线与磁感应强度。

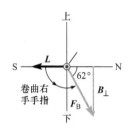

图 19.28　矢量 *L* 和 *B* 画在同一竖直平面上，那么二者的叉积一定与该平面垂直——或向东（指出页面）或向西（指入页面）。右手螺旋法则使我们能够在这两种可能之间做出选择。

我们求出叉积 *L*×*B*，然后乘以 *I*。

解　力的大小由下式给出：

$$F = IL_\perp B = ILB_\perp$$

第二种形式在这里更方便，因为 *L* 向南。*B* 与之垂直的分量是竖直分量，为 $B\sin 62°$（见图 19.28），则

$$F = ILB\sin 62° = 2\,500\ \text{A} \times 125\ \text{m} \times 5.2 \times 10^{-5}\ \text{T} \times \sin 62°$$
$$= 14\ \text{N}$$

图 19.28 显示了画在南 / 北—上 / 下平面中的矢量 *L* 和 *B*。由于北是向右的，这是面向西的。利用右手螺旋法则，叉积 *L*×*B* 指出页面。因此，力的方向是朝东的。

讨论　在这类问题中最难的事情是选择一个平面，在其中画出矢量。在这里，我们选择的平面使我们在其中能够画出 *L* 和 *B* 二者；于是叉积一定垂直于该平面。

练习题 19.6　**载流导线受到的磁力**

一个竖直的导线通有 10.0 A 向上的电流。如果磁场与例 19.6 相同，则电线上的磁力是什么方向？

19.7　载流线圈受到的力矩

考虑一个在匀强磁场 *B* 中通有电流 *I* 的矩形线圈。在图 19.29a 中，该磁场与线圈的边 1 和边 3 平行。边 1 和边 3 不受磁力，因为对每边有 *L*×*B* = 0。边 2 和边 4 所受磁力大小相等而方向相反。虽然没有净磁力作用在该线圈上，但由于这两力的作用线间有距离 *b* 的偏移，所以合力矩不为零。该力矩趋向于使线圈在如图 19.29a 所示的方向绕中心轴旋转。边 2 和边 4 所受磁力的大小为

$$F = ILB = IaB$$

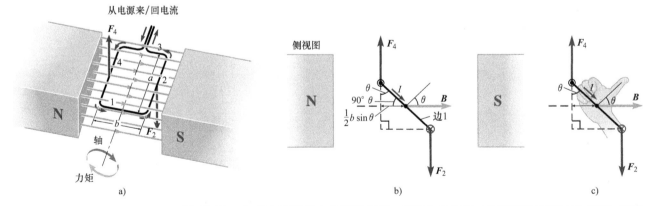

图 19.29　a）在匀强磁场中的矩形线圈。线圈中的电流（从顶部看为逆时针方向）产生一个从正面看为顺时针方向的磁力矩。b）同一线圈在磁场中转动后的侧视图。边 4 中的电流从页面出来，沿边 1（该页面斜向下），并由边 2 返回进页面。边 2 和边 4 所受的力的力臂现在较小：$\frac{1}{2}b\sin\theta$ 而不是 $\frac{1}{2}b$。这样力矩由于相同的因子（$\sin\theta$）就小了。c）使用右手螺旋法则来选择垂直方向，由此测量 θ。

这两力的每个力臂是 $\frac{1}{2}b$，因此每个力矩是

$$\text{力的大小} \times \text{力臂} = F \times \frac{1}{2}b = \frac{1}{2}IabB$$

则对该线圈的总力矩为 $\tau = IabB$。该矩形线圈的面积为 $A = ab$，所以

$$\tau = IAB$$

如果，不是单匝而是 N 匝的线圈，那么对线圈的磁力矩为

$$\tau = NIAB \qquad\qquad (19\text{-}11a)$$

式（19-11a）对任意形状的平面回路或线圈成立（见计算题32）。

要是磁场与回路平面不平行又会怎样？在图 19.29b 中，同一线圈一直绕所示的轴旋转。角 θ 是磁场和该电流回路的垂线之间的夹角。它的垂直方向由右手螺旋法则确定：按照回路中的电流向掌心卷曲右手手指，你的大拇指就表示 $\theta = 0$ 的方向（见图 19.29c）。在此之前，当磁场在回路平面上时，θ 为 90°。当 $\theta \neq 90°$ 时，对边 1 和边 3 的磁力不再为零，但它们大小相等、方向相反并作用在同一条线上，因此它们既对合力没贡献也对合力矩没贡献。对边 2 和边 4 的磁力和以前一样，但现在，力臂由于 $\sin\theta$ 因子变小了：力臂现在是 $\frac{1}{2}b\sin\theta$ 而不是 $\frac{1}{2}b$。因此，

对电流回路的力矩

$$\tau = NIAB\sin\theta \qquad\qquad (19\text{-}11b)$$

若磁场在线圈平面上（$\theta = 90°$ 或 270°），力矩的值最大。若 $\theta = 0°$ 或 180°，磁场与回路平面垂直且力矩为零。有两个转动平衡位置，但它们不是等价的。$\theta = 180°$ 的位置是一种非稳定的平衡，因为对于角度接近 180° 时的力矩趋于转动线圈使之远离 180°。$\theta = 0$ 的位置是一个稳定的平衡；对于角度接近 0° 时的力矩使线圈转回到 $\theta = 0°$，从而趋于恢复平衡。

✓ 检测题 19.7

设图 19.29 中的导线线圈在竖直平面上，其导线 2 在顶部而导线 4 在底部。电流仍绕线圈以图中所示的方向流动。（a）两根导线所受的磁力是什么方向？（b）解释为什么相对于转轴的力矩为零。（c）线圈是处于稳定平衡还是非稳定平衡？（d）如图 19.29 所定义的角 θ 是什么？

在匀强磁场中电流回路所受的力矩类似于在匀强电场中电偶极子所受的力矩（见计算题31）。这种相似性是我们的第一个提示，即

一个电流回路是一个磁偶极子。

由右手螺旋法则选定的垂直于回路的方向是**磁偶极矩矢量**的方向。磁偶极矩矢量是从该偶极子的 S 极指向其 N 极。（相比之下，电偶极矩矢量是从电偶极子的负

电荷指向其正电荷。）任何磁偶极子包括指南针和电流回路所受的力矩趋于使磁偶磁矩与磁场方向一致。

应用：电动机

　　在简单的直流电动机中，一个线圈在永久磁铁的磁极之间自由转动（见图19.30）。当电流流过回路时，磁场对回路施加一个力矩。如果线圈中的电流方向不发生变化，那么线圈只是在稳定平衡方向（$\theta = 0°$）附近振荡。为了制成电动机，我们需要线圈保持以相同的方向转动。直流电动机所用的技巧是，只要线圈通过$\theta = 0°$，电流自动反转方向。实际上，正如线圈通过稳定平衡的方向，我们反转电流方向使线圈的取向成为非稳定的平衡。于是，力矩通过驱使线圈远离（非稳定的）平衡使它保持在相同的方向上转动，而不是将线圈拉回至（稳定）平衡。

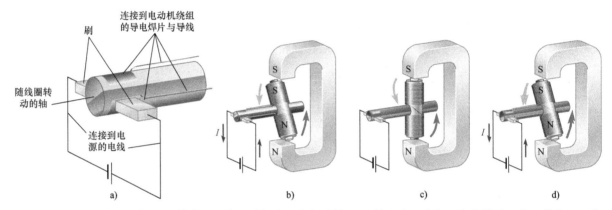

图19.30　简单的直流电动机。a）换向器是在电动机绕组中每旋转180°使电流反向的一个旋转式开关。从电源至电动机绕组的电连接是在两个导电刷和转轴上的两个导电焊片之间。b）在该位置上，线圈所受的逆时针方向的力矩驱使它远离非稳定的平衡并转向稳定平衡位置。c）当线圈将要接近稳定平衡时，电刷越过换向器的开口处，电流中断，线圈所受的力矩为零。d）当线圈转动稍多一点时，电刷重新连接但绕组中的电流反转方向了，所以线圈所受的力矩同样是逆时针方向，远离非稳定的平衡并转向稳定平衡位置。

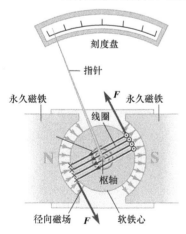

图19.31　检流计。

　　要让电流反转，电源通过称为换向器的旋转式开关与线圈绕组连接。该换向器是每侧与线圈的一端相连接的开口环。每次电刷越过开口处时（见图19.30b），该线圈的电流反转方向。

应用：检流计

　　电流回路所受的磁力矩也是检流计——一个用来测量电流的敏感器件工作的基本原理。一个矩形导线线圈放置在磁铁的两极之间（见图19.31）。磁铁的磁极面形状使磁场不管线圈的角度如何始终垂直于该导线且大小恒定，所以力矩与线圈的角度无关。游丝提供了一个正比于线圈角位移的回复力矩。当电流通过线圈时，磁力矩与电流成正比。线圈转动直到弹簧的回复力矩与磁力矩大小相等。因此，线圈的角位移与线圈中的电流成正比。

例 19.7

检流计线圈所受的力和力矩

　　说明：（a）在图19.31检流计中绕枢轴转动的线圈所受的合磁力为零；（b）有合力矩；并且（c）该力矩是在正确的方向上使指针在页面所在平面上摆动。（d）确定线圈中的电流需沿哪个方向流动使指针向右摆动。假设在磁极面和铁心之间的空间中磁场沿径向，并且大小匀强，而在横过铁心的线圈两边附近磁场为零。

例 19.7 续

分析　因为我们不知道电流的方向，因此我们选择任意一个方向；在（d）部分中我们会发现此选择是否正确。只有在磁极面附近的线圈两边受到磁力，因为另两边是处于零磁场中。

解　我们选择在 N 极附近这边中的电流流入页面。电流一定从线圈在 S 极附近的那边再流出页面。在图 19.31 中，电流方向标以符号 ⊙ 和 ×，它们也代表了用于求出磁力的 **L** 矢量的方向。磁感应强度矢量也在图中示出。需要注意的是，因为磁场方向是径向的，两边磁感应强度矢量是相同的（相同的方向和大小）。任一边上的磁力的方向由下式给出

$$F = NI\boldsymbol{L} \times \boldsymbol{B}$$

其中，N 为线圈的匝数。这两个力矢量如图 19.31 所示。

（a）由于 **B** 矢量相同并且 **L** 矢量大小相等、方向相反（长度相同但方向相反），这两力大小相等、方向相反。于是对

线圈的合磁力为零。（b）合力矩并不为零，因为两力的作用线是分开的。（c）两力使指针在页面所在的平面逆时针旋转。（d）由于仪表以顺时针旋转显示正向电流，说明我们选择了错误的电流方向。检流计的引线的连接应导致正向电流是使线圈中电流流动与我们最初选择的方向相反。

讨论　检流计工作是因为力矩与电流成正比但与线圈的取向无关。在式（19-11b）中，θ 是磁场与线圈的垂线之间的夹角。在该检流计中，作用于线圈的磁场始终处在线圈平面；基本上，θ 是一个 90° 的常数即使线圈绕枢轴摆动。

练习题 19.7　线圈所受的力矩

从线圈各边所受的磁力出发，证明对线圈的力矩是 $\tau = NIAB$，其中，A 为线圈的面积。

应用：音频扬声器

与匀强磁场中的线圈相反，在径向磁场中的线圈可能会受到一个非零的合磁力。径向磁场中的线圈是许多音频扬声器工作的基本原理（见图 19.32a）。电流通过线圈。线圈位于磁铁的磁极之间，磁铁形状使磁场沿径向（见图 19.32b）。即使线圈不是直导线，但如此的磁场方向可使线圈的每一部分受力在相同方向上。因为该磁场在各处都垂直于导线，磁力为 $F = ILB$，其中，L 是线圈导线的总长度。一个像弹簧的机构对线圈施加一个线性回复力，使得当磁力作用时，

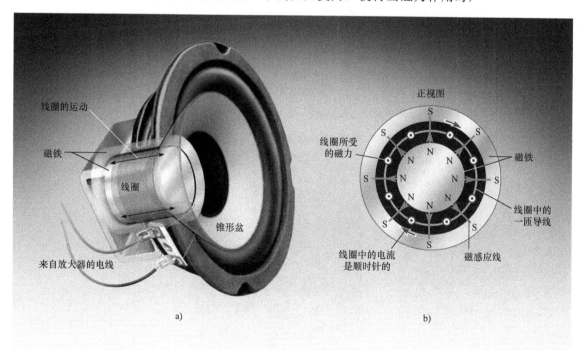

图 19.32　a）扬声器简图。来自放大器的变化电流流经一个线圈。该线圈所受的磁力使它及相连的锥形盆移进和移出。锥形盆的运动使附近空气位移而产生声波。b）线圈的正视图。线圈夹在一个圆柱形磁铁的磁极之间。磁场沿径向向外。（与图 19.31 比较看看径向磁场和线圈取向如何不同。）对长度任意短的线圈应用 $F = I\boldsymbol{L} \times \boldsymbol{B}$ 表明，此处所示的顺时针方向的电流，磁力指出页面。（在检流计中，线圈所受的合磁力为零，但合力矩不为零。）

线圈的位移与磁力成正比，而这又是与线圈中的电流成正比。因此，线圈的运动——以及相连的锥形盆的运动——反映了通过扬声器放大器传达的电讯。

19.8 电流激发的磁场

到目前为止我们已经探讨了作用于带电粒子和载流导线的磁力。除了永久磁铁以外，我们还没有研究磁场的来源。事实证明，任何运动的带电粒子都将激发磁场。此情况有一定的对称性：

- 运动电荷受到磁力并激发磁场；
- 静止电荷不受磁力以及不激发磁场；
- 电荷受到电场力并激发电场，无论运动与否。

当今我们知道，电和磁是紧密相连的。但直到十九世纪人们还没有认识到它们相关，这可能令人惊讶。汉斯·克里斯蒂安·奥斯特于1820年碰巧发现，导线中流动的电流使附近的罗盘针摆动。奥斯特的发现成为电和磁之间联系的第一个证据。

在大多数情况，单个运动的带电粒子的磁场小到可以忽略不计。然而，当电流流经导线时，导线中含有大量的运动电荷。导线的磁场是各电荷的磁场之和；叠加原理适用于磁场，正如它适用于电场一样。

长直导线的磁场

让我们首先考虑通以电流 I 的长直导线的磁场。在离导线的距离为 r 并且远离其两端处的磁场是多少？图 19.33a 是这样一条导线的照片，其穿过的玻璃板已撒上铁屑。这些铁屑沿导线中电流的磁场排列。该照片表明，磁感应线是中心位于直导线的一些圆环。鉴于此情况的对称性，圆形的磁感应线的确是唯一的可能。如果磁感应线是任何其他形状，它们将在某些方向比其他方向要远离导线。

铁屑没有告诉我们该磁场的方向。若用罗盘代替铁屑（见图 19.33b），磁场的方向就会被显示出来——它是每个罗盘的 N 极所指方向。该导线的磁感应线如图 19.33c 所示，其中导线中电流向上流动。右手螺旋法则把导线中的电流方向与导线周围磁场的方向联系起来：

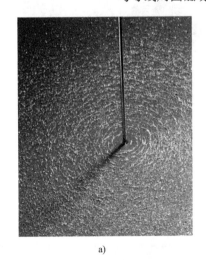

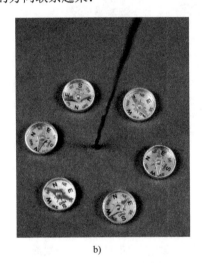

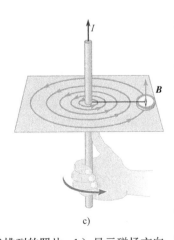

a)　　　　　　　　　　　　b)　　　　　　　　　　　　c)

图 19.33 长直导线的磁场。a）长导线及铁屑沿磁感应线排列的照片。b）显示磁场方向的罗盘。c）说明如何使用右手螺旋法则来确定磁感应线方向的示意图。在任意处，磁感应强度与一圆形的磁感应线相切，因此，它垂直于来自导线的径向线。

用右手螺旋法则 2 确定长直导线的磁场方向

1. 将右手大拇指指向导线中的电流方向。
2. 四指向掌心卷曲；四指卷曲的方向就是导线周围磁感应线的方向（见图 19.33c）。
3. 一如既往，任何一点的磁场与通过该点的磁感应线相切。磁场是与圆形磁感应线相切，并因此垂直于来自导线的径向线。

✓ 检测题 19.8

在图 19.33c 中的正对着导线后面的一点的磁场是什么方向？

在至导线的距离为 r 处的磁感应强度的大小可以用安培定理求出（见第 19.9 节：例 19.9）：

> **长直导线产生的磁场**
>
> $$B = \frac{\mu_0 I}{2\pi r} \tag{19-12}$$

其中，I 为导线中的电流，μ_0 为一个普适常数，称为**真空的磁导率**。该磁导率在磁学中起的作用类似真空介电常数（ε_0）在电学中的作用。在国际（SI）单位制中，μ_0 的取值是

> $$\mu_0 = 4\pi \times 10^{-7} \frac{\text{T} \cdot \text{m}}{\text{A}} \text{（精确，通过定义求得）} \tag{19-13}$$

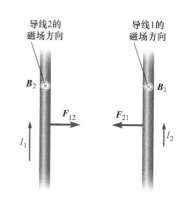

图 19.34　两条平行导线彼此施加磁力。导线 2 的磁场对导线 1 的磁力 $F_{12} = I_1 L_1 \times B_2$。即使电流不相等，$F_{12} = -F_{21}$（牛顿第三定律）。

相距很近的两条平行的载流导线彼此施加磁力。导线 1 的磁场对导线 2 产生磁力；导线 2 的磁场对导线 1 产生磁力（见图 19.34）。根据牛顿第三定律，我们要求导线间的作用力大小相等且方向相反。如果电流流向相同，此力是吸引力；如果电流流向相反，此力是排斥力（见计算题 40）。请注意，载流导线，"同性"（同向电流）彼此相互吸引和"异性"（反向电流）彼此相互排斥。

常数 μ_0 可有一个精确值，因为两条平行导线间的磁力被用来定义安培，这是国际单位制中一个基本单位。1 安培定义为：两条长的平行导线相距 1 m，一条导线对另一条施加的磁力正好为每米长 2×10^{-7} N 时每条导线中的电流。安培，而不是库仑，被选作为 SI 基本单位，是因为它可以用能精确测量的力和长度来定义。库仑则定义为 1 安培秒。

例 19.8

家居线路的磁场

在家居线路中，两条长的平行线路是分开的且周围为绝缘体。导线间的距离为 d 并通以大小为 I 而方向相反的电流。（a）求至导线中心距离 $r \gg d$ 处（见图 19.35 中的 P 点）的磁感应强度。（b）若 $I = 5$A、$d = 5$mm 和 $r = 1$ m，求 B 的数值并与地球表面处的磁感应强度（$\approx 5 \times 10^{-5}$ T）比较。

分析　磁感应强度是每根导线产生的磁感应强度的矢量

例 19.8 续

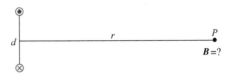

图 19.35 两根导线垂直于页面所在平面。它们的标记表明上方导线的电流流出页面而下方导线的电流流入页面。

和。两条导线在 P 点产生的磁感应强度大小相等（因为电流及距离均相同），但方向是不一样的。式（19-12）给出了任一根导线产生的磁感应强度的大小。由于一根长导线的磁感应线是圆形的，磁感应强度的方向与通过 P 点且其中心在导线上的圆相切。用右手螺旋法则可确定这两个相切的方向中哪个是正确的。

解 （a）由于 $r \gg d$，从任一根导线到 P 点的距离大约是 r（见图 19.36）。那么任一根导线在 P 点产生的磁感应强度的大小是

$$B = \frac{\mu_0 I}{2\pi r}$$

在图 19.36 中，我们画出从每根导线到 P 点的径向线。长导线的磁感应强度的方向与一个圆相切，因此垂直于半径。利用右手螺旋法则，磁感应强度方向如图 19.36 所示。这两个磁感应强度矢量的 y 分量相加为零；x 分量是相同的：

$$B_x = \frac{\mu_0 I}{2\pi r}\sin\theta$$

因为 $r \gg d$

$$\sin\theta = \frac{对边}{斜边} \approx \frac{\frac{1}{2}d}{r}$$

两根导线产生的总磁场沿 x 方向且有大小

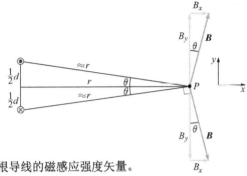

图 19.36 每根导线的磁感应强度矢量。

$$B_合 = 2B_x \approx \frac{\mu_0 Id}{2\pi r^2}$$

（b）代入数值

$$B = \frac{\mu_0}{2\pi} \times \frac{Id}{r^2} = 2 \times 10^{-7}\,\frac{\text{T·m}}{\text{A}} \times \frac{5\,\text{A} \times 0.005\,\text{m}}{(1\text{m})^2} = 5 \times 10^{-9}\,\text{T}$$

两根导线的磁感应强度是地球的 10^{-4} 倍。

讨论 两根导线在 P 点产生的磁感应强度是一个 d/r 因子乘以任一根导线单独产生的磁感应强度。因为 $d/r = 0.005$，两根导线的磁感应强度只是任一根导线的磁感应强度的 0.5%。两根导线的磁感应强度随距离的 $1/r^2$ 成比例地减小。它比单根导线与 $1/r$ 成正比的磁感应强度随距离的下降要快得多。当电流相等并方向相反时，我们得到净电流为零。磁感应强度不为零的唯一原因是这两根导线间有一小距离。

由于现有的家居线路中的电流实际上是按 60 Hz 交变的，磁感应强度也同样。如果 5 A 是最大电流，则 5×10^{-9} T 就是最大磁感应强度。

练习题 19.8 两根导线中间的磁场

以 I 和 d 求两根导线之间中点处的磁感应强度。

圆电流的磁场

在第 19.7 节中，我们看到第一个提示，在一个完整的电路中通以电流的一个导线回路是一个磁偶极子。第二个提示来自于圆电流产生的磁场。对于直导线，磁感应线围绕导线旋转，但对于圆电流，磁感应线不是圆形的。磁感应线在电流环内集中较多而在环外集中较少（见图 19.37a）。磁感应线由电流环的一侧（N 极）出来并再从另一侧（S 极）返回。因此，电流环的磁场类似于短的条形磁铁的磁场。

这种磁感应线的方向由右手螺旋法则 3 给出。

用右手螺旋法则 3 确定圆电流的磁场方向

按照电流在回路中的绕行方向将你的右手四指向掌心卷曲（见图 19.37b），则你的大拇指指向环内的磁感应强度的方向。

在圆环（或线圈）中心处的磁感应强度由下式给出：

$$B = \frac{\mu_0 NI}{2r} \tag{19-14}$$

其中，N 为线圈匝数，I 为电流，r 为半径。

载流线圈的磁场用于电视机和计算机显示器的电子束偏转，使之按要求的位置落在屏幕上。

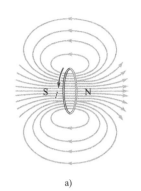

螺线管的磁场

磁场的一个重要来源是**螺线管**，因为螺线管内的磁场近似匀强。在磁共振成像（MRI）中，病人处于螺线管内的强磁场里。

为了构造一个具有圆形横截面的螺线管，导线紧密缠绕在一个圆筒上，形成螺旋状（见图 19.38a）。我们可以认为该磁场是许多圆环的磁场的叠加。如果这些环足够密集，那么磁感应线就可以直行通过一个接一个的环，一直穿过螺线管。当有许多个环时，一个接着一个，使磁感应线变直。图 19.38b 显示一个螺线管的磁感应线。在螺线管内且远离端部处，磁场几乎是均匀的并平行于螺线管的轴线，只要螺线管相对其半径很长。要确定该磁场指向轴线哪个方向，可利用右手螺旋法则 3，正如圆电流一样。

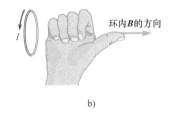

图 19.37　a）圆电流的磁感应线。b）利用右手螺旋法则 3 确定环内的磁场方向。

若一个长螺线管有 N 匝线圈且长度为 L，则管内的磁感应强度由下式给出（见计算题 46）：

理想的螺线管内的磁感应强度

$$B = \frac{\mu_0 NI}{L} = \mu_0 nI \tag{19-15}$$

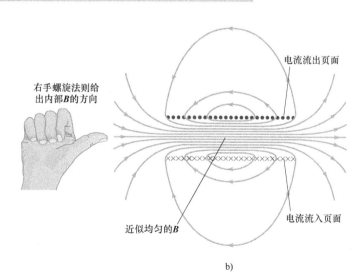

图 19.38　a）螺线管。b）螺线管的磁场。每个小圆点表示电流流出页面的导线与页面所在平面的交点；每个叉号表示电流流入页面的导线与页面所在平面的交点。

在式（19-15）中，I 为导线中的电流，$n = N/L$ 为单位长度的匝数。请注意，该磁场与螺线管的半径无关。端部附近的磁场较弱，并开始向外弯曲；螺线管外的磁场很小——看看管外的磁感应线是怎样发散的。螺线管是产生近似匀强磁场的一种方式。

相比之下，螺线管的磁感应线与条形磁铁的磁感应线的相似性（见图19.1b）使安德烈-马里·安培（André-Marie Ampère）想到永久磁铁的磁场也可能是由于电流产生的。这些电流的性质将在第19.10节中探讨。

应用：磁共振成像

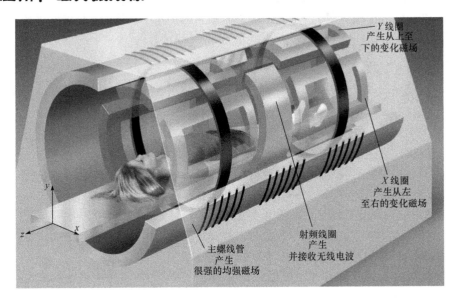

图19.39 磁共振成像装置。

在磁共振成像（见图19.39）中，主螺线管通常用超导线制成，它必须保持在较低的温度（见第18.4节）。主螺线管产生一个很强的匀强磁场（通常为0.5～2T）。氢原子的原子核（质子）在体内的行为就像微小的永久磁铁；磁力矩驱使它们沿磁场排列。射频线圈发射无线电波（迅速变化的电磁场）脉冲。如果无线电波具有合适的频率（共振频率），质子可以从该电波吸收能量，这扰乱了它们的磁取向。当质子转回与该场一致的取向时，它们自身发出的无线电波信号可以由射频线圈检测。

使质子转动的脉冲的共振频率取决于核磁共振仪和相邻原子的总磁场。在不同的化学环境中的质子具有略微不同的共振频率。为了对身体的一部位成像，其他三组线圈产生较小的（15～30 mT）在x、y和z方向变化的磁场。调整这些线圈的磁场，以使只有通过身体任何所要的方向上几毫米厚的单一部位的质子与射频信号共振。

19.9　安培定理

安培定理在磁学中起着类似于高斯定理在电学中的作用（见第16.7节）。两者都把场和场源联系起来。对于电场，场源是电荷。高斯定理把一个闭合面内的净电荷和通过该面的电场强度通量联系起来。磁场的源是电流。安培定理必须采取一种不同于高斯定理的形式：由于磁感应线总是闭合回路，通过一个闭合面的磁通量永远是零。（这个事实称为磁场的高斯定理，它本身就是电磁学一个基本规律）。

安培定理涉及任何闭合路径或回路，而不是闭合面。对于高斯定理，我们要确定通量：电场强度的垂直分量乘以该面的面积。若$E_\perp$各处是不同的，那么我们就将表面分解成许多片并对$E_\perp \Delta A$求和。对于安培定理，我们把磁感应强度平行于路径的分量（或沿闭合曲线上的点的切向分量）乘以路径的长度。正如通量那样，如果磁感应强度的分量不是恒定的，那么我们把路径分成许多段（每段的长为Δl）并对乘积求和。这个量被称为**环流**。

$$环流 = \sum B_{//} \Delta l \qquad (19\text{-}16)$$

安培定理将磁场的环流与穿过回路的净电流 I 联系起来。

安培定理

$$\sum B_{//} \Delta l = \mu_0 I \qquad (19\text{-}17)$$

高斯定理和安培定理之间具有对称性（见表 19.1）。

表 19.1　高斯定理和安培定理的比较

高斯定理	安培定理
电场	磁场（只有稳态）
应用于任何闭合面	应用于任何闭合路径
把面上的电场强度与面内的净电荷联系起来	把路径上的磁感应强度与从回路中穿过的净电流联系起来
电场强度垂直于该面的分量（$E_\perp$）	磁感应强度平行于该路径的分量（$B_{//}$）
通量 = 场的垂直分量 × 表面积	环流 = 场的平行分量 × 路径长度
$\sum E_\perp \Delta A$	$\sum B_{//} \Delta l$
通量 $=1/\varepsilon_0 \times$ 净电荷	环流 $= \mu_0 \times$ 净电流
$\sum E_\perp \Delta A = \dfrac{1}{\varepsilon_0} q$	$\sum B_{//} \Delta l = \mu_0 I$

例 19.9

长直导线的磁场

利用安培定理证明长直导线的磁感应强度为 $B = \mu_0 I/(2\pi r)$。

分析　与高斯定理一样，关键是要利用此情况的对称性。假设导线两端在很远处，磁感应线一定是环绕该导线的圆。选择一个环绕磁感应线的闭合路径（见图 19.40）。磁场处处与磁感应线相切，因而与该路经相切；没有垂直分量。至导线的距离均为 r 处的磁场也一定大小相同。

解　由于该磁场没有垂直于此路径的分量，$B_{//} = B$。在此圆形路径上，B 是常数，所以

$$环流 = B \times 2\pi r = \mu_0 I$$

其中，I 为导线中的电流。求解 B 得，

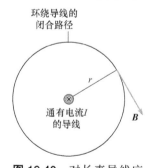

图 19.40　对长直导线应用安培定理。依照圆形磁感应线选择一个闭合的路径；然后由安培定理计算磁感应强度。

$$B = \frac{\mu_0 I}{2\pi r}$$

讨论　安培定理说明了为什么长导线的磁场与至导线的距离成反比。任何环绕导线的半径为 r 的圆具有正比于 r 的长度，而从圆内穿过的电流都是一样的（I）。所以该磁场一定与 $1/r$ 成正比。

练习题 19.9　三条导线的环流

对于图 19.41 中的路径，磁场的环流是多少？

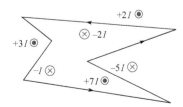

图 19.41　六根垂直于页面的导线通以所示的电流。选择一条路径包围三根导线。

19.10　磁介质

所有材料是磁性的，在这个意义上，它们具有磁的性质。可是，大多数物质的磁性很不起眼。若将一根条形磁铁放置在一块木头或铝或塑料附近，两者之间没有明显的相互作用。按一般说法，这些物质被称为非磁质。实际上，所有物质在磁铁棒附近时都会受到一定的力。只不过对于大多数物质，磁力很弱以至没被注意到罢了。

受到附近磁铁的力很明显的物质被称为铁磁质（ferromagnetic，词根 *ferro* 在拉丁语中是指铁）。铁是一个众所周知的铁磁体；其他包括镍、钴和二氧化铬（用于制造铬录音磁带）。铁磁材料受到指向强磁场区的磁力。冰箱磁铁粘贴是因为冰箱门是由铁磁性金属制成的。当一个永久磁铁靠近时，对门有一个吸引力，并且根据牛顿第三定律，对磁铁也一定有一个吸引力。磁铁和门的表面被磁力拉到一起。其结果是，每个对另一个施加一个表面接触力；此接触力的分量平行于接触表面——摩擦力——使磁铁粘住。

所谓的非磁性物质可分为两类。**顺磁质**像铁磁体那样，它们被强磁场区所吸引，虽然力要弱得多。**抗磁质**受到强磁场区弱的排斥。所有物质，包括液体和气体，都是铁磁性、顺磁性或抗磁性的。

任何物质，无论是铁磁性、抗磁性或顺磁性的，都包含了大量的小磁铁：电子。这些电子在两个方面像小磁铁。首先，电子绕核的轨道运动形成一个小的电流环，因此它是一个磁偶极子。其次，电子有一个与其运动无关的固有的磁偶极矩。电子的内禀磁性就像其电荷和质量是它的一个基本属性。（其他粒子，如质子和中子，也有固有的磁偶极矩。）一个原子或分子的净磁偶极矩是其组成粒子的磁偶极矩的矢量和。

在大多数材料中——顺磁质和抗磁质——原子的磁偶极子随机取向。即使材料处在外部强磁场中，磁偶极子只是略微趋向它排列。使磁偶极子趋向于外磁场排列的力矩被使磁偶极子随机排列的热运动趋势所掩盖，因此只有大范围的轻度对齐。材料内的磁场几乎与外加磁场相同；磁偶极子在顺磁质和抗磁质中影响不大。

铁磁材料具有很强的磁性，因为即使在没有外磁场时，也有一个相互作用——其解释需要量子物理——使磁偶极子对齐。铁磁材料被划分成多个称为**磁畴**的区域，其中原子或分子的磁偶极子彼此一致排列。尽管每个原子本身只是一个弱磁铁，但当它们在磁畴中都将其磁偶极子在同一方向排列时，该磁畴可以有一个相当大的磁偶极矩。

然而，不同磁畴的磁矩不一定彼此一致。一些可能指向一个方向而一些指向另一个方向（见图 19.42a）。当所有磁畴的净磁偶极矩为零时，该材料是非磁化的。如果将该材料放在外磁场中，会发生两种情形。在磁畴边界的原子磁偶极子，可以通过转动其磁偶极矩从一个磁畴"叛逃"到相邻的一个磁畴中。因此，其磁偶极矩与外场一致或几乎一致的磁畴尺度增大而其他则缩小。发生的另一种情形是，磁畴可以通过所有原子磁偶极子转到一个新的方向来改变它们的取向。当所有磁畴的净磁偶极矩不为零时，该材料就被磁化了（见图 19.42b）。

无净磁化强度

a)

净磁化强度 ⟶

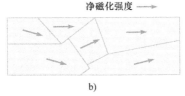

b)

图 19.42　通过箭头表示每个磁畴的磁场的方向显示铁磁材料内的磁畴。在 a）中，磁畴随机取向，该材料是非磁化的。在 b）中，该材料被磁化了；磁畴显示大致向右。

图 19.43　每个磁化的回形针能磁化另一个回形针。

> **日常物理演示**
>
> 如果将一个回形针与一个磁铁接触，该回形针就会被磁化并可以吸引其他回形针。这种现象很容易在回形针容器中观察到，用磁铁使回形针保持直立以便于拉出另一个。磁化的回形针也经常拖出其他回形针（见图 19.43）。你可以试一试。

一旦铁磁体被磁化，当除去外磁场时它不一定去磁。使磁畴与磁场一致需要一定的能量；有一种内摩擦必须予以克服。如果此内耗很大，那么即使除去外磁场这些磁畴仍保持一致，则该材料是永磁体。如果此内耗相对较小，那么需要很少的能量使磁畴重新取向，这种铁磁质不会成为良好的永磁体；当除去外磁场时，它只保留最大磁化强度的一小部分。

在高温下，相互作用不再能够使磁畴内的磁偶极子保持一致。没有磁偶极子的一致排列，也就不再有任何磁畴了，于是该材料变成顺磁性的了。对于一个特定的铁磁材料，这种情况发生的温度称为该材料的居里温度［以皮埃尔·居里1859—1906）命名，这位法国物理学家以与其妻子玛丽·居里（Marie Curie）进行放射性物质的研究而闻名］。铁的居里温度约为 770℃。

应用：电磁铁

电磁铁是通过将一个软铁心插入螺线管内而制成的。当螺线管的磁场关闭时，软铁不会保留显著的永久磁化——软铁不能成为良好的永磁体。当电流流经螺线管时，铁中的磁偶极子趋向于沿螺线管的磁场排列。合效应是在铁内的磁场被增强了一个称为相对磁导率 κ_B 的因子。磁学中的相对磁导率类似于电学中的相对介电常数。但是，相对介电常数是电场被减弱了的倍数，而相对磁导率是磁场增强的倍数。铁磁体的相对磁导率可达数百甚至数千——磁场的增加十分显著。不仅如此，电磁铁中的磁场的强度和方向还可以通过改变螺线管的电流来变化。图 19.44 所示为电磁铁的磁感应线。请注意，铁心集中了磁感应线；螺线管的线圈不需要绕至电磁铁的工作端。

应用：磁存储

在计算机的硬盘驱动器中，一个称为磁头的电磁铁用于磁化盘片表面涂层中的铁磁颗粒（见图 19.45）。即使磁头移走后，这些铁磁颗粒还是保留它们的磁化强度，所以数据仍然存在，直到它被擦除或重写了。如果将磁盘接近强磁铁，数据可能会被意外清除。

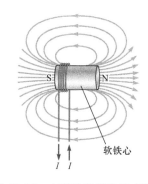

图 19.44　电磁铁及其磁感应线。

图 19.45　计算机的硬盘驱动器。每盘的两侧各有可磁化的涂层。主轴电机以几千转／分转动盘。在每个盘片的每个面上有一个读写头。

本章提要

- 对磁感应线的解释就像电场线。任意一点的磁感应强度与磁感应线相切；磁感应强度的大小与通过垂直于磁感应线的单位面积的线数成正比。

- 磁感应线总是闭合回路，因为不存在磁单极子。

- 磁的最小单元是磁偶极子。磁感应线从 N 极出来再从 S 极进入。一个磁铁可以有两个以上的磁极，但它必须至少有一个 N 极和至少一个 S 极。

- 带电粒子所受的磁力为

$$\boldsymbol{F}_B = q\boldsymbol{v} \times \boldsymbol{B}$$
（19-3）

- 若电荷静止（$v=0$）或若它的速度没有垂直于磁场的分量（$v_\perp = 0$），那么，磁力为零。力总是垂直于磁场以及粒子的速度。

大小：$F_B = qvB\sin\theta$

方向：利用右手螺旋法则来确定 $\boldsymbol{v} \times \boldsymbol{B}$ 的方向，若 q 是负的再反向。

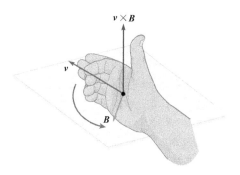

- 磁感应强度的 SI 单位是特斯拉

本章提要续

$$1\,\text{T} = 1\frac{\text{N}}{\text{A} \cdot \text{m}} \qquad (19\text{-}2)$$

- 若一个带电粒子在垂直于均匀磁场的方向上运动，则其轨迹是一个圆。若速度有平行于磁场的分量以及垂直于磁场的分量，则其轨迹是一条螺旋线。

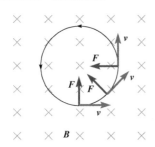

- 通以电流 I 的载流直导线所受的磁力为

$$\boldsymbol{F} = I\boldsymbol{L} \times \boldsymbol{B} \qquad (19\text{-}10a)$$

其中，$\boldsymbol{L}$ 是一个矢量，其大小是导线的长度，其方向是沿导线中的电流方向。

- 平面载流线圈所受的磁力矩为

$$\tau = NIAB \sin\theta \qquad (19\text{-}11b)$$

- 其中，θ 是磁感应强度与线圈的磁偶极矩矢量之间的夹角。磁偶极矩的方向垂直于线圈，满足右手螺旋法则 1（沿电流的绕行方向取 $\boldsymbol{L}$ 的一边与 $\boldsymbol{L}$ 的另一边的叉积）。

- 至长直导线的距离为 r 处的磁场的大小为

$$B = \frac{\mu_0 I}{2\pi r} \qquad (19\text{-}12)$$

- 磁感应线为环绕导线的圆，方向由右手螺旋法则 2 给出。

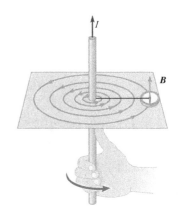

- 真空的磁导率为

$$\mu_0 = 4\pi \times 10^{-7} \frac{\text{T} \cdot \text{m}}{\text{A}} \qquad (19\text{-}13)$$

- 长密绕螺线管内的磁场是均匀的：

$$B = \frac{\mu_0 NI}{L} = \mu_0 nI \qquad (19\text{-}15)$$

它的方向是沿螺线管的轴线，且满足右手螺旋法则 3。

- 安培定理将磁感应强度沿一闭合路径的环流与从该路径中穿过的净电流 I 联系起来。

$$\sum B_{//} \Delta l = \mu_0 I \qquad (19\text{-}17)$$

- 铁磁材料的磁性是由于一个相互作用，以使磁偶极子在称为磁畴的区域内排列一致，即便没有外磁场。

思考题

1. 电场被定义为每单位电荷的电力。解释为什么磁场不能被定义为每单位电荷的磁力。

2. 设一水平的电子束经均匀磁场向右偏转，该磁场是什么方向？若有一个以上的可能，关于该磁场方向你能说出什么？

3. 在阴极射线管（见第 16.5 节）中，一恒定的电场把电子加速到很高的速度；然后用磁场将电子偏转到一边。为什么不能用恒定的磁场来加速电子？

4. 在速度选择器中，若 $\boldsymbol{E} + \boldsymbol{v} \times \boldsymbol{B} = 0$，电力力与磁场力抵消。说明 $\boldsymbol{v}$ 一定在 $\boldsymbol{E} \times \boldsymbol{B}$ 的方向上。[提示：由于在速度选择器中 $\boldsymbol{v}$ 垂直于 $\boldsymbol{E}$ 和 $\boldsymbol{B}$ 二者，$\boldsymbol{v}$ 的方向只有两个可能：$\boldsymbol{E} \times \boldsymbol{B}$ 的方向或 $-\boldsymbol{E} \times \boldsymbol{B}$ 的方向。]

5. 一个城市的市长提出一项规章，要求在电力公司的用地之外，贯穿城市的输电线产生的磁场要为零。在对此规章的公开讨论中，你会怎样说？

6. 在 P 点和 Q 点两点测量通以稳恒电流的长直导线产生的磁场。问：导线在哪里以及其中电流向什么方向流动？

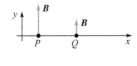

7. 对拟置于计算机显示器旁的计算机音箱磁屏蔽——要么它们不使用磁铁，要么将它们设计成它们的磁铁只在附近产生一小磁场。为什么此屏蔽很重要？若普通扬声器（不适用于显示器附近使用）放在计算机显示器旁，可能会发生什么？

8. 在一平面中互相垂直的两条导线通以相等的电流。在平面中什么点的磁场为零？

9. 题图中显示的是两不同时刻的一个金属棒。箭头表示每个磁畴内磁偶极子的取向。（a）t_1 与 t_2 之间发生了什么引起了此变化？（b）该金属是顺磁质、抗磁质还是铁磁质？请解释。

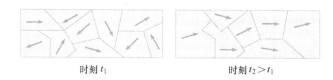

时刻 t_1 时刻 $t_2 > t_1$

10. 参照图 19.16a 中的气泡室轨道。设粒子 2 相比粒子 1 在一个较小的圆上运动。我们可以得出 $|q_2| > |q_1|$ 这样的结论吗？请解释。

选择题

🔘 学生课堂应答系统题目

选择题 1～2。在图中，四个点电荷在条形磁铁附近以所示的方向运动。磁铁、电荷位置和速度矢量都在页面所在的平面上。答案选择：

(a) ↑。   (b) ↓。   (c) ←。   (d) →。

(e) ×（指入面页）。   (f) ⊙（指出面页）。   (g) 力为零。

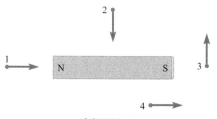

选择题 1-2

1. 🔘若 $q_1 < 0$，电荷 1 所受的磁力的方向是什么？
2. 🔘若 $q_3 < 0$，电荷 3 所受的磁力的方向是什么？
3. 在磁场 B 中的点电荷，在以下哪种情况下（对于一个给定的速度）它所受的磁力最大？
   （a）沿磁场方向运动。
   （b）沿磁场的反方向运动。
   （c）垂直于磁场运动。
   （d）既有平行也有垂直于磁场的速度分量。

选择题 4—5。

一根导线通以如图所示的电流。带电粒子 1、2、3 和 4 以所示的方向运动。

4. 🔘 若 $q_2 > 0$，电荷 2 所受的磁力的方向是什么？
   （a）↑。   （b）↓。
   （c）←。   （d）→。
   （e）×（指入面页）
   （f）⊙（指出面页）。
   （g）力为零。

选择题 4 和 5

5. 🔘若电荷 1 和 4 所受的磁力相等且它们的速度相等，则
   （a）两电荷符号相同且 $|q_1| > |q_4|$。

（b）两电荷符号相反且 $|q_1| > |q_4|$。
（c）两电荷符号相同且 $|q_1| < |q_4|$。
（d）两电荷符号相反且 $|q_1| < |q_4|$。
（e）$q_1 = q_4$。   （f）$q_1 = q_4$。

6. 通以反向不等电流的两条平行导线相互施加的磁力为
   （a）吸引力且大小不等。
   （b）排斥力且大小不等。
   （c）吸引力且大小相等。
   （d）排斥力且大小相等。
   （e）二个都为零。
   （f）方向相同且大小不等。
   （g）方向相同且大小相同。

计算、证明题

ⓒ 综合概念 / 定量题

⬢ 生物医学应用

✦ 较难题

19.1 磁场

1. ⓒ 图中哪一点处的磁感应强度（a）最小？（b）最大？给出解释。

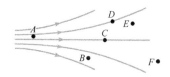

2. 两个相同的条形磁铁彼此靠近放在桌上。若 N 极在同侧，画出磁感应线。

3. 两个相同的条形磁铁沿一条直线放在桌上，它们的 N 极彼此面对。画出磁感应线。

4. 磁偶极子受到的磁力引起一个力矩驱使该磁偶极子沿磁场方向。在本题中，我们证明电偶极子受到的电场力引起一个力矩驱使该电偶极子沿电场方向。（a）对于图中所示的每个电偶极子的取向，画出电场力并对通过电偶极子的中心并垂直于页面的轴确定力矩的方向——顺时针或逆时针。（b）该力矩（非零时）总是倾向于使电偶极子朝什么方向转动？

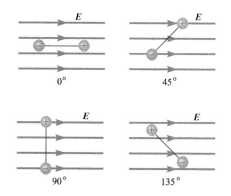

19.2 点电荷受到的磁力

5. 求在磁感应强度为 2.50 T、水平向北方向的磁场中以 6.0×10^6 m/s 的速率运动的质子所受的磁力。

6. 一匀强磁场垂直向上指向，其磁感应强度的大小为 0.800 T。动能为 7.2×10^{-18} J 的电子在该磁场中水平向东运动，作用在其上的磁力是什么？

计算题 7—8。

几个电子在 $B = 0.40$ T、方向向下的匀强磁场中以 8×10^5 m/s 的速率运动。

7. 求 a 点处的电子所受的磁力。

8. 求 c 点处的电子所受的磁力。

9. 磁铁在其两极间产生 0.30 T、向东的磁场。带有电荷 $q = -8.0 \times 10^{-18}$ C 的尘埃粒子正以 0.30 m/s 在此磁场中下落，尘埃粒子所受的磁力的大小和方向是什么？

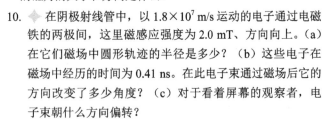

计算题 7 和 8

10. 在阴极射线管中，以 1.8×10^7 m/s 运动的电子通过电磁铁的两极间，这里磁感应强度为 2.0 mT、方向向上。（a）在它们磁场中圆形轨迹的半径是多少？（b）这些电子在磁场中经历的时间为 0.41 ns。在此电子束通过磁场后它的方向改变了多少角度？（c）对于看着屏幕的观察者，电子束朝什么方向偏转？

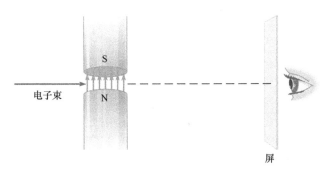

11. 一个电子在 1.2 T 的匀强磁场中以 2.0×10^5 m/s 的速率运动。在一瞬间，电子正朝着正西运动并受到一个 3.2×10^{-14} N 向上的磁力。磁场的方向是什么，要具体些：给出这个（些）关于南、北、东、西、上、下的角度。（如果有多个可能的答案，找到所有的可能。）

19.3 垂直于匀强磁场运动的带电粒子

12. 当两个粒子穿行指出纸面的匀强磁场区时，它们沿着所示的轨迹运动。各个粒子的电荷是什么符号？

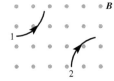

13. 一个电子在垂直于回旋加速器磁场的平面中以 8.0×10^5 m/s 的速率运动。电子所受的磁力的大小为 1.0×10^{-13} N，磁感应强度的大小是多少？

14. 在用于质子束治疗癌症的回旋加速器中的磁场是 0.060 T，D 形盒的半径为 82.0 cm。在此回旋加速器中质子可以达到的最大速率是多少？

计算题 15—17。

原子质量单位和千克之间的转换式为

$$1 \text{ u} = 1.66 \times 10^{-27} \text{ kg}$$

15. 一束 α 粒子（氦核）被用来治疗位于病人体内 10.0 cm 的肿瘤。为了穿透该肿瘤，必须将 α 粒子加速到 0.458 c 的速度，其中 c 是光速（忽略相对论效应。）α 粒子的质量是 4.003 u。用于加速该粒子束的回旋加速器半径为 1.00 m。磁感应强度的大小是多少？

16. 天然碳包括两种不同的同位素（不包括 ^{14}C，其目前仅有微量）。同位素具有不同的质量，这是由于核内中子数不同而造成的；然而，质子数是相同的，其化学性质也是相同的。最丰富的同位素的原子质量为 12.00 u。当将天然碳置于质谱仪中，感光板上形成两条线。这些线显示较丰富的同位素在一个半径为 15.0 cm 的圆上运动，而稀有的同位素在一个半径为 15.6 cm 的圆上运动。稀有的同位素原子质量是多少？（离子具有相同的电荷并且在进入磁场前经相同的电势差加速。）

17. 一个含有碳（原子质量为 12 u）、氧（16 u）和一个未知元素的样品被放置在一台质谱仪中。离子都具有相同的电荷，并且在进入磁场前经相同的电势差加速。感光板上的碳线和氧线相隔 2.250 cm，而未知元素形成的一条线介于它们之间距碳线 1.160 cm。（a）未知元素的质量是多少？（b）确定该元素。

18. 在一种类型的质谱仪中，具有相同速度的离子通过一个匀强磁场。该质谱仪被用于区分具有相同电荷的离子 ^{12}C$^+$ 和 ^{14}C$^+$，^{12}C$^+$ 离子在一个直径为 25 cm 的圆上运动。（a）^{14}C$^+$ 离子的轨道直径是多少？（b）两种类型的离子回旋频率之比是多少？

19. 证明垂直于匀强磁场运动的带电粒子转一周的时间与其速率无关。（这是回旋加速器工作原理。）这样，写出以粒子质量、粒子电量和磁感应强度给出的周期 T（转一周的时间）的表达式。

19.5 在相互垂直的电场 E 和 B 磁场中的带电粒子

20. 在某一地区存在正交的电场和磁场。磁感应强度为 0.635 T、竖直向下。电场强度为 2.68×10^6 V/m，水平向东。一个电子，水平向北行进，受到两个场的合力为零并因此继续做直线运动。电子的速率是多少？

21. $I = 40.0$ A 的电流流经一金属条。接通电磁铁以便有大小为 0.30 T 指入页面的匀强磁场。若金属条的宽度为 3.5 cm，磁感应强度大小为 0.43 T，测量出霍尔电压为 7.2 μV，该金属条内载流子的漂移速度是多少？

计算题 21 和 22

22. **C** 图中的金属条可用作为测量磁场的霍尔探头。（a）若金属条不垂直于磁场会发生什么？霍尔探头是否仍然能读取正确的磁感应强度？给出解释。（b）若磁场沿金属条所在平面会发生什么？

23. 一个质子最初静止然后通过图中所示的三个不同的区域。在 1 区中，质子经 3 330 V 电势差加速。在 2 区中，存在 1.20 T、指出页面的磁场和指向垂直于磁场以及垂直于质子速度的电场（未示出）。最后，在 3 区中，没有电场，但只有 1.20 T 指出页面的磁场。（a）当质子离开 1 区并进入 2 区时它的速率是多少？（b）若质子直线行进通过 2 区，电场的大小和方向是什么？（c）在 3 区中，该质子沿径 1 还是路径 2？（d）在 3 区中其圆形路径的半径是多少？

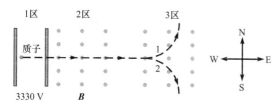

24. ◆ 通过电势差 ΔV 将一个带电粒子从静止加速。然后该粒子直线穿过速度选择器（场的大小为 E 和 B）。推出以 ΔV、E 和 B 给出的粒子荷质比表达式（q/m）。

19.6　载流导线受到的磁力

25. **C** 一段长为 25 cm 的直导线通以 33.0 A 的电流并处于匀强磁场中。该段导线所受的磁力大小为 4.12 N。（a）磁感应强度的可能大小的最小值是多少？（b）解释为什么已知的信息只能让你计算可能有的磁感应强度最小值。

26. 电磁轨道炮可以利用磁场和电流发射炮弹。考虑两个导轨，相隔 0.500 m，用如图所示的一个 50.0 g 的导体棒将两轨连接。一大小为 0.750 T 的磁场指向垂直于轨道和杆的平面，2.00 A 的电流通过该导体棒。（a）导体棒所受的力是什么方向？（b）如果导轨和导体棒之间没有摩擦，当杆已沿导轨走过 8.00 m 后，它运动有多快？

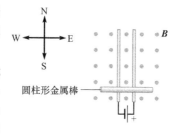

圆柱形金属棒

27. 一个 20.0 cm×30.0 cm 的矩形线框通以 1.0 A 沿回路顺时针方向的电流。（a）若磁感应强度为 2.5 T，指出页面，求该回路各边所受的磁力。（b）回路所受的合磁力是多少？

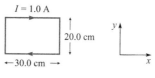

28. ◆ 一条东西向直导线处于大小为 0.48 mT、方向为水平向下 72° 且有指向正北的水平分量的地磁场区域中。导线通以向西的电流 I。单位长度的导线所受的磁力大小为 0.020 N/m。（a）导线受到的磁力是什么方向？（b）电流 I 是多少？

19.7　载流线圈受到的力矩

29. 在下面六个电动机中，一个 N 匝且半径为 r 的圆柱形线圈处于大小为 B 的磁场中，线圈中的电流为 I。依照线圈所受的最大力矩由大至小给这些电动机排序。
（a）$N = 100$，$r = 2$ cm，$B = 0.4$ T，$I = 0.5$ A
（b）$N = 100$，$r = 4$ cm，$B = 0.2$ T，$I = 0.5$ A
（c）$N = 75$，$r = 2$ cm，$B = 0.4$ T，$I = 0.5$ A
（d）$N = 50$，$r = 2$ cm，$B = 0.8$ T，$I = 0.5$ A
（e）$N = 100$，$r = 3$ cm，$B = 0.4$ T，$I = 0.5$ A
（f）$N = 50$，$r = 2$ cm，$B = 0.8$ T，$I = 1$ A

30. 在电动机中，100 匝半径为 2.0 cm 的线圈在磁铁的两极间转动。磁感应强度为 0.20 T。当通过线圈的电流为 50.0 mA 时，电动机能够提供的最大力矩是多少？

31. 在匀强磁场中的一个导线回路（磁偶极子）所受的力矩为 $\tau = NIAB \sin\theta$，其中 θ 是 B 与导线回路的垂线之间的夹角。设一个电偶极子，由相隔一定距离 d 的两个电荷 $\pm q$ 组成，处在匀强场 E 中。（a）证明电偶极子所受的净电场力为零。（b）设 θ 为 E 与从负电荷到正电荷的连线之间的夹角。证明对 $-180° \leqslant \theta \leqslant 180°$ 的所有角度，电偶极子所受的力矩为 $\tau = qdE \sin\theta$。（因此，对于电偶极子和磁偶极子二者，力矩为偶极矩与场强及 $\sin\theta$ 的乘积。qd 这个量是电偶极矩；NIA 这个量是磁偶极矩。）

32. ◆ **C** 使用下面的方法证明一个形状不规则的平面回路所受的力矩由式（19-11a）给出。在图（a）中的不规则电流回路通有电流 I。有一个垂直的磁场 B。为了求不规则回路的力矩，对图（b）所示的每个小回路所受的力矩求和。成对的假想电流流过时，电流大小相等方向相反，所以对它们的磁力将大小相等、方向相反；它们会因此对合力矩没有贡献。现在将这一结论推广到任何形状的回路。[提示：将一个弯曲的回路看作为一系列小段的垂直直线。]

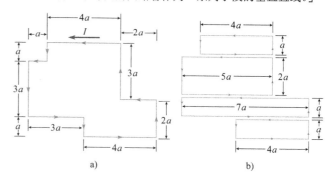

a)　　　　b)

19.8　电流激发的磁场

33. 设想一个长直导线垂直于页面并通有进入页面的电流 I。

画出一些磁感应线，并用箭头表示方向。

34. 🌐 有些动物能够探测磁场并利用这种感觉来帮助它们导航。设高压直流输电线通有 5.0 kA 的电流。（a）信鸽应在距输电线多远的地方，电线激发的磁场为 45 μT？这相当于地球表面的磁场。（b）长途飞行时，鸽子飞在海拔 700 m 的高度。至输电线该距离时，磁场会是多少？如果信鸽通过感应磁场导航，输电线可能会扰乱其在长途飞行中的导航能力吗？

35. 两根导线各通有 10.0 A 电流（同方向）并相距 3.0 mm。计算在导线的平面上 25 cm 远的 P 点处的磁感应强度。

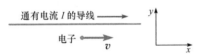

36. P 点是在水平面上南北向的两根长直平行导线的中间点。导线间的距离是 1.0 cm。每个导线通有 1.0 A 的电流（方向相反）。求 P 点处的磁感应强度的大小和方向。

37. 一根长直导线沿 x 轴正方向通有 3.2 A 的电流。一个以 6.8×10^6 m/s 沿 x 轴正方向行进的电子距导线 4.6 cm。作用于电子的力是多少？

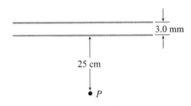

38. 🅒 两根长直导线沿图中所示方向通有 $I = 57.0$ mA 的电流。导线在纸平面上彼此十字交叉。（a）以磁场由大到小将 A、B、C 和 D 点排序。（b）当 d = 3.3 cm 时，求 C 点和 D 点处的磁感应强度。

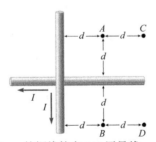

39. 一个长为 0.256 m、半径为 2.0 cm 的螺线管有 244 匝导线。当导线中有 4.5 A 的电流时，该螺线管内的磁感应强度的大小是多少？

40. 🅒 在水平面上的两根平行导线通有向右的电流 I_1 和 I_2。每根导线的长度为 L 并相隔距离 d。（a）导线 1 在导线 2 的位置产生的磁场的大小和方向是什么？（b）该磁场对导线 2 的磁力大小和方向是什么？（c）导线 2 在导线 1 的位置产生的磁场的大小和方向是什么？（d）该磁场对导线 1 的磁力大小和方向是什么？（e）平行同向电流是吸引还是排斥？（f）平行电流反向又怎样？

41. 🌐 你正设计磁共振成像装置的主螺线管。该螺线管应为 1.5 m 长。当电流为 80 A 时，管内的磁场应为 1.5 T。你的螺线管应有多少匝？

计算题 42—43。
　四根长的平行导线穿过边长为 0.10 m 的正方形的四个顶

用。各导线以图中所示的方向通以相同大小的电流 $I = 10.0$ A。

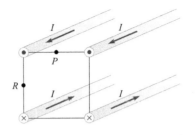

计算题 42 和 43

42. 求正方形中心处的磁感应强度。

43. 求正方形左边中点 R 点处的磁感应强度。

44. ◆ 两根平行的长直导线用长度 L=1.2 m 的绳悬挂，每根导线单位长度的质量为 0.050 kg/m。当各导线通有 50.0 A 的电流时，导线摆开。（a）处于平衡时，导线相距多远？（假设该距离与 L 相比很小。）[提示：使用一个小角度近似。]（b）导线通有的电流方向是相同还是相反？

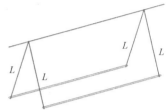

19.9 安培定理

45. ◆ 一个无限长的，内半径为 a 和外半径为 b 的厚圆柱壳通有在该壳的横截面上均匀分布的电流。（a）在壳体的横截面的草图上，画出一些磁感应线。当电流从页面流出，考虑所有的区域（$r \le a$，$a \le r \le b$，$b \le r$）。（b）求 r > b 区的磁感应强度。

46. ◆ 在本问题中，利用安培定理说明长螺线管内的磁感应强度为 $B = \mu_0 nI$。设螺线管内的磁场分布均匀并与轴平行，而外磁场为零。为安培定理选择矩形路径。（a）以 B、a（短边）和 b（长边）写出该路径各边的 $B_\parallel \Delta L$。（b）将它们的组合形成环流。（c）现求穿过此环路的电流：每匝线圈通有相同的电流 I 并有 N 匝线圈穿过该路径，所以总电流为 NI。以单位长度的匝数（n）和路径的物理尺寸重写 N。（d）解出 B。

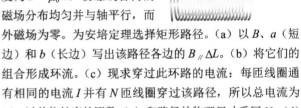

矩形路径

47. ◆🅒 螺绕环像一个沿圆弯曲直到其端部相遇的螺线管。磁感应线是圆形的，如图所示。在一个 N 匝通以电流 I 的螺绕环内磁感应强度的大小是多少？沿着至螺绕环中心距离为 r 的磁感应线应用安培定理，依据总匝数 N 而不是单位长度的匝数求解（为什

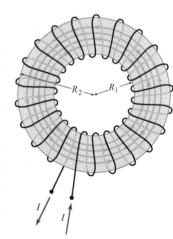

么？）。该磁场是像长螺线管那样均匀的吗？解释一下。

19.10　磁介质

48. 电子固有的磁偶极矩大小为 9.3×10^{-24} A·m²。换句话说，电子的作用像是 $NIA = 9.3 \times 10^{-24}$ A·m² 的小电流环。在 1.0 T 的磁场中电子因其固有的磁偶极矩而受到的最大力矩是多少？

49. ◆ 在一个简化模型中，氢原子中的电子以 2.2×10^6 m/s 的恒定速率绕质子做半径为 53 pm 的轨道运动。电子的轨道运动使它具有轨道磁偶极矩。（a）该电流环中的电流 I 是多少？〔提示：电子转一圈需要多长时间？〕（b）轨道磁偶极矩 IA 是多少？（c）将此轨道磁偶极矩与电子的固有磁偶极矩（9.3×10^{-24} A·m²）进行比较。

合作题

50. ◆⚙ 在碳定年法的实验中，一特定类型的质谱仪用于从 ¹²C 中分离出 ¹⁴C。来自样品的碳离子首先通过带电加速板间的电势差 ΔV_1 加速。然后，离子进入 $B = 0.200$ T 的匀强垂直磁场区。离子从相距 1 cm 的偏转板间穿过。通过调整板间电势差 ΔV_2，只允许两种同位素中的一种（¹²C 或 ¹⁴C）通过，进入质谱仪的下一阶段。从入口到离子探测器的距离固定为 0.200 m。通过适当地调整 ΔV_1 和 ΔV_2，探测器只对一种类型的离子计数，因此可以确定相对丰度。

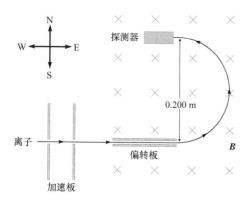

（a）离子是带正电荷还是带负电荷？（b）哪个加速板（东或西）是带正电的？（c）哪个偏转板（南或北）是带正电的？（d）为对 ¹²C⁺ 离子（质量 1.993×10^{-26} kg）计数，求 ΔV_1 和 ΔV_2 的正确值。（e）为对 ¹⁴C⁺ 离子（质量为 2.325×10^{-26} kg）计数，求 ΔV_1 和 ΔV_2 的正确值。

51. ⚙ 电磁流量计用于手术过程中测量血流量。含有 Na⁺ 的血液向正南流过一个直径为 0.40 cm 的动脉。该动脉处于 0.25 T 向下的磁场中并产生 0.35 mV 的横跨其直径的霍尔电压。（a）血流速率是多少（m/s）？（b）流量是多少（m³/s）？（c）将电压表的引线连接到动脉上径向相对的两点处以测量霍尔电压。这两个引头的哪一个处在较高的电势？

综合题

计算题 52 和 53。一个钠离子（Na⁺）随着直径为 1cm 的动脉中的血液流动。离子具有 22.99 u 的质量和 +e 的电荷。动脉中血流的最大速率为 4.25 m/s。地球磁场在病人处大小为 30 μT。

52. ⚡ 地球磁场对钠离子的最大磁力可能是多少？

53. ⚡ 磁力导致过量的正离子沿着动脉的一侧而负离子沿相对另一侧流动。横跨动脉的电势差最大可能是多少？

54. 一根长直导线沿 x 轴正方向通有 4.70 A 的电流。某一时刻，一个以 1.00×10^7 m/s 沿 y 轴正方向运动的电子距导线 0.120 m。确定该时刻电子所受的磁力。

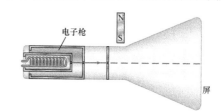

通有电流 I 的导线

55. 每单位长度的质量为 25.0 g/m 的两根相同的长直导线彼此平行静止在桌子上。导线相距 2.5 mm 并通以相反方向的电流。（a）若导线和桌子之间的静摩擦因数是 0.035，要使导线开始运动所需的最小电流是多少？（b）导线是靠拢还是分开？

56. （a）一个质子在大小为 0.80 T 的磁场中做匀速圆周运动。它的回转频率 f 是多少？（b）对一个电子重新计算。

57. ⚙ 电磁流量计用于测量血流速率。0.115 T 的磁场加在内直径为 3.80 mm 的动脉上。霍尔电压测量为 88.0 μV。在动脉中血液流动的平均速率是多少？

58. 垂直于页面的两根导线的横截面为如图所示的灰点。它们各通有 10.0 A 指出页面的电流。求 P 点处的磁感应强度。

导线　　　　10.0 m
　　　　　　10.0 m ● P
导线　　　　10.0 m

59. 一个条形磁铁放在示波器中电子束附近。电子束从磁铁 S 极的正下方穿过。电子束将往屏幕上什么方向运动？（对彩色电视显像管不要这样尝试。就在屏后有一个金属罩将红色、绿色和蓝色分离。如果你把金属罩磁化了，图像将会永久变形。）

电子枪　　　N　S

屏

60. 正切电流计是 19 世纪开发的一种仪器，它是基于指南针的偏转来测量电流。在竖直平面中的一个线圈对准磁场的南北方向。将指南针置于线圈中心处的水平面上。当没有电流流动时，指南针直接指向线圈的北边。当电流传经线圈时，指南针旋转一个角度 θ。根据线

圈匝数 N、线圈的半径 r、线圈的电流 I 以及地球磁场的水平分量 B_H 推导 θ 的表达式。[提示：仪器的名字是结果的一个线索。]

61. 一矩形导线回路，通有电流 $I_1 = 2.0$ mA，旁边是一个很长的通有电流 $I_2 = 8.0$ A 的导线。(a) 长导线的磁场对矩形各个边的磁力是什么方向？(b) 计算长导线的磁场对矩形的合磁力。[提示：长导线不产生匀强磁场。]

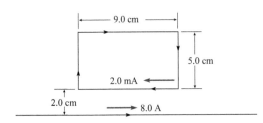

62. 电流天平是一种磁力测量装置。它是由两个平行的线圈构成，每个的平均半径为 12.5 cm。下面的线圈静止在一个天平上；它有 20 匝并通有 4 A 的恒定电流。上面的线圈悬挂于下面线圈之上 0.314 cm 处，有 50 匝并通有可变的电流。天平的读数随着下面线圈所受的磁力变化。对下面线圈施加的磁力为 1.0 N 时，上面线圈中的电流需要是多大？[提示：由于线圈之间的距离相对于线圈的半径较小，将该结构近似为两根平行的长直导线。]

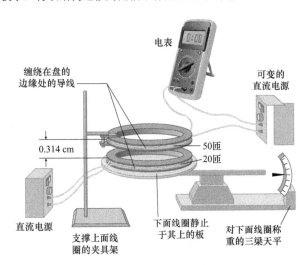

63. 康奈尔大学的一个早期回旋加速器从 20 世纪 30 年代到 20 世纪 50 年代被用来加速质子，然后轰击各种核。该回旋加速器使用了一个带有铁轭的大电磁铁，在扁圆柱体形状的区域中产生 1.3 T 的匀强磁场。两个内半径为 16 cm 的空心 D 形铜盘位于这个区域中的真空室里。(a) D 形盘间的交变电势差所需的振荡频率是多少？(b) 在质子到达 D 形盘的外侧时其动能是多少？(c) 将质子从静止一次加速到这种能量所需的等效电压（即平行板之间）应是多少？(d) 若每次质子穿过间隙 D 形盘间的电势差有 10.0 kV 的大小，每个质子在回旋加速器中需要转的最低

圈数是多少？

64. 电子在匀强磁场 B 中沿半径为 R 的圆运动，该磁场指入页面。(a) 电子运动是顺时针的还是逆时针的？(b) 电子需要多长时间转一个整圈？由电子所受的磁力出发，求时间的表达式。你的答案可以包括 R、B 及任何基本常数。

练习题答案

19.1 5.8×10^{-17} N；3.4×10^{10} m/s^2

19.2 $\pm 1.8 \times 10^6$ m/s

19.3 6.7×10^5 m/s

19.4 76 cm

19.5 相同大小的霍尔电压，但极性相反；顶部边缘处的电势更高

19.6 东

19.7 （证明）

19.8 $B = \dfrac{2\mu_0 I}{\pi d}$ 沿 $+x$ 方向

19.9 $+4\mu_0 I$

检测题答案

19.2 (a) 若速度 v 与磁场 B 在同一线上，磁力为零。因此，若电子是垂直向下或垂直向上运动，它所受的磁力为零。(b) v 和 B 给定，当 v 垂直于 B 时，磁力是最大的。因此，若电子沿任何水平方向运动，它所受的磁力最大。

19.4 在如图 19.19a 所示的速度矢量所在点，$v \times B$ 是指出页面的。粒子所受的磁力 $F = qv \times B$ 一定是指入页面的，朝向螺旋线的中心轴。粒子是带负电荷的。

19.5 (a) $F_E = qE$，E 指向东，而 q 为负，所以 F_E 指向西。(b) 由右手螺旋法则，$v \times B$ 指向西。$F = qv \times B$ 而 q 为负，所以 F_B 指向东。

19.6 磁力在 $L \times B$ 的方向。L 和以前一样，但现在 B 是向右的。垂直于 L 和 B 二者的两个方向为指入页面和指出页面。利用右手螺旋法则，磁力的方向为指入页面。

19.7 (a) L_2、L_4 和 B 都与图 19.29 中的方向一样，因此，F_2 和 F_4 的方向也如此：分别向下和向上。(b) 各个力的力矩为零，因为力臂为零。也就是说，作用力沿从转轴到力的作用点的这条线。(c) 此平衡是不稳定的。试想一下，线圈稍微转动刚离开平衡。线 2 和线 4 所受的力使线圈远离平衡转动，而不是朝向平衡转动。(d) $\theta = 180°$。

19.8 向左。

第 20 章

电磁感应

传统电炉绕有加热元件。当电流通过该元件时，消耗能量且使元件变热，热量再从元件传至锅或罐等灶具。此过程不太有效，因为热量也可以从元件（通过辐射和对流）传至周围的环境中，其中被用来烹饪的还不到一半。

另一种不同的电炉——电磁炉，与具有电阻加热元件的电炉相比有很多优势。在这些炉灶中，能量被消耗于锅或罐等金属灶具本身，而不是用于一个加热元件，因而它们的效率约是传统电炉的两倍。若不小心将隔热垫放在开启的电磁炉上，它也不会被加热。即使在烹饪过程中，炉子表面变暖也只是由于锅底的热量传至而来的结果。那么，电磁炉是如何在锅或罐等灶具中产生电流而没有任何电路与之相连呢？（答案请见 156 页）

生物医学应用

- 脑磁图仪（20.3 节）
- 磁共振成像（练习题 20.9；思考题 8）

- 电动势（18.2节）
- 金属中电流的微观图像（18.3节）
- 磁场与磁力（19.1节，19.2节，19.8节）
- 电势（17.2节）
- 角速度（5.1节）
- 角频率（10.6）节
- 右手螺旋法则1确定叉积的方向（19.2节）
- 右手螺旋法则2确定电流产生的磁场的方向（19.8节）
- 指数函数，时间常数（附录A.3；18.10节）

20.1 动生电动势

到目前为止，我们已经讨论的电能（电动势）的来源仅是电池。在电池需要充电或更换之前，它可提供的电能量是有限的。世界上大部分的电能是由发电机产生的。在这一节中我们学习动生电动势——导体在磁场中运动感应的电动势。动生电动势是发电机的基本原理。

假想在匀强磁场 B 中有一根长度为 L 的金属杆。当杆静止时，传导电子向随机的方向高速运动，但它们的平均速度是零。由于它们的平均速度为零，电子受到的平均磁力为零；因此，杆受到的合磁力为零。磁场影响单个电子的运动，但杆作为一个整体感觉不到净磁力。

现在考虑一根运动的杆。如图20.1a所示，匀强磁场指入页面，杆的速度 v 向右，且杆是竖直的——磁场、速度和杆的轴线是相互垂直的。这时电子有一个非零的平均速度 v，由于电子随杆一起向右运动。则每个传导电子所受的平均磁力为

$$F_B = -ev \times B$$

根据右手螺旋法则1（见19.2节），这个力的方向是向下的（指向杆的下端）。磁力使电子积聚在杆的下端，导致它带上负电荷，而在上端留下正电荷（见图20.1b）。这种通过磁场的电荷分离类似于霍尔效应，但这里电荷运动是由于杆本身的运动而不是由于静止杆中的电流的流动。

随着电荷在两端积聚，在杆中产生电场，其电场线从正电荷到负电荷。最终达到一种平衡：电场逐渐增加直到它引起的对杆中电子的力与磁力大小相等且方向相反（见图20.1c）。那么电荷在两端就不再积累。因此，处于平衡时

$$F_E = = qE = -F_B = -qv \times B$$

或

$$E = -v \times B$$

正如霍尔效应。由于 v 和 B 相互垂直，$E = vB$。两端之间的电势差为

$$\Delta V = EL = vBL \tag{20-1a}$$

在这种情况下，E 的方向平行于杆。如果它不是，那么只要用 E 平行（∥）于杆的分量就可求出两端间的电势差：

$$\Delta V = E_{\parallel} L \tag{20-1b}$$

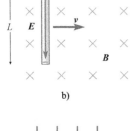

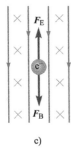

图 20.1 a）金属杆中以速度 v 运动的电子，磁场指入页面。电子所受的平均磁力为 $F_B = -ev \times B$。b）磁力将电子推向杆的下端，在上端留下正电荷。这种电荷的分离在杆中产生电场。c）平衡时，电子所受的电场力和磁场力之和为零。

✓ 检测题 20.1

若在图 20.1 中的杆是从页面向外而不是向右运动，感应电动势将是多少？

只要杆保持匀速运动，电荷的分离得以维持。动杆的作用就像是未与电路连接的电池；正电荷聚集在一端而负电荷在另一端，保持恒定的电势差。现在重要的问题是：若我们把这杆连接到电路，它的作用是否就像一个电池，能使电流流动吗？

图 20.2 所示是与一个电路相连接的杆。该杆在金属导轨上滑动，以使在杆继续移动时电路保持闭合。我们假设电阻 R 相对于杆和导轨的电阻是大的——换句话说，我们的电动势（动杆）源的内阻小到可以忽略不计。电阻 R 有电势差 ΔV 越过它，所以有电流流过。电流趋向于消耗在杆的两端所积累的电荷，但磁力输送更多的电荷，以保持恒定的电势差。因此，动杆的作用的确像一个电池，其电动势由下式给出

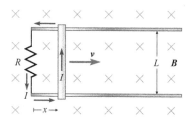

动生电动势

$$\mathscr{E} = vBL \qquad (20\text{-}2a)$$

更一般地，若 E 不平行于杆，则

$$\mathscr{E} = (v \times B)_{/\!/} L \qquad (20\text{-}2b)$$

图 20.2　当杆与具有电阻 R 的电路连接时，电流绕着电路流动。

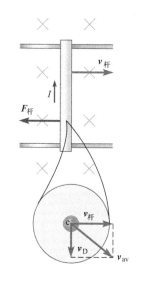

滑杆是制造发电机的一种笨拙方法。无论轨道多长，杆最终将到达终点。在第 20.2 节中，我们看到动生电动势的原理可以应用到转动的线圈，而不是滑杆。

电能从何而来呢？杆的作用就像一个电池，提供电阻中耗散的电能。能量如何转换？关键是要认识到，只要有电流流过杆，就会有磁力在与速度相反的方向上作用于杆（见图 20.3）。只有它自己时，杆会随着其动能转化成电能而慢下来。要保持一个恒定的电动势，杆必须保持匀速，这需要有其他力来拉杆才行。拉杆的力所做的功是电能的来源（见计算题 2）。

图 20.3　对杆的磁力为 $F_{杆} = IL \times B$ 并且指向左边，与杆的速度（$v_{杆}$）相反。杆中电子的平均速度为 $v_{av} = v_{杆} + v_D$；当杆带着电子向右运动时，它们相对于杆向下漂移。电子受到的平均磁力有两个垂直分量。一个是 $-ev_{杆} \times B$，方向向下并使电子相对于杆漂移。另一个是 $-ev_D \times B$，它把电子拉向杆的左侧，而且因为每个电子转而又拉杆的其余部分，对杆有向左的磁力。

例 20.1

在磁场中运动的线框

一个由四根长度为 L 的杆制成的正方形金属线框以 v 匀速运动（见图 20.4）。中央区域的磁感应强度大小为 B，其他地方，磁感应强度为零。线框的电阻为 R，在 1 ～ 5 各位置，说明线框中的电流大小及方向（顺时针或逆时针）。

分析　若电流流过线框，这是由于动生电动势推动电荷绕行。当竖直边（a，c）移过磁场时，它们具有动生电动势，正如图 20.2 所示。我们需要看水平边（b，d）是否也会产生

动生电动势。一旦我们弄清楚各边的电动势，接着我们就可以确定它们是彼此合作——推动电荷在同一方向绕行——还是趋于相互抵消。

解　当竖直边（a，c）移过磁场区域时，它们具有动生电动势。电动势起着向上（向顶端）输送电流的作用。电动势的大小为

$$\mathscr{E} = vBL$$

例 20.1 续

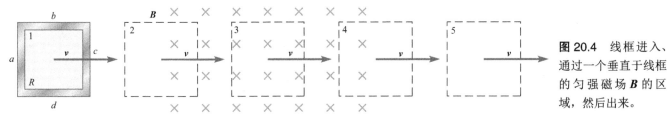

图 20.4　线框进入、通过一个垂直于线框的匀强磁场 **B** 的区域，然后出来。

对于水平边（b，d），一个载流电子所受的平均磁力为 $F_{av} = -ev \times B$。由于速度是向右的而磁场指入页面，右手螺旋法则表明，该力的方向是向下的，正如 a 边和 c 边。但是，现在磁力不是沿杆的长度方向移动电荷；而是该磁力使电荷横跨杆的直径运动。于是建立了横跨杆的电场。在平衡时，磁场力和电场力抵消，十分像在霍尔效应中那样。磁力不能推动电荷沿杆的长度方向运动，所以在 b 边和 d 边没有动生电动势。

在位置 1 和 5，线框完全处于磁场区之外。任何一边都没有动生电动势，因此没有电流流过。

在位置 2，只有 c 边中有动生电动势；a 边仍然处于 **B** 场区之外。电动势使电流在 c 边向上流动，即在线框中是逆时针方向流动。电流的大小为

$$I = \frac{\mathscr{E}}{R} = \frac{vBL}{R}$$

在位置 3，a 和 c 两边均有动生电动势，因为这两边的电动势推动电流向线框的顶部运动，线框中的净电动势为零——好像两个相同的电池如图 20.5 所示的连接。线框中没有电流流动。

在位置 4，因为 c 边已经离开 **B** 场区；只有 a 边中有动

生电动势。电动势使电流在 a 边向上流动，即在线框中是顺时针方向流动。电流的大小仍为

$$I = \frac{\mathscr{E}}{R} = \frac{vBL}{R}$$

讨论　图 20.5 说明了一个有用的方法：画出电池符号代表感应电动势的方向常常有帮助。

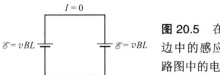

图 20.5　在位置 3，a 边和 c 边中的感应电动势可以用电路图中的电池符号表示。

请注意，若线框静止而不是匀速向右运动，在 1～5 任何位置都没有动生电动势。动生电动势的出现不会只是因为线框的一个竖直边处于磁场中而另一边不在；它的产生是因为一边移过磁场而另一边没有。

概念练习题 20.1　不同金属线框

假设一个由不同的金属制成的线框，但具有相同的大小、形状和速度且过相同的磁场。下面这些量中哪个将是不同的：电动势的大小、电动势的方向、电流的大小或电流的方向？

20.2　发电机

在华盛顿州的小鹅大坝发电机组。

由于实际原因，发电机使用在磁场中转动的导线线圈而不是在导轨上滑动的杆。转动的线圈叫作电枢。一个简单的交流发电机如图 20.6 所示。矩形线圈安装在某外部动力源诸如蒸气涡轮发动机的转轴上。

让我们从简单的线圈（一个矩形线框）转动为例开始，该线框以恒定的角速度 ω 转动。线框在产生近匀强磁场 **B** 的永久磁铁或电磁铁的两极间的空间中转动。边 2 和边 4 的长度各为 L 并且到转轴的距离为 r；边 1 和边 3 的长度因此各为 $2r$。

线框的四边在任何时候都不垂直于磁场运动，所以我们必须将第 20.1 节的结果一般化。在计算题 34 中，你可以验证在边 1 和边 3 中的感应电动势为零，因此我们专注于边 2 和边 4。由于在一般情况下，这两边都不垂直于 **B** 运动，电子受到的平均磁力的大小减少了一个因子 $\sin\theta$，其中 θ 是导线的速度和磁感应强度之间的夹角（见图 20.7）：

$$F_{av} = evB\sin\theta$$

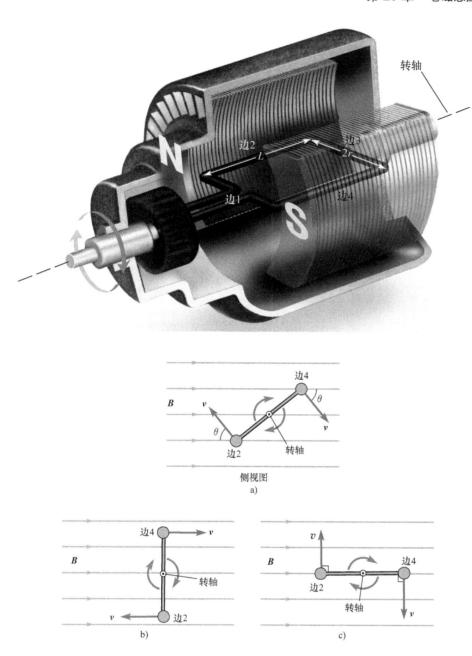

图 20.6　交流发电机，其中矩形线框或导线线圈在永久磁铁或电磁铁的两极之间以恒定角速度转动。线框的边 2 和边 4 中感应出电动势，是由于它们随着线框转动而穿过磁场的运动。（边 1 和边 3 感应电动势为零。）磁力矩阻碍线框的转动，因此必须施加外力矩以使线框保持恒定的角速度转动。

图 20.7　a）沿着转轴看矩形线框的侧视图。边 2 和边 4 的速度矢量与磁场成 θ 角。b）在此位置（$\theta = 0$），线框的边 2 和边 4 正平行于磁场运动，所以电子受到的磁力为零从而感应电动势为零。c）在此位置（$\theta = 90°$），线框的边 2 和边 4 正垂直于磁场运动，所以电子受到的磁力最大。每边中的感应电动势具有最大值 $\mathscr{E} = vBL$。在任意位置，在边 2 和边 4 中的感应电动势为 $\mathscr{E} = vBL \sin \theta$。

则感应电动势减少同一因子：

$$\mathscr{E} = vBL \sin \theta$$

请注意，感应电动势与速度垂直于 $\boldsymbol{B}$ 的分量（$v_\perp = v \sin \theta$）成正比。从视觉图像上，可认为感应电动势与导线切割磁感应线的速率成正比。速度平行于 $\boldsymbol{B}$ 的分量使导线沿着磁感应线运动，所以它对导线切割磁感应线的速率没有贡献。

该线框以恒定的角速度 ω 转动，因此边 2 和边 4 的速率为

$$v = \omega r$$

角度 θ 在以恒定的速率 ω 变化。为简单起见，我们选择在 $t = 0$ 时 $\theta = 0$，因此，$\theta = \omega t$ 并且边 2 和边 4 中的电动势作为时间 t 的函数是

$$\mathscr{E}(t) = vBL \sin \theta = (\omega r) BL \sin \omega t$$

边 2 和边 4 在相反的方向上运动，所以电流在相反的方向上流动；在边 2

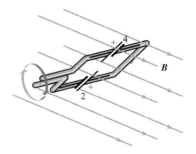

图 20.8 电池符号表示线框在 $\theta = 0$ 与 $\theta = 90°$ 之间的位置上边 2 和边 4 中感应电动势的方向。请注意，"电池"2 的正端连接到"电池" 4 的负端。想想利用基尔霍夫环路定律：两个电动势相加。（当线框通过 $\theta = 90°$ 时，两电动势方向反转。）

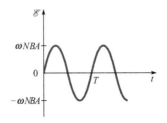

图 20.9 发电机产生的电动势是时间的正弦函数。

中，电流流入页面（见图 20.7），而在边 4 中已流出页面。两边都趋于使电流加图 20.8 所示沿线框逆时针方向绕行。因此，在线框中的总电动势是这两个之和：

$$\mathscr{E}(t) = 2\omega r\, BL \sin \omega t$$

矩形线框两边分别为 L 和 $2r$，所以线框的面积为 $A = 2rL$。因此，作为时间 t 的函数的总电动势 $\mathscr{E}$ 为

$$\mathscr{E}(t) = \omega BA \sin \omega t \tag{20-3a}$$

当以线框的面积写出来时，式（20-3a）适用于任意形状的平面线框。如果线圈由 N 匝导线（N 个相同的线框）组成，电动势为 N 倍大：

> ### 交流发电机产生的电动势
>
> $$\mathscr{E}(t) = \omega NBA \sin \omega t \tag{20-3b}$$

发电机产生的电动势不是恒定的；它是时间的正弦函数（见图 20.9）。最大电动势（$= \omega NBA$）被称为电动势的振幅（正如在简谐运动中最大位移被称为振幅）。正弦电动势用于 AC（交流电）电路。在美国和加拿大的家用电源插座提供了振幅约为 170 V 及频率为 $f = \omega/(2\pi) = 60$ Hz 的电动势。在世界上许多其他地方，振幅约为 310～340 V，频率为 50 Hz。

✓ 检测题 20.2

一台发电机当以 12 Hz 的频率转动时产生振幅为 18 V 的电动势，如果转动的频率下降到 10 Hz 时，电动势的频率和振幅将如何变化？

发电机提供的能量不都是免费的；转动发电机的轴必须做功。当电流流过线圈时，对边 2 和边 4 的磁力导致与线圈转动方向相反的力矩（见计算题 35）。要使线圈保持恒定角速度转动，必须对轴施加相等且反向的力矩。在理想的发电机中，这个外力矩以与电能产生的完全相同的功率做功。实际上，除了别的之外，一些能量通过摩擦以及线圈的电阻耗散掉。于是外力矩做的功多于所产生的电能量。所以电能产生的功率为

$$P = \mathscr{E}I$$

保持发电机的转动所需的外力矩不仅取决于电动势，也取决于它提供的电流。所提供的的电流取决于负载——该电流一定流经的外部电路。

在为我们供电的大多数发电站中，转动发电机轴做的功由蒸气机提供。蒸气机是通过燃烧煤炭、天然气或油或通过核反应堆来驱动。在水力发电厂，水的重力势能是用于转动发电机轴的能源。

应用：混合动力车　在电动以及气电混合动力车中，当制动时，车辆的驱动系统连接到发电机上，给电池充电。因此，车辆的动能不是被完全消耗掉，而是其大部分储存在电池中。这种能量在制动结束后用来驱动汽车。

应用：直流发电机

请注意，在交流发电机中所产生的感应电动势每个周期方向反转两次。在数

学上，式（20-3）中的正弦函数一半时间为正，一半时间为负。当发电机连接到负载时，电流也每个周期方向反转两次——这就是为什么我们称它为交流电。

　　如果负载需要一个直流电（DC）代替呢？那么我们需要一个直流发电机，其中的电动势不会反转方向。制作直流发电机的一种方式是给交流发电机配备开口环换向器和电刷，如同直流电机（见第 19.7 节）那样。正是因为电动势要改变方向，当电刷越过开口环的间隙时，转动线框的接头切换。换向器有效地反转了至外载的接头，使感应电动势及所提供的电流保持同一方向。感应电动势以及电流不是恒定的，该电动势由下式描述

$$\mathscr{E}(t) = \omega NBA |\sin \omega t| \qquad (20\text{-}3c)$$

如图 20.10 中所示。

　　简单的直流电动机，可用作直流发电机，反之亦然。当配置为电动机时，一个电能的外源例如电池使电流流经线框。磁力矩使电动机转动。换言之，输入电流则输出力矩。当配置为发电机时，外力矩使线框转动，磁场在线框中感应出电动势，则该电动势使电流流动。此时输入力矩则输出电流。机械能和电能之间的转换可以在任一方向进行。

　　更复杂的直流发电机有许多在转轴周围均匀分布的线圈。每个线圈中的电动势仍按正弦函数变化，但每个线圈在不同的时间达到电动势的峰值。当换向器转动时，电刷有选择性地连接到最接近其电动势峰值的线圈。输出的电动势只有小的波动，如果必要的话，这可以由称为电压调节器的电路解决。

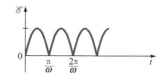

图 20.10　作为时间函数的直流发电机的电动势。

> **链接：**
> 　　直流发电机是输入和输出反转的直流电动机。

例 20.2

自行车发电机

　　一个与自行车轮胎接触的简单的直流发电机可以用来发电供给前灯。该发电机有 150 匝半径为 1.8 cm 的圆形线圈，线圈处的磁感应强度为 0.20 T。当发电机供给灯泡的电动势振幅为 4.2 V 时，灯泡消耗的平均功率为 6.0 W 以及最大瞬时功率为 12.0 W。（a）发电机电枢的转速每分钟是多少转？（b）假设发电机是理想的，自行车轮胎需要施加给发电机的平均力矩和最大瞬时力矩是多少？（c）轮胎的半径为 32 cm，与轮胎接触的发电机轴的半径是 1.0 cm。要提供振幅为 4.2 V 的电动势，自行车运动的线速度必须是多少？

　　分析　振幅是随时间变化的电动势［见式（20-3c）］的最大值。求力矩有两种可能的方法。一种是求线圈中的电流，然后再求线圈受到的磁场的力矩。要使电枢保持以恒定角速度运动，必须对它施加等大且反向的力矩。另一种方法是分析能量的转换。施加于电枢的外力矩一定以与灯泡消耗的电能相同的功率做功。第二种方法较简单，特别是因为这个问题指出了灯泡的功率。要求自行车的线速度，我们令轮胎和轴的切向速率相等（轴在轮胎上"滚动"）。

　　解　（a）电动势作为时间的函数为

$$\mathscr{E}(t) = \omega NBA |\sin \omega t| \qquad (20\text{-}3c)$$

当 $\sin \omega t = \pm 1$ 时，电动势有最大值。因此，电动势的振幅为

$$\mathscr{E}_{\mathrm{m}} = \omega NBA$$

其中，$N = 150$，$A = \pi r^2$ 和 $B = 0.20$ T。解出角频率为

$$\omega = \frac{\mathscr{E}_{\mathrm{m}}}{NAB} = \frac{4.2 \text{ V}}{150 \times \pi \times (0.018 \text{ m})^2 \times 0.20 \text{ T}} = 137.5 \text{ rad/s}$$

检查单位验证 $1\mathrm{V}/(\mathrm{T} \cdot \mathrm{m}^2) = 1 \text{ s}^{-1}$。此问题问的是每分钟的转数，所以我们将角频率转换成 r/min：

$$\omega = 137.5 \frac{\mathrm{rad}}{\mathrm{s}} \times \frac{1}{2\pi} \frac{\mathrm{r}}{\mathrm{rad}} \times \frac{60 \text{ s}}{1 \text{ min}} = 1\,300 \text{ r/min}$$

　　（b）假设发电机是理想的，应用于曲柄的力矩一定以与电能产生的相同的功率做功：

$$P = \frac{W}{\Delta t}$$

由于对小角位移 $\Delta \theta$，所做的功为 $W = \tau \Delta \theta$

$$P = \tau \frac{\Delta \theta}{\Delta t} = \tau \omega$$

则平均力矩为

$$\tau_{\mathrm{av}} = \frac{P_{\mathrm{av}}}{\omega} = \frac{6.0 \text{ W}}{137.5 \text{ rad/s}} = 0.044 \text{ N} \cdot \mathrm{m}$$

而最大力矩为

$$\tau_{\mathrm{m}} = \frac{P_{\mathrm{m}}}{\omega} = \frac{12.0 \text{ W}}{137.5 \text{ rad/s}} = 0.087 \text{ N} \cdot \mathrm{m}$$

（c）发电机轴的切向速度为

$$v = \omega r = 137.5 \text{ rad/s} \times 0.010 \text{ m} = 1.4 \text{ m/s}$$

因为轴在轮胎上不打滑地滚动，因此轮胎与发电机轴接触处的切向速率是相同的。由于发电机几乎是在轮胎的外侧边缘处，轮胎的外半径的切向速率大约是相同的。假设自行车在道路上不打滑滚动，其线速度也为 1.4 m/s。

讨论 为了检查此结果，我们可以求线圈中的最大电流并用它来求出最大力矩。当消耗的功率最大时电流是最大的：

$$P_m = \mathscr{E}_m I_m$$

$$I_m = \frac{12.0 \text{ W}}{4.2 \text{ V}} = 2.86 \text{ A}$$

载流线框所受的磁力矩为

$$\tau = NIAB \sin \theta$$

其中，$\theta = \omega t$ 为磁场与法线之间的夹角（该方向垂直于线框）。在电动势为最大的位置，$|\sin \theta| = 1$。则

$$\tau_m = NI_m AB = 150 \times 2.86 \text{ A} \times \pi \times (0.018 \text{ m})^2 \times 0.20 \text{ T}$$
$$= 0.087 \text{ N·m}$$

练习题 20.2 骑得慢些

若自行车运动速度降至一半，最大功率将是多少？假设灯泡的电阻不变。请记住，角速度影响电动势，这反过来又影响电流。灯泡的功率是如何依赖于自行车的速率？

20.3 法拉第定律

1820 年，汉斯·克里斯蒂安·奥斯特意外地发现电流产生磁场（见第 19.1 节）。听到此发现的消息后不久，英国科学家迈克尔·法拉第（Michael Faraday，1791—1867）开始用磁铁和电路做实验试图将其反过来——用磁场产生电流。法拉第的辉煌实验导致电动机、发电机和变压器的发展。

变化的磁场能够产生感应电动势 1831 年，法拉第发现了两种方法来产生感应电动势。一种是在磁场中移动导体（动生电动势）。另一种不涉及导体的运动。反而，法拉第发现即使导体是静止的，变化的磁场也能在导体中感应出电动势。变化的磁场产生的感应电动势不能从传导电子所受的磁力来理解：如果导体是静止的，电子的平均速度为零，则平均磁力为零。

考虑电磁铁两极之间的一个圆线圈（见图 20.11）。该线圈垂直于磁场；磁感应线穿过线圈内部。由于磁感应强度与磁感应线的间距有关，若磁感应强度变化（通过改变电磁铁的电流），穿过导体回路的磁感应线的条数改变。法拉第发现，回路中的感应电动势与穿过回路内的磁感应线的条数的变化率成正比。

我们可以将法拉第定律用数学公式表示出来以便磁感应线的条数不被涉及。磁感应强度的大小与单位截面积的磁感应线的条数成正比：

$$B \propto \frac{\text{磁感应线的条数}}{\text{面积}}$$

若一个面积为 A 的平面垂直于大小为 B 的匀强磁场，则穿过该面的磁感应线的条数与 BA 成正比，因为

$$\text{磁感应线的条数} = \frac{\text{磁感应线的条数}}{\text{面积}} \times \text{面积} \propto BA \qquad (20\text{-}4)$$

仅当平面垂直于磁场时，式（20-4）是正确的。在一般情况下，穿过一个面的磁感应线的条数正比于磁场的垂直分量与面积的乘积：

$$\text{磁感应线的条数} \propto B_\perp A = BA\cos\theta$$

其中，θ 是磁感应强度和法线（垂直于表面的线）之间的夹角。磁感应强度平行

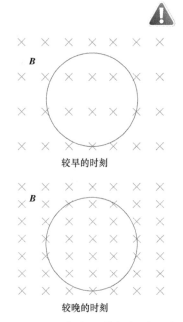

图 20.11 在大小增加的磁场中的圆环。

（图中）B 较早的时刻

B 较晚的时刻

于表面的分量 $B_{/\!/}$ 对穿过该面的磁感应线的条数没有贡献。只有 $B_{\perp}$ 有贡献（见图 20.12a）。等价地，图 20.12b 表明穿过面积为 A 的平面的磁感应线的条数与穿过面积为 $A\cos\theta$ 垂直于磁场的平面的磁感应线的条数相同。

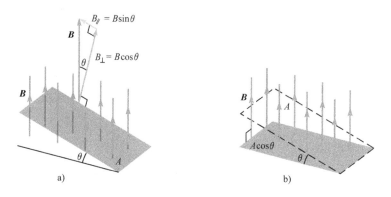

a)　　　　　　　b)

图 20.12 a）垂直于面积为 A 的平面的 $\boldsymbol{B}$ 的分量是 $B\cos\theta$。b）面积 A 在垂直于 $\boldsymbol{B}$ 的平面上的投影是 $A\cos\theta$，表明磁通量为 $BA\cos\theta$。

磁通量　　与通过一个面的磁感应线的条数成正比的数学量被称为**磁通量**。符号 $\boldsymbol{\Phi}$（希腊大写字母）用于通量；在 $\boldsymbol{\Phi}_{\mathrm{B}}$ 中下标 B 表示磁通量。

通过一个面积为 A 的平面的磁通量

$$\Phi_{\mathrm{B}} = B_{\perp}A = BA_{\perp} = BA\cos\theta \tag{20-5}$$

（θ 是 $\boldsymbol{B}$ 和该面法线之间的夹角）

磁通量的国际单位是韦伯（1 Wb = 1 T·m²）。

链接：

磁通量类似于电通量（见第 16.7 节）。在这两种情况下，通过一个面的通量等于该面的面积乘以场的垂直分量。另外，在这两种情况下，通量可以形象化看作穿过该面的场线的条数。

法拉第定律

法拉第定律表明闭合回路中感应电动势的大小等于通过回路的磁通量的变化率。

法拉第定律

$$\mathscr{E} = -\frac{\Delta\Phi_{\mathrm{B}}}{\Delta t} \tag{20-6a}$$

你能够验证在国际单位制中，1 V = 1 Wb/s。法拉第定律，如果它给出的是瞬时电动势，必须取很小的时间间隔 Δt 的极限。然而，法拉第定律也可以应用于更长的时间间隔；那么 $\Delta\Phi/\Delta t$ 代表通量的平均变化率，$\mathscr{E}$ 代表该时间间隔内的平均电动势。

式（20-6a）中负号反映闭合回路中感应电动势的方向（顺时针或逆时针）。这个符号的解释与我们没用到的电动势方向的定义有关。反而，在第 20.4 节中，我们介绍楞次定律，它给出了感应电动势的方向。

若不是单个导体回路，而是 N 匝线圈，则式（20-6a）给出了在每匝中的感应电动势；线圈的总电动势是其 N 倍：

$$\mathscr{E} = -N\frac{\Delta\Phi_{\mathrm{B}}}{\Delta t} \tag{20-6b}$$

$N\Phi_{\mathrm{B}}$ 这个量称为通过线圈的**全磁链**。

例 20.3

变化的磁场产生的感应电动势

一半径为 3.0 cm、40.0 匝的线圈置于电磁铁的两极之间。磁感应强度在 225 s 的时间间隔以恒定的速率从 0 增至 0.75 T。若（a）该磁场垂直于线圈平面；（b）该磁场与线圈平面成 30.0° 的角，线圈中感应电动势的大小分别是多少？

分析　首先我们写出通过线圈的场通量的表达式。唯一的变化是该场的强度，所以通量的变化率与场的变化率成正比。法拉第定律给出感应电动势。

解　（a）磁感应强度垂直于线圈，所以通过一匝的通量为

$$\Phi_B = BA$$

其中，B 是磁感应强度的大小以及 A 为回路的面积。由于该磁场以恒定的速率增加，那么通量也增加。通量的变化率就等于通量的改变除以时间间隔。通量以恒定的速率变化，所以，回路中的感应电动势为常数。

用法拉第定律

$$\mathscr{E} = -N\frac{\Delta\Phi_B}{\Delta t} = -N\frac{B_f A - 0}{\Delta t}$$

$$|\mathscr{E}| = 40.0 \times \frac{0.75\ \text{T} \times \pi \times (0.030\ \text{m})^2}{225\ \text{s}} = 3.77 \times 10^{-4}\ \text{V}$$

$$= 0.38\ \text{mV}$$

（b）在式（20-5）中，θ 是 B 和线圈法线方向之间的夹角。若该磁场与线圈平面成 30.0° 的角，则它与线圈法线所成的角

$$\theta = 90.0° - 30.0° = 60.0°$$

通过一匝的磁通量为

$$\Phi_B = BA\cos\theta$$

因此感应电动势为

$$|\mathscr{E}| = N\frac{\Delta\Phi_B}{\Delta t} = N\frac{B_f A\cos\theta - 0}{\Delta t} = 3.77 \times 10^{-4}\ \text{V} \times \cos 60.0°$$

$$= 0.19\ \text{mV}$$

讨论　如果该磁场的变化率不是恒定的，那么 0.38 mV 将是该时间间隔内的平均电动势。瞬时电动势会时高时低。

练习题 20.3　用 B 的垂直分量

画一个草图显示线圈、线圈法线方向以及磁感应线。求 B 在法线方向的分量。现用 $\Phi_B = B_\perp A$ 来验证（b）部分的答案。

链接：

法拉第定律给出了变化的磁通量产生的感应电动势，包括第 20.1 和第 20.2 节的动生电动势。

法拉第定律和动生电动势

本节中的早些时候，我们写出了法拉第定律以给出变化的磁场产生的感应电动势的大小。但这只是内容的一部分。法拉第定律给出了变化的磁通量产生的感应电动势，无论磁通量变化的原因是什么。磁通量的变化可以由变化的磁场以外的其他原因发生。导电回路可在磁场不变的区域中移动，或者它可以转动，或者改变大小或形状。在所有这些情况下，如前所述的法拉第定律给出正确的电动势，不管磁通量为什么变化。回想一下，磁通量可以写成

$$\Phi_B = BA\cos\theta \tag{20-5}$$

若磁感应强度的大小（B）变化，或者若回路的面积（A）变化，或者若磁场和法线之间的夹角变化，都会引起磁通量变化。

法拉第定律说明，不管磁通量的变化原因是什么，感应电动势为

$$\mathscr{E} = -N\frac{\Delta\Phi_B}{\Delta t} \tag{20-6b}$$

例如，图 20.2 的运动杆是导体回路的一边。通过回路的磁通量随杆向右滑动而增加，因为回路的面积增加了。法拉第定律给出的回路中的感应电动势与我们在式（20-2a）中求得的相同。

运动导体中的自由电荷被推动起因于电荷受到的磁力。由于导体作为一个整体运动，自由电荷有一个非零的平均速度并因此受到一个非零的平均磁力。在变化的磁场和静止导体的情况下，自由电荷不是受到磁力而运动——在电流开始流

动前，它们的平均速度为零。究竟是什么使电流流动将在第 20.8 节分析。

正弦电动势

作为时间的正弦（或余弦）函数的电动势，如在例 20.2 中，常见于交流发电机、电动机和电路。每当磁通量是时间的正弦函数，正弦电动势就产生。它可以表示为（见图 20.13）：

$$若\Phi(t)=\Phi_0\sin\omega t，则\frac{\Delta\Phi}{\Delta t}=\omega\Phi_0\cos\omega t \quad （对小的 \Delta t） \qquad （20\text{-}7a）$$

$$若\Phi(t)=\Phi_0\cos\omega t，则\frac{\Delta\Phi}{\Delta t}=-\omega\Phi_0\sin\omega t \quad （对小的 \Delta t） \qquad （20\text{-}7b）$$

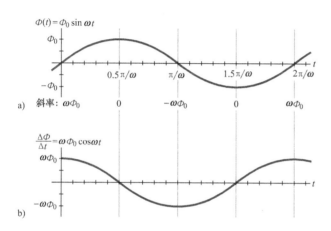

图 20.13　a）一个正弦电动势 $\Phi(t)=\Phi_0\sin\omega t$ 作为时间的函数的示意图。b）斜率 $\Delta\Phi/\Delta t$ 的示意图，它表示 $\Phi(t)$ 的变化率。

例 20.4

将法拉第定律应用到发电机

电磁铁两极之间的磁感应强度恒定，大小为 B，处于该磁场中的圆形线圈有 N 匝且面积为 A。外加一力矩使线圈以恒定的角速度 ω 绕垂直于该磁场的轴转动（见图 20.6）。利用法拉第定律求线圈中的感应电动势。

分析　磁场不变，但线圈的方向改变。穿过线圈的磁感应线的条数取决于磁场与法线（垂直于线圈方向）之间的夹角。根据法拉第定律，变化的磁通量在线圈中感应出电动势。

解　让我们选择在磁场垂直于线圈的瞬时，$t=0$。此瞬时，$\boldsymbol{B}$ 平行于法线，则 $\theta=0$。随后 $t>0$，线圈转过一个角度 $\Delta\theta=\omega t$，因此，磁场与法线之间的夹角作为 t 的函数为

$$\theta=\omega t$$

通过线圈的磁通量为

$$\Phi=BA\cos\theta=BA\cos\omega t$$

要求瞬时电动势，需要知道磁通量的瞬时变化率。利用式（20-7b），其中 $\Phi_0=BA$，

$$\frac{\Delta\Phi}{\Delta t}=-\omega BA\sin\omega t$$

由法拉第定律

$$\mathscr{E}=-N\frac{\Delta\Phi}{\Delta t}=\omega NBA\sin\omega t$$

这就是我们在第 20.2 节 ［见式（20-3b）］求得的。

讨论　式（20-3b）是利用矩形框中电子受到的磁力求出每边的动生电动势获得的。对圆形回路或圆线圈同样做将很困难。法拉第定律较易使用并清楚地表明，只要回路或线圈是平面，感应电动势则不依赖于它的特定形状，只与面积和匝数有关。

练习题 20.4　转动线圈发电机

在转动线圈发电机中，电磁铁两极之间的磁感应强度为 0.40 T。两极之间的圆形线圈有 120 匝且半径为 4.0 cm。该线圈以 5.0 Hz 的频率转动。求线圈中感应出的最大电动势。

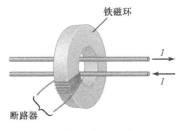

图 20.14 接地故障断路器。

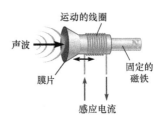

图 20.15 动圈式麦克风。

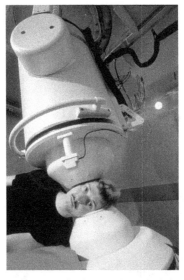

图 20.16 在脑磁图中，脑功能可以通过非侵入性方法来实时观察。图中人头部两侧的两个白色的低温恒温器包含由液氦冷却的敏感的磁场探测器。

基于电磁感应的技术

我们的技术大量依赖于电磁感应。法拉第定律有许多应用，我们甚至很难给出列表。当然，列表上的首位是发电机。我们使用的所有电力几乎都是由发电机产生的——或移动线圈或移动磁场——根据法拉第定律来操作。我们的整个配电系统是基于变压器，它们是利用电磁感应来改变交流电压的设备（见第20.6节）。利用变压器升高长距离输电线的传输电压；然后，抵达用户端时为了家庭和企业的安全使用，变压器再降低电压。所以我们的整个发电和配电系统取决于法拉第电磁感应定律。

接地故障断路器　接地故障断路器（GFI）是常用在浴室和其他电击危险很大处的交流电源插座中的一种装置。如图20.14中所示，两根导线通常一直供应插座以相同但反向的电流。这些交流电流每秒反向120次。如果人用湿手不小心去与电路的一部分接触，电流可能通过人流入地面而不是返回到线路中。于是两根导线中的电流不等。不同电流的磁感应线被铁磁环通过线圈引导。通过线圈的磁通量每秒反向120次，所以在线圈中有感应电动势，断路器跳闸使电路从电源线断开。接地故障断路器灵敏且快速，所以它们是对简单的电路断路器安全上的重大改进。

动圈式麦克风　图20.15是动圈式麦克风的示意简图。线圈与一个膜片连接，膜片可前后移动以响应空气中的声波。磁铁固定在适当的位置。由于磁通量的变化，线圈中出现感应电动势。在另一个常见类型的麦克风中，磁铁与膜片连接，而线圈固定在适当的位置。计算机硬盘驱动器的读取也是基于电磁感应。随着磁盘的旋转，只要盘片表面磁化强度（见第19.10节）变化，通过磁头的磁通量就变化，便感应出电动势。

脑磁图　法拉第定律提供了一种方法来检测在人体内流动的电流。我们可以测量由这些电流产生的磁感应强度，而不是测量皮肤上一些点之间的电势差。由于电流小，磁场弱，所以使用称为超导量子干涉器（SQUID）的敏感探测器。当电流变化时，磁感应强度的变化会在超导量子干涉器中感应出电动势。在脑磁图中，测量头盖骨外的多点处的感应电动势（见图20.16）；然后计算机计算出产生磁场的电流在大脑中的位置、大小和方向。类似地，心磁图检测心脏和周围神经中的电流。

20.4　楞次定律

由磁通量的变化引起的感应电动势和电流的方向可以使用**楞次定律**来确定，它是以波罗的海的德国物理学家海因里希·弗里德里希·埃米尔·楞次（1804—1865）的名字命名的：

> **楞次定律**
>
> 回路中感应电流的方向总是阻碍引起感应电流的磁通量的变化。

请注意，感应电动势及电流不一定阻碍磁场或磁通量；它们阻碍磁通量的变化。

应用楞次定律的一种方法是分析感应电流产生的磁场的方向。回路中的感应电流产生它自己的磁场。与外磁场比较，该磁场可能较弱。它不能阻止通过回路的磁通量的变化，但其方向始终是"试图"阻止磁通量的变化。该磁场方向根据右手螺旋法则 2 与电流方向有关（见 19.8 节）。

✓ 检测题 20.4

在图 20.11 中，磁感应强度在增加。（a）在导线环中的感应电流朝什么方向流动？（b）若磁感应强度反而在减小，电流朝什么方向流动？

> **链接：**
>
> 楞次定律实际上是能量守恒的一种表现。（见概念例题 20.5。）

概念性例题 20.5

对运动环路的法拉第定律和楞次定律

使用法拉第定律和楞次定律验证在例 20.1 中计算的电动势和电流——即通过分析穿过回路的磁通量的变化，求电动势和电流的方向和大小。

分析　要应用法拉第定律，就要找出磁通量变化的原因。在例 20.1 中，一个线框匀速向右运动，进入、通过一磁场区域，然后离开该区域。区域内的磁感应强度的大小和方向不变，线框的面积也不变。所改变的是，处于磁场区域中的那部分面积。

解　在位置 1、3 和 5 时，即使线框运动，磁通量不变。在每种情况下，线框的小位移不会引起磁通量的变化。在位置 1 和 5 时通量为零，在位置 3 通量不为零但为常数。对于这三个位置，感应电动势为零，所以电流为零。

若线框在位置 2 静止时，磁通量是恒定的。然而，由于线框正在进入磁场区域，磁感应线穿过的线框面积在增加。因此，磁通量在增加。根据楞次定律，感应电流的方向阻碍磁通量的变化。由于该磁场指入页面，而且磁通量在增加，感应电流沿着产生指出页面的磁场的那个方向流动。通过右手螺旋法则，电流为逆时针方向。

在位置 2，线框在磁场区域中的长度为 x。线框处于磁场中的面积为 Lx。则磁通量为

$$\Phi_B = BA = BLx$$

只有 x 在变化。磁通量的变化率为

$$\frac{\Delta \Phi_B}{\Delta t} = BL \frac{\Delta x}{\Delta t} = BLv$$

因此

$$|\mathscr{E}| = BLv$$

且

$$I = \frac{|\mathscr{E}|}{R} = \frac{BLv}{R}$$

在位置 4，因为线框离开磁场区域，磁通量在减少。再令

线框在磁场中的长度为 x。正如在位置 2 时

$$\Phi_B = BLx$$

$$\mathscr{E} = \left| \frac{\Delta \Phi_B}{\Delta t} \right| = BL \left| \frac{\Delta x}{\Delta t} \right| = BLv$$

以及

$$I = \frac{|\mathscr{E}|}{R} = \frac{BLv}{R}$$

这次磁通量在减小。为了阻碍减少，感应电流产生与外磁场方向相同的磁场——指入页面。于是，电流一定为顺时针方向。

电动势和电流的大小和方向与例 20.1 中求出的完全一样。

讨论　应用楞次定律求得电流方向的另一种方法是分析线框所受的磁力。磁通量的变化是由于线框向右运动。为了阻碍磁通量的变化，线框中任何方向流动的电流应给出一个向左的磁力，试图使线框静止并停止磁通量的变化。在位置 2，对 b 边和 d 边的磁力大小相等、方向相反；a 边不受磁力因为那里 B = 0。于是对 c 边一定有向左的磁力。由 $F = IL \times B$，c 边中的电流向上从而在回路中逆时针流动。同理，在位置 4，a 边中的电流向下以给出向左的磁力。

当分析线框所受的力时，楞次定律和能量守恒之间的联系更为明显。当电流在线框中流动，电能以 $P = I^2 R$ 的功率消耗。这种能量从何而来？如果没有外力将线框向右拉，磁力会使线框减速；消耗的能量来自线框的动能。当电流流动时，为了使线框以恒定速度保持向右移动，必须有外力把它拉到右边。外力所做的功补充了线框的动能。

练习题 20.5　线框所受的磁力

（a）以 B、L、v 和 R 求线框在位置 2 和 4 所受的磁力。（b）证明，保持线框匀速运动时外力做功的功率（$P = Fv$）等于能量在线框中消耗的功率（$P = I^2 R$）。

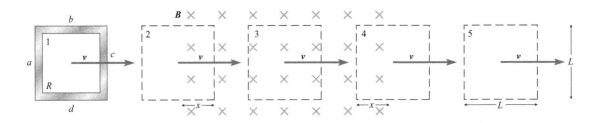

关于在变化的磁场中导体回路的楞次定律

一个圆线圈向着条形磁铁匀速运动（见图 20.17）。线圈通过磁铁并继续向远离它的另一侧运动。利用楞次定律求该线圈在位置 1 和位置 2 时的电流方向。

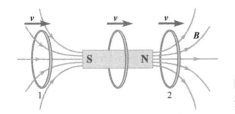

图 20.17 通过条形磁铁的导体环。

分析 因为线圈运动中磁场由弱到强（位置 1），因此通过回路的磁通量在变化，反之亦然（位置 2）。我们可以说明电流方向（左视）为逆时针或顺时针方向。

解 在位置 1，磁感应线从 S 极进入磁铁，所以磁感应线从左到右穿过线圈（见图 20.18a）。由于线圈移近磁铁，磁场越来越强，穿过线圈的磁感应线的条数增加（见图 20.18b）。磁通量因此增加。为了阻碍这种增加，电流产生一个向左的磁场（见图 20.18c）。右手螺旋法则给出了电流的方向左视为逆时针方向。

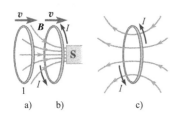

图 20.18 线圈从位置 a）到 b）向着磁铁运动；c）线圈中感应出的电流产生 B 场阻碍接近条形磁铁时强度的增加。

在位置 2，磁感应线还是从左到右穿过线圈（见图 20.19a），但现在磁场越来越弱（见图 20.19b）。电流一定在相反的方向流动——左视为顺时针方向（见图 20.19c）。

讨论 运用楞次定律几乎不止一种方法。分析此情况的另一种方法是记住电流环是一个磁偶极子，并且我们可以把它看作为一个小的条形磁铁。在位置 1，电流环被真实的条形磁铁所排斥。磁通量变化是由于线圈向着磁铁

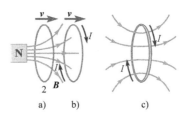

图 20.19 线圈从位置 a）到 b）远离磁铁运动；c）线圈中感应出的电流产生 B 场阻碍离开条形磁铁时强度的减小。

运动；为了阻碍这种变化，应有一个力推开。那么线圈的磁极一定如图 20.20a；同极相斥。将右手的大拇指指向 N 极的方向，卷曲四指可得到电流方向。

同样的步骤可用于位置 2。现磁通量变化是由于线圈远离磁铁运动，为了阻碍磁通量的变化，一定有一个把线圈吸向磁铁的力（见图 20.20b）。

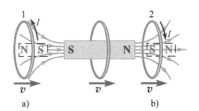

图 20.20 电流环可以表示为小的条形磁铁。

概念性练习题 20.6 线圈中感应电动势的方向

（a）在图 20.21 中，开关刚闭合时，铁心中的磁场的方向是什么？（b）流经与线圈 2 连接的电阻的电流的方向是什么？（c）若开关保持闭合，线圈 2 中电流继续流吗？为什么？（d）画出当开关刚闭合时线圈 1 和线圈 2 用等价的小的条形磁铁替代的草图。

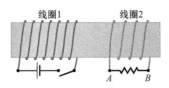

图 20.21 两个线圈绕在一个共同的软铁心上。

20.5　电动机中的反电动势

如果一台发电机和一台电动机从本质上来说是相同的装置，那么在电动机的线圈（或绕组）中有感应电动势吗？一定有，因为根据法拉第定律，当线圈转动时通过线圈的磁通量会变化。由楞次定律，这种感应电动势——称为**反电动势**——反抗线圈中的电流流动，因为它是使线圈转动从而使磁通量变化的电流。反电动势的大小取决于磁通量的变化率，因此反电动势随线圈的转速增加而增加。

图 20.22 所示为直流电动机的反电动势的一个简单电路模型。我们设这种电动机有许多角度各不相同的线圈（也称为绕组），从而力矩、电动势和电流都是恒定的。当外部电动势刚启动时，没有反电动势，因为绕组没有转动。于是，电流具有最大值 $I = \mathscr{E}_外/R$。电动机转得越快，反电动势就越大，电流也变得越小：$I = (\mathscr{E}_外 - \mathscr{E}_反)/R$。

您可能已经注意到，当大型电动机——如在冰箱或洗衣机中——刚启动时，室内灯光昏暗了一点。当电动机启动时，它流入了大电流，因为没有反电动势。墙中绕组上的电压降与其中流过的电流成正比，所以电路上的灯泡和其他负载两端的电压降低，导致瞬间"暗淡"。随着电动机提速，流入的电流要小得多，所以暗淡结束。

如果电动机过载，使其转动缓慢或根本不转，则通过绕组的电流很大。电动机设计成能够承受只是当它们开启时暂时这么大的电流，若电流持续在过高值时，电动机"烧毁"——绕组过热，足以造成电机损坏。

20.6　变压器

十九世纪末，关于什么形式的电流应该用来为家庭和企业提供电力有过激烈的争吵。托马斯·爱迪生是直流电的支持者；而乔治·威斯汀豪斯，拥有尼古拉·特斯拉发明的交流电动机和发电机的专利，对交流电更加青睐。最终威斯汀豪斯赢了，主要是因为交流电允许使用变压器来改变电压并长距离传输电力，其功率损失比直流电小得多，正如我们在这一节看到的。

图 20.23 所示为两个简单的变压器。每个变压器中，两股绝缘导线分别缠绕在铁心上。磁感应线通过铁引导，所以这两个线圈包围相同的磁感应线。将交变电压施加到初级线圈上；在初级线圈中的交变电流会产生通过次级线圈的变化的磁通量。

若初级线圈有 N_1 匝，根据法拉第定律，在初级线圈中感应出的电动势 $\mathscr{E}_1$：

$$\mathscr{E}_1 = -N_1 \frac{\Delta \Phi_B}{\Delta t} \tag{20-8a}$$

这里，$\Delta \Phi_B/\Delta t$ 是通过初级线圈每一匝的磁通量的变化率。忽略线圈中的电阻以及其他能量损失，感应电动势等于加在初级线圈上的交变电压。

若次级线圈有 N_2 匝，则在次级线圈中的感应电动势为

$$\mathscr{E}_2 = -N_2 \frac{\Delta \Phi_B}{\Delta t} \tag{20-8b}$$

在任何时刻，通过次级线圈每一匝的磁通量等于通过初级线圈的每一匝，所以 $\Delta \Phi_B/\Delta t$ 在式（20-8a）和式（20-8b）中的量相同。从两个方程中消除 $\Delta \Phi_B/\Delta t$，我们求得两个电动势的比值是

$$\frac{\mathscr{E}_2}{\mathscr{E}_1} = \frac{N_2}{N_1} \tag{20-9}$$

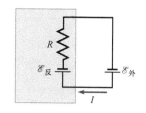

图 20.22　外部电动势（$\mathscr{E}_外$）与直流电动机连接。反电动势（$\mathscr{E}_反$）是由于通过绕组的磁通量变化而产生。随着电动机转速增加，反电势增加并且电流减少。

变压器的电路符号

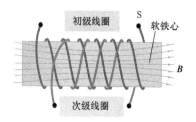

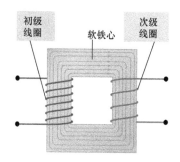

图 20.23　两个简单的变压器。每个变压器都包含有缠绕在一个共同铁心上的两组线圈，使得几乎所有初级线圈产生的磁感应线通过次级线圈的每一匝。

输出——次级线圈中的电动势——是加在初级线圈上的输入电动势的 N_2/N_1 值。比值 N_2/N_1 称为**匝数比**。变压器通常可分为升压或降压变压器，取决于次级电动势是大于还是小于加在初级线圈上的电动势。同一个变压器既可被用作升压变压器也可用作降压变压器，取决于用它的哪个线圈作为初级线圈。

✓ 检测题 20.6

变压器的初级线圈与直流电池连接。在次级线圈中有感应电动势吗？如果有，为什么我们不使用直流电源变压器？

电流比　在理想变压器中，变压器自身的功率损耗可以忽略不计。大多数变压器是非常有效的，所以忽略功率损耗通常是合理的。于是能量供给初级线圈的功率等于能量供给次级线圈的功率（$P_1 = P_2$）。由于功率等于电压乘以电流，那么电流比是电动势之比的倒数：

$$\frac{I_2}{I_1} = \frac{\mathscr{E}_1}{\mathscr{E}_2} = \frac{N_1}{N_2} \tag{20-10}$$

例 20.7

手机充电器

手机充电器内的变压器有 500 匝初级线圈。当它接到通常振幅为 170 V 的家用正弦电动势时，提供振幅为 6.8 V 的电动势，（a）次级线圈有多少匝？（b）若流过手机的电流的振幅为 1.50 A，在初级线圈中电流的振幅是多少？

分析　电动势之比与匝数比相同。我们知道两个电动势和初级线圈的匝数，所以我们可以求出次级线圈的匝数。为了求初级线圈中的电流，我们假设为理想变压器。则两个线圈中的电流与电动势成反比。

解　（a）匝数比等于电动势之比：

$$\frac{\mathscr{E}_2}{\mathscr{E}_1} = \frac{N_2}{N_1}$$

解出 N_2

$$N_2 = \frac{\mathscr{E}_2}{\mathscr{E}_1} N_1 = \frac{6.8\ \text{V}}{170\ \text{V}} \times 500 = 20\ \text{匝}$$

（b）电流与电动势成反比：

$$\frac{I_1}{I_2} = \frac{\mathscr{E}_2}{\mathscr{E}_1} = \frac{N_2}{N_1}$$

$$I_1 = \frac{\mathscr{E}_2}{\mathscr{E}_1} I_2 = \frac{6.8\ \text{V}}{170\ \text{V}} \times 1.50\ \text{A} = 0.060\ \text{A}$$

讨论　最有可能的错误是把匝数比颠倒。在这里，我们需要降压变压器，所以 N_2 必须一定小于 N_1。若同一变压器连接反了，初级线圈与次级线圈交换，那么它将作为升压变压器。不是提供 6.8 V 给手机，而是它将提供

$$170\ \text{V} \times \frac{500}{20} = 4\ 250\ \text{V}$$

我们可以检查输入功率和输出功率是相等的：

$$P_1 = \mathscr{E}_1 I_1 = 170\ \text{V} \times 0.060\ \text{A} = 10.2\ \text{W}$$

$$P_2 = \mathscr{E}_2 I_2 = 6.8\ \text{V} \times 1.50\ \text{A} = 10.2\ \text{W}$$

（因为电动势和电流是正弦的，瞬时功率不是恒定的。把电流和电动势的振幅相乘，我们可以计算出最大功率。）

练习题 20.7　理想变压器

理想变压器有 5 匝初级线圈和 2 匝次级线圈。若初级线圈输入的平均功率为 10.0 W，次级线圈输出的平均功率是多少？

应用：电力分配

为什么能够变压如此重要？主要原因是为了减少输电线中的能耗。假设一家发电厂提供给远处的城市的功率为 P。由于提供的功率是 $P_S = I_S V_S$，其中，I_S 和 V_S 为供给负载（城市）的电流和电压，发电厂可以提供较高电压和较小电流，

或较低电压和较大电流。如果输电线的总电阻为 R，在输电线中的能耗率是 $I_s^2 R$。因此，为了尽量减少输电线中的能耗，我们希望流过它们的电流尽可能小，这意味着电势差一定大——在某些情况下可达数百千伏。变压器是用来将发电机的输出电动势升至高电压（见图 20.24）。家居电路上如此高的电压将是不安全的，所以在到达房子之前要把电压变换回来。

20.7　涡电流

　　每当一个导体经受磁通量的变化时，感应电动势引起电流流动。在实心导体中，感应电流同时沿着许多不同的路径流动。这些涡流的得名是由于它们与大气中的漩涡或河中的湍流的相似性。虽然电流的流动模式是复杂的，我们仍然可以使用楞次定律得到电流流动方向（顺时针或逆时针）的一般认识。我们也可以利用能量守恒定性地确定涡流的影响。因为它们在电阻介质中流动，涡流消耗电能。

图 20.24　在几个阶段的变压。升压变压器将电压从发电站升到 345 kV 以便长距离传输。电压经几个阶段再逐步变换回来。最后的变压器将当地的输电线中的 3.4 kV 降为家用的 170 V。

概念例题 20.8

涡流阻尼

　　天平必须有一定的阻尼机制。没有的话，天平臂将会振荡很长时间才平息下来；确定物体的质量将是漫长繁琐的过程。用于阻尼振荡的一个典型装置如图 20.25 所示。

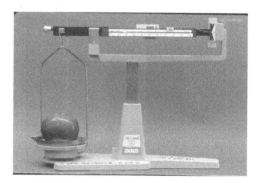

图 20.25　天平。阻尼机构是在最右边（箭头）；随着天平臂的摆动，金属板在磁铁的两极之间运动。

　　一块连接到天平臂的金属板经过永久磁铁的两极之间。(a) 依据能量守恒解释阻尼效应。(b) 阻尼力取决于板的速度吗？

　　分析　由于金属板部分移入或移出磁场，变化的磁通量感应出电动势。这些感应电动势引起涡流的流动。用楞次定律确定涡流的方向。

　　解　(a) 因为金属板在磁铁的两极之间运动，它的一部分移入磁场，而其他部分移出磁场。由于磁通量的变化，感应电动势引起涡流流动。涡流消耗能量，此能量一定来自天平臂、盘及其上物体的动能。随着电流流动，天平的动能减小，于是它会较快地停下来。

　　(b) 若金属板运动越快，通量变化也越快。法拉第定律指出，感应电动势与磁通量的变化率成正比。较大的感应电动势引起较大的电流流动。阻尼力是作用在涡流上的磁力。因此，阻尼力也越大。

　　讨论　处理 (a) 部分的另一个方法是利用楞次定律。作用在涡流上的磁力一定阻碍磁通量的变化，因此，它一定阻碍该板通过磁铁的运动。让板慢下来会减少磁通量的变化率，而让板加快会增加磁通量的变化率——并且增加天平的动能，违反了能量守恒。

概念练习题 20.8　为变压器选芯

　　在一些变压器中，导线缠绕的芯是由平行绝缘的铁丝组成而不是实心的铁（见图 20.26）。说明用绝缘丝代替实芯的优势。[提示：想想涡流。为什么这里的涡流是缺点？]

a) 铁丝束　　　b) 实的软铁心　　图 20.26　变压器的芯

应用：涡流制动

　　概念例题 20.8 中所描述的现象被称为涡流制动。涡流制动对敏感仪器如实验室的天平是理想选择。在天平臂的一端，一块金属板通过两个磁极之间。当臂运动时，在金属板中感应出涡电流。阻尼机构从来没有磨损或需要调整，而且我电磁炉如何工作？

图 20.27　电磁炉上金属锅中感应出的涡流。

们保证不施加力时，天平臂不动。涡流制动也可用于铁路车辆如磁悬浮单轨列车、电车、机车、客车和货车。

涡流引起的阻尼力自动反抗其运动；当速度较大时，它的大小也较大。阻尼力很像一个物体在流体中运动受到的黏滞力（见计算题20）。

应用：电磁炉

在本章开头讨论的电磁炉是通过涡流来工作的。烹调面下是产生振荡磁场的电磁铁。当金属锅放到炉子上，电动势导致电流流动，这些电流所消耗的能量就是加热锅的能量（见图 20.27）。锅必须由金属制成；如果使用玻璃锅，则不会有电流流动，也就不能加热。出于同样的原因，即使不小心把锅垫或纸张放在了电磁炉上，也没有着火的危险。烹饪面本身是非导体；其温度只上升到从锅传给它的热度。因此，烹饪面不会比锅底热。

20.8　感应电场

当导体在磁场中运动时，动生电动势的产生是由于自由电荷受到磁力。因为电荷沿着导体运动，它们有一个非零的平均速度。如果存在闭合电路，对这些电荷的磁力就在闭合电路中推动它们。

静止导体在变化的磁场中产生感生电动势的原因是什么？这时导体是静止的，自由电荷的平均速度为零。则对它们的平均磁力为零，所以不能是磁力在闭合电路中推动电荷。变化的磁场会产生**感应电场**，作用于导体中的自由电荷，推动它们在闭合电路中运动。力的定律（$F = qE$）适用于感应电场，同对其他任何电场一样。

闭合回路中的感应电动势是对一个沿闭合回路运动的每单位电荷的带电粒子所做的功。因此，对一个沿闭合路径运动，起点和终点在同一点的电荷，感应电场所做的功不为零。换句话说，感应电场是非保守的。感应电场 E 所做的功不能被描述为电荷乘以电势差。利用电势的概念可推导出电场对一个沿闭合路径运动的电荷所做的功为零——因为在空间中每点的电势只有唯一的值。表 20.1 总结了保守和非保守的 E 场之间的差异。

表 20.1　保守和非保守 E 场的比较

	保守 E 场	非保守（感应）E 场
源	电荷	变化的 B 场
场线	起始于正电荷并终止于负电荷	闭合回路
能用电势描述吗？	能	不能
沿闭合路径做的功	总为零	不为零

电磁场

法拉第定律如何能给出感应电动势？（不必考虑磁通量变化是由什么引起的——无论是变化的磁场还是导体在磁场中运动。）在一个参考系中运动的导体在另一个参考系静止（见第 3.5 节）。我们将在第 26 章中看到，爱因斯坦的狭义相对论理论指出，任何参考系都是等价的。在一个系中，感应电动势是由于导体的运动引起；在另一个系中，感应电动势是由于变化的磁场引起。

电场和磁场不是真正独立的实体。它们有着密切的联系。虽然在许多情况下，认为它们是不同的场是有利的，更准确的看法是认为它们是**电磁场**的两个方面。用一个不太严谨的比喻：一个矢量在不同的坐标系中有不同的 x 分量和 y 分量，但这些分量代表着相同的矢量。同样，电磁场的电场部分和磁场部分（类似于矢量分量）与参考系有关。在一个参考系中只有电场而在另一个参考系中可有电场和磁场两个"分量"。

你可能会注意到失去对称性了。如果变化的 **B** 场总是伴随着感应 **E** 场，反过来是什么？变化的电场产生感应磁场吗？对这个重要问题的回答——我们对光为电磁波的认识的核心——是肯定的（见第 22 章）。

链接：
相对论统一了电场和磁场。

20.9　电感

互感

图 20.28 所示为两个线圈。具有可变电动势的电源使电流 I_1 在线圈 1 中流动；该电流产生如图所示的磁感应线。这些磁感应线一部分穿过线圈 2 的各匝。如果我们调整电源使 I_1 变化，通过线圈 2 的磁通量随之变化从而在线圈 2 中出现感应电动势。互感——在一个装置中的变化电流在另一装置中引起感应电动势——可以发生在同一电路中的两个电路元件之间以及两个不同电路的电路元件之间。在任一情况下，通过一个元件的变化电流在另一个元件中感应出电动势。这种效应其实是相互的：线圈 2 中的变化电流也在线圈 1 中感应出电动势。（关于互感的更多详细信息，请参阅教材网站。）

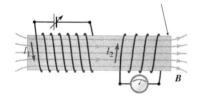

图 20.28　由于线圈 1 中电流变化，在线圈 2 出现感应电动势。

电感器的电路符号为 —ⅿⅿⅿ—

自感

美国科学家约瑟夫·亨利（1797—1878）最先用绝缘导线缠绕铁心制作出电磁铁。（实际上，亨利在法拉第之前就发现感应电动势，但法拉第先公布。）亨利也是最先表明，线圈中的变化电流在同一线圈中感应出电动势——一个称为**自感**（或简称为**电感**）的效应。当一个线圈、螺线管、螺绕环或其他电路元件在电路中使用的主要是其自感效应时，称它为**电感器**（见图 20.29）。

电感器的**电感** L 被定义为在通过电感器的通量与流经电感器绕组的电流之间的比例常数。

图 20.29　电感器有多种尺寸和形状。

电感的定义

$$N\Phi = LI \qquad (20\text{-}11)$$

其中，通过每匝的磁通量为 Φ，并且电感器具有 N 匝。电感的国际单位称为亨利（符号 H）。由式（20-11），$L = N\Phi/I$，并因此

$$1\,\mathrm{H} = 1\,\frac{\mathrm{Wb}}{\mathrm{A}} = 1\,\frac{\mathrm{Wb/s}}{\mathrm{A/s}} = 1\,\frac{\mathrm{V\cdot s}}{\mathrm{A}} \qquad (20\text{-}12)$$

当电感器中的电流变化时，磁通量变化。N 和 L 是常数，故 $N\Delta\Phi = L\Delta I$。则根据法拉第定律，电感器中的感应电动势为

$$\mathscr{E} = -N\frac{\Delta\Phi}{\Delta t} = -L\frac{\Delta I}{\Delta t} \qquad (20\text{-}13)$$

感应电动势与电流的变化率成正比。

螺线管的电感　电感器最常见的形式是螺线管。在计算题25中，求得一个每单位长度有 n 匝、长度为 ℓ、半径为 r 的长的空气螺线管的自感 L 是

$$L = \mu_0 n^2 \pi r^2 \ell \tag{20-14}$$

根据总匝数 N，其中，$N = n\ell$，电感为

$$L = \frac{\mu_0 N^2 \pi r^2}{\ell} \tag{20-15}$$

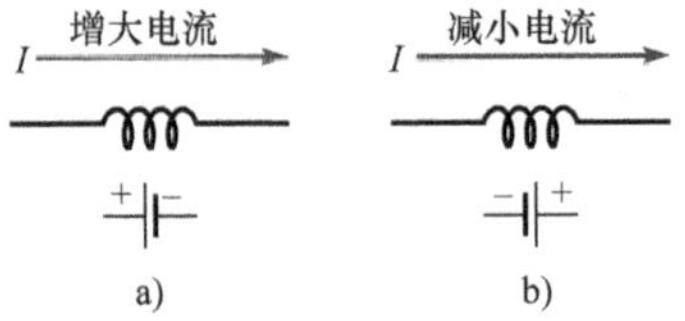

电路中的电感器　电感器在电路中的行为可以概括为电流稳定器。电感"喜欢"电流是恒定的——它"试图"维持现状。如果电流是恒定的，则没有感应电动势；在某种程度上，我们可以忽略其绕组的电阻，电感就像短路了。当电流变化时，感应电动势与电流的变化率成正比。根据楞次定律，电动势方向阻碍产生它的变化。如果电流在增加，电感器中电动势的方向与电流相反，像是使电流难以增加（见图 20.30a）。如果电流在减小，电感器中电动势的方向与电流相同，像是帮助电流保持流动（见图 20.30b）。

图 20.30　通过两个电感器的电流向右流。在 a）中，电流在增加；电感器中的感应电动势"试图"阻止此增加。在 b）中，电流在减少；电感器中的感应电动势"试图"阻止此减少。

电感器储能　电感器储存磁场能量，正如电容器储存电场能量。假设电感器中的电流以恒定的速率在时间 T 内从 0 增加到 I。我们让小写 i 表示 0 和 T 之间某 t 时刻的瞬时电流，并让大写 I 表示最终电流。则电感器中能量积聚的瞬时功率是

$$P = \mathscr{E} i$$

因为电流以恒定的速率增加，磁通量以恒定的速率增加，所以感应电动势为常数。另外，由于电流以恒定的速率增加，平均电流为 $I_{av} = I/2$。则能量积累的平均功率为

$$P_{av} = \mathscr{E} I_{av} = \frac{1}{2} \mathscr{E} I$$

对电动势利用式（20-13），平均功率为

$$P_{av} = \frac{1}{2} L \frac{\Delta i}{\Delta t} I$$

电感器中储存的总能量为

$$U = P_{av} T = \frac{1}{2} \left(L \frac{\Delta i}{\Delta t} \right) I T$$

因为电流以恒定的速率变化，$\Delta i / \Delta t = I/T$。电感器中储存的总能量为

链接：

比较电感器中储存的能量和电容器中储存的能量：$U_C = \frac{1}{2} C^{-1} Q^2$［式（17-18c）］。电感器中的磁能与电流的平方成正比，正如电容器中的电能与电荷的平方成正比。

电感器中储存的磁能

$$U = \frac{1}{2} L I^2 \tag{20-16}$$

虽然为了简化计算，我们假定电流从零以恒定的速率增大，电感器的储能公式（20-16）只取决于电流 I 而不是电流如何达到这个值。

磁能密度　我们可以利用电感得到磁场中的磁能密度。考虑一个螺线管很长以

至于我们可以忽略它外面的磁能。其电感为

$$L = \mu_0 n^2 \pi r^2 \ell$$

其中，n 为单位长度的匝数，ℓ 为螺线管的长度，r 为它的半径。当通以电流 I 时，该电感器中储存的能量为

$$U = \frac{1}{2} L I^2 = \frac{1}{2} \mu_0 n^2 \pi r^2 \ell I^2$$

螺线管内的空间体积是其长度乘以横截面积：

$$体积 = \pi r^2 \ell$$

则磁能密度——单位体积的能量——为

$$u_B = \frac{U}{\pi r^2 \ell} = \frac{1}{2} \mu_0 n^2 I^2$$

也可用磁感应强度表示磁能密度。在长螺线管中，$B = \mu_0 n I$［式（19-15）］。因此，

磁能密度

$$u_B = \frac{1}{2\mu_0} B^2 \qquad (20\text{-}17)$$

式（20-17）的有效性不只是中空螺线管；它给出了除了铁磁体外任意磁场的能量密度。磁能密度和电能密度二者都与场强的平方成正比：我们记得，电能密度为

$$u_E = \frac{1}{2} \varepsilon_r \varepsilon_0 E^2 \qquad (17\text{-}19)$$

✔ **检测题 20.9**

每单位长度绕有的匝数 n 相同的五个螺线管。已知它们的长度、直径及其中流经的电流。依储存的磁能减少的顺序给它们排序。

（a）$\ell = 6\,\text{cm}$，$d = 1\,\text{cm}$，$I = 150\,\text{mA}$；（b）$\ell = 12\,\text{cm}$，$d = 0.5\,\text{cm}$，$I = 150\,\text{mA}$；（c）$\ell = 6\,\text{cm}$，$d = 2\,\text{cm}$，$I = 75\,\text{mA}$；（d）$\ell = 12\,\text{cm}$，$d = 1\,\text{cm}$，$I = 150\,\text{mA}$；（e）$\ell = 12\,\text{cm}$，$d = 2\,\text{cm}$，$I = 30\,\text{mA}$。

例 20.9

🔵 **MRI 磁铁中储存的能量**

在磁共振成像设备中的主磁体是一个大螺线管，其绕组是由液态氦保持低温的超导线。螺线管长 2.0 m，直径为 0.60 m。正常运行时，通过绕组的电流为 120 A，磁感应强度为 1.4 T。（a）正常运行时，储存的磁场能量有多少？（b）在一次意外的淬火中，部分线圈变成了正常导体而不是超导体。磁铁储存的能量迅速消耗。磁铁储存的此能量可以使多少摩

尔的液氦沸腾（见图 20.31）？（氦的汽化潜热是 82.9 J/mol。）在 20 ℃和 1 atm 下，如此量的氦会占据多少体积？（c）经过必要的维修后，该磁铁通过连接到 18 V 的电源重启。电流达到 120 A 要多久？

分析　（a）储存的能量可由电感和电流［见式（20-16）求出，但本题给的是磁感应强度而不是电感，所以比较

例 20.9 续

简单的方法是首先计算磁能密度。储存的能量是能量密度（单位体积的能量）乘以螺线管的体积。（b）利用（a）部分中求出的能量以及潜热，我们可以计算出沸腾的氦的摩尔数。然后，理想气体定律把摩尔数与氦占据的体积联系起来。（c）螺线管的超导绕组的电阻为零，所以我们可以把螺线管看作理想电感器。当连接到电源时，基尔霍夫环路定律要求螺线管中的感应电动势等于电源的电动势。

图 20.31 超导磁铁淬火。磁铁存储的能量迅速消耗，使用来保持磁铁低温的液氦沸腾。

解 （a）螺线管的形状是圆柱形的，故其体积为 $V = \pi r^2 \ell$。利用磁能密度［见式（20-17）］，储存的总能量为

$$U = u_B \pi r^2 \ell = \frac{1}{2\mu_0} B^2 \pi r^2 \ell$$

将数值代入

$$U = \frac{1}{2(4\pi \times 10^{-7}\,\text{T·m/A})}(1.4\,\text{T})^2 \pi (0.30\,\text{m})^2 (2.0\,\text{m})$$
$$= 0.441\,\text{MJ}$$

（b）沸腾的氦的摩尔数

$$n = \frac{U}{L_\text{v}}$$

其中，L_v 是摩尔汽化潜热。计算得

$$n = \frac{U}{L_\text{v}} = \frac{0.441\,\text{MJ}}{82.9\,\text{J/mol}} = 5\,300\,\text{mol}$$

那么，由理想气体定律

$$V = n\frac{RT}{p}$$

$$= 5\,300\,\text{mol} \times \frac{8.31\,\dfrac{\text{J}}{\text{K·mol}} \times 293\,\text{K}}{101.3 \times 10^3\,\text{Pa}} = 130\,\text{m}^3$$

虽然储存在螺线管中的所有能量不用来使氦沸腾，但这一结果表明发生意外淬火时，窒息是严重的危险。

（c）电感可以从储存在 $I_\text{f} = 120\,\text{A}$ 中的能量 U 求出：

$$U = \frac{1}{2}LI_\text{f}^2 \implies L = \frac{2U}{I_\text{f}^2}$$

在螺线管中的感应电动势等于电源的电动势，即

$$|\mathscr{E}| = L\frac{\Delta I}{\Delta t} \implies \Delta t = \frac{L\Delta I}{|\mathscr{E}|} = \frac{2U\Delta I}{I_\text{f}^2|\mathscr{E}|}$$

电流开始为零，所以 $\Delta I = I_\text{f}$。将数值代入

$$\Delta t = \frac{2 \times (0.441 \times 10^6\,\text{J})(120\,\text{A})}{(120\,\text{A})^2(18\,\text{V})} = 408\,\text{s} = 6.8\,\text{min}$$

讨论 问题并没有要求计算电感，但是我们可以从已知的信息求出它。一种方法是从所存储的能量来计算它，如在（c）部分中。另一种是使用螺线管内磁场的表达式，$B = \mu_0 nI$，求出单位长度的匝数 n，然后由式（20-14）求出电感。两种方法都得到 $L = 61\,\text{H}$。

练习题 20.9　电感器功率

在电感器中电流在 4.0 s 的时间间隔内从 0 增加到 2.0 A，电感器是半径为 2.0 cm、长为 12 cm 和 9 000 匝的螺线管。计算在该时间间隔内能量储存在电感器中的平均功率。［提示：使用一种方法计算出答案，并用另一种方法作为检验。］

20.10　*LR* 电路

为了了解电感器在电路中如何表现，让我们先来研究它们在直流电路——电池或其他恒压电源的电路中的情况。考虑图 20.32 所示的 *LR* **电路**。设电感器为理想的：其绕组的电阻可以忽略不计。在 $t = 0$ 时，开关 S 闭合。随后电路中的电流是多少？

在开关闭合前，通过电感器的电流为零。当开关闭合时，电流初始为零。通过电感器的电流的瞬时变化将意味着其储存的能量的瞬时变化，因为 $U \propto I^2$。能

量的瞬时变化意味着能量在零时间提供。由于不可能提供无限的功率，因此

通过电感器的电流变化必须始终是连续的，不会是瞬间的。

初始电流为零，所以电阻两端没有电压降。在电感器中的感应电动势的大小（$\mathscr{E}_L$）最初是等于电池的电动势（$\mathscr{E}_b$）。因此，电流以下式给出的初始速率增长

$$\frac{\Delta I}{\Delta t} = \frac{\mathscr{E}_b}{L}$$

随着电流逐渐增加，电阻上的电压降增加。于是在电感器中的感应电动势（$\mathscr{E}_L$）变小（见图 20.33），从而

$$(\mathscr{E}_b - \mathscr{E}_L) - IR = 0 \tag{20-18a}$$

或

$$\mathscr{E}_b = \mathscr{E}_L + IR \tag{20-18b}$$

因为理想的电感器两端的电压降是感应电动势，我们可以将 $\mathscr{E}_L = L(\Delta I/\Delta t)$ 代入：
[减号已明确写入式（20-18）；$\mathscr{E}_L$ 在这里代表电动势的大小。]

$$\mathscr{E}_b = L\frac{\Delta I}{\Delta t} + IR \tag{20-19}$$

电池的电动势是恒定的。因此，随着电流的增加，电阻上的电压降变大，而电感器中的感应电动势变小。所以，电流增长的速率变小（见图 20.34）。

很长时间后，电流达到一个稳定值。由于电流不再变化，电感器两端就没有电压降，所以 $\mathscr{E}_b = I_f R$ 或

$$I_f = \frac{\mathscr{E}_b}{R}$$

作为时间的函数的电流 $I(t)$ 为

$$I(t) = I_f \left(1 - e^{-t/\tau}\right) \tag{20-20}$$

该电路的时间常数 τ 一定是 L、R 和 $\mathscr{E}$ 的某种组合。量纲分析表明 τ 一定是某量纲为一的常数乘以 L/R。通过运算可以显示该常数为 1：

LR 电路的时间常数

$$\tau = \frac{L}{R} \tag{20-21}$$

感应电动势作为时间的函数为

$$\mathscr{E}_L(t) = \mathscr{E}_b - IR = \mathscr{E}_b - \frac{\mathscr{E}_b}{R}\left(1 - e^{-t/\tau}\right)R = \mathscr{E}_b e^{-t/\tau} \tag{20-22}$$

LR 电路中电流初始为零类似于 *RC* 电路充电。在这两种情况下，设备在启动时没有存储的能量，而是在开关闭合后获得能量。在电容器充电时，电荷最终达到非零平衡值，而对于电感器，电流达到非零平衡值。

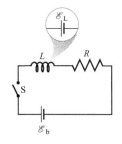

图 20.32 含有电感器 L、电阻 R 和开关 S 的直流电路。当电流变化时，在电感器中感应出电动势（通过电感器上面的电池符号表示）。

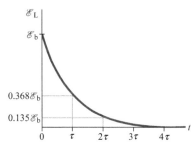

图 20.33 随着电流逐渐增加电感器两端的电压降。

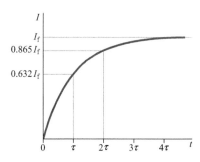

图 20.34 电路中的电流作为时间的函数。

链接：

LR 电路的 $I(t)$ 与 *RC* 充电电路的 $q(t)$ 具有相同的形式。

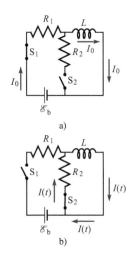

图20.35 使电感电路中的电流安全地停止的电路。a）最初开关 S_1 闭合而开关 S_2 打开。b）在 $t=0$ 时，关闭开关 S_2，再立即打开开关 S_1。

> **链接：**
> 此 LR 电路的 $I(t)$ 类似于 RC 电路放电。

✓ 检测题 20.10

在图 20.32 中，$\mathscr{E}_b = 1.50$ V，$L = 3.00$ mH 和 $R = 12.0\ \Omega$。（a）开关刚刚闭合后，通过电感器的电流变化率是多少？（b）什么时候电感器中的感应电动势降到初始值的 $e^{-1} \approx 0.368$ 倍？

LR 电路的什么类似于 RC 电路放电？也就是说，一旦稳定的电流流过电感器以及能量储存在电感器中，我们如何才能中断电流并回收储存的能量？简单地打开图 20.32 中的开关就不是好办法。突然去中断电流会在电感器中感应出很大的电动势。最有可能的是，打开的开关间的火花会使电路闭合，让电流逐渐地消失。（打火通常不益于开关的良好运行。）

中断电流的一种更好的方式如图 20.35 所示。最初开关 S_1 是闭合的，电流 $I_0 = \mathscr{E}_b/R_1$ 流过电感器（见图 20.35a）。$t=0$ 时闭合开关 S_2，然后立即打开 S_1。由于通过电感器的电流只能连续地变化，电流流动如图 20.35b 所示。在 $t=0$ 时，电流为 $I_0 = \mathscr{E}_b/R_1$。由于存储在电感器中的能量被电阻 R_2 消耗，电流逐渐消失。电流作为时间的函数是指数衰减的：

$$I(t) = I_0 e^{-t/\tau} \tag{20-23}$$

其中

$$\tau = \frac{L}{R_2}$$

电感器和电阻上的电压可以由回路定律和欧姆定律求出。

> **链接：**
> 此总结表明，RC 电路和 LR 电路非常类似。
>
> | | 电容器 | 电感器 |
> | --- | --- | --- |
> | 电压正比于 | 电量 | 电流变化率 |
> | 可以不连续变化 | 电流 | 电压 |
> | 不能不连续变化 | 电压 | 电流 |
> | 储存的能量（U）正比于 | V^2 | I^2 |
> | 当 $V=0$ 而 $I \neq 0$ 时 | $U=0$ | $U=$ 最大值 |
> | 当 $I=0$ 而 $V \neq 0$ 时 | $U=$ 最大值 | $U=0$ |
> | 储存的能量（U）正比于 | E^2 | B^2 |
> | 时间常数 $=$ | RC | L/R |
> | "充电"电路 | $I(t) \propto e^{-t/\tau}$ | $I(t) \propto (1-e^{-t/\tau})$ |
> | | $V_C(t) \propto (1-e^{-t/\tau})$ | $V_L(t) = \mathscr{E}_L(t) \propto e^{-t/\tau}$ |
> | "放电"电路 | $I(t) \propto e^{-t/\tau}$ | $I(t) \propto e^{-t/\tau}$ |
> | | $V_C(t) \propto e^{-t/\tau}$ | $V_L(t) = \mathscr{E}_L(t) \propto e^{-t/\tau}$ |

例 20.10

大型电磁铁上的开关

一个大型电磁铁的电感为 $L=15$ H，绕组电阻为 $R=8.2\ \Omega$。将电磁铁作为与电阻串联的理想电感器（见图 20.32）。当开关闭合时，一个 24 V 的直流电源与电磁铁连接。（a）通过电磁铁绕组的最终电流是多少？（b）开关闭合后电流达到其最

例 20.10 续

终值的 99.0% 要多久？

分析　当电流达到其最终值时，没有感应电动势。因此，图 20.32 中的理想电感器两端没有电势差。电源的整个电压加在电阻的两端。电流依照指数曲线增至其最终值。当它在其最终值的 99.0% 时，有 1.0% 的余量可加。

解　（a）当开关关闭了很久之后，电流达到稳定值。当电流不再改变时，没有感应电动势。因此，电源的整个 24 V 都加在电阻上：

$$\mathscr{E}_b = \mathscr{E}_L + IR$$

当 $\mathscr{E}_L = 0$ 时，$I_f = \dfrac{\mathscr{E}_b}{R} = \dfrac{24\ \text{V}}{8.2\ \Omega} = 2.9\ \text{A}$

（b）因子 $e^{-t/\tau}$ 表示还没有增长的比例分数。当电流达到其最终值的 99.0% 时，

$$1 - e^{-t/\tau} = 0.990 \quad \text{或} \quad e^{-t/\tau} = 0.010$$

还有 1.0% 没有流。为了解出 t，先对两边取自然对数（ln）以使 t 从指数中脱出：

$$\ln\left(e^{-t/\tau}\right) = -t/\tau = \ln 0.010 = -4.61$$

现解出 t

$$t = -\tau \ln 0.010 = -\frac{L}{R} \ln 0.010 = -\frac{15\ \text{H}}{8.2\ \Omega} \times (-4.61) = 8.4\ \text{s}$$

电流达到其最终值的 99.0% 要用 8.4 s。

讨论　一种略有不同的方法是写出作为时间的函数的电流：

$$I(t) = \frac{\mathscr{E}_b}{R}\left(1 - e^{-t/\tau}\right) = I_f\left(1 - e^{-t/\tau}\right)$$

我们求出 $I = 2.9\ \text{A}$ 的 99.0% 或 $I/I_f = 0.990$ 的时间 t，那么

$$0.990 = 1 - e^{-t/\tau} \quad \text{或} \quad e^{-t/\tau} = 0.010$$

和前面一样。

练习题 20.10　关掉电磁铁

当关掉电磁铁时，它与一个 50 Ω 的电阻连接，如图 20.36 所示，电流逐渐减小。开关打开后多久电流降到 0.1A？

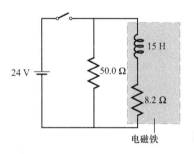

图 20.36　练习题 20.10。

本章提要

- 在磁场中运动的导体所产生的动生电动势由下式给出：

$$\mathscr{E} = vBL \tag{20-2a}$$

其中 v 和 B 都垂直于该导体棒。

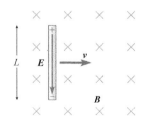

- 一平面线圈在均匀磁场中转动的交流发电机产生的电动势是正弦的并且振幅为 ωNBA：

$$\mathscr{E}(t) = \omega NBA \sin \omega t \tag{20-3b}$$

其中，ω 为线圈的角速度，A 为面积，N 为匝数。

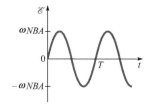

- 通过平面的磁通量：

$$\Phi_B = B_\perp A = BA_\perp = BA \cos \theta \tag{20-5}$$

（θ 为 B 和法线方向的夹角。）

磁通量与穿过平面的磁感应线的数目成正比。磁通量的国际单位是韦伯（1 WB = 1 T·m）。

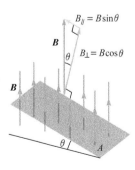

- 法拉第定律指出：每当有变化的磁通量，就有感应电动势，不管磁通量变化的原因是什么：

$$\mathscr{E} = -N\frac{\Delta \Phi_B}{\Delta t} \tag{20-6b}$$

本章提要续

- 楞次定律：感应电动势或感应电流的方向阻碍引起它的变化。
- 电动机的反电动势随着转速的增加而增加。
- 对于理想变压器，

$$\frac{\mathscr{E}_2}{\mathscr{E}_1} = \frac{N_2}{N_1} = \frac{I_1}{I_2} \qquad (20\text{-}9,\ 10)$$

比值 N_2/N_1 称为匝数比。理想变压器中没有能量损失，所以电源的输入功率等于输出功率。

- 每当实心导体经受磁通量的变化，感应电动势引起涡流沿着不同的路径同时流动。涡流消耗能量。
- 变化的磁场产生感应电场。感应电动势是感应电场的环流。
- 互感：一个器件中变化的电流在另一器件中感应出电动势。
- 自感：一个器件中变化的电流在同一器件中感应出电动势。电感 L 定义为

$$N\Phi = LI \qquad (20\text{-}11)$$

$$\mathscr{E} = -L\frac{\Delta I}{\Delta t} \qquad (20\text{-}13)$$

- 电感器中储存的能量为

$$U = \frac{1}{2}LI^2 \qquad (20\text{-}16)$$

- 磁场中的能量密度（单位体积的能量）为

$$u_B = \frac{1}{2\mu_0}B^2 \qquad (20\text{-}17)$$

- 通过电感器的电流一定始终是连续变化的，不会是瞬间的。在 LR 电路中，时间常数为

$$\tau = \frac{L}{R} \qquad (20\text{-}21)$$

LR 电路中的电流为

$$\text{若 } I_0 = 0, \quad I(t) = I_f\left(1 - e^{-t/\tau}\right) \qquad (20\text{-}20)$$

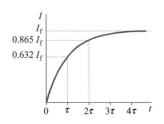

$$\text{若 } I_f = 0, \quad I(t) = I_0 e^{-t/\tau} \qquad (20\text{-}23)$$

思考题

1. 竖直磁场垂直于线圈的水平面。当线圈在绕其平面的水平轴转动时，该线圈中感应电流每转一圈方向反转两次。解释为什么转一圈有两次反转。

2. 要使通过电感器的电流从 0 mA 增至 10 mA，必须提供一定量的能量。要使电流从 10 mA 增至 20 mA，是需要相同量的能量吗？还是更多或更少？

3. 金属板与杆的端部连接并处于使它可以摆入并摆出一个指出纸面的垂直磁场的位置，如图所示。在位置 1，该板正摆入磁场；在位置 2，该板正摆出磁场。当它在（a）位置 1 和（b）位置 2 时，金属板中感应出的涡流是顺时针还是逆时针？（c）感应涡流将表现为阻力去停止摆动吗？请解释。

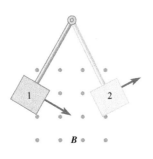

4. 传输电话信号或互联网数据的导线被扭绞。扭绞减少了来自附近产生变化电流的电子器件对线路的噪声。扭绞为什么会减少线路噪声？ $I \rightleftharpoons \!\!\!\!\gg\!\!\!\gg\!\!\!\gg\!\!\!\gg\!\!\!\gg\!\!\!\gg \rightleftharpoons I$

5. 🔧 如果磁共振成像（见第 19.8 节）中 x、y 和 z 线圈所产生的磁场变化过快，病人会有抽搐或刺痛的感觉。你认为

什么原因造成这样的感觉？为什么更强的静电场不会引起抽搐或刺痛？

6. 在热力学的学习中，我们把冰箱当作反向的热机。（a）请解释发电机如何会是反转的电动机。（b）什么样的器件是反过来的扬声器？

7. 两个相同的圆线圈中心分开的距离固定。描述线圈间的互感（a）最大或（b）最小时它们的方位。

8. 信用卡中有存放着信用卡账户信息的磁条。为什么读磁条的设备通常要求快速刷卡？为什么如果刷卡太慢则不能读出磁条？

9. 2 m 长的铜管垂直固定。当一个石子沿管下降，它在约 0.7 s 内通过。当一个大小和形状类似的磁铁沿管下降需要更长的时间。为什么？

10. 一个圆线圈可以作为天线检测电磁波的变化磁场（如无线传输）。使用多匝线圈比起单匝线圈的优势是什么？

11. 一些低档的磁带录音机没有一个单独的麦克风，而是将扬声器用作录音时的麦克风，请解释这是如何工作的。

选择题

🔵 学生课堂应答系统题目

1. 🔵 下列过程中只有一个不能在导体环中感应出电流。指出哪一个不产生感应电流？

(a) 转动环，以使磁感应线穿过它。

(b) 使环处于其面积垂直于变化的磁场。

(c) 平行于均匀的磁感应线移动环。

(d) 在环垂直于匀强磁场时扩大它的面积。

2. 开口环换向器用于直流发电机中以

(a) 转动环使磁通量穿过它。

(b) 反转电枢的连接使电流周期性反向。

(c) 反转电枢的连接使电流不反向。

(d) 防止线圈在磁场变化时转动。

3. 🔋 在自行车速度表中，条形磁铁与车轮的辐条连接，线圈固定在车架上，使轮子每转一圈磁铁的 N 极移过它一次。当磁铁移过线圈时，在线圈中感应出一个电流脉冲。然后计算机测量脉冲间隔并计算自行车的速度。上图中显示了磁铁正要移经线圈。下图中哪一个图显示所产生的电流脉冲？图 a 中电流以逆时针为正。

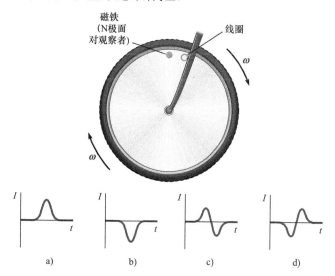

a)　　b)　　c)　　d)

4. 在动圈麦克风中，任意时刻线圈中的感应电动势，主要取决于

(a) 线圈的位移。

(b) 线圈的速度。

(c) 线圈的加速度。

5. 🔋 动磁麦克风类似于动圈麦克风（见图 20.15），除了线圈是静止的，磁铁与膜片连接，其移动响应于空气中的声波。如果响应声波，磁铁按照 $x(t) = A \sin \omega t$ 运动，线圈中的感应电动势（大约）与哪一个成正比？

(a) $\sin \omega t$　　(b) $\cos \omega t$　　(c) $\sin 2\omega t$　　(d) $\cos 2\omega t$

计算题

🅒 综合概念 / 定量题

🬺 生物医学应用

✦ 较难题

20.1　动生电动势；20.2　发电机

1. 在图 20.2 中，长度为 L 的金属杆以速率 v 向右运动。（a）

依据 v、B、L 和 R，杆中的电流是多少？（b）电流向什么方向流动？（c）杆受到的磁力的方向是什么？（d）杆受到的磁力大小是多少（依据 v、B、L 和 R）？

2. 🅒 为了保持恒定的电动势，图 20.2 的动杆必须保持恒定的速度。为了保持恒定的速度，某个外力必须向右拉它。（a）依据 v、B、L 和 R，所需外力的大小是多少？（见计算题 1。）（b）此力对杆以多大功率做功？（c）电阻中消耗的功率是多少？（d）总体而言，能量守恒吗？请解释。

3. 一个长度为 1.30 m 的 15.0 g 导体杆在两个竖直导轨之间无摩擦地自由滑下。导轨与 8.00 Ω 的电阻连接，并且整个装置置于 0.450 T 的匀强磁场中。忽略杆和导轨的电阻。（a）杆的终极速度是多少？（b）在此终极速度比较每秒重力势能的变化与电阻的耗散功率。

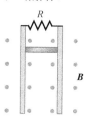

4. 交流发电机的电枢是半径为 3.0 cm 和 50 匝的圆线圈。当电枢以 350 r/min 的速度转动时，线圈中的感应电动势的振幅为 17.0 V。磁感应强度（假定是均匀的）是多少？

5. 🅒 一半径为 R 的实心铜盘以角速度 ω 在一垂直的磁场 B 中转动。图中显示此盘顺时针转动以及磁场指入页面。（a）积聚在盘边缘上的电荷是正的还是负的？请解释。（b）盘中心和边缘之间的电势差是多少？[提示：把盘看作为大量细的楔形杆。这样的杆的中心是静止的，而外边缘以速率 $v = \omega R$ 运动。杆以 $\frac{1}{2}\omega R$ 的平均速率移过一垂直的磁场。]

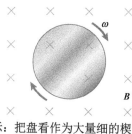

6. ✦ 质量为 m 的实心金属圆柱以大小为 a_0 的恒定加速度沿着相隔距离为 L 的平行金属导轨滚下 [见图 a]。导轨以与水平成 θ 角倾斜。现将导轨在顶部与电连接并处于大小为 B 垂直于导轨平面的磁场中 [见图 b]。（a）随着圆柱滚下导轨，其中的电流向什么方向流动？（b）对圆柱的磁力的方向是什么？（c）替代匀加速度滚动，圆柱现接近终极速度 v_t。依据 L、m、R、a_0、θ 和 B，v_t 是多少？R 是电路包括圆柱体、导轨和电线的总电阻；假设 R 是常数（即导轨本身的电阻可以忽略不计）。

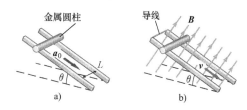

金属圆柱　　导线

a)　　b)

20.3　法拉第定律；20.4　楞次定律

7. 一个方形导体线框，每边 0.75 m，一边沿正 z 轴并相对于水平面（xz 平面）向 yz 平面倾斜 30.0° 的角度。有 0.32 T 的匀强磁场指向正 x 轴方向。（a）通过线框的磁通量是多

少？（b）如果角度增至60°，通过线框的磁通量又是多少？（c）当角度增加时，通过线框顶边的电流向哪个方向流？

8. 通以电流 I 的长直导线在圆线圈的平面中。电流 I 在减小。线圈和导线都是由外力固定。线圈电阻为 24 Ω。（a）线圈中的感应电流向什么方向流动？（b）将线圈固定的外力指向什么方向？（c）在某一瞬间，线圈中的感应电流为 84 mA。在此瞬间通过线圈的磁通量的变化率是每秒多少韦伯？

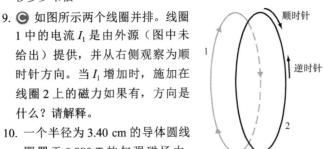

9. 如图所示两个线圈并排。线圈1中的电流 I_1 是由外源（图中未给出）提供，并从右侧观察为顺时针方向。当 I_1 增加时，施加在线圈2上的磁力如果有，方向是什么？请解释。

10. 一个半径为 3.40 cm 的导体圆线圈置于 0.880 T 的匀强磁场中，线圈平面与磁场垂直。线圈在 0.222 s 内绕轴转动 180°。（a）在转动过程中线圈的平均感应电动势是多少？（b）若线圈是由铜制成的，其直径为 0.900 mm，在转动过程中流经线圈的平均电流是多少？

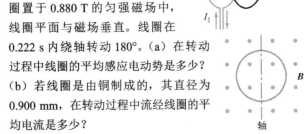

11. 外磁场的分量沿50匝半径为5.0 cm的线圈的中心轴在3.6 s内从0增至1.8T。（a）若线圈的电阻为2.8 Ω，线圈中的感应电流的大小是多少？（b）若磁场的轴向分量指离观察者，电流的方向是什么？

12. 当鳄鱼移动头时能够检测到地磁场的通量变化。假设一条鳄鱼最初是面向北方。地磁场的水平分量是 30 μT。考虑在鳄鱼头内一个竖直的半径为 12 cm 的神经元圆环。圆环最初垂直于地磁场的水平分量。鳄鱼在2.7 s的时间内将它的头转动90°直到它面向东方。在此神经元圆环中感应出的平均电动势是多少？

13. 动生电动势的另一个例子是一端固定的杆在垂直于匀强磁场的平面内转动。我们可以用法拉第定律分析这种动生电动势。（a）分析杆每转扫过的面积并以角频率 ω、杆的长度 R 和匀强磁场的磁感应强度 B 求出电动势的大小。（b）以杆顶端的速度 v 写出电动势的大小并把它与以恒定的速度垂直于匀强磁场运动的杆的动生电动势进行比较。

14. 两个线圈彼此在同一平面上相邻。（a）若开关 S 闭合，在线圈 2 中有电流吗？若有，在什么方向？（b）线圈 2 中的电流只流短暂的一瞬间还是持续流？（c）对线圈 2 有磁力吗？若有，在什么方向？（d）对线圈 1 有磁力吗？若有，在什么方向？

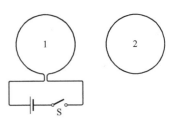

20.5　电动机中的反电动势

15. 蒂姆正在他家后院使用带有直流电动机的无绳电动除草机割长草。当除草机连接到 24.0 V 的直流电源时，它产生 18.00 V 的反电动势。电动机的总电阻为 8.00 Ω。（a）当电动机运行平稳时，有多少电流流过它？（b）突然，除草机的带子缠在地上的一根杆子上从而电动机停止转动。当没有反电动势时，通过电动机的电流是多少？这时蒂姆应该怎么做呢？

20.6　变压器

16. 降压变压器初级上有 4000 匝且次级上有 200 匝。若初级电压振幅为 2.2 kV，次级电压振幅是多少？

17. 当门铃连接到 170 V 的振幅线路时，它用变压器提供 8.5 V 的振幅。若次级上有 50 匝，（a）匝数比是多少？（b）初级上有多少匝？

18. 当变压器的初级上的电动势有 5.00 V 的振幅时，次级电动势的振幅为 10.0 V。变压器的匝数比（N_2/N_1）是多少？

19. 初级 1800 匝和次级 300 匝的变压器用于电动轨道赛车以降低从墙上输出来的振幅为 170 V 的输入电压。次级线圈中的电流有 3.2 A 的幅值。次级线圈上电压的振幅以及初级线圈中的电流的幅值是多少？

20.7　涡电流

20. 一根 2 m 长的铜管竖直放置。当一颗弹子沿管下落时，它用了约 0.7 s 通过。而且同样大小和形状的磁铁沿管下落时，需要更长的时间才通过该管。（a）当 N 极在下 S 极在上的磁铁沿管下落时，磁铁上方的管中电流绕什么方向流动（从上面观察顺时针还是逆时针）？（b）磁铁下方的管中电流绕什么方向流动？（c）定性画出磁铁的速度作为时间函数的曲线。[提示：当一颗弹子在蜂蜜中下落时的曲线图看起来像什么？]

20.9　电感

21. 两个匝数分别为 N_1、N_2 的螺线管，以相同的形式缠绕。它们有相同的长度 L 和半径 r。（a）若交变电流

$$I_1(t) = I_m \sin \omega t$$

在螺线管 1（N_1 匝）中流动，写出通过螺线管 2 的总磁通

量作为时间函数的表达式。（b）螺线管 2 中的最大感应电动势是多少？［提示：见式（20-7）。］

22. 一个长度为 2.8 cm 和直径为 0.75 cm 的螺线管每厘米缠绕 160 匝。当通过螺线管的电流为 0.20 A 时，通过螺线管绕组中一匝的磁通量是多少？

23. 一个理想的螺线管长度为 ℓ。若绕组被压缩以使螺线管的长度减少至 0.50ℓ，对于螺线管的电感会发生什么？

24. 在这个问题中，请你推导出长直螺线管的自感的表达式［见式（20-14）］。该螺线管单位长度有 n 匝，长度为 ℓ 和半径为 r。假定流经螺线管的电流为 I。（a）以 n、ℓ、r、I 和普通常数写出螺线管内磁感应强度的表达式。（b）假设所有的磁感应线穿过螺线管的每一匝。换句话说，假设磁场是均匀直至螺线管的两端——很好的近似若螺线管是密绕的且足够长。写出通过一匝的磁通量的表达式。（c）通过螺线管所有匝的总磁链是多少？（d）利用自感的定义［见式（20-11）］求螺线管的自感。

25. 在 0.080 H 的螺线管中的电流在 7.0 s 内从 20.0 mA 增至 160.0 mA。求在该时间间隔内螺线管中的平均电动势。

26. ✦ 计算两个并联在电路中的理想电感器 L_1 和 L_2 的等效电感 L_{eq}。［提示：想象用单个的等效电感器 L_{eq} 替换这两个电感器。并联等效的电动势如何与两个电感器中的电动势相关？电流是怎样的呢？］

20.10　*LR* 电路

27. 在电路中，一个 10.0 Ω 电阻和一个 7.0 mH 电感器的并联组合与一个 5.0 Ω 电阻、6.0 V 的直流电池还有一个开关串联。（a）开关刚闭合后，5.0 Ω 电阻和 10.0 Ω 电阻两端电压分别是多少？（b）开关闭合很长时间后，5.0 Ω 电阻和 10.0 Ω 电阻两端电压分别是多少？（c）开关闭合很长时间后，7.0 mH 电感器中的电流是多少？

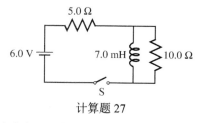

计算题 27

28. 开关闭合前在图示电路中没有电流流动。认为所有的电路元件都是理想的。（a）在开关闭合的瞬间，电流 I_1 和 I_2、电阻两端的电势差、电池提供的功率以及电感器中的感应电动势的值是多少？（b）开关闭合很长时间后，电流 I_1 和 I_2、电阻两端的电势差、电池提供的功率以及电感器中的感应电动势的值是多少？

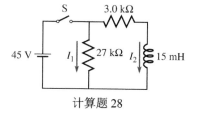

计算题 28

29. ⒸＣ 一个 0.67 mH 电感器和一个 130 Ω 电阻与一个 24 V 电池串联。（a）电流达到其最大值的 67% 需要多长时间？（b）电感器中储存的最大能量是多少？（c）电感器中储存的能量达到其最大值的 67% 需要多长时间？说明如何将此结果与（a）答案比较。

30. 一个线圈有 0.15 H 的电感和 33 Ω 的电阻。该线圈与一个 6.0 V 的理想电池连接。当电流达到其最大值的一半时：（a）电感器以多大功率储存磁能？（b）以多大功率消耗能量？（c）电池提供的总功率是多少？

31. 在图示电路中，开关 S 闭合后经过很长时间在 $t=0$ 时打开。（a）在 $t=0$ 时电感器中储存了多少能量？（b）在 $t=0$ 时电感器能量的瞬时变化率是多少？（c）在 $t=0.0$ 与 $t=1.0$ s 之间电感器能量的平均变化率是多少？（d）电感器中的电流达到其初始值的 0.0010 倍需要多久？

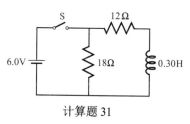

计算题 31

32. ✦ 一个 0.30 H 的电感器和一个 200.0 Ω 的电阻与一个 9.0 V 的电池串联。（a）电路中流过的最大电流是多少？（b）连接电池后电流达到其最大值的一半需要多久？（c）当电流为其最大值的一半时，求电感器中储存的能量、电感器的储能功率和电阻的耗能功率。（d）若电感器和电池的内阻分别为 75 Ω 和 20.0 Ω，而不是小得可以忽略不计，重做（a）和（b）。

合作题

33. 如图所示条形磁铁最初在线圈内静止。然后将磁铁从左侧拉出。（a）当将磁铁拉离时，电流从哪个方向流过检流计？（b）若使用两个这样的磁铁，N 极在一起以及 S 极在一起并排拿着，电流的大小将如何变化？（c）若这两个磁铁相反的两极在一起并排拿着，电流的大小将如何变化？

34. 在图 20.6 中，发电机矩形线圈的边 3 绕轴线以恒定的角速度 ω 转动。本计算题配图单独显示边 3。（a）首先考虑边 3 的右半边。虽然导线速度取决于距轴的距离而不同，整个右半边的方向是相同的。利用磁力规律求导线右半边中的电子所受的磁力的方向。（b）磁力会推动电子沿导线朝向或远离轴运动吗？（c）沿这半段导线有感应电动势吗？（d）把你的答案推广到边 3 的左半边和边 1

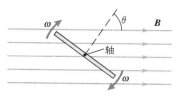

的两半边。线圈这两边的净电动势是多少？

35. ⒸA 在图 20.6 的交流发电机中，产生的电动势为 $\mathscr{E}(t) = \omega BA \sin \omega t$。若发电机与一个电阻为 R 的负载连接，则流过的电流是

$$I(t) = \frac{\omega BA}{R} \sin \omega t$$

（a）求边 2 和边 4 在图 20.7 所示的瞬间受到的磁力。（记住 $\theta = \omega t$。）（b）为什么边 1 和边 3 所受的磁力不会产生对转轴的力矩？（c）由（a）中求出的磁力，计算线框在图 20.7 所示的瞬间所受的对转轴的力矩。（d）在没有其他力矩的情况下，该磁力矩会使线框的角速度增加还是减少？请解释。

综合题

36. 螺线管上方悬挂一个圆形的金属环。螺线管的磁场如图所示，螺线管中的电流在增加。（a）环中电流的方向是什么？（b）通过环的磁通量与螺线管中的电流成正比。当螺线管中的电流是 12.0 A 时，通过环的磁通量为 0.40 Wb。当电流以 240 A/s 的速率增大时，环中感应电动势是多少？（c）对环有净磁力吗？若有，在什么方向？（d）若把该环浸在液氮中冷却，其电阻、感应电流以及磁力会发生什么？环的大小变化可以忽略不计。（具有足够强的磁场时，环可以升向高空。）

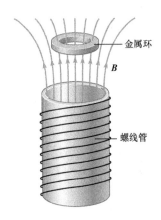

37. 螺绕环具有边长为 a 的正方形横截面。该螺绕环有 N 匝且半径为 R。螺绕环是细的（$a \ll R$）因而使得螺绕环内的磁场可以被认为是大小均匀。螺绕环的自感是多少？

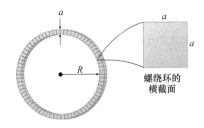

螺绕环的横截面

38. 大小为 0.29 T 的匀强磁场与导线圆环平面成 13° 角。该圆

环的半径为 1.85 cm。通过圆环的磁通量是多少？

39. 在地球表面附近磁场大小为 0.045 mT 的某处 1.0 m^3 的空间中地磁场的能量是多少？

40. 一个阴极射线管需要振幅为 20.0 kV 的电源。（a）将振幅为 170 V 的家用电压提高至 20.0 kV 的变压器的匝数比是多少？（b）若射线管得到 82 W 的功率，求在初级绕组和次级绕组中的电流。假设是一个理想的变压器。

41. ⒸA 一个标准电流表必须串联到电路中去（第 18.9 节）。感应安培计具有能够不与电路连接而测量电流的巨大优势。铁环装上铰链使得它可打开围住电线。一个线圈缠绕在铁环上；该电流表利用线圈中的感应电动势测定在电线中流动的电流。（a）该感应安培计对于交流和直流电流同样适用吗？请解释。（b）将该感应安培计同时围住连接到一个电器的进、出两条电线，可以测量该电器所用的电流吗？请解释。

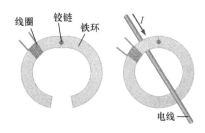

42. ◆ 将一个 50 匝半径为 10.0 cm 的线圈安装好使得线圈的轴线可以取任何水平方向。最初轴线取在来自地磁场的磁通量最大的方向。若线圈的轴线在 0.080 s 内转动 90°，线圈中感应出 0.687 mV 的平均电动势。（a）在这个位置上地磁场的水平分量的大小是多少？（b）若将线圈移至地球上的另一处并重复测量，结果会一样吗？

43. ◆ 电感为 L 的理想电感器与提供电动势 $\mathscr{E}(t) = \mathscr{E}_m \sin \omega t$ 的交流电源连接。（a）写出电感器中电流作为时间函数的表达式。[提示：见式（20-7）。]（b）最大电动势与最大电流的比值是多少？这个比值称为电抗。（c）最大电动势和最大电流发生在同一时间吗？若不是，它们相隔多长时间？

44. ◆ 一架飞机正以 180 m/s 向南偏西 30.0° 飞行。地磁场有 0.030 mT 向北的分量和 0.038 mT 向上的分量。（a）如果翼展（翼尖之间的距离）是 46 m，翼尖之间的动生电动势是多少？（b）哪一个翼尖带正电？

45. ◆ 将一个理想螺线管（N_1 匝，长度 L_1，半径 r_1）置于另一个理想的螺线管（N_2 匝，长度 $L_2 > L_1$，半径 $r_2 > r_1$）内使两者轴线重合。若外面螺线管中的电流以 $\Delta I_2 / \Delta t$ 的速率变化，里面的螺线管中感应电动势的大小是多少？

练习题答案

20.1 只有电流的大小

20.2 3.0 W，功率与自行车的速度的平方成正比。

20.3 $B_\perp = B \cos 60.0°$

20.4　7.6 V

20.5　(a) $F = B^2L^2v/R$，指向位置 2 和位置 4 的左边；(b) $P = B^2L^2v^2/R$

20.6　(a) 向左；(b) 从 A 到 B 通过电阻；(c) 不；只有磁通量变化时电流才在线圈 2 中流动，当线圈 1 产生的磁场是恒定的，线圈 2 中没有电流流过；

(d)

线圈 1　　　线圈 2

20.7　10.0 W

20.8　在实芯中，涡流会围绕芯轴流动。导线间绝缘可防止这些涡流流动。能量会因涡流而消耗，涡流的存在降低了变压器的效率。

20.9　0.53 W

20.10　0.9 s

检测题答案

20.1　杆中电子的平均速度是指出页面的，而磁场是指入页面的，所以电子受到的平均磁力为零。因此，感应电动势为零。

20.2　电动势的振幅和频率都会发生变化。频率从 12 Hz 减少到 10 Hz。电动势的振幅与频率成正比，因此，新的振幅为 18 V×(10/12) = 15 V。

20.4　(a) 回路中外磁场的通量在增加。根据楞次定律，感应电流阻碍磁通量的变化。因此，感应电流产生指出页面的磁场。由右手螺旋法则，感应电流为逆时针方向。
(b) 现在磁通量在减小。为了阻碍这种变化，感应电流产生一个指入页面的磁场。该电流为顺时针方向。

20.6　在次级线圈中会感应出电动势，主要是因为初级线圈中的电流在不断增加的变化过程中。一旦在初级线圈中的电流达到其最终值，通过次级线圈的磁通量不再变化，所以没有感应电动势。因此，变压器不能用直流电源。

20.9　(d)，(a) = (c)，(b)，(e)

20.10　(a) 电感器中的感应电动势最初等于电池的电动势：$\mathscr{E}_b = \mathscr{E}_L = L(\Delta I/\Delta t)$。于是 $\Delta I/\Delta t = \mathscr{E}_b/L = 500$ A/s。
(b) 电感器中的感应电动势在 $t = \tau = L/R = 0.250$ ms 降到初始值的 $e^{-1} \approx 0.368$ 倍。

第 21 章

交流电

请仔细看一下为一所房屋供电的架空电力线路，为什么要用三根电缆而不是两根才足以构成一个完整的电路？这三根电缆是对应一电插座的三个插脚吗？（答案请见 174 页）

- 交流发电机；正弦电动势（20.2 节和 20.3 节）
- 电阻；欧姆定律；功率（18.4 节和 18.8 节）
- 电动势与电流（18.1 节和 18.2 节）
- 周期、频率、角频率（10.6 节）
- 电容与电感（17.5 节和 20.9 节）
- 矢量加法（附录 A.8）
- 简谐振动图线分析（10.7 节）
- 共振（10.10 节）

概念与技能预备

21.1　正弦电流与电压：交流电路中的电阻元件

在交流（AC）电路中，电流和电动势周期性地改变方向。交流电源周期性反转其电动势的极性。交流发电机（也称为交流电源）产生的正弦变化的电动势可以写为（见图 21.1a）

$$\mathscr{E}(t) = \mathscr{E}_m \sin \omega t$$

链接：
　在 20.2 节中，我们学习了发电机如何产生一个正弦电动势。

交流发电机（正弦电动势电源）的电路符号：

电动势在 $+\mathscr{E}_m$ 和 $-\mathscr{E}_m$ 之间连续变化；$\mathscr{E}_m$ 称为电动势的**幅值**（或**峰值**）。在一个正弦电动势与一个电阻连接的电路中（见图 21.1b），由基尔霍夫环路定律，电阻两端的电势差等于 $\mathscr{E}(t)$。则电流 $i(t)$ 以幅值 $I = \mathscr{E}_m/R$ 正弦变化：

$$i(t) = \frac{\mathscr{E}(t)}{R} = \frac{\mathscr{E}_m}{R} \sin \omega t = I \sin \omega t$$

　重要的是要将随时间变化的量与它们的幅值区分开。需要注意的是小写字母 i 代表瞬时电流，而大写的 I 代表电流的幅值。我们在本章中对所有随时间变化的量使用这个约定，除了电动势：$\mathscr{E}$ 是瞬时电动势而 $\mathscr{E}_m$（"m"表示最大）是电动势的幅值。

　一个整圈的时间 T 是周期。频率 f 是周期的倒数：

$$\text{每秒的圈数} = \frac{1}{\text{每圈的时间}}$$

$$f = \frac{1}{T}$$

链接：
　在交流电路中周期、频率和角频率的定义与简谐运动相同。

由于一整圈有 2π 弧度，以弧度表示的角频率是

$$\omega = 2\pi f$$

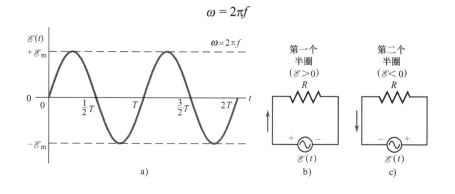

图 21.1　a）作为时间函数的正弦电动势。b）与电阻连接的电动势，标示第一个半圈（$0 < t < \frac{1}{2}T$）中电流的方向和电动势的极性。c）相同的电路，标示第二个半圈（$\frac{1}{2}T < t < T$）中电流的方向和电动势的极性。

在国际单位制中，周期的计量单位是秒（s），频率的计量单位是赫兹（Hz），以及角频率的计量单位用 rad/s。在美国家庭中墙上插座的电压通常具有约 170 V 的幅值和 60 Hz 的频率。

应用：电阻加热 图 21.1 所示电路极为简单，它有许多应用。在烤面包机、吹风机、壁式电暖气、电炉、电烤箱中的电热元件是与交流电源连接的电阻元件。白炽灯泡也是如此：灯丝是一个电阻元件，其温度由于能量耗散而上升，直到它足够热可辐射大量的可见光。

电阻中的功耗

交流电路中电阻消耗的瞬时功率为

$$p(t) = i(t)v(t) = I\sin\omega t \times V\sin\omega t = IV\sin^2\omega t \tag{21-1}$$

其中，$i(t)$ 和 $v(t)$ 分别表示通过电阻的电流和两端的电势差。（记着，功耗意味着能量消耗的功率。）由于 $v = ir$，该功率也可以写成

$$p = I^2R\sin^2\omega t = \frac{V^2}{R}\sin^2\omega t$$

图 21.2 显示出交流电路中传至电阻的瞬时功率，从 0 变化到最大值 IV。由于正弦函数的平方总是非负的，该功率总是非负的。该能量流动的方向总是相同的——能量被电阻消耗——无论电流什么方向。

峰值电流和峰值电压的乘积（IV）给出最大功率。由于瞬时功率变化迅速，比起瞬时功率我们通常更关注平均功率。在烤面包机或灯泡中，瞬时功率波动太快，以至于我们通常不会注意到它们。平均功率为 IV 乘以 $\sin^2\omega t$ 的平均值。$\sin^2\omega t$ 的平均值是 1/2（见计算题 6）。

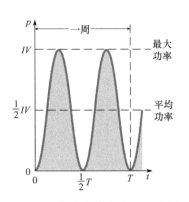

图 21.2 交流电路中电阻的功耗 p 在一个周期内作为时间的函数。$p(t)$ 曲线下的面积表示能耗。平均功率是 $IV/2$。

电阻的平均功耗

$$P_{av} = \frac{1}{2}IV = \frac{1}{2}I^2R \tag{21-2}$$

有效值

直流电流 I_{dc} 所消耗的能量会与幅值为 I 的交变电流的平均功率相同吗？显然 $I_{dc} < I$，因为 I 是最大电流。为了求 I_{dc}，我们令（通过同一电阻）平均功率：

$$P_{av} = I_{dc}^2 R = \frac{1}{2}I^2R$$

解出 I_{dc} 得

$$I_{dc} = \sqrt{\frac{1}{2}I^2}$$

这种等效的直流电流被称为电流的**有效值（rms）**，它是交变电流的平方（$i^2(t) = I^2\sin^2\omega t$）的平均值的平方根。使用尖括号表示平均，则为

$$\langle i^2 \rangle = \langle I^2\sin^2\omega t \rangle = I^2 \times \frac{1}{2}$$

链接：

气体分子的方均根速率（见 13.6 节）以相同的方式定义：$v_{rms} = \sqrt{\langle v^2 \rangle}$。

$$I_{rms} = \sqrt{\langle i^2 \rangle} = \frac{1}{\sqrt{2}} I$$

因此，电流的有效值等于峰值电流除以 $\sqrt{2}$。同样，正弦电动势和电势差的有效值也等于其峰值除以 $\sqrt{2}$。

$$有效值 = \frac{1}{\sqrt{2}} \times 幅值 \qquad (21\text{-}3)$$

求电阻的平均功耗可以将有效值当作直流值对待：

$$P_{av} = I_{rms} V_{rms} = I_{rms}^2 R = \frac{V_{rms}^2}{R} \qquad (21\text{-}4)$$

用来测量交变电压和电流的仪表通常被校准读取的是有效值，而不是峰值。在美国，大多数电插座提供有效值约为 120 V 的交流电压，峰值电压为：120 V × $\sqrt{2}$ = 170V。电子仪器通常标的是有效值。

✓ 检测题 21.1

一个吹风机标有"120 V，10 A"，这两个量都是有效值。平均功耗是多少？

例 21.1

100 W 灯泡的电阻

100 W 灯泡的设计是与 120 V（有效值）的交变电压连接。（a）在正常工作温度下灯泡灯丝的电阻是多少？（b）求通过灯丝的电流的有效值和峰值。（c）当灯丝凉的情况下扳动开关与电路连接，平均功率是大于还是小于 100 W？

分析 灯丝的平均功耗为 100 W。灯泡两端电压的有效值是 120 V，如果我们将灯泡与 120 V 的直流电源连接，它会消耗 100 W 的恒定值。

解 （a）平均功率和电压的有效值的关系为

$$P_{av} = \frac{V_{rms}^2}{R} \qquad (21\text{-}4)$$

解出

$$R = \frac{V_{rms}^2}{P_{av}} = \frac{(120 \text{ V})^2}{100 \text{ W}} = 144 \text{ }\Omega$$

（b）平均功率是电压的有效值乘以电流的有效值：

$$P_{av} = I_{rms} V_{rms}$$

因此电流的有效值为

$$I_{rms} = \frac{P_{av}}{V_{rms}} = \frac{100 \text{ W}}{120 \text{ V}} = 0.833 \text{ A}$$

乘以放大因子 $\sqrt{2}$ 后得到电流的幅值

$$I = \sqrt{2} I_{rms} = 1.18 \text{ A}$$

（c）对于金属，随着温度升高电阻增大。当灯丝是凉的，其电阻较小。因为它与相同的电压连接，电流越大，平均功耗越大。

讨论 检查：功耗也可以由峰值求出：

$$P_{av} = \frac{1}{2} IV = \frac{1}{2} (1.18 \text{ A} \times 170 \text{ V}) = 100 \text{ W}$$

另一种检查：欧姆定律给出各幅值的关系。

$$V = IR = 1.18 \text{ A} \times 144 \text{ }\Omega = 170 \text{ V}$$

练习题 21.1 欧洲墙壁插座

在欧洲墙壁上插座电压的有效值为 220 V。假设一个小型供暖器使用 12 A 有效值的电流。电压和电流的幅值是多少？加热元件的峰值功耗和平均功耗是多少？加热元件的电阻是多少？

21.2　家庭用电

在北美家中，大多数电插座以 60 Hz 的频率提供 110～120 V 有效值的电压。然而，有大量需求的一些电器——如电热器、热水器、灶具以及大型空调——要供应 220～240 V 有效值的电压。在电压幅值是两倍时，所传递的功率相同，它们只需要使用一半的电流，以降低线路中的能耗（以及额外粗导线的需求）。

当地的输电线有几千伏的电压。降压变压器将电压降低到 120/240 V 的有效值。你可以在地面架起的电线杆上看到这些变压器，它们是安装在一些杆上的金属容器（见图 21.3）。变压器有一个中间抽头——连接到次级线圈的中间；整个次级线圈电压的有效值为 240 V，但中间抽头和任一端之间电压的有效值只有 120 V。变压器的中间抽头接地并通过往往是未绝缘的一根电缆接到建筑物。在那里，它与建筑物中每 120 V 电路的中线连接（通常有白色绝缘）。

为什么用三根电缆给房子供电？

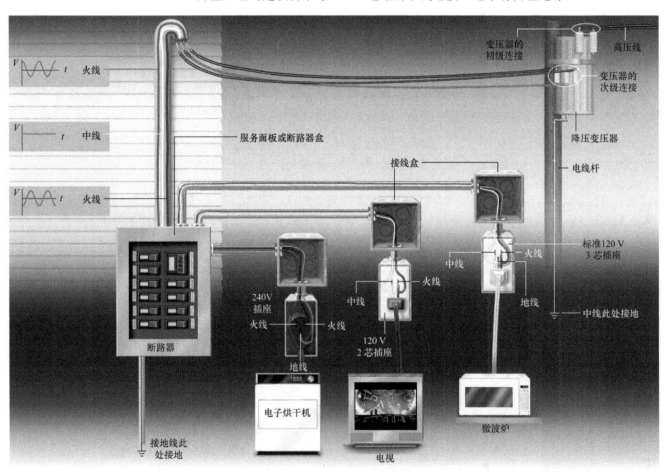

图 21.3　北美家中电气线路。

从变压器出来的另两个由绝缘电缆接到建筑物的端线被称为火线。出线盒中的火线通常有黑色绝缘或红色绝缘。相对于中线，各火线有 120 V 的有效值，但二者彼此间有 180° 的相位差。建筑物的 120V 电路的一半与一根火线连接，一半与另一根火线连接。需要提供 240 V 的电器与两根火线连接，它们没有与中线连接。

老式的 120V 插座只有两孔：火线和中线。中线孔口略大于火线；有极性的插头只能按一种方式连接，以防止插错火线和中线。现在它已被具有第三孔的新式插座取代（见图 21.4）。第三孔通过其自身的组线（通常是非绝缘的或绿色绝

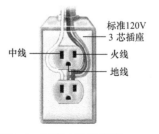

图 21.4　标准 120 V 插座。

缘）直接接地——它不与中线连接。大多数电器的金属外壳接地作为一种安全措施。如果电器内的线路出现错误使外壳变成与火线电连接，第三孔为流往地面的电流提供一条低电阻路径；大电流使断路器或熔断器跳闸。不接地，电器外壳将相对于地面有 120 V 的有效值；触摸该外壳的人会由于提供接地的导电路径而触电。

21.3　交流电路中的电容元件

图 21.5a 所示为一个与交流电源连接的电容器。交流电源输送所需的电荷以保持电容器两端的电压等于电源电压。由于该电容器上的电荷与电压 v 成正比，

$$q(t) = Cv(t)$$

电流与电压的变化率 $\Delta V/\Delta t$ 成正比：

$$i(t) = \frac{\Delta q}{\Delta t} = C\frac{\Delta v}{\Delta t} \qquad (21\text{-}5)$$

要使 i 表示瞬时电流，时间间隔 Δt 必须小。

图 21.5b 显示了电容器作为时间函数的电压 $v(t)$ 和电流 $i(t)$。注意几个要点：

- 电压为零时电流最大。
- 电流为零时电压最大。
- 电容器反复充电和放电。

电压和电流都是时间的正弦函数，二者具有相同频率，但它们不同相：电流开始在其正的最大值，但电压在四分之一周期后才达到其正的最大值。电压总是保持落后电流四分之一周期。周期 T 是正弦函数一个完整周期的时间；一个周期对应于 360° 因为

$$\omega T = 2\pi \text{ rad} = 360°$$

对于四分之一周期，$\frac{1}{4}\omega T = \frac{\pi}{2} \text{ rad} = 90°$。因此，我们说，电压和电流的相位差四分之一周期或相位差 90°。电容器电流超前电压 90° 的恒定相位；同样，电压落后电流相同的相位角。

如果电容器两端的电压由下式给出

$$v(t) = V\sin \omega t$$

那么电流随时间的变化为

$$i(t) = I\sin(\omega t + \pi/2)$$

我们给正弦函数的参数添加 π/2 rad 以让电流领先 π/2 rad。（我们使用弧度，而不是角度，由于角频率 ω 通常以 rad/s 来表示。）

在一般的表达式中

$$i = I\sin(\omega t + \phi)$$

角 ϕ 称为**相位常数**，其中，对于电容电路中的电流，$\phi = \pi/2$。正弦函数前移 π/2 弧度是余弦函数，如图 21.5 所示，即

$$\sin(\omega t + \pi/2) = \cos \omega t$$

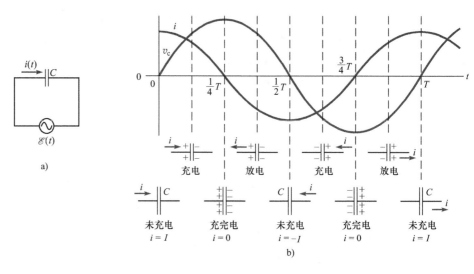

图 21.5　a）与电容器连接的交流发电机。b）与交流电源连接的电容器的电流和电压作为时间函数的一个完整周期。符号的选择使正向电流（向右）给电容器正电荷（左板为正）。

因此

$$i(t) = I \cos \omega t$$

电抗

电流的幅值 I 是与电压的幅值 V 成正比。较大的电压意味着需要更多的电荷供给电容器，在相同的时间输送更多的电荷需要较大的电流。相应的比例式为

$$V_C = I X_C \qquad (21\text{-}6)$$

其中，X_C 称为电容器的电抗。比较式（21-6）和电阻的欧姆定律（$v = iR$），电抗一定具有与电阻相同的 SI 单位（欧姆）。我们已经依据幅值（V, I）写出式（21-6），但如果 V 和 I 两个都是有效值，它也同样适用（由于两个有相同的 $\sqrt{2}$ 因子因而都较小些）。

根据欧姆定律类推，我们可以认为电抗是电容器的"有效电阻"。电抗决定有多少电流流动，电容器以阻碍电流流动的方式反应。较大的电抗意味着较小的电流，正如较大的电阻意味着较小的电流一样。

然而，电抗和电阻之间有重要差别。电阻消耗能量，但理想的电容器不是；由于一个理想的电容器消耗的平均功率为零，而不是 $I_{max}^2 X_C$。还请注意，式（21-6）只涉及电流和电压的幅值。因为电容器中电流和电压的相位差 90°，它并不适用于瞬时值：

$$v(t) \neq i(t) X_C$$

另一方面，对于电阻，电流和电压是同相的（相位差为零）；对于电阻，$v(t) = i(t) R$ 是正确的。

另一个区别是，电抗取决于频率。回顾一下第 20 章，

$$\text{若} \Phi(t) = \Phi_0 \sin \omega t, \text{则} \frac{\Delta \Phi}{\Delta t} = \omega \Phi_0 \cos \omega t \text{（对于小的} \Delta t\text{）} \qquad (20\text{-}7a)$$

$$\text{若} \Phi(t) = \Phi_0 \cos \omega t, \text{则} \frac{\Delta \Phi}{\Delta t} = -\omega \Phi_0 \sin \omega t \text{（对于小的} \Delta t\text{）} \qquad (20\text{-}7b)$$

对于在交流电路中的电容器，若电荷作为时间的函数为

链接：

电抗是电阻定义的一个推广（电压与电流之比）。对于电容器和电感器，电抗是电压幅值与电流幅值之比；而瞬时电压与瞬时电流之比不是恒定的，因为它们之间有相位差。

链接：

这些都是一般的数学关系，给出了正弦函数变化率。例如，若一个粒子的位置 $x(t) = A \sin \omega t$，那么它的速度，即位置的变化率，为 $v_x(t) = \Delta x / \Delta t = \omega A \cos \omega t$［式（10-25b）］。

$$q(t) = Q \sin \omega t$$

那么电流（电容器上的电荷的变化率）一定是

$$i(t) = \frac{\Delta q}{\Delta t} = \omega Q \cos \omega t$$

因此，峰值电流为

$$I = \omega Q$$

由于 $Q = CV$，我们可以求出电抗：

$$X_C = \frac{V}{I} = \frac{V}{\omega Q} = \frac{V}{\omega CV}$$

电容器的电抗

$$X_C = \frac{1}{\omega C} \tag{21-7}$$

　　电抗与电容及角频率成反比。要知道为什么，让我们重点讨论图 21.5b 中一个周期的前四分之一（$0 \leqslant T \leqslant T/4$）。在此四分之一周期中，因为电容器由不带电到完全充电，总电荷 $Q = CV$ 流到电容器的极板上。对于一个较大的 C 值，相应地较大电荷必须置于电容器上以达到电势差至 V；为了在相同的时间（$T/4$）内放置更多的电荷，电流必须要大一些。因此，当电容较大时，电抗一定较低，因为对于一个给定的交变电压幅值会有更多的电流流过。

　　电抗也与频率成反比。对于较高的频率，电容器充电所用的时间（$T/4$）较短。对于给定的电压幅值，一定有较大的电流流过以在较短的时间内达到相同的最大电压。因此，对于较高的频率，电抗较小。

　　当频率非常高时，电抗趋近于零。电容器不再阻碍电流的流动，交变电流在电路中流动，好像有一根导线将电容器短路了。对于另一极限情况，当频率非常低时，电抗趋近于无穷大。在非常低的频率时，所施加的电压变化极缓慢，一旦电容器充电到电压等于所施加的电压，电流就停止。

✓ 检测题 21.3

　　一个电容器与一个交流电源相连接。若电源的频率增加一倍，而其幅值不变，电流的幅值和频率会怎么变化？

例 21.2

两个频率的容抗

　　（a）对于 4.00 μF 的电容器，当它与电压有效值为 12.0 V 且频率为 60.00 Hz 的交流电源连接时，求容抗和电流的有效值。（b）当频率变为 15.0 Hz，而电压的有效值保持在 12.0 V 时，求电抗和电流。

　　分析　电抗是电容器两端的电压和通过的电流的有效值之间的比值。容抗由式（21-7）给出。频率以 Hz 表示；我们用角频率来计算电抗。

　　解　（a）角频率为

$$\omega = 2\pi f$$

例 21.2 续

则电抗为

$$X_C = \frac{1}{2\pi f C}$$

$$= \frac{1}{2\pi \times 60.0\text{ Hz} \times 4.00 \times 10^{-6}\text{ F}} = 663\ \Omega$$

电流的有效值为

$$I_{rms} = \frac{V_{rms}}{X_C} = \frac{12.0\text{ V}}{663\ \Omega} = 18.1\text{ mA}$$

（b）当然我们可以用同样的方式重新计算。另一种方法是，注意到在（b）与（a）中的频率之比为 $\frac{15}{60} = \frac{1}{4}$。由于电抗与频率成反比，可求得电抗为

$$X_C = 4 \times 663\ \Omega = 2\ 652\ \Omega$$

较大的电抗意味着较小的电流：

$$I_{rms} = \frac{1}{4} \times \frac{12.0\text{ V}}{663\ \Omega} = 4.52\text{ mA}$$

讨论 当频率增加时，电抗减小而电流增大。正如我们在 21.7 节中看到，电容器可用于电路滤除低频，因为在较低的频率时，较少的电流流过。当一个扩音机系统发出嗡嗡的声音（60 Hz 的杂音），可在放大器和扬声器之间插入一个电容器阻止 60 Hz 噪声的大部分，同时让更高的频率通过。

练习题 21.2 **新频率的容抗和电流的有效值**

当 4.00 μF 的电容器与电压有效值为 220.0 V 且频率为 4.00 Hz 的交流电源连接时，求其容抗和电流的有效值。

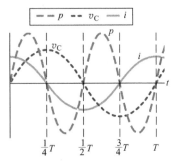

图 21.6 交流电路中电容器的电流、电压和功率。

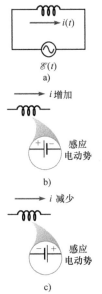

图 21.7 a）一个与交流电源相连的电感器。b）和 c）电流流向右侧时，电感器两端的电势差取决于电流是增大还是减小。

功率

图 21.6 显示了电容器的瞬时功率 $p(t) = v(t)i(t)$ 的曲线叠在电压和电流的曲线上。电流和电压之间 90°（$\pi/2$ rad）的相位差对电路中的功率有影响。在前四分之一周期（$0 \leq T \leq T/4$）中，电压和电流两者都是正的。功率为正：发电机向电容器提供能量，对它充电。在第二个四分之一周期（$T/4 \leq T \leq T/2$）中，电流为负而电压保持正的。功率为负；因为电容器放电，能量从电容器返回到发电机。

随着电容器存储和释放电能，功率不断地正负交替。平均功率为零，因为所有储存的能量给了回来，它并没有消耗。

21.4　交流电路中的电感元件

根据法拉第定律［见式（20-6）］，交流电路中的电感器产生感应电动势阻碍电流的变化。我们使用与电容器相同的符号约定：通过图 21.7a 中电感器的电流 i 向右流时为正，若电感器左侧比右侧电势高，两端的电压 v_L 为正。如果电流在正方向流动且在增加，感应电动势阻碍此增加（见图 21.7b）且 v_L 为正。如果电流在正方向流动且在减少，感应电动势阻碍此减少（见图 21.7c）且 v_L 为负。由于在第一种情况下 $\Delta i/\Delta t$ 是正的，而在第二种情况下 $\Delta i/\Delta t$ 是负的，电压有正确的符号，若我们写为

$$v_L = L\frac{\Delta i}{\Delta t} \tag{21-8}$$

当电流向左流时，你可以证明由式（21-8）能给出 v_L 的正确符号。

电感器两端的电压幅值与电流幅值成正比。比例常数称为电感器的**电抗（X_L）**：

$$V_L = IX_L \tag{21-9}$$

如同容抗，感抗 X_L 的单位是欧姆。如同式（21-6），式（21-9）中的 V 和 I

可以或是幅值或是有效值，但要注意不要把幅值和有效值混在同一方程中。

你可以证明，使用类似于对电容器所用的推理，电感器的电抗为

电感器的电抗

$$X_L = \omega L \tag{21-10}$$

需要注意的是感抗与电感 L 及角频率 ω 成正比，与容抗相反，容抗与角频率及电容成反比。电感器中的感应电动势总是表现为阻碍电流的变化。在较高的频率，电流较快的变化受到了电感器中较大的感应电动势的抵抗。因此，感应电动势的幅值与电流的幅值之比——电抗——在较高的频率时较大。

✓ 检测题 21.4

设电感器和电容器在某一角频率 ω_0 时电抗相等。（a）当 $\omega > \omega_0$ 时，哪一个的电抗较大？（b）当 $\omega < \omega_0$ 时，哪一个的电抗较大？

图 21.8 所示为电感器两端的电势差和通过电感器的电流曲线，它们都是时间的函数。我们假设一个理想的电感器——其绕组中没有电阻。由于 $v_L = L\Delta i/\Delta t$，$v_L(t)$ 曲线与 $i(t)$ 曲线在任意 t 时刻的斜率成正比。电压和电流的相位差四分之一周期，但这次电流落后电压 90°（$\pi/2$ rad）；在电压达到最大值四分之一周期之后电流达到其最大值。记住什么超前什么落后的助记窍门是，字母 c（表示电流 *current*）出现在单词 *inductor*（电感器）的后半段（电感器电流落后于电压），而它在单词 *capacitor*（电容器）中出现在最前面（电容器电流超前于电压）。

在图 21.8 中，电感器两端的电压可以写为

$$v_L(t) = V\sin \omega t$$

电流为

$$i(t) = -I\cos \omega t = I\sin(\omega t - \pi/2)$$

这里我们使用了三角恒等式 $-\cos \omega t = \sin(\omega t - \pi/2)$。从相位常数 $\phi = -\pi/2$，我们明确地看到，电流落后于电压。

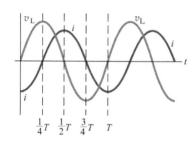

图 21.8 交流电路中电感器的电流和电势差。请注意，当电流为最大或最小时，其瞬时变化率——以斜率表示——为零，因此 $v_L = 0$。另一方面，当电流为零时，其变化最快，所以 v_L 处于其最大值。

功率

正如对于电容器一样，电流和电压之间 90° 的相位差导致平均功率为零。在理想电感器（其中没有电阻）中没有能量耗散。发电机交替着向电感器输送能量和从电感器收回能量。

例 21.3

收音机调谐电路中的电感器

0.56 μH 的电感器被用作收音机调谐电路的一部分。假设电感器是理想的。（a）求在频率为 90.9 MHz 时电感器的电抗。（b）若电压幅值为 0.27 V，求通过电感器的电流幅值。（c）求在 90.9 MHz 时，具有相同电抗的电容器的电容

分析　电感器的电抗是角频率与电感的乘积。欧姆电抗

为电压幅值与电流幅值之比。对于电容，电抗为 $1/(\omega C)$。

解　（a）电感器的电抗为

$$X_L = \omega L = 2\pi fL$$
$$= 2\pi \times 90.9\ \text{MHz} \times 0.56\ \mu\text{H} = 320\ \Omega$$

例 21.3 续

（b）电流幅值为

$$I = \frac{V}{X_L}$$

$$= \frac{0.27 \text{ V}}{320 \text{ } \Omega} = 0.84 \text{ mA}$$

（c）我们让两个电抗相等（$X_L = X_C$）并解出 C

$$\omega L = \frac{1}{\omega C}$$

$$C = \frac{1}{\omega^2 L} = \frac{1}{4\pi^2 \times \left(90.9 \times 10^6 \text{ Hz}\right)^2 \times 0.56 \times 10^{-6} \text{ H}}$$

$$= 5.5 \text{ pF}$$

讨论　我们可以通过计算电容器的电抗来检验：

$$X_C = \frac{1}{\omega C} = \frac{1}{2\pi \times 90.9 \times 10^6 \text{ Hz} \times 5.5 \times 10^{-12} \text{ F}} = 320 \text{ } \Omega$$

在第 21.6 节中，我们将更详细地研究调谐电路。

练习题 21.3　电抗和电流的有效值

当 3.00 mH 电感器与电压有效值为 10.0 mV（有效值）、频率为 60.0 kHz 的交流电源连接时，求其感抗和电流的有效值。

21.5　*RLC* 串联电路

图 21.9a 所示为 *RLC* 串联电路。基尔霍夫节点定律告诉我们，通过各元件的瞬时电流是相同的，因为此电路中没有节点。环路定律要求三个元件的瞬时电压降之和等于所施加的交流电压：

$$\mathscr{E}(t) = v_L(t) + v_R(t) + v_C(t) \tag{21-11}$$

这三个电压是具有相同的频率但不同的相位常数的时间的正弦函数。

假设我们选择将电流的相位常数写为零。电阻两端的电压与电流同相，所以它的相位常数也为零（见图 21.9b）。电感器两端的电压超前电流 90°，因此它具有 +π/2 的相位常数。电容器两端的电压落后于电流 90°，因此它有 -π/2 的相位常数。

$$\mathscr{E}(t) = \mathscr{E}_m \sin(\omega t + \phi) = V_L \sin\left(\omega t + \frac{\pi}{2}\right) + V_R \sin \omega t + V_C \sin\left(\omega t - \frac{\pi}{2}\right) \tag{21-12}$$

相量图　我们可以使用三角恒等式简化该求和，但有一个更简单的方法。我们可以通过称为**相量**的类矢量的东西表示每个正弦电压。**相量**的大小表示电压幅值；相量角表示电压的相位常数。然后，我们可以以矢量相加同样的方式将相量相加。虽然我们像矢量那样画它们并像矢量那样将它们相加，但它们不是通常意义上的矢量。相量不像真实的矢量如加速度、动量或磁感应强度是有空间方向的量。

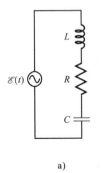

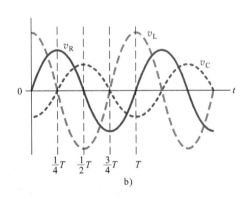

图 21.9　a）*RLC* 串联电路。b）电路元件两端的电压作为时间的函数。电流与 v_R 同相，超前 v_R 相位 90°，落后于 v_L 相位 90°。

图 21.10a 所示为表示电压 $v_L(t)$、$v_R(t)$ 和 $v_C(t)$ 的三个相量。从 $+x$ 轴逆时针旋转的角度表示正的相位常数。首先，我们将表示 $v_L(t)$ 和 $v_C(t)$ 两个相反方向的相量相加。然后，我们将这二者之和与表示 $v_R(t)$ 的相量相加（见图 21.10b）。此矢量和表示 $\mathscr{E}(t)$。$\mathscr{E}(t)$ 的幅值是此和的长度；根据勾股定理，有

$$\mathscr{E}_m = \sqrt{V_R^2 + (V_L - V_C)^2} \qquad (21\text{-}13)$$

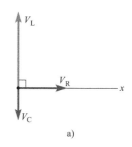

✓ 检测题 21.5

在 RLC 串联电路中，电容器和电感器两端电压的幅值分别为 90 mV 和 50 mV。外加电动势的幅值为 $\mathscr{E}_m = 50$ mV。电阻两端的电压幅值是多少？

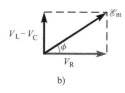

阻抗 式（21-13）右边各个电压幅值可以改写为电流的幅值乘以电抗或电阻：

$$\mathscr{E}_m = \sqrt{(IR)^2 + (IX_L - IX_C)^2}$$

提出电流得到

$$\mathscr{E}_m = I\sqrt{R^2 + (X_L - X_C)^2}$$

因此，交流电源电压的幅值与电流幅值成正比。比例常数称为电路的**阻抗** Z。

$$\mathscr{E}_m = IZ \qquad (21\text{-}14a)$$

$$Z = \sqrt{R^2 + (X_L - X_C)^2} \qquad (21\text{-}14b)$$

图 21.10 a）电压的相量表示。b）电源电动势和电阻两端的电压（与电流同相）之间的相位角 ϕ。

阻抗的单位为欧姆。

由图 21.10b 可看出，电源电压 $\mathscr{E}(t)$ 超前 $v_R(t)$——以及电流 $i(t)$——相位角 ϕ，这里

$$\tan\phi = \frac{V_L - V_C}{V_R} = \frac{IX_L - IX_C}{IR} = \frac{X_L - X_C}{R} \qquad (21\text{-}15)$$

我们假设在图 21.9 和图 21.10 中 $X_L > X_C$。若 $X_L < X_C$，相位角 ϕ 为负，这意味着电源电压落后于电流。图 21.10b 也意味着

$$\cos\phi = \frac{V_R}{\mathscr{E}_m} = \frac{IR}{IZ} = \frac{R}{Z} \qquad (21\text{-}16)$$

如果元件 R、L 和 C 的一个或两个不在电路中，上述的分析仍然是有效的。由于在所缺元件上不存在电势差，我们可以设所缺元件的电阻或电抗为零。例如，由于电感器绕线长度较长，它通常具有显著的电阻。我们可以将实际的电感器模拟成为一个理想的电感器与一个电阻串联。电感器的阻抗通过在式（21-14b）中设 $X_C = 0$ 求出。

例 21.4

RLC 串联电路

在 RLC 电路中，以下三个元件串联：40.0 Ω 的电阻、22.0 mH 的电感器和 0.400 μF 的电容器。交流电源有 0.100 V 的峰值电压和 1×10^4 rad/s 的角频率。（a）求电流的幅值。（b）求电流与交流电源之间的相位角。哪一个超前？（c）求

例 21.4 续

每个电路元件两端的峰值电压。

分析 阻抗是电源电压幅值与电流幅值之比。通过求出电感器和电容器的电抗，我们可以求得阻抗，然后解出电流的幅值。电抗也使我们能够计算相位常数 ϕ。如果 ϕ 为正，电源电压超前电流；如果 ϕ 为负，则电源电压落后于电流。任何元件两端的峰值电压等于峰值电流乘以该元件的电抗或电阻。

解 （a）感抗为

$$X_L = \omega L = 1.00 \times 10^4 \text{ rad/s} \times 22.0 \times 10^{-3} \text{ H} = 220 \text{ } \Omega$$

容抗为

$$X_C = \frac{1}{\omega C} = \frac{1}{1.00 \times 10^4 \text{ rad/s} \times 0.400 \times 10^{-6} \text{ F}} = 250 \text{ } \Omega$$

则该电路的阻抗为

$$Z = \sqrt{R^2 + (X_L - X_C)^2} = \sqrt{(40.0 \text{ }\Omega)^2 + (-30 \text{ }\Omega)^2} = 50 \text{ }\Omega$$

对于电源电压幅值 $V = 0.100$ V，电流的幅值为

$$I = \frac{V}{Z} = \frac{0.100 \text{ V}}{50 \text{ }\Omega} = 2.0 \text{ mA}$$

（b）相位角 ϕ 为

$$\phi = \arctan \frac{X_L - X_C}{R} = \arctan \frac{-30 \text{ }\Omega}{40.0 \text{ }\Omega} = -0.64 \text{ rad} = -37°$$

因为 $X_L < X_C$，相位角 ϕ 是负的，这意味着电源电压滞后于电流。

（c）电感器两端的峰值电压为

$$V_L = IX_L = 2.0 \text{ mA} \times 220 \text{ }\Omega = 440 \text{ mV}$$

对于电容器

$$V_C = IX_C = 2.0 \text{ mA} \times 250 \text{ }\Omega = 500 \text{ mV}$$

对于电阻

$$V_R = IR = 2.0 \text{ mA} \times 40.0 \text{ }\Omega = 80 \text{ mV}$$

讨论 由于图 21.10 中各电压相量都与 I 成正比，我们可以将每一个除以 I，形成一个相量图，这里相量表示电抗或电阻（见图 21.11）。可以使用这样的相量图，求出该电路的阻抗和相位常数，而不是使用式（21-14b）和式（21-15）。

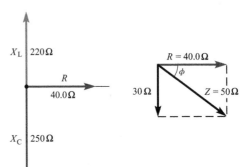

图 21.11 用来求阻抗与相位角的相量图。（相量的长度不是按比例的。）

 需要注意的是三个电路元件两端电压的幅值的总和与电源电压的幅值是不一样的：

$$100 \text{ mV} \neq 440 \text{ mV} + 80 \text{ mV} + 500 \text{ mV}$$

电感器和电容器两端电压的幅值每个都比电源电压幅值大。电压的幅值是最大值；因为电压彼此不同相，它们不在同一瞬间达到其最大值。正确的是，在任意给定时刻三个元件两端的瞬时电势差的总和等于在同一时刻电源的瞬时电压 [见式（21-12）]。

练习题 21.4 瞬时电压

如果在同一电路中的电流写为 $i(t) = I\sin \omega t$，则 $v_C(t)$、$v_L(t)$、$v_R(t)$ 和 $\mathscr{E}(t)$ 的相应表达式将是什么？（主要任务是获得正确的相位常数。）使用这些表达式，说明在 $t = 80.0$ μs 时，$v_C(t) + v_L(t) + v_R(t) = \mathscr{E}(t)$。（环路定律在任何 t 时刻都是正确的，我们只是在一个特定的时刻验证它）。

功率因数

在一个理想的电容器或电感器中没有功耗；功耗仅在电阻电路（包括电路导线和电感线圈中的电阻）中：

$$P_{av} = I_{rms} V_{R, rms} \tag{21-4}$$

我们要以电源电压的有效值重写平均功率。

$$\frac{V_{R, rms}}{\mathscr{E}_{rms}} = \frac{I_{rms} R}{I_{rms} Z} = \frac{R}{Z}$$

由式（21-16），$R/Z = \cos\phi$。因此，

$$V_{R,\,rms} = \mathcal{E}_{rms}\cos\phi$$

以及

$$P_{av} = I_{rms}\mathcal{E}_{rms}\cos\phi \qquad\qquad (21\text{-}17)$$

式（21-17）中的因数 $\cos\phi$ 被称为**功率因数**。当电路中只有电阻而没有电抗时，$\phi = 0$ 则 $\cos\phi = 1$；因此 $P_{av} = I_{rms}\mathcal{E}_{rms}$。当电路中只有电容或电感时，$\phi = \pm 90°$ 则 $\cos\phi = 0$，所以 $P_{av} = 0$。许多电子设备含有可观的电感或电容；它们给电源电压提供的负载不纯粹是电阻。特别是带有变压器的任何设备由于绕组而有些电感。电气设备上的标签有时包括一个单位为 V·A 的量和一个单位为 W 的较小的量。前者为 $I_{rms}\mathcal{E}_{rms}$ 的积；后者是平均功耗。

日常物理演示

找出标签上带有两个数值等级的电气设备，一个以 V·A 为单位而另一个以 W 为单位。变压器绕组有显著的电感，所以尝试带有外部变压器（在电源内）或内部变压器（例如，台式计算机）的装置。电机绕组也有电感，所以有电机的装置也是一个不错的选择。计算设备的功率因数。现在找出一种装置，相对于它的电阻，具有小的电抗，如加热器或电灯泡。为什么这种装置没有以 V·A 为单位的数值标签？

例 21.5

笔记本计算机电源

一台笔记本计算机电源标示如下："45 W 交流适配器。交流输入：1.0 A 的最大值，120 V，60.0 Hz。"电源的简化电路模型是一个电阻 R 和一个理想的电感器 L 与理想的交流电动势串联。电感器主要代表变压器绕组的电感，电阻主要代表笔记本计算机的负载。当电源用掉 1.0 A 的最大电流的有效值时，求出 L 和 R 的值。

分析 首先我们绘制电路（见图 21.12）。下一步标出问题中已知的量，注意将幅值及平均功率与有效值区分开来。由于功率消耗在电阻中，而不是在电感中，我们可以由平均功率求出电阻。然后，我们可以利用功率因数求得 L，我们假设在电路中没有电容，这意味着我们可以设 $X_C = 0$。

解 该题告诉我们，最大电流的有效值为 $I_{rms} = 1.0$ A。电源电压的有效值为 $\mathcal{E}_{rms} = 120$ V。频率为 $f = 60.0$ Hz。当电源用掉 1.0 A 电流的有效值时，平均功率为 45 W；电流用掉的较少，平均功率较小。则

$$\mathcal{E}_{rms}I_{rms} = 120\text{ V} \times 1.0\text{ A} = 120\text{ V·A}$$

注意：平均功率小于 $I_{rms}\mathcal{E}_{rms}$；它不能大于 $I_{rms}\mathcal{E}_{rms}$，因为 $\cos\phi \le 1$。

由于功率只消耗在电阻中

$$P_{av} = I_{rms}^2 R$$

电阻因此为

$$R = \frac{P_{av}}{I_{rms}^2} = \frac{45\text{ W}}{(1.0\text{ A})^2} = 45\ \Omega$$

平均功率与 $I_{rms}\mathcal{E}_{rms}$ 的比值给出了功率因数

$$\frac{\mathcal{E}_{rms}I_{rms}\cos\phi}{\mathcal{E}_{rms}I_{rms}} = \cos\phi = \frac{45\text{ W}}{120\text{ V·A}} = 0.375$$

相位角是 $\phi = \arccos 0.375 = 68.0°$。由图 21.13 的相量图

$$\tan\phi = \frac{V_L}{V_R} = \frac{IX_L}{IR} = \frac{X_L}{R}$$

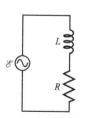

图 21.12 电源电路图。

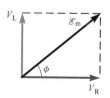

图 21.13 电感器和电阻器两端的电压相量相加。

解出 X_L

$$X_L = R\tan\phi = (45\ \Omega)\tan 68.0° = 111.4\ \Omega = \omega L$$

于是有

例 21.5 续

$$L = \frac{X_L}{\omega} = \frac{111.4\ \Omega}{2\pi \times 60.0\ \text{Hz}} = 0.30\ \text{H}$$

讨论　检查一下：$\cos\phi$ 应等于 R/Z。

$$\frac{R}{Z} = \frac{R}{\sqrt{R^2 + X_L^2}} = \frac{45\ \Omega}{\sqrt{(45\ \Omega)^2 + (111.4\ \Omega)^2}} = 0.375$$

其与 $\cos\phi = 0.375$ 一致。

练习题 21.5　较典型的电流消耗

适配器很少用掉 1.0 A 的最大电流的有效值。假设较典型的是，适配器用掉 0.25 A 的电流的有效值，平均功率是多少？使用相同的简化电路模型，L 值相同但 R 值不同。［提示：首先求阻抗 $Z = \sqrt{R^2 + X_L^2}$。］

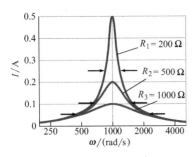

图 21.14　对于 RLC 串联电路中三个不同的电阻，电流 I 的幅值作为角频率 $\omega = 1000$ rad/s 的函数。表示出了各半峰值电流处的宽度，水平坐标是对数的。

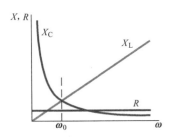

图 21.15　感抗和容抗以及电阻作为频率的函数的频率依赖性。

21.6　RLC 谐振电路

假设 RLC 电路与具有一固定幅值但不同频率的交流电源相连。阻抗与频率有关，所以电流幅值与频率有关。图 21.14 显示了对于具有 $L = 1.0$ H，$C = 1.0\ \mu$F 和 $\mathscr{E}_{\text{rms}} = 100$ V 的电路，电流 $I = \mathscr{E}_{\text{rms}}/Z$ 的幅值作为角频率的函数的三条曲线（称为**共振曲线**）。用了三个不同的电阻：200 Ω、500 Ω 和 1000 Ω。

该电路的阻抗为

$$Z = \sqrt{R^2 + (X_L - X_C)^2} \tag{21-14b}$$

因为 R 为常数，最小阻抗 $Z = R$ 发生在角频率 ω_0——称为**谐振**角频率——此处感抗和容抗相等，所以 $X_L - X_C = 0$。

$$X_L = X_C$$

$$\omega_0 L = \frac{1}{\omega_0 C}$$

解出 ω_0。

> ### RLC 电路的谐振角频率
>
> $$\omega_0 = \frac{1}{\sqrt{LC}} \tag{21-18}$$

注意电路的谐振频率只与电感和电容的值有关，与电阻无关。在图 21.14 中，对于任意 R 值，最大电流发生在谐振频率处。然而最大电流值与 R 有关，因为谐振时 $Z = R$。对于较小电阻，共振峰较高。若我们测量电流幅值为其最大值一半处共振峰的宽度，我们看到，随着电阻减小，共振峰变窄。

在 RLC 电路中的谐振类似于在机械振动中的共振（见第 10.10 节和表 21.1）。正如一个质量—弹簧系统有单一的共振频率，由弹簧常数和质量决定，RLC 电路有单一的谐振频率，由电容和电感确定。当两者之中任何一个系统由外部驱动时——对质量—弹簧系统为正弦外力或对电路系统为施加的正弦电动势——系统响应的幅值是最大的。在两个系统中，能量在两种形式之间来回转换。对于质量—弹簧系统，这两种形式能量为动能和弹性势能；对 RLC 电路，这两种形式为储存在电容器中的电能和储存在电感器中的磁能。在 RLC 电路中的电阻扮演着弹簧—质量系统中摩擦的作用：耗能。

链接：

RLC 电路与机械系统的共振。

表 21.1　*RLC* 振荡与机械振荡的类比

RLC	机械
q，i，$\Delta i/\Delta t$	x，v_x，a_x
$\dfrac{1}{C}$，R，L	k，b，m
$\dfrac{1}{2}\left(\dfrac{1}{C}\right)q^2$	$\dfrac{1}{2}kx^2$
$\dfrac{1}{2}Li^2$	$\dfrac{1}{2}mv_x^2$
Ri^2	bv_x^2
$\omega_0 = \sqrt{\dfrac{1/C}{L}}$	$\omega_0 = \sqrt{\dfrac{k}{m}}$

应用：调谐电路

尖锐的共振峰可以在电视机或收音机的调谐电路中从许多不同的广播频率选出一个。老式收音机中常用的一种调谐器是通过旋转调谐旋钮使一组可动平行板相对另一组固定平行板转动，从而使重叠面积变化（见图 21.16）。通过改变电容，谐振频率可以变化。调谐电路是通过来自天线的许多不同频率的混合来驱动，但频率只有非常接近谐振频率时才在调谐电路中产生显著的响应。

图 21.16　老式收音机中的可变电容器。收音机通过调节电容调到一个特定的谐振频率。这是通过旋转旋钮以改变两组板的重叠面积来实现的。

例 21.6

收音机调谐器

无线电调谐器有一个 400.0 Ω 的电阻、一个 0.50 mH 的电感器和一个串联连接的可变电容器。假设电容器调整到 72.0 pF。（a）求该电路的谐振频率。（b）求在谐振频率处的感抗和容抗。（c）所施加的电动势在来自天线的谐振频率处为 20.0 mV（有效值）。求调谐电路中电流的有效值。（d）求每个电路元件两端电压的有效值。

分析　谐振频率可以从电容和电感的值求得。在谐振频率下电抗必定相等。要求电路中的电流，我们注意到，由于电路处于谐振，阻抗等于电阻。电流的有效值是电压的有效值与阻抗之比。电路元件两端电压的有效值是电流的有效值乘以元件的电抗或电阻。

解　（a）谐振角频率由下式给出

$$\omega_0 = \frac{1}{\sqrt{LC}}$$

$$= \frac{1}{\sqrt{0.50\times10^{-3}\ \text{H}\times72.0\times10^{-12}\ \text{F}}}$$

$$= 5.27\times10^6\ \text{rad/s}$$

谐振频率是

$$f_0 = \frac{\omega_0}{2\pi} = 840\ \text{kHz}$$

（b）电抗为

$$X_L = \omega L = 5.27\times10^6\ \text{rad/s}\times0.50\times10^{-3}\ \text{H} = 2.6\ \text{k}\Omega$$

和

$$X_C = \frac{1}{\omega C} = \frac{1}{5.27\times10^6\ \text{rad/s}\times72.0\times10^{-12}\ \text{F}} = 2.6\ \text{k}\Omega$$

它们的确相等，与预期的一样。

（c）在谐振频率下，阻抗等于电阻。

$$Z = R = 400.0\ \Omega$$

电流的有效值为

$$I_{rms} = \frac{\mathscr{E}_{rms}}{Z} = \frac{20.0\ \text{mV}}{400.0\ \Omega} = 0.050\ 0\ \text{mA}$$

（d）电压的有效值为

$$V_{L\text{-}rms} = I_{rms}X_L = 0.050\ 0\ \text{mA}\times2.6\times10^3\ \Omega = 130\ \text{mV}$$

$$V_{C\text{-}rms} = I_{rms}X_C = 0.050\ 0\ \text{mA}\times2.6\times10^3\ \Omega = 130\ \text{mV}$$

$$V_{R\text{-}rms} = I_{rms}R = 0.050\ 0\ \text{mA}\times400\ \Omega = 20.0\ \text{mV}$$

讨论　谐振频率为 840 kHz 是一个合理的结果，因为它处于调幅（AM）无线电波段范围（530 ～ 1700 kHz）内。

谐振下电感器两端电压的有效值和电容器两端电压的有效值是相等的，但是瞬时电压是反相的（相位差为π弧度或180°），所以两者两端的电势差之和始终是零。在相量图中，v_L 和 v_C 的相量方向相反而长度相等，所以它们相加为零。于是，电阻两端的电压既在幅值也在相位上等于所施加的电

动势。

练习题 21.6　将收音机调至不同的广播电台

求调至 1420 kHz 的广播电台所需的电容。

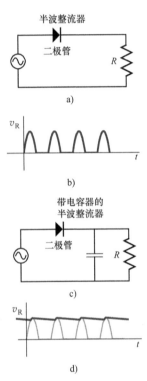

图21.17　a）半波整流器。b）电阻两端的电压。当输入电压为负时，输出电压 v_R 为零，所以"波"的负半边被切掉了。c）插入的电容器稳定输出电压。d）深色图线表示电阻两端的电压，假设 RC 时间常数远大于正弦输入电压的周期。浅色图线表示没有电容器的输出。

21.7　交直流转换　滤波器

二极管

　　二极管是一种电路组件，它让电流在一个方向上比其他方向更容易流动。一个理想的二极管在一个方向上对电流具有零电阻，所以二极管两端没有任何电压降；而对另一方向上的电流有无穷大的电阻，所以没有电流流过。二极管的电路符号有一个箭头表示所允许的电流方向。

应用：整流器

　　图 21.17a 所示的电路称为半波整流器。如果输入的是一个正弦电动势，输出（电阻两端的电压）如图 21.17b 所示。输出信号可以经电容器（见图 21.17c）变平稳。当电流流过二极管时，电容器充电；当电源电压开始下降，然后改变极性时，电容器通过电阻放电。（电容器不能通过二极管放电，因为这会让电流从错路通过二极管。）放电使 v_R 的电压升高。通过使 RC 时间常数（$\tau = RC$）足够长，使经由电阻的放电可以持续到电源电压再次变为正（见图 21.17d）。

　　多于一个二极管的电路可设置成为一个全波整流器。全波整流器的输出（没有电容器使之平稳）如图 21.18a 所示。这样的电路可在设备诸如便携式 CD 播放机、收音机和笔记本计算机所配有的交流适配器内找到（见图 21.18b）。许多其他设备有进行交直流转换的电路。

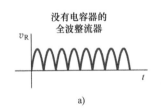

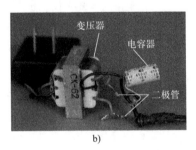

图21.18　a）全波整流器的输出。b）这个来自便携式 CD 播放机的交流适配器包含一个降低交流电源电压幅值的变压器（标记为"CK—62"）。两个红色二极管作为一个全波整流电路，而电容器使波动平缓。输出是一个几乎恒定的直流电压。

滤波器

　　图 21.17c 中所示的电容器可作为一个滤波器。图 21.19 显示了两个电路中常用的 RC 滤波器。图 21.19a 所示为一个低通滤波器。对于高频交流信号，电容器当作一个低阻抗接地路径（$X_C \ll R$），电阻两端的电压远大于电容器两端的电压，所以输出端上的电压为输入电压的一小部分。对于低频信号，$X_C \gg R$，所以，输出电压与输入电压几乎一样大。对于混频信号，高频信号被"过滤掉"，而低

频信号可"通过"。

图 21.19b 的高通滤波器所做的则正好相反。假设电路连接到直流电压与提供一定频率范围内的交流电压混合的输入端，低频时电容器的电抗大，所以对于低频，电压降的大部分加在电容器的两端；而高频时大部分高频电压降加在电阻的两端，即在输出的两端。

电容器和电感器的组合也被用作滤波器。对于 RC 和 LC 这两个滤波器，频率被阻隔和频率通过之间的转换是逐渐的。转换发生的频率范围可以通过选取 R、C（或 L 和 C）值来选择。

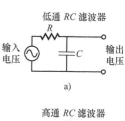

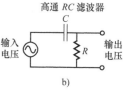

图 21.19　两个 RC 滤波器：a）低通和 b）高通。

应用：分频网络　
音频系统使用的扬声器通常有两个振动的锥筒（驱动器）发出声音。分频网络（见图 21.20）把来自放大器的信号分离，将低频送至低音喇叭而高频送至高音喇叭。

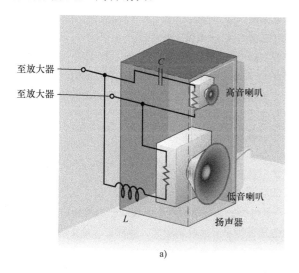

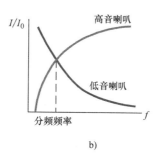

图 21.20　a）两个扬声器的驱动器是通过分频网络连接到一个放大器上。b）流至每个驱动器的电流 I 的幅值（表示为输入幅值 I_0 的分数）作为频率的函数作图。

本章提要

- 在下式中

$$v = V\sin(\omega t + \phi)$$

小写字母（v）表示瞬时电压，大写字母（V）表示电压的幅值（峰值）。ϕ 称为相位常数。

- 正弦量的有效值是 $1/\sqrt{2}$ 乘以幅值。
- 电抗（X_C, X_L）和阻抗（Z）是电阻概念的推广，并以欧姆为单位。电路元件或组合元件两端电压的幅值等于通过这个（些）元件的电流的幅值乘以这个（些）元件的电抗或阻抗。除了电阻，电压和电流之间有相位差：

	幅值	相位
电阻	$V_R = IR$	v_R、i 同相
电容器	$V_C = IX_C$	i 超前 v_C 是 90°
	$X_C = 1/(\omega C)$	
电感器	$V_L = IX_L$	v_L 超前 i 是 90°
	$X_L = \omega L$	
RLC 串联电路	$\mathscr{E}_m = IZ$	$\mathscr{E}$ 超前 / 落后 i 是

$$Z = \sqrt{R^2 + (X_L - X_C)^2} \qquad \phi = \arctan\frac{X_L - X_C}{R}$$

- 电阻的平均功耗为

$$P_{av} = I_{rms}V_{rms} = I_{rms}^2 R = \frac{V_{rms}^2}{R} \qquad (21\text{-}4)$$

理想电容器或理想电感器的平均功耗为零。

- RLC 串联电路的平均功耗可以写为

$$P_{av} = I_{rms}\mathscr{E}_{rms}\cos\phi \qquad (21\text{-}17)$$

其中，ϕ 为 $i(t)$ 和 $\mathscr{E}(t)$ 之间的相位差。功率因数 $\cos\phi$ 等于 R/Z。

- 为了求正弦电压之和，我们可以通过一个称为相量的类矢量代表每个电压，相量的大小表示电压幅值；相量角表示电压的相位常数。然后，我们就可以以矢量相加的同样方式进行相量相加。

- RLC 串联电路中谐振发生的角频率为

$$\omega_0 = \frac{1}{\sqrt{LC}} \qquad (21\text{-}18)$$

本章提要续

- 谐振时，电流的幅值为其最大值，容抗等于感抗，阻抗等于电阻。若在电路中的电阻小，谐振曲线（电流幅值作为频率函数的曲线）有一个尖锐峰。

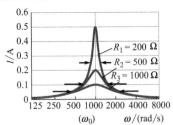

通过调节谐振频率，这样的电路可以用于从宽范围的频率信号中选择一个狭窄范围的频率，如收音机或电视广播。

- 理想的二极管在一个方向上对电流具有零电阻，所以电流流过，二极管两端没有任何电压降；而在另一个方向上对电流有无穷大的电阻，所以没有电流流过。二极管可用于将交流电转换为直流电。

- 电容器和电感器可用于制作滤波器以从电信号中有选择性地除去不需要的高频或低频。

思考题

1. 解释为什么交流电路中的电流与同一电路中电容器两端的电势差之间有相位差。

2. 解释交流电路中平均电流、电流的有效值以及峰值电流之间的差异。

3. 某些电器用直流或交流电压源都能够同样运行，但有些电器则需要其中一种电源且不能在两种电源上运行。解释并给出每一类型设备的几个例子。

4. 对于交流电路中的电容器，解释为什么电容器两端的电压为最大值时，电流一定是零。

5. 一台电器的额定值为120 V，5 A，500 W。前两个是有效值；第三个是平均功耗。为什么此功率不是600 W（= 120 V × 5 A）？

6. 与一个12 V（有效值）的正弦交流电源串联的电路有一个电阻和一个未知元件。当频率从240 Hz降至160 Hz时，电路中的电流下降20%。电路中的第二个元件是什么？解释你的依据。

7. 如何用一个线圈和一个软铁芯让家里的灯光变暗？

8. 若功率因数为1意味着什么？若它是零意味着什么？

9. 假设你在欧洲（那里电压的有效值为240 V）买了一个120 W的灯泡。如果你把它带至美国（那里电压的有效值为120 V）并将其插入，会发生什么事情？

选择题

⭘ 学生课堂应答系统题目

1. ⭘ 对于一个交流电路，曲线（1，2）可能表示：

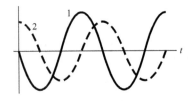

(a) 电容器的（1—电压，2—电流）。
(b) 电容器的（1—电流，2—电压）。
(c) 电阻的（1—电压，2—电流）。
(d) 电阻的（1—电流，2—电压）。
(e) 电感器的（1—电压，2—电流）。
(f) 电感器的（1—电流，2—电压）。
(g) 或（a）或（e）。 (h) 或（a）或（f）。
(i) 或（b）或（e）。 (j) 或（b）或（f）。

2. 对于交流电路中的理想电感器，通过电感器的电流
(a) 与感应电动势同相。
(b) 超前感应电动势90°。
(c) 超前感应电动势的角度小于90°。
(d) 落后感应电动势90°。
(e) 落后感应电动势的角度小于90°。

3. ⭘ 一个电容器与一个可变频率振荡器的终端连接。此源的峰值电压保持不变而频率增加。哪种说法是正确的？
(a) 通过电容器的电流的有效值增加。
(b) 通过电容器的电流的有效值减小。
(c) 电流和源电压之间的相位关系变化。
(d) 频率变化足够大时电流停止流动。

4. ⭘ 一个交流电源与一个电阻、一个电容器和一个电感器的串联组合连接。哪种说法是正确的？
(a) 电容器中的电流超前电感器中的电流180°。
(b) 电容器中的电流落后电感器中的电流180°。
(c) 电容器中的电流与电阻中的电流是同相的。
(d) 电容器两端的电压与电阻两端的电压是同相的。

5. ⭘ 这些曲线显示了电路图中的各种电路元件峰值电流作为频率的函数。发电机电动势的幅值是恒定的，与频率无关。如果电路元件是一个电容器，哪条曲线是正确的？

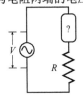

计算、证明题

Ⓒ 综合概念 / 定量题

🔬 生物医学应用

◆ 较难题

21.1　正弦电流与电压：交流电路中的电阻元件；
21.2　家庭用电

1. 灯泡与一个 120 V（有效值）、60 Hz 的电源连接。电流每秒反转方向多少次？

2. 一个 1 500 W 的加热器在 120 V 的有效值下运行。通过加热器的峰值电流是多少？

3. ⓒ 一个 1 500 W 的电吹风机是按美国工作设计，那里的交流电压有效值为 120 V。当把吹风机插头插入到欧洲的有效值为 240 V 的插座时，功耗是多少？在这种情况下，吹风机可能会发生什么？

4. (a) 一台 4 200 W 的室内电加热器在 120 V 的有效值下运行时用掉的电流的有效值是多少？（b）若限电期间电压的有效值降至 105 V，加热器的功耗是多少？假设电阻保持不变。

5. 电动势的有效值为 4.0 V 的交流发电机的瞬时正弦电动势在什么值之间振荡？

6. ◆ 证明，关于一个完整的周期，正弦函数平方的平均值为 $\dfrac{1}{2}$。[提示：用下面的三角恒等式：$\sin^2\alpha + \cos^2\alpha = 1$；$\cos 2\alpha$ $\cos^2\alpha - \sin^2\alpha$。]

21.3　交流电路中的电容元件

7. 在什么频率下 6.0 μF 的电容器的电抗的等于 1 kΩ？

8. 0.250 μF 的电容器与有效值为 220 V、50.0 Hz 的交流电源连接。（a）求电容器的电抗。（b）通过电容器的电流的有效值是多少？

9. 由 $X_C = 1/(\omega C)$ 证明容抗的单位是欧姆。

10. ⓒ 一个电容器（电容 = C）与峰值电压 V 和角频率 ω 的交流电源连接。（a）在电容器从未充电到完全充电的四分之一周期内，平均电流（以 C、V 和 ω 表示）是多少？[提示：$i_{av} = \Delta Q / \Delta t$。]（b）电流的有效值是多少？（c）解释为什么电流的平均值和有效值不同。

11. 一个电容器和一个电阻器并联到交流电源上。电容器的电抗等于电阻器的电阻。假设 $i_C(t) = I\sin\omega t$，在同一坐标轴上画出 $i_C(t)$ 和 $i_R(t)$ 曲线。

21.4　交流电路中的电感元件

12. 在什么频率时 20.0 mH 的电感器的电抗等于 18.8 Ω？

13. 一个半径为 8.0×10^{-3} m 和 200 匝/cm 的螺线管用作电路中的电感器。当该螺线管连接到 22 kHz、有效值为 15 V 的电源时，测得电流的有效值为 3.5×10^{-2} A。假设螺线管的电阻是可以忽略的。（a）感抗是多少？（b）螺线管的长度是多少？

14. 两个理想电感器（0.10 H，0.50 H）与幅值为 5.0 V 和频率为 126 Hz 的交流电压源串联。（a）每个电感器上的峰值电压是多少？（b）电路中流动的峰值电流是多少？

15. ◆ⓒ 假设交流电路中一个理想电容器和一个理想电感器串联。（a）$v_C(t)$ 和 $v_L(t)$ 之间的相位差是多少？[提示：由于它们是串联的，相同的电流 $i(t)$ 流经二者。]（b）若电容器和电感器两端电压的有效值分别为 5.0 V 和 1.0 V，连接在串联组合上的交流电压表（读取电压的有效值）的读数将是多少？

16. ◆ⓒ 类似于图 21.5，对于交流电路中的一个理想电感器作图。开始假设理想电感器两端的电压 $v_L(t) = V_L\sin\omega t$。在同一坐标轴上作表示一个周期的 $v_L(t)$ 和 $i(t)$ 的曲线。然后，说明在 $t = 0$，$\dfrac{1}{8}T$，$\dfrac{2}{8}T$，…，T 的各时刻电流的方向（或者说它是零），该电流是增加、减少或（瞬时）不变，以及电感器中的感应电动势的方向（或者说它是零）。

17. 电感器在 50.0 Hz 的频率时有 30.0 Ω 的阻抗和 20.0 Ω 的电阻。其电感是多少？（将电感器作为与电阻串连的理想电感器）

21.5　*RLC* 串联电路

18. 一个电阻和一个电容器的串联组合与一个有效值为 110 V、60.0 Hz 的交流电源连接。若电容为 0.80 μF 以及电路中电流的有效值是 28.4 mA，则电阻是多少？

19. 一个 *RLC* 串联电路有一个 0.20 mF 的电容器，一个 13 mH 的电感器和一个 10.0 Ω 的电阻，并与一个幅值为 9.0 V、频率为 60 Hz 的交流电源连接。（a）计算电压幅值 V_L、V_C、V_R 和相位角。（b）画出此电路电压的相量图。

20. 一台计算机在 120 V 的电压的有效值下用掉 2.80 A 的电流的有效值。平均功率为 240 W。（a）功率因素是多少？（b）电压和电流之间的相位差是多少？

21. 交流电路具有串联的单个电阻器、电容器和电感器。该电路采用 100 W 的功率并在 60 Hz 和 120 V 的有效值下运行时用掉 2.0 A 的电流的最大有效值。容抗为电感的 0.50 倍。（a）求相位角。（b）求电阻、电感和电容值。

22. 包含一个 12.5 Ω 的电阻、一个 5.00 μF 的电容器和一个 3.60 mH 的电感器的交流电路与一个输出电压为 50.0 V（峰值）、频率为 1.59 kHz 的交流发电机串联。求阻抗、功率因数以及该电路的源电压和电流之间的相位差。

23. ◆ⓒ 一个 22.0 mH 的电感器和一个 145.0 Ω 的电阻的串联组合与一个峰值电压为 1.20 kV 的交流发电机的两个输出端连接。（a）在 $f = 1\,250$ Hz 下，电感器两端和电阻两端的电压幅值各是多少？（b）这些电压幅值相加等于电源电压吗（即 $V_R + V_L = 1.20$ kV）？请解释。（c）画相量图表示电压相加。

24. ⓒ 交流电路中一个 150 Ω 的电阻与一个 0.75 H 的电感器串联。两者两端电压的有效值是相同的。（a）频率是多少？（b）每个电压的有效值会是电源电压的有效值的一半吗？若不是，它们是电源电压的几分之几？（换句话说，$V_R/\mathscr{E}_m = V_L/\mathscr{E}_m = ?$）（c）源电压和电流之间的相位角是多少？哪一个领先？（d）电路的阻抗是多少？

25. ✦ （a）10.0 mH 的电感器在频率 $f = 250.0$ Hz 下的电抗是多少？（b）10.0 mH 电感器和 10.0 Ω 的电阻的串联组合在 250.0 Hz 下的阻抗是多少？（c）当交流电压源有 1.00 V 的峰值时，通过同一电路的电流最大值是多少？（d）电路中的电流滞后电压多大角度？

21.6　*RLC* 谐振电路

26. 一个 *RLC* 串联电路带有一个可变电容器。当电容器的面积增大 2 倍时，电路的谐振频率如何变化？

27. 在 *RLC* 串联电路中，以下三个元件串联：60.0 Ω 的电阻，40.0 mH 的电感器和 0.050 0 F 的电容器。这些串联元件与电压的有效值为 10.0 V 的交流振荡器的两端连接。求该电路的谐振频率。

28. 🌐 为了测试在不同频率下的听力，将一个 *RLC* 谐振电路连接至扬声器。通过改变可变电容器来选择谐振频率。（a）对于 $L = 300$ mH 的 *RLC* 电路，要实现 20 Hz 的谐振频率（具有很好听力的人们大约可以检测到的最低频率）则电容需要是多少？（b）对于 20 kHz 的频率（大约可听见的最高频率），电容需要是多少？

29. 一个 *RLC* 串联电路由正弦电动势在电路的谐振频率下驱动。（a）电容器和电感器两端的电压之间的相位差是多少？[提示：因为它们是串联的，流过它们的电流 $i(t)$ 相同。]（b）谐振时，电路中电流的有效值是 120 mA。电路中的电阻为 20 Ω。所加电动势的有效值是多少？（c）若该电动势的频率改变而其有效值不变，电流的有效值会怎样？

30. 一个 *RLC* 串联电路具有 $L = 0.300$ H 和 $C = 6.00$ μF。电源的峰值电压为 440 V。（a）角谐振率是多少？（b）当电源设在谐振频率下，电路中的峰值电流为 0.560 A。电路中的电阻是多少？（c）在谐振频率下电阻、电感器和电容器两端的峰值电压各是多少？

31. 重复计算题 19，工作频率为 98.7 Hz。（a）该电路的相位角是多少？（b）画相量图。（c）该电路的谐振频率是多少？

21.7　交直流转换　滤波器

32. 在图示的分频网络中，已知分频频率是 252 Hz。电容 $C = 560$ μF。假设电感器是理想的。（a）在分频频率下高音喇叭支路（电容器与高音喇叭 8.0 Ω 的电阻串联）的阻抗是多少？（b）在分频频率下低音喇叭支路的阻抗是多少？[提示：两个分支中的电流的幅值是相同的。]（c）求 *L*。（d）用 *L* 和 *C* 推导分频

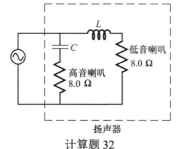

计算题 32

频率 f_{co} 的表达式。

33. ✦ 所示的电路中有一个有效值为 440 V 的电压源，电阻 $R = 250$ Ω，电感 $L = 0.800$ H 和电容 $C = 2.22$ μF。（a）求此电路的谐振角频率 ω_0。（b）画出谐振电路的相量图。（c）求电路中各点之间测得的电压的有效值：V_{ab}、V_{bc}、V_{cd}、V_{bd} 和 V_{ad}。（d）电阻用 $R = 125$ Ω 取代，现谐振角频率是多少？（e）用该新电阻谐振运行的电路中电流的有效值是多少？

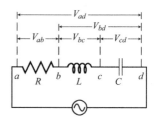

34. 🅲 可变电感器与一个灯泡串联可以作为调光器。（a）通过 100 W 灯泡的电流为其最大值的 75%，电感会降低多少？假设电源为 60 Hz，有效值为 120 V。（b）可以用可变电阻器取代可变电感器来减少电流吗？为什么电感器对于调光器是一个更好的选择？

35. 作为电气工程师工作的你正设计变压器用于把发电站生产的 2.5×10^6 W 的电力输送到 120 km 外的一个城市。电力将在两条铜传输线上传送，每条线半径为 5.0 cm。（a）传输线的总电阻是多少？（b）如果电力在有效值为 1 200 V 下传输，求电线的平均功耗。（c）使用一个具有 1 000 匝初级线圈的变压器使电压的有效值从 1 200 V 增加 150 倍，次级线圈有多少匝？（d）电压经变压器升高后，传输线中新的电流的有效值是多少？（e）当使用变压器时，传输线上的平均功耗是多少？

36. 对于一个特定的 *RLC* 串联电路中，容抗为 12.0 Ω，感抗为 23.0 Ω，25.0 Ω 的电阻两端的最大电压是 8.00 V。（a）此电路的阻抗是多少？（b）电路两端的最大电压是多少？

37. 🅲 便携式加热器与 60 Hz 的交流电插座连接。瞬时功率每秒有多少次最大？

38. 🅒 一个 22 kV 的供电线路长为 10.0 km，以 6.0 MW 的平均功率向一个小镇供应电能。（a）如果使用一对直径为 9.2 cm 的铝电缆，传输线中的平均功耗是多少？（b）为什么使用铝，而不是选用更好的导体，例如铜或银？

39. 一个内电阻为 120 Ω 和电感为 12.0 H 的线圈与 60.0 Hz、有效值为 110 V 的电线连接。（a）线圈的阻抗是多少？（b）计算线圈中的电流。

40. 一个电容器额定值为 0.025 μF。当该电容器与 60.0 Hz、

有效值为 110 V 的电线连接时，流过的电流是多少？

41. 交流发电机向一个内阻小到可以忽略不计的线圈供给 4.68 A 的峰值电流。此交流发电机在 60.0 Hz 时的峰值电压为 420 V。当把 38.0 μF 电容器与此线圈串联时，得到功率因数为 1.00。求（a）线圈的感抗和（b）线圈的电感。

42. （a）当功率因数为 1.00 及（b）当它是 0.80 时，在与有效值为 220 V 的线路连接的 4.50 kW 的电动机中流过的电流的有效值是多少？

43. 一个用作电磁铁的大线圈具有电阻 $R = 450\ \Omega$ 和电感 $L = 2.47\ H$。该线圈与一个电压幅值为 2.0 kV 和频率为 9.55 Hz 的交流电源连接。（a）功率因素是多少？（b）电路的阻抗是多少？（c）电路中的电流峰值是多少？（d）由电源传递给电磁铁的平均功率是多少？

44. 发电机通过电阻为 10.0 Ω 的传输线供给的平均功率为 12 MW。如果线路电压的有效值 $\mathscr{E}_{rms}$ 为（a）15 kV 和（b）110 kV，传输线路中的功率损耗是多少？在每种情况下由发电机提供的总功率有多少百分比在传输线中损耗了？

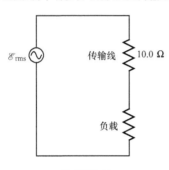

计算题 44

45. © 变压器通常用千伏 - 安培表示额定值。在住宅区街道的一根杆上有一个额定为 35 kV · A 的变压器服务于该街道上 4 个家庭。（a）若每个家庭拥有一个熔丝，在 220 V 的有效值下限制输入 60 A 的电流的有效值，求以 kV · A 表示的变压器上的最大负载。（b）变压器的额定值足够吗？（c）解释为什么变压器的额定值是以 kV · A 给出而不是以 kW 给出。

46. ◈ 一个 40.0 mH 的电感器，具有 30.0 Ω 的内阻，连接到一个交流电源

$$\mathscr{E}(t) = (286\ V)\sin[(390\ rad/s)t]$$

（a）电路中电感器的阻抗是多少？（b）电感器两端（包括内阻）的峰值电压和电压的有效值是多少？（c）电路中的峰值电流是多少？（d）电路的平均功耗是多少？（e）写出通过电感器的电流作为时间函数的表达式。

47. ◈ （a）一个 5.00 μF 的电容器在频率 $f = 12.0\ Hz$ 和 1.50 kHz 时的电抗是多少？（b）该 5.00 μF 的电容器和一个 2.00 kΩ 的电阻的串联组合在这两个同样频率时的阻抗是多少？（c）当交流电源的峰值电压为 2.00 V 时，通过（b）电路的最大电流是多少？（d）对于两个频率中的每一个，电流是超前还是落后电压？以多少角度？

练习题答案

21.1　$V = 310\ V$；$I = 17.0\ A$；$P_{max} = 5\ 300\ W$；$P_{av} = 2\ 600\ W$；$R = 18\ \Omega$

21.2　9 950 Ω；22.1 mA

21.3　1.13 kΩ；8.84 μA

21.4　$v_C(t) = (500\ mV)\sin(\omega t - \pi/2)$，
$v_L(t) = (440\ mV)\sin(\omega t + \pi/2)$，
$v_R(t) = (80\ mV)\sin\omega t$ 和 $\mathscr{E}(t) = (100\ mV)\sin(\omega t - 0.64)$。
在 $t = 80.0\ \mu s$，$\omega t = 0.800\ rad$。
$v_C(t) = (500\ mV)\sin(-0.771\ rad) = -350\ mV$
$v_L(t) = (440\ mV)\sin(2.371\ rad) = +310\ mV$
$v_R(t) = (80\ mV)\sin(0.80\ rad) = +57\ mV$
和 $\mathscr{E}(t) = (100\ mV)\sin(0.16\ rad) = +16\ mV$
$v_C + v_L + v_R = +17\ mV$（差异来自于舍入误差）

21.5　29 W

21.6　25 pF

检测题答案

21.1　平均功率为电压和电流有效值的乘积：$P_{av} = I_{rms}V_{rms} = 10\ A \times 120\ V = 1\ 200\ W$。

21.3　当频率增加一倍，电抗减半，而电流的幅值 $I = \mathscr{E}_m/X_C$，增加一倍。电流的频率也增加一倍（它必须与电压的频率相同）。

21.4　感抗 X_L 随着频率的增加而增加。容抗 X_C 随着频率的增加而减小。（a）当 $\omega > \omega_0$ 时，$X_L > X_C$。（b）当 $\omega < \omega_0$ 时，$X_C > X_L$。

21.5　$\mathscr{E}_m = \sqrt{V_R^2 + (V_L - V_C)^2}$，因此 $V_R = \sqrt{\mathscr{E}_m^2 - (V_L - V_C)^2} = 30\ mV$。

综合复习：第19~21章

复习题

1. 每米 8 500 匝的螺线管半径为 65 cm。螺线管中的电流为 25.0 A。把一个 100 匝且半径为 8.00 cm 的圆线圈放在螺线管内。该圆线圈中的电流为 2.20 A。对该线圈可能的最大磁力矩是多少？如果磁力矩有最大值，该线圈在什么方向？

2. ✦ 两条长直导线，每条通以 12.0 A 的电流，被放置在如图所示的边长为

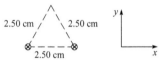

2.50 cm 的等边三角形的两个顶角上。两条导线的电流都指入页面。（a）在该三角形的第三个角上的磁感应强度是什么？（b）将另一条导线放在第三个顶角上，平行于另两条导线。第三条导线中电流应在什么方向流动以使它所受到的力在 +y 方向上？（c）若该第三条导线的质量线密度为 0.150 g/m，为使对该导线的磁力的大小等于重力，并且该第三条导线可以"悬浮"在另两条导线之上，它的电流应该是多少？

3. 一个所带电荷与一个电子相同且质量为 1.9×10^{-28} kg 的宇宙射线 μ 介子正以速度 7.0×10^7 m/s 偏离竖直 25° 的角度朝着地面运动。当该 μ 介子通过 P 点时，它距一条高压输电线的水平距离为 85.0 cm。在那一刻，输电线的电流为 16.0 A。图中 P 点处的 μ 介子所受力的大小和方向是什么？

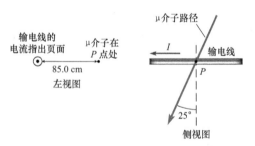

4. 一个方形线圈每边 45 cm，由 50 匝导线组成。该线圈处于 1.4 T 垂直于线圈平面的磁场中。该线圈具有很小的电阻，但它与如图所示的两个并联电阻连接。（a）当该线圈旋转 180° 时，流过该电路的电荷是多大？（b）流过 5.0 Ω 电阻的电荷是多大？

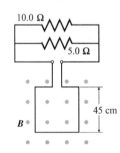

5. 一个电磁轨道炮能使用磁场和电流发射炮弹。考虑两条相隔 0.500 m 的导轨有 50.0 g 导电炮弹沿着这两条导轨滑动。一个 0.750 T 的磁场垂直于导轨平面并指向上。2.00 A 的恒定电流通过炮弹。（a）该炮弹所受的力在什么方向？（b）若轨道和炮弹之间的动摩擦因数是 0.350，炮弹在沿着

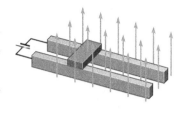

导轨行进 8.00 m 后速度有多快？（c）当炮弹沿着导轨滑动时，为了保持恒定电流所施加的电动势是增加、减少还是保持不变？

6. （a）当在谐振下的 *RLC* 串联电路的电阻增加一倍时，功耗会怎样？（b）现考虑一个不在谐振下的 *RLC* 串联电路。对此电路，初始电阻和阻抗的关系为 $R = X_C = X_L/2$。当该电路的电阻增加一倍时，确定输出功率如何变化。

7. 一个 *RLC* 电路具有 255 Ω 的电阻，146 mH 的电感和 877 nF 的电容。（a）该电路的谐振频率是多少？（b）若该电路与一个频率为谐振频率的 0.50 倍和最大电压为 480 V 的正弦发生器连接，哪一个超前，电流还是电压？（c）该电路的相位角是多少？（d）电路中电流的有效值是多少？（e）电路中的平均功耗是多大？（f）每个电路元件两端的最大电压是多少？

8. 基兰测量一电子束的磁场。该电子束的强度是每 1.30 μs 有 1.40×10^{11} 个电子通过一点。在距该电子束中心 2.00 cm 处基兰测量的磁感应强度是多少？

计算题 9 和 10。 如图所示一台质谱仪是用来测量 $^{238}U^+$ 离子的质量 m。$^{238}U^+$ 离子源（图中未示出）将初动能小到可以忽略不计的离子注入到装置里。离子在平行加速板间通过，然后经过只允许以速率 v 运动的离子径直地通过速度选择器。从速度选择器出来的离子在与速度选择器中的磁场相同，即在大小为 B 的匀强磁场中沿一个直径为 D 的半圆运动。（以计算题中已知量和必要的普适常数表示你的答案）

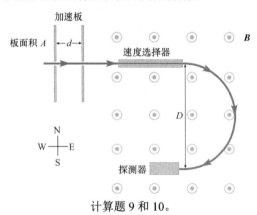

计算题 9 和 10。

9. 上述速度选择器中的匀强磁场指出页面且大小为 B。（a）要让离子以速率 v 径直通过，该选择器中的电场的大小和方向应是什么？（b）画出在速度选择器内以速率略小于 v 进入的离子的轨迹。

10. 假设离子束中有一些 $^{235}U^+$ 离子。它们有与 $^{238}U^+$ 离子相同

的电荷但质量较小（约 0.987 37 m）。（a）$^{235}U^+$ 离子以多大的速率从加速板出来，假设 $^{238}U^+$ 离子离开速度选择器的速率为 v。（b）画出 $^{235}U^+$ 离子在速度选择器内的轨迹。（c）现去掉速度选择器。$^{238}U^+$ 离子在匀强磁场中沿直径为 D 的圆形路径运动。$^{235}U^+$ 离子的路径的直径是多少？

11. 水力发电厂坐落在一个大水坝的底部。水从 100 m 深处的水库底部附近的入口流进。水流经 10 个涡轮发电机并以约 10 m/s 的速率（在大气压下）流出低于水库顶部 120 m 的发电厂。通过每台发电机的水的平均体积流量为 100 m^3/s。每台发电机产生的峰值电压为 10 kV，并用 80% 的能效运行。估算单台发电机可能提供的最大峰值电流。

12. 一个玩具赛车轨道有一个 1.0 m 长的直线段与一个垂直的半径为 15 cm 的圆形回环段连接。直线段有大小为 0.10 T 指向上的匀强磁场并含有电阻可以忽略不计的两个金属条。玩具车质量为 40 g 并包含一个长为 2.0 cm、电阻为 100 mΩ 的垂直杆，把该车放置在轨道上时，垂直杆与金属条连接。把玩具车放在起点线上，给金属条加上直流电压，于是车沿轨道的直线部分加速。该操作类似于轨道炮（见综合复习题 5）。忽略摩擦，为了使玩具车绕大回环运动而不失去与轨道接触，必须给金属条加的最小电压是多少？

MCAT 复习题

以下部分包括医学院入学考试材料并获美国医学院协会（AAMC）许可转载。

阅读短文，然后回答下面的问题。

电磁轨道炮是一种装置，可利用电磁能代替化学能来发射炮弹。这里显示的是一个典型轨道炮的示意图。

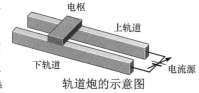

轨道炮的操作很简单。电流从电流源流入上轨道，经过一个可动的导电电枢进入下轨道，然后回到电流源。两个轨道中的电流产生的磁场与电流成正比。该磁场对通过可动电枢的运动电荷产生一个力。该力沿导轨推动电枢和炮弹。

该力与流经轨道炮的电流的平方成正比。对于一个给定的电流，沿着轨道炮的整个长度的力和磁场是恒定的。当炮弹经过放在轨道炮外面的探测器时，它们发出信号。此信息可用于确定出口速率 v_i 和炮弹的动能。对于四个不同试验，表中列出了炮弹质量、轨道电流和出口速率。

炮弹质量 /kg	轨道电流 /A	出口速率 /km/s
0.01	10.0	2.0
0.01	15.0	3.0
0.02	10.0	1.4
0.04	10.0	1.0

1. 下列哪个图最能代表轨道电流在轨道之间的区域中产生的磁场？

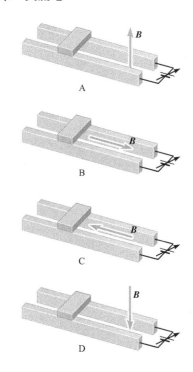

2. 对于给定的质量，若电流减少 2 倍，新的出口速率 v 将等于
 A. 2 v_i
 B. $\sqrt{2}\, v_i$
 C. $v_i/\sqrt{2}$
 D. $v_i/2$

3. 延长轨道会增加出口速率，因为
 A. 轨道电阻增加
 B. 滑轨之间磁场更强
 C. 对电枢的力较大
 D. 力在一段较长的距离存在

4. 对轨道炮做什么变化将降低功耗而不降低出口速率？
 A. 降低轨道电流
 B. 降低轨道电阻
 C. 降低导轨的横截面面积
 D. 降低磁感应强度

5. 如果一个质量为 0.10 kg 的炮弹从静止位置在 2.0 s 内加速至 10.0 m/s 的速度，由轨道炮供给炮弹的平均功率将是多少？
 A. 0.5 W
 B. 2.5 W
 C. 5.0 W
 D. 10.0 W

6. 一个质量为 0.08 kg 的炮弹由 20.0 A 的轨道电流推动，出口速率大约有多大？
 A. 0.7 km/s
 B. 1.0 km/s
 C. 1.4 km/s
 D. 2.0 km/s

问题 7 和 8。 参考在第 16～18 章 MCAT 复习题部分中关于公共事业公司向消费者传送电力的三个段落。基于这些段落，回答以下两个问题。

7. 当提供的发电量恒定，为什么随着传输线电压升高功率热损失减少？

　　A. 增加的电压降低了所需的电流。

　　B. 增加的电压提高了所需的电流。

　　C. 增加的电压降低了所需的电阻。

　　D. 增加的电压提高了所需的电阻。

8. 下列哪个图能最好地说明与一段载流导线有关的磁场的方向（*B*）？

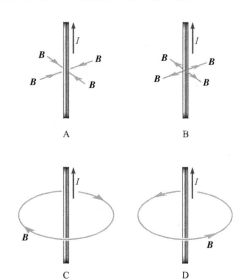

第 22 章

电磁波

　　蜜蜂用太阳在天空中的位置导航并找到自己回蜂巢的路径。这是了不起的，因为白天太阳在天空中移动，蜜蜂是用移动的参考点而不是一个固定的参考点来导航。即使白天部分时候处于阴暗中，蜜蜂仍可参考太阳导航。它们可根据在阴暗中的时间算出太阳的运动。它们内部一定有某种生物钟，使它们能够跟踪太阳的运动。

　　当太阳的位置被云遮住时，它们是怎么做的呢？实验表明，只要有一小片蓝天，蜜蜂仍旧可以导航。这怎么可能呢？（答案请见 218 页）

生物医学应用

- 医学和牙科中的 X 射线（22.3 节）
- 热像仪（22.3 节）
- 红外检测蛇、甲虫和臭虫（22.3 节）
- 紫外线照射的生物效应（22.3 节）
- X 射线诊断（22.3 节）
- 蜜蜂的偏振光检测（22.7 节）
- 准分子激光（LASIK）眼科手术（计算题 35）

概念与技能预备

- 简谐运动（10.5 节）
- 波的能量传输；横波；振幅、频率、波长、波数和角频率；波动方程（11.1 ~ 11.5 节）
- 安培定理和法拉第定律（19.9 节和 20.3 节）
- 偶极子（16.4 节和 19.1 节）
- 有效值（21.1 节）
- 热辐射（14.8 节）
- 多普勒效应（12.8 节）
- 相对速度（3.5 节）

22.1　麦克斯韦方程组与电磁波

加速运动的电荷产生电磁波

到目前为止在电磁学的学习中，我们已经考虑加速度很小的电荷产生的电场和磁场。一个静止的点电荷只产生电场。匀速运动的电荷既产生电场也产生磁场。静止或匀速运动的电荷不产生**电磁波**——由振荡的电场和磁场组成的波。电磁（EM）波只由加速电荷产生。电磁波，也被称为**电磁辐射**，由离开加速电荷向周围传播的振荡电场和磁场组成。

要产生一个比脉冲持续时间长的 EM 波，电荷必须继续加速。让我们考虑两个做简谐运动的点电荷 $\pm q$，它们以同样的振幅和频率在同一直线上运动但相位差半个周期。此振荡的电偶极子产生的电场和磁场看起来像什么？这些场看起来不像静止的电偶极子和磁偶极子的场的振荡形式。因为振荡场相互影响，电荷发出 EM 辐射。由于电荷的运动在改变，磁场不是恒定的。根据法拉第电磁感应定律，变化的磁场产生电场。因此，振荡偶极子的电场在任何时刻与静止偶极子的电场是不同的。法拉第定律解释这些电场线：它们不必起始于和终止于电荷。相反，它们可以是远离振荡偶极子的闭合曲线。

根据安培定理，正如我们已经指出的，磁感应线必须包围它们的源电流。苏格兰物理学家詹姆斯·克拉克·麦克斯韦（1831—1879）对电磁定律缺乏对称性感到困惑。如果变化的磁场产生电场，变化的电场会产生磁场吗？答案是肯定的（更多信息请见教材网站）。磁感应线不必包围电流；它们可以环绕远离振荡偶极子扩展的电场线。

图 22.1 显示了振荡偶极子的电场线和磁感应线。随着成为磁场源的不断变化的电场，场线（既有电场也有磁场）可以摆脱偶极子，形成闭合曲线，并远离偶极子传播成为电磁波。随着波向外传播，电场和磁场彼此依存。虽然电磁场强度不断减弱，比起如果场线拴在偶极子上，它们减弱的速度一点都不快。由于不断变化的电场是磁场的来源，只包括振荡电场而没有振荡磁场的波是不可能的。由于不断变化的磁场是电场的来源，只包括振荡磁场而没有振荡电场的波同样也是不可能的。

> 没有电波或磁波，只有电磁波

麦克斯韦方程组

麦克斯韦修改了安培定理，而且用它和其他三个电磁学基本定律预言了电磁波的存在，并得出它们的特性。他的理论预言了任意频率的电磁波在真空中都以相同的速率传播，此速率与光速的测量值很一致——光是电磁波的强有力的证据。光以外的电磁波的第一个实验验证是在 1887 年海因里希·赫兹（1857—1894）第一次产生和探测到无线电波时取得的。EM 波的存在表明电场和磁场是真实的，不只是便于计算电力和磁力的数学工具。

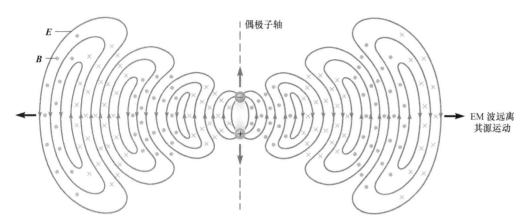

图 22.1　振荡偶极子的电场线和磁感应线。实线为页面中的电场线。圆点和十字叉号为与页面相交的磁感应线。这些场线摆脱了偶极子并远离它传播成为电磁波。远离偶极子，这些场在垂直于偶极子轴线的方向上最强而沿着轴线方向最弱。

为了纪念麦克斯韦的成就，电磁学的四个基本定律统称为麦克斯韦方程组。它们是：

1. **高斯定理**［见式（16-9）］：如果电场线不是闭合曲线，它只能起始于和终止于电荷。电荷产生电场。
2. **磁的高斯定理**：磁感应线总是闭合曲线，因为没有磁荷（单极）。通过一个闭合面的磁通量（或穿出该面的磁感应线的净条数）为零。
3. **法拉第定律**［见式（20-6）］：变化的磁场是电场的另一个来源。
4. **安培 – 麦克斯韦定理**表明，变化的电场以及电流是磁场的来源。磁感应线总是闭合曲线，但这些曲线不必环绕电流，它们也可以环绕变化的电场。

22.2　天线

电偶极子天线作为发射器　电偶极子天线由两个一字排开如同是一根长杆的金属杆组成（见图 22.2）。这些杆被从中心输入一个振荡电流。对于半个周期，电流向上流动，天线的顶部获得正电荷而底部获得相等的负电荷。当电流反向时，这些累积的电荷减少，然后反方向使天线的顶部变成带负电荷而底部变为带正电荷。对天线输入交变电流的结果是一个振荡电偶极子。

由电偶极子天线发射的电磁波的场线类似于振荡电偶极子的场线（见图 22.1）。从这些场线中，可以观察到电磁波的一些特性：

- 对于距天线等距离处，场的振幅沿天线的轴（在图 22.2 中的 $\pm y$ 方向）最小而垂直于天线方向（在垂直于 y 轴的任何方向）最大。
- 在垂直于天线的方向上，电场与天线的轴是平行的。在其他方向，**E** 与天线的轴不平行，但垂直于波的传播方向——即垂直于从天线到观测点能量传播的方向。
- 磁场既垂直于电场也垂直于传播方向。

电偶极子天线作为接收器　电偶极子天线也可以用作电磁波的接收器或探测器。在图 22.3a 中，电磁波途经电偶极子天线。该波的电场作用于天线中的自由电子，引起振荡电流。然后，该电流可以被放大，并为无线电广播或电视传

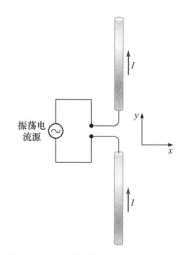

图 22.2　电偶极子天线中的电流。

输解码进行信号处理。如果天线与波的电场方向一致，它是最有效的。如果不一致，则只有 **E** 平行于天线的分量起作用以引起振荡电流。感应电动势和振荡电流减少 $\cos\theta$ 倍，其中 θ 是 **E** 与天线之间的夹角（见图 22.3b）。如果天线垂直于 **E** 场，结果没有振荡电流。

✓ 检测题 22.2

如果将电偶极子天线（被用作接收器）垂直于波的 **E** 场方向放置，会发生什么情况？

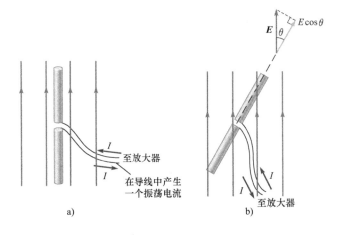

图 22.3 a）电磁波的 **E** 场使振荡电流在电偶极子天线中流动。（为清楚起见将磁感应线省略）b）当天线不与电场方向一致时，其中的电流较小。只有 **E** 平行于天线的分量才能沿天线的长度加速电子。

例 22.1

电偶极子天线

为一台计算机提供无线网络连接的电偶极子天线长度为 6.5 cm。来自无线接入点的微波在 $\pm z$ 方向传播。该波的电场总是在 $\pm y$ 上并随时间正弦变化：

$$E_y(t) = E_m \cos\omega t, \quad E_x = E_z = 0$$

其中，电场的振幅即最大值为 $E_m = 3.2$ mV/m。（a）为了获得最佳，接收天线应如何取向？（b）如果天线定向正确，天线中的电动势是多少？

分析 为了获得最大振幅，天线的取向必须能使总电场可以沿天线的长度驱动电流。电动势定义为对每单位电荷电场所做的功。

解 （a）我们希望波的电场以沿着天线长度的力沿天线的长度推动自由电子。电场总是在 $\pm y$ 方向上，因此，天线应沿 y 轴取向。

（b）当电场 **E** 沿天线的长度移动电荷 q 时，它所做的功为

$$W = F_y\,\Delta y = qEL$$

电动势为对每单位电荷所做的功：

$$\mathscr{E} = \frac{W}{q} = EL$$

该电动势随时间变化是由于电场振荡。电动势作为时间的函数为

$$\mathscr{E}(t) = EL = E_m L \cos\omega t$$

因此，它是一个与波具有相同频率正弦变化的电动势。电动势的幅值为

$$\mathscr{E}_m = E_m L = 3.2 \text{ mV/m} \times 0.065 \text{ m} = 0.21 \text{ mV}$$

讨论 天线上各点的振荡电场具有相同的振幅和相位。其结果是，电动势与天线的长度成正比。如果天线太长使得电场的相位沿天线位置变化，那么电动势不再与天线的长度成正比，甚至可能开始随长度增加而减少。

练习题 22.1 发射天线的位置

（a）若例 22.1 中的波是从遥远的电偶极子天线发送，发射天线相对于接收天线的位置在哪里？（以 xyz 坐标回答）（b）写出作为位置和时间函数的电场分量方程式。

磁偶极子天线　另一种天线是磁偶极子天线。回想一下，一个环形电流是一个磁偶极子。（右手螺旋法则确定该偶极子的 N 极方向：如果右手手指沿电流在环中的绕行方向卷曲，则大拇指指向"北"），为了做成振荡的磁偶极子，我们给环或线圈通以交流电。当电流反转方向，磁偶极子的 N 极和 S 极互换。

如果我们考虑天线轴的方向垂直于线圈，那么由电偶极子天线得出的三个观测特性仍然成立，假设我们只是用磁替代电，反之亦然。

磁偶极子天线也可作为接收器（见图 22.4）。波的振荡磁场会导致通过天线的磁通量变化。根据法拉第定律，产生感应电动势使交变电流在天线中流动。要使磁通量的变化率最大，磁场应垂直于天线平面。

图 22.4　作为磁偶极子天线的一个导线环。随着波的磁场变化，通过环的磁通量变化，从而在环中引起感应电流。（为了清晰，省略了电场线。）

天线的局限性

天线只可以产生长波低频的电磁波。实际上不用天线产生短波高频的电磁波（如可见光）；虽然电流交替变化可以产生这样的波但由于它的频率太高以至于不可能在天线中实现，而天线本身也不能太短。（要达到最有效，天线的长度不应大于半波长。）

解题技巧：天线

- 电偶极子天线（杆）：天线轴沿着杆。
- 磁偶极子天线（环）：天线轴垂直于环。
- 用作发射器，偶极天线在垂直于它的轴线方向辐射最强。在这些方向上，电偶极子天线发射的波的电场平行于天线轴，而磁偶极子天线发射的波的磁场平行于天线轴。
- 天线在沿其轴线的两个方向上不辐射。
- 当用作接收器时，为了获得最大的灵敏度，电偶极子天线的轴线应与波的电场对准，而磁偶极子天线的轴线应与波的磁场对齐。

22.3　电磁波谱

电磁波可以存在于各个频率，不受限制。电磁波的性质及其与物质的相互作用取决于波的频率。**电磁频谱**——频率（和波长）的范围——传统上分为六个或七个命名区域（见图 22.5）。各区域的命名部分是由于历史原因——区域在不同的时间被发现，而另一部分是因为不同区域的电磁辐射以不同的方式与物质相互作用。区域之间的界限是模糊的，有点随意。在本节中，给出的波长是在真空中的波长；电磁波在真空或空气中以 3.00×10^8 m/s 的速度传播。

可见光

可见光是人眼可以检测到的光谱部分。这似乎是一个很俗套的定义，但实际上眼睛的灵敏度接近可见光谱的两端。正如能听见的声音的频率范围因人而异，可以看见的光的频率范围也如此。对于一个平均范围，我们取频率为 430 THz（1 THz = 10^{12} Hz）至 750 THz，对应于真空中的波长为 700 ～ 400 nm。含有可见光范围内的所有波长的混合光呈现白色。白光可以通过棱镜分离成红色（700 ～ 620 nm）、橙色（620 ～ 600 nm）、黄色（600 ～ 580 nm）、绿色（580 ～ 490 nm）、蓝色（490 ～ 450 nm）和紫色（450 ～ 400 nm）。红光频率最低（波长最长）而紫光频率最高（波长最短）。

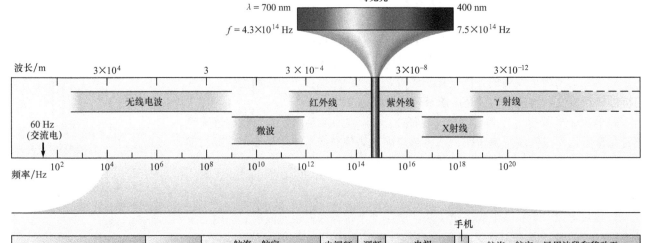

图22.5 电磁频谱区。注意，波长和频率尺度为对数。

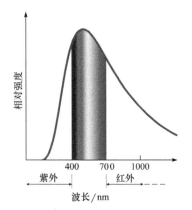

图22.6 入射到地球大气中的太阳光的相对强度（每单位面积的平均功率）关于波长的函数曲线。（文前彩插）

> **链接：**
>
> 热辐射在14.8节中作为一种热流进行了讨论。

瓦氏蝮蛇（韦氏竹叶青）原产于东南亚，在其头部两侧各有一个颊窝器位于眼睛和鼻孔之间。这些器官可使蝮蛇探测到红外辐射。

这不是一个巧合，人类的眼睛进化到对太阳光中最强的电磁波段最敏感（见图22.6）。然而，其他动物具有不同于人类的可见范围；该范围往往是正适合于动物的特定需求。

灯泡、火、太阳和萤火虫是一些可见光源。我们所看到的事物大多数都不是光源；我们通过它们反射的光看到它们。当光线照射物体时，一部分可能被吸收，一部分可能透过物体，还有一部分可能被反射。吸收、透射和反射的相对量对于不同波长通常是不同的。柠檬显现黄色是因为它反射了大部分的入射黄光并吸收了大部分的其他颜色光谱。

可见光的波长在日常量级上是小的，但相对于原子是大的。中等大小原子的直径——以及固体和液体中原子之间的距离——大约是0.2 nm。因此，可见光的波长比一个原子尺寸大2 000～4 000倍。

红外线

继可见光之后，电磁频谱中较先被发现的是在可见光两侧的那些部分：红外线和紫外线（在1800年和1801年分别发现）。前缀"红外"意味"之下"；红外辐射（IR）的频率比可见光低。IR从可见光的低（红）频边缘延伸到频率约为300 GHz（$\lambda = 1$ mm）。电视遥控器发射的红外信号的波长约为1 μm，恰在可见光范围之外。天文学家威廉·赫歇尔（William Herschel，1738—1822）在1800年研究光从棱镜出来引起的温升时发现了IR。他发现温度计的读数最高处恰在可见光区之外，相邻于光谱的红端。由于辐射是不可见的，赫歇尔推断，在红外一定有一些看不见的辐射。

室温附近的物体发出的热辐射主要是红外线（见图22.7），红外辐射功率在波长约为0.01 mm = 10 μm处具有峰值。在较高的温度下，辐射功率随辐射峰值波长的减小而增加。表面温度为500 °F熊熊燃烧的柴炉具有的绝对温度约为室温的1.8倍（530 K）；它辐射的功率约是室温时的11倍多，因为$P \propto T^4$ [斯式藩（Stefan）定律，见式（14-16）]。然而，峰值仍在红外。峰值辐射波长约为5.5 μm = 5 500 nm，因为$\lambda_{max} \propto 1/T$ [维恩（Wien）定律，见式（14-17）]。如果炉子变得更热，其辐射仍然主要在红外，但随着开始大量辐射可见光谱中的红色部分而发红。（打电话给消防队！）即使一根灯丝（$T \approx 3\,000$ K）的红外辐射比它的可见光多得多。太阳的热辐射的峰值是在可见光区；然而，我们接收到的来自太阳的能量约一半是 IR。

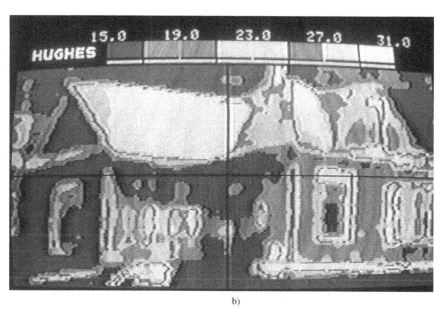

图 22.7　a）一个男子头部的伪彩色红外热像图，红色区域显示头痛区域，此区域较温暖从而提供更多的红外辐射；b）冬季一座房屋的伪彩色红外热像图，表明大部分的热量从屋顶散失，标度显示出蓝色区域最冷，而粉红色区域最暖。请注意，一些热量在窗框周围散失，而由于是双层玻璃，窗户本身是凉的。（文前彩插）

动物红外探测　颊窝毒蛇家族中的响尾蛇和其他蛇类有专门探测红外辐射的感觉器官（"窝"）。这些器官的功能有助于蛇在夜间定位猎物。有些种类的甲虫可以部分通过探测红外辐射感知遥远的森林火灾。这些甲虫飞向大火，在燃烧的树林中产卵。臭虫是通过探测红外辐射而接近它们的猎物。

紫外线

前缀"紫外"意味着"之上"；**紫外（UV）**辐射的频率比可见光高。紫外波长范围从最短的可见光波长（约 400 nm）降至约 10 nm。太阳辐射中有大量紫外线：穿透大气层的紫外线大多在 $300 \sim 400$ nm 的范围。黑光灯发出紫外线；某些荧光材料——诸如荧光灯中玻璃管内侧涂层——能吸收紫外线，进而发出可见光（见图 22.8）。

紫外线照射的生物效应　紫外线射入人体皮肤导致维生素 D 的产生。更多的紫外线照射会导致晒黑；过多的照射可引起晒伤和皮肤癌。防晒霜的工作原理是在紫外线到达皮肤之前吸收它。水蒸气在 $300 \sim 400$ nm 范围内可较好地传播紫外线，所以晒黑和晒伤甚至可在阴天时出现。普通车窗玻璃能吸收大部分紫外线，所以透过窗户你不会被晒伤。紫外线射入眼睛可引起白内障，所以当外出在阳光下时戴上不透过紫外线的优质太阳镜是很重要的。

无线电波

在红外线和紫外线被确认之后，虽然 19 世纪的大部分已经过去，电磁波谱的边远区域尚未被发现。最低频率（高达约 1 GHz）和最长波长（降至约 0.3 m）被称为无线电波。调幅和调频收音机，甚高频和特高频电视广播和业余无线电运营商占用部分无线电波频谱中分配的频带。

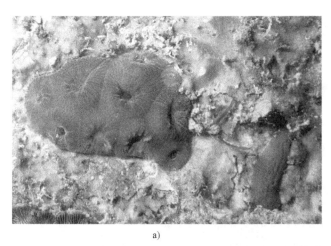
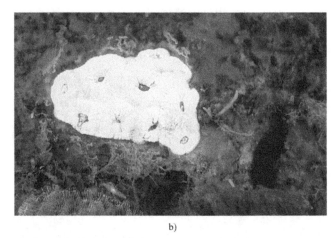

图 22.8　a）大型星珊瑚（菊珊瑚）被白光照射时是暗褐色的；b）紫外光照射时，珊瑚吸收紫外光并发射明黄色可见光。一块小海绵（右下角）在白光下由于选择性反射看起来鲜红，而当用紫外线照射时，由于不发出荧光则显示为黑色。（文前彩插）

虽然无线电波、微波和可见光被用于通信，它们本身不是声波。声波是介质如空气或水中原子或分子振动的传播。电磁波是电场和磁场振荡的传播并且不需要介质。

微波

微波是电磁波谱位于无线电波和红外之间的部分，具有的真空波长约为 1 mm 至 30 cm。微波首先由海因里希·赫兹（1857—1894）于 1888 年在实验室里产生并检测出。微波应用于通信（手机、无线计算机网络和卫星电视）和雷达。在第二次世界大战期间发明了雷达之后，寻求和平时期微波的使用导致了微波炉的发明。

应用：微波炉　微波炉（见图 22.9）将食物置于真空波长约为 12 cm 的微波中。水是微波的良好吸收体，因为水分子是极性分子。电偶极子在电场中受到使偶极子趋向于场的力矩，由于正负电荷被拉向相反的方向。作为微波迅速振荡电场（$f = 2.5\ \text{GHz}$）的结果，水分子来回转动，于是该转动能量传播到整个食物。

图 22.9　微波炉。微波产生于磁控管的谐振腔中，谐振腔产生振荡电流，导致所需频率的微波。由于金属反射微波好，金属波导把微波引向旋转的金属搅拌器，它在多个不同方向反射微波以使它们在整个炉中分布。（此反射特性是为什么金属容器和铝箔通常不应在微波炉中使用的一个原因；微波不能到达金属容器或铝箔内的食物处。）炉腔由金属密封，以向内反射回微波并将漏出炉子的量减至最低。门上的金属板有小孔，所以我们可以看到里面，但由于孔比微波波长小很多，此板仍然反射微波。

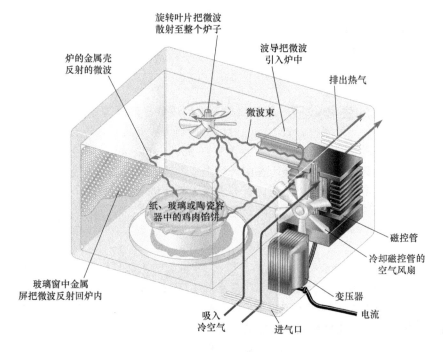

旋转叶片把微波散射至整个炉子

波导把微波引入炉中

炉的金属壳反射的微波

排出热气

微波束

磁控管

纸、玻璃或陶瓷容器中的鸡肉馅饼

冷却磁控管的空气风扇

玻璃窗中金属屏把微波反射回炉内

变压器

电流

吸入冷空气

进气口

应用：宇宙微波背景辐射 在 20 世纪 60 年代初，阿诺·彭齐亚斯（1933—）和罗伯特·威尔逊（1936—）正因他们的射电望远镜而苦恼；他们被频谱的微波部分的噪声所困扰。随后的调查使他们发现整个宇宙是沉浸于微波中，对应温度为 2.7 K 的黑体辐射（峰值波长约 1mm）。这个宇宙微波背景辐射是宇宙的起源——一个大爆炸（称为宇宙大爆炸）遗留下来的。

X 射线和 γ 射线

比紫外线频率更高和波长更短的是 **X 射线**和 **γ 射线**，它们于 1895 年和 1900 年分别被发现。这两个名称仍在使用是基于波源，更主要是由于历史原因。用这两种方法所产生的电磁波的频率有相当多的重叠，所以现今此区分尚有点乱。

X 射线是由威廉·康拉德·伦琴（1845—1923）在把电子加速到高能量并用它们撞击一个靶子时意外发现。随着电子在靶中停下来，它们的大减速产生 X 射线。伦琴因为 X 射线的发现获得首届诺贝尔物理学奖。

γ 射线最初是在地球上放射性原子核的衰变中观察到的。脉冲星、中子星、黑洞和超新星爆炸是飞向地球的 γ 射线的来源，但是——让我们幸运的是——γ 射线被大气吸收。只有当探测器被放置在高空及以上，并通过使用气球和卫星，γ 射线天文学科才得以发展。在 20 世纪 60 年代末，科学家首次观测到了持续时间范围从几分之一秒到几分钟的深空 γ 射线爆发；这些爆发大约每天发生一次。γ 射线爆发可以在 10 s 内发出的能量比太阳将在其整个生命周期发出的更多。γ 射线的爆发源仍在研究中。

应用：在医学和牙科中的 X 射线，CT 扫描 用于医学和牙科诊断的大多数 X 射线的波长介于 10 和 60 pm 之间（1 pm = 10^{-12} m）。在常规的 X 射线中，胶片记录 X 射线穿过组织的辐射量。计算机断层扫描（CT）给予身体的横截面图像。X 射线源在平面内绕身体转动，而计算机测量多个不同角度的 X 射线透射。利用此信息，计算机构建人体的那片图像（见图 22.10）。

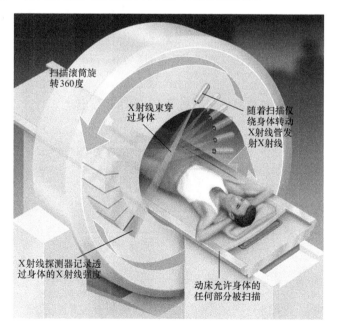

图 22.10 CT 扫描装置。

22.4 真空及介质中电磁波的速度

光的传播如此之快，以至于感觉不到它从一处到另一处需要时间。由于没有高精密电子仪器，光速的早期测量必须巧妙设计。1849 年，法国科学家阿尔芒·伊波利特·路易斯·斐索（1819—1896）测量到可见光的速度约为 3×10^8 m/s（见图 22.11）。

图 22.11　斐索测量光速的装置。齿轮以可变的角速度 ω 旋转。在 ω 为一定值时，光束通过轮上的一个槽口，前行很长距离到达一面镜子，反射，并穿过另一个槽口返回观察者。在 ω 为其他值时，反射光束被旋转轮中断。光速可以从测得的观察者看到反射光束的角速度来计算。

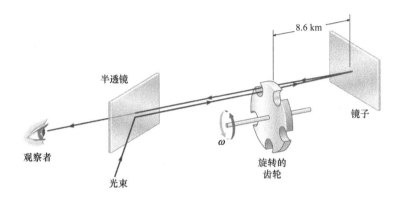

链接：

机械波的速度取决于介质的性质（例如，对于绳上横波为张力和质量线密度）。电磁波通过透明材料如玻璃的速度取决于该材料的电磁特性。电磁波在真空中的速度是一个与常数 ε_0 和 μ_0 相关的普适常数。

光在真空中的速度

在第 11 章和第 12 章中我们看到，机械波的速度取决于介质的性质。声音在钢中的传播速度比在水中快，而在水中比在空气中快。在每种情况下，波速取决于介质的两个特征：一个表征回复力，另一个表征惯性。

不同于机械波，电磁波可以在真空中传播；它们并不需要介质。光从数十亿光年之遥的星系到达地球，走过星系之间的遥远距离没有问题；但声波却不能在太空漫步的两名宇航员几米之间传播，因为没有空气或其他介质以维持声波的压力变化。那么，是什么决定了光在真空中的速度呢？

回顾描述电场和磁场的规律，我们发现两个普适常数。其一是在库仑定律和高斯定理中得到的真空的介电常数 ε_0，它与电场有关。其二是在安培定理中得到的真空的磁导率 μ_0，它与磁场有关。因为只有这两个量可以确定光在真空中的速度，一定有它们具有速度量纲的组合。

在国际单位制中这些常数的值是

$$\varepsilon_0 = 8.85 \times 10^{-12} \frac{\text{C}^2}{\text{N} \cdot \text{m}^2} \quad 和 \quad \mu_0 = 4\pi \times 10^{-7} \frac{\text{T} \cdot \text{m}}{\text{A}}$$

特斯拉可以用其他国际单位写出来。利用 $\boldsymbol{F} = q\boldsymbol{v} \times \boldsymbol{B}$ 导出，

$$1\text{T} = 1 \frac{\text{N}}{\text{C} \cdot \text{m/s}}$$

这些常数具有速度量纲的唯一组合是

$$\frac{1}{\sqrt{\varepsilon_0 \mu_0}} = \left(8.85 \times 10^{-12} \frac{\cancel{\text{C}}^2}{\text{N} \cdot \text{m}^2} \times 4\pi \times 10^{-7} \frac{\cancel{\text{N}} \cdot \text{m}}{\cancel{\text{C}}(\text{m/s}) \cdot (\cancel{\text{C}}/\text{s})} \right)^{-1/2} = 3.00 \times 10^8 \text{ m/s}$$

这里做的量纲分析留下乘数因子如 $\frac{1}{2}$ 或 $\sqrt{\pi}$ 的可能性。在十九世纪中叶，麦克斯韦数学上证明，电磁波——由振荡的电场和磁场在空间传播形成的波——能够存在于真空中。从麦克斯韦方程组（见第 22.1 节）出发，他导出了波动方程，一种描述任何类型波传播的特殊的数学方程式。在波速的位置出现了 $(\varepsilon_0 \mu_0)^{-1/2}$。在 1856 年利用已测定的 ε_0 和 μ_0 值，麦克斯韦表明电磁波在真空中以 3×10^8 m/s 传播——非常接近斐索所测定的。麦克斯韦的推导成为光是一种电磁波的第一

个证据。

在真空中电磁波的速度以符号 c（为拉丁文 *celeritas*，"速度"）表示。

在真空中电磁波的速度

$$c = \frac{1}{\sqrt{\varepsilon_0 \mu_0}} = 3.00 \times 10^8 \text{ m/s} \qquad (22\text{-}1)$$

c 通常被称为光速，它不仅仅是人类可感知的可见光的传播速度，而且是任何频率或波长的电磁波在真空中的传播速度。

例 22.2

来自"邻近"超新星的光传播的时间

超新星是在爆炸的恒星，超新星比普通的恒星亮数十亿倍。大多数超新星在遥远的星系，无法用肉眼观察到。1604 年和 1987 年有两个肉眼可见的超新星发生。超新星 SN1987a（见图 22.12）距地球 1.6×10^{21} m。什么时候发生爆炸？

图 22.12　来自超新星 SN1987a 的光到达地球后的天空照片。

分析　来自超新星的光以速度 c 传播。光线走过 1.6×10^{21} m 的距离所需的时间告诉我们多久以前发生爆炸。

解　光以速度 c 走过距离 d 所用的时间为

$$\Delta t = \frac{d}{c} = \frac{1.6 \times 10^{21} \text{ m}}{3.00 \times 10^8 \text{ m/s}} = 5.33 \times 10^{12} \text{ s}$$

为了更好地了解究竟有多久，我们把秒转换成年：

$$5.33 \times 10^{12} \text{ s} \times \frac{1 \text{ yr}}{3.156 \times 10^7 \text{ s}} = 170\ 000 \text{ yr}$$

讨论　当我们看星星时，我们看到的光是星星很久以前辐射出来的。通过观察遥远的星系，天文学家们瞥见了宇宙的过去。除了太阳，最近的恒星到地球大约 4 ly（光年）的距离，这意味着光从该恒星到达我们需要走 4 年。观察到的最遥远的星系超过 10^{10} ly 的距离，看着它们，我们看到 100 多亿年前的过去。

练习题 22.2　一光年

一光年是光（在真空中）在一个地球年走过的距离。求光年到米的转换因子。

光在介质中的速度

当电磁波在介质中传播时，其传播速度 v 小于 c。例如，可见光在玻璃中的传播速度大约介于 1.6×10^8 m/s 和 2.0×10^8 m/s 之间，取决于玻璃的类型以及光的频率。通常是定义**折射率** n 而不是速度：

折射率

$$n = \frac{c}{v} \qquad (22\text{-}2)$$

折射是指当波从一种介质进入另一种介质时它的偏折；由于折射率是两个速度之比，它是一个量纲为一的数。对于玻璃，光以 2.0×10^8 m/s 在其中传播，折射率为

$$n = \frac{3.0 \times 10^8 \text{ m/s}}{2.0 \times 10^8 \text{ m/s}} = 1.5$$

光在空气中（1atm）的速度只是略少于 c；空气的折射率为 1.000 3。大多数时候，这 0.03% 的差异并不重要，所以我们可以把 c 作为光在空气中的速度。在光透明的介质中可见光的速度小于 c，所以折射率大于 1。

当电磁波从一种介质进入到另一种介质时，频率和波长不能两个都保持不变，因为波速变化而 $v = f\lambda$。与机械波的情况一样，波长改变，频率保持不变。入射波（频率为 f）导致边界原子中的电荷以相同的频率 f 振荡，就像天线上的电荷。边界上的振荡电荷发射相同频率的电磁波进入第二介质。因此，在第二介质中的电场和磁场一定以与第一介质中的场相同的频率振荡。同样，如果频率为 f 的横波向下沿着绳子传播，到达某一点，波速突然发生变化，入射波使得该点如同绳上的任何其他点以同一频率 f 上下振动。该点的振动向绳的另一端发出频率相同的波。由于波速已经变化，但频率是相同的，波长也已经变化。

有时我们需要求出电磁波在折射率为 n 的介质中的波长 λ，已知它在真空中的波长 λ_0。由于频率相等，

$$f = \frac{c}{\lambda_0} = \frac{v}{\lambda}$$

解出 λ 得到

$$\lambda = \frac{v}{c}\lambda_0 = \frac{\lambda_0}{n} \tag{22-3}$$

由于 $n>1$，波长比真空中的波长短。波在介质中比真空中走得慢；因为波长是一个周期 $T = 1/f$ 内波传播的距离，在介质中的波长较短。

如果波长为 $\lambda_0 = 480$ nm 的蓝光进入折射率为 1.5 的玻璃，它仍然是可见光，即使它在玻璃中的波长为 320 nm；它没有转化为紫外辐射。当给定频率的光进入眼睛，它在眼内液体中的频率相同，不管它通过多少介质，因为在每个边界上频率保持不变。

✓ 检测题 22.4

光波从水（$n = 4/3$）传播到空气中。它在水中的波长为 480 nm。它在空气中的波长 λ 是多少？

例 22.3

眼中光的波长变化

进入眼睛的光线在到达视网膜之前，依次通过房水（$n = 1.33$）、透镜（$n = 1.44$）和玻璃体液（$n = 1.33$）。如果空气中的波长为 480 nm 的光进入眼睛，它在玻璃体液中的波长是多少？

分析 关键是要记住，当波从一种介质进入到另一种介

质时，频率是相同的。

解 频率、波长和速度由下式相关

$$v = \lambda f$$

解出频率，$f = v/\lambda$。因为频率相等，

例 22.3 续

$$\frac{v_{vf}}{\lambda_{vf}} = \frac{v_{air}}{\lambda_{air}}$$

其中，下角 "vf" 是指玻璃体液。不需要房水与透镜的折射率，因为光每次从一种介质到另一种介质，频率保持不变。

光在介质中的速度为 $v = c/n$。解出 λ_{vf} 并用 $v = c/n$ 替代得到

$$\lambda_{vf} = v_{vf} \frac{\lambda_{air}}{v_{air}} = \frac{c}{n_{vf}} \frac{n_{air}\lambda_{air}}{c} = \frac{1 \times 480 \, \text{nm}}{1.33} = 360 \, \text{nm}$$

讨论　玻璃体液具有比空气大的折射率，所以光在玻璃体液的速度低于在空气中。因为波长是在一个周期中走过的距离，在玻璃体液的波长比在空气中的要短。

练习题 22.3　从空气到水波长的变化

可见光在水中的速度是 $2.25 \times 10^8 \, \text{m/s}$。当在空气中波长为 592 nm 的光进入水中，其在水中的波长 λ 是多少？

色散

虽然每个频率的电磁波在真空中以相同的速度 c 传播，但电磁波在介质中的速度却取决于频率。因此，对于一个给定的材料，折射率不是一个常数，它是频率的函数。波的速度随频率的变化称为**色散**。当白光穿过一个玻璃棱镜（见图 22.13）时，色散导致它分离成彩色。色散是把光变成不同颜色，它的产生是因为每种颜色在同一介质中以略微不同的速度传播。

非色散介质是指折射率的变化对于感兴趣的频段小到可以忽略。没有介质（除了真空）是真正非色散的，但对于限定频段许多可以被视为非色散的。对于大多数的光透明材料，折射率随着频率的增加而增加；蓝光在玻璃中比红光传播得慢。在反常材料中，对于电磁波谱的其他部分，甚至可见光，n 可以随着频率的增加反而减少。

图 22.13　棱镜将白光（从左侧传来的）分离成彩色光谱。（文前彩插）

22.5　真空中电磁行波的性质

在真空中电磁行波的各种特性（见图 22.14）可以从麦克斯韦方程组导出（见第 22.1 节）。这样的推导需要较高水平的数学，因此我们列出这些特性，不加证明。

- 电磁波在真空中以 $c = 3.00 \times 10^8 \, \text{m/s}$ 的速度传播，与频率无关。该速度也与振幅无关。

链接：

电磁波的波长、频率、波数、角频率和周期的定义与机械波完全一样。

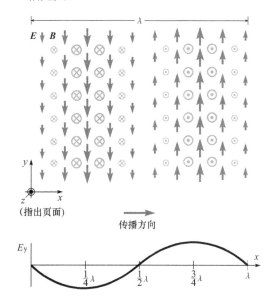

图 22.14　沿 $+x$ 方向（向右）传播的电磁波的一个波形。电场以画在几点处的箭头表示，对于 $0 < x < \frac{1}{2}\lambda$ 指向 $-y$ 方向，对于 $\frac{1}{2}\lambda < x < \lambda$ 指向 $+y$ 方向。磁场垂直于页面平面并以符号 $\otimes$ 或 $\odot$ 表示。对于 $0 < x < \frac{1}{2}\lambda$ 磁场沿 $-z$ 方向，对于 $\frac{1}{2}\lambda < x < \lambda$ 沿 $+z$ 方向。E 的大小以箭头的长度表示。B 的大小以其符号的大小表示。曲线显示 E 的 y 分量在某时刻作为 x 的函数。同一时刻 B 的 z 分量曲线看起来是一样的，因为电场和磁场同相。

- 电场和磁场以相同的频率振荡。因此，单一频率 f 和单一波长 $\lambda = c/f$ 既适合于波的电场也适合于磁场。
- 电场和磁场彼此同相振荡。也就是，在给定时刻，电场和磁场在一组共同点上都处于它们的最大值。同样，在任何时刻两个场在一组共同点处均为零。
- 电场和磁场的振幅正比于彼此。该比率是 c：

$$E_{\mathrm{m}} = cB_{\mathrm{m}} \qquad (22\text{-}4)$$

- 由于两个场同相位并且振幅是成正比的，在任意点处场的瞬时值是成正比的：

$$\left|E(x, y, z, t)\right| = c\left|B(x, y, z, t)\right| \qquad (22\text{-}5)$$

- 电磁波是横波；也就是，电场和磁场分别垂直于波的传播方向。
- 两个场也相互垂直。因此，E、B 和传播速度是三个相互垂直的矢量。
- 在任何点，$E \times B$ 总是在传播方向上（见图 22.15）。
- 在任何点，电能密度等于磁能密度。波携带的能量恰好一半储存于电场，而另一半储存于磁场。

在 $x > \frac{1}{2}\lambda$ 处，E 是沿 $+y$ 方向而 B 沿 $+z$ 方向。叉积 $E \times B$ 是沿传播方向（x）。

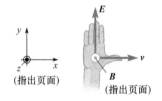

图 22.15 利用右手螺旋法则检查图 22.14 中场的方向。

在 $x > \frac{1}{2}\lambda$ 处，E 是沿 $+y$ 方向而 B 沿 $+z$ 方向。叉积 $E \times B$ 是沿传播方向（x）。

✓ 检测题 22.5

一电磁波沿 $+x$ 方向传播。在 t 时刻 P 点处波的电场具有 0.009 V/m 的大小并沿 $-y$ 方向。在同一时刻 P 点处的磁场是多少？

例 22.4

电磁行波

在真空中一个电磁波电场的 x、y 和 z 分量为

$$E_{\mathrm{y}}(x, y, z, t) = -60.0\,\frac{\mathrm{V}}{\mathrm{m}} \times \cos\left[(4.0\,\mathrm{m}^{-1})x + \omega t\right], \quad E_x = E_z = 0$$

（a）波沿什么方向传播？（b）求 ω 的值。（c）写出波的磁场分量的表达式。

分析 （a）和（b）部分需要关于波的一些常识，但没有具体到电磁波。返回第 11 章可以帮助你恢复记忆。（c）部分涉及电场和磁场之间的关系，这是特别对于电磁波的。磁场的瞬时大小由 $B(x, y, z, t) = E(x, y, z, t)/c$ 给出。我们还必须确定磁场的方向：E、B 和传播速度是三个互相垂直的矢量并且 $E \times B$ 一定沿传播方向。

解 （a）由于电场取决于 x 值，但不依赖于 y 或 z 值，波平行于 x 轴移动。想象一下，在波峰上前行，在波峰处

$$\cos\left[(4.0\,\mathrm{m}^{-1})x + \omega t\right] = 1$$

则

$$(4.0\,\mathrm{m}^{-1})x + \omega t = 2\pi n$$

其中，n 是某个整数。过短暂片刻，t 增大一点，所以 x 必须变小一点，这样 $(4.0\,\mathrm{m}^{-1})x + \omega t$ 仍然等于 $2\pi n$。因为波峰的 x 坐标随着时间的推移变小，波是沿 $-x$ 方向移动。

（b）与 x 相乘的系数 $4.0\,\mathrm{m}^{-1}$ 是一个与波长有关的量，称为波数。因为波是在一个 λ 的距离重复一次，而余弦函数是每 2π 弧度重复一次，故 $k(x + \lambda)$ 一定比 kx 大 2π 弧度：

$$k(x + \lambda) = kx + 2\pi$$

或

$$k = \frac{2\pi}{\lambda}$$

例 22.4 续

因此，波数是 $k = 4.0\ \text{m}^{-1}$。波速为 c。由于任何周期波在时间 T 内传播 λ 的距离，

$$T = \frac{\lambda}{c}$$

故

$$\omega = \frac{2\pi}{T} = \frac{2\pi c}{\lambda} = kc = 4.0\ \text{m}^{-1} \times 3.00 \times 10^8\ \text{m/s}$$
$$= 1.2 \times 10^9\ \text{rad/s}$$

（c）由于波沿 $-x$ 方向移动而电场在 $\pm y$ 方向上，磁场一定在 $\pm z$ 方向上，构成三个相互垂直的方向。因为磁场与电场同相，具有相同的波长和频率，它应该写成

$$B_z(x, y, z, t) = \pm B_{\text{m}} \cos\left[(4.0\ \text{m}^{-1})x + (1.2 \times 10^9\ \text{s}^{-1})t\right]$$
$$B_x = B_y = 0$$

振幅成正比：

$$B_{\text{m}} = \frac{E_{\text{m}}}{c} = \frac{60.0\ \text{V/m}}{3.00 \times 10^8\ \text{m/s}} = 2.00 \times 10^{-7}\ \text{T}$$

最后一步是要确定哪个符号是正确的。在 $x = t = 0$ 时，电场沿 $-y$ 方向。$E \times B$ 一定沿 $-x$ 方向（传播方向）。于是

$$(-y\ \text{方向}) \times (B\ \text{的方向}) = (-x\ \text{方向})$$

用右手螺旋法则尝试两种可能性（见图 22.16），我们发现，B 在 $x = t = 0$ 时沿 $+z$ 方向。则磁场写为

$$B_z(x, y, z, t) = (2.00 \times 10^{-7}\ \text{T}) \cos\left[(4.0\ \text{m}^{-1})x + (1.2 \times 10^9\ \text{s}^{-1})t\right]$$
$$B_x = B_y = 0$$

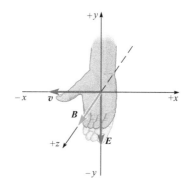

图 22.16　利用右手定则求 B 的方向。

讨论　当 $\cos\left[(4.0\ \text{m}^{-1})x + (1.2 \times 10^9\ \text{s}^{-1})t\right]$ 为负时，则 E 沿 $+y$ 方向而 B 沿 $-z$ 方向。因为这两个场都反转了方向，$E \times B$ 沿传播方向仍然是正确的。

练习题 22.4　另一个行波

在真空中一个电磁波电场的 x、y 和 z 分量为

$$E_x(x, y, z, t) = 32\ \frac{\text{V}}{\text{m}} \times \cos\left[ky - (6.0 \times 10^{11}\ \text{s}^{-1})t\right]$$
$$E_y = E_z = 0$$

其中，k 为正。（a）波沿什么方向传播？（b）求 k 的值。（c）写出波的磁场分量的表达式。

22.6　电磁波传播的能量

电磁波携带能量，如同所有的波。地球上存在生命，只是因为来自太阳的电磁辐射能量可以被绿色植物加以利用，通过光合作用将一些光能转换为化学能。光合作用维持不仅仅植物自身，而且吃植物的动物以及从腐烂的动植物得到自己能量的真菌——整个食物链可以追溯到作为能源的太阳。只有少数例外，如生活在海底地热喷口上的细菌。来自地球内部的热流不是起源于太阳，它来自放射性衰变。

大多数工业能源都来源于太阳的电磁能量。石化燃料——石油、煤炭和天然气——来自动植物的遗骸。太阳电池将入射太阳光的能量直接转化为电能（见图 22.17）；太阳能也可以用来直接加热水和家庭供热。水力发电厂依靠太阳蒸发水分，在某种意义上将它抽回山上，以便它能够再次流入河流并转动涡轮机。风可以用来发电，但风是太阳使地球表面受热不均所造成的。我们拥有的能源不只是来自太阳电磁辐射的能源如核裂变和地热能。

图 22.17　西班牙加的斯省瓜达兰克·圣罗克附近的太阳能农场。

能量密度

光能储存于波中振荡电场和磁场内。对于真空中的电磁波，能量密度（SI 单位：J/m^3）是

$$u_{\text{E}} = \frac{1}{2} \varepsilon_0 E^2 \tag{17-19}$$

链接：

电磁波中电场和磁场的能量密度的表达式与第 17 章和第 20 章介绍的相同。

和

$$u_B = \frac{1}{2\mu_0} B^2 \qquad (20\text{-}17)$$

利用场的大小之间的关系［见式（22-5）］可以证明（见计算题20），这两个能量密度对于真空中的电磁行波是相等的。因此，我们可以把总的能量密度写为

$$u = u_E + u_B = \varepsilon_0 E^2 = \frac{1}{\mu_0} B^2 \qquad (22\text{-}6)$$

由于场逐点变化，也随时间变化，能量密度也是如此。由于场快速振荡，在大多数情况下，我们关注的是平均能量密度——场的平方的平均值。回想一下，一个有效（方均根）值定义为平方的平均值的平方根（见第21.1节）：

$$E_{rms} = \sqrt{\langle E^2 \rangle} \quad \text{和} \quad B_{rms} = \sqrt{\langle B^2 \rangle} \qquad (22\text{-}7)$$

于是平均能量密度可以根据场的有效值写为

$$\langle u \rangle = \varepsilon_0 \langle E^2 \rangle = \varepsilon_0 E_{rms}^2 \qquad (22\text{-}8)$$

$$\langle u \rangle = \frac{1}{\mu_0} \langle B^2 \rangle = \frac{1}{\mu_0} B_{rms}^2 \qquad (22\text{-}9)$$

如果电场和磁场是时间的正弦函数，有效值是振幅的 $1/\sqrt{2}$ 倍（见第21.1节）。

强度

能量密度告诉我们每单位体积的波中储存多少能量；这能量被速度 c 的波携带。假设光垂直入射一个表面（例如感光胶片或叶子）上，我们想知道有多少能量打在表面。（**垂直入射**是指光的传播方向垂直于表面。）一方面，到达表面的能量取决于曝光多长时间——理由为曝光时间是摄影的关键参数。同样重要的是表面积；大叶子比小的接收更多的能量，一切都是平等的。因此，要知道的最有用的量是每单位时间有多少能量到达每单位面积的表面——或单位面积的平均功率。如果光垂直照射面积为 A 的表面，**强度**（I）为

$$I = \frac{\langle P \rangle}{A} \qquad (22\text{-}10)$$

I 的国际单位为

$$\frac{\text{能量}}{\text{时间} \cdot \text{面积}} = \frac{\text{J}}{\text{s} \cdot \text{m}^2} = \frac{\text{W}}{\text{m}^2}$$

强度取决于波中有多少能量（以 u 衡量）和能量运动的速度（其为 c）。如果面积为 A 的表面被光垂直照射，在时间 Δt 内有多少能量落在其上？波在那段时间内移动 $c\Delta t$ 的距离，所以在那段时间内体积 $Ac\Delta t$ 中的所有能量打在表面（见图22.18）。（我们不关心能量怎么了——是否被吸收、反射或透射）强度则为

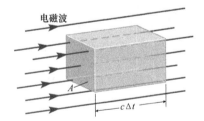

图22.18 求能量密度和强度之间关系的几何图形。

链接：

电磁波强度的定义与机械波完全一样（见第11.1节）——每单位横截面积的平均功率。

$$I = \frac{\langle u \rangle V}{A\Delta t} = \frac{\langle u \rangle Ac\Delta t}{A\Delta t} = \langle u \rangle c \tag{22-11}$$

由式（22-11），强度 I 正比于平均能量密度 $\langle u \rangle$，其与电场强度和磁感应强度的有效值的平方成正比［见式（22-8）和式（22-9）］。如果场是时间的正弦函数，有效值是振幅的 $1/\sqrt{2}$ 倍［见式（21-3）］。因此，强度正比于电场和磁场的振幅的平方。

例 22.5

一个灯泡的电磁场

在距 100.0 W 灯泡 4.00 m 处，强度以及电场强度和磁感应强度的有效值是多少？假设电功率全部用于电磁辐射（主要在红外），并且辐射是各向同性的（各方向相等）。

分析　由于辐射是各向同性的，强度仅依赖于到灯泡的距离。试想在 4.00 m 的距离包围灯泡的一个球面。辐射能一定以 100.0 W 的速率通过球面。我们可以计算出强度（每单位面积的平均功率）并由它计算出场的有效值。

解　灯泡辐射的所有能量穿过一个半径为 4.00 m 的球面，因此，在该距离处的强度为辐射功率除以球的表面积

$$I = \frac{\langle P \rangle}{A} = \frac{\langle P \rangle}{4\pi r^2} = \frac{100.0\ \text{W}}{4\pi \times 16.0\ \text{m}^2} = 0.497\ \text{W/m}^2$$

为了解出 E_{rms}，我们把强度与平均能量密度关联起来，于是场的能量密度

$$\langle u \rangle = \frac{I}{c} = \varepsilon_0 E_{\text{rms}}^2$$

$$E_{\text{rms}} = \sqrt{\frac{I}{\varepsilon_0 c}} = \sqrt{\frac{0.497\ \text{W/m}^2}{8.85 \times 10^{-12}\ \frac{\text{C}^2}{\text{N} \cdot \text{m}^2} \times 3 \times 10^8\ \text{m/s}}}$$

$$= 13.7\ \text{V/m}$$

同样，对于 B_{rms}

$$B_{\text{rms}} = \sqrt{\frac{\mu_0 I}{c}} = \sqrt{\frac{4\pi \times 10^{-7}\ \frac{\text{T} \cdot \text{m}}{\text{A}} \times 0.497\ \text{W/m}^2}{3 \times 10^8\ \text{m/s}}}$$

$$= 4.56 \times 10^{-8}\ \text{T}$$

讨论　计算两个场有效值之比是一个很好的检查方法：

$$\frac{E_{\text{rms}}}{B_{\text{rms}}} = \frac{13.7\ \text{V/m}}{4.56 \times 10^{-8}\ \text{T}} = 3 \times 10^8\ \text{m/s} = c$$

结果正如预期的那样。

练习题 22.5　距离灯泡更远处的场

远离灯泡 8.00 m 处场的有效值是多少？［提示：寻找一个快捷方式，而不是整个重新计算。］

功率和入射角　如果表面被强度为 I 的光照射，但表面不垂直于入射光，该能量打在表面的速率小于 IA。如图 22.19 所示，面积为 $A\cos\theta$ 的垂直表面投下面积为 A 的阴影面，从而拦截所有的能量。入射角 θ 是入射光的方向和法线（垂直于表面的方向）之间的夹角。因此，不垂直于入射波的表面接收能量的速率

$$\langle P \rangle = IA\cos\theta \tag{22-12}$$

如果式（22-12）使你想起通量，那么恭喜你的警觉性！强度通常被称为通量密度。电场和磁场有时被称为电通密度和磁通密度。然而，涉及强度的通量与我们以式（16-8）和式（20-5）定义的电通量或磁通量不一样。强度是功率通量密度。

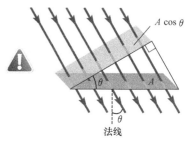

图 22.19　面积为 $A\cos\theta$ 的表面，垂直于入射波，与面积为 A 的表面，入射波以与其法线为 θ 的角度入射，拦截相同的光能。

例 22.6

夏至时太阳每单位面积的功率

到达地面的阳光强度在晴天约为 1.0 kW/m²。在北纬 40.0°，求夏至（见图 22.20a）中午到达地球每单位面积上的平均功率。（所不同的是由于地球自转轴 23.5° 的倾斜。在夏季，轴朝向太阳倾斜，而在冬季，它远离太阳倾斜。）

分析 因为地球表面不垂直于太阳光线，落在地球上每单位面积的功率小于 1.0 kW/m²。我们必须求出太阳光线与表面法线的夹角。

解 从地球中心到表面的半径在表面处垂直于表面，假设地球是一个球体。我们需要求出法线与入射线之间的角度。在北纬 40.0°，半径和地球自转轴之间的角度是 90.0°−40.0°=50.0°（见图 22.20a）。由此图，$\theta + 50.0° + 23.5° = 90.0°$ 并因此 $\theta = 16.5°$。则每单位面积的平均功率为

$$\frac{\langle P \rangle}{A} = I\cos\theta = 1.0 \times 10^3 \text{ W/m}^2 \times \cos 16.5° = 960 \text{ W/m}^2$$

讨论 在练习题 22.6 中，你会发现，冬至每单位面积的功率不到夏至的一半。太阳光的强度并没有改变；所变化的是能量怎样分散在表面上。表面倾斜得越大，照射到给定表面积的太阳光线越少。

实际上，在北半球冬季比夏季地球略微接近太阳。然而在决定入射功率时，太阳辐射打在地球表面的角度和日照小时数比地球至太阳的距离的微小差异更重要。

练习题 22.6 冬至时的平均功率

冬至（见图 22.20b）中午在北纬 40.0° 每单位面积的平均功率是多少？

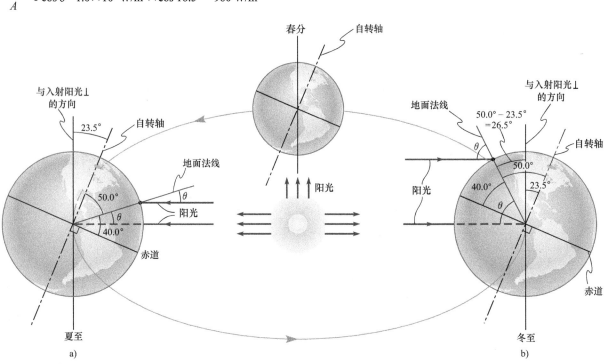

图 22.20 a）夏至中午在北半球，自转轴朝着太阳倾斜 23.5°。在北纬 40.0°，入射的太阳光几乎垂直于地球表面。b）冬至中午在北半球，自转轴远离太阳倾斜 23.5°。在北纬 40.0°，入射的太阳光与表面法线成大角度。（图不是按比例绘制）。

22.7 偏振

线偏振

想象一下，一个沿 z 轴传播的横波。因为本讨论适用于任何横波，让我们以一个绳上横波为例。将绳子在什么方向移动可以在这根绳子上产生横波？位移可以沿 ±x 方向，如图 22.21a 所示。或者它可以沿 ±y 方向，如图 22.21b 所示。

或者它可以沿 xy 平面上的任何方向移动，如图 22.21c 所示，绳上任何点偏离其平衡位置的位移平行于与 x 轴成 θ 角的线。这三个波被称为**线偏振化的**。对于图 22.21a 中的波，我们可以说，该波沿 $\pm x$ 方向（或简称沿 x 方向）偏振。

线偏振波也被称为**平面偏振波**，这两个术语是同义的。图 22.21 中的每个波可由称为**振动平面**的单一平面表征，整个绳子在其中振动。例如，对于图 22.21a，振动平面是 xz 平面。波的传播方向和绳上各点的运动方向都在此振动平面中。

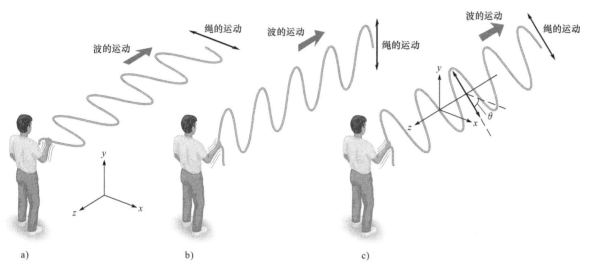

图 22.21　绳上横波的三个不同的线（平面）偏振。

任何横波在与传播方向垂直的任何方向上可以是线偏振的。电磁波也不例外。但在电磁波中有两个场，它们彼此垂直。知道其中一个场的方向就足够了，因为 $\boldsymbol{E} \times \boldsymbol{B}$ 一定指向传播方向。按照惯例，电磁波的偏振方向取为电场方向。

电偶极子和磁偶极子天线两者都发射线偏振的无线电波。如果一个调频无线电广播是用水平电偶极子天线发射的，任何接收机的无线电波都是线偏振的。偏振方向因地而异。如果你在发射机的正西，到达你的波沿南北方向偏振，因为它们必须在水平面上并且垂直于传播方向（在这种情况下，它是西）。为了最佳接收，电偶极子天线应对准无线电波的偏振方向，因为是电场驱动天线中的电流。

因为电场和磁场是矢量，任何线偏振的电磁波可以看作是沿垂直轴偏振的两个波之和（见图 22.22）。如果电偶极子天线与波的电场成 θ 角，只有 $\boldsymbol{E}$ 沿天线的分量使电子沿天线来回运动。如果我们把波认作两个垂直偏振，天线对平行于它的偏振响应而垂直偏振没有影响。

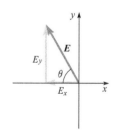

图 22.22　任何线偏振波可被看作是两个垂直偏振的叠加，因为电场和磁场是矢量。

随机偏振

从白炽灯发出的光是**非偏振的**或**随机偏振的**。电场的方向迅速且以随机方式变化。天线发射线偏振波，因为电子沿天线上下运动是有序的，而且总是沿着相同的路线。来自灯泡的热辐射（其主要是红外辐射，但也包括可见光）是由大量原子的热振动引起的。原子基本上是相互独立的；没有什么使它们同步或沿相同方向振动。因此，该波是由电场方向随机无关的大量波的叠加形成的。热辐射总是非偏振的，无论它来自一个灯泡、柴炉（主要是红外辐射）或来自太阳。

偏振器

称为偏振器的装置发射沿固定方向（称为透射轴）的线偏振波，与入射波的偏振态无关。微波偏振器由许多平行的金属条带构成（见图 22.23）。条带的间距必须远小于微波的波长。这些条带充当小天线。入射波电场的平行分量使电流沿着金属条带上下流动。这些电流消耗能量，所以一些波被吸收。这些天线也产生它们自己的一个波；它与入射波不同相，所以它抵消了前行波 E 的平行分量并发回一个反射波。吸收和反射之间，没有平行于金属条带的电场得以通过偏振器。所传送的微波垂直于条带被线偏振化了。 电场不穿过金属条带之间的"缝隙"！偏振器的透射轴垂直于这些条带。

　　偏振片对可见光的工作原理类似于线栅偏振器。一个偏振片含有大量附有碘原子的长烃链。在生产时，片材被拉伸，使得这些长链分子都沿同一方向排列。碘原子让电子容易沿着链运动，所以整齐排列的聚合物表现为平行导线，并且其间距对于可见光已足够近，如同线栅偏振器对于微波那样。偏振片具有垂直于聚合物取向的透射轴。

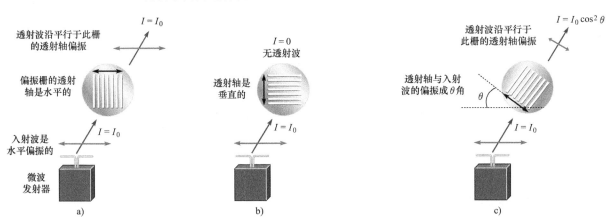

图 22.23　在本实验中，水平偏振的微波射向一个理想的偏振栅。入射强度为 I_0。需要注意的是此栅的透射轴垂直于金属条带。透过此栅的微波沿栅的透射轴偏振。a）当透射轴平行于入射波的偏振方向，入射波全部穿过——透射强度为 I_0。b）当透射轴垂直于入射波的偏振方向，没有波穿过——透射强度为 0。c）当透射轴与入射波的偏振方向成 θ 角，平行于透射轴的电场分量得以通过。强度正比于电场强度的平方，所以透射强度为 $I_0 \cos^2 \theta$。

理想偏振器

　　如果随机偏振光入射到一个理想偏振器时，透射光强是入射光强的一半，而不管透射轴（见图 22.24a）的取向如何。随机偏振波可以被看作是两个不相关的相互垂直的偏振波——两者的相对相位随时间迅速变化。波的一半能量为两个垂直偏振中的一个所有。

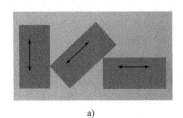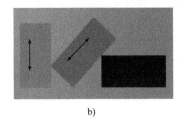

图 22.24　a）非偏振光射向三个透射轴位于不同方向的偏振片。三者的透射强度是相同的。b）线偏振光射向三个偏振片。最左边的偏振片透射强度最大，表明入射光是竖直方向偏振的。请注意，最大透射强度略小于入射强度——这些是实际的、非理想的偏振片。当偏振片旋转时，透射强度减小，在透射轴垂直于入射光的偏振方向时达到最小值。（一个理想的偏振片在这个方向的透射强度将为零。）

$$I = \frac{1}{2} I_0 \quad （入射波非偏振，理想偏振器） \tag{22-13}$$

相反，如果入射波是线偏振的，则 E 平行于透射轴的分量得以通过（见图 22.24b）。如果 θ 是入射波的偏振方向和透射轴之间的夹角，则

$$E = E_0 \cos\theta \quad （入射波偏振，理想偏振器）\qquad (22\text{-}14a)$$

因为强度正比于振幅的平方，透射强度为

$$I = I_0 \cos^2\theta \quad （入射波偏振，理想偏振器）\qquad (22\text{-}14b)$$

式（22-14b）叫作马吕斯定律，以它的发现者艾蒂安·路易斯·马吕斯（Étienne-Louis Malus，1775—1812）命名。

> **解题技巧：理想偏振器**
>
> - 透射光总是沿透射轴线偏振化的，而不管入射光的偏振如何。
> - 如果入射光是非偏振光，透射强度是入射强度一半：$I = \frac{1}{2}I_0$。
> - 如果入射光是偏振的，透射强度为 $I = I_0\cos^2\theta$，其中，θ 是入射光的偏振方向和透射轴之间的夹角。

当应用马吕斯定律时，一定要使用正确的角度。在式（22-14）中，θ 为入射光的偏振方向与偏振器的透射轴之间的夹角。

✓ 检测题 22.7

强度为 I_0 的光射向一个理想的偏光片。透射强度为 $I = \frac{1}{2}I_0$。你如何确定入射光是随机偏振的还是线偏振的？如果它是线偏振的，它的偏振是什么方向？

例 22.7

非偏振光射向两个偏振片

强度为 I_0 的随机偏振光射向两个偏振片（见图 22.25）。第一个偏振片的透射轴是竖直的；第二个偏振片的透射轴与竖直方向成 30.0° 角。光通过两个偏振片后的强度是多少以及偏振状态是什么？

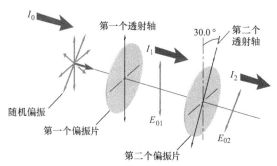

图 22.25 标记了透射轴的圆形盘偏振片。

分析 我们对每个偏振片分别处理。首先，我们求光经过第一个偏振片的透射强度。经过偏振片的透射光总是沿平行于偏振片的透射轴线偏振化，因为只有 E 平行于透射轴的分量得以通过。于是我们知道射向第二个偏振片的光的强度和偏振态。

解 当随机偏振光通过偏振片时，透射强度是入射强度的一半 [见式（22-13）]，因为波的能量在它的两个垂直（但不相关的）分量上相等。

$$I_1 = \frac{1}{2}I_0$$

现在此光是平行于第一偏振片器的透射轴即在竖直方向线偏振的。

平行于第二个偏振片透射轴的电场分量通过。振幅因此以因子 $\cos 30.0°$ 减小，并且由于强度正比于振幅的平方，强度以因子 $\cos^2 30.0°$ 减小（马吕斯定律）。通过第二个偏振片的透射强度是

$$I_2 = I_1\cos^2 30.0° = \frac{1}{2}I_0\cos^2 30.0° = 0.375 I_0$$

例 22.7 续

此光是偏离竖直方向 30.0° 线偏振化的。

讨论 对于涉及两个或多个偏振器连续放置问题，依次处理每个偏振器。把从一个偏振器出来的光的强度和偏振态用作下一个偏振器的入射强度和偏振态。

练习题 22.7 **最小强度和最大强度**

如果强度为 I_0 的随机偏振光射向两个偏振器，当两个透射轴之间的夹角变化时，透射光的最大强度和最小强度可能是多少？

应用：液晶显示器

液晶显示器（LCD）常见于平板计算机屏幕、计算器、电子手表和数字仪表。在显示器的各段中，液晶层夹在两个细微沟槽的表面之间，它们的沟槽成直角（见图 22.26a）。其结果是这两个表面之间的分子扭转 90°。当电压加在液晶层上，分子沿电场（见图 22.26b）的方向排列成行。

来自一个小的荧光灯泡的非偏振光经过一个偏振器被偏振化了。光线然后穿过液晶并接着通过透射轴垂直于第一个偏振器的第二个偏振器。当没加电压时，液晶把光的偏振旋转 90° 并且光可以通过第二个偏振器（见图 22.26a）。当施加电压时，液晶透射光而不改变其偏振；第二个偏振器阻挡光的透射（见图 22.26b）。当你看液晶显示器时，你看到光被第二片透射。如果一段有电压加于它，没有光透射；我们看到黑色部分。如果一段液晶没有施加电压，它透射光并且我们看到与背景相同的灰色调。

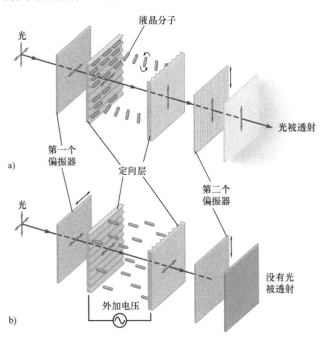

图 22.26 a）当没有对液晶施加电压时，它旋转光的偏振，因此光可以通过第二个偏振片。b）当对液晶施加电压时，没有光透过第二个偏振片。

日常物理演示

通过偏光太阳镜或通过照相机的偏振滤光镜观看 LCD 屏幕（计算机显示器、电视机、手机等）。旋转太阳镜（或滤光镜）并观察强度如何变化。确定来自 LCD 光的偏振方向。（偏光太阳镜的透光轴是竖直的。）

散射偏振

虽然太阳所发出的辐射是非偏振光，但我们看到的阳光大多是**部分偏振的**。

部分偏振光是非偏振光与线偏振光的混合。一个偏振片可以用来区分线偏振光、部分偏振光和非偏振光。旋转偏振片，并注意不同角度透射强度的变化。若入射光是非偏振的，在偏振片旋转时强度保持不变。若入射光是线偏振的，强度在一个方向为零而在另一个垂直取向上最大。若以这种方式分析部分偏振光，随着偏振片旋转透射强度不断变化，但它对任何方向都不为零；它在一个方向最大而在另一个垂直取向上最小（但不为零）。用来分析光的偏振态的偏振器通常被称为分析器。

　　当自然非偏振光散射或反射时变成部分偏振光。（反射偏振在第 23.5 节讨论。）除非你直视太阳（这可能会导致严重的眼损伤——不要试它啊！），到达你的阳光已经被散射或反射，从而是部分偏振的。普通偏光太阳镜包括一个偏振片，以优先选取吸收从水平表面（如公路或湖上的水）反射光的偏振方向，并减少空气中的散射光的眩光。偏光太阳镜通常在划船和航空时使用，因为它们优先减少眩光而不是盲目降低所有偏振态的强度（见图 22.27）。

为什么天空是蓝色的

我们在阳光明媚的日子看到的蓝天实际上是被空气中分子散射的阳光。月球上没有蓝天，因为那里没有大气层。即使在白天，天空是漆黑如夜，虽然太阳和地球可以在上方闪耀（见图 22.28）。地球大气层散射波长较短的蓝光比波长较长的光多。在日出和日落时，我们看到的是蓝色大多被散射掉之后留下来的光——主要是红色和橙色。使得天空成为蓝色与夕阳红同样也是散射过程偏振化了散射光。

为什么散射光是偏振的

图 22.29 显示非偏振的太阳光被大气分子散射。在这种情况下，入射光是水平的，如同日落前会出现的情况一样。波的电场引起分子中电荷振动——分子成为一个振荡偶极子。由于入射波是非偏振的，偶极子不沿单一轴线振动，而是在垂直于入射波的随机方向振动。作为一个振荡偶极子，分子辐射电磁波。振荡偶极子在垂直于其轴线的方向辐射最强；它在所有平行于轴线方向不辐射。

　　分子偶极子的南北振荡在 A、B 和 C 三个方向辐射一样，因为这些方向都垂直于偶极子的南北轴。分子偶极子的竖直振荡在水平面（包括 A）辐射最强。竖直振荡在 B 方向上辐射较弱而在 C 方向上一点也不辐射。因此，在 C 方向上，光是沿南北方向线偏振的。概括这个观察，经 90° 散射的光是沿与入射光方向和散射光方向二者垂直的方向偏振的。当我们仰望天空，我们看到的光是部分偏振的。只有当它经恰好 90° 角的散射并且所有光只散射一次时，它将是完全偏振的。

解题技巧：散射偏振

经 90° 散射的光是沿与入射光方向和散射光方向二者垂直的方向偏振的。

日常物理演示

在阳光明媚的日子带上一副偏光太阳镜（或来自照相机的偏振滤光镜）外出，并分析不同方向（但不要直视太阳，即使是通过太阳镜！）天空的偏振。拿第二副太阳镜（或滤光镜），这样你可以把两个偏振器连续放置。旋转离你最近的一个，同时拿住另一个保持不动。什么时候透射强度最大？什么时候它最小？

a)

b)

图 22.27　a）这张照片拍摄时，镜头前没有偏振滤光镜，街对面的大楼影像清晰可见。b）在镜头前具有水平透射轴的偏振滤光镜消除了建筑影像，因为窗户的反射光被竖直偏振化了。

图 22.28　宇航员从无畏号登月舱走出时，灿烂的阳光照耀着阿波罗 12 号着陆地。请注意，虽然太阳在地平线以上，但天空是黑暗的；月球上缺乏大气层来散射阳光，因此没有蓝天。

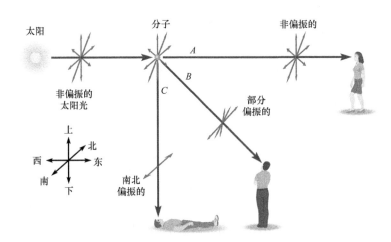

图 22.29　非偏振的太阳光被大气散射。（在此图中，时值傍晚，所以来自太阳的入射光从西向东进来。）一个仰视天空的人看到经 90° 散射的光。这光（*C*）是南北偏振的，它与入射光（东）的传播方向和散射光（下）的传播方向两者垂直。

散射偏振光

中午时分，如果你朝东方地平线上的天空看，光是沿什么方向偏振？

分析　中午时分，阳光垂直向下（近似地）照射。一些光被大气层散射大约 90° 并接着向西射向观察者。我们把来自太阳的非偏振光看作为两个垂直偏振光的随机混合。独自看每个偏振光，我们确定分子如何能够有效地向下散射光。对此情况的概略了解是至关重要的。

解与讨论　图 22.30 显示来自太阳的光作为南北偏振光和东西偏振光的混合向下传播。现在我们把这两个偏振光加以处理。

南北电场导致分子中的电荷沿一条南北轴线振荡。振荡偶极子在垂直于偶极子轴线的各方向（包括我们要分析的散射光的向西方向）辐射最强。

东西电场产生拥有东西轴的振荡偶极子。振荡偶极子只在几乎平行于其轴线的方向上辐射弱。因此，向西的散射光是沿南北方向偏振的。

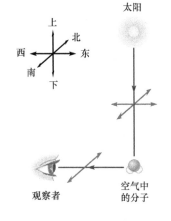

图 22.30　来自太阳向下传播的光是东西偏振和南北偏振不相关的两者的混合光。两个偏振是由双箭头表示。向西的散射光是沿南北方向偏振的。

练习题 22.8　向北观察

刚好在日落之前，若你朝北边地平线上的天空看，光是沿什么方向部分偏振的？

蜜蜂如何在阴雨天导航？

应用：蜜蜂能够检测光的偏振

蜜蜂的复眼由几千个称为小眼的透明纤维组成。每个小眼的一端在复眼（见图 22.31）的半球面上并对来自沿纤维排列方向的光敏感。

每个小眼由九个细胞组成。每个细胞都对入射光的偏振敏感。因此，蜜蜂能够检测来自各个方向的光的偏振状态。当见不到太阳时，蜜蜂可以从散射光的偏振推断出太阳的位置，这些已由卡尔·冯·弗里希和其他人在 20 世纪 60 年代建立的一系列精巧的实验所证实。利用偏振片，弗里斯及其同事们可以改变散射的太阳光明显的偏振状态并观察对蜜蜂飞行的影响。

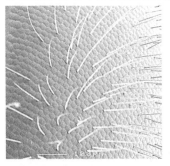

图 22.31　蜜蜂复眼的电子显微照片。照片中"隆起物"是小眼的外表面。

22.8　电磁波的多普勒效应

链接：

多普勒效应：波的观测频率受波源或观察者（见第 12.8 节）的运动的影响。对于声音，波源和观察者的运动是相对于波的介质测量的。对于真空中的电磁波，多普勒频移只取决于波源和观察者的相对运动。

多普勒效应存在于各种波，包括电磁波。然而，对声音推出的多普勒公式［见式（12-14）］对电磁波是不正确的。这些方程涉及波源和观察者相对于声音赖以传播的介质的速度。对于空气中的声波，v_s 和 v_o 是相对于空气测量的。由于电磁波不需要介质，光的多普勒频移只涉及观察者和波源的相对速度。

利用爱因斯坦的相对论，可以得出光的多普勒频移公式：

$$f_o = f_s \sqrt{\frac{1 + v_{rel}/c}{1 - v_{rel}/c}} \qquad (22\text{-}15)$$

在式（22-15）中，若源和观察者正在接近（一起越来越近），v_{rel} 为正；而若正在远离（分开越来越远）则为负。若源和观察者的相对速度远小于 c，利用在附录 A.5 中给出的二项式近似可以得到更简单的表达式：

$$\left(1 + \frac{v_{rel}}{c}\right)^{1/2} \approx 1 + \frac{v_{rel}}{2c} \quad \text{和} \quad \left(1 - \frac{v_{rel}}{c}\right)^{-1/2} \approx 1 + \frac{v_{rel}}{2c}$$

将这些近似代入式（22-15）

$$f_o = f_s\left(1 + \frac{v_{rel}}{2c}\right)^2$$

$$f_o \approx f_s\left(1 + \frac{v_{rel}}{c}\right) \qquad (22\text{-}16)$$

上述最后一步，我们再一次使用了二项式近似。

例 22.9

通过雷达捕捉超速驾驶者

一辆警车正以 38.0 m/s（85.0 mile/h）运动以追赶正前方的一名超速驾驶者。限速为 29.1 m/s（65.0 mile/h）。警车雷达通过发射频率为 3.0×10^{10} Hz 的微波和观测反射波的频率"测得"另一辆车的速度。反射波当与发射波结合时产生速率为 1 400 s^{-1} 的拍。超速者跑得多快？［提示：首先求超速驾驶者"观测"的频率。金属小汽车身中的电子以与此相同的频率振荡并发出反射波。对于反射波，超速者是波源而警车是观察者。］

分析　有两个多普勒频移，由于电磁波被小汽车反射回来。我们可以先把小汽车作为观察者，接收来自警车的多普勒频移雷达波（见图 22.32a）。然后小汽车把这波"转播"给警车（见图 22.32b）。这次超速者的小汽车是波源而警车是观察者。两车的相对速度远小于光速，所以我们可以利用近似公式［见式（22-16）］。

此问题中有三种不同的频率。让我们把警车发射的频率称为 $f_1 = 3.0 \times 10^{10}$ Hz，超速者所接收的频率为 f_2，以及警车观察到的反射波的频率为 f_3。警车正在追赶超速者，所以以波源和观察者正在接近；因此，v_{rel} 为正，并且多普勒频移是向着更高的频率。

解　拍频是

$$f_{拍} = f_3 - f_1 \qquad (12\text{-}11)$$

超速者观测的频率为

$$f_2 = f_1\left(1 + \frac{v_{rel}}{c}\right)$$

现在超速者的汽车发出频率为 f_2 的微波。警车观察到的频率为

例22.9 续

$$f_3 = f_2\left(1 + \frac{v_{rel}}{c}\right) = f_1\left(1 + \frac{v_{rel}}{c}\right)^2$$

我们需要解出 v_{rel}。我们可以通过利用二项式来近似，以避免求解一元二次方程

$$f_3 = f_1\left(1 + \frac{v_{rel}}{c}\right)^2 \approx f_1\left(1 + 2\frac{v_{rel}}{c}\right)$$

解出 v_{rel}

$$v_{rel} = \frac{1}{2}c\left(\frac{f_3}{f_1} - 1\right) = \frac{1}{2}c\left(\frac{f_3 - f_1}{f_1}\right) = \frac{1}{2}c\left(\frac{f_{拍}}{f_1}\right)$$

$$= \frac{1}{2} \times 3.00 \times 10^8 \text{ m/s} \times \frac{1\,400 \text{ Hz}}{3.0 \times 10^{10} \text{ Hz}} = 7.0 \text{ m/s}$$

由于这两者正在接近，超速者正以低于 38.0 m/s 运动。相对于道路，超速者正在运动的速度为

$$38.0 \text{ m/s} - 7.0 \text{ m/s} = 31.0 \text{ m/s} = (69.3 \text{ mile/h})$$

由于超速不多，也许警察会宽宏大量，只给出一个警告。

讨论 采用多普勒频移的近似形式大大简化了数学计算。使用确切形式会比较困难并最终给出的答案仍相同。由于所涉及的速度远小于 c，误差实际上可以忽略不计。

练习题22.9 静止物体的反射

假设警车正以 23 m/s 运动。当雷达被静止的物体反射时，产生的拍频是多少？

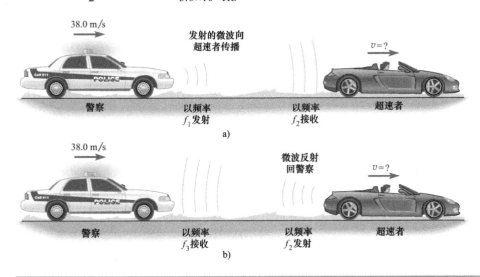

图22.32 a）警车以频率 f_1 发射微波。超速者以多普勒频移频率 f_2 接收它们。b）此波以频率 f_2 被反射；警车以频率 f_3 接收此反射波。

应用：多普勒雷达和宇宙膨胀

气象学家使用雷达可以提供有关风暴体系的位置信息。现在，他们使用多普勒雷达，它也提供关于风暴体系的速度信息。可见光的多普勒频移的另一个重要应用是它给出了宇宙膨胀的证据。来自遥远恒星的光到达地球是红移的。也就是说，可见光的频谱向低频红移。根据哈勃定律（以美国天文学家埃德温·哈勃（1889—1953）命名），一个星系远离我们而去的速度与该星系离我们的距离成正比。因此，多普勒频移可以用来确定一颗恒星或一个星系到地球的距离。

瞭望宇宙，红移告诉我们，其他星系都在远离我们而去；越远的星系，离我们而去得越快，并且到达地球的光的多普勒频移越大。这并不意味着地球是宇宙的中心；在膨胀的宇宙中，宇宙中任何地方的星球上的观察者都会看到遥远的星系正在远离它。自从发生宇宙大爆炸，宇宙一直在膨胀。是否继续膨胀下去，或膨胀是否会停止以及宇宙是否会崩溃为另一次大爆炸，是宇宙学家和天体物理学家研究的一个核心问题。

本章提要

- 电磁波由向远离其来源传播的振荡电场和磁场组成。电磁波总是既有电场也有磁场。

- 安培-麦克斯韦定理是被麦克斯韦以变化的电场产生磁场修改的安培定理。

本章提要续

- 安培 - 麦克斯韦定理与高斯定理、磁的高斯定理和法拉第定律一起，被称为麦克斯韦方程组。它们完整地描述了电场和磁场。麦克斯韦方程组说明，**E** 和 **B** 的场线不被介质所束缚。相反，它们可以进入真空并且电磁波可以远离其来源传播。

- 偶极子天线的辐射沿天线轴线最弱而在垂直于轴线方向最强。电偶极子天线和磁偶极子天线可以用来作为电磁波的源或电磁波接收器。

- 电磁频谱——电磁波的频率和波长的范围——传统上分为一些命名了的区域。从最低到最高频率，它们分别是：无线电波、微波、红外线、可见光、紫外线、X 射线和 γ 射线。

- 任何频率的电磁波在真空中传播的速度为

$$c = \frac{1}{\sqrt{\varepsilon_0 \mu_0}} = 3.00 \times 10^8 \text{ m/s} \qquad (22\text{-}1)$$

- 电磁波可以在介质中传播，但它们的传播速度小于 c。介质的折射率被定义为

$$n = \frac{c}{v} \qquad (22\text{-}2)$$

其中，v 是电磁波在介质中的速度。

- 介质中电磁波的速度（因而折射率也是）取决于波的频率。

- 当电磁波从一种介质进入另一种介质时，波长发生变化，而频率保持不变。第二种介质中的波是由边界处的振荡电荷产生的，所以第二种介质中的场一定以与第一种介质中的相同频率振荡。

- 真空中电磁波的性质：
  电场和磁场以相同频率振荡并且同相。

$$|\boldsymbol{E}(x, y, z, t)| = c|\boldsymbol{B}(x, y, z, t)| \qquad (22\text{-}5)$$

E、**B** 和传播方向是沿三个相互垂直的方向。
E × B 总是沿传播方向。
电能密度等于磁能密度。

- 真空中电磁波的能量密度（SI 单位：J/m³）：

$$\langle u \rangle = \varepsilon_0 \langle E^2 \rangle = \varepsilon_0 E_{\text{rms}}^2 = \frac{1}{\mu_0} \langle B^2 \rangle = \frac{1}{\mu_0} B_{\text{rms}}^2 \qquad (22\text{-}8,\ 9)$$

- 强度（SI 单位：W/m²）为

$$I = \langle u \rangle c \qquad (22\text{-}11)$$

强度与电场和磁场的振幅的平方成正比。

- 对面积为 A 的表面的平均入射功率为

$$\langle P \rangle = IA\cos\theta \qquad (22\text{-}12)$$

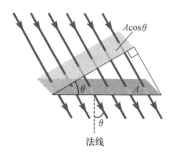

其中，θ 对于垂直入射为 0°，对于掠射为 90°。

- 电磁波的偏振方向是其电场方向。

- 若非偏振波通过偏振器，透射强度为入射强度的一半：

$$I = \frac{1}{2} I_0 \qquad (22\text{-}13)$$

- 若线偏振波射向偏振器，**E** 平行于透射轴的分量得以通过。如果 θ 是入射波的偏振方向与透射轴之间的夹角，则

$$E = E_0 \cos\theta \qquad (22\text{-}14a)$$

- 因为强度正比于振幅的平方，透射强度为

$$I = I_0 \cos^2\theta \qquad (22\text{-}14b)$$

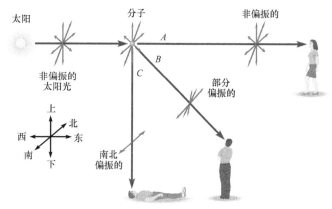

- 非偏振光由于散射或反射可成为部分偏振的。

- 电磁波的多普勒效应：

$$f_o = f_s \sqrt{\frac{1 + v_{\text{rel}}/c}{1 - v_{\text{rel}}/c}} \qquad (22\text{-}15)$$

其中，若波源和观察者正在互相接近，v_{rel} 为正；而若远离则为负。若波源和观察者的相对速度远小于 c，则

$$f_o \approx f_s \left(1 + \frac{v_{\text{rel}}}{c}\right) \qquad (22\text{-}16)$$

思考题

1. 在第 22.3 节中，我们指出，为了最佳接收，电偶极子天线应与电磁波的电场对齐。若用磁偶极子天线来替代，其轴线应与电磁波的磁场对齐吗？请解释。

2. 强度为 I_0 的线偏振光透过两个偏振片。第二片的透射轴垂直于光穿过第一片之前的偏振方向。透过第二片的强度一定是零吗？或者一些光有可能得以通过吗？请解释。

3. 依麦克斯韦理论，为什么不可能有一个没有磁分量的电波？

4. 为什么夏季白天比冬季长？

5. 图中显示了一个发射电磁波的磁偶极子天线。在远离天线的 P 点，波的电场和磁场是什么方向？

磁偶极子天线

思考题 5 和计算题 16

6. 光波穿过天空中一片雾蒙蒙的区域。若出射波的电场强度矢量是入射波的四分之一，透射强度与入射强度之比为多少？

7. 在最高法院裁定这种行为属于违宪之前，缉毒人员在夜间用对红外敏感的相机检查建筑物。这是如何帮助他们确定大麻种植者的？

8. 为什么夏季比冬季暖和？

选择题

🔘 学生课堂应答系统题目

1. 在真空中电磁波的速度取决于
   (a) 电场的振幅，而不是磁场的振幅。
   (b) 磁场的振幅，而不是电场的振幅。
   (c) 两个场的振幅。
   (d) 电场和磁场之间的夹角。
   (e) 频率和波长。
   (f) 以上都不是。

2. 电磁波的产生是由
   (a) 所有电荷。
   (b) 一个加速的电荷。
   (c) 一个匀速运动的电荷。
   (d) 一个静止电荷。
   (e) 一个静止磁棒。
   (f) 一个正在运动的电荷，无论加速与否。

3. 若电磁波的波长大约为一个苹果的直径，它是什么类型的辐射？
   (a) X 射线　　(b) 紫外　　(c) 红外
   (d) 微波　　(e) 可见光　　(f) 无线电波

4. 🔘 一个偶极无线电发射器有其竖直取向的杆状天线。在该发射器正南的一点处，无线电波的磁场为
   (a) 南北取向。　　(b) 东西取向。
   (c) 竖直取向。　　(d) 沿任何水平方向取向。

5. 一根竖直的电偶极子天线
   (a) 在各个方向上均匀辐射。
   (b) 在各个水平方向上均匀辐射，但在竖直方向上辐射较强。
   (c) 在水平方向上辐射最强而且均匀。
   (d) 在水平方向上不辐射。

计算、证明题

Ⓒ 综合概念 / 定量题

🔬 生物医学应用

◆ 较难题

22.1 麦克斯韦方程组与电磁波；22.2 天线

计算题 1—2。
　　用于发射无线电波的电偶极子天线是竖直取向的。

1. 在发射器正南的一点处，波的磁场是什么方向？

2. 在发射器正北的一点处，一根作为接收器的磁偶极子天线应该怎么取向？

3. 一根用来发射无线电波的电偶极子天线是水平南北取向的。在该发射器正东的一点处，一根作为接收器的磁偶极子天线应该怎么取向？

4. ◆ 磁偶极子天线用于检测电磁波。天线是 50 匝半径为 5.0 cm 的线圈。电磁波的频率为 870 kHz，电场振幅为 0.50 V/m，以及磁场振幅为 1.7×10^{-9} T。(a) 为了获得最佳结果，线圈的轴线应该与波的电场、磁场、波的传播方向三者中哪一个对齐？(b) 假设它是正确对齐的，线圈中的感应电动势的振幅是多少？（因为此波的波长远大于 5.0 cm，可以假定，在任何时刻线圈内的场是均匀的。）(c) 与波的电场对齐的长度为 5.0 cm 的电偶极子天线中的感应电动势的振幅是多少？

22.3　电磁波谱；22.4　真空及介质中电磁波的速度

5. 微波炉中的微波的频率是多少？波长为 12 cm。

6. 光在黄玉中的速度是 1.85×10^8 m/s。黄玉的折射率是多少？

7. 光从这段文字传到你的眼睛需要多久？假设距离为 50.0 cm。

8. 空气中波长为 692 nm 的光经过折射率为 1.52 的窗玻璃。(a) 光在玻璃内的波长是多少？(b) 光在玻璃内的频率是多少？

9. Ⓒ 在家居电路和电源线中的电流以 60.0 Hz 的频率交变。(a) 由此线路发射的电磁波的波长是多少？(b) 比较这个波长与地球的半径。(c) 这些波是电磁波谱的什么部分？

10. 🔬 在音乐声学中，2:1 的频率比称为一个八度。拥有极好听力的人类可以听到的声音范围从 20 Hz 到 20 kHz，这大约是 10 个八度（因为 $2^{10} = 1024 \approx 1\ 000$）。(a) 人类能够

感知大约多少个八度的可见光？（b）微波区域约多少个八度宽？

11. 当 2004 年 1 月美国宇航局的勇气号火星车（Rover Spirit）成功登陆火星时，火星距离地球 170.2×10^6 km。21 天后，当机遇号火星车（Rover Opportunity）登陆火星时，火星距离地球 198.7×10^6 km。（a）在勇气号着陆那天从它到地球上的科学家们进行单向传输需要多久？（b）在机遇号着陆那天科学家们与它通信需要多久？

12. 在美国，家用交流电以 60 Hz 的频率振荡。在电流进行一次振荡的时间内，来自载流导线的电磁波已传至多远？这个距离是 60 Hz 电磁波的波长。比较此长度与从波士顿到洛杉矶的距离（4200 km）。

22.5 真空中电磁行波的性质

13. 在空气中传播的一个微波的电场具有 0.60 mV/m 的振幅和 30 GHz 的频率。求磁场的振幅和频率。

14. 在空气中传播的一个无线电波的磁场具有 2.5×10^{-11} T 的振幅和 3.0 MHz 的频率。（a）求电场的振幅和频率。（b）波沿 $-y$ 方向传播。在 $y = 0$ 和 $t = 0$ 时，磁场是 1.5×10^{-11} T 在 $+z$ 方向。电场在 $y = 0$ 和 $t = 0$ 的大小和方向是什么？

15. ◆ 已知电磁波的磁场为 $B_y = B_m \sin(kz + \omega t)$，$B_x = 0$ 和 $B_z = 0$。（a）此波沿什么方向传播？（b）写出此波电场分量的表达式。

16. ◆ 一个电磁波是由一根如思考题 5 配图所示的磁偶极子天线产生。此天线中的电流是由一个 LC 谐振电路产生的。在远处 P 点波被检测到。使用图中的坐标系，写出电磁场在远处 P 点 x、y 和 z 分量的方程（如果有一个以上的可能，就给一组严密的答案）以 L、C、E_m（电场在 P 点的振幅）和普适常数定义你的方程中的各量。

22.6 电磁波传播的能量

17. 一个 10.0 mW 圆柱形激光束的直径为 0.85 cm。电场强度的有效值是多少？

18. 一个 1.0 m^2 的太阳电池板在保持电池板面垂直于从太阳到达的辐射的卫星上，每秒吸收 1.4 kJ 的能量。该卫星位于距离太阳 1.00 AU。（地球与太阳的距离被定义为 1.00 AU）。若板面也是垂直入射辐射的同样的一个电池板在距离太阳 1.55 AU 的一辆星际探测车上，它需要多久吸收等量的能量？

19. 某一恒星距地球 1.4×10^7 光年。由恒星到地球的光的强度为 4×10^{-21} W/m^2。恒星以多大功率辐射电磁能？

20. 证明，在真空中传播的电磁波中，电场和磁场的能量密度是相等的，也就是说，在任何点和在任何时刻，

$$\frac{1}{2}\varepsilon_0 E^2 = \frac{1}{2\mu_0}B^2$$

21. 在波多黎各的阿雷西博，射电望远镜的直径为 305 m。它可以检测来自空间强度小到 10^{-26} W/m^2 的无线电波。

（a）由强度为 1.0×10^{-26} W/m^2 垂直入射波入射到望远镜的平均功率是多少？（b）入射到地球表面的平均功率是多少？（c）电场强度和磁感应强度的有效值是多少？

22.7 偏振

22. 强度为 I_0 的水平偏振光依次通过两个理想偏振器。第一个偏振器和第二个偏振器的透射轴分别与水平成角度 θ_1 和 θ_2。把光透过第二个偏振器的强度从最大到最小排序。（a）$\theta_1 = 0°$，$\theta_2 = 30°$；（b）$\theta_1 = 30°$，$\theta_2 = 30°$；（c）$\theta_1 = 0°$，$\theta_2 = 90°$；（d）$\theta_1 = 60°$，$\theta_2 = 0°$；（e）$\theta_1 = 30°$，$\theta_2 = 60°$。

23. x 方向上的偏振光透过两个偏振片。第一片的透射轴与 x 轴成 θ 角，而第二片的透射轴平行于 y 轴。（a）如果入射光的强度为 I_0，透过第二片的光的强度是多少？（b）θ 在什么角度时透射强度最大？

24. 非偏振光射向四个偏振片，它们的透射轴取向如图所示。多少百分比的初始光的强度透过这组偏振片？

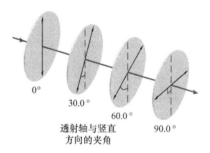

0° 30.0° 60.0° 90.0°
透射轴与竖直方向的夹角

25. ◉ 指入页面传播的竖直偏振的微波被引向开有平行狭槽的三块金属板（a，b，c）中的一块。（a）哪块板透射微波最佳？（b）哪块板反射微波最佳？（c）若透过最佳透射板的强度为 I_1，透过第二好的透射板的强度是多少？

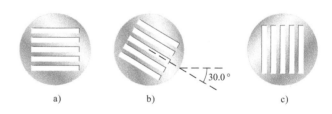

a) b) c)

26. 强度为 I_0 的竖直偏振光垂直入射一个理想偏振器。当偏振片绕一水平轴线旋转时，透过偏振片的光强 I 随着偏振器的取向（θ）变化，其中，$\theta = 0$ 对应于竖直透射轴。对于偏振器的一个完整旋转（$0 \le \theta \le 360°$），画出 I 作为 θ 的函数曲线。

27. 刚好在日出之后，你抬头看天空。你看到的光是偏振的吗？如果是，沿什么方向？

22.8 电磁波的多普勒效应

28. 波长为 659.6 nm 的光由一颗恒星发出。在地球上测量到这种光的波长为 661.1 nm。此恒星相对于地球运动有多快？它是朝向地球还是远离地球运动？

29. 一辆警车的雷达测速仪发射频率为 $f_1 = 7.50\,GHz$ 的微波。这束波被一辆超速行驶的小汽车反射，超速车以相对于警车 48.0 m/s 朝向警车行驶。超速驾驶车上雷达探测器探测到微波的频率为 f_2。（a）f_1 或 f_2 哪个较大？（b）求频率差 $f_2 - f_1$。

30. 为了看到红灯变绿你将必须多快驾驶？取红色的 $\lambda = 630\,nm$ 和绿色的 $\lambda = 530\,nm$。

合作题

31. 一辆警车的雷达测速仪发射频率为 $f_1 = 36.0\,GHz$ 的微波。这束波被一辆超速行驶的小汽车反射，超速车以相对于警车 43.0 m/s 正远离警车行驶。警察观测到反射微波的频率为 f_2。（a）f_1 或 f_2 哪个较大？（b）求频率差 $f_2 - f_1$。[提示：有两个多普勒频移。首先把警察看作为波源而超速驾驶者看作为观察者。该超速行驶的小汽车以与它观察到的入射波相同的频率"转播"反射波。]

32. 假设一些宇航员已登陆火星。当宇航员向地球上任务控制人员问一个问题时，他们需要等待回应的最短时间可能是多少？从火星到太阳的平均距离为 $2.28 \times 10^{11}\,m$。

综合题

33. 太阳辐射落在地球上的一个检测器的强度为 $1.00\,kW/m^2$。该检测器是边长为 5.00 m 的正方形，并且其表面的法线与太阳辐射成 30.0° 的角度。该检测器需要多长时间测得 420 kJ 的能量？

34. 在无线路由器上的天线以 5.0 GHz 的频率辐射微波。若天线不超过半个波长，它的最大长度是多少？

35. 🔬 在 LASIK（激光原位角膜磨镶术）眼科手术中使用的激光器每秒产生 55 个脉冲。波长为 193 nm（在空气中），并且每个脉冲持续 10.0 ps。激光器发射的平均功率为 120.0 mW，而光束直径为 0.80 mm。（a）激光脉冲是在电磁频谱的什么部分？（b）激光在空气中的单个脉冲有多长（以厘米为单位）？（c）一个脉冲容纳多少个波长？

36. 🔬 一支 2.0 mW 的激光笔具有直径为 1.5 mm 的光束。当它意外地指着一个人的眼睛时，光束被聚焦成视网膜上直径为 $20.0\,\mu m$ 的一个光斑并且视网膜被照射 80 ms。（a）该激光束的强度是多少？（b）入射视网膜的光强是多少？（c）射到视网膜上的总能量是多少？

37. 强度为 I_0 的偏振光射向一对偏振片。令 θ_1 和 θ_2 分别是入射光的偏振方向与第一片和第二片的透光轴之间的夹角。说明透射光的强度是 $I = I_0 \cos^2 \theta_1 \cos^2 (\theta_1 - \theta_2)$。

38. 斐索装置中的轮子（见图 22.11）允许反射光通过到达观察者的三个最低的角速度是多少？假设齿轮和镜子之间的距离是 8.6 km，轮子中有 5 个槽口。

39. 正弦电磁波具有 $E_m = 32.0\,mV/m$ 的电场振幅。强度和平均能量密度是多少？[提示：回想一下对于正弦变化量振幅和方均根值之间的关系]

40. 一个 10 W 的激光器发射一个直径为 4.0 mm 的光束。激光瞄准月球。在它到达月球时，光束已经散开到直径为 85 km。忽略大气的吸收，（a）在激光器的表面外和（b）在它击中月球表面处，光的强度是多少？

练习题答案

22.1 （a）电磁波从发射天线沿各个方向向外传播。由于该波在 +z 方向（传播的方向）从发射机向接收机传播，从接收机到发射机的方向是 -z 方向。（b）$E_y(t) = E_m \cos(kz - \omega t)$，其中 $k = 2\pi/\lambda$ 是波数；$E_x = E_z = 0$。

22.2 $1\,ly = 9.5 \times 10^{15}\,m$

22.3 444 nm

22.4 （a）$+y$ 方向；（b）$2.0 \times 10^3\,m^{-1}$；（c）$B_z(x, y, z, t) = (-1.1 \times 10^{-7}\,T) \cos[(2.0 \times 10^3\,m^{-1})\,y - (6.0 \times 10^{11}\,s^{-1})\,t]$，$B_x = B_y = 0$

22.5 场的有效值正比于 $\sqrt{I}$，而 I 正比于 $1/r^2$，所以场的有效值正比于 $1/r$。$E_{rms} = 6.84\,V/m$；$B_{rms} = 2.28 \times 10^{-8}\,T$

22.6 $450\,W/m^2$

22.7 最小值为零（当透射轴是垂直的）；最大值为 $\frac{1}{2} I_0$（当透射轴是平行的）。

22.8 竖直

22.9 4.6 kHz

检测题答案

22.2 平行于天线的电场分量是零。其结果是，此波不会产生沿天线流动的振荡电流。

22.4 波的频率不变。有 $n_{空气} \approx 1$，$\lambda_{空气} \approx \lambda_0$（真空波长）。$\lambda_0 = n_水 \lambda_水 = 640\,nm$。[更一般地，如果介质不是空气，设频率相等：$f = v_1/\lambda_1 = v_2/\lambda_2$。则 $\lambda_2 = \lambda_1(v_2/v_1) = \lambda_1(n_1/n_2)$。]

22.5 磁场的大小为 $B = E/c = 3 \times 10^{-11}\,T$。$B$ 的方向一定与传播方向（$+x$）和电场（$-y$）二者都垂直，所以它或沿 $+z$ 或沿 $-z$ 方向。根据右手螺旋法则，B 沿 $-z$ 方向。

22.7 旋转偏振片。如果入射光是随机偏振的，透射强度不变化。如果入射光是线偏振的，随着你旋转偏振片，透射强度的确改变。要得到 $\frac{1}{2} I_0$ 的透射强度，入射光的偏振一定与该偏振片的透射轴成 45° 角 $\left(\cos^2 45° = \frac{1}{2}\right)$。

干涉与衍射

当我们观察植物和动物时，我们所看到的大部分颜色——褐色的眼睛、绿色的叶子、黄色的向日葵——是由于色素对光线的选择性吸收。在绿色植物的茎和叶中，叶绿素是最主要的色素，它会吸收部分波长的光线，并反射那些在我们看来是绿色波长的光。对于动物来说，颜色的产生机制则多种多样。中南美洲许多种类的大闪蝶翅膀上闪耀着的强烈蓝色却产生于看上去浅浅的色素。当它的翅膀或者观察者移动时，翅膀的颜色会发生轻微改变，出现所谓虹彩的微光效果。虹彩的彩色效果通常见于俄勒冈燕尾蝶、红宝石喉蜂鸟以及很多其他种类的蝴蝶和鸟类的翅膀或者羽毛。有些甲虫、鱼的鳞片以及蛇的皮肤中也会出现虹彩。那么这些虹彩色是如何产生的呢？（答案请见第 238 页）

生物医学应用

- 蝴蝶、鸟类以及其他动物闪耀的颜色（23.4 节；思考题 8）
- 干涉显微镜（23.3 节）
- 眼睛的分辨率（23.9 节；计算题 30，31，34）
- 核酸和蛋白质的 X 射线衍射研究（23.10 节；计算题 44）

概念与技能预备

- 叠加原理（11.7 节）
- 干涉和衍射（11.9 节）
- 电磁波频谱（22.3 节）
- 波的强度（22.6 节）

23.1　波阵面、波线和惠更斯原理

光源

当我们谈论光时，实际是指我们可以用肉眼看到的电磁辐射。产生光的方式多种多样。一个白炽灯灯泡的灯丝发射出的光，是由于其表面的高温产生的：在 $T \approx 3\,000\text{ K}$ 时，热辐射的主要部分出现在可见光范围内。萤火虫所发出的光是化学反应的结果，它并没有很高的表面温度（见图 23.1）。荧光物质——比如涂在荧光灯泡内侧的物质——在吸收紫外线后发射可见光。

我们看到的大多数物体都不是光源，我们是通过它们反射或透射光才看到它们。光入射在物体上时，一部分被吸收，一部分透射通过该物体，其余部分被反射。材料及其表面的性质决定着给定波长的光的吸收、透射和反射的相对量。小草显现出绿色是因为它反射的波长被大脑解释为绿色。赤陶屋顶瓦反射的波长，则被大脑解释为橘红色（见图 23.2）。

图 23.1　萤火虫的闪光是由氧和萤光素物质之间的化学反应引起的。该反应的催化物是酶的荧光素酶。

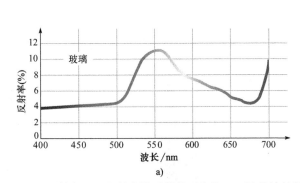
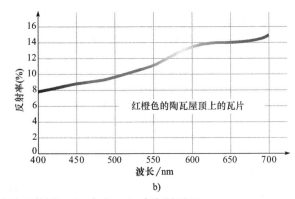

图 23.2　反射率——入射光被反射的百分比——随着波长的变化函数图。a）玻璃，b）赤陶屋顶瓦。

波阵面和波线

由于电磁波具有所有波共有的许多性质，所以我们可以用其他的波（如水波）来帮助我们形象化地理解它。一枚石子落入池塘会激起一片涟漪，石子的扰动在水面上沿着径向向四面八方传播（见图 23.3）。**波阵面**是一系列同相位的点构成的（例如，波扰动最大的那些点或者波扰动为零的那些点）。图 23.3 中每个环状波峰都可视为一个波阵面。可用一根长杆反复浸入水中来产生一列波阵面为直线的水波。

波线沿着波的传播方向并垂直于波阵面。对于圆形波，波线是从波的初始点开始沿着径向向外的（见图 23.4a）。对于线性波，波线是一组相互平行且垂直于波阵面的直线（见图 23.4b）。

水的表面波是一种三维波，它的波阵面可以是圆形也可以是直线，就如同光波，波阵面可以是球面、平面或其他面。如果一个小光源在所有方向上均匀发光时，该波阵面是球形的，光的波线沿径向向外（见图 23.4c）。离该点光源很远处，光线几乎彼此平行，则波阵面近似是个平面，所以波可表示为平面波（见图

图 23.3　一条鱼打破水面去捉虫，激起同心圆的涟漪在池塘表面向外传播。每个圆形波峰是一个波阵面。波线从中心沿径向向外并垂直于波阵面。

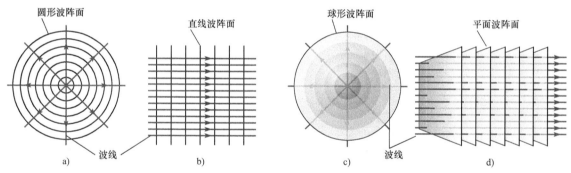

图 23.4　a）从一个类似于池塘中涟漪（见图 23.3）的扰动出发的波线和波阵面沿着表面传播。波线显示波从扰动出发后向各个方向传播，波阵面则是以扰动为圆心的一系列同心圆。b）离扰动很远处，波线近乎平行，波阵面则近似为直线。c）点波源发出的三维波的波线和波阵面。波线显示该波从扰动出发后向各个方向传播，波阵面是以扰动为球心的球面。d）远离点波源处，波线近似平行，且波阵面近似为平面。

23.4d）。从整个星系来看，太阳可以被认为是一个点光源。而在地球上，我们可以把照在一个小透镜上的太阳光处理为近似平行的光线。

惠更斯原理

在电磁学理论出现之前，荷兰科学家克里斯蒂安·惠更斯（1629—1695）提出一种几何方法来形象描述光穿过介质，或从一种介质到另一个介质，以及反射的各种情况。

> **惠更斯原理**
>
> 在某一时刻 t，波阵面上的每一点都可作为一个新的球面波波源。这些子波以与初始波相同的速度向外传播。在 $t+\Delta t$ 时刻，每个子波半径为 $v\Delta t$，其中 v 为波的传播速度。在 $t+\Delta t$ 时刻的波阵面是与各小波相切的面。（在没有发生反射的情况下，我们忽略了向后传播的波阵面）。

几何光学

几何光学是对光的传播的一种近似描述，只有当光的干涉和衍射（见第11.9节）可以忽略不计时才适用。要使衍射能忽略不计，物体和孔的尺寸必须大于光的波长。在几何光学领域中，光的传播可以单独使用光线进行分析。在各向同性的均匀材料中，光是直线传播的。在两种不同的材料的边界，反射和透射都有可能会发生。惠更斯原理可以帮助我们推导出确定反射光线和透射光线方向的定律。

例 23.1

平面波的波阵面

运用惠更斯原理分析一列平面波。也就是说，画出平面波阵面上各点发出的子波，并用它们画出之后的波阵面。

分析　由于我们画的是二维图，所以把平面波阵面画作直线。我们在波阵面上选择一些点作为子波源。由于没有后退波，所以子波是半球形，我们将其画成半圆形。然后我们画一条与这些子波相切的线来表示与波阵面相切的面，该面就是新的波阵面。

解和讨论　图 23.5a 中，我们画出一个波阵面和四个点，设想每个点都是一个子波源，因此我们画出四个半径相等的半圆，它们以那四个点为圆心。最后我们画出与四个半圆相切的直线，该线表示一段时间之后的波阵面。

为什么图 23.5b 中在半圆后沿着它们的边缘画一条直线而不是波浪线？惠更斯原理告诉我们波阵面上所有点都是子波源，我们只画出波阵面上几个点，但必须记得子波是来自波阵面上所有点的。设想画出越来越多的子波，相切于它们的面，弯曲会越来越少，最终成为一个平面。

在边缘处，新的波阵面是弯曲的。边缘处波阵面的扭曲是出现了衍射。假如平面波波阵面很大，则经过一段时间之后的波阵面是一个在边缘处略带弯曲的平面，在很多情况下，边缘处的衍射是可以忽略的。

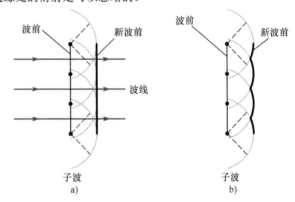

图 23.5　a）惠更斯原理分析一列平面波。b）该解释并不完备，因为并未画出波阵面上所有点发出的子波。

概念性练习题 23.1　球面波

将例 23.1 改为点光源发出的球面光波再进行求解。

23.2　相长干涉与相消干涉

链接：

干涉和衍射现象都是叠加原理的表现形式。

当障碍物或者狭缝尺度与光波长差不多时，便会发生干涉和衍射。波的叠加原理告诉我们，当两列波甚至更多的波在空间相遇时，该点的波动是各列波单独存在时引起的波动的总和。任何波都会基于这一原理产生干涉和衍射现象。叠加原理并非是光学中的新原理，之前我们在声波和其他机械波的研究中已经使用过叠加原理了（见 11.7 节和 11.9 节）。我们还曾使用这一原理寻找多个场源产生的电场和磁场，电场和磁场是单独场源存在时产生的场的矢量和（见 16.4 节和 19.8 节）。现在我们则是用叠加原理研究电磁波中的电场和磁场。

相干光源和非相干光源

为什么我们通常在可见光中看不到干涉效应？那些从太阳、白炽灯或者荧光灯中发出的光，我们看不到干涉相长或者干涉相消的区域；相反，任意一点的光强是所有单独光波引起的光强之和。从以上那些光源发出的光，在原子层面上，是由大量独立光源发出的。来自独立波源的波是**非相干**的，这些波彼此之间没有固定的相位关系。我们无法根据一点的相位（比如波是在最大值还是在零点）预测出另一点的相位。非相干波的相位关系变化非常快，其平均值无法形成干涉效应，因此总强度（或者单位区域内的功率）只是各个波单独强度之和。

只有**相干**波的叠加才会产生干涉，相干波必须具有固定的相位关系。相干和非相干波都是理想化的极端情况，所有真实的波都在这两者之间。激光光束能够高度相干——光束中的两点即便相隔数千米也能够相干。从遥远点光源出发的光（比如不包括太阳在内的遥远恒星）具有一定的相干性。

英国物理学家托马斯·杨（1773—1829）使用巧妙的技术从单个光源获得两个相干光源（见图 23.6），首次实现了可见光干涉。当照亮单狭缝时，通过该狭缝的光波绕射或者散开，该狭缝的作用就是作为单个相干光源照亮另外两个狭缝。而另外两个狭缝则作为两个相干光源实现干涉。

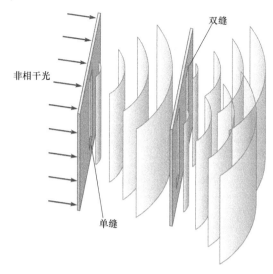

图 23.6 杨氏双缝干涉。左侧单缝是相干光源。

两列相干波的干涉

假如两列波彼此同步，且一列波的波峰与另一列波的波峰恰好在同一点，则它们被称为同相。这两列波的相位差是 2π 的整数倍。两列同相波叠加的波幅等于两波幅度之和。例如，图 23.7 中，两列同相正弦波，波幅分别为 $2A$ 和 $5A$。当两列波叠加在一起时，合成波的波幅为 $2A+5A = 7A$。两列同相波的叠加形成**相长干涉**。

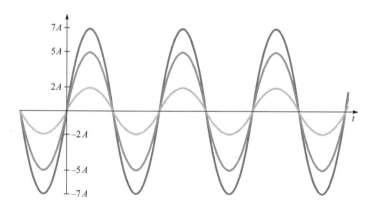

图 23.7 两列相干波（绿线和蓝线所示）振幅分别为 $2A$ 和 $5A$，它们由于同相而干涉相长，这两列波叠加后（红线所示）的振幅为 $7A$。注意，这两列波向右或向左移动周期的整数倍不会改变它们的叠加结果。（文前彩插）

对于相长干涉，由于波的强度正比于波幅的平方（见 22.6 节），合成波的强度大于两列波强度之和（I_1+I_2），令 $I = CA^2$，$I_1 = CA_1^2$，$I_2 = CA_2^2$，这里 C 是常数。（对于光波和其他电磁波，A_1、A_2 和 A 由于彼此成正比，因而可代表电场或磁场大小。）由于 $A = A_1 + A_2$，

$$CA^2 = C\left(A_1 + A_2\right)^2 = CA_1^2 + CA_2^2 + 2CA_1 A_2$$

因此

$$I = I_1 + I_2 + 2\sqrt{I_1 I_2}$$

由于波强就是单位面积上的功率，这额外的能量从何而来呢？别担心，能量依然守恒，如果某些地方 $I > I_1+I_2$，那么其他地方就有 $I < I_1+I_2$。总结如下：

链接：

在相干波的叠加中，无论是光还是其他种类的波（见 11.9 节），合成波的强度都不是波的强度简单相加。

两列波的相长干涉

$$相位差 \Delta\phi = 2\pi 的整数倍 \qquad (23\text{-}1)$$
$$波幅 A = A_1 + A_2 \qquad (23\text{-}2)$$
$$强度 I = I_1 + I_2 + 2\sqrt{I_1 I_2} \qquad (23\text{-}3)$$

两列相位差为 180° 的波相差半个周期，当一列波在波峰时，另一列波在波谷（见图 23.8）。这样的两列波叠加产生**相消干涉**。相消干涉的相位差为 π 的奇数倍。两列波幅分别为 2A 和 5A 的波相消干涉得到的波幅为 3A。假如这两列波波幅相同，则完全相消——叠加幅度为零。总结如下：

两列波的相消干涉

$$相位差 \Delta\phi = \pi 的奇数倍 \qquad (23\text{-}4)$$
$$波幅 A = \left| A_1 - A_2 \right| \qquad (23\text{-}5)$$
$$强度 I = I_1 + I_2 - 2\sqrt{I_1 I_2} \qquad (23\text{-}6)$$

图 23.8 两列波（绿色和蓝色线所示）的相消干涉，振幅分别为 2A 和 5A，两列波的叠加后（红线所示）振幅为 3A。注意向右或向左移动两列波周期的整数倍不会改变叠加结果。但是如果将其中一列波向右或者向左移动半个周期，叠加结果将发生改变，相消干涉将变为相长干涉。（文前彩插）

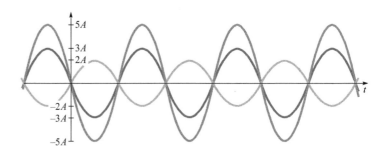

✓ 检测题 23.2

两列相干波的相位差能否是 π/3 弧度？如果可以，这两列波是相长干涉还是相消干涉？还是介于两者之间？请解释。

波程差导致的相位差

在干涉现象中，两列或更多相干波经不同路径到达波叠加的点时，不同路径的长度有可能不同，甚至可能是通过不同的介质，波通过的路径长度也就是波程不同会产生相位差——改变波之间的相位关系。

假设两列同相波在相同介质中通过不同路径到达干涉点（见图 23.9），假如波程差是波长的整数倍，

$$\Delta l = m\lambda \quad (m = 0, \pm1, \pm2, \cdots) \qquad (23\text{-}7)$$

那么波只是相差整数倍的周期，这意味着两列波同相——它们相长干涉。记住一个波长的波程差对应着 2π 弧度整数倍的相位差（见 11.9 节）。 波程是波长 λ 的整数倍时可以忽略，因为两列波之间的相位关系不会受其影响。

另一方面，假设两列波开始时同相，但波程差是半波长的奇数倍时：

$$\Delta l = \pm\frac{1}{2}\lambda, \pm\frac{3}{2}\lambda, \pm\frac{5}{2}\lambda, \cdots = \left(m + \frac{1}{2}\right)\lambda \quad (m = 0, \pm1, \pm2, \cdots) \qquad (23\text{-}8)$$

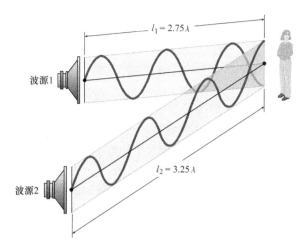

一列波超前另一列波半个周期（还有一个整数倍周期，但可以忽略），它们的相位差是 180°，它们相消干涉。

　若两条路径所在介质并不相同，就需要记录每种介质中各自的周期数（当波从一种介质进入另一种介质时，波长改变。）

例 23.2

微波波束的干涉

一台微波发射器（T）和一台接收器（R）并排放置（见图 23.10a），在距它们数米处面向它们放置两块金属平板反射微波。从发射器发出的波束足够宽，可从两金属平板反射，随着靠下的平板慢慢移向右侧，接收器测得的微波功率在最小和最大值之间振荡（见图 23.10b）。估算该微波波长是多少？

分析　当两反射波在接收器处发生相长干涉时出现最大功率，因此，给出最大功率的反射板位置必须满足波程差是波长整数倍。

解　当靠下的反射板远离发射器和接收器时，反射波在抵达接收器前要走过一些额外路程。假如金属板距离发射器和接收器足够远，那么抵达金属板的微波几乎沿着相同的路线返回，那么额外经过的波程近似为 $2x$。

当波程差是波长整数倍时产生相长干涉

$$\Delta l = 2x = m\lambda \qquad (m = 0, \pm 1, \pm 2, \cdots)$$

相长干涉相邻位置的波程差相差一个波长

$$2\Delta x = \lambda$$

最大值位于 $x = 3.9$、5.2 和 6.5 cm 处，因此 $\Delta x = 1.3$ cm。而

$$\lambda = 2.6 \text{ cm}$$

　讨论　注意当波完成一次往返，靠下的金属板在最大值之间移动的距离是半个波长。

练习题 23.2　相消干涉的波程差

试证明测得最小功率的位置处，波程差是波长的半整数倍 $\left[\Delta l = \left(m + \dfrac{1}{2}\right)\lambda\right]$。

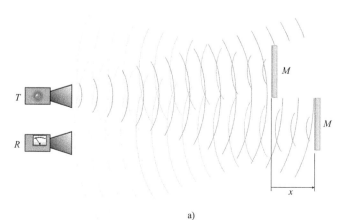

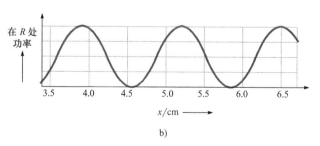

在 R 处功率

b)

图 23.10　a）微波发射器、接收器和反射板；b）微波功率检测值随 x 变化的函数图。

应用：CD 是如何读取数据的

在例 23.2 中，从单个波源发出的电磁波经金属表面反射要走过两段不同的距离；两列反射波在探测器处干涉。这一原理也被用于读取 CD、DVD 以及蓝光光盘。

制作 CD 盘时，1.2mm 厚的聚碳酸酯塑料盘在每条螺旋状沟道内刻以一系列"凹槽"（见图 23.11）。这些凹槽宽 500 nm，至少长 830 nm。盘表面覆盖一层较厚的铝，其外再覆一层塑料以保护铝层。读取 CD 盘时，激光束（$\lambda = 780$ nm）从下面照射铝层，反射光束会进入一个探测器。当激光束从凹槽中反射出来时，激光光束的宽度足以使该光束的一部分从轨道两边的盘面处（铝层中的平坦部分）反射出来。凹槽的高度 h 可以满足凹槽反射光与盘面反射光相消干涉。这样，就会探测到一个"凹槽"产生一个极小光强。另外一方面，当激光束从槽间盘面处反射出来时，探测器中的光强为最大。两种光强等级的变化代表着二进制数字（0 和 1）。

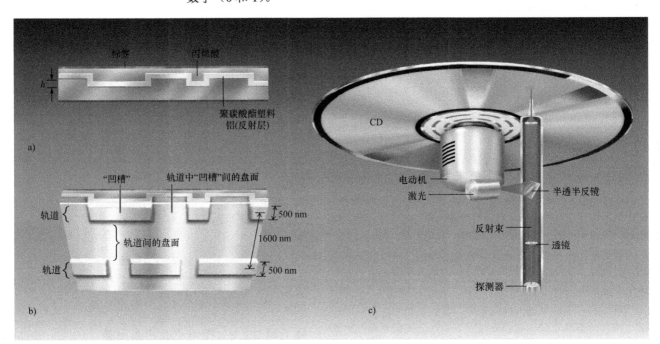

图 23.11　a）一张 CD 盘的截面图。激光束透过聚碳酸酯塑料并从铝层反射。b）螺旋轨道中的"凹槽"。凹槽周围平坦的铝层表面叫作盘面。当激光从凹槽底端反射时，同时也从两边的盘面反射。c）CD 电动机以 200 ~ 500 r/min 的速度转动，并保持轨道速度恒定。激光束被半透半反镜反射回 CD；CD 反射的光束穿过同一个半透半反镜到达探测器，探测器产生一个正比于反射光强度的电信号。

DVD 盘与 CD 盘类似，但是其凹槽更小（宽 320 nm，最小长度只有 400 nm）。数据轨道也更加密集（轨道中心间距 740 nm，而 CD 则是 1 600 nm），用 640 nm 的激光照射数据轨道。蓝光光盘的凹槽比 DVD 还要小得多，轨道也更密集，蓝光播放器使用的是一种 405 nm 激光——并非真是蓝色，而是可见光谱末尾的深紫色。

23.3　迈克尔逊干涉仪

迈克尔逊干涉仪（见图 23.12）的原理并不复杂，但它又是极为精密的仪器。一束相干光入射到一个分束器 S 上（半透半反镜），其中一半入射光被反射，另一半通过。这样，从光源出发的单束相干光就分为两束，它们分别沿着干涉仪的两臂通过不同路径，并最终被反射镜 M_1、M_2 反射回来。在半反镜处，每一束的一半被反射，另一半透过。被反射回光源的光离开干涉仪，剩余的部分则叠加合为一束光并可在屏幕上观测。两束光的相位差可以通过两臂长度的不同产生，也可在两臂让光通过不同介质来产生。假如两束光到达屏时同相，它们将相长干涉在屏上产生最大光强（一条明环）；假如它们相位差 180°，则相消干涉产生最小光强（一条暗环）。

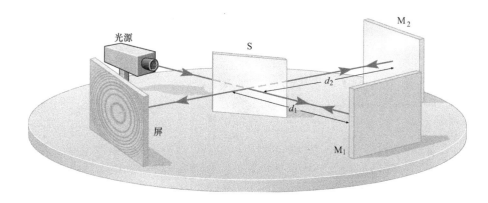

图 23.12　迈克尔逊干涉仪。美国物理学家阿尔伯特·迈克尔逊（1852—1931）发明该干涉仪以探测地球的运动是否对地球观测者测量光速有影响。

例 23.3

测量空气折射率

若将一 30.0 cm 长的透明容器放在迈克尔逊干涉仪的一臂。该容器内充以 0 ℃ 一个标准大气压的空气。真空波长 633 nm 的光入射，调整各镜使得屏幕中心出现亮点。随着容器中空气被抽空，屏幕中心区域反复 274 次从亮变暗并且再变亮——也就是说数到了 274 条明环（不包括初始的明环）。试计算空气折射率。

分析　当容器中空气抽空时，两臂的长度并未发生变化，但是由于容器中折射率从某个初始值 n 逐渐减为 1，光在其中的波长随之发生了变化。每条新的明环意味着光的波长数又变化了一个波长。

解　令 0 ℃ 一个标准大气压下空气折射率为 n，若真空波长为 $\lambda_0 = 633$ nm，则空气中波长为 $\lambda = \lambda_0/n$。初始时，通过容器中空气传播的光往返一圈的波长数为

$$\text{初始波长数} = \frac{\text{往返距离}}{\text{空气波长}} = \frac{2d}{\lambda} = \frac{2d}{\lambda_0/n}$$

这里 $d = 30.0$ cm 是容器的长度，当空气被抽走，波长数随着 n 的减小而减少，波长则变长了。假设容器最后完全真空（或接近真空），最终的波长数为

$$\text{最终波长数} = \frac{\text{往返距离}}{\text{真空波长}} = \frac{2d}{\lambda_0}$$

波长数的变化，N 等于观察到的明环数：

$$N = \frac{2d}{\lambda_0/n} - \frac{2d}{\lambda_0} = \frac{2d}{\lambda_0}(n-1)$$

由于 $N = 274$，我们解得 n，

$$
\begin{aligned}
n &= \frac{N\lambda_0}{2d} + 1 \\
&= \frac{274 \times 6.33 \times 10^{-7} \text{ m}}{2 \times 0.300 \text{ m}} + 1 \\
&= 1.000\,289
\end{aligned}
$$

讨论　测得的空气折射率十分接近表 23.1 中给出的值（$n = 1.000\,293$）。

练习题 23.3　另一种可能的方法

有别于计算条纹的另外一种测量空气折射率的方法是，当空气从容器中抽出时，移动其中一面镜子，以保持屏幕上出现的亮纹不变，测量镜子移动的距离可用于计算 n。假如移动的镜子是不含容器的那一臂，这面镜子应该怎样移动？换句话说，这一臂应该变长还是应该缩短？

材料的折射率依赖于材料的温度和光的频率。表 23.1 列出了几种材料对于真空波长为 589.3 nm 的黄光的折射率。（习惯上，给出真空波长而不是频率。）在许多情况下，对于可见光范围内的不同波长，n 的微小的变化可以忽略不计。

表 23.1　真空波长为 $\lambda = 589.3$ nm 的折射率（除非特别声明，表中温度都为 20 ℃）

材料	折射率	材料	折射率
	固体		液体
冰（0℃）	1.309	水	1.333
萤石	1.434	丙酮	1.36
石英	1.458	酒精	1.361
聚苯乙烯	1.49	四氯化碳	1.461
人工树脂	1.5	甘油	1.473
树脂玻璃	1.51	糖溶液（80%）	1.49
冕玻璃	1.517	苯	1.501
平板玻璃	1.523	二硫化碳	1.628
氯化钠	1.544	二碘甲烷	1.74
轻火石玻璃	1.58		
重火石玻璃	1.655	**气体，0 ℃，1 atm**	
蓝宝石	1.77		
锆石	1.923	氦气	1.000 036
钻石	2.419	乙醚	1.000 152
二氧化钛	2.9	水蒸气	1.000 250
磷化镓	3.5	干燥空气	1.000 293
		二氧化碳	1.000 449

应用：干涉显微镜

　　干涉显微镜在观察透明或接近透明的物体时可以提高图像对比度。水溶液中的细胞用普通显微镜很难看清。当光照射在细胞上时，细胞只反射其中的一小部分，所以它发出的光强与水的几乎一样，这使得细胞和它周围的水环境几乎没有对比度。但是如果细胞的折射率与水的折射率不同，通过细胞的光与通过水的光相比就会产生相位变化，而干涉显微镜可以显示出这种相位差。就像迈克尔逊干涉仪，一束光被分为两束，然后再叠加合成。让干涉仪其中一臂的光通过样本，当光束相遇时，干涉现象将通过易见的强度变化展示出普通显微镜无法看到的相位差。

23.4　薄膜

　　我们在肥皂泡和油膜中看到的类似彩虹的缤纷颜色是由干涉现象产生的。若将一铁丝框浸入肥皂水中，然后将其垂直取出，会有一层肥皂水的薄膜附在框上（见图 23.13）。由于重力作用，铁丝框顶端的薄膜非常薄——只有几个分子厚——而越往框底薄膜就越厚。当薄膜被照相机后方的白光照亮时，照片显示出薄膜反射出来的光。除非特别声明，我们将只考虑垂直入射的薄膜干涉。但是光线图中还会展示出那些接近垂直入射的光线，所以在图中光线并不都在同一条线上。

　　图 23.14 所示为光线照射在一薄膜的局部的情况。在各边界处，有些光被反射，而大部分则透过。若观测薄膜的反射光，我们将看到所有反射光线的叠加（其中只有头三个——标记 1、2 和 3——显示在图中）。这些光线的干涉决定了我们所能看到的颜色。在大多数情况下，我们可以只考虑前两束反射光的干涉而忽略其他，除非界面两边的折射角接近相同，否则反射波的振幅远小于入射波振幅。光线 1 和 2 都只反射一次，它们振幅接近，而光线 3 反射了三次，其振幅小

图 23.13　观察肥皂水膜对光的反射。（由于背景是黑色，所以照片中只有反射光；相机和光源都在薄膜的同一侧。）薄膜厚度从边框顶端到底端逐渐增大。

得多。其他反射光线更弱。

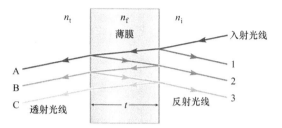

图 23.14　被薄膜反射和透射的光线。

干涉现象很少在透射光中出现。光线 A 由于未经反射而很强，光线 B 经过两次反射则远弱于光线 A，光线 C 经过了四次反射，更弱。因此，相长干涉的透射光振幅比相消干涉的透射光振幅大不了多少。此外，透射光的干涉必须满足能量守恒，假如特定波长的能量被反射的越多，相应透射的就越少。在计算题 13 中，你会看到某种波长的光在反射时相长干涉，在透射时相消干涉，反之亦然。

反射引起的相位变化

只要当光传播到光速发生变化的界面上时，就会发生反射，就像绳中的波动（见图 23.15），如果从一种较慢介质（使得波传播变慢的介质）反射回来，反射波会被反相，但是如果从较快介质反射回来，反射波就不会反相。而透射波则无论何时都不会反相。

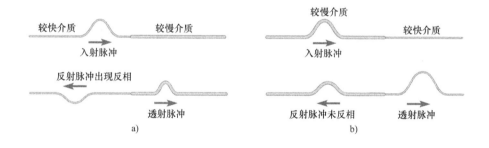

a)

b)

图 23.15　a）绳子上一个波脉冲向边界处较慢的介质（单位长度具有更大的质量）传播，反射脉冲反相。b）从较快介质反射回来的脉冲没反相。

> 当光正入射或者接近正入射到一个较慢介质（具有较高折射率）的界面上并反射回来时，将会出现反相（180° 相位跃变）；当光从较快介质（具有较低折射率）反射时，就不会出现反相（没有相位跃变），如图 23.16 所示。

为了确定图 23.14 中光线 1 和 2 是干涉相长还是干涉相消，我们必须考虑反射和光线 2 在薄膜中额外走过的路程所引起的相位变化。根据三种介质（薄膜及其两侧的介质）的折射率，反射光或者都不反相，或者全都出现反相，或者两条反射光中有一条出现反相。如果薄膜的折射率 n_f 介于两边介质（n_i 和 n_t）之间，就不会出现反射时的相位跃变，此时要么两个反射都跃变，要么都不变。假如薄膜的折射率是三个介质中最大的或者最小的，两反射光就会有一个出现反相，相位跃变 180°。

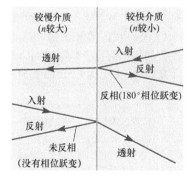

图 23.16　当光从较慢介质界面上反射回来时出现180° 相位跃变。

✓ 检测题 23.4

图 23.14 中，若 $n_i = 1.2$，$n_f = 1.6$ 且 $n_t = 1.4$，光线 1 和光线 2 哪一个将在反射时出现 180° 相位跃变？

> **链接：**
>
> 在 11.8 节中，我们看到反射波有时会反相，也就是说相对于入射波出现 180° 相位跃变。

> **薄膜解题思路**
>
> - 画出头两束反射光。即便题目是正入射的情形，也要画出非零入射角的情形以区分各条光线。标出折射角。
> - 确定反射光是否有 180° 相位跃变。
> - 假如反射没有引起相位跃变，那么 $m\lambda$ 的额外光程将使两条同相光束保持同相，并干涉加强。而 $\left(m+\dfrac{1}{2}\right)\lambda$ 的额外光程将导致干涉相消。注意，λ 是薄膜中波长，光线 2 在薄膜中获得额外光程。
> - 假如反射出现 180° 相位跃变，那么 $m\lambda$ 的额外光程不会改变 180° 相位跃变，那么 $m\lambda$ 的额外光程将保持 180° 相位跃变，并导致相消干涉。而 $\left(m+\dfrac{1}{2}\right)\lambda$ 的额外光程此时将导致相长干涉。
> - 注意光线 2 在薄膜中往返一个来回，对于正入射情形，其额外光程为 $2t$。

例 23.4

肥皂水薄膜的现象

空气中肥皂水薄膜垂直放置，观察其反射光（见图 23.13）。薄膜折射率为 $n=1.36$。（a）试解释薄膜顶端为何出现黑色。（b）某点处垂直于膜的反射光中波长 504 nm 和 630.0 nm 的光消失。介于这两个波长之间的光并未消失。求这一点处薄膜的厚度？（c）如果有的话，还会有哪些波长的可见光会消失？

分析　首先我们画出头两束反射光，标出折射率和薄膜厚度 t（见图 23.17），该图可帮我们确定反射时是否存在 180° 相位跃变。由于薄膜顶端显示黑色，这里肯定是所有波长可见光干涉相消之处。其下端远处某些波长反射光消失是由于它们干涉相消，我们将反射和光线 2 在薄膜内经过额外光程引起的相位跃变都考虑在内。记住得使用薄膜中的波长，而不是真空波长，因为光线 2 的额外光程是在薄膜中。

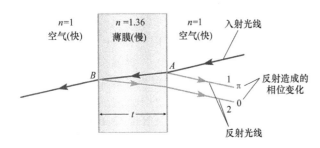

图 23.17　肥皂膜反射的头两束光线。A 点处反射光 1 反相。B 点处反射光 2 没有反相。

解　（a）薄膜中光速比空气中慢，因此从较慢介质（薄膜）反射回来的光线 1 会发生反相；从较快介质（空气）反射回来的光线 2 则没有反相。这两束光之间存在着 180° 相位差。在重力作用下，薄膜顶端最薄而底端最厚，光线 2 由于

在薄膜中有额外光程，因而与光线 1 存在相位差。要使所有波长的光干涉相消，就得使薄膜顶端的厚度相对于可见光波长足够薄；另外，光线 2 额外光程产生的相位变化要小到可以忽略。

（b）对于垂直于膜的反射光（正入射情形），光线 2 的光程比光线 1 多出 $2t$，使得它们之间存在相位差，考虑到反射已经产生了 180° 相位差，$2t$ 所产生的相位差必须是波长的整数倍才能产生相消干涉：

$$2t = m\lambda = m\frac{\lambda_0}{n}$$

若 $\lambda_{0,m}=630.0$ nm 是真空波长，则对应某一 m 值的光程差是 $m\lambda$。由于这两束光线之间没有消失的波长成分，所以 $\lambda_{0,(m+1)}=504$ nm 是真空波长，而光程差则是薄膜中波长的 $m+1$ 倍，为什么不是 $m-1$？因为 504 nm 小于 630.0 nm，所以得有更大的波长数才能满足 $2t$ 的光程差

$$2nt = m\lambda_{0,m} = (m+1)\lambda_{0,(m+1)}$$

我们可以解出 m

$$m\times 630.0\ \text{nm} = (m+1)\times 504\ \text{nm} = m\times 504\ \text{nm} + 504\ \text{nm}$$
$$m\times 126\ \text{nm} = 504\ \text{nm}$$
$$m = 4.00$$

厚度为

$$t = \frac{m\lambda_0}{2n} = \frac{4.00\times 630.0\ \text{nm}}{2\times 1.36} = 926.47\ \text{nm} = 926\ \text{nm}$$

例 23.4 续

（c）我们已经知道消失的波长对应 $m = 4$ 和 $m = 5$，再算算其他 m 值。

$$2nt = 2 \times 1.36 \times 926.47\,\text{nm} = 2\,520\,\text{nm}$$

当 $m = 3$

$$\lambda_0 = \frac{2nt}{m} = \frac{2\,520\,\text{nm}}{3} = 840\,\text{nm}$$

这是红外光不是可见光。我们不必再算 $m = 1$ 或 2，因为它们的波长比 840 nm 还长——波长远在可见光范围之外。因此我们试试 $m = 6$：

$$\lambda_0 = \frac{2nt}{m} = \frac{2\,520\,\text{nm}}{6} = 420\,\text{nm}$$

该波长通常被视为可见光，那么 $m = 7$ 呢？

$$\lambda_0 = \frac{2nt}{m} = \frac{2\,520\,\text{nm}}{7} = 360\,\text{nm}$$

360 nm 的光是紫外光，所以其他消失的可见光中就只有波长为 420 nm 的光了。

讨论 为了验证，我们可以直接证明这三个消失的真空波长在薄膜中走过整数倍的波长数：

λ_0	$\lambda = \dfrac{\lambda_0}{1.36}$	$m\lambda$
420 nm	308.8 nm	$6 \times 308.8\,\text{nm} = 1\,853\,\text{nm}$
504 nm	370.6 nm	$5 \times 370.6\,\text{nm} = 1\,853\,\text{nm}$
630 nm	463.2 nm	$4 \times 463.2\,\text{nm} = 1\,853\,\text{nm}$

由于光程差为 $2t = 2 \times 926.47\,\text{nm} = 1\,853\,\text{nm}$，所以所有这三个波长的光都满足额外光程是波长数的整数倍。

练习题 23.4　反射光中的相长干涉

在 $t = 926\,\text{nm}$ 处，哪种可见光的反射光相长干涉？

空气薄膜

　　两固体之间的空隙也可产生干涉效应。图 23.18a 是两块玻璃片之间的空隙照片。由于玻璃表面并不是完全平整，其间的空隙厚度也相应不同，照片显示出彩色条纹，每种确定颜色的条纹都是沿着同一厚度的空隙的曲线。在图 23.18b 中，用一工具在上面的玻璃片轻轻按压，上片表面由于按压导致的弯曲使得条纹发生移动。

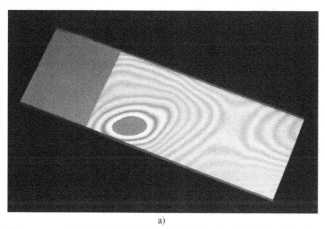
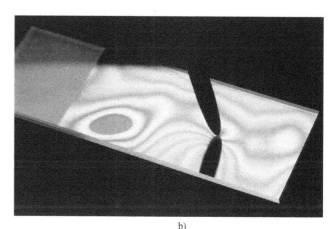

a)　　　　　　　　　　　　　　　　　　　　b)

图 23.18　a）两玻璃片间留有很小的空隙，当白光照射时，形成反射光干涉条纹。b）挤压玻璃改变空气缝隙的厚度，导致干涉条纹扭曲。

　　假如把一个球面凸透镜放在一块平玻璃上，它们之间的空隙厚度从接触点往外逐渐增加（见图 23.19）。假如球面完美，我们就可以看到反射光明暗相间的环状条纹，这些条纹被称为牛顿环（以艾萨克·牛顿的名字命名）。在牛顿的时代，人们曾困惑于中心为何是个暗点，托马斯杨指出其原因是反射产生的相位跃变所导致的，杨采用冕牌玻璃（$n = 1.5$）制作了透镜，并放置在含铅玻璃（$n = 1.7$）制作的平板玻璃上方，在实验中产生了牛顿环。当它们之间的空隙充满空气时，反射光的

图 23.19　a）凸透镜球形玻璃表

图 23.19　a）凸透镜球形玻璃表面与光学平板玻璃之间的空隙。这里放大了透镜曲率。实际上空隙非常薄，玻璃表面几乎平行。b）从空隙顶端和底端反射回来的光束，光线 2 由于反射有 π 的相位跃变，而光线 1 则没有。光线 2 在空隙中的额外光程也产生相位差。对于正入射情形，额外光程差为 2t，这里 t 为空隙厚度。当从上方观察时，我们能看到光线 1 和 2 反射光的叠加。c）环状干涉条纹形成的图样，被称为牛顿环，这里是反射光形成的牛顿环。

图 23.20　镜片左边涂有抗反射涂层；右边则没有抗反射涂层。

中心就是暗点。接着，他将这一实验装置浸入黄樟油中（折射率在 1.5 到 1.7 之间），结果中心点变成了亮点，这是因为此时不再有反射引起的 180° 相位跃变。

　　牛顿环可以用于检测透镜表面是否是球形。完美的球形表面所产生的环状干涉条纹的半径是可计算的（见计算题 12）。

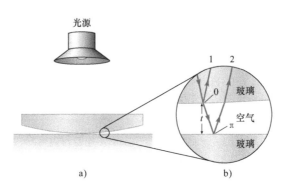
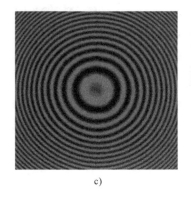

a)　　　　　b)　　　　　　　c)

应用：增透膜

　　薄膜干涉的一种常见应用就是镜头上的增透膜（见图 23.20）。这种涂层随着镜头在很多设备中的广泛应用而日益重要——即便每个表面只有很小部分的入射光强被反射，所有镜头上所有表面的反射加起来就会使得入射光大部分被反射，只有一小部分能透过仪器。

　　最常见的增透膜材料是氟化镁（MgF_2），其折射率 $n = 1.38$，介于空气（$n = 1$）和玻璃（$n = 1.5$ 或 1.6）之间，薄膜的厚度要选择对于可见光谱的中间波长干涉相消的厚度。

应用：蝴蝶翅膀上的虹彩

　　很多蝴蝶、飞蛾、鸟类和鱼类身上显出的虹彩是其身体上的阶梯结构或者鳞片部分覆盖所导致的反射光的干涉产生的。一个最好的例子就是闪蝶身上闪耀的蓝色。图 23.21a 是电子显微镜下的闪蝶翅膀。翅膀表面突出的像树一样的结构由一种透明材料构成。光会从一系列阶梯结构处反射。我们先集中研究其中两束光线，这两束从两个厚度为 t_1 间隔为 t_2 的连续阶梯的顶端反射回来（见图 23.21b）。两束光反射时都出现反相，因而反射不造成相对相位差。正入射情况下，光程差为 $2(t_1+t_2)$。不过光线还通过折射率 $n = 1.5$ 厚度为 t_1 的阶梯，我们无法通过让光程差等于波长数整数倍来简单地找到相长干涉的波长：我们该用什么波长呢？

　　为了解决这类问题，我们考虑波长数给出的光程差。光线 2 通过厚度 t_1 的翅膀结构走过的距离是 $2t_1$（往返），它走过的波长数为

$$\frac{2t_1}{\lambda} = \frac{2t_1}{\lambda_0/n}$$

这里 λ_0 是真空波长，$\lambda = \lambda_0/n$ 是折射率为 n 的介质中的波长。空气中 $2t_2$ 距离经过的波长数为

$$\frac{2t_1}{\lambda} = \frac{2t_2}{\lambda_0}$$

对于相长干涉，光线 2 相对于光线 1 的额外波长数一定是整数：

$$\frac{2t_1}{\lambda_0/n} + \frac{2t_2}{\lambda_0} = m$$

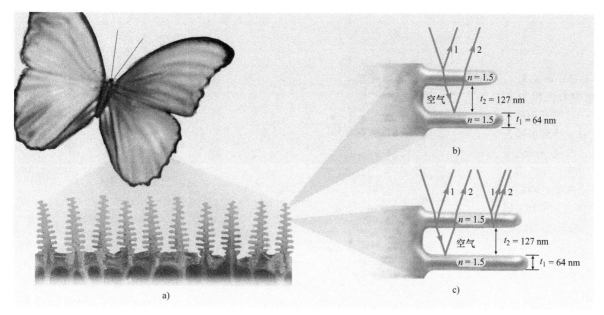

图 23.21 a）在电子显微镜下观察闪蝶翅膀。b）光线从两个阶梯状阻挡处反射。相长干涉产生了翅膀上的蓝色。为清晰起见，光线未以正入射方式图示。c）发生干涉的另外两对光线。

解出方程中的 λ_0 即可得到相长干涉的波长：

$$\lambda_0 = \frac{2}{m}\left(nt_1 + t_2\right)$$

对于 $m = 1$

$$\lambda_0 = 2\left(1.5 \times 64 \text{ nm} + 127 \text{ nm}\right) = 2 \times 223 \text{ nm} = 446 \text{ nm}$$

这就是正入射情况下我们从蝴蝶翅膀上看到的主要光的波长。我们只考虑了相邻两阶梯结构的反射，但是如果它们相长干涉，所有其他阶梯顶端的反射也都是相长干涉。对于更大的 m 值，相长干涉出现在可见光谱之外的区域（紫外）。

由于光线 2 经过的光程取决于入射角，所以干涉相长的光波长就取决于观察角（见概念性题 8）。因此从不同角度观察翅膀，其颜色也随之改变，这使得翅膀显出虹彩。

到目前为止我们还忽略了阶梯底部的反射，连续两个阶梯的底部反射光在 446nm 这一波长出现干涉相长，因为此时光程差一样。其他两对光线（见图 23.21c）由于光程差很小，所以只在紫外区域相长干涉。

23.5　杨氏双缝实验

1801 年，托马斯杨进行了双缝干涉实验，不仅证明了光的波动性，还首次测量了光的波长。图 23.22 所示为杨氏双缝实验的装置图。波长为 λ 的相干光照在一块刻有两个平行狭缝的挡板上，每个狭缝的宽度 a 与波长 λ 是可比的，且长度 $L \gg a$。狭缝中心间距为 d。当在距狭缝距离为 D 的屏幕上观测到通过狭缝的光时，我们将看到什么图样呢——屏上光强 I 与用于测量从双缝到屏上一点方向的 θ 角有什么依赖关系？

从单个狭缝透过的光首先在垂直于狭缝的方向上散开，这是因为从缝处出现的波阵面是圆柱状的。所以从狭缝通过的光在屏幕上形成光带。光在平行于狭缝的方向上并不会显著散开，因为狭缝长度 L 比波长大得多。

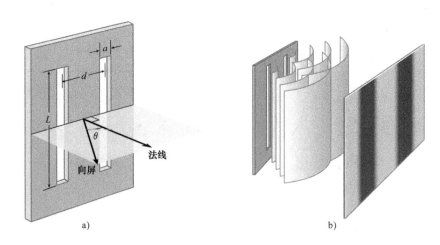

图 23.22 杨氏双缝干涉实验a）狭缝结构。狭缝中心间距为 d，从两狭缝中线上一点出发的垂直于挡板的垂线一直延伸到屏幕上干涉图样的中心，与另一条线形成相对于法线的 θ 角，可以用来确定干涉图样中心两侧的特定点位置。b）柱形波阵面从缝处出现并在屏幕上干涉形成条纹图样。

两狭缝透过的两束光在屏幕上互相干涉，它们从狭缝出发时是同相的，但是经过不同路径到达屏幕。可知在干涉图样的中心（$\theta = 0$）是相长干涉，因为光波到达屏上此处时，经过相同的距离从而保持同相。屏上那些满足光程差是波长 λ 整数倍的位置处也会出现相长干涉。相消干涉则出现在光程差为半波长的奇数倍的那些位置。在相长干涉和相消干涉之间是逐渐变化的，因为光程差随着 θ 角增大而连续增加，这使得图 23.23a 中双缝实验屏上照片出现明暗带（条纹）交替出现的特点。图 23.23b、c 分别是同一干涉图样的屏上强度分布图和惠更斯原理图。

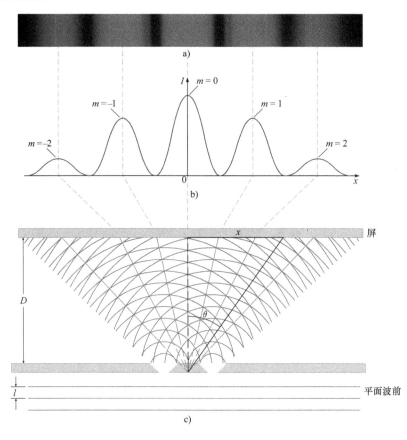

图 23.23 红光的双缝干涉图样。a）屏上的干涉图样照片，相长干涉在屏上产生红光亮纹，而相消干涉在屏上留下暗纹。b）光强随屏上位置 x 变化的函数。极值处（干涉相长的位置）用对应的 m 值标记。c）双缝干涉实验的惠更斯原理图示。蓝色线表示波腹（干涉加强的点）。注意屏上位置 x 与角度 θ 之间的关系：$\tan \theta = x / D$，其中 D 表示从双缝到屏处的距离。（文前彩插）

最大和最小的位置

要求得相长干涉和相消干涉发生的位置，我们需要计算光程差。图 23.24a 给出了从双缝出发到达附近屏幕的两束光。假如将屏幕向远离双缝的方向移动，α 角将变小。当屏很远时，α 角很小且两光束接近平行。图 23.24b 中，两束光线相对于远处屏画成了平行。光束从 A 点和 B 点出发到达屏所走过的距离相同；光程差就是右侧缝与 B 点之间的距离：

$$\Delta l = d \sin \theta \qquad (23\text{-}9)$$

屏上最大光强由相长干涉产生，对于相长干涉，光程差是波长的整数倍：

> ### 双缝亮纹中心
>
> $$d \sin \theta = m\lambda \quad \left(m = 0, \pm 1, \pm 2, \cdots \right) \qquad (23\text{-}10)$$

m 的绝对值被称为明纹级数。所以第三级明纹就是满足条件 $d \sin \theta = \pm 3\lambda$ 的条纹。屏上最小光强（零光强）由相消干涉产生，对于相消干涉，光程差为半波长奇数倍：

> ### 双缝暗纹中心
>
> $$d \sin \theta = \left(m + \frac{1}{2} \right)\lambda \quad \left(m = 0, \pm 1, \pm 2, \cdots \right) \qquad (23\text{-}11)$$

> **链接：**
>
> 　　不论是电磁波还是机械波，波腹位于最大波幅处，而波节位于最小波幅处（见 11.10 和 12.4 节）。

　　图 23.23 中，明暗条纹等宽度。在计算题 15 中你会看到 θ 角很小时，干涉条纹在干涉图样中心附近是等宽度的。

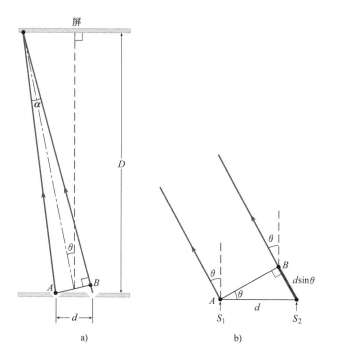

a)

b)

图 23.24 a）光束从两狭缝出发到达附近的屏。当屏幕向远处移动时，α 角减小——两光束则越来越接近平行。b）当屏无限远时，两束光平行（但仍将在屏上某点相遇），光程差为 $d \sin \theta$。

水波模拟双缝实验　图 23.25 所示为水槽中水波干涉实验。水面的波是通过水中的两个点波源产生的，它们同频率上下振动，彼此同相，所以是相干波源。远离两波源处产生的水波干涉图样与光的双缝干涉图样相同。若用 d 表示波源之间的距离，式（23-10）和式（23-11）可以给出水波在远处相长干涉和相消干涉准确的 θ 角。水槽的优点在于可以让我们看到波阵面的形状。注意图 23.25 和图 23.23c 之间的相似性。

干涉相长的那些点成为**波腹点**，就像驻波，这里两列相干波的叠加导致某些点——波腹点——具有最大振幅。也有一些**波谷点**——完全干涉相消的点。一根绳上的一维驻波，波谷和波腹是单个点。而水槽中的二维水波，波腹和波谷都是曲线，对于三维的光波（或者三维声波），波腹和波谷则是面。

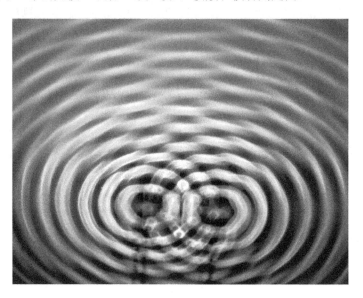

图 23.25　水槽中水波显示出的双波源干涉，波腹线对应光双缝干涉的最大强度方向。波谷线对应暗纹。

例 23.5

两平行狭缝的干涉

一束激光（$\lambda = 690.0$ nm）照射在两平行狭缝上。在一块距狭缝 3.30 m 的屏上观察到干涉条纹。干涉图样中心相邻明条纹间距 1.80 cm，则狭缝间距是多少？

分析　明纹所在位置的 θ 角可由式 $d \sin \theta = m\lambda$ 求得。明纹 $m = 0$ 和 $m = 1$ 之间距离为 $x = 1.80$ cm。从图中可以看出 θ 角和题中所给距离之间的关系。

解　中央主极大（$m = 0$）位于 $\theta_0 = 0$ 处，下一条明纹（$m = 1$）的角位置由下式给出

$$d \sin \theta_1 = \lambda$$

图 23.26 是条纹位置示意图。到 $m = 0$ 和 $m = 1$ 两条明纹的直线所夹角是 θ_1。这两条明纹在屏上的距离是 x，从双缝到屏的距离是 D。我们可以利用三角函数关系从 x 和 D 求出 θ_1：

$$\tan \theta_1 = \frac{x}{D} = \frac{0.018 \, 0 \text{ m}}{3.30 \text{ m}} = 0.005 \, 455$$

$$\theta_1 = \tan^{-1} 0.005 \, 455 = 0.312 \, 5°$$

我们将 θ_1 代入明纹 $m = 1$ 的条件中

$$d = \frac{\lambda}{\sin \theta_1} = \frac{690.0 \text{ nm}}{\sin 0.312 \, 5°} = \frac{690.0 \text{ nm}}{0.005 \, 454} = 0.127 \text{ mm}$$

讨论　我们已经注意到由于 $x \ll D$，θ_1 是一个很小的角——因此正弦和正切近似相等，使用小角度近似（$\sin \theta = \tan \theta \approx \theta$）可得

$$d\theta_1 \approx \lambda$$

且

$$\theta_1 \approx \frac{x}{D}$$

故

$$d = \frac{\lambda D}{x} = \frac{690.0 \text{ nm} \times 3.30 \text{ m}}{0.018 \, 0 \text{ m}} = 0.127 \text{ mm}$$

练习题 23.5　当波长改变时的条纹宽度

在一个特殊的双缝实验中，缝间距是光波长的 50 倍。（a）求出 $m = 0$，1 和 2 的明纹弧度角。（b）求出前两条暗纹的位置角。（c）2.0 m 远的屏上图样中心两条明纹间距是多少？

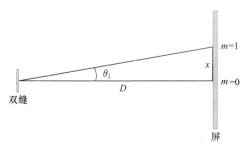

图 23.26　例 23.5 中双缝实验的示意图。

例 23.6

改变双缝间距

一束激光照射两平行狭缝，远处屏上可观察到干涉图样，假如两缝间距缓慢减小，图样将会发生什么变化？

解和讨论　当两狭缝彼此接近，给定角的光程差 $d\sin\theta$ 随之减小。需要更大的角才能得到给定波长倍数的光程差。因而干涉图样向外扩展，所有明纹（除了 $m = 0$）和暗纹都向外侧移动，位置角越来越大。

练习题 23.6　$d<\lambda$ 的干涉图样

假如双缝干涉实验中的双缝小于光波长，你会在远处屏上看到什么？

23.6　光栅

一个**光栅**有大量平行等宽狭缝，而不是只有两条平行狭缝。典型光栅有成百上千的狭缝。光栅的缝间距通常通过每厘米狭缝数（或者其他单位下每单位距离的狭缝数）描述，它与缝间距 d 成倒数关系：

$$每厘米缝数 = \frac{1}{每条缝的厘米数} = \frac{1}{d}$$

光栅的狭缝可高达 5 000 条缝每厘米，所以缝间距可以小到 200 nm。缝间距越小，不同波长的光被光栅分开的更宽。

图 23.27 所示为光束通过光栅狭缝到达远处屏上的情形。由于从前两条缝通过的光的光程差 $d\sin\theta$ 是波长的整数倍即 $m\lambda$，所以它们到达屏上时同相。那么，由于狭缝等间距，所以所有从狭缝通过的光到达屏时都同相。任意一对狭缝之间的光程差都是 $d\sin\theta$ 的整数倍，因而也是波长 λ 的整数倍，因此光栅相长干涉的角与缝宽相同的双狭缝情况相同：

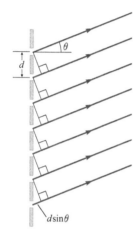

图 23.27　光束通过光栅狭缝到达屏上一点。由于屏很远，光束接近平行，它们离开光栅时的角度都（接近）为 θ 角。两相邻狭缝间距为 d，所以两相邻光束的光程差为 $d\sin\theta$。

光栅明纹

$$d\sin\theta = m\lambda \quad (m = 0,\pm1,\pm2,\cdots) \tag{23-10}$$

与双缝情况一样，$|m|$ 称为明纹级数。

对于双缝，从明纹到暗纹再到明纹的光强是逐渐变化的，但是对于刻有大量狭缝的光栅，明纹很窄，而其他地方的光强小到可以忽略。多缝是如何使得明纹如此窄的呢？

设想有一缝数 $N = 100$ 的光栅，用 $0 \sim 99$ 标记。一级明纹所在的 θ 角使得缝 0 和缝 1 之间的光程差为 $d\sin\theta = \lambda$。现在我们再设想观察一个略大的角度 $\theta+\Delta\theta$，且 $d\sin(\theta+\Delta\theta) = 1.01\lambda$。通过缝 0 和缝 1 的光束几乎同相，假如只有两个缝，光强几乎与最大值相同。100 个缝的情况下，每条光束都比前一条光束长 1.01λ。假如光束 0 的长度是 l_0，那么光束 1 的长度就是 $l_0+1.01\lambda$，光束 2 的长度为 $l_0+2.02\lambda$，以此类推。那么光束 50 的长度就是 $l_0+50.50\lambda$，所以光束 0 和光束 50 由于光程差是半波长的奇数倍而干涉相消。同样地，缝 1 与缝 51 干涉相消（$51.51\lambda - 1.01\lambda = 50.50\lambda$），缝 2 与缝 52 干涉相消，等等。由于从一些缝通过的光总与另一些缝通过的光干涉相消，屏上光强为零，从 θ 角到 $\theta+\Delta\theta$ 角光强从最大变为零。

$\Delta\theta$ 角被称为中央主极大半角宽度，其范围是从中央主极大中心到中央主极大的一个边缘（并非从一个边缘到另一个边缘）。通过这个角度，我们不难发现

链接：

一个光栅的明纹与具有相同双缝间距 d 的双缝明纹出现的角度一样。

明纹的宽度与狭缝数成反比（$\Delta\theta \propto 1/N$）。狭缝数越多，明纹越窄，N 增加还会使明条纹更加明亮：因为狭缝越多，通过的光就越多，且大量光的能量集中在较窄的明纹上。由于从 N 个狭缝通过的光相长干涉，明纹的振幅与 N 成正比，光强与 N^2 成正比。光栅的明纹狭窄，且对于不同波长的入射光，条纹位置角不同，因此：

> 光栅可将复色光按照波长分散开。

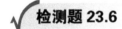

检测题 23.6

缝间距同为 d 的双缝和光栅所产生的明纹有何不同？

例 23.7

光栅的缝宽

白光照射光栅。一圆筒状彩色胶片暴露在从光栅透过的全角度（−90° 到 +90°）的光中（见图 23.28a）。图 23.28b 显示了照片效果，试估计光栅每厘米的狭缝数。

分析 光栅把白光分解为可见光谱中的各种颜色。每种颜色的光在满足 $d\sin\theta = m\lambda$ 的位置角处形成明纹。从图 23.28b 中可以看到出现的不只是一级明纹。假如我们能估计出照射照片边缘的光的波长——光栅后 ±90° 处的光——并且如果我们知道是几级明纹，我们就能求出缝宽。

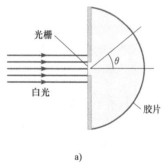
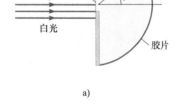

图 23.28 a）白光入射光栅。b）冲洗出来的底片。

解 由于所有波长的光在中央主极大的中心（$m = 0$）都是相长干涉，因此呈现出白色。在中央主极大中心两侧是一级明纹。首先（在最小位置角处）是一级紫光（波长最短），红光在最后出现。紧接着是一条没有明纹的带，然后是从紫光开始的二级明纹，但之后并不是纯色光谱，因为在二级明纹结束之前，三级明纹就开始出现了。第三级光谱并不完整。在两极限位置（$\theta = \pm 90°$）我们看到的最后颜色是蓝绿色。所以蓝绿色光的三级明纹就出现在 ±90° 处。

蓝绿光的波长大约为 500 nm（见 22.3 节），将 $\lambda = 500$ nm 和 $m = 3$ 代入第三级明纹，可求出缝宽。

$$d\sin\theta = m\lambda$$

$$d = \frac{m\lambda}{\sin\theta} = \frac{3 \times 500 \text{ nm}}{\sin 90°} = 1\,500 \text{ nm}$$

则每厘米的缝数为

$$\frac{1}{d} = \frac{1}{1\,500 \times 10^{-9} \text{ m}} = 670\,000 / \text{m} = 6\,700 / \text{cm}$$

讨论 最后的答案对于光栅每厘米的缝数而言是合理的。假如得到 6 700 万条每厘米，或者 67 条每厘米的结果，我们就得怀疑是不是算错了。

⚠️ 对于 90° 处的明条纹，我们就不能再用小角度近似了！我们通常看到的光栅在大角度处形成的明纹，小角度近似都不能用。

练习题 23.7 完整三级光谱的缝间距

假如一个光栅只产生完整的三级光谱，该光栅每厘米有多少缝？第四级光谱能否在这样的光栅中出现？

应用：CD 及 DVD 轨道

　　CD 或者 DVD 上的数据是通过编码后沿着螺旋状轨道刻成的一系列小坑（见 23.1 节）。CD 的轨道宽 500 nm，而 DVD 的轨道只有 320 nm 宽。光盘阅读器一项最难的工作就是使激光束始终保持在数据轨道中间。保持激光在轨道上的一种方法是使用光栅将激光束分为三束（见图 23.29），中心束（$m = 0$ 的中央主极大）集中在数据轨道上，剩下的两个一级光束（$m = \pm 1$ 的亮纹）则为跟踪束，它们被轨道两边的铝层表面（被称为盘面）反射，通常跟踪束的反射强度保持不变，假如一束跟踪束遇到了临近轨道小坑，反射光强度就会发生变化，并向光盘阅读器发信号提醒激光位置需要修正。

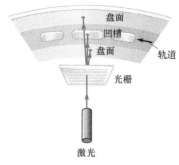

图 23.29　三光束跟踪系统。

应用：光谱学

　　光栅分光镜是一种测量可见光波长的精密仪器（见图 23.30）。分光镜基本上就是用来进行光谱观测。明纹所在的位置角和光栅的缝宽都用于确定光源发出的光波长。明纹通常被称为谱线——因为它们跟准直器的狭缝形状一样是一系列细线。

　　尽管热辐射（比如太阳光和白炽灯光）是一系列波长的连续谱，但是其他光源都是只有一些窄波段组成的离散谱。由于从分光镜观察的离散谱是一系列的光谱线，所以它也被称为线状光谱。例如，荧光灯和气体放电管就产生离散谱。在气体放电管中，将单一气体以低压充入玻璃管，让电流通过气体，此时发出的光是一种代表着这种气体特征的离散谱。有些老式的街灯是钠光灯，它们发出特征性的黄颜色。

　　图 23.31 显示的是钠光灯的光谱，包括一对黄色谱线。设想用一缝较少的光栅，明纹会更宽，假如这两条谱线过宽，就会重叠变为一条线，因此如果我们需要分解（分辨）那些靠得很近的波长，大量狭缝具有无可替代的优势。

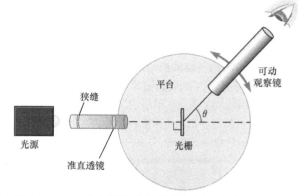

图 23.30　一台光栅分光镜的俯视图。从光源出发的光首先通过位于准直透镜焦点上的一条狭窄垂直的缝，这样，从透镜透过的光束就彼此平行了。光栅被安放在一个平台上，校正该平台使得入射光束正入射在光栅上。观察镜可以绕着光栅对光栅明纹进行圆周观测，并测量每条明纹所在的位置角 θ。

反射光栅

　　在**透射光栅**中我们已经讨论过，光是从光栅透光狭缝通过的。另外一种常见光栅是**反射光栅**。反射光栅上不是狭缝，而是大量平行的与吸收面相间的薄反射面。使用惠更斯原理分析反射光栅时，除了子波方向相反之外，其他都与透射光栅一样。反射光栅用于高精度的 X 射线光源天体分光镜。科学家们用它观测光谱以分辨恒星冕或者超新星遗迹中的元素成分如铁、氧、硅和镁等。

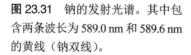

图 23.31　钠的发射光谱。其中包含两条波长为 589.0 nm 和 589.6 nm 的黄线（钠双线）。

日常物理演示

　　一张 DVD（或者 CD）上有大量等宽度的反射轨道，因此可以用作一个反射光栅。手持一张 DVD，使得在一个角度上没有标签的这一面可以反射来自太阳或者其他光源的光，将其轻轻地来回倾斜，寻找一下从窄槽反射回来的光干涉形成的彩虹色。接下来，把这张 DVD 标签面朝下，放在正对着顶灯的地面上，你慢慢离开这张 DVD 的时候向下看着它，一级明纹形成一个彩带（从紫到红）。当你离它一米远左右时，慢慢低头并始终盯着它，这样就从 $\theta = 0°$ 一直观察到 $\theta = 90°$。数一数你看到不同颜色的明条纹有多少级。现在估算一下 DVD 轨道间的距离。

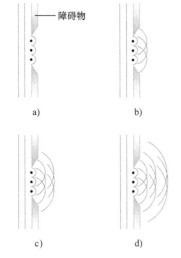

图23.32 a）一列平面波抵达一挡板处。波阵面上各点都成为球面子波的波源。b）～ d）稍后，初始的子波以新的形式向外传播。波阵面在挡板边缘附近扩展。

23.7 衍射与惠更斯原理

　　若一列平面波遇到一个障碍物，几何光学认为波不会被障碍物阻挡而继续向前传播，在障碍物远处的屏上形成尖锐而轮廓清晰的阴影。假如障碍物尺寸比波长大，则几何光学可以对实际情况进行很好的近似。假如障碍物与波长差不多，我们就得用惠更斯原理来展示波的衍射了。

　　图23.32a 中，一个波阵面刚刚到达带有一个开口的挡板，该波阵面上的每一点都是球面子波的波源，挡板后波阵面上的点都有自己的子波，或被吸收或被反射。因此，波的行进取决于波阵面上不被阻挡的那部分所产生的子波，图23.32b ～图23.32d 中的惠更斯解释显示出波在障碍物边缘附近的衍射，有些部分是几何光学中无法给出的。

　　图23.33 所示为水槽中的水波通过三个不同宽度开口的情况。对于比波长宽得多的开口（见图23.33a），波阵面的扩展非常小，从本质上讲，波阵面未被阻挡的部分只是直线向前传播，从而产生一个尖锐的阴影。随着开口变窄（见图23.33b），波阵面的扩散就变得更显著。当开口的尺寸接近或者小于波长时，衍射现象明显。在图23.33c 中，开口的尺寸与波长差不多，此时开口的作用就像是圆形波的点波源。

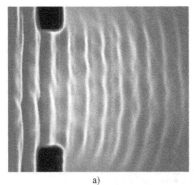
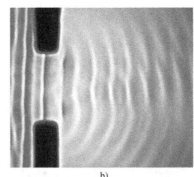

图23.33 水槽中的水波从左到右通过不同宽度的开口。

　　对于中间尺寸的开口，仔细观察波会发现某些方向的振幅比其他方向更大（见图23.33b），这一结构是不同点的子波干涉造成的，在23.8 节中将对其进行考察。

　　由于电磁波是三维的，用惠更斯子波原理的二维图进行分析需要小心。图23.34a 所示为光入射在一个小圆孔或者一个狭长缝的情形。假如是一个孔，光会向

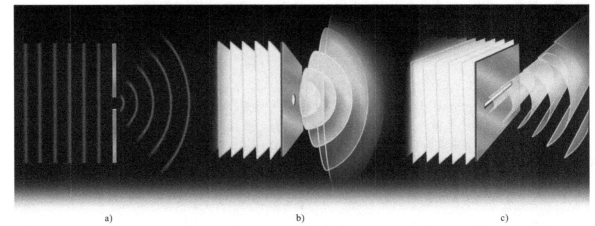

图23.34 a）小圆孔或者狭缝的波阵面。b）小圆孔的波阵面是球形的。c）狭缝的波阵面是圆柱状的。

各个方向扩散，产生球形波阵面（见图 23.34b）。如果开口是一个狭缝，我们可以从两个方向来考虑。对波阵面的限制越窄，它扩散的就越宽。沿着狭缝长度方向，我们实际会得到一个几何阴影。在其宽度方向，波阵面被限制在很小的长度范围内，所以波会在那个方向扩散，通过狭缝的波阵面应该是圆柱状的（见图 23.34c）。

例 23.8

衍射与光刻

计算机中的 CPU（中央处理器）芯片包含大约 $3×10^8$ 个晶体管、大量其他电路元件以及其间的电路连接，全都集中在一个很小的元件包中。有一种制造这种芯片的技术叫作光刻。是在硅片上覆一层光敏材料。随后会用紫外光通过一个模板照射在芯片上，模板上抠出需要的图案，这样硅片就被蚀刻了。硅片上没有暴露于紫外光下的区域不受蚀刻影响。在那些暴露在紫外光下的区域，光敏材料以及部分硅底材料被清除。为什么这一过程用紫外光比用可见光更好？为什么研究人员试图开发一种 X 射线光刻以取代紫外光刻？

分析　我们不去了解其中化学过程的细节，只思考一下不同波长对这一过程的意义。X 射线波长短于紫外波长，紫外光波长又短于可见光。

解和讨论　光刻过程依赖于模板上锐利阴影的构成，要在更小的芯片上包含越来越多的电子元件，模板上的线条就得尽可能细。但是如果线条太细，就会存在危险，衍射会使得透过模板的光散开，为了减小衍射效应的影响，波长必须小于模板的开口，紫外光波长比可见光短，所以模板开口可以做得比较小，X 射线光刻则可以允许开口的尺寸更小。

练习题 23.8　透过窗户的阳光

阳光透过一扇矩形窗户照亮了地面上的一块区域，这个区域的边缘是模糊而非锐利的，是衍射导致其边缘模糊的么？请解释。假如不是衍射造成的，又是什么因素导致了这块区域边缘模糊呢？

应用：泊松亮斑

光的波动理论最出人意料的预言之一就是一个圆形或者球形物体在相干光中的阴影中心由于衍射会出现一个亮斑（见图 23.35）。奥古斯汀 - 简·菲涅耳（1788—1827）对这一亮斑的预言被 19 世纪一些著名的科学家看作是极为荒谬的（比如西莫恩 - 德尼·泊松，1781—1840）——直到实验验证了该亮斑的存在。

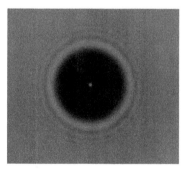

图 23.35　小球形成的衍射图样。注意中心的泊松亮斑。

日常物理演示

找一块带有常见网眼结构的薄布料，比如一块丝绸、尼龙窗帘、伞布或者亚麻布。隔一定距离透过这片布料看黑暗房间中明亮的光源——或者夜晚外边的街灯。你能解释你所看到的图样的起因吗？它只是这块布料中的线条的几何阴影吗？转动布料并观察图样，另外还可以试试在某一方向上拉伸这块布料。

23.8　单缝衍射

对衍射更为详细的分析，需要考虑所有惠更斯子波的相位并应用叠加原理。子波干涉产生了衍射光的结构。在图 23.33 中我们看到了衍射图样的结构。在有些方向上，光波振幅比较大，在另外一些方向上，振幅又比较小。图 23.36 给出了光通过单缝衍射形成的图样，宽阔的中央极大包含了大部分光能量。（**中央极大**通常指的是衍射图样中心整个明亮带，尽管实际最大值就只是 $\theta = 0$ 处。更准确的名字应该是中央亮纹。）中心位置处光强最大，两侧光强逐渐减小，直到第一个极小，这里屏幕是黑的（光强为零）。从中心继续往外，明纹和暗纹交替出现，光强在它

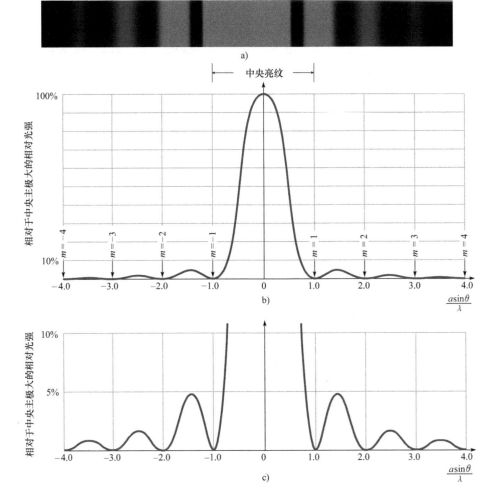

图 23.36 单缝衍射。a）屏上衍射图样的照片。b）从顶端到底端 [$(a \sin \theta)/\lambda$] 光程差不同的光束的光强（相对于中央极大值的百分比强度）随波长数的分布。暗纹所在角满足 [$(a \sin \theta)/\lambda$] 为除零之外的整数。c）同一幅图的特写。两侧的头三级明纹光强（百分比）依次为 4.72%、1.65% 以及 0.834%。对应的位置角满足 $a \sin \theta = 1.43\lambda$、$2.46\lambda$ 和 3.47λ。

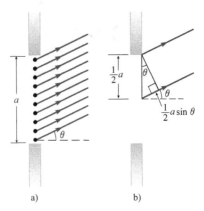

图 23.37 a）狭缝上每一点都是惠更斯子波源。b）从缝中心出发的光束比缝顶端出发的光束经过更长的距离到达屏上；额外距离为 $\frac{1}{2} a \sin \theta$。

们之间缓慢变化，边缘处的明纹比起中央明纹就相当暗且没那么宽了。

根据惠更斯原理，光的衍射可以解释为狭缝上所有点都是子波源（见图 23.37a），狭缝后任意点的光强都是子波的相干叠加。这些子波初始时同相，但是经过不同的路径到达屏上给定点。衍射图样的结构是子波干涉形成的，由于有无数多子波干涉——狭缝上每个点都是一个子波源，所以这比我们之前讨论过的干涉问题要复杂得多。尽管很复杂，有种聪明的方法——与我们在光栅中使用过的一种方法相同——使我们不需要处理复杂的数学问题就可以求出暗纹的位置。

求暗纹　图 23.37b 中的两条线代表两列子波的传播：一列子波从缝的上边缘发出，另一列则恰好是从缝中点发出的。这两束光以相同的 θ 角离开缝并到达远处屏上同一点。靠下的一束经过了额外的距离 $\frac{1}{2} a \sin \theta$ 才到达屏。如果这些额外的距离等于 $\frac{1}{2}\lambda$，那么这两列子波干涉相消。现在再来看另两列子波。都下移距离 Δx 使得两子波之间仍然相隔半个缝宽 $\left(\frac{1}{2} a\right)$。这两列子波的光程差也肯定是 $\frac{1}{2}\lambda$，因此这两列子波也干涉相消。所有子波成对相消。由于每一对都干涉相消，该角度的光没有到达屏上的。因此，第一条衍射暗纹的位置满足

$$\frac{1}{2} a \sin \theta = \frac{1}{2}\lambda$$

其他暗纹可按同样的方法求出，成对的子波间隔分别为 $\frac{1}{4}a$，$\frac{1}{6}a$，$\frac{1}{8}a$，

…，$\frac{1}{2m}a$，这里 m 是非零整数。衍射暗纹由下式给出

$$\frac{1}{2m}a\sin\theta = \frac{1}{2}\lambda \quad (m = \pm1, \pm2, \pm3, \cdots)$$

化简后得

单缝衍射暗纹

$$a\sin\theta = m\lambda \quad (m = \pm1, \pm2, \pm3, \cdots) \tag{23-12}$$

⚠️　注意：式（23-12）与 N 狭缝干涉明纹的式（23-10）看起来很像，但式（23-12）是给出衍射暗纹位置。此外，式（23-12）中不包括 $m = 0$。$m = 0$ 是 $\theta = 0$ 处的极大值而非极小值。

假如狭缝变窄会怎样？随着缝宽 a 变窄，暗纹 θ 角会变大——衍射图样散开。假如缝宽变宽，则衍射图样随着暗纹角度变小而收缩。

两侧明纹的位置角比暗纹位置角难求，没有可供我们使用的简便方法。中央极大值位于 $\theta = 0$ 处，子波都经过相同距离到达屏上这一位置，且它们同相。其他明纹中心大致（并不精确）位于相邻暗纹之间的中间位置（见图 23.36c）。

例 23.9

单缝衍射

在屏上观察一宽度为 0.020 mm 的单缝获得的衍射图样。若屏距离缝 1.20 m，光波长为 430 nm，则中央明纹的宽度是多少？

分析　中央亮纹从 m = -1 的极小延展至 $m = 1$ 的极小。由于衍射图样对称，所以中央亮纹的宽度是从中心到 $m = 1$ 极小的距离的两倍。示意图可以帮助我们建立起该问题中角度和距离的关系。

解　$m = 1$ 的极小所在位置角满足

$$a\sin\theta = \lambda$$

我们画一个示意图（见图 23.38）给出 $m = 1$ 极小的位置角 θ，距离 x 从衍射图样中心到第一个极小。D 为从缝到屏的距离，中央明纹的宽度为 $2x$，从图 23.38 可知

$$\tan\theta = \frac{x}{D}$$

设 $x \ll D$，θ 是一个小角。因而 $\sin\theta \approx \tan\theta$

$$\frac{x}{D} = \frac{\lambda}{a}$$

$$x = \frac{\lambda D}{a} = \frac{430 \times 10^{-9}\ \text{m} \times 1.20\ \text{m}}{0.020 \times 10^{-3}\ \text{m}} = 0.026\ \text{m}$$

比较 x 和 D 的值，我们假设的 $x \ll D$ 被验证了，中央明纹的宽度为 $2x = 5.2$ cm。

讨论　中央明纹的宽度取决于第一极小的位置角 θ 和缝与屏的间距 D。而角 θ 则取决于光波长和缝宽，对于更大的 θ 值，意味着或者波长更长，或者缝宽更小，屏上衍射图样更加散开。对于给定波长，减小缝宽会加大衍射。对于给定的缝宽，长波衍射图样会更宽，所以红光（$\lambda = 690$ nm）图样比紫光（$\lambda = 410$ nm）图样更为散开。

练习题 23.9　一级明纹的位置

距离衍射图样中心大概多远是一级明纹？

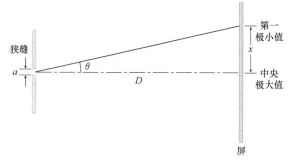

图 23.38　波长为 λ 的光从宽为 a 距屏距离为 D 的单缝通过并在屏上形成干涉图样。

双缝干涉的明纹光强

双缝干涉实验中，明条纹等宽度但强度不相等（见图23.23）。每条缝都有光的衍射，并都在屏上形成衍射图样（见图23.36）。两衍射图样在屏上任意点都有相同的振幅，但相位不同。在干涉相长的地方，振幅两倍于那一点处的单缝衍射（因而光强是四倍）。

图23.23只显示了每条缝衍射中央明纹之内的干涉明纹。假如入射到缝的光足够亮，还可以观察到超出一级衍射极小的干涉明纹（见图23.39）。

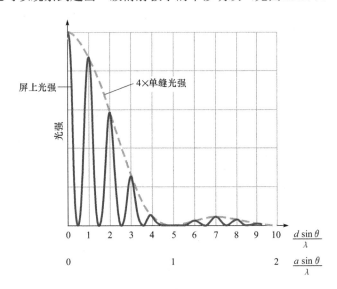

图23.39 双缝干涉光强照片，其中两缝间距 d 是缝宽 a 的5倍（即 $d = 5a$）。第一个衍射极小出现在满足 $a \sin\theta = \lambda$ 的位置，在同一角度上，$5a \sin\theta = d \sin\theta = 5\lambda$。第五级干涉明纹由于落在了一级衍射极小处而消失，那里没有光到达屏上。峰值跟随单缝图样的光强变化。在干涉相长的位置，振幅是单缝单独存在时的两倍，因而强度是单缝的四倍。

23.9　衍射与光学仪器的分辨本领

照相机、显微镜、双筒望远镜——实际上所有光学仪器，包括人眼——都是使得光通过圆孔。因此，圆孔衍射就十分重要。如果用一台仪器分辨（辨识）两个物体，就必须形成两个分开的像。如果衍射使得每个物体的像扩展到足以互相重叠，仪器就无法分辨了。

当光通过一个直径为 a 的圆孔时，光在各个方向都会受到限制（波阵面被锁定）而不是只在某个单一方向（如狭缝）受到限制。因此，对于圆形开口，光向各方向扩展，衍射图样由于圆孔（见图23.40）而表现出圆对称性。同时衍射图样也与狭缝衍射有着很多相同之处，一个宽且明亮的中央亮纹，其宽度超过所有暗纹和较弱的明纹。不过圆孔衍射的图样是由许多中心对称的圆构成，反映出圆孔的形状特征。

计算暗纹和明纹的位置角是很困难的，我们更感兴趣的是一级极小所在的位置，由下式给出

$$a \sin\theta \approx 1.22\lambda \tag{23-13}$$

对一级极小有特别的兴趣是因为通过它可以求得占据衍射光强84%的中央明纹的直径，中央明纹的大小正是一台光学仪器分辨率的极限。

当我们从望远镜中看远处一颗星时，星星足够远，可以被看作点光源，但是由于光要通过望远镜中的圆孔，就会扩展成图23.40所示的圆环状的衍射图样。如果我们观察两个或者更多看起来靠得很近的星星会怎样呢？直接用肉眼观测北斗七星时（见图23.41a），人们可以很清楚地看到北斗六开阳及其伴星是两颗可以分辨的星。用望远镜观测，人们会发现其实北斗六开阳星实际是两颗星，分别

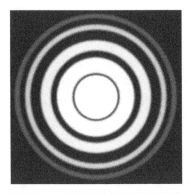

图23.40 远处屏上显示的圆孔衍射图样。

叫作开阳 A 和开阳 B（见图 23.41b）。眼睛无法分辨这两颗星的像，但是一架大口径的望远镜就可以分辨。光谱观测显示来自开阳 A 和开阳 B 的光出现周期性的多普勒频移，表明它们都是双星系统——一对靠得很近的恒星绕着它们共同的质心转动。但是即使最好的望远镜也无法看到开阳 A 和开阳 B 的伴星。当这五颗星发出的光通过一个圆孔时，衍射会使得图像扩展，所以我们透过望远镜只看到三颗星，直接肉眼观测只看到两颗星。

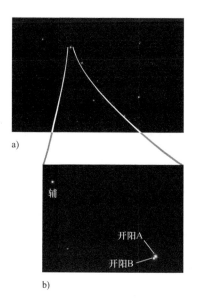

图 23.41 a）北斗七星，大熊星座的一部分。b）宽口径望远镜显示出开阳 A、开阳 B 以及辅星的不同图像。

瑞利判据

从一颗星（或者其他点光源）发出的光通过一个圆孔后形成圆环状衍射图样。两颗张角很小的星发出的光则会形成重叠的衍射图样，由于这些星是非相干光源，它们的衍射图样会彼此没有干涉地重叠起来（见图 23.42）。衍射图样分开多远才能分辨出不同的星？

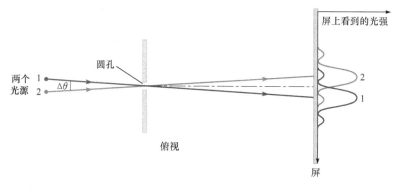

图 23.42 当光通过圆孔时，张角 $\Delta\theta$ 的两个点光源形成重叠的衍射图样，对于这种情况，可根据瑞利判据分辨图像。

英国物理学家瑞利（原名约翰·威廉·斯特拉特，1842—1919）提出了一条有点主观但却方便易用的判据，他认为像之间的间距至少是每个衍射图样宽度的一半才能分辨。换句话说，**瑞利判据**认为假如一个衍射图样的中心落在另一个衍射图样的第一极小处，则此时两个光源恰好能被分辨。假设两光源发出的光在真空中（或空气中）传播，并进入直径为 a 的圆孔。若从圆孔处测量两光源的张角为 $\Delta\theta$，且 λ_0 是光的真空（或空气）波长，那么两光源能被分辨的条件是

瑞利判据

$$a\sin\Delta\theta \geq 1.22\lambda_0 \qquad (23\text{-}14)$$

例 23.10

激光打印机的分辨率

激光打印机是将微小的墨水（墨粉）点打在纸上，要使我们看到的不是一个个单独的墨点，而是文字或者图片，这些点就必须足够紧密（因而也必须足够小）。在明亮的环境下看一页 0.40 m 的纸，大约每英寸多少点（dpi）才能确保你眼睛看到的不是一系列墨点？瞳孔直径为 2.5 mm。

分析 假如墨点的张角超过瑞利判据，那么你就能分辨出单独的一个个墨点。因此墨点的张角必须小于瑞利判

据——我们不想分辨出一个个墨点。

解 令两相邻墨点的中心间距为 Δx，瞳孔直径为 a，墨点的张角为 $\Delta\theta$（见图 23.43）。纸距眼睛的距离为 $D = 0.40$ m。则由于 $\Delta x \ll D$，墨点张角为

$$\Delta\theta \approx \frac{\Delta x}{D}$$

例 23.10 续

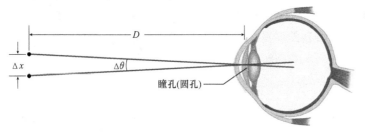

图 23.43 两相邻墨点的张角 $\Delta\theta$。

要使墨点消失，张角 $\Delta\theta$ 必须小于瑞利判据的分辨角。最小分辨角 $\Delta\theta$ 由下式给出

$$a\sin\Delta\theta \approx a\Delta\theta = 1.22\lambda_0$$

由于我们不想墨点能被分辨出来，所以我们希望

$$a\Delta\theta < 1.22\lambda_0$$

代入 $\Delta\theta$

$$a\frac{\Delta x}{D} < 1.22\lambda_0$$

要保证 Δx 足够小，使得墨点对于所有可见光都混在一起。我们取可见光范围内最小的波长，$\lambda_0 = 400.0\ \text{nm}$，现在我们解出墨点间距 Δx：

$$\Delta x < \frac{1.22\lambda_0 D}{a} = \frac{1.22 \times 400.0\ \text{nm} \times 0.40\ \text{m}}{0.002\,5\ \text{m}}$$

$$= 7.81 \times 10^{-5}\ \text{m} = 0.0781\ \text{mm}$$

要求出每英寸最少的墨点数，先要把墨点间距转化为英寸

$$\Delta x = 0.078\,1\ \text{mm} \div 25.4\frac{\text{mm}}{\text{in}} = 0.003\,07\ \text{in}$$

$$\text{每英寸墨点数} = \frac{1}{\text{每点的英寸数}}$$

$$\frac{1}{0.003\,07} = 330\ \text{dpi}$$

讨论 根据这一估算，我们可以看出一台 300 dpi 的打印机的输出略有颗粒感，因为我们几乎能分辨出单个墨点。而 600 dpi 的打印机输出就看起来平滑多了。

你或许会想式（23-14）中使用的是真空波长（λ_0），该式能否能用于眼睛中的衍射。眼睛透明液体中的波长是 $\lambda = \lambda_0/n$，其中 $n \approx 1.36$，是透明液体的折射率。由于波长中的因子 n 会被因折射而出现的 n 因子消掉（见计算题30），所以式（23-14）确实可以用于这一情况。

练习题 23.10 点彩画

后印象派画家乔治·修拉擅长一种著名的点彩画法，这种画由许多不同颜色紧密的点组成，每个色点直径大约 2 mm（见图 23.44）。靠近看会看到许多单独的色点。从远看，这些点就成为一体了。一位观画者要能看到色点融为一体达到颜色平滑变化，至少需要离画多远？设瞳孔直径为 2.2 mm。

a)

b)

图 23.44 a）乔治·修拉名作：翁弗勒海滩（1859—1891）。b）这幅作品的特写。

应用：人眼分辨率

在亮光中，眼睛瞳孔缩小到大约 2 mm。小圆孔导致的衍射限制了人眼的分辨率。在暗光下，瞳孔扩大，这时限制人眼在暗光下分辨率的不是衍射，而是视网膜小凹处的感光细胞的间距（在这里细胞紧密地挤在一起）。对于平均瞳孔直径的大小，这些锥形细胞的间距是理想的（见计算题31）。如果锥形细胞不够密集，就会失去分辨能力。如果它们过于密集，由于衍射，也不会获得更大的分辨能力。

23.10　X 射线衍射

到目前为止，干涉和衍射所讨论的例子主要是可见光。但其实那些比可见光波长更长或更短的光也会发生同样的效应。是否可能通过实验显示出 X 射线的干涉或者衍射效应呢？ X 射线辐射的波长比可见光短得多，要用它做实验，光栅的缝宽和间距就得比可见光光栅小得多。典型的 X 射线波长范围大约为 10 nm 到 0.01 nm，不可能制造一个小到能用于 X 射线的平行狭缝光栅：一个原子的直径约为 0.2 nm，这就是说缝间距得与一个原子的尺寸差不多。

1912 年，德国物理学家马克斯·冯·劳厄（1879—1960）意识到晶体中原子有规律的排列正是可用于 X 射线的最好的光栅。原子的规则排列和间距可模拟传统光栅狭缝的规则排列，不过晶体是一个三维光栅（相对于我们用于可见光的二维光栅而言）。

图 23.45a 所示为铝的原子结构。当一束 X 射线通过该晶体，X 射线会被原子散射到各个方向。来自不同原子的散射 X 射线在特定方向彼此干涉。在某些方向上相长干涉，出现最大强度。照片底片记录了单晶在那些方向上的点集，对于多晶样品则是一系列环（见图 23.45b）。

由于这种光栅是三维结构，所以很难确定干涉相长的方向。澳大利亚物理学家威廉·劳伦斯布拉格（1890—1971）发现了一个重要的简化模型。他认为我们可以把 X 射线看成是从原子组成的晶面上反射（见图 23.46a），如果从相邻一对晶面反射的 X 射线的光程差是波长的整数倍则相长干涉。图 23.46b 中给出的光程差为 $2d \sin \theta$，这里 d 是晶面间距，θ 是入射光和反射光与晶面的夹角（不是正入射）。则相长干涉出现的角度由**布拉格定律**给出：

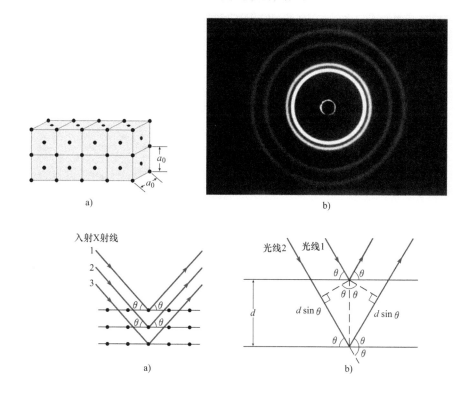

图 23.45　a）铝的晶体结构，点代表铝原子的位置。b）多晶铝（大量任意晶向的铝晶体）形成的 X 射线衍射图样。中心点是由于未被样品散射的 X 射线大部分无法到达底片而形成的。圆环所在的角位置处散射 X 射线干涉相长。

图 23.46　a）入射 X 射线就像被原子构成的平行晶面反射一样。b）从两相邻晶面反射的射线光程差几何示意图。

X 射线衍射明纹

$$2d \sin \theta = m\lambda \qquad (m = 1,2,3,\cdots) \qquad (23\text{-}15)$$

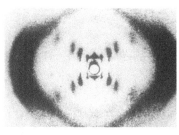

图 23.47　罗莎琳·富兰克林于 1953 年拍摄的 DNA（脱氧核糖核酸）的 X 射线衍射图样。DNA 结构的某些方面可以从点和带的图样中推测出来。富兰克林的数据说服了 DNA 螺旋结构的提出者詹姆斯·沃森和弗朗西斯·克里克，衍射图样中显示出带状交叉。

注意"反射"光与入射光之间夹角为 2θ。

尽管布拉格定律是一个重要的模型，X 射线衍射依然很复杂，因为晶体中有许多平行的晶面，每个都有自己的晶面间距。实际上，最大的晶面间距包含单位面积上最多的散射中心（原子），所以它们会产生最强的明纹。

X 射线衍射的应用

正如光栅可以将白光分为不同的颜色谱，晶体也可用于将一束窄波长范围的 X 射线分成连续的 X 射线谱。

- 如果晶体结构已知，那么出射光束的角度可以用于确定 X 射线波长。
- X 射线衍射图样可以用于确定晶体结构。通过测量晶体出射的强光束 θ 角，可以求出晶面间距 d，并进而求出晶体结构。
- X 射线衍射图样还可用于确定生物分子如蛋白质的分子结构。英国生物物理学家罗莎琳·富兰克林（1920—1958）的 X 射线衍射研究对于美国分子生物学家詹姆斯·沃森（生于 1928 年）和英国分子生物学家弗朗西斯·克里克（1916—2004）在 1953 年发现 DNA 双螺旋结构（见图 23.47）起到了至关重要的作用。同步加速器中电子辐射出的 X 射线强光束已被用于研究病毒结构。

23.11　全息照相

普通照片只是记录了落在底片上每一点的光强。对于非相干光，相位是随机变化的，所以不必记录相位信息。而全息照相则通过使用相干光照射物体，不但记录光强还记录入射到底片上的光的相位。全息照相术是 1948 年由匈牙利裔英国物理学家丹尼斯·加伯（1900—1979）发明的，但是全息照相在 20 世纪 60 年代激光未被应用以前是很难实现的。

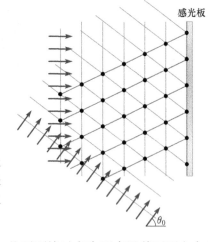

图 23.48　两列沿不同方向传播的相干平面波让感光板曝光。感光板上出现干涉图样。红线表示两列波干涉相长的点。亮纹就出现在这些红线与感光板相交处。（文前彩插）

设想使用一束激光，一台分束器以及一些平面镜以产生两束沿着不同方向传播的相交相干平面光（见图 23.48）。让这列波打在照片底片上，该底片各点的曝光取决于落在其上的光强。由于两列波相干，就会出现一系列相互平行的相干或者相消条纹。条纹间距由两列波之间的夹角 θ 决定，角度越小，条纹间距越大。计算题 43 中，条纹间距为

$$d = \frac{\lambda}{\sin\theta_0}$$

当底板曝光后，等间距的条纹就形成了一个光栅。如果用相同波长 λ 的相干光正

入射到底片上，正对着形成的是中央明纹（$m=0$），而 $m=1$ 的明纹所在角满足

$$\sin\theta = \frac{\lambda}{d} = \sin\theta_0$$

因而 $m=0$ 和 $m=1$ 的明纹重新产生出最初的两列波。

　　现在设想一列平面波和一个点状物体（见图 23.49）。点状物体可使光散射，产生出球面波。初始平面波与散射球面波的干涉产生出一系列圆环状条纹。当该底片被曝光并用激光照射，平面波和球面波都再次产生，球面波就像是从底片后的一个点光源产生的，正是点状物体的一个虚像。而底片则是点状物体的全息照相。

　　用更复杂的物体，物体表面每一点都是球面波的光源，当用相干光照射全息图片时，物体的一个虚像就产生了。由于全息图片重新产生的波阵面就如同它们来自物体本身一样，所以这个图像可以从不同角度去看（见图 23.50）。

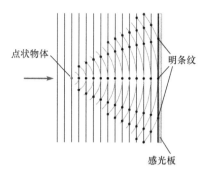

图 23.49　相干平面波被点状物体散射。被物体散射的球面波与平面波干涉，在底片上形成一系列干涉圆环。

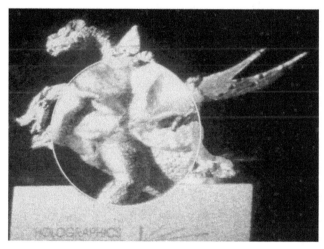 

图 23.50　透镜下一条龙的全息图片。注意全息相片中的这条龙被透镜放大的部分决定于观察的角度。

本章提要

- 当两列相干波同相时，它们叠加的结果是相长干涉：

  相位差 $\Delta\phi = 2\pi$ 的整数倍　　　　　　　　　　（23-1）

  波幅 $A = A_1 + A_2$　　　　　　　　　　　　　　（23-2）

  强度 $I = I_1 + I_2 + 2\sqrt{I_1 I_2}$　　　　　　　　　（23-3）

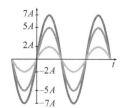

- 当两列相干波相位差为 180° 时，叠加的结果是相消干涉：

  相位差 $\Delta\phi = \pi$ 的奇数倍　　　　　　　　　（23-4）

  波幅 $A = \left| A_1 - A_2 \right|$　　　　　　　　　　（23-5）

  强度 $I = I_1 + I_2 + 2\sqrt{I_1 I_2}$　　　　　　　（23-6）

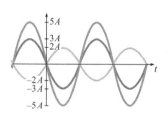

- 波程差等于 λ 导致 2π（360°）的相位差。波程差等于 $\frac{1}{2}\lambda$ 导致 π（180°）的相位差。

- 当光从一种较慢介质（折射率较大）的边界反射时，反射光会反相（180° 的相位差），当光从较快介质（折射率较小）反射时，反射光不反相（没有相位改变）。

- 双缝干涉实验中亮纹中心和暗纹中心所在位置角：

  亮纹：$d\sin\theta = m\lambda$　　　（$m = 0, \pm1, \pm2, \cdots$）　　（23-10）

  暗纹：$d\sin\theta = \left(m + \frac{1}{2}\right)\lambda$　　（$m = 0, \pm1, \pm2, \cdots$）　（23-11）

本章提要续

双缝间距为 d，m 的绝对值被称为明纹级数。

- N 条缝的光栅产生的明纹窄（宽度 $\propto 1/N$）而明亮（光强 $\propto N^2$）。明纹所在位置角与双缝相同。
- 单缝衍射暗纹位置角：

$$a\sin\theta = m\lambda \quad (m = 0, \pm1, \pm2, \pm3, \cdots) \quad (23\text{-}12)$$

中央亮纹很宽，占据了大部分衍射光的能量。其他亮纹中心大致（并不精确）位于相邻暗纹之间的中间位置。

- 圆孔衍射图样的一级极小所在位置，由下式给出

$$a\sin\theta \approx 1.22\lambda \quad (23\text{-}13)$$

- 瑞利判据认为假如一个衍射图样的中心落在另一个衍射图样的第一极小处，则此时两个光源恰好能被分辨。若两光源的张角为 $\Delta\theta$，那么两光源能被分辨的条件是

$$a\sin\Delta\theta \geq 1.22\lambda_0 \quad (23\text{-}14)$$

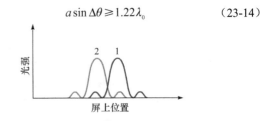

- 晶体中原子有规律的排列正是可用于 X 射线的最好的光栅。我们可以把 X 射线看成是从原子组成的晶面上反射。如果从相邻一对晶面反射的 X 射线的光程差是波长的整数倍则相长干涉。
- 全息照相则通过使用相干光照射物体，不但记录光强还记录入射到底片上的光的相位。全息图片重新产生的波阵面就如同它们来自物体本身一样。

思考题

1. 解释为什么两列频率有明显差别的波不会干涉。

2. 在天文学中使用的望远镜具有大的镜头（或镜片）。原因之一是为了能让大量的光线进入——对于观察模糊的天体很重要。将这些望远镜做得如此大还有一个优点，你能想到另外一个原因吗？

3. 哈勃太空望远镜使用直径为 1.2 m 的镜片，当它探测可见光或者紫外光时，分辨率会更好么？请解释。

4. 两根由同一电信号驱动的天线发出相干的无线电波。是否有可能通过独立信号驱动的两个天线发射彼此相干的无线电波？如果是这样，怎样进行？若否，原因为何？

5. 一个原子的大小约为 0.1 nm。光学显微镜能否看到原子图像？请解释。

6. 照相机镜头的光圈被定义为透镜焦距与口径直径之比。因此，大光圈意味着得用小口径。如果只需要考虑衍射，你会使用最大光圈还是最小光圈以获得最清晰的图像？

7. 什么因素能使得一台最好的光学显微镜更清楚地观察物体？

8. 画图（与图 23.21b 相似）给出大角度入射光入射（大约 45°）在闪蝶翅膀时，翅膀上相邻阶的反射光线。根据你画的图解释为什么相长干涉波长与观察角有关。

9. 一镜头（$n = 1.51$）涂有 MgF_2 增透膜（$n = 1.38$）。前两条反射光哪一条有 180° 相位差？若将另一种增透膜（$n = 1.62$）涂在相同的镜头上，则前两条反射光中哪一条有 180° 相位差？

10. 为什么晶体可用作 X 射线而不是可见光的三维光栅？

选择题

🖥 学生课堂应答系统

1. 图中给出双缝干涉实验中光的波阵面，其中哪些点光强为零？这里波阵面只代表波峰（并非波峰和波谷）。

(a) A (b) B (c) C (d) A 和 B

(e) B 和 C (f) A 和 C (g) A、B 和 C

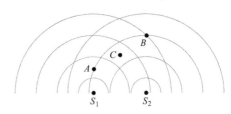

2. 🖥 在双缝实验中，从双缝通过的两束光到达中央明纹一侧的二级明纹，它们的光程差是

(a) 2λ (b) λ (c) $\lambda/2$ (d) $\lambda/4$

3. 🖥 双缝实验中的相干光，通过其中一个缝到达屏幕中央的光强为 I_0，通过另一个缝到达屏幕中央的光强为 $9I_0$。当双缝都开启时，最靠近中央的干涉极小光强是多大？缝非常狭窄。

(a) 0   (b) I_0 (c) $2I_0$

(d) $3I_0$ (e) $4I_0$ (f) $8I_0$

4. 🖥 单一频率的相干光通过双缝在屏上形成明暗纹图样，双缝间距为 d，屏与缝间距为 D，什么因素会导致屏上相邻暗纹间距减小?

（a）入射光频率减小

（b）屏距 D 增加

（c）双缝间距 d 减小

（d）将装置放置在折射率更大的介质中

5. 🔘 图中给出双缝实验的干涉图样，哪个字母代表第三级明纹?

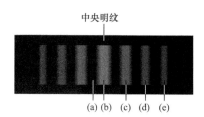
中央明纹

(a) (b) (c) (d) (e)

计算题

🔘 综合概念／定量题

🔵 生物医学应用

✦ 较难题

23.2 相长和相消干涉

1. 一台 60 kHz 的无线电发射机向 21 km 外的接收器发射电磁波。电磁波信号经图中一架直升机反射后从另一路径也抵达了接收器。假设电磁波反射时有 180° 的相位差。（a）该电磁波波长是多少?（b）这种条件下会出现相长干涉、相消干涉或者介于两者之间的情况吗?

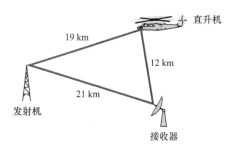
直升机
19 km
12 km
21 km
发射机
接收器

2. 罗杰在一艘离岸的船上用收音机收听一场棒球比赛。他发现当附近的海岸警卫站水上飞机飞行高度为 780 m、975 m 以及 1 170 m 时会出现相消干涉。广播站在 102 km 远处。假设电磁波从水上飞机反射时有 180° 的相位差，则广播站的频率是多少?

3. 当阿尔伯特打开他的小台灯时，落在他书上的光强是 I_0。如果光线不足，他会关掉小台灯打开一个高强度的台灯，这时落在他书上的光强是 $4I_0$。当阿尔伯特同时开启两盏灯时，他书上的光强多大? 如果不止一种可能性，请给出可能光强的范围。

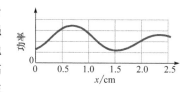
功率
0   0.5   1.0   1.5   2.0   2.5
x/cm

4. 开展一项与例 23.2 类似的实验，接收器的功率随着 x 变化的函数如图所示。（a）该微波的波长近似为多少?（b）进入探测器的微波的两个极大值振幅比率是多少?

23.3 迈克尔逊干涉仪

5. 调整一台迈克尔逊干涉仪，使得屏上出现一条明环。其中一臂的镜子移动 25.8 μm，屏上出现 92 条明纹。则所用光的波长是多少?

6. 🔘 一台迈克尔逊干涉仪用白光照射。调整双臂使得屏幕上只出现一个明亮的白色光点（所有波长都干涉相消）。将一块厚玻璃片（$n = 1.46$）插入其中一臂，要重新出现白点，另一臂的镜子需移动 6.73 cm。（a）镜子向外移动还是向里移动?（b）厚玻璃片的厚度是多少?

23.4 薄膜

7. 厚度为 0.40 μm 的油膜（$n = 1.50$）覆盖在一片水（$n = 1.33$）的表面。可见光谱中什么波长的光在正入射情况下反射出现相长干涉?

8. 一台照相机镜头（$n = 1.50$）上涂以厚度为 90.0 nm 的氟化镁薄膜（$n = 1.38$）。可见光中什么波长的光透射通过该薄膜后最强?

9. 肥皂膜折射率为 $n = 1.50$。透过透射光观察该薄膜。（a）在薄膜厚度为 910.0 nm 处，什么波长的透射光最弱?（b）什么波长的透射光最强?

10. 在一个科学博物馆里，马洛在一个展柜看到两块非常平的玻璃互相叠放在一起，且玻璃上明暗相间。该展示的说明中说用波长为 550 nm 的单色光入射到玻璃平板上且玻璃板放在空气中。玻璃的折射率为 1.51。（a）对应暗区的两块玻璃板的最小距离是多少?（b）对应明区的两块玻璃板的最小距离是多少?（c）对应暗区的两块玻璃板的次大距离是多少? [提示：不必担心玻璃板的厚度，薄膜是玻璃板之间的空气。]

11. 两块光学玻璃平板的一端夹着直径为 0.200 mm 的金属丝，另一端相互接触。两块玻璃之间的空气劈尖厚度从 0 到 0.200 mm，玻璃板长度为 15.0 cm，如图所示，波长为 600.0 nm 的光从上方入射，反射光中能看到几条明纹?

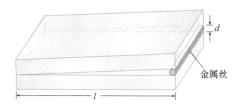
d
金属丝
l

12. ✦ 一块透镜放在一块平板玻璃上方以测试其表面是否是球面。如图所示，（a）证明第 m 条暗环的半径 r_m 应为 $r_m = \sqrt{m\lambda R}$，这里 R 是透镜靠近玻璃板的表面的曲率半径，入射光波长为 λ。假设 $r_m \ll R$。[提示：先求出半径 $r =$

$R \sin \theta \approx R\theta$ 处的空气劈厚度 t，使用小角度近似。]（b）暗环是等间距的么？如果不是，当你从中心向外移动时，它们是更加紧密还是更加稀疏？

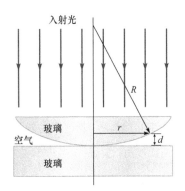

13. ◆ ⊙ 薄膜在光线正入射时观察反射光和透射光。图中分别给出反射光和透射光最强的两束光线。证明如果光束 1 和光束 2 相长干涉，则光束 3 和光束 4 肯定相消干涉。如果光束 1 和光束 2 相消干涉，则光束 3 和光束 4 相长干涉。假设 n_2 是三个介质中折射率最大的。

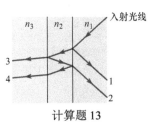

计算题 13

23.5 杨氏双缝实验

14. 650 nm 的光入射双缝，在 4.10° 角处观察到明纹中心，在 4.78° 角处观察到暗纹中心。明纹中心的级数 m 是多少？双缝间距 d 是多大？

15. 证明双缝实验中远处屏上靠近干涉图样中间的干涉条纹是等间距的。[提示：使用 θ 的小角度近似。]

16. 在双缝干涉实验中，波长 475 nm，缝间距为 0.120 mm，屏距离双缝 36.8 cm。屏上相邻明纹的线距离是多少？[提示：假设可以用小角度近似，在求出相邻明纹间距的值之后检验你的假设是否合理。]

17. 拉蒙有一个波长为 547 nm 的相干光源。他打算让光通过缝间距为 1.50 mm 的双缝抵达 90.0 cm 远处的屏。假如拉蒙想展示五条干涉明纹，那么屏上的暗纹宽度是多少？

18. 波长 589 nm 的光入射到双缝上，在远处的屏上产生干涉条纹，图样中心相邻明纹间距是 0.530 cm。第二个光源入射相同的双缝，在相同的屏中央产生干涉图样，图样中心附近的相邻明纹间距是 0.640 cm。第二个光源的波长是多少？[提示：小角度近似是否适用？]

23.6 光栅

19. 一个光栅在 2.54 cm 的长度上均匀地刻有 8 000 条缝，用汞蒸气灯发出的光照射该光栅。绿光（$\lambda = 546$ nm）第三级明纹会出现在什么角度上？

20. 在某个光栅的第三级条纹处看到波长为 650 nm 的红光。该光栅每厘米有多少条缝？

21. 一个光栅有 8 000 条缝，缝宽度为 1.50 μm，波长为 0.600 μm 的光正入射该光栅。（a）屏上图样可看到多少明纹？（b）画出距离光栅 3.0 m 的屏幕上可能出现的图样。标出中央亮纹到其他亮纹的距离。

22. ◆ ⊙ 一台分光仪用于分析光源，屏到光栅的距离是 50.0 cm，光栅每厘米有 5 000.0 条缝，谱线在以下角度可观察到：12.98°、19.0°、26.7°、40.6°、42.4°、63.9° 和 77.6°。（a）光源光谱中有多少不同的波长成分？求出每个波长。（b）如果用另外一个每厘米有 2 000.0 条缝的光栅，屏上中央亮纹一侧可看到多少谱线？请解释。

23. ⊙ 一光栅宽 1.600 cm，共有 12 000 条缝，光栅用于分辨一个光源中两个大致相等的波长：$\lambda_a = 440.000$ nm 和 $\lambda_b = 440.936$ nm。（a）通过该光栅能看到几级谱线？（b）每一级谱线之间的角分布 $\theta_b - \theta_a$ 是多大？（c）哪一级最适合分辨两条谱线？请解释。

23.8 单缝衍射

24. 波长为 476 nm 的光在距单缝 1.05 m 处的屏上形成的单缝衍射图样的中央亮纹有 2.0 cm 宽。（a）该缝有多宽？（b）中央亮纹两侧的前两条亮纹宽度是多少？（亮纹宽度定义为两个暗纹中心的距离。）

25. 波长为 630 nm 的光入射宽度为 0.40 mm 的单缝。屏位于离缝 2.0 m 远处，屏上观测到的图样如图所示。求中央明纹中心到其一侧第二级暗纹中心的距离。

26. ⊙ 在屏上观测单缝衍射图样。使用蓝光照射，中央亮纹宽度为 2.0 cm。（a）假如改用红光，中央亮纹宽度会变窄还是变宽？（b）若蓝光波长为 0.43 μm，而红光波长为 0.70 μm，则红光照射时中央亮纹宽度是多少？

27. ◉ 有一种测量狭窄物体宽度的方法是检测其衍射图样。当激光光束照射在一个长而薄的物体上时，比如人的拉直的头发，其衍射图样中的暗纹中心对应的角度与宽度相同的单缝衍射的暗纹中心所在角度一样。假如一束波长为 632.8 nm 的激光直射发丝，在 2.0 m 远的屏上产生衍射图样，且中央亮纹的宽度为 1.5 cm，则该发丝有多细？

23.9 衍射与光学仪器的分辨本领

28. 一束黄色激光（590 nm）通过直径为 7.0 mm 的圆孔，屏上衍射条纹的中央明纹角宽度是多少？

29. ◆ ⊙ 针孔摄像机并没有镜头，而是用一个小圆孔使光线进入照相机使得底片曝光。要获得最清晰的图像，那么从远处点光源发出的光在底片上形成的光斑就要尽可能的小。对于底片距离针孔 16.0 cm 的针孔摄像机，针孔的最优尺寸应该是多少？比最优尺寸更小的针孔由于衍射而使得光斑变大，更大的针孔也会导致光斑变大，因为光斑不可能比针孔本身还小（根据几何光学）。令波长为 560 nm。

30. ◆ ⬤ 要理解瑞利判据如何用于人眼瞳孔，需要注意光束除了正入射的情况，通常并非直线穿过眼睛透镜系统的中心（角膜 + 透镜），因为透镜系统两边的折射率不同。在简化模型中，假设光从两个点光源出发在空气中传播并通过瞳孔（直径为 a）。在瞳孔的另一边，光通过玻璃体液（折射率为 n）。图中给出两束光，分别从两个光源出发，通过瞳孔中心。（a）两个光源的张角 $\Delta\theta$ 与两个像的张角 β 之间是什么关系？［提示：用折射定律］（b）光源 1 的光形成的第一级衍射暗纹中心在 ϕ 角位置，有 $a\sin\phi = 1.22\lambda$［式（23-13）］。这里 λ 是玻璃体液中的波长。根据瑞利判据，假如像 2 的中心落在像 1 的一级暗纹中心以外，两光源就可分辨。也就是说，只要 $\beta \geq \phi$，或者等价地有 $\sin\beta \geq \sin\phi$。证明这与式（23-14）是等价的，这里 λ_0 是空气中波长。

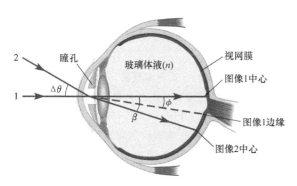

合作题

31. ◎ ⓒ 视网膜中的感光细胞（视杆和视锥细胞）密集地集中在视网膜的中央凹内——视网膜中用于看见正前方的部分。在中央凹内，细胞都是间隔约 1 μm 的锥体细胞。如果它们更加集中，我们是否会有更好的分辨率呢？要回答这个问题，首先假设有两个光源，彼此离得足够远，根据瑞利判据恰好能分辨。假定瞳孔直径平均为 5 mm，眼直径平均为 25 mm。此外假定眼睛玻璃体液中的折射率为 1，换句话说，将瞳孔处理为两侧都是空气的圆孔。如果衍射明纹中心落在具有单个中间锥体细胞的两个并不相邻的锥体细胞上，那么锥体细胞的间距是多少？（要分辨两个光源一定会有一个中间的暗锥，如果两个相邻的锥体细胞受到刺激，大脑会视为同一个光源。）

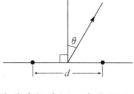

32. ◆ ⓒ 如图所示，两个无线电发射塔相距为 d，两个天线在水平面内各个方向的辐射完全相等。无线电波频率相同且发出时同相。探测器以 100 km 距离围绕发射塔运动，无线电波频率为 3.0 MHz，天线间的距离为 $d = 0.30$ km，探测器测量两个天线在水平面内的总发射功率发现是随着

角度变化的。（a）$\theta = 0$ 处探测的功率是最大值还是最小值？请解释。（b）若 $d = \lambda$，画出 P 随 θ 变化的图以定量显示功率随角度 θ 的变化规律（从 $-180°$ 到 $+180°$）。在你的图中标出功率是最大值或最小值时的 θ 值。（c）若 $d = \lambda/2$，画出功率随角度变化的定量关系图。在你的图中标出功率是最大值或最小值时的 θ 值。

33. ◆ 如果你向月球照射小孔径的激光（波长 0.60 μm），衍射会使得光束散开，在月球上形成很大的斑点。孔径越小只会使月球上的光斑更大。另一方面，用大探照灯照射月球并不能在月球上形成一个微小的斑点——月球上的光斑至少与探照灯一样宽。那么你从地球发出的光在月球上形成的最小可能半径是多少？假定光线在穿过圆孔之前是完全平行的。

综合题

34. ⬤ 假如衍射是唯一的限制，那么汽车前照灯能被人的裸眼分辨（看出是两个分离的光源）的最大距离是多少？在昏暗环境中眼睛瞳孔的直径约为 7 mm。请对汽车前照灯的距离和灯光波长做出合理的估计。

35. 波长为 660 nm 的光入射双缝，屏上干涉图样如图所示。A 点正对着双缝间的中点。通过双缝到达屏上 A、B、C、D、E 各点的光的光程差是多少？

36. 甚大天线阵（VLA）是一套在新墨西哥州索科罗附近由 30 个碟状无线电天线组成的系统。这些碟状天线彼此相隔 1.0 km，形成一个 Y 形的图案，如图中所示。从遥远脉冲星（快速旋转的中子星）发出的无线电脉冲可被这些天线检测到。每个脉冲的到达时间用原子钟记录。如果脉冲星位于与 Y 的右侧分支平行的水平方向之上 60.0° 处，那么在 VLA 该分支上相邻天线收到的脉冲间隔时间是多少？

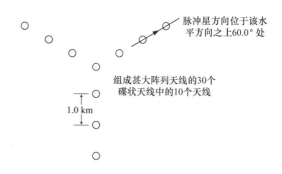

脉冲星方向位于该水平方向之上 60.0° 处

组成甚大阵列天线的 30 个碟状天线中的 10 个天线

1.0 km

37. 用波长为 510 nm 的光照射双缝，2.4 m 远处的屏上出现的干涉明纹强度在 2.40 cm 宽的中央明纹两侧逐渐减小，一直到一级明纹原本应该出现的位置处达到最暗。（a）缝宽是多少？（b）缝间距多大？

38. ◎ 一块透镜（$n=1.52$）涂以氟化镁薄膜（$n=1.38$）。（a）假

如涂层会使得波长为 $\lambda = 560$ nm（太阳光谱的峰值）的光反射时干涉相消，该薄膜最小厚度应该是多少？（b）最接近 560 nm 的光有哪两种波长会因为该薄膜而在反射时相长干涉？（c）可见光会被反射么？请解释。

39. 不使用增透膜，假设你想通过覆盖一层玻璃表面来提高可见光的反射。若 $1 < n_{膜} < n_{玻璃}$，那么能使波长 λ 的光反射强度达到最大的膜的最小厚度是多少？

40. 波长 λ 的平行光垂直入射宽度为 a 的狭缝。在距离狭缝 1.0 m 远处的屏上观察这束光。画出以下各种情况屏上光强随着 x 的变化函数，x 是到屏中心的距离，$0 \le x \le 10$ cm。（a）$\lambda = 10a$；（b）$10\lambda = a$；（c）$30\lambda = a$。

41. 分光计中的一个光栅被红光（$\lambda = 690$ nm）和蓝光（$\lambda = 460$ nm）同时照射。该光栅每厘米有 10 000.0 条缝。画出距光栅 2.0 m 处的屏上看到的图样。标出到中央明纹中心的距离，标出哪条线是红光、哪条线是蓝光。

42. 在双缝实验中，如果入射光波长是 546 nm，缝距 0.100 mm，缝屏距 20.0 cm，那么屏上相邻明纹的线距离是多少？

43. ◆ 两列相干平面波以 θ_0 角度向一片感光底板传播。证明感光板上相长干涉条纹间距可由 $d = \lambda / \sin \theta_0$ 给出，见图 23.48。

44. ✦ X 射线衍射常被用于研究蛋白质晶体、核酸以及其他巨细胞的结构。（富兰克林还用这一技术研究了 DNA 结构。）（a）波长 0.18nm 的 X 射线用于探测特定蛋白质结构，散射 X 射线强度的某个极值在与入射线成 1.3 弧度夹角处可观察到。那么产生极值的晶面间距是多少？（b）该晶面间距能否产生其他极值？如果可以，它们与入射线之间的夹角是多少？

练习题答案

23.1

23.3 镜子应该向内移动（减小光程）。因为容器中传播的光波长会减小，所以我们必须相应减小另一臂的光波长。

23.4 560nm 和 458nm

23.5 （a）0，0.020 弧度，0.040 弧度；（b）0.010 弧度，0.030 弧度；（c）4.0cm

23.6 光强在中心处（$\theta = 0$）最大并在两边逐渐减小，但不会减小为零。

23.7 4 760 条缝 /cm；出现的第四级明纹对应的波长可达 525 nm。

23.8 不；窗户尺度比光的波长大得多，所以衍射可忽略。太阳的距离还不足以将其视为点光源，太阳表面不同点发出的光线在通过窗户时的方向略有不同。

23.9 3.9 cm

23.10 9 m

检测题答案

23.2 是的，两列相干波的相位差是 $\pi/3$ 弧度。相位差并非 π 的整数倍，所以干涉既非相长（最大幅度）也非相消（最小幅度），而是介于两者之间。

23.4 当波从较慢介质（折射率更高）的界面上反射回来时会出现 180° 相位跃变。光束 1 由于 $n_f < n_i$ 反射有 180° 相位跃变。光束 2 由于 $n_i < n_f$ 没有反射相位跃变。

23.6 对于双缝，光强在明暗纹之间逐渐变化（见图 23.23）。光栅的明纹会更明亮（多缝而非双缝形成的相长干涉）。明纹宽度与缝数成反比。因此对于包含多缝的光栅，明纹非常狭窄。

综合复习：第 22~23 章

复习题

1. 你正在看电视上的一场棒球比赛，该比赛是从 4 500 km 的远处进行转播的。击球手的球棒打中了球，并发出很大的一声 "啪"。麦克风与击球手相距 22 m，而你与电视机只有 2.0 m。假如声音在空气中的传播速度是 343 m/s，那么当击球手击中棒球后要多长时间你才能听到球棒的击球声？

2. 秋日寒冷的一天，图安打开窗户看风中吹落的树叶。一片明黄色的树叶反射波长为 580 nm 的光。（a）这束光的频率是多少？（b）假如窗户玻璃折射率为 1.50，那么这束光透过玻璃时的速度、波长和频率是多少？

3. 胡安尼塔躺在她花园里的吊床上，将收音机调到 WMCB（1 408 MHz）听音乐，这个电台离她家有 98 km 远。一架即将降落在机场的飞机径直从她头上飞过并产生了相消干涉。胡安尼塔估计飞机在她上方至少 500 m 处。假设无线电波从飞机反射时会有 180° 相位跃变。（a）如果胡安尼塔的估计是正确的，那么她和飞机之间可能的最近距离是多少？（b）假如她的估计不对，试求出比她估计值略低和略高的另外两个可能高度。

4. 如果你有两盏不同的灯照射桌子表面，为什么你在桌子上看不到干涉图样？

5. 折射率为 1.50 的油膜覆盖在折射率为 1.33 的水面上。当光照射该薄膜时，反射光中最强的是 480 nm，最弱的是 600 nm，在这两者之间没有其他波长存在极值。则该薄膜厚度是多少？

6. 5 550 条缝/cm 的光栅用波长为 0.680 μm 的红光入射。光通过光栅照射在 5.50 m 远的屏上。（a）光栅相邻缝间距是多大？（b）屏上中央明纹到一级明纹距离是多少？（c）屏上中央明纹到第二级明纹的距离是多少？（d）在此题中你能否假设 $\sin\theta = \tan\theta$？为什么？

7. （a）双缝干涉实验中，缝间距是怎样影响相邻干涉明纹间距的？（b）缝与屏之间的距离如何影响干涉明纹间距？（c）如果要分辨两个靠得很近的明纹，该如何设计你的双缝干涉光谱仪？

8. 杰拉丁用一台 423 nm 的相干光源和一个缝间距为 20.0 μm 的双缝，在 20.0 cm 宽的屏上显示出三条干涉明纹。假如她想要将这三条明纹扩展到整个屏的宽度，从一边的暗纹到另一边的暗纹。她该如何放置屏和双缝？

9. 西蒙希望在他班上展示双缝实验，他的相干光源波长 510 nm，缝间距 $d = 0.032$mm。他必须在距 10 cm 宽的屏 1.5 m 远处的桌子上让光入射。则西蒙能为他的朋友们展示出多少条干涉明纹呢？

10. 波长为 520 nm 的相干绿光和波长为 412 nm 的相干紫光入射缝间距为 0.020 mm 的双缝。干涉图样显示在 72.0 cm 远处的屏上。（a）求这两种颜色的光 $m = 1$ 级的干涉明纹之间的间距。（b）这两束光 $m = 2$ 级明纹之间的间距是多少？

11. 杰米拉有一套折射力为 +2.00D 的老花镜。（a）每个透镜的焦距是多少？（b）这透镜是聚光还是散光的？（c）将一个物体放在其中一个透镜前方 40.0 cm 处，像在哪形成？（d）像的尺寸与物体尺寸的比例是多少？（e）像是正立的还是倒立的？

MCAT 复习题

本节内容包括 MCAT 测试材料，由美国医学学院协会（AAMC）授权使用。

1. 一个物体直立放置在距薄凸透镜中心三倍焦距（$3f$）的光轴上方。在透镜另一侧 $\frac{3}{2}f$ 的位置处出现一个倒像。图像高度与物体高度之比是多少？

　A. $\frac{1}{2}$　　　B. $\frac{2}{3}$　　　C. $\frac{3}{2}$　　　D. $\frac{2}{1}$

2. 一块凹球面镜的凹面半径为 50 cm，要形成一个与物体尺寸一样的倒立实像，物体应该放在距该镜表面多远处？

　A. 25cm　　B. 37.5cm　　C. 50cm　　D. 100cm

阅读下段文字并回答后续问题：

哈勃太空望远镜（HST）是目前在轨的最大望远镜，它的主透镜直径为 2.4 m，焦距约为 13 m。此外还有一个光学探测器，该望远镜用于探测不容易穿透地球大气层的紫外光。

3. 当 HST 聚焦在一个非常远的物体上时，其主透镜形成的像是

　A. 实像且直立　　　　B. 实像且倒立
　C. 虚像且直立　　　　D. 虚像且倒立

4. 一台望远镜的放大倍数取决于主透镜焦距除以目镜焦距。假如焦距为 2.5×10^{-2} m 的目镜可用于 HST 的主透镜，它所产生的像大约可放大的倍数是

　A. 10　　　B. 96　　　C. 520　　　D. 960

5. 一个物体放在能用于 HST 的镜子光轴上但距离很远，其图像位于镜子和焦点中间的什么位置？

　A. 镜子之后　　　　　B. 镜子和焦点之间
　C. 很靠近焦点　　　　D. 接近镜子与焦点距离的两倍

6. 下列描述中哪个解释是关于紫外线无法像可见光那样容易穿透地球大气层的最好解释？

　A. 紫外线波长较短，容易被大气层吸收
　B. 紫外线频率较低，容易被大气层吸收
　C. 紫外线能量少，无法在大气层中传播太远
　D. 当紫外光穿过大气层时会出现干涉相消

第 24 章

相对论

某些星系的中心要比星系中的其他地方亮得多。这些活动星系核可能跟太阳系差不多大，却可以比太阳亮 200 亿倍。NGC6251 星系的内核则几乎朝着地球的方向发射出狭长且能量极高的带电粒子喷射流。照片中显示出的喷射流是位于新墨西哥州的甚大阵列射电望远镜拍摄的，星系核在右下方。

当科学家首次测量这些喷射流顶端的速度时，他们用了两张射电望远镜照片，花了连续两天的时间。他们将测量到的喷射流的顶端移动的距离除以两张照片之间间隔的时间，竟得到了大于光速的速度！喷射流中的带电粒子有可能跑得比光还快吗？如果不能，科学家们哪里出了错？
（答案请见 267 页）

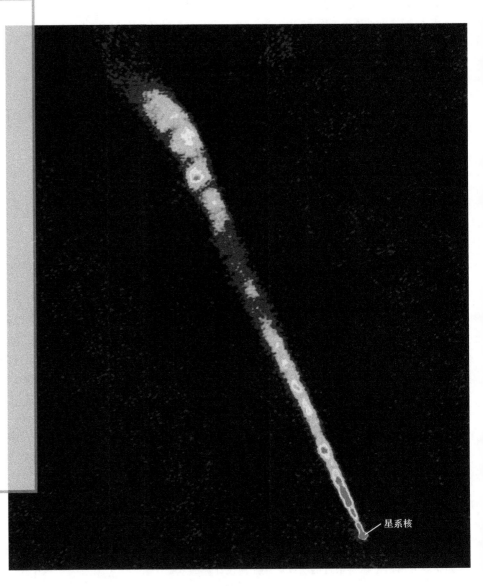

← 星系核

NGC6251 星系的内核发射的喷射流。

生物医学应用

• 粒子加速器在医学方面的使用（计算题 19~21）

- 惯性参考系（3.5 节）
- 相对速度（3.5 节）
- 动能（6.3 节）
- 能量守恒（6.1 节）
- 动量守恒；一维碰撞（7.4 节和 7.7 节）

24.1　相对论的假设

参考系

相对性的思想并不是全新的，其源头还要追溯到伽利略。亚里士多德曾经说一个物体只有在力持续作用之下才会保持运动，如果撤去力，物体就会停止。亚里士多德的观点在几个世纪里都被视为权威。而伽利略则推翻了这一思想，他认为一个物体没有外界作用力的情况下将保持恒定的速度运动（可以为零也可以非零），这一观点成为后来牛顿惯性定律的基础。

所有运动都必须在某个特定的参考系里进行测量，我们通常用一套坐标系来表示这一参考系。假设两个人手拉手在机场自动人行道上行走，他们相对于自动人行道参考系的速度可能是 1.3 m/s，而相对于建筑物参考系的速度则为 2.4 m/s，这两个参考系同等有效。

惯性参考系就是在其中没有外力作用下就没有加速度的参考系。在非惯性系中，没有外力的作用，物体也有加速度，因为参考系本身相对于惯性系有加速度。例如，假设两个人面对面坐在一个快速旋转的旋转台上（见图 24.1）。当一个人向另一个投出一个球，转台上的观察者会看到这个球向一边偏转。并非有什么力作用在球上产生了偏转加速度，而是转台参考系是非惯性系，惯性定律不适用于非惯性系。

在很多应用中，地球表面可以被视为惯性系，虽然严格说来并不是。地球的转动导致很多现象的产生，比如台风的旋转、信风等，这些现象在地球表面参考系中并非有什么作用力产生了加速度。

任何参考系如果以恒定速度相对于惯性系运动，那么它也是惯性系。假如一个物体在一个惯性系中的加速度为零，那么它在其他任何惯性系中的加速度也都为零。在我们先前的例子中，假如机场航站楼参考系是惯性系，而自动人行道相对于航站楼以恒定速度运动，那么自动人行道参考系也是惯性系。

链接：

相对性的思想并不是爱因斯坦新引入的思想，这种思想要追溯到伽利略和牛顿。

概念与技能预备

非惯性系
a)

惯性系
b)

图 24.1　投球穿过转台。a）球的轨迹在转台非惯性系中观察，在该参考系中，转台静止，周围的树在运动。球投向接球者，但之后向一侧偏转，虽然并没有侧向力作用于球上。b）地面惯性系观察球的轨迹是直线型的。在这一参考系中，惯性定律成立，球并未偏转。是接球者转动离开了球的轨迹。

相对性原理

从伽利略和牛顿时代起，科学家们就非常谨慎地将物理学定律公式化，以便相同的定律可以在任何惯性系中成立。特定的量（速度，动量，动能）在不同惯性系中有不同的值，但是**相对性原理**要求物理学定律（比如动量和能量守恒）在所有惯性系中都相同。

> **相对性原理**
>
> 物理学规律在一切惯性系中都相同。

本章中的定律和公式——本书中所有其他章也都一样——只在惯性系中成立。如果物理学定律要应用于非惯性系（加速系）就需要修改。

✓ 检测题 24.1

你处在火车车厢中一间很特殊的隔间里，没有光，没有声音，也没有振动。你有办法辨认火车是静止还是相对于地面以非零速度匀速运动吗？请解释。

相对性原理的明显矛盾

19 世纪，詹姆斯·克拉克·麦克斯韦用四个基本定律描述了电磁场（麦克斯韦方程组，22.1 节），显示出电磁波以 $c = 3.00 \times 10^8$ m/s 的速度在真空中传播。实际上，麦克斯韦方程组表明不论波源或观察者是否运动，电磁波在所有惯性系中都具有相同的速度。

光速在所有惯性系中都不变的这一结论与伽利略的相对性原理（见 3.5 节）是矛盾的。假设一辆汽车以速度 v_{CG} 相对于地面行驶（见图 24.2），从该车前照灯发出的光以速度 v_{LC} 相对于汽车传播，伽利略速度变换认为光相对于地面的速度应为

$$v_{LG} = v_{LC} + v_{CG} \tag{3-17}$$

因而光速在两个不同的惯性系中应该有不同的值（v_{LG} 和 v_{LC}）。

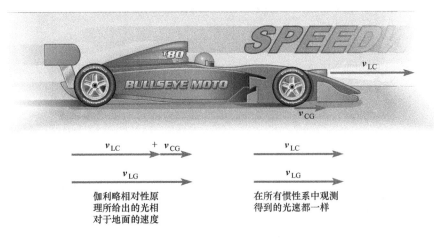

图 24.2 根据伽利略相对性原理，光速在不同惯性系中有不同值。假如 v_{LG} 是光相对于汽车的速度，而 v_{CG} 是汽车相对于地面的速度，伽利略相对性原理给出光相对于地面的速度为 $v_{LC} + v_{CG}$。可是，在所有惯性系中观测的光速都是一样的。

对这一矛盾的一种可能解决办法是麦克斯韦方程组给出的光速是相对于某种介质的速度，19 世纪的科学家们相信光是在一种不可见的、难以捉摸的被称为以太的介质中的振动。如果麦克斯韦给出的光速 c 是相对于以太的速度，那么在任何

相对于以太运动的惯性系中，光速都与伽利略相对性原理所给出的速度不同。

　　地球上测量光速真的依赖于地球在以太中穿行的速度吗？1881 年，美国物理学家阿尔伯特·迈克尔逊设计了一台灵敏的仪器，后来被称为迈克尔逊干涉仪（见 23.3 节），以寻找以太。之后，迈克尔逊与另外一名美国物理学家爱德华·威廉莫雷（1838—1923）合作设计了更为灵敏的实验。迈克尔逊—莫雷实验表明没有观测到任何因地球相对于以太运动而导致的光速改变（见图 24.3）。这使得人们得出没有以太的结论。

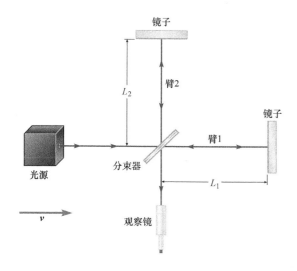

图 24.3　简化的迈克尔逊—莫雷实验装置。假设该装置相对于以太以速度 v 向右运动，那么相对于实验室，臂 1 的光束以 $c-v$ 向右运动，从镜中反射之后以 $c+v$ 向左运动。臂 1 中往返一圈的时间是 $\Delta t_1 = L_1/(c-v) + L_1/(c+v) \neq (2L_1)/c$。光波在臂 1 中的循环次数为 $\Delta t_1/T = f\Delta t_1$，这里 f 是光的频率。因而臂 1 中的循环次数取决于装置相对于以太的速度。当整个装置在水平面内转动时，由于臂 1 和臂 2 中循环次数之差发生了变化，目镜中看到的干涉图样应该也随之改变。但是迈尔克逊和莫雷并未看到干涉图样的任何变化。

爱因斯坦的假设

　　出生于德国的物理学家阿尔伯特·爱因斯坦（1879—1955）在他的狭义相对论（1905）中解决了这一矛盾，这一理论已被视为现代物理学的奠基石之一。爱因斯坦首先提出两条假设。第一条假设与伽利略的相对性原理一样：物理学规律在任何惯性系中形式都相同。第二条假设是，在任何惯性系中光在真空中的速度都相同，与光源或者观察者的运动无关。

> **链接：**
>
> 实际上，第二条假设将相对性原理扩展到包括电磁理论。电场和磁场的基本规律在所有惯性系中都相同。

> **爱因斯坦狭义相对论的假设**
>
> （Ⅰ）物理学定律在任何惯性系中形式都相同。
> （Ⅱ）光在真空中的速度在任何惯性系中都相同，与光源和观察者的运动无关。

　　爱因斯坦从这两个假设得到的结论对我们以往的时空观念产生了致命的冲击。我们对物质世界的直觉基于我们的经验，而我们的经验只限于运动速度远低于光速的物体。假如接近光速的运动是我们日常经验的一部分，那么相对论就不会看起来那么奇怪了。相对论的理论已得到许多实验的证实——对于任何理论，实验才是真正的考验。

　　爱因斯坦的狭义相对论只涉及惯性系，1915 年，爱因斯坦发表了他的广义相对论，这一理论涉及非惯性系以及时空间隔中的引力效应。在本章我们只研究惯性系。

对应原理

　　伽利略相对性原理和牛顿物理学在解释和预测低速运动方面做出了杰出的贡献，它们是运动速度远低于光速 c 时非常好的近似。因此狭义相对论的方程在速

爱因斯坦（摄于 1910 年）。1921 年他获得诺贝尔物理学奖，尽管爱因斯坦是因为他在相对论方面的工作而闻名，诺贝尔委员会表彰的却是"光电效应定律的发现"，我们在 25.3 节中将对其进行研究。

度远低于 c 时一定能退化为它们的牛顿形式。

在已证实的旧理论成立的实验条件下，一个更新更普遍的理论一定能做出与旧理论一样的预测。这一思想被称为对应原理。

24.2　同时性与理想的观察者

光速在所有惯性系中都相同的假设导致了一个令人吃惊的结论：在不同地点发生的两个事件是否是同时发生的，对于不同惯性系中的观测者来说意见并不一致。牛顿理论认为时间是绝对的，也就是说在不同参考系中的观察者可以用相同的钟测量时间，并且他们对于两个事件是否同时的看法是一致的。爱因斯坦相对论则与绝对时间观念相去甚远。

事件的概念在相对论中至关重要。一个事件的位置可以用三个空间坐标（x, y, z）确定，事件发生的时间用时刻 t 来表示，爱因斯坦相对论将空间和时间处理为四维时空，一个事件在四维时空中具有四个时空坐标（x, y, z, t）。

设想两艘宇宙飞船分别由宇航员 A 和宇航员 B 驾驶，由于外力可以忽略且不开启引擎，两艘飞船的加速度都为零，则 A 和 B 都是惯性系中的观测者。A 静止于其参考系并测量所有相对于他自己的速度，B 也一样。他们彼此之间并不相对静止。对于 A，宇航员 B 以速度 v 经过他；对于 B，宇航员 A 也以速度 v 经过他。

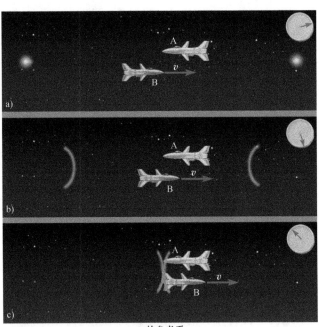

A 的参考系

图 24.4 在 A 的参考系中观察在三个不同时间发生的事件。在这个参考系里，A 是静止的，B 以恒定速度 v 向右运动。A 的钟显示出参考系中的时间。a）两空间探测器同时闪光。当它们闪光时，与 A 的距离相等。b）B 向右侧探测器运动，所以她会在左侧闪光追上她之前追上右侧的闪光。c）两个闪光同时到达 A，右侧的光脉冲已经经过 B，但是左侧的光脉冲还没有到达她的位置。

A 和 B 观测两个事件：两个空间探测器分别发射一个闪光，A 坐在他飞船船鼻位置的座舱中。看见两个闪光同时发出。在他船前后的测量棒用于记录事件发生的位置，他发现两闪光发射时到他船鼻的距离相等。在 A 的参考系中（见图 24.4），闪光以相同的速度（c）经过相同的距离且同时到达，所以它们必须是同时发出的。当闪光发出时，B 的船鼻恰好挨着 A，但是右边的探测器发出的闪光在左侧探测器发出的闪光之前抵达 B，在 A 的参考系中，这是因为 B 向着一个探测器运动而远离另一个，闪光到达 B 走过的距离不一样。

在 B 的参考系中（见图 24.5），右侧闪光先于左侧闪光到达，B 也有与 A 一样的测量棒。她会发现两个闪光是在与她的飞船船鼻距离相等处发出的。由于从探测器发出的闪光以相同的速度（c）经过相同的距离，先发射的右侧闪光一定会先到达。在 B 的参考系中，两个闪光并不是同时发出的。B 对于闪光同时到达 A 的解释是，A 以恰到好处的速度离开第一个闪光向第二个闪光运动。在 B 的参考系中，闪光到达 A 经过的距离并不相等。

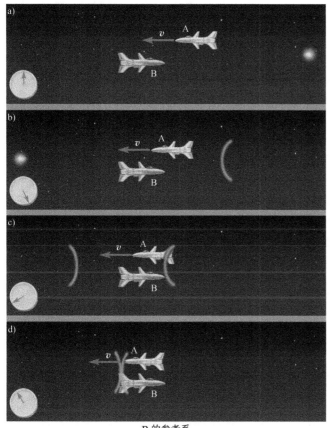

B 的参考系

图 24.5　在 B 的参考系中观测四个不同时刻的事件。在这一参考系内，B 静止而 A 以恒定速度 v 向左运动。B 的钟显示参考系中的时间。a）右侧闪光的空间探测器。b）左侧闪光的空间探测器。两个闪光在与 B 距离相等处触发，但不同时。c）右侧闪光到达 B，但是由于 A 向左运动，闪光还没追上 A。d）两闪光同时追上 A，因为他以恰好合适的速度远离较早的闪光而朝向较晚的闪光。左侧的闪光还没有抵达 B。

根据爱因斯坦的假设，两个参考系同等有效且光在这两个参考系中的速度都相同，从而必然会得到结论，事件在一个参考系中同时发生，在另一个参考系中则不是同时发生。

理想的观察者

由于高速运动的带电粒子喷射流从 NGC6251 的内核向地球运动，所以光从喷射流顶端到地球所花的时间持续减少。假如我们（不正确地）假设 1 天之后到达地球的光在发射后走了 1 天，那么我们计算得到的射流表观速度会大于 c。正确的计算应该考虑到 1 天后到达地球的光经过了较短的路程（见图 24.6），因此这束光已经发射 1 天多了。射流很快，但还没有快到光速。

带电粒子喷射流会比光速更快吗？

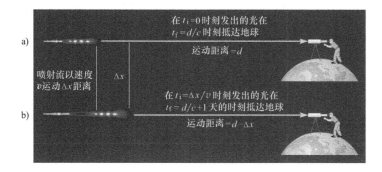

图 24.6　射流速度的计算。a）$t_i = 0$ 时刻发出的光经过距离 d 抵达地球，由于其速度为 c，因而在 $t_f = d/c$ 时刻抵达。b）t'_f 时刻发出的光在 1 天后经过较短的距离 $d-\Delta x$，$t'_f = t_f + 1$ 天抵达地球。射流速度为 $v = \Delta x / (t'_i - t_i)$，小于 c，而非 $v_\text{表观} = \Delta x / (t'_f - t_f)$。

在 A 和 B 的同时性分歧中，我们小心谨慎避免犯类似错误。他们都看到经过相同距离到达他们的两个闪光。为避免不同距离上传播的光信号的混淆，我们设想理想的观测者，他们把带有同步钟的传感器静止地放在他们自己参考系空间的每一点上。每个传感器记录自己所在位置处事件发生的时间。即便 A 和 B 是理想观测者，他们传感器所记录的数据也会显示他们对于两个闪光的时间序列有着不同的结论。

因果

继续相同的分析，一个观测者相对于 A 向左运动，他会认为左侧闪光先发生。因而在不同参考系中，两个事件发生的时间顺序也会不同。假如事件的时间顺序依赖于观测者，那么有因—果关系的事件会是怎样的呢？也就是说在某些参考系中，会不会果先于因发生呢？

事件 1 导致事件 2 发生，某些信号——某些信息——必须从事件 1 传向事件 2。爱因斯坦假设的一个结论是没有信号能快于光速 c。假如在某些参考系中，以光速传播的信号有足够的时间，从事件 1 传向事件 2，那么在所有惯性系中都会显示出——通过比我们目前更高级的分析——信号从事件 1 传向事件 2。对于所有观测者因都早于果发生。另一方面，假如光速信号没有足够的时间从事件 1 抵达事件 2，那么这两个事件在任何参考系中都没有因果关系。对于这些事件，有些观测者认为事件 1 先发生，有些则认为事件 2 先发生，并且特定的观测者还会说它们同时发生。

24.3 时间膨胀

两个相对运动的惯性系中的观测者在同时性上不一致，那么他们对于相对运动的时钟所测量的时间会一致吗？两个彼此相对静止的理想的钟，可同时计时以保持同步。但是，假如两个钟之间有相对运动，标记是在不同空间位置发生的事件，因此两个不同惯性系的观察者可能对于标记是否是同时或者哪个标记在前的意见不一。

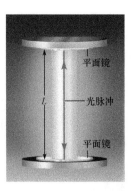

图 24.7　一台光钟里，光束在两平行平面镜之间来回反射。钟一次"标记"的时间间隔是光脉冲往返一周的时间间隔，$\Delta t_0 = 2L/c$。

这种情形不难分析，设想一只概念上很简单的钟——一台光钟（见图 24.7），长度为 L 的管子两头放置平面镜。一束光脉冲在两镜之间来回反射。光脉冲往返一周就是一个标记。对于一只静止的钟，标记间时间间隔为 $\Delta t_0 = 2L/c$。

现在设想 A 和 B 有两只完全相同的光钟。当 B 以 $v = 0.8c$ 的速度坐飞船飞过 A 时，她的钟垂直于飞行方向。那么 A 测量得到的 B 钟的时间间隔是多少？

B 的钟光脉冲的速度在 A 的参考系中测量有 x 和 y 分量（见图 24.8）。光脉冲以速度 v 向右运动，要能被镜反射就必须有速度的 x 分量。在第一个标记时，光脉冲沿着对角路径传播。

我们再来分析在 A 的参考系中观测 B 钟的标记。假设 A 测量得到 B 钟一个标记的时间间隔为 Δt，则光脉冲在一个标记期间所走过的距离为 $c\Delta t$。在相同的时间间隔内，钟在水平方向移动的距离为 $v\Delta t$。根据勾股定理（见图 24.8）

$$L^2 + \left(\frac{v\Delta t}{2}\right)^2 = \left(\frac{c\Delta t}{2}\right)^2$$

在 B 的参考系中钟静止。光脉冲在一个标记内走过的距离是 $2L$，因此 B 的参考系中测得的一个标记时间间隔为 $\Delta t_0 = 2L/c$。因而我们可以将

$$L = \frac{c\Delta t_0}{2}$$

代入勾股定理

$$\left(\frac{c\Delta t_0}{2}\right)^2 + \left(\frac{v\Delta t}{2}\right)^2 = \left(\frac{c\Delta t}{2}\right)^2$$

解出 Δt 可得（见计算题 12）

$$\Delta t = \frac{1}{\sqrt{1-v^2/c^2}}\Delta t_0 \qquad (24\text{-}1)$$

式（24-1）中乘以因子 Δt_0 在很多相对论公式中出现，因而我们用符号 γ 来表示它，并以荷兰物理学家亨德里克·洛伦兹的名字命名为**洛伦兹因子**。

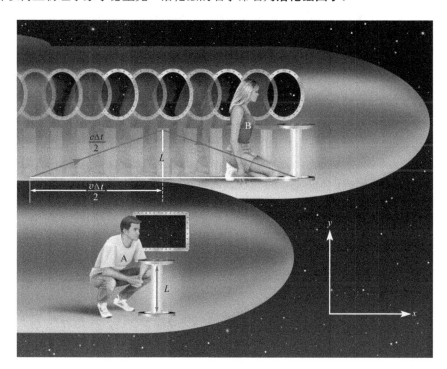

图 24.8　在 A 的参考系中，B 的光钟以速度 $v = 0.80\,c$ 向右运动。在 B 钟内的光脉冲路径是图中所示的折线（未按比例图示）。

$$\gamma = \frac{1}{\sqrt{1-v^2/c^2}} \qquad (24\text{-}2)$$

图 24.9 所示为 γ 随 v/c 变化的函数图。用 γ 表示，则式（24-1）变为

时间膨胀

$$\Delta t = \gamma\Delta t_0 \qquad (24\text{-}3)$$

注意当 $v \ll c$ 时，$\gamma \approx 1$。因此，对于以非相对论速度（速度远小于光速）运动的物体，$\Delta t = \gamma\Delta t_0 \approx \Delta t_0$。

因为对于任意 $v \neq 0$ 都有 $\gamma > 1$，所以在钟运动的参考系中测量的标记间的时间间隔 Δt 会大于钟**静止的参考系**——钟在其中静止的参考系——测得的时间间隔 Δt_0。简而言之，即运动的钟变慢。这一效应被叫作**时间膨胀**，动钟标记间的时间膨胀了或者说延展了。

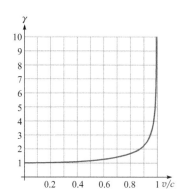

图 24.9　洛伦兹因子 γ 随 v/c 变化的函数图。低速时，$\gamma \approx 1$。速度接近光速时，γ 无限增大。

A 和 B 的参考系是等效的，那么 B 会不会说相对于她运动的 A 的钟变慢了呢？会的，而且他们都是对的。设想两钟在 A 和 B 彼此通过对方时都进行标记——当他们都处于同一地点时。他们都认为两钟是同时标记的。为了观察哪个钟走得慢了，我们比较这两个钟下一个标记的时间。由于两钟此后就处在不同的地方，两个观测者对于标记的结果无法取得一致。A 观察到他的钟首先计时，而 B 观察到她的钟才是先计时。他们都是对的：因为测量时间间隔没有绝对参考系或者特殊参考系。

在静钟参考系测得的时间间隔 Δt_0 叫作**固有时**，在这个参考系中，两次计时钟都在同一位置。当使用时间膨胀关系 $\Delta t = \gamma \Delta t_0$ 时，Δt_0 都表示固有时——在一个惯性系中测量在同一地点先后发生的两个事件的时间间隔。固有时总是比其他惯性系测得的时间间隔 Δt 短。如果两个事件对所有惯性系中的观测者来说都发生在不同的位置，那么它们的时间间隔不能用时间膨胀公式求。

尽管我们是用光钟分析时间膨胀，其实任何钟都有相同的效应，除非有一个特殊参考系——光钟在这一参考系中与其他钟完全一样。此外，钟其实可以是能测量时间间隔的任何东西。生物过程如心脏的跳动或者衰老过程也都存在时间膨胀。是空间和时间的性质，而非特定装置的运转导致了时间膨胀。

时间膨胀看起来很奇怪，但是这一效应已被许多实验所证实。一个直接证明是 1971 年 J. C. 哈夫勒和 R.E. 克廷用极精确的铯原子钟证实的。原子钟被带上飞机并飞行了将近两天，当飞机上的钟与位于美国海军天文台的钟进行比较时，空中的钟落后于那些地面上钟，且时间差完全符合相对论。

解题思路：时间膨胀

- 找出问题中标记时间间隔开始和结束的两个事件。用来测量时间间隔的就是"钟"。
- 确认静钟参考系，在这个参考系中，钟测得的是固有时 Δt_0。
- 在其他参考系中，时间间隔都是比固有时长，是固有时的 $\gamma = (1 - v^2/c^2)^{-1/2}$ 倍，这里 v 是参考系间的相对速度。

相对论中常用的速度和距离单位

- 速度通常表示为光速的分数倍（比如 $0.13c$）。
- 距离通常用**光年**（符号 ly）来测量。一光年就是光走 1 年所经过的距离。涉及光年的计算都简化表示为光速形式如 1 ly/ 年。

例 24.1

减缓衰老过程

20 岁的宇航员艾思林乘飞船以速度 $0.80c$ 离开地球，当他从距地球 30 光年的恒星返回时岁数多大？假设他在整个旅程中都相对于地球以 $0.80c$ 运动。

分析和解 地球上的观测者看来，这段旅程需要（60 ly）÷（0.80 ly/ 年）=75 年完成。由于宇航员相对于地球做高速运动，所有飞船上的钟——包括生物过程（如衰老）——都比地球

观测者的结果更缓慢。因此，当宇航员返回地球时，他小于 95 岁。没准他还有时间进行另外一次旅程呢！

用于测量时间间隔的两个事件分别是宇航员离开和宇航员返回，我们用宇航员的衰老过程作为"钟"。对于地球观测者来说，这个"钟"是动钟，它测量得到 75 年的时间间隔。宇航员自己测得的是固有时，因此 $\Delta t = 75$ 年，我们要求的是

例 24.1 续

Δt_0。洛伦兹因子可用两个参考系的相对速度 $0.80c$ 计算得到。

$$\gamma = \left(1 - 0.80^2\right)^{-1/2} = \frac{5}{3}$$

由时间膨胀公式 $\Delta t = \gamma \Delta t_0$

$$\Delta t_0 = \frac{1}{\gamma} \Delta t = \frac{3}{5} \times 75 = 45 \text{年}$$

假如宇航员出发时 45 岁，那么他返回时就是 65 岁。

讨论　假如宇航员在 45 年的时间里能够飞过 60 光年的距离，那么他比光跑得还快，他的速度此时为 $(60.0)/(45) = 1.3c$。正如我们在 24.4 节要看到的，宇航员在他的参考系里飞行的距离小于 60.0 光年。正如在不同参考系里时间间隔测量不同，距离的测量也是这样。

假设艾思林有个孪生兄弟厄内斯特，他留在地球上。当艾思林返回时，艾思林 65 岁，而厄内斯特已经 95 岁了。那么对于艾思林来说，难道他不会认为在他的参考系里，是厄内斯特以 $0.80c$ 运动的人，因而厄内斯特的生物钟变慢使得他更年轻而不是更老吗？这个问题有时被称为孪生子佯谬。

我们在厄内斯特的参考系里做了分析，这个参考系被假设为惯性系。这样的分析从艾思林的观点来看是很难进行的，因为艾思林并不是在整个旅程中都以恒定的速度相对于厄内斯特运动——如果他一直匀速运动，他永远也无法返回地球。如果从艾思林的角度分析这段旅程，在他返回地球时，他确实比厄内斯特更年轻。

练习题 24.1　近地新恒星系的旅程

1998 年，科学家们使用 Keck II 望远镜发现了先前没有发现的年轻的恒星系，它们距地球只有 150 光年。设想一艘空间探测器以 $0.98c$ 飞向这些恒星中的一个。通信系统的电池可以工作 40 年。那么当空间探测器抵达恒星时，电池还能用吗？

24.4　长度收缩

设想 A 有两把相同的米尺，他验证并确认两把尺子长度完全一样。他给了宇航员 B 一把。当 B 以速度 $v = 0.6c$ 飞过 A 时，他们沿着运动方向拿着米尺，并比较两把尺的长度（见图 24.10），他们的尺子长度相等么？

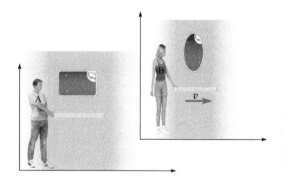

图 24.10　在 A 的参考系中，B 以速度 $0.6c$ 向右运动。A 测量发现 B 飞船上的所有东西——包括米尺甚至 B 本身——沿着运动方向都缩短了。

不相等。A 发现 B 的米尺不到 1 m。为了测量移动中的 B 的米尺，A 可以在她的米尺前端通过一个参考点时开启计时器，当米尺另一端经过该参考点时关闭计时器。A 测得的 B 米尺长度 L 是用测得的时间间隔 Δt_0 乘以 B 的运动速度。

$$L = v\Delta t_0 \qquad \text{（A 测得；动尺）}$$

由于 A 测量的时间间隔是先后发生在同一地点——在他的参考点——的两个事件之间的时间间隔，Δt_0 是事件之间的固有时。

B 也可以按同样的方式测她自己的尺长（L_0）——当 A 的参考点通过 B 的米尺两端时记下时间间隔 Δt。

$$L_0 = v\Delta t \qquad \text{（B 测得；静尺）}$$

B 测量得到的时间间隔存在时间膨胀，要比固有时时间间隔大 γ 倍：

$$\Delta t = \gamma \Delta t_0$$

因此，A测得B的米尺长度（L）比B自己测得长度（$L_0 = 1\,m$）短：

$$\frac{L}{L_0} = \frac{\Delta t_0}{\Delta t} = \frac{1}{\gamma}$$

长度收缩

$$L = \frac{L_0}{\gamma} \qquad (24\text{-}4)$$

在长度收缩关系式 $L = L_0/\gamma$ 中，L_0 表示**固有**长度或者叫静长——一个物体在其静止的参考系中测得的长度。L 是相对于物体运动的观察者测得的长度。

同样地，B 也可以测量 A 的米尺。B 会认为 A 的米尺变短。他们会都对么？哪一个米尺真正地变短了呢？

为了一劳永逸地解决这一问题，他们或许想一起拿着米尺做个比较，但这是不行的：因为两个米尺在相对运动。为了比较长度，他们得等待两个米尺的左端点相互重合（见图 24.11），还必须在同一时刻比较右端点的位置。由于 A 和 B 在同时性上意见不一致，他们不会同意哪把尺子更短。不过他们都是对的，就像观察者发现运动的时钟总是比静钟走得慢，他们同样会发现运动的物体沿着运动方向的长度会收缩（变短）。垂直于运动方向的长度不变。

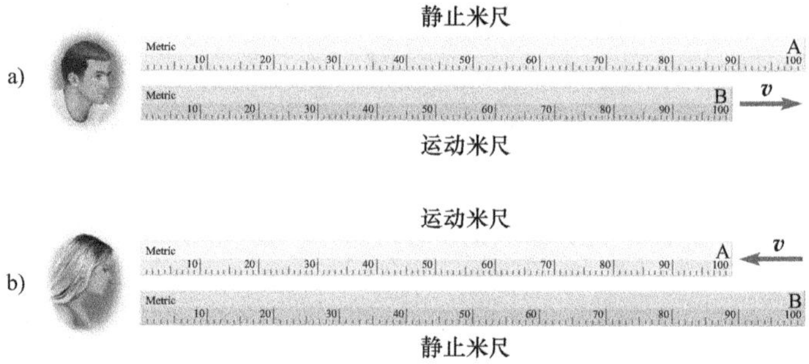

静止米尺

a)

Metric 10 20 30 40 50 60 70 80 90 A 100

Metric 10 20 30 40 50 60 70 80 90 B 100　v

运动米尺

运动米尺

b)

Metric 10 20 30 40 50 60 70 80 90 A 100　v

Metric 10 20 30 40 50 60 70 80 90 B 100

静止米尺

图 24.11 通过对齐左端比较两把米尺。a）在 A 的静止系中观察。b）在 B 的静止系中观察。

解题思路：长度收缩

- 确认在两个不同参考系中测量长度的物体。长度只在物体运动方向上收缩。假如题中的长度是一段距离而非一个实际物体的长度，通常设想一把长尺有助于解决问题。
- 区分参考系，确认物体静止的参考系，在该参考系中的长度是固有长度 L_0。
- 在任何其他参考系中，长度 L 都是收缩的：$L = L_0/\gamma$，$\gamma = (1 - v^2/c^2)^{-1/2}$，这里 v 是参考系间的相对速度。

✓ **检测题 24.4**

一位短跑运动员从起跑线出发（事件1），以匀速到达终点线（事件2）。观察者在哪个参考系中测得的时间是固有时？在哪个参考系中测得的从起跑线到终点线之间的跑道长度是固有长度？

例 24.2

幸存的 μ 子

宇宙射线是从外层空间进入地球上层大气的高能粒子——大部分是质子。这些粒子与上层大气层中的原子或分子碰撞产生粒子雨。这些粒子的产物之一就是 μ 子，它有点像是一个重型电子。μ 子不稳定，一半的 μ 子能存在 1.5 μs 以上，另一半衰变成一个电子加上两个其他粒子。在冲向地球表面的 μ 子流中，有些在到达地面前就衰变了。假如一百万个 μ 子以 0.995c 的速度从海平面以上 4 500 m 的高度向地面运动，在到达海平面时还有多少 μ 子？（相关材料：μ 子寿命）

分析 设想一根从上层大气层延伸到海平面的测量棒（见图 24.12）。在地球参考系中，测量棒是静止的，其固有长度为 $L_0 = 4\,500$ m。在 μ 子参考系中，μ 子静止而测量棒以 0.995c 的速度相对于它运动。在 μ 子参考系中，测量棒长度收缩，当测量棒的上端经过时，海平面也没有 4 500 m 远，这个距离由于长度收缩效应而缩短了。一旦我们求出收缩长度 L，测量棒以速度 v 经过时所花的时间为 $\Delta t = L/v$。从该经过时间，我们可以确定有多少 μ 子衰变，有多少子 μ 留下了。

解 收缩长度为 $L = L_0/\gamma$，这里洛伦兹因子

$$\gamma = \left(1 - 0.995^2\right)^{-1/2} = 10$$

因此，收缩的距离为 $L = \frac{1}{10} \times 4\,500$ m $= 450$ m，经过的时间为

$$\Delta t = L/v = (450\ \text{m})/\left(0.995 \times 3 \times 10^8\ \text{m/s}\right) = 1.5\ \mu\text{s}$$

在 1.5 μs 的时间内，一半 μ 子衰变了，因而有 500 000 个 μ 子抵达海平面。

讨论 假如没有长度收缩，经过的时间为

$$\Delta t = \frac{4\,500\ \text{m}}{0.995 \times 3 \times 10^8\ \text{m/s}} = 15\ \mu\text{s}$$

这一时间间隔等于 10 个 1.5 μs 小间隔。在每一个小间隔里，一半 μ 子在衰变中幸存下来，这样能够到达海平面的 μ 子数为

$$1\,000\,000 \times \left(\frac{1}{2}\right)^{10} = 980$$

海平面与高海拔处的相对 μ 子数在实验中已经进行了研究，结果与相对论一致。

练习题 24.2 火箭速度

火箭中一位宇航员平行于米尺长度方向经过米尺，宇航员测量得到米尺的长度是 0.80 m，那么这艘火箭相对于米尺的速度有多快？

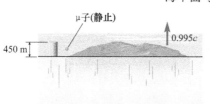

4.5 km
μ 子
0.995c
地球视角
a)

μ 子(静止)
450 m
0.995c
μ 子视角
b)

图 24.12 μ 子的旅程分别从 a）地球观测者观测以及 b）μ 子观测。

24.5 不同参考系中的速度

图 24.13 给出了 A 和 B 在他们宇宙飞船中的情形。在 A 的参考系中，B 以速度 v_{BA} 运动。B 发射了一艘空间探测器，在她的参考系中，该探测器以速度 v_{PB} 运动，那么这艘探测器在 A 的参考系中运动速度（v_{PA}）是多少？（由于我们只考虑沿着直线运动的速度——在此处就是沿着水平线——我们写出速度在该方向的分量。）

假如 v_{PB} 和 v_{BA} 都远小于光速 c，时间膨胀和长度收缩都可忽略，则 v_{PA} 可由伽利略速度变换给出（见式 3-17）：

$$v_{PA} = v_{PB} + v_{BA}$$

但是，由于探测器在任何惯性系中的速度都不能超过光速，所以式（3-17）一般说来不对。（假如 $v_{PB} = +0.6c$ 而 $v_{BA} = +0.7c$，伽利略变换会得出 $v_{PA} = 1.3c$。）不用式（3-17）而采用考虑了时间膨胀和长度收缩的相对论公式，则会得到对于任意小于光速的 v_{PB} 和 v_{BA} 都有 $|v_{PA}| < c$。

链接：

即便在经典物理中速度也是相对的量（见 3.5节）。伽利略速度相加式直观上看起来是正确的，但是其实它只是在速度远小于 c 时才近似正确。

图 24.13 在 A 的参考系中观察，B 的飞船速度为 v_{BA}，空间探测器的速度为 v_{PA}。给出 v_{BA} 和探测器相对于 B 的速度 v_{PB}，我们如何求出 v_{PA}？

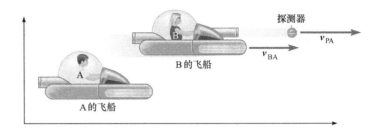

相对论速度变换公式为

$$v_{PA} = \frac{v_{PB} + v_{BA}}{1 + v_{PB}v_{BA}/c^2} \tag{24-5}$$

式（24-5）中的分母可被视为考虑了时间膨胀和长度收缩后的修正因子。当 v_{PB} 和 v_{BA} 都远小于光速 c，该分母近似为 1，式（24-5）此时退化为伽利略近似 [见式（3-17）]。例如，若 $v_{PB} = v_{BA} = +3$ km/s（以日常观点看已经很快了，但是还远小于光速），分母为

$$1 + \frac{v_{PB}v_{BA}}{c^2} = 1 + \frac{\left(3\times10^3\,\text{m/s}\right)^2}{\left(3\times10^8\,\text{m/s}\right)^2} = 1 + 10^{-10}$$

在这种情况下，伽利略速度变换的结果只偏离了 0.000 000 01%。

下面，我们验证一下爱因斯坦的第二条假设——光在任何惯性系中的速度都相同。假设 B 不发射空间探测器，而是点亮她的头灯。在 B 的参考系中，光的速度是 $v_{LB} = +c$，而在 A 的参考系中，光速为

$$v_{LA} = \frac{v_{LB} + v_{BA}}{1 + v_{LB}v_{BA}/c^2} = \frac{c + v_{BA}}{1 + cv_{BA}/c^2} = \frac{c\left(1 + v_{BA}/c\right)}{1 + v_{BA}/c} = c$$

这样，即便从地球观测者的参考系中观察发现从活动星系核中喷射的带电粒子流以接近光速的高速冲向地球，从喷射流发出的光仍然以光速相对于地球参考系运动。在 24.2 节给出的喷射流速度的计算中，喷射流发出的光的速度用 c 来计算是对的。

解题思路：相对速度

- 画出在两个参考系中观察的情形，用下角标标记这些速度使它们更直观，v_{BA} 中的下角标表示在 A 的参考系中测量 B 的速度。
- 在直角坐标中写出三个速度分量的速度变换公式 [式（24-5）]，这些分量在某一方向为正（自选），而另一方向为负。
- 若 A 在 B 的参考系中向右运动，那么 B 在 A 的参考系中向左运动：

$$v_{BA} = -v_{AB}$$

- 为正确写出式（24-5），注意确认等式右边各量的内角标是否相同，"消去"它们可得到等式左边的角标：

$$v_{LA} = \frac{v_{LB} + v_{BA}}{1 + v_{LB}v_{BA}/c^2}$$

空间观测

两艘宇宙飞船沿着同一条直线以高速向同一个方向飞行。临近行星上的一个观测者测量发现，飞船 1 在飞船 2 后方且运动速度为 $0.90c$，飞船 2 的运动速度为 $0.70c$。则飞船 1 上的观测者观测，飞船 2 以多快的速度向什么方向运动？

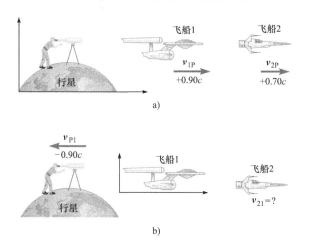

图 24.14 a）行星上的观测者测量两艘飞船的速度。b）飞船 1 的观测者对同样的事件进行观测。

分析 这里感兴趣的两个参考系分别是行星和飞船 1。画出在各参考系中的行星和两艘飞船情况帮助我们标出各种速度的角标。选定正方向后，给每个速度仔细标记出正确的角标符号。然后再考虑应用速度变换公式。

解 首先我们画出图 24.14a 以显示在行星参考系中两艘飞船向右运动的情况。选择向右为正方向。在该参考系内，飞船的速度分别为 $v_{1P} = +0.90c$ 和 $v_{2P} = +0.70c$。我们要求的是在飞船

1 中的观测者测得的飞船 2 的速率（v_{21}），所以我们在飞船 1 的参考系中画出图 24.14b。由于飞船 1 在行星参考系中向右运动，而行星在飞船 1 的参考系中向左运动：$v_{P1} = -v_{1P} = -0.90c$。

现在我们应用式（24-5）。由于我们要求的是 v_{21}，它在式子的左侧。式子右侧的两个速度分别为 v_{2P} 和 v_{P1}，所以角标 P 可以"消去"剩下 v_{21}。

$$v_{21} = \frac{v_{2P} + v_{P1}}{1 + v_{2P}v_{P1}/c^2}$$

代入 $v_{2P} = +0.70c$ 和 $v_{P1} = -0.90c$，得到

$$v_{21} = \frac{0.70c + (-0.90c)}{1 + [0.70c \times (-0.90c)]/c^2} = \frac{-0.20c}{1 - 0.63} = -0.54c$$

因此飞船 1 上的观测者观测，飞船 2 以速度 $0.54c$ 向左运动。

讨论 注意符号正确的重要性。比如，如果我们误写了 $v_{P1} = +0.90c$，那么我们可能就会算得 $v_{21} = +0.98c$，飞船 2 相对于飞船 1 向右运动，这个答案说不通。在行星参考系中，飞船 1 正赶上飞船 2，所以在飞船 1 的参考系中，飞船 2 必须飞向飞船 1。在一维情况下，你可能会希望在伽利略变换中速度总是沿着相同的方向，仅有速度是不同的。

练习题 24.3 接近火箭的相对速度

空间站上的观测者发现，两艘火箭正沿着 x 轴相反的方向彼此靠近，飞船 A 以速度 $0.40c$ 向右运动，飞船 B 以速度 $0.80c$ 向左运动。那么飞船 B 上的观测者观测飞船 A 的运动速度是多大？

24.6 相对论动量

当粒子的速度与光速接近时，非相对论的动量和动能就无效了。假如我们试图将非相对论的动量和能量用于高速运动的粒子，就会出现违反动量守恒和能量守恒的情况。为使这些守恒律在任何速度下都成立，我们必须重新定义动量和动能。非相对论的表达式 $\boldsymbol{p} = m\boldsymbol{v}$ 和 $K = \frac{1}{2}mv^2$ 都是在 $v \ll c$ 时的近似。而相对论形式则更为普遍：相对论给出了任意速度下都成立的动量和动能。因此，相对论形式在 $v \ll c$ 时必须给出与非相对论形式相同的动量和动能。

质量为 m 速率为 v 的粒子的相对论动量为

链接：

相对论中动量和能量守恒依然是物理学的基本原理，但是动量和动能的定义都做了修正。经典定义的 $\boldsymbol{p} = m\boldsymbol{v}$ 和 $K = \frac{1}{2}mv^2$ 都是在 $v \ll c$ 时非常好的近似。

动量

$$\boldsymbol{p} = \gamma m\boldsymbol{v} \tag{24-6}$$

这里 γ 可用粒子速率 v 算出。

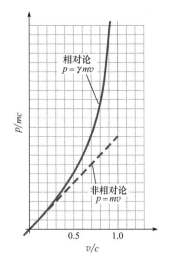

图24.15 非相对论和相对论动量随速度 v 的变化图。在低速下两种表示形式的结果一致。

对于远小于 c 的速度，$\gamma \approx 1$ 且 $p = mv$。例如，一架速度为 300 m/s 的飞机，其速度比空气中声速略低。相比于光速，300 m/s 的速度相当低，只是光速的百万分之一。当 $v = 300$ m/s 时，$\gamma = 1.000\,000\,000\,000\,5$，在这种情况下，使用非相对论形式的 $p = mv$ 求飞机的动量是非常好的近似！但是对于一个从太阳中喷射出来的质子，速度为光速的百分之九十，$\gamma = 2.3$，质子的动量是非相对论动量 $p = mv$ 的两倍。因此 $p = mv$ 不能用于以速度为 $0.9c$ 运动的质子。

那么能够使用非相对论公式的速度界限是什么呢？没有明确的界限。一个经验规则是：当 $\gamma < 1.01$ 时，非相对论公式的结果差不到 1%。令 $\gamma = 1.01$ 并解出 v，得到 $v = 0.14c \approx 4 \times 10^7$ m/s。当粒子的速度小于 $\dfrac{1}{7}$ 光速时，非相对论动量就可以用，误差小于 1%。

相对论动量可以得出一些戏剧性的结果。一个速度为 v 接近光速的粒子（见图24.15），当 v 接近光速时，动量无限增大。大到速度永远也不可能达到光速。你可以使得某些物体的动量无限大，但是你永远不可能让它们的速度达到或超过 c。

对于相对论动量，冲量是动量的变化量依然成立（$\Sigma F \Delta t = p$），但是 $\Sigma F = ma$ 不成立：当粒子速度逐渐接近光速 c 时，恒定合外力导致的加速度会越来越小。力的作用时间越长，动量越大。但是速度不会达到光速，这一事实每天都在高能物理研究所用的粒子加速器中被证实。像电子和质子这样的粒子被"加速"到越来越大的动量（和动能），而它们的速度越来越接近——但从不会超过——光速。

例 24.4

上层大气的碰撞

宇宙射线与上层大气的原子或分子碰撞（见图24.16）。若一质子以 $0.70c$ 的速度运动并与一静止的氮原子发生碰撞，质子以 $0.63c$ 的速度反弹，那么碰撞后的氮原子速度是多少？（一个氮原子的质量约为一个质子质量的 14 倍）

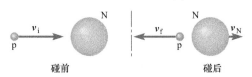

图24.16 以速度 v_i 运动的质子与一个静止在上层大气中的氮原子正碰，氮原子在碰撞后以速度 v_N 运动，而质子以速度 v_f 反弹。

分析 我们用动量守恒来解决这个碰撞问题。与我们以前分析碰撞唯一的不同在于要使用质子的相对论动量，并且还要看氮原子在碰撞后是不是以相对论的速度运动，如果不是，我们可以用非相对论形式来简化计算。最好是能让这两种动量"相容"在一起，它们并非不同的动量。非相对论形式只是相对论动量的近似——当它是个非常好的近似时，我们就用它。

解 选择 x 正方向作为质子初始速度方向。质子的初始动量为

$$p_{ix} = \gamma m_p v_{ix}$$

这里 $v_{ix} = +0.70c$ 且

$$\gamma = \left(1 - 0.70^2\right)^{-1/2} = 1.400\,3$$

因此，初始动量的 x 分量为

$$p_{ix} = 1.400\,3m_p \times 0.70c = +0.980\,2m_p c$$

碰撞后质子动量为

$$p_{fx} = \gamma m_p v_{fx}$$

由于质子沿着 x 轴负方向运动，所以这里 $v_{fx} = -0.63c$，且

$$\gamma = \left(1 - 0.63^2\right)^{-1/2} = 1.288$$

质子末态的动量为

$$p_{fx} = -0.811\,4m_p c$$

则质子动量的 x 分量改变量为

$$\Delta p_x = -0.811\,4m_p c - 0.980\,2m_p c = -1.791\,6m_p c$$

要使动量守恒，氮原子末态动量应为 $p_x = +1.791\,6m_p c$。为了求出氮原子的运动速度，我们设 $p_x = \gamma M v_{Nx}$。

由于氮原子的质量约为一个质子质量的 14 倍，

例 24.4 续

$$1.791\,6m_\text{p}c = \gamma \times 14m_\text{p} \times v_\text{Nx}$$

两边都消去 m_p 并化简得

$$0.128\,0c = \gamma v_\text{Nx} = \left[1 - \left(v_\text{Nx}/c\right)^2\right]^{-1/2} \times v_\text{Nx}$$

该方程可以通过一些复杂的数学过程求出 v_Nx，不过这里用近似会更好。由于 γ 从来不会小于 1，所以 v_Nx 不会大于 $0.1280c$，因此 v_Nx 很小，小到可以用非相对论的动量形式 $p_x = Mv_\text{Nx}$——或者换句话说，令 $\gamma = 1$，则 $v_\text{Nx} = 0.1280c$。四舍五入到两位有效数字，氮原子的速度为 0.13c。

讨论　如果质子和原子全都使用非相对论动量，则会有

$$0.70m_\text{p}c = -0.63m_\text{p}c + 14m_\text{p}v_\text{Nx}$$

$$v_\text{Nx} = \frac{1.33c}{14} = 0.095c$$

这个结果比正确值小 26%。另一方面，你可以验证（通过一系列复杂的数学计算），对氮原子使用相对论动量而不用近似，会得到 0.13c——相同的结果（在两位有效数字的范围内）。所有额外的数学处理都不必要。需要花费功夫的是判断使用相对论形式是否必要，或者非相对论的近似就已经足够好了。

练习题 24.4　动量的变化

一大块质量为 1.0 kg 的空间碎片以 0.707c 的速度运动，与这块碎片运动方向相反的恒力，大小为 1.0×10^8 N 作用于碎片上。该力需要作用多久才能使该空间碎片静止下来？（提示：冲量等于动量的变化量。）

24.7　质量与能量

一个静止的粒子没有动能，但不意味着它没有能量。相对论告诉我们，质量[⊖]是静止能量的量度。一个粒子的**静止能量** E_0 是当其静止于参考系中时测得的能量。因此，静止能量不包括动能。静止能量与质量之间的关系是

静止能量

$$E_0 = mc^2 \qquad\qquad (24\text{-}7)$$

质量是静止能量的量度这一描述在辐射衰变的观测中得到了证实，静止的粒子衰变为更小质量的产物，变成动能跑掉的产物恰好等于总质量的减少乘以 c^2。

一千克煤的静止能量是（1 kg）×（3×10^8 m/s）^{2}=9×10^{16} J，若煤的静止质量全都变成电能，足以为一户典型的美国家庭提供上百万年的电力。煤通过燃烧只能将静止能量中的一小部分（大约十亿分之一）释放出来，质量的变化——煤的质量与所有产物的总质量之差——小到无法测出。在化学反应中，质量是守恒的。

另一方面，在核反应和放射性衰变中，原子核的质量会有很大部分转变为反应产物的动能。**子粒子**（反应后的粒子）的总质量与**母粒子**（反应前的粒子）的总质量不同。质量不守恒，但是总能量（静止能量和动能之和）守恒。假如质量减少了，反应中相应地会放出能量，总能量依旧守恒，只是从一种形式变为另一种形式——从静止能量变为动能或者辐射（或者两种都有）。假如静止能量增加了（也就是说子粒子总能量大于母粒子），那么反应不会自发发生，只有当母粒子的动能足以填补这一能量逆差时，这种反应才会发生。

电子伏特

在原子和原子核物理中常用的能量单位是电子伏特（符号 eV）。一个电子伏

⊖ 本书中，质量均表示不变质量或者静止质量。

特等于一个带有 ±e 电荷（比如带一个电子或者一个质子）的粒子在电压为 1V 的电场中加速通过时所获得的动能。由于 1 V = 1 J/C，且 $e = 1.60 \times 10^{-19}$ C，电子伏特与焦耳之间的关系为

$$1 \text{ eV} = e \times 1 \text{ V} = 1.60 \times 10^{-19} \text{ C} \times 1 \text{ J/C} = 1.60 \times 10^{-19} \text{ J}$$

对于更高的能量，还可使用 keV 表示千电子伏（10^3 eV）以及 MeV 表示兆电子伏（10^6 eV）。

为了方便使用电子伏特单位进行计算，动量可以表示为 eV/c 单位，而质量可以用 eV/c^2 单位。c 因子是作为单位出现的，而不是乘以或者除去 c 的具体数值。例如，一个电子的静止能量是 511 keV，使用 $E_0 = mc^2$，可得电子质量为

$$m = E_0 / c^2 = 511 \text{ keV}/c^2$$

以速度 $0.80c$ 运动的电子的动量为

$$p = \gamma m v = 1.667 \times 511 \text{ keV}/c^2 \times 0.80c = 680 \text{ keV}/c$$

例 24.5

放射性衰变中释放的能量

碳元素年代测定是基于碳 -14（原子核内有 6 个质子和 8 个中子）衰变为一个氮 -14 核（7 个质子和 7 个中子）的放射性衰变过程，在这一过程中，产生一个电子 e⁻ 和一个被称为反中微子的 $\bar{v}$ 粒子。这一反应可以表示如下

$$^{14}\text{C} \rightarrow {}^{14}\text{N} + \text{e}^- + \bar{v}$$

求该反应放出的能量。^{14}C 的核质量是 13.999 950 u，^{14}N 的核质量是 13.999 234 u。［原子和核物理中常用原子质量单位（u），1u = 1.66×10^{-27} kg。］反中微子的质量小到可以忽略。

分析 我们比较衰变前后粒子的总质量。总质量减少就表示静止能量已经转变为其他形式：氮原子和电子的动能，以及反中微子的能量。反应放出的能量等于静止能量的变化量。

解 衰变前，总质量为 13.999 950 u；衰变后，总质量为

$$13.999\ 234 \text{ u} + \frac{9.11 \times 10^{-31} \text{ kg}}{1.66 \times 10^{-27} \text{ kg/u}} = 13.999\ 783 \text{ u}$$

质量改变为

$$\Delta m = -0.000\ 167 \text{ u}$$

令 Q 表示释放能量，由于总能量守恒，衰变前的静止能量等于衰变后的静止能量加上放出的能量：

$$m_i c^2 = m_f c^2 + Q$$

$$\begin{aligned} Q &= m_i c^2 - m_f c^2 \\ &= -\Delta m \times c^2 \\ &= 0.000\ 167 \text{ u} \times 1.66 \times 10^{-27} \text{ kg/u} \times (3.00 \times 10^8 \text{ m/s})^2 \\ &= 2.495 \times 10^{-14} \text{ kg} \cdot \text{m}^2/\text{s}^2 = 2.50 \times 10^{-14} \text{ J} \end{aligned}$$

用 keV 表示

$$Q = \frac{2.495 \times 10^{-14} \text{ J}}{1.60 \times 10^{-19} \text{ J/eV}} \times 10^{-3} \frac{\text{keV}}{\text{eV}} = 156 \text{ keV}$$

讨论 ^{14}C 核的初始静止能量释放出（0.000 167 u）/（13.999 950 u） = 0.001 2%，这看起来并不多，但这些能量却是碳燃烧时质量减少量的 10^4 倍。在核聚变中，质量改变的部分接近 1%。

练习题 24.5 太阳的质量损失得有多快？

太阳以 4×10^{26} J/s 的速率向外辐射能量，那么太阳质量减少的速率是多大呢？

不变性

到目前为止，我们已经了解了两种物理量是不变的——在所有惯性系中测量都得到相同的值。一种是光速，另一个则是质量。距离和时间间隔在不同参考系是不同的，所以它们并非不变的。

需要强调一下守恒量和不变量的区别。一个守恒量在一个给定的参考系中保持不变，在不同参考系中其数值可能不同，但是在任意给定的参考系中，其值保持恒定。一个不变量则是在历史上某个时期，在所有惯性系中都有相同的数值，因此，动量是守恒量而非不变量，质量是不变量而非守恒量。正如例 24.5 中，总质量在放射性衰变或其他核反应中可以变化，而总能量在这些反应中是守恒的。但是由于粒子在不同参考系中的动能不同，所以总能量不是不变量。

✔ **检测题 24.7**

一个不变量在所有惯性系中都有相同的数值。（a）根据伽利略变换，以下哪些量是不变量：位置、位移、长度、时间间隔、速度、加速度、力、动量、质量、动能、真空中光速？（b）根据爱因斯坦狭义相对论，以上哪些量是不变量？

24.8 相对论动能

更普遍地讲，动量的相对论形式是为了使动量守恒定律对于以相对论速度运动的粒子也能成立，动能同样如此。

根据力和动量的关系（$\Sigma F = \Delta p / \Delta t$），以及功等于力和距离乘积的概念，我们可以推出一个粒子的动能表达式。在非相对论的情况下，一个物体的动能等于把它从静止加速到当前速度所做的功，即

动能

$$K = (\gamma - 1) mc^2 \tag{24-8}$$

这里 γ 可用粒子的速度 v 计算得到。

动能是运动的能量——与静止的相同物体相比，物体运动时所具有的额外能量。爱因斯坦提出将上面动能表达式表示成两项之差。式（24-8）中第一项 γmc^2，是粒子的**总能量**。总能量包括动能和静止能量。第二项 mc^2 是静止能量 E_0——粒子静止时的能量。因此我们可将式（24-8）重写为

$$E = K + mc^2 = K + E_0 = \gamma mc^2 \tag{24-9}$$

按照这种方式定义的总能量和动能，我们会发现如果一个反应中总能量在某个惯性系中守恒，那么在所有其他惯性系中总能量也都会自动守恒，换句话说，能量守恒被更新为物理学的普遍定律。

回想一下当 v 接近 c，γ 无限增大。从式（24-9）我们可知有质量的物体由于其总能量必须是有限的，因而不可能以光速运动。

乍一看动能 $K = (\gamma - 1)mc^2$ 似乎不依赖于速度，但是别忘了 γ 是速度的函数。当粒子的速度增大时，γ 随之增大，因而动能也增大。粒子的动能会无限增大，正如动量，当粒子的速度接近光速 c 时，动能会趋向无限大。

当物体运动的速度远小于光速时，相对论形式的动能 K 会趋近于非相对论的形式 $\frac{1}{2}mv^2$，这并不太明显，但的确是这样的。为了证明这一点，对于 $x \ll 1$ 我们采用二项式展开近似 $(1-x)^n \approx 1 - nx$（见附录 A.5）。假如我们在二项式展开

中令 $x = v^2/c^2$ 且 $n = -\dfrac{1}{2}$，则 γ 变为

$$\gamma = \left(1 - \frac{v^2}{c^2}\right)^{-1/2} \approx 1 + \frac{1}{2}\left(\frac{v^2}{c^2}\right)$$

则动能为

$$K = (\gamma - 1)mc^2 \approx \left[1 + \frac{1}{2}\left(\frac{v^2}{c^2}\right) - 1\right]mc^2 = \frac{1}{2}\left(\frac{v^2}{c^2}\right)mc^2 = \frac{1}{2}mv^2$$

K 的相对论形式对于相对论和非相对论的运动都有效，而非相对论形式 $\dfrac{1}{2}mv^2$ 则只是速度远小于 c 时的一种近似。若 $K \ll mc^2$，那么 γ 非常接近 1，粒子此时的运动速度达不到相对论速度，所以非相对论近似可以用。

例 24.6

一个高能电子

碳 -14 辐 射 衰 变 为 氮 -14 时（$^{14}\text{C} \rightarrow {}^{14}\text{N} + e^- + \bar{\nu}$），放 出 156 keV 的能量（见图 24.17）。假如所有释放出的能量都变成电子的动能，该电子运动的速度有多快？

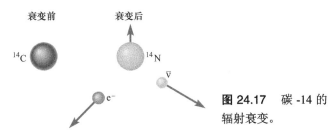

图 24.17　碳 -14 的辐射衰变。

分析　题中给出的是电子的动能，要求的是它的速度。电子伏特（eV）及其扩展单位 keV 和 MeV 是原子物理、核物理和高能粒子物理的常用能量单位。我们怎样才能知道是否应该用动能的非相对论近似呢？我们比较电子的动能（156 keV）和静止能量（mc^2）。

解　电子的静止能量为

$$E_0 = mc^2 = 9.109 \times 10^{-31}\ \text{kg} \times \left(2.998 \times 10^8\ \text{m/s}\right)^2$$
$$= 8.187 \times 10^{-14}\ \text{J}$$

既然已知的 K 是 keV 单位，我们把 E_0 也化为 keV。

$$E_0 = 8.187 \times 10^{-14}\ \text{J} \times \frac{1\text{eV}}{1.602 \times 10^{-19}\ \text{J}} \times \frac{1\text{keV}}{1\,000\ \text{eV}} = 511\ \text{keV}$$

因此，K 与 E_0 同数量级。由于电子以相对论速度运动，所以必须得用相对论公式。

洛伦兹因子为

$$\gamma = 1 + \frac{K}{mc^2} = 1 + \frac{156\ \text{keV}}{511\ \text{keV}} = 1.305\,3$$

由 γ 我们可以确定速度。首先将 γ 平方

$$\gamma^2 = \frac{1}{1 - v^2/c^2}$$

现在我们解出 v/c 并求出电子速度以 c 的倍数表示

$$1 - \frac{v^2}{c^2} = \frac{1}{\gamma^2}$$

$$v/c = \sqrt{1 - 1/\gamma^2} = 0.642\,7$$

$$v = 0.642\,7c$$

讨论　洛伦兹因子并不十分接近 1，这也是另一种判断标准，说明我们不能对该电子使用 $K = \dfrac{1}{2}mv^2$。如果用这个公式我们会得到

$$v = (2K/m)^{1/2} = 2.342 \times 10^8\ \text{m/s} = 0.781\,c$$

用非相对论近似得到一个接近光速 c 的结果。

速度 $0.6427c$ 是电子动能的上限，电子不能把反应中释放出来的所有能量都带走。动能必须按照动量守恒在反应后的三个粒子之间分配。

练习题 24.6　加速一个质子

把一个质子从静止加速到 $0.75c$ 需要做多少功？将答案用 MeV 单位表示出来。

动量—能量关系

在牛顿物理学中，动能和动量的关系是 $K = p^2/(2m)$，但这个关系式对于以相对论速度运动的粒子而言并不成立。根据相对论中 **p**、E 和 K 的定义，可推出以下一些有用的关系式（试着推一推——见计算题 31）：

$$E^2 = E_0^2 + (pc)^2 \qquad (24\text{-}10)$$

$$(pc)^2 = K^2 + 2KE_0 \qquad (24\text{-}11)$$

要省去计算粒子速度的中间步骤，直接从动量计算总能量或者动能，或者反过来计算动量，式（24-10）和式（24-11）会很有用。由于 $E = \gamma mc^2$ 且 $\boldsymbol{p} = \gamma m\boldsymbol{v}$，可得另外一个有用的关系式

$$\frac{v}{c} = \frac{pc}{E} \qquad (24\text{-}12)$$

当这三个量中有两个已知时，用式（24-12）可以很容易地计算出速度、动量或总能量。该式同时也表明 pc 不可能超过总能量，但是当 $v \to c$ 时 pc 会趋近于 E。

动量和能量单位　在粒子物理中，动量通常用单位 eV/c 表示（或者 MeV/c）以避免反复进行单位变换。要变换为国际单位制，需要将电子伏特变为焦耳，用米每秒光速取代 c，例如，如果 $p = 1.00$ MeV/c，

$$p = 1.00 \frac{eV}{c} \times \frac{1.602 \times 10^{-19} \text{ J}}{eV} \times \frac{c}{2.998 \times 10^8 \text{ m/s}} = 5.34 \times 10^{-28} \frac{\text{kg} \cdot \text{m}}{\text{s}}$$

质量通常用单位 eV/c^2 表示（或其倍数，如 MeV/c^2 或 GeV/c^2）。

例 24.7

电子的速度和动量

一个电子动能为 1.0 MeV，求电子的速度和动量。

分析　使用能量—动量关系，用 MeV/c 单位表示动量以简化计算。

解　在例 24.6 中，我们求出一个电子的静止能量为 $E_0 = 0.511$ MeV。由于动能几乎是静止能量的两倍，我们必须进行相对论计算。电子的总能量是 $E = K + E_0 = 1.511$ MeV，我们马上就能求出动量：

$$E^2 = E_0^2 + (pc)^2$$

$$(pc)^2 = E^2 - E_0^2$$

$$pc = \sqrt{(1.511 \text{ MeV})^2 - (0.511 \text{ MeV})^2} = 1.422 \text{ MeV}$$

等式两边都除以 c，可得 MeV/c 单位下的动量

$$p = 1.4 \text{ MeV}/c$$

得到动量后即可求出速度

$$\frac{v}{c} = \frac{pc}{E} = \frac{1.422}{1.511} = 0.9411$$

$$v = 0.94 \, c$$

讨论　可以用这个速度计算动能来验证一下，首先我们

求出洛伦兹因子：

$$\gamma = \sqrt{\frac{1}{1 - 0.9411^2}} = 2.957$$

动能为

$$K = (\gamma - 1)mc^2 = 1.957 \times 0.511 \text{ MeV} = 1.0 \text{ MeV}$$

可得国际单位制下的动量

$$p = 1.422 \frac{\text{MeV}}{c} \times \frac{10^6 \text{ eV}}{\text{MeV}} \times \frac{1.60 \times 10^{-19} \text{ J}}{\text{eV}} \times \frac{c}{3.00 \times 10^8 \text{ m/s}}$$

$$= 7.6 \times 10^{-22} \text{ kg} \cdot \text{m/s}$$

练习题 24.7　费米实验室中的质子和反质子

费米国家加速器实验室中的粒子加速器可将质子和反质子加速到 0.980 TeV 的动能。反质子与质子的质量相同（938.3 MeV/c^2）但是带电荷为 $-e$ 而非 $+e$。（a）用 TeV/c 单位表示，质子和反质子的动量多大？（b）质子和反质子相对于实验室运动的速度是多少？［提示：由于 $\gamma \gg 1$，所以使用二项式展开近似：$v/c = \sqrt{1 - 1/\gamma^2} = 1 - 1/(2\gamma^2)$。］

判断什么时候用相对论公式

有许多方法判断什么时候用相对论公式，但这些方法都得取决于特定问题中所给的信息。在24.6节中我们看到 $v = 0.14c$ 时，动量的非相对论形式与相对论形式的结果相差大约1%，我们可能用不着那么精确，即便当 $v = 0.2c$ 时，动量和动能的非相对论形式与相对论形式之间的差别也分别只有2%和3%。当速度大于 $0.3c$ 时，γ 迅速增大，非相对论和相对论物理给出的结果之差就变得显著了。

比较粒子的动能和静止能量是判断是否使用相对论公式的另一个途径。假如 $K \ll mc^2$，那么 γ 非常接近1，粒子的速度是非相对论的。

假如满足下列任意一个等价条件，粒子就是非相对论的

$$v \ll c \qquad (24\text{-}13)$$
$$\gamma - 1 \ll 1 \qquad (24\text{-}14)$$
$$K \ll mc^2 \qquad (24\text{-}15)$$
$$p \ll mc \qquad (24\text{-}16)$$

本章提要

- 相对论的两条基本假设是

  （I）物理学定律在任何惯性系中形式都相同。

  （II）光在真空中的速度在任何惯性系中都相同，与光源和观察者的运动无关。

- 光在真空中的速度在任何惯性系中都是

$$c = 3.00 \times 10^8 \, \text{m/s}$$

- 假如两个事件之间没有足够的时间让光信号在彼此之间传递，则不同参考系中的观测者对于两个事件发生的时间顺序（包括这两个事件是否同时发生）意见并不一致。

- 洛伦兹因子在很多相对论公式中出现

$$\gamma = \frac{1}{\sqrt{1 - v^2/c^2}} \qquad (24\text{-}2)$$

当 γ 用于时间延缓或长度收缩公式时，式（24-2）中的 v 表示两个参考系的相对速度。当 γ 用于动量、动能或者粒子的总能量时，式（24-2）中的 v 表示粒子的速度。

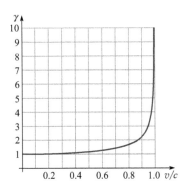

- 在时间膨胀问题中，区分用于标记时间间隔起点和终点的两个事件。用"钟"测量这一时间间隔，区分在哪个参考系内钟静止。在该参考系内，钟测得固有时间间隔 Δt_0。在任何其他参考系内，时间间隔都会更长：

$$\Delta t = \gamma \Delta t_0 \qquad (24\text{-}3)$$

- 在长度收缩问题中，区分物体长度在两个不同参考系中的测量。只有沿着物体运动方向长度才会收缩。如果问题中的长度是距离而非实际物体长度，设想一个很长的测量尺通常很有帮助。区分物体在哪个参考系中静止。在该参考系中的长度 L_0 表示固有长度。在其他参考系中，长度是收缩的：

$$L = \frac{L_0}{\gamma} \qquad (24\text{-}4)$$

静止米尺

运动米尺

- 不同参考系中的速度关系是

$$v_{PA} = \frac{v_{PB} + v_{BA}}{1 + v_{PB} v_{BA} / c^2} \qquad (24\text{-}5)$$

- v_{BA} 的角标表示在 A 参考系内测量的 B 的速度。式（24-5）是在直角坐标中写出的三个速度分量的速度变换公式，这些分量在某一方向为正（自选），而另一方向为负。若 A 在 B 的参考系中向右运动，那么 B 在 A 的参考系中向左运动：$v_{BA} = -v_{AB}$。

本章提要续

- 相对论动量表示为

$$p = \gamma m v \qquad (24\text{-}6)$$

对于相对论动量，冲量是动量的变化量依然成立（$\Sigma F \Delta t = p$），但是 $\Sigma F = ma$ 不成立：当粒子速度逐渐接近光速 c 时，恒定合外力导致的加速度会越来越小。因而，不可能把物体加速到光速。

- 一个粒子的静止能量 E_0 是当其静止于参考系中时测得的能量。静止能量与质量之间的关系是

$$E_0 = mc^2 \qquad (24\text{-}7)$$

动能

$$K = (\gamma - 1)mc^2 \qquad (24\text{-}8)$$

总能量是静止能量加动能。

$$E = \gamma mc^2 = K + E_0 \qquad (24\text{-}9)$$

- 动量和能量之间有用的关系：

$$E^2 = E_0^2 + (pc)^2 \qquad (24\text{-}10)$$

$$(pc)^2 = K^2 + 2KE_0 \qquad (24\text{-}11)$$

$$\frac{v}{c} = \frac{pc}{E} \qquad (24\text{-}12)$$

思考题

1. 一位朋友与你争论认为相对论是荒谬的："运动的钟显然不会走得慢，运动的物体也不会比它们静止时短。"你该如何回答？

2. 你接听手机时，手机电池的质量会改变吗？如果会，是增加还是减少？

3. 一位身体状况良好的宇航员在地球上的平均心跳是每分钟 52 下。设想这位宇航员乘坐一艘宇宙飞船以 $0.87c$（$\gamma = 2$）的速度相对于地球飞行，此时他再测心跳，他测得的结果会是每分钟 52 下呢？还是每分钟 26 下？或者每分钟 104 下？请解释。

4. 哈利和萨里参加婚礼坐在房间的两头，他们同时（在房间参考系中）用闪光灯拍下新郎和新娘在房间中央切蛋糕的场景。那么一位以恒定速度运动的观测者从哈利向萨里运动时，认为两次闪光的时间顺序是怎样的？

5. 在 24.2 节中，设想有另外一位宇航员赛利亚在宇宙飞船中相对于 A（见图 24.4）向左运动。那么赛利亚认为两次闪光的时间顺序是怎样的？

6. 一个拉紧的弹簧与其放松状态时的质量是否一样？请解释。

选择题

🔘 学生课堂应答系统

1. 下列哪些表述是爱因斯坦狭义相对论的假设？
  （1）光速在任何惯性系中都相同
  （2）运动的钟变慢
  （3）运动物体沿着运动方向的长度收缩
  （4）自然定律在任何惯性系中都相同
  （5）$E_0 = mc^2$
  （a）1　　　（b）2 和 3　　　（c）全部 5 个
  （d）4　　　（e）1 和 4　　　（f）4 和 5

2. 下列哪个表述正确定义了惯性系？
  （a）惯性系就是没有力作用的参考系。
  （b）惯性系就是牛顿第二和第三定律成立，但是第一定律不成立的参考系。
  （c）惯性系就是牛顿力学成立，但是相对论力学不成立的参考系。
  （d）惯性系就是没有力的作用就没有加速度的参考系。
  （e）惯性系就是相对论力学成立，但牛顿力学不成立的参考系。

3. 下列哪个描述最好地表述了两个事件之间的固有时？
  （a）固有时就是在两个事件发生在同一地点的参考系中测量的时间间隔。
  （b）固有时就是在两个事件同时发生的参考系中测量的时间间隔。
  （c）固有时就是两个事件发生时彼此距离最大的参考系中测量的时间间隔。
  （d）任何惯性系中的观测者测得的最长时间间隔。

4. 一位宇航员在起飞前用钢尺测量了航天飞机的长度是 37.24 m。当他乘坐航天飞机以 $0.10\,c$ 的速度飞行时，用同一把钢尺又一次测量了航天飞机的长度并发现值为
  （a）37.05 m　　　（b）37.24 m　　　（c）37.43 m
  （d）或者 37.05 m，或者 37.24 m，取决于飞船的长度是平行于运动方向还是垂直于运动方向

5. 双胞胎姐妹成了宇航员，其中一个在太空执行任务待了几十年，而另一个则待在地球上。下列表述中关于她们相对年龄的说法哪个是对的？
  （a）当两姐妹重聚时，在太空的那位要比在地球上的那位更老。
  （b）当两姐妹重聚时，在地球上的那位要比在太空的那位更老。
  （c）当从太空返回地球时，两姐妹年龄一样，因为她们都

相对于对方以相同的速度运动。

（d）这是一个悖论，所以不可能比较她们的年龄。

计算、证明题

ⓒ 综合概念／定量题

🔵 生物医学应用

◆ 较难题

24.1　相对论的假设

1. 一位工程师在火车上以 $v = 0.60c$ 的速度向车站方向运动，当他到达距车站 1.0 km 处的标记（地面上距离测量标记）时发出一个光信号。那么车站站长的钟显示光信号比火车提前多长时间到达？

2. 一艘宇宙飞船以 0.13c 的速度远离地球，并向地球发出无线电信号。（a）根据伽利略变换，信号相对于地球的速度是多少？（b）运用爱因斯坦的假设，信号相对于地球的速度是多少？

24.3　时间膨胀

3. 一位宇航员戴着一块新的劳力士手表踏上了相对于地球速度为 2.0×10^8 m/s 的旅程。根据休斯敦宇航控制中心的测量，这次旅程持续了 12.0 h，那么劳力士表测得的旅程时间是多久呢？

4. 假设你的计算器能显示小数点后六位数字。一个物体要运动多快（米每秒）它的 γ 数值才能在你的计算器上显示出来？也就是说，物体要运动多快才能使 $\gamma = 1.000\ 001$？［提示：使用二项式近似］

5. 一艘宇宙飞船从地球出发向地球静止参考系中测得的 710 光年外的一点运动，飞船相对于地球的速度为 0.999 9 c。一位乘客 20 岁时乘坐该飞船离开地球。（a）当飞船抵达目的地时，飞船上的钟测量乘客年龄多大？（b）假如飞船在抵达目的地的同时向地球发回一个无线电信号，那么按照地球的日历，这个信号哪年能到达地球？飞船离开地球时是 2000 年。

6. 一架飞机飞行了 8 h，飞行期间相对于地球的平均速度是 220 m/s。飞机上的原子钟和地面上的原子钟时间有什么不同？假设它们在飞行前就已同步。（忽略引力和飞机加速度带来的广义相对论复杂性）

24.4　长度收缩

7. 一艘飞船以 0.97 c 的速度飞向地球，船上乘客的身体都与飞船运动方向平行。地球上观测者观测到这些乘客大约 0.50 m 高并且 0.50 m 宽。那么在飞船参考系测量这些乘客（a）高度是多少？（b）宽度是多少？

8. 一个宇宙射线粒子径直穿过一个足球场，以 0.50 c 的速度从一个门线到另一个门线。（a）如果地球参考系测量门线间的长度是 91.5 m，那么在粒子静止参考系中测量的长度

是多少？（b）地球上的观测者观测到粒子从一个门线到另一个门线需要多久？（c）在粒子静止参考系中需要多久？

9. 两艘宇宙飞船以 0.90 c 的相对速度沿直线彼此靠近，假如其中一位宇航员测得他自己飞船的长度是 30.0 m，那么另一位宇航员测量他的飞船有多长？

10. 一艘飞船以恒定速度 0.40 c 相对于地球观测者飞行。飞船的飞行员手持一根杆，他测量这根杆是 1.0 m 长。（a）这根杆的方向与飞船的运动方向垂直，那么地球观测者测量这根杆多长？（b）飞行员转动这根杆使之平行于飞船运动方向，则地球观测者测量它有多长？

11. 一辆未来的列车以 0.80 c 的速度匀速直线运动通过一系列的通信塔。地面上的观察者测得塔之间的间距为 3.0 km，火车上的乘客用一个精确的秒表看看塔多久会经过他。（a）乘客测量通过两个塔之间需要的时间间隔是多少？（b）地面上的观测者测量火车从一个塔到另一个塔需要多长时间？

12. 一个 μ 介子在自己的静止参考系内的平均寿命是 2.2 μs，一束 μ 介子以 0.994 c 的速度通过实验室，则 μ 介子在衰变前在实验室内走过的平均距离是多远？

24.5　不同参考系中的速度

13. 库尔特在一艘以 0.60 c 恒定速度相对于地球飞行的飞船上测量光在真空室中的速度。光的方向与飞船运动方向平行。小玲则在地球上观测该实验。小玲观测到这束光在真空室内的速度是多少？

14. 月球上的一位男士发现两艘飞船分别以 0.60 c 和 0.80 c 的速度从相反方向向他靠近，则飞船上的乘客测得两艘飞船的相对速度是多少？

15. 一个质子相对于实验室以 $\dfrac{4}{5}c$ 的速度向右飞行，一个电子相对于该质子以 $\dfrac{5}{7}c$ 速度向左飞行。则这个电子相对于实验室的速度是多少？

16. 电子 A 以 $\dfrac{3}{5}c$ 速度相对于实验室向西飞行。电子 B 则以 $\dfrac{4}{5}c$ 的速度相对于实验室向西飞行。在电子 A 静止的参考系内，电子 B 的速度是多少？

24.6　相对论动量

17. 一个电子的动量是 2.4×10^{-22} kg·m/s，该电子的速度是多少？

18. 一辆车质量为 12.6 kg，速度为 0.87 c。（a）它的动量是多少？（b）如果一个 424.6 N 的力沿着该车身运动方向相反的方向作用在车身上，则需要多久该车身才能停下来？

24.7　质量和能量

19. 🔵 医院用于治疗癌症的电子加速器会产生一束动能为 25 MeV 的电子束。（a）该加速器产生的电子速度是多

少？（b）假如该电子加速器的末端距离病患处 15 cm，则在电子参考系内，它们通过这段距离需要多久？

20. 🌐 PET 扫描使用正电子发射碳 -11 和氟 -18 同位素。这些同位素可以通过医用加速器产生，首先将氘（氢 -2 核）加速，然后将加速后的氘打在一个固体靶或气体靶上。假设氘（静止能量为 1875.6 MeV）被加速到具有 2.50 MeV 的动能，它的速度是多少米每秒？

21. 🌐 有一种实验性质的癌症治疗方式使用带电荷 +6e 的高电离碳原子束（所有六个电子都被电离掉）。离子质量为 11.172 GeV/c^2。假如加速器 7.50 m 长，且离子束通过 125 MV 的电压加速，则（a）离子动能是多少？（b）实验室参考系中离子的速度是多少？（c）在离子参考系中，加速器的长度是多少？

22. 两块腻子沿着相反方向运动，速度均为 30.0 m/s，它们碰撞黏在一起并在碰撞后静止。假如碰撞前每块的质量为 1.00 kg，且碰撞中没有能量损失，则该系统由于碰撞导致的质量改变是多少？

23. 白矮星是一种核燃料耗尽并失去其外层质量的恒星，因此它仅由致密且炙热的内核构成。如果白矮星无法从附近的恒星获得质量，就会变冷。它可以与一颗恒星组成一个双星系统，并逐渐获取质量达到太阳质量 1.4 倍的上限。假如白矮星的质量开始超过这个上限，它就会内爆成一颗超新星。假如白矮星质量的 80.0% 可以转化为能量，则一颗极限质量的白矮星爆炸时释放出多少能量？

24. 氡的衰变过程是：$^{222}Rn \rightarrow {}^{218}Po + \alpha$，氡 -222 原子核的质量是 221.970 39 u，钋 -218 原子核的质量是 217.962 89 u，α 粒子的质量是 4.001 51 u，衰变中会释放多少能量？（1 u = 931.494 MeV/c^2）

24.8 相对论动能

25. 一位实验室中的观察者测得一个电子的能量是 1.02×10^{-13} J，则该电子的速度是多少？

26. 质量为 0.12kg 的物体以 1.80×10^8 m/s 的速度运动，则它的动能是多少焦耳？

27. 实验室中的观察者发现一个电子的总能量为 $5.0 mc^2$。在实验室参考系中观测该电子的动量大小是多少（表示为 mc 的倍数）？

28. 一电子的总能量为 6.5 MeV，其动量是多大（MeV/c）？

29. 求动量单位 MeV/c 与动量国际制单位之间的换算关系。

30. 🔵 衍射实验中的电子束，每个电子的动能都被加速到 150 keV。（a）这些电子是相对论性的么？请解释。（b）电子运动的速度有多快？

31. ✦ 从能量—动量关系 $E^2 = E_0^2 + (pc)^2$ 和总能量定义出发，证明 $(pc)^2 = K^2 + 2KE_0$ ［式（24-11）］

32. 证明以下表述都表明 $v \ll c$，也就是说 v 可被视为非相对论速度：（a）$\gamma - 1 \ll 1$ ［式（24-14）］；（b）$K \ll mc^2$ ［式（24-15）］；（c）$p \ll mc$ ［式（24-16）］；（d）$K \approx p^2/(2m)$。

合作题

33. ✦ 🔵 参看例 24.2。一百万个介子以 0.995 0 c 的速度从 4 500 m 的高度向地面运动，在地面观察者的参考系内，（a）介子运动的距离是多少？（b）介子飞行的时间是多少？（c）介子衰变的半衰期是多少？（d）衰变前能抵达海平面的介子数是多少？［提示：（a）和（c）的答案对应的量在介子参考系内并不相同，答案（d）相同吗？］

34. ✦ 一艘宇宙飞船飞过地球上的一个观测站，当飞船前端刚经过观测站时，飞船前端发出一个闪光，当飞船船尾经过观测站时，船尾发出一个闪光。根据地球上的观测者，两事件之间的时间间隔是 50.0 ns，在宇航员的参考系内，飞船长为 12.0 m。（a）飞船相对于地面观测者的运动有多快？（b）在宇航员的参考系内两次闪光的时间间隔是多少？

综合题

35. 一艘相对于地球静止的飞船长为 35.2 m，当它离开地球前往其他星球时，地面观测者测得其长度为 30.5 m，地面观测者还注意到飞船上一位宇航员锻炼了 22.2 min，那么宇航员认为她自己锻炼了多长时间？

36. 考虑如下衰变过程：$\pi^+ \rightarrow \mu^+ + \nu$。π 介子（$\pi^+$）的质量是 139.6 MeV/c^2，μ 介子（μ^+）的质量是 105.7 MeV/c^2，中微子（ν）的质量可忽略。假如 π 介子初始静止，则衰变产物的总动能是多少？

37. 一艘星际飞船自己的钟显示花了 3.0 天在两个遥远的空间站之间飞行。其中一个空间站上的设备表明这次旅程花了 4.0 天，则该飞船相对于该空间站的速度有多快？

38. 静止能量为 939.6 MeV 的中子以 935 MeV/c 的动量向下运动，它的总能量是多少？

39. （a）题 76 中如果你测量经过你的飞船长为 24 m，则在地球上的观测者测量飞船长为多少？（b）如果你的飞船上有根棒你测量为 24 m 长，那么地球上的观测者测量该棒有多长？（c）飞船上的观测者测量你的棒有多长？

40. μ 子在地球表面上方高度为 h 处（地球参考系中测量）通过宇宙射线碰撞产生，并以 0.990 c 的恒定速度向下运动。在 μ 子的静止参考系中 1.5 μs 的时间间隔内，一半 μ 子发生了衰变。如果有四分之一的 μ 子在衰变前到达地球，则高度 h 是多少？

41. 极端相对论粒子的动能远大于自己的静止能量。证明极端相对论粒子满足 $E \approx pc$。

42. ✦ 一个粒子在飞行中衰变为两个 π 介子，每个 π 介子的静止能量都为 140.0 MeV，它们以相同的速度 0.900 c 彼此成直角飞行。求（a）初始粒子的动量大小，（b）初始粒子的动能，（c）用 MeV/c^2 单位表示的初始粒子的质量。

43. ✦ 从太空进入大气层的宇宙射线质子具有 2.0×10^{20} eV 的动能。（a）它的动能相当于多少焦耳？（b）如果利用该质子的全部动能来举起地球表面附近质量为 1.0 kg 的物体，则该物体能被举多高？（c）该质子的速度是多少？提示：v 和 c 十分接近，大部分计算器无法保留足够多的重要位数进行需要的计算，因此可以用二项式展开近似：假如 $\gamma \gg 1$，则 $\sqrt{1 - \dfrac{1}{\gamma^2}} \approx 1 - \dfrac{1}{2\gamma^2}$

44. ◆ 推导光的多普勒公式。电磁波的波源与接收器彼此以速度 v 相对于对方运动。若接收器和波源彼此远离，令 v 为正。该光源发出频率为 f_s（在光源参考系中）的电磁波。从光源参考系测得波阵面之间的时间间隔是 $T_s = 1/f_s$。（a）在接收器参考系中测量，光源发出波阵面的时间间隔是多少？令这个时间为 T'_r。（b）T'_r 并非接收器测量连续抵达的波阵面之间的时间间隔，因为波阵面运动的距离不同。也就是说，根据接收器，一个波阵面在 $t = 0$ 时刻发出，下一个在 $t = T'_0$ 时刻发出。当第一个波阵面发出时，接收器和波源之间的距离是 d_r；而当第二个波阵面发出时，接收器和波源之间的距离变为 $d_r + v\,T'_0$。每个波阵面都以速度 c 运动。计算接收器测量这两个波阵面到达时的时间间隔 T_r。（c）接收器测量得到的频率为 $f_r = 1/T_r$。证明 f_r 满足

$$f_r = f_s \sqrt{\frac{1 - v/c}{1 + v/c}}$$

45. ◆ 一位宇航员在速度为 7.860 km/s 的航天飞机上度过了很长时间。当他返回地球时，他比他的双胞胎兄弟年轻了 1.0 s。则他在航天飞机上待了多久？〔提示：使用附录 A.5 中的近似，小心计算器舍入误差。〕

46. ◆ 氡的衰变过程是：$^{222}\text{Rn} \rightarrow {}^{218}\text{Po} + \alpha$，氡 -222 原子核的质量是 221.970 39 u，钋 -218 原子核的质量是 217.962 89 u，α 粒子的质量为 4.001 51 u（1 u = 931.5 MeV/c^2）。假如氡原子核初始静止实验室坐标系，则（在实验室坐标系下）（a）钋 -218 原子核的速度是多少？（b）α 粒子运动的速度是多少？假设这些速度都是非相对论的。请你计算出来这些速度之后，证明该假设是合理有效的。

练习题答案

24.1 能用。在电池静止参考系中测量该旅程花了 30 年。

24.2 $0.60\,c$

24.3 $0.909\,c$

24.4 3.0 s

24.5 4×10^9 kg/s

24.6 480 MeV

24.7 （a）0.981 TeV/c；（b）0.999 999 54 c

检测题答案

24.1 火车上的观测者无法辨认他自己相对于地面是静止还是以恒定速度运动。物理定律在这两种情况下都是一样的，因此不可能设计出实验来分辨这两种情况。

24.4 固有时是在两个事件发生在同一地点的参考系中测量的时间间隔。因此，在短跑运动员参考系中的观测者测量得到的是固有时。固有长度是物体静止其中的参考系测量得到的长度。所以相对于跑道静止的观测者测量得到的是固有长度。

24.7 （a）长度、时间间隔、加速度、力以及质量；（b）质量和真空中的光速。

第 25 章

光子与早期的量子物理

　　警察接到报警后去现场查案一条在正常光线下看起来很干净的走廊，一位侦探在墙壁和地板上喷洒了一种无色液体后却看到地板上出现了一些发出蓝色辉光斑迹，他让警察把走廊作为一个可能的凶案现场用警戒线封闭起来。蓝色辉光是怎么出现的？为什么这位侦探怀疑凶案发生在走廊？（答案请见第 306 页）

生物医学应用

- 生物体发光（25.7 节）
- 正电子发射断层成像术（25.8 节）
- 眼睛的反应（思考题 10；计算题 35）
- 医用 X 射线（例 25.4；计算题 37）
- 紫外辐射效应（思考题 1；计算题 36）

- 辐射传热（14.8 节）
- 分光镜（23.6 节）
- 相对论动量和动能（24.6 节和 24.8 节）
- 静止能量（24.7 节）

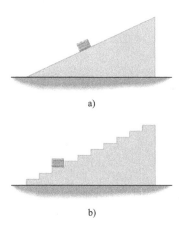

图25.1　a）一个箱子静止于斜面上，重力势能是连续的。b）一个箱子静止于台阶上，重力势能是量子化的，箱子的势能只能取一系列离散的值。

25.1　量子化

　　19 世纪末，物理学取得了很多进展——多到有些物理学家担心所有问题都已经解决了。牛顿用他的三定律奠定了力学的基础，热力学定律也已建立起来，麦克斯韦统一了电磁学。但是，当科学家们发展出新实验技术并应用新的实验设备之后，一系列问题出现了，已有的物理定律——这些定律现在被称为经典物理——几乎完全无法解释。20 世纪头十年发展起来的新定律成为我们现在所说的量子物理的基础。

　　在经典物理中，大部分物理量是连续的：它们可在一个连续区间内取任意值。如图 25.1a 所示一个静止于斜面上的箱子，这个箱子的重力势能是连续的——可在最小值和最大值之间取任意值。相比之下，静止于楼梯台阶上的箱子只能具有某些允许的值（见图 25.1b）。当一个物理量的可能取值限定为一组离散的值时，该物理量是**量子化**的。量子物理的一个显著特点是那些在经典物理学中认为是连续的物理量，在量子物理中是量子化的。

　　楼梯台阶并不是很好的量子化比喻。在一个箱子从一个台阶移动到另一个台阶的过程中，其重力势能会经历其中所有中间值。相比之下，那些真正量子化的物理量不会取中间那些值，而是从一个值突变为另一个值。

　　驻波是经典物理中的一个量子化例子。两端固定的弦上一列驻波的频率是量子化的（见图 25.2）。可取的频率都是基频的整数倍（$f_n = nf_1$）。

　　本章中涉及的很多实验结果用经典物理定律很难甚至完全无法解释，但是一旦将电磁波量子化，解释起来就比较容易了。

链接：

　　为理解热电磁辐射（14.8 节）而进行的探索是量子物理发展过程中的重要一步。

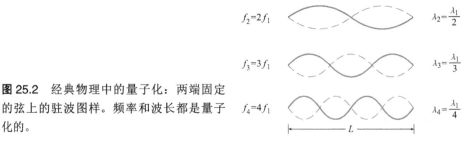

图25.2　经典物理中的量子化：两端固定的弦上的驻波图样。频率和波长都是量子化的。

25.2　黑体辐射

　　黑体辐射是 19 世纪末物理学中一个最伤脑筋的问题（见 14.8 节）。一个理想的黑体会吸收到达其表面的所有辐射能。黑体发出的辐射是只与其温度有关的连续谱。图 25.3 是实验测得的三个温度下的黑体辐射曲线——随着频率变化的电磁辐射相对强度图。随着温度升高，辐射曲线的峰值向高频移动。在 2 000K，几乎所有辐射都在近红外，在 2 500 K，物体处于红热状态——物体的辐射主要是可见光谱的红色和部分橙色区域。当物体在 3 000 K 时，比如白炽灯的灯丝，我们感受到的辐射光就是白色，但其实大部分辐射此时仍然在近红外区。对于任

意热力学温度 T，曲线下的总面积表示单位表面积上的辐射总功率，该总功率正比于 T^4。

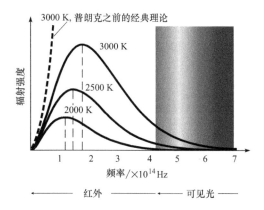

图 25.3　三条黑色曲线分别表示 2 000 K、2 500 K 和 3 000 K 三个不同温度下的黑体辐射相对强度随频率变化的函数曲线。黑色虚线表示在普朗克理论提出之前的经典理论计算曲线。

但是，经典物理认为黑体辐射曲线应该随着频率增加（进入紫外甚至更远区）而连续增加，不应该是增大到一个峰值继而衰减为零（见图 25.3）。经典物理所导致的一个必然而不可能的结果就是黑体会辐射出无限多的能量，这被称为紫外灾难。

1900 年，德国物理学家马克·普朗克（1858—1947）发现了能够拟合实验辐射曲线的数学表达式，继而他开始为这一数学表达式寻找物理模型，并提出了革命性的观点：振动的电荷只能以离散的形式发射和吸收能量，称之为**能量子**。他将一个基础能量 E_0 与振子关联起来，振子只能发射 E_0 或者 $2E_0$，或者 E_0 的任意整数倍能量，但是不能是介于其间的数。做个类比，设想振子的社会只有 10 元的钞票，那么一个振子在银行中的存款可以是 10 元、20 元、30 元，但是不能是介于其中的 15 元或 4 元。当振子花钱的时候，也只能给出 10 元的倍数。

普朗克发现假如 E_0 直接正比于振子频率 f，基于量子化的理论解释就符合实验辐射曲线：

$$E_0 = hf \tag{25-1}$$

这里的比例常数具有特定值 $h = 6.626 \times 10^{-34}$ J · s。

普朗克的量子化假设是对经典物理基本思想的大胆突破。当时的人们没有意识到，其实普朗克已经开启了之后半个世纪激动人心的物理学大发展。当时他选择数值 h 为使他的理论与实验数据相吻合，而现在 h 已被称为**普朗克常数**，并与光速 c 以及基本电荷 e 等一起被列为基本物理常数。

✓ 检测题 25.2

一个白炽灯泡与一个调光开关相连接。当灯泡满功率工作时，呈现白色；但是当把它调暗时，它看起来越来越红，请解释。

25.3　光电效应

1886 年和 1887 年，亨利·赫兹通过实验证实了麦克斯韦经典电磁波理论。赫兹在这些实验中发现了后来被爱因斯坦用来引入电磁波量子理论的效应。赫兹通过在两个金属球间加高电压制造了电火花，他注意到当这两个金属球用紫外光照射时，火花会更强烈。他实际上已经发现了**光电效应**，即当电磁波照射金属表面时会导致电子从金属中电离。

其后，另外一位德国物理学家菲利普·冯·勒纳德（1862—1947）也在实验中发现了令经典物理困惑的结果，并由爱因斯坦在1905年首次进行了解释。图25.4所示的装置与勒纳德研究光电效应时发明的装置相同。电磁辐射（包括可见光或紫外线）照射在金属板上，部分出射电子向收集线运动并形成电流。

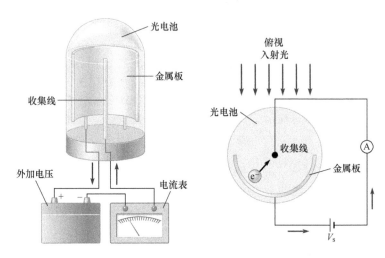

图25.4 用于研究光电效应的装置。光电池是由真空玻璃管中的一块金属板和一条收集线构成的。电磁辐射（可见光或者紫外辐射）照射在金属板上，部分出射电子向收集线运动并形成电流。电流表用来测量回路中电流，从而可知每秒钟从金属板向收集线运动的电子数。收集线与金属板间的电势差始终保持收集线端的电势低于金属板，当电子从金属板向收集线运动时会损失动能。

收集线与金属板之间的电势差要保持收集线一端的电势低于金属板，以使电子从金属板向收集线运动过程中失去动能。电势差越大，有足够动能形成电流的电子就越少。截止电压 V_s 就是使得最大动能的电子都无法到达收集线的电势差。因此，电子的最大动能等于一个电子通过电势差为 $-V_s$ 的电场时势能的增量。

$$K_{max} = q\Delta V = (-e)\times(-V_s) = eV_s \tag{25-2}$$

实验结果

从经典物理的角度看，光电效应似乎有合理的解释：电磁波提供了电子从金属中电离所需的能量。但是光电效应中有许多细节令人困惑。

1）更强的光会使得电流增大（更多电子出射），但是并不会使得单个电子具有更高的动能。也就是说，电子的最大动能与光强无关。经典物理中，越强的光，其电磁场越强，因而能量更高。因而不会只是让更多的电子从金属中逃脱，还应使得出射电子具有更多动能。

2）出射电子的最大动能取决于入射光的频率（见图25.5）。所以当入射光是昏暗（低强度）但高频时，可释放出具有大动能的电子。而经典物理无法解释这种频率依赖关系。

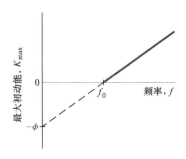

图25.5 金属发射的电子的最大动能与入射光频率 f 之间的函数关系。

3）对于给定的金属，都会有一个截止频率 f_0，假如入射光频率低于这一截止频率，就没有电子发射——不论入射光的强度有多大。经典物理对这种频率依赖关系也无法解释。

4）当电磁波照射金属时，无论入射光强多大，电子都几乎是瞬间发射，实验上观测到的时间延迟大约为 10^{-9} s。假如电磁波与经典波性质一样，其能量均匀分布在波前。若光强很弱，就需要一定的时间在特定点积累足够的能量以放出电子。实验上已经采用了强度低到经典物理认为是需要经过数小时延迟才会有第一批电子逃离金属的入射光，但是，实验检测到电子几乎是瞬间发出的。

光子

普朗克黑体辐射理论表明，物体中振子可能的能量是量子化的。频率为 f 的

振子只具有 $E = nhf$ 的能量，这里 n 是整数且

$$h = 6.626 \times 10^{-34} \text{ J} \cdot \text{s} \qquad (25-3)$$

1905 年，爱因斯坦在提出狭义相对论的同一年解释了光电效应，并正确预言了某些实验中尚未发现的现象。爱因斯坦认为电磁辐射是量子化的，电磁辐射的量子——也就是说最小可见单位——现在被称为**光子**。电磁辐射中光子的能量与频率的关系为

光子的能量

$$E = hf \qquad (25-4)$$

根据爱因斯坦的观点，一个黑体之所以只能吸收或发射 hf 整数倍的能量，是因为黑体发射或吸收电磁辐射本身是量子化的，一个黑体只能够吸收或发射整数个光子。

理解光电效应的关键点在于电子必须吸收整数个光子（见图 25.6），不能吸收光子能量的一部分。一个光子的能量正比于其频率，所以光子理论可以解释光电效应中曾经困扰很多科学家的频率依赖关系。

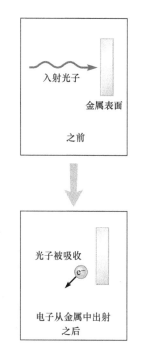

图 25.6 在光电效应中，一个光子被吸收，假如光子的能量足够大，电子就可从金属中发射出来。

例 25.1

可见光和 X 射线光子的能量

求波长为 670 nm 的红色可见光光子的能量，并与频率为 1.0×10^{19} Hz 的 X 射线光子的能量进行比较。

分析　普朗克常数与频率的乘积可给出相应的光子能量。对于 670 nm 的光子，频率和波长的关系为 $c = f\lambda$。

解　红光频率为

$$f = \frac{c}{\lambda}$$

为求能量，我们用普朗克常数乘以频率

$$E = hf = \frac{c}{\lambda}$$
$$= \frac{6.626 \times 10^{-34} \text{ J s} \times 3.00 \times 10^8 \text{ m/s}}{670 \times 10^{-9} \text{ m}} = 3.0 \times 10^{-19} \text{ J}$$

对于 X 射线光子

$$E = hf = 6.626 \times 10^{-34} \text{ J s} \times 1.0 \times 10^{19} \text{ Hz} = 6.6 \times 10^{-15} \text{ J}$$

X 射线光子的能量是红光光子能量的 20 000 倍。

讨论　$E = 3.0 \times 10^{-19}$ J 是波长为 670 nm 的红光在任意过程中吸收和发射的最小能量。同样 6.6×10^{-15} J 是给定频率下 X 射线单个量子——一个光子——的能量。X 射线光子的能量越大，对人体的损害就越大，所以要尽可能少地暴露在 X 射线中（见图 25.7）。

图 25.7 　人体在拍摄 X 光医学影像片时用铅防护板保护身体。铅能够很好地吸收 X 射线，所以防护板可以减少身体其他部位暴露在 X 射线中的机会。

练习题 25.1　蓝光光子能量

试求频率为 6.3×10^{14} Hz 蓝色可见光光子的能量

例 25.2

激光发射光子

一台激光器发出一束直径为2.0 mm的光，波长为532 nm，且输出功率是20.0 mW。则这台激光器每秒能发出多少光子？

分析 由于激光束具有相同波长，所以其中的所有光子能量都相同。输出功率等于单位时间输出的能量。则每秒输出的能量就等于每个光子的能量乘以每秒发出的光子数。

解

每秒的能量 = 每个光子的能量 × 每秒发出的光子数。由于$\lambda f = c$，波长为λ的光子能量为

$$E = hf = h \times \frac{c}{\lambda} = \frac{hc}{\lambda}$$

激光发射的每个光子的能量为

$$E = \frac{6.626 \times 10^{-34} \text{ J·s} \times 3.00 \times 10^8 \text{ m/s}}{532 \times 10^{-9} \text{ m}} = 3.736 \times 10^{-19} \text{ J}$$

每秒发出的光子数为

每秒光子数 = 每秒能量 / 每个光子的能量

$$= \frac{0.020\ 0 \text{ J/s}}{3.736 \times 10^{-19} \text{ J/ph}}$$

$$= 5.35 \times 10^{16} /\text{s}$$

讨论 注意光束直径与该解无关。如果输出功率相同，但光束直径变大，每秒发射的光子数不变：它们只是分布在更宽的光束中。假如该问题中已知的是光束强度（单位面积上的功率）而不是总输出功率，光束直径将对问题产生影响。

由于光束中含有大量光子，所以光的量子化在很多情况下很难注意到。一个普通的100 W灯泡或者一个23 W的节能荧光灯都发射10 W量级的可见光。因此一个普通灯泡发射的可见光范围内的每秒光子数约为3×10^{19}。

练习题 25.2 无线电波光子

一个广播电台在90.9 MHz广播。发射器输出功率为50.0 kW。则发射器每秒发出多少无线电波光子？

电子伏特

例25.1和例25.2中的光子能量与宏观物体能量相比很小，所以通常用电子伏特（符号eV）比用焦耳单位更方便。一个电子伏特等于带电荷$\pm e$的粒子（一个电子或者一个质子）通过电势差为1V的电场时获得的动能。由于1V = 1 J/C且$e = 1.60 \times 10^{-19}$ C，所以电子伏特和焦耳的换算关系为

$$1\text{eV} = e \times 1 \text{ V} = 1.60 \times 10^{-19} \text{ C} \times 1 \text{ J/C} = 1.60 \times 10^{-19} \text{ J} \tag{25-5}$$

对于更大的能量，keV表示千电子伏（10^3 eV），MeV表示兆电子伏（10^6 eV）。例25.1中的红光光子能量为1.9 eV；X射线光子能量为41 keV。

当使用$E = hc/\lambda$计算给定波长的光子能量（或反过来从能量求波长）时，光子的能量通常用电子伏特（eV）表示，且波长通常用纳米（nm）表示。因此，常将常数hc表示为eV·nm单位

$$h = \frac{6.626 \times 10^{-34} \text{ J·s}}{1.602 \times 10^{-19} \text{ J/eV}} = 4.136 \times 10^{-15} \text{ eV·s}$$

$$c = 2.998 \times 10^8 \text{ m/s} \times 10^9 \text{ nm/m} = 2.998 \times 10^{17} \text{ nm/s}$$

$$hc = 4.136 \times 10^{-15} \text{ eV·s} \times 2.998 \times 10^{17} \text{ nm/s} = 1\ 240 \text{ eV·nm} \tag{25-6}$$

光子理论对光电效应的解释

打破金属对电子束缚所需的能量叫作**逸出功**（ϕ）。每种金属都有自己特定的逸出功。根据爱因斯坦的理论，光子能量（hf）要至少等于逸出功，吸收一个光子才能发射出一个电子。如果光子能量大于逸出功，多出来的能量一部分或者全部会成为出射电子的动能。电子的最大动能等于光子能量与逸出功的差。

爱因斯坦光电效应方程

$$K_{max} = hf - \phi \qquad\qquad (25\text{-}7)$$

链接：

　　光电效应方程是一种能量守恒的表达式。

由式（25-7），K_{max} 随 f 的变化曲线是一条斜率为 h 截距为 $-\phi$ 的直线。方程满足实验关系（见图 25.5）。频率轴上的截距是红限频率 f_0。设

$$K_{max} = hf_0 - \phi = 0$$

得到红限频率为

$$f_0 = \frac{\phi}{h} \qquad\qquad (25\text{-}8)$$

光电效应实验中得出的四个令人困惑的结果用光子理论就很容易解释：

1. 光强越大（频率不变）单位时间内到达金属表面的光子就越多，所以当光强增加时，每秒发射的电子数也随之增加了。但是每个光子的能量保持不变。由于每个出射的电子都是吸收一个光子才产生的，所以出射电子的最大动能与每秒撞击金属的光子数无关。
2. 高频光是具有更大能量的光子。当光的频率增加时，光子将有更多的能变成电子动能的剩余能量。因此 K_{max} 会随着频率的增长而增加。
3. 在红限频率之下，一个光子无法拥有足够的能量使得电子从金属中电离，所以没有电子发射。
4. 低强度时，每秒的光子数很少，但是能量依然在离散包中传递，当光打开时，一些光子撞击表面，它们中的一部分被吸收并使得金属中的电子发射出来。没有时间延迟是因为电子不能逐渐积累能量，它们要么吸收一个光子要么完全不吸收。

✓ 检测题 25.3

　　在光电效应中，当入射光频率低于红限频率时，为何没有电子从金属中发射？

例 25.3

光电效应实验

　　铯的逸出功是 1.8 eV，当铯被某种波长的光照射时，从金属表面发射的电子的动能从 0 到 2.2 eV，那么该光的波长是多少？

　　分析 逸出功和最大动能（2.2 eV）已知，要发射一个电子，光子必须提供 1.8 eV 的能量，光子能量（$hf - \phi$）中的一部分或者全部提供给电子动能。当所有剩余能量都提供给电子动能，就会出现最大动能。

　　解 光子能量是 hf，光电效应的最大动能是

$$K_{max} = hf - \phi = 2.2 \text{ eV}$$

题中求波长，因此我们代入 $f = c/\lambda$ 并解出 λ

$$K_{max} = \frac{hc}{\lambda} - \phi$$

$$\lambda = \frac{hc}{K_{max} + \phi}$$

代入 $hc = 1\,240 \text{ eV} \cdot \text{nm}$ 得到

$$\lambda = \frac{1\,240 \text{ eV} \cdot \text{nm}}{2.2 \text{ eV} + 1.8 \text{ eV}} = 310 \text{ nm}$$

例 25.3 续

讨论 该光子的能量为 2.2 eV+1.8 eV = 4.0 eV；1.8 eV 提高电子势能使其离开金属，剩下的 2.2 eV 不一定都变为电子的动能，其中一部分会被金属吸收。因此，2.2 eV 是光电子的最大动能。由于波长小于 400 nm，光子位于光谱的紫外部分。

练习题 25.3   入射光波长

逸出功为 2.40 eV 的金属被单色光照射。假如阻止电子电离的截止电势差为 0.82 eV，入射光波长是多少？〔提示：从金属表面出射的电子的最大动能是多少 eV？〕

光电效应的应用

尽管我们对光电效应最主要的兴趣在于它对光子理论的清晰展示，但同时它还有很多实际应用。这些应用大部分利用光电流与光强之间的依赖关系。一部电影的声轨就是沿着影片一侧将声音编码为影片透明度变化的一个长条区域（见图 25.8）。光透过声轨照在一个光电池上，光电池产生与入射光强成正比的电流，该电流被放大并反馈给扬声器。

很多装置，比如车库门开启器、防盗自动警铃、以及烟尘探测器通常都是使用一束光束和一个光电池作为开关。当光束被遮挡，通过光电池的电流就会中断。假如一个孩子在正在关闭的车库门下走动，就会遮挡住光束，当电流中断时，开关就会停止车库门的运动。在某些烟雾报警器中，空气中的烟尘粒子会使到达光电池的光强减弱，当电流降低到某一水平，警报就会激活。

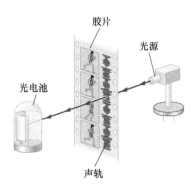

图 25.8 光学声轨。

25.4   X 射线的产生

链接：

式（25-9）是能量守恒的又一个结果。

电磁辐射量子化的另一确证是在产生 X 射线时发现的。图 25.9a 所示为一个 X 射线管。它看起来有些像是一个反向操作的光电池。在光电效应中，电磁辐射入射到一个靶上，导致电子发射。而在 X 射线管中，电子入射到一个靶上导致电磁辐射的发射。让电子通过一个电势差 V 很大的电场使之获得动能 $K = eV$。在靶上，当电子通过原子核时会被反射（见图 25.9b），有时会发射一个 X 射线光子，这个光子的能量来自于电子的动能，电子会因此而减速。这一产生 X 射线的过程叫作轫致辐射，这个词来自德语，意思为制动辐射，因为 X 射线的发射伴随着电子减速。

图 25.9 a） 一个 X 射线管。电流加热灯丝以"剥离"电子。电子被灯丝和靶之间的巨大电势差加速，当电子撞击靶时，电子失去动能同时发射 X 射线。**b）** 一个电子被一个原子核反射，发射一个 X 射线光子，带走部分电子动能。

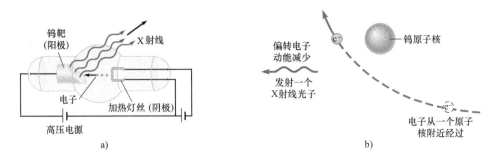

截止频率 按这种方式产生的 X 射线频率并不相同，它们有连续频谱且有最大值，最大频率叫作**截止频率**（见图 25.10）。通常当一个电子减速时会发射多个光子，每个光子都带走电子动能中的一部分。如果出现电子全部动能被一个光子带走的情况时，就会出现最大频率：

$$hf_{max} = K \tag{25-9}$$

例 25.4

☯ X 射线在医学诊断中的应用

在 X 射线管中的灯丝和靶之间加 87.0 kV 的电势差，用于社区诊所的骨折诊断。该 X 射线管能产生的最短波长是多少？

分析　最短波长对应最高频率。当电子的全部动能在发射过程中被单独一个光子吸收时就产生了最高频率。

87.0 kV 的加速电势差在电子轰击靶之前为电子提供了动能。我们不需要使用 e 的数值去求动能。一个电子通过 1 V 电势差的电场后获得 1 eV 能量，所以一个电子通过 87.0 kV 的电势差获得 87.0 keV 动能，常数 h 和 c 可分别查出，不过把它们作为一个整体使用会更方便 $hc = 1\,240\ eV \cdot nm$。

解　当光子能量等于电子动能时出现最大频率：

$$hf_{max} = K = 87.0\ keV$$

$$f_{max} = \frac{K}{h}$$

最小波长为

$$\lambda_{min} = \frac{c}{f_{max}}$$

代入 f_{max} 得

$$\lambda_{min} = \frac{hc}{K} = \frac{1\,240\ eV \cdot nm}{87.0 \times 10^{3}\ eV} = 0.014\,3\ nm = 14.3\ pm$$

讨论　注意这里使用电子伏特能量使得计算大大简化，电子伏特使得物理学家不必进行常数相乘之后再除以基本电荷 e 的数值。

练习题 25.4　X 射线管内的电势差

假如从一个 X 射线管中测得最短的 X 射线波长为 0.124 nm，管中的电势差有多大？

特征 X 射线

注意 X 射线谱（见图 25.10）包含很多尖锐的激烈的峰，它们叠加在轫致辐射产生的 X 射线连续谱之上。由于这些峰对应的频率是 X 射线管中靶材料的特征频率，所以这些峰也被称为**特征 X 射线**。改变 X 射线管中的电压 V，就会改变截止频率 f_{max}，但是不会改变这些特征峰对应的频率。这一产生特征 X 射线的过程在 25.7 节中进行介绍。

25.5　康普顿散射

1922 年，美国物理学家康普顿（1892—1962）注意到当单一波长的 X 射线撞击物质时，有些辐射被散射到不同的方向。进一步研究则显示出有些散射出去的辐射比入射光具有更长的波长，波长变长只与入射光和散射光之间的散射角有关。根据经典理论，入射光应该引起靶材料中电子按照入射波相同的频率振动，散射波则应是部分入射能量被吸收后在不同方向重新发射的结果。因此根据经典电磁学理论，散射光应该与入射光具有相同的频率和波长。

从光子角度看，**康普顿散射**可视为是一个光子和一个电子的碰撞（见图 25.11）。由于能量被反冲电子带走，散射光子的能量有可能小于入射光子。因此能量守恒要求有

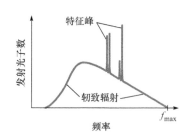

图 25.10　X 射线管中产生的 X 射线谱，连续谱是轫致辐射产生的。截止频率 f_{max} 只与 X 射线管的电压有关，特征峰的频率只与管中的靶材料有关。

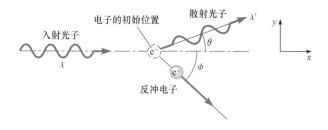

图 25.11　在康普顿散射中，动量和能量都转移给电子。由于动量和能量都是守恒的，所以散射光子能量小于——因而波长变长——入射光子。它们的相互作用可按照弹性碰撞分析。

$$E = K_e + E'$$

或者

$$\frac{hc}{\lambda} = K_e + \frac{hc}{\lambda'} \tag{25-10}$$

这里 E 是入射光子能量，K_e 是反冲电子获得的动能，E' 是散射光子的能量。散射光子的能量减小，所以波长变长。 尽管散射光子能量变小了，它并不比入射光子运动得慢，所有光子都以相同的速度 c 运动。

只用能量守恒并不能解释对于给定的入射波长 λ，为什么特定方向（与入射光子夹角 θ）的散射光子波长总是相同的。假如能量守恒是唯一的限制，那么任意能量 $E' < E$ 的光子可在任意角 θ 散射。就像其他碰撞问题一样，我们必须考虑动量守恒。

根据经典电磁学理论，电磁波的动量为 E/c，这里 E 是波的能量，c 是光速。从光子角度看，每个光子都具有与其能量成正比的动量，**光子的动量**为

$$p = \frac{hf}{c} = \frac{h}{\lambda} \tag{25-11}$$

光子动量的方向与其运动方向一致。

大多数情况下，电子的初始能量和动量与碰撞中获得的能量和动量相比可以忽略。X 射线光子的能量比靶材料的逸出功大，所以我们可以忽略逸出功并且将电子视为自由的，康普顿的解释忽略了电子的初始能量和动量以及逸出功，散射过程可被视为是光子和一个初始静止的自由电子之间的碰撞。

动量守恒要求

$$\boldsymbol{p} = \boldsymbol{p}_e + \boldsymbol{p}'$$

入射光子的方向作为 x 轴，我们可将方程分解为两个分量方程

$$\frac{h}{\lambda} = p_e \cos\phi + \frac{h}{\lambda'} \cos\theta \quad （x \text{ 分量}） \tag{25-12}$$

以及

$$0 = p_e \sin\phi + \frac{h}{\lambda'} \sin\theta \quad （y \text{ 分量}） \tag{25-13}$$

根据能量和动量守恒式［式（25-10）、式（25-12）和式（25-13）］，康普顿得到如下关系式：

康普顿偏移

$$\lambda' - \lambda = \frac{h}{m_e c}\left(1 - \cos\theta\right) \tag{25-14}$$

在式（25-14）中，入射光子波长为 λ，散射光子波长为 λ'。m_e 是电子质量，θ 是散射角。式（25-14）对实验中观测到的波长偏移进行了准确的预测。

在大多数情况下，电子的反冲速度快到不能用电子的非相对论的动能 $K_e = \frac{1}{2}mv^2$

链接：

计算光子波长的偏移需要同时考虑两条原理：能量守恒和动量守恒。

和动量 $p_e = mv$。康普顿在他的表达式中使用了电子的相对论动量 [见式（24-6）] 和动能 [见式（24-8）]，所以式（25-14）对任意反冲速度都有效。

系数 $h/(m_e c)$ 具有波长的量纲，被称为**康普顿波长**。

$$\frac{h}{m_e c} = \frac{6.626\times10^{-34}\ \text{J·s}}{9.109\times10^{-31}\ \text{kg}\times2.998\times10^{8}\ \text{m/s}}$$

$$= 2.42\times10^{-3}\ \text{nm} = 2.426\ \text{pm} \tag{25-15}$$

由于 $\cos\theta$ 可以在 +1 和 −1 之间变化，所以（$1-\cos\theta$）是在 0 到 2 之间变化，波长的改变量则在从 0 到两倍的康普顿波长（4.853 pm）之间变化。当入射光子的波长远大于 4.853 pm 时，很难观察到康普顿偏移。

✓ 检测题 25.5

为什么一个光子被一个初始静止的电子散射后波长会比入射光子更长？

例 25.5

反冲电子的能量

波长为 10.0 pm 的 X 射线光子被电子散射到 110.0°，反冲电子的动能有多大？

分析　散射角已知，我们不难求出康普顿波长偏移 [见式（25-14）]。通过康普顿偏移和入射光子波长，我们可以求出散射光子的波长，从而求出散射光子的能量。根据能量守恒，电子的动能加上散射光子的能量等于入射光子的能量。

解　康普顿偏移公式为

$$\Delta\lambda = \lambda' - \lambda = \frac{h}{m_e c}(1-\cos\theta)$$

这里 $h/(m_e c) = 2.426$ pm，$\lambda = 10.0$ pm 且 $\theta = 110.0°$，

$$\Delta\lambda = \lambda' - \lambda = 2.246\ \text{pm}\times\left(1-\cos110.0°\right) = 3.256\ \text{pm}$$

散射光子的波长为

$$\lambda' = \lambda + \Delta\lambda = 10.0\ \text{pm} + 3.256\ \text{pm} = 13.26\ \text{pm}$$

电子动能为

$$K_e = E - E' = \frac{hc}{\lambda} - \frac{hc}{\lambda'}$$
$$= 1\,240\ \text{eV·nm}\times\left[\frac{1}{0.010\,0\ \text{nm}} - \frac{1}{0.013\,26\ \text{nm}}\right]$$
$$= 30.5\ \text{keV}$$

讨论　要避免通常易犯的将 $hc/\lambda - hc/\lambda'$ 错写为 $hc/\Delta\lambda$ 的数学错误，这样算会得到 380 keV 的电子动能——差 12 倍。

练习题 25.5　波长的改变

在康普顿散射实验中，X 射线在与入射光夹角为 37.0° 的方向散射的波长为 4.20 pm，则入射 X 射线波长是多少？

25.6　光谱与早期原子模型

线状光谱

1853 年，瑞典光谱学家安德斯·约纳斯埃格斯特朗（1814—1874）使用光谱仪研究了放电管中各种低压气体的发射光（见图 25.12a）。低压气体中的原子彼此远离，因而光是由一群实际上独立的原子发射的。当电子入射该气体时，电子要么被电极加热，要么在电极间形成很大的电势差。电子与气体原子在管中碰撞，电流在电极间流动，电子向着一个方向运动，而正的气体离子则向另一个方向运动。只要电流持续，管中就会发射光。霓虹灯（见图 25.12b）就是最常见的

图 25.12 a）气体放电管。b）由许多气体放电管组成的霓虹灯在孟菲斯的比尔大街（Beale Street in Memphis）闪耀。能工巧匠们将玻璃管加热后弯曲成型。有些时候，管子内壁会涂上荧光涂层。荧光涂层吸收气体发出的紫外光并发出可见光。放电颜色取决于管内气体的种类以及荧光涂层的成分。管内气体通常是惰性气体如氖、氩、氙、氮。有些时候，水银、钠或者金属卤化物与惰性气体混合，还会改变发射光的颜色。

放电管。荧光灯则是在玻璃内部涂有磷光层的汞放电管，磷光吸收汞蒸气发射出来的紫外辐射，并会发射可见光。

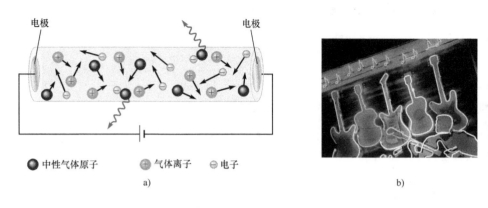

对放电管发出的光进行光谱分析，光首先通过一个狭缝，然后通过一个分光镜或者是光栅，以使不同波长的光出现在不同角度上。尽管由热的固体发射的光会形成连续光谱，但是埃格斯特朗发现从气体放电管中发出的光形成离散谱（见图 25.13a ～ d）。由于每个离散的波长形成狭长的光谱线，所以离散谱也叫作线状光谱，这种光谱是由一系列狭长平行且颜色不同的条纹组成，光谱线之间是暗区。

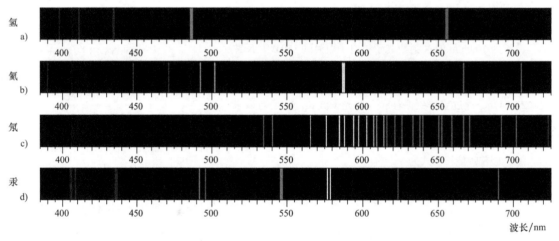

图 25.13 a）氢 b）氦 c）氖 d）汞原子的发射谱。为提高较弱的谱线的可见性，减小了最亮的光谱线强度。

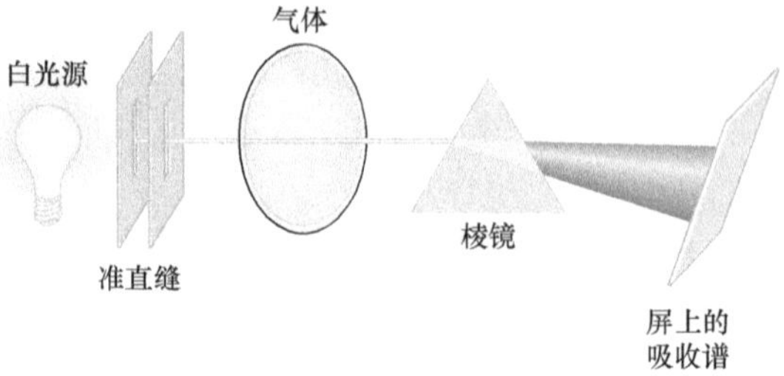

图 25.14 获取吸收谱的装置。当光在气体中通过时，某些波长被吸收。消失的波长将导致在屏上的其他连续谱区出现暗线。

除了检测气体发出的光，科学家们还研究气体吸收的光。让一束白色光通过气体，用光谱仪分析透射光（见图 25.14），由此产生的吸收谱应该除了几条暗线之外都是白光的连续谱。大部分波长的光都透射通过了气体，但是黑线表明有些离散波长被吸收了。被吸收的波长正是放电管中充以相同气体时所发射的波长中的成分。

每个原子都有自己的特征发射谱。比如，霓虹灯的特征红色是氖发射谱所产生的。科学家们很快就开始使用光谱仪来识别存在于物质中的元素。许多以前未知的元素通过光谱仪被发现，铯元素因其明亮的蓝色光谱线而得名（拉丁语中铯cesius 是天蓝色的意思。）。铷元素则因其突出的红线而得名（拉丁语中，铷 rubidius 是暗红的意思）。科学家们将光谱望远镜转向太阳和星星，识别出一些元素，比如氦，地球上迄今尚未发现氦元素。（希腊语中太阳一词 helios 与氦很相似）。

大部分元素的光谱并没有什么明显的图样，但是氢原子——最简单的原子——却显示出令人惊奇的图样。图 25.15 所示为氢原子发射谱，包括紫外、可见光和近红外区的光谱线。1885 年，瑞士数学家约翰·雅各布·巴尔末（1825—1898）给出了可见光范围内氢原子四个波长发射谱线的简单公式：

$$\frac{1}{\lambda} = R\left(\frac{1}{n_f^2} - \frac{1}{n_i^2}\right) \tag{25-16}$$

这里 $n_f = 2$ 且 $n_i = 3$、4、5 或 6。实验测量量 $R = 1.097 \times 10^7 \text{ m}^{-1}$ 叫作里德伯常数，是用瑞典光谱学家里德伯（1854—1919）的名字命名的。

随后，人们发现式（25-16）给出了氢原子所有波长的光谱线，不止是四条可见光谱线。$n_f(1,2,3,4,\cdots)$ 的每个值都给出一个谱线系列，一个谱线系中的每条光谱线都有特定的 $n_i > n_f$ 值。

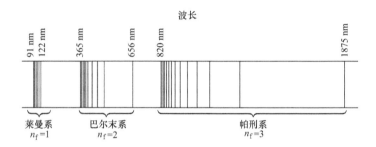

实验观测发现气体中单个原子只吸收和发射某些离散波长的电磁辐射，这用早期的原子结构模型是无法解释的。

原子核的发现

20 世纪之初，最常见的原子模型就是葡萄干布丁模型。正电荷和原子质量的大部分都均匀分散在原子的全部空间中，带负电的电子则像布丁中的葡萄干一样镶嵌在其中各处（见图 25.16）。发现了电子的 J. J. 汤姆逊接受正电荷的均匀分布，但认为原子中的电子是运动的。

卢瑟福实验 1911 年，新西兰人欧内斯特·卢瑟福（1871—1937）设计了一个实验，用 α 粒子轰击金箔（α 粒子是在某些放射性元素的衰变中放出的粒子，它们带有 +2e 电荷，质量约为氢原子的四倍。我们现在知道一个 α 粒子是由 2 个质子和 2 个中子组成。）。轰击金箔之后的 α 粒子可通过观察 α 粒子撞击荧光屏时产生的闪光而探测到（见图 25.17a）。

在原子的葡萄干布丁模型中，正电荷和质量都是均匀分布的，不会在任何点出现聚集。根据这一模型，卢瑟福认为穿过金箔原子的 α 粒子不太可能出现偏转，实验中发现 α 粒子出现大角度偏转让他十分惊讶——有时甚至超过 90°，这说明 α 粒子被金箔反弹回来而不是穿过它。卢瑟福用这样一个比喻表达了他的惊讶"这就像是你向一张纸巾上发射了一枚 15 英寸的炮弹壳，而它竟被弹回来打中了你"。

图 25.15 氢原子的发射谱。巴尔末系的四条谱线都在光谱的可见光区域。巴尔末系其他谱线和整个莱曼系都在紫外区。帕刑系和其他具有较高 n_f 值的谱线系都在近红外。每个线系中，对应 $n_i = \infty$ 的波长叫作线系限。

图 25.16 原子的汤姆逊葡萄干布丁模型，其中正电荷和大部分原子质量都是分散的。原子核的发现表明这一模型是错误的。

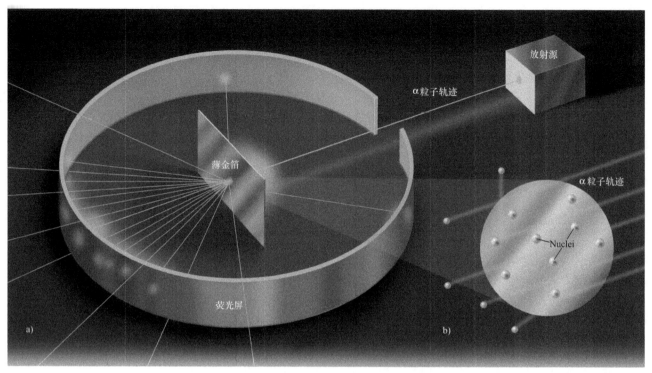

图 25.17　卢瑟福散射实验。a）放射源发出的 α 粒子瞄准薄金箔。金箔要尽量薄，使得 α 粒子尽可能只被一个原子核散射。被散射的粒子在撞击荧光屏时发出光而被探测到。b）α 粒子接近一个金核并被大角度偏转，没有靠近原子核的 α 粒子几乎不被偏转。

α 粒子的大角度偏转一定是与某些质量较大的物体碰撞导致的。这个物体肯定很小，因为大部分 α 粒子只是偏转了较小的角度。卢瑟福根据散射实验的结果，提出了原子的新模型，中心是半径约为 10^{-15} m 的致密的核，它带有全部正电荷，并占据原子质量的大部分（见图 25.17b）。带正电的原子核斥退了接近它并同样带正电的 α 粒子。原子核的半径只有原子半径的十万分之一（10^{-5}）倍。因此，大部分 α 粒子没有明显偏转地恰好穿过金箔，少数 α 粒子运动到了原子核附近，感受到很大的斥力并被大角度偏转。

原子核发现之后，原子的行星模型取代了葡萄干布丁模型：电子绕着原子核运动，就像个小型的太阳系，电子受到来自原子核的静电力作用，就像太阳系中引力的作用一样。

原子行星模型没有回答的严重问题　有两个严重的问题一直困扰着科学家。第一个是根据经典电磁学理论，加速运动的电荷会发出电磁辐射，一个电子绕核的轨道运动是有加速度的——其速度方向不断变化——所以它应该连续辐射。而辐射会带走能量，电子能量会因此而减少，从而导致电子会坠入原子核。因此，原子只能短暂辐射——只有大约 0.01 μs——直到它们崩塌。根据经典电磁学，原子不能稳定存在。第二个问题：当原子辐射时，就像在放电管中，为什么只有特定波长的谱线？换句话说，为什么原子的发射谱是一系列线状光谱而不是连续谱？

25.7　氢原子的玻尔模型　原子能级

1913 年，丹麦物理学家尼尔斯·玻尔（1885—1962）发表了第一个能解决这些问题的原子模型。玻尔的模型是氢原子模型——最简单的原子，只有一个电子，核内只有一个质子。

玻尔模型的假设

1）电子只能在某些特定的环形轨道上存在，不向外辐射能量（见图 25.18）。玻尔坚持认为加速的电子并不辐射，经典电磁学理论的某些方面并不能应用于以某些特定轨道半径环绕原子核运动的电子。电子只能在一系列被称为**定态**的分立轨道上运动。（电子并非固定不动，它绕核运动，由于电子以某些固定的半径做轨道运动且不向外辐射，所以电子的状态是固定的。）每个定态都有与之对应的确定的能量。这些状态的能量值叫作**能级**。这样，玻尔就把量子理论扩展应用到了原子本身的结构：轨道半径和轨道能量都是量子化的。

2）牛顿力学的规律可用于任何定态的电子运动。原子核作用在电子上的作用力由库仑定律给出，牛顿第二定律（$\Sigma F = ma$）给出库仑力与电子做环形轨道运动时的径向加速度之间的关系。轨道能量是电子动能加上电子与原子核之间的静电相互作用势能。

3）电子可以通过发射和吸收单个光子在定态间跃迁（见图 25.19），光子能量等于两定态能量之差：

$$|\Delta E| = hf \tag{25-17}$$

由于电子能级只能取一系列分立的值，发射和吸收谱也是由分立能量的光子组成的——它们是线状光谱。玻尔没有解释一个电子怎样从一个轨道"跳"到另一个轨道。

4）定态所处的轨道半径满足电子的角动量是 $h/(2\pi)$ 整数倍的量子化条件。

$$L_n = n\frac{h}{2\pi} = n\hbar \quad (n = 1,2,3,\cdots) \tag{25-18}$$

常数组合 $h/(2\pi)$ 通常简写为 $\hbar$。玻尔选定这些角动量的值是因为它们与氢原子发射光谱的实验数据相吻合。

玻尔轨道半径
玻尔轨道半径　玻尔轨道的最小半径被称为**玻尔半径**：

$$a_0 = \frac{h^2}{m_e k e^2} = 52.9\ \text{pm} = 0.052\ 9\ \text{nm} \tag{25-19}$$

电子允许的轨道半径为

$$r_n = n^2 a_0 \quad (n = 1,2,3,\cdots) \tag{25-20}$$

氢原子能级

定态能量是电子动能和电子与核相距距离为 r 时的静电势能之和：

$$E = K + U = \frac{1}{2}m_e v^2 - \frac{ke^2}{r} \tag{25-21}$$

由于我们假定无穷远的势能为零，所以这里势能 U 为负值，当带相反电荷的电子和质子之间的距离减小时，势能随之减小。

由于电子受核束缚的原子能量小于电离原子的能量，所以能量 E 也是负的。在电离原子中，电子静止于距原子核无限远处，因此 $E = 0$（动能和势能都为零）。一个处在束缚态的电子必须提供给它能量才能从原子核的束缚中脱离，从而导致

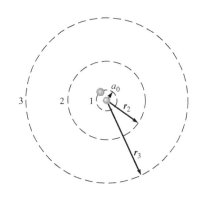

图 25.18　氢原子的玻尔模型中，电子绕核做圆轨道运动。轨道半径必须是一系列分立（量子化）的半径。

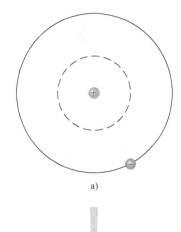

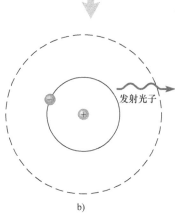

图 25.19　a）氢原子在允许的轨道上。b）原子发射一个光子，电子掉落到另一个较低能量的允许轨道。吸收光子则相反：光子"贡献"出自己的能量给原子，使得电子能够运动到更高的能级。

原子电离。

　　$n=1$ 的态称为**基态**，其轨道半径为最小可能值，且能量最低。基态能量为

$$E_1 = -\frac{m_e k^2 e^4}{2h^2} = -2.18 \times 10^{-18}\,\text{J} = -13.6\,\text{eV} \qquad (25\text{-}22)$$

更高能量的态（$n>1$）叫作**激发态**。所有能级由下式给出

$$E_n = \frac{E_1}{n^2} \qquad n = 1,2,3,\cdots \qquad (25\text{-}23)$$

　　图 25.20 是氢原子能级图。每条水平线代表一个能级，竖直的箭头表示能级间的跃迁，伴随着发射或者吸收相应能量的光子。当电子从初始态 n_i 跃迁到较低能量的末态 n_f 时，发射的光子能量为

$$E = \frac{hc}{\lambda} = E_i - E_f = E_1\left(\frac{1}{n_i^2} - \frac{1}{n_f^2}\right) \qquad (25\text{-}24\text{a})$$

图 25.20　氢原子能级图。能量 $E=0$ 的能级 $n=\infty$，对应电离原子（电子和质子分离）。箭头代表能级间跃迁，箭头的长度代表着发射或者吸收的光子的能量大小。对比图 25.15。

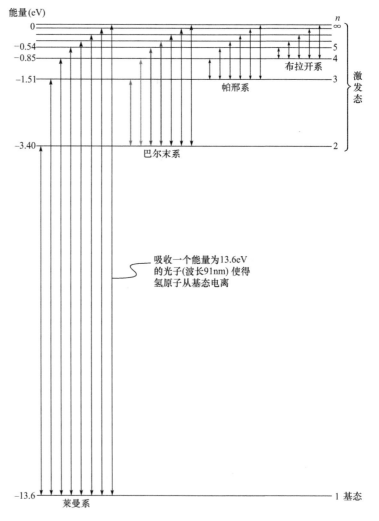

吸收一个能量为13.6eV的光子(波长91nm)使得氢原子从基态电离

　　假如我们取巴尔末公式的一般形式［见式（25-16）］，且两边同乘 hc 可得

$$\frac{hc}{\lambda} = hcR\left(\frac{1}{n_f^2} - \frac{1}{n_i^2}\right) = -hcR\left(\frac{1}{n_i^2} - \frac{1}{n_f^2}\right) \qquad (25\text{-}24\text{b})$$

这里 R 是里德伯常数。这样，只需要 $E_1 = -hcR$，玻尔理论就可得到与光谱观测数据完美吻合的结果。玻尔计算之后发现两者之间偏差不到 1%。

✓ 检测题 25.7

当氢原子从 $n=5$ 跃迁到 $n=2$ 态，发射光子的能量是多少？（参考图 25.20）

例 25.6

求初态和末态

氢原子发射谱在近红外区的一个波长为 1.28 μm。发射该波长对应的跃迁初末态是什么？

分析　波长为 1.28 μm 的光子能量应该是两个能级之差。我们先不去解含有两个未知量的方程（初态和末态的 n），可以先用能级图帮我们缩小选择。

解　发射光子的能量为

$$E = \frac{hc}{\lambda} = \frac{1\,240\,\mathrm{e\,V \cdot nm}}{1\,280\,\mathrm{nm}} = 0.969\,\mathrm{eV}$$

参看能级图（图 25.20），光子应该是帕邢系的。巴尔末系最小光子能量为

$$(-1.51\,\mathrm{eV}) - (-3.40\,\mathrm{eV}) = 1.89\,\mathrm{eV}$$

莱曼系的光子能量大得多。布拉开系的最大光子能量可达 0.85 eV。只有帕邢系的光子能量在 1eV 左右。因此，末态 $n=3$，而末态能量为 $E_3 = -1.51\,\mathrm{eV}$。我们再来解初态的 n。

$$光子能量 = E_i - E_f$$

$$0.969\,\mathrm{eV} = \frac{-13.6\,\mathrm{eV}}{n^2} - (-1.51\,\mathrm{eV})$$

$$n = \sqrt{\frac{13.6\,\mathrm{eV}}{1.51\,\mathrm{eV} - 0.969\,\mathrm{eV}}} = 5$$

当电子从 $n=5$ 的态跃迁到 $n=3$ 的态时，发射出 1.28 μm 的光子。

讨论　对于氢原子光谱中的光子，区分两个能级中较低的能级可以通过注意彼此没有重叠的谱线系来简化。所有莱曼系的光子（较低能级为 $n=1$）都比巴尔末系（较低能级为 $n=2$）中的任何一光子具有更大的能量。所有巴尔末系中的光子都比帕邢系的能量更大，等等。

练习题 25.6　第五条巴尔末谱线

巴尔末系的前四条谱线显而易见是可见光。那么巴尔末系的第五条谱线波长是多少呢？

例 25.7

热激发

吸收或者发射一个光子并非原子在不同能级间跃迁的唯一途径。有一种叫作热激发模式的途径。假如它们的动能足够大，两个原子会经历非弹性碰撞，其中一个原子会跃迁到激发态，另一个在碰撞后会具有比之前更小的跃迁总动能。（a）室温下（300K）气体中原子的平均平动动能是多少？（b）请解释为什么在室温的氢原子气体中，几乎所有原子都处于基态？

分析　在 13.6 节中，我们求出理想气体的平均平动动能为 $\langle K_{tr} \rangle = \frac{3}{2}kT$ [式（13-20）]。为了方便与氢原子能级进行比较，我们将平均动能转化为 eV。关键是看氢原子的平动动能是否大到足够在非弹性碰撞中激发其中一个原子。

解和讨论　（a）在 $T=300\,\mathrm{K}$ 时

$$\langle K_{tr} \rangle = \frac{3}{2}kT$$

$$= \frac{3}{2} \times 1.38 \times 10^{-23}\,\mathrm{J/K} \times 300\,\mathrm{K} \times \frac{1\mathrm{eV}}{1.60 \times 10^{-19}\,\mathrm{J}}$$

$$= 0.04\,\mathrm{eV} \tag{13-20}$$

（b）假设两个都处在基态的原子碰撞。其中一个激发到 $n=2$（基态激发所需能量最小的跃迁）有

$$\Delta E = E_2 - E_1 = (-3.40\,\mathrm{eV}) - (-13.6\,\mathrm{eV}) = 10.2\,\mathrm{eV}$$

这是平均动能的 260 倍。在任意给定时刻，有些原子的能量大于平均动能，有些则小于平均动能。只有少数原子的能量远大于平均动能。动能是平均动能数百倍的原子是极少数（见图 13.13 中麦克斯韦—玻尔兹曼分布曲线）。而按这种方式激发的原子之中又只有很少数能通过放出一个光子而快速衰变回基态。所以在任意给定时刻，能被激发的原子少到可以忽略，所有实际情况下的原子全都处于基态。

练习题 25.7　氢原子吸收光谱

室温下氢原子吸收谱在光谱可见区并没有黑线。在高温下，氢原子吸收谱在可见光区有四条黑线——与之相同波长的是发射谱巴尔末系的四条可见谱线。请解释。

玻尔模型的成功

玻尔模型如今已被原子的量子力学理论（26 章）所取代。尽管存在着严重的缺陷，玻尔模型依然是量子物理发展过程中的重要里程碑。从玻尔原子继承到量子力学原子的一些重要思想包括：

- 电子可以处在具有量子化能级的分立的定态上。
- 原子可以通过发射或者吸收一个光子在不同能级间跃迁。
- 角动量是量子化的。
- 定态可以用量子数描述（n，现在被称为主量子数）。
- 电子在不同能级间的跃迁是不连续的（"量子跳跃"）。

玻尔模型给出了氢原子能级正确的数值解——即便是从错误的假设出发。它还成功预测了氢原子的大小：现在知道，玻尔半径 a_0 是氢原子处在基态时电子和原子核间的最可能距离。

玻尔模型的问题

- 电子绕核运动的整个思想——实际上电子可以处在任意轨道上——是错的。牛顿力学并不能用于电子的运动。电子必须用量子力学来描述，量子力学只预测电子距核不同距离时的概率。
- 角动量是量子化的，但并非是 $\hbar$ 的整数倍。
- 玻尔模型无法计算电子吸收或者发射一个光子的概率。
- 玻尔模型不能扩展到比单电子原子更复杂的原子。

玻尔模型对其他单电子原子的应用

玻尔模型可以用于单电子离子，比如氦离子（He$^+$）和双电离的锂离子（Li^{2+}）。这些离子的核电荷不是 $+e$，而是 $+Ze$，这里 Z 是原子数（原子核中的质子数）。氢原子方程中出现的所有 e^2，一个 e 来自电子电荷，另一个来自原子核的电荷。对于核电荷数为 Ze 的原子核，我们用 Ze^2 取代含 e^2 因子的每一项。那么轨道半径小 Z 倍：

$$r_n = \frac{n^2}{Z} a_0 \quad (n = 1, 2, 3, \cdots) \tag{25-25}$$

能级则大了 Z^2 倍：

$$E_n = -\frac{Z^2}{n^2} \times 13.6 \, \text{eV} \quad (n = 1, 2, 3, \cdots) \tag{25-26}$$

例 25.8

He$^+$ 的能级

计算单电离的氦的前五个能级，画出单电离氦原子的能级图，并与氢原子的能级图进行比较。

解和讨论 氢原子的基态能量是 –13.6 eV。核电荷数为 $+Ze$ 的单电子原子能级为

$$E_n = -\frac{Z^2}{n^2} \times 13.6 \, \text{eV} \quad (n = 1, 2, 3, \cdots)$$

对于 He$^+$，$Z = 2$：

$$E_n = -\frac{4}{n^2} \times 13.6 \, \text{eV} = -\frac{1}{n^2} \times 54.4 \, \text{eV} \quad (n = 1, 2, 3, \cdots)$$

He$^+$ 的前五个能级分别为

$$E_1 = -54.4 \, \text{eV}; \, E_2 = -13.6 \, \text{eV}; \, E_3 = -6.04 \, \text{eV};$$
$$E_1 = -3.40 \, \text{eV}; \, E_1 = -2.18 \, \text{eV}$$

例 25.8 续

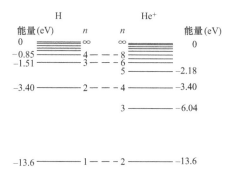

图 25.21　H 和 He⁺ 的能级。

现在我们在氢原子（见图 25.21）旁边画出 He⁺ 有的能级图（未按比例）。由于 Z^2 因子的影响，He⁺ 的每个能级都是具有相同 n 值的氢原子能级的四倍。He⁺ 的第一激发态（$n=2$）与氢原子基态能量相同。He⁺ 的第三激发态（$n=4$）与氢原子的第一激发态（$n=2$）能量相同。总而言之，$2n$ 态的 He⁺ 与 n 态的氢原子能量相同。

练习题 25.8　电离能

电离能是从一个原子的基态到电子与核分离所需的能量。（a）H 的电离能是多少？（b）He⁺ 的电离能是多少？（c）为什么 He⁺ 的电离能大于 H？请给出定量解释。

应用：荧光、磷光和化学发光

设想氢原子气体被波长为 103 nm 的紫外辐射照射。有些原子会吸收光子并激发到 $n=3$ 的能级。当一个激发态原子衰变回基态时，并不一定发射 103 nm 的光子。可以先衰变到 $n=2$（发射 656 nm 的光子）然后衰变到 $n=1$（发射 122 nm 的光子）。中间能级的存在使得原子能吸收某个波长的光子然后发出更长波长的光子。

荧光材料吸收紫外辐射并经过一系列衰变，其中至少有一步会发射可见光光子。在分子或者固体中，并非所有的跃迁都会有光子的发射。有些跃迁增加固体内分子的转动或振动动能。这些能量最终消散在周围环境中。

荧光灯是一种水银放电管，其内部涂有称为荧光粉的荧光材料的混合物。荧光粉吸收汞原子发出的紫外辐射，继而发出可见光。一台"紫外灯"——一种用紫外线作光源的灯——可使得荧光染料在黑暗中发光。荧光染料也会被掺入衣物洗涤剂中，它吸收紫外线并发出蓝色光，通过对白色织物逐渐出现的泛黄进行颜色补偿而实现"让白色更白"（见图 25.22）。

a)

b)

图 25.22　一件刚洗过的衬衫和洗涤精，分别在 a）自然光和 b）紫外光中观察。

　　磷光与荧光相似，但存在着时间延迟现象。原子分子的大部分激发态都会迅速衰变（通常在几 ns 内），但是有些亚稳态激发态在跃迁之前会存在数秒甚至更长时间。手表表盘、墙壁开关板以及在黑暗中发光的玩具，都是吸收照射到它们之上的光子而陷入亚稳态，并在之后很久才发出光。

　　在卢瑟福的散射实验中，α 粒子是在荧光屏上被检测到的。荧光粉是被 α 粒子碰撞激发的，不是吸收光子激发。老式 CRT 电视机上的荧光点是被高速运动的电子束激发的，衰变回基态时会发出可见光光子。这种荧光屏使用三种不同的荧光粉产生蓝色、绿色和红色。

是什么原因使得犯罪现场出现蓝光？

　　本章开始时描述的地板上的蓝色辉光是化学发光。无色溶液中含有鲁米诺（3-氨基苯二甲酰肼，又称发光氨）和过氧化氢。微量的血红蛋白（存在于血液中）就可以催化鲁米诺与过氧化氢之间的氧化反应。该反应留下的产物中有一种处在激发态，然后通过发射光子衰变到基态。即使是对于经过仔细清洗的衣服或表面，鲁米诺测试也同样是有效的。因此，蓝色发光揭示出血迹可能的位置。萤火虫发光也是一种与此类似的被称为生物发光的过程。该反应是由酶（生物催化剂）在进行控制，使得萤火虫发光或者不发光。

特征 X 射线的能量

　　叠加在轫致辐射连续谱上（见图 25.10）的特征 X 射线峰的能量是由靶原子的能级决定的。当入射电子撞击 X 射线管中的靶时，它可以提供能量使得一个被紧密束缚的内层电子从原子中脱离。接着，一个处在较高能级的电子会掉到空能级，并发射一个 X 射线光子，其能量是两个能级之差。

25.8　对的产生与湮灭

正电子

　　1929 年，英国物理学家保罗·狄拉克（1902—1984）从理论上预言存在一种与电子质量相同但所带电荷相反（$q = +e$）的粒子。随后的实验证实了这种粒子的存在，就是现在被称为正电子的粒子。有些放射性元素在衰变时会自发地发射一个正电子。

　　正电子是首个被发现的反粒子。组成普通物质的每个粒子（电子、质子以及中子）都有自己的反粒子（正电子、反质子和反中子）。宇宙学家们一直在为宇宙中为什么物质明显多于反物质的问题而进行斗争。我们这里介绍正电子是因为电子—正电子对的产生和湮灭这两个过程可以为电磁辐射的光子模型提供一些最清晰和最直接的证据。

对产生

　　一个高能光子可以凭空产生一个正电子和一个电子，在这一过程中光子被完全吸收。能量在任何过程中都必须守恒，所以要使**对产生**能够发生需

$$E_{光子} = E_{电子} + E_{正电子}$$

有质量的粒子的总能量等于动能和静止能量（粒子静止时具有的能量）之和。质量为 m 的粒子的静止能量为

$$E_0 = mc^2 \tag{24-7}$$

（见 24.7 节）。因此，一个光子要产生一个电子—正电子对儿就必须至少具有 $2m_ec^2$ 的能量。如果光子能量大于 $2m_ec^2$，多余的能量就会以电子和正电子的动能

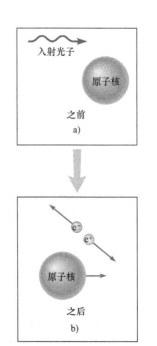

图 25.23　对产生 a）光子从原子核附近经过。b）光子产生电子—正电子对后消失。原子核以很小的动能反冲，但由于其质量大，反冲动量很大。

形式出现。光子是没有质量的，所以没有静止能量，光子的总能量为 $E = hf = hc/\lambda$。

动量也必须守恒。对于光子，$p = E/c$。对于电子或者正电子，

$$p = \frac{1}{c}\sqrt{E^2 - (m_e c^2)^2} < \frac{E}{c}$$

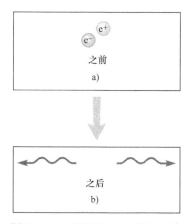

总能量为 E 的电子或正电子的动量小于 E/c——也就是说小于具有同样能量的光子。即便电子和正电子沿着相同方向运动，它们的总动量也不会与光子的动量一样大。因此，对的总动量和总能量不可能都与光子的动量和总能量相等。在这一反应中一定会有其他粒子出现：仅当光子通过一个大质量粒子比如原子核（见图 25.23）时对产生才会发生。大质量粒子的反冲可使动量守恒得到满足且不会带走大量能量，因此我们假设光子的所有能量都进入电子—正电子对是个很好的近似。

图 25.24 对湮灭 a）电子和正电子消失，产生 b）一对光子。

对湮灭

由于普通物质含有大量电子，正电子迟早会靠近电子，在很短的时间内，正负电子对会形成类似于原子的体系，紧接着——噗！——两个粒子都消失了，并产生两个光子（见图 25.24）。对湮灭不会只产生一个光子，两个光子必须同时满足能量和动量守恒。两个光子的总能量必须等于电子—正电子对儿的总能量。通常电子和正电子的动能比它们的静止能量小得可以忽略，因此，为了简单起见，我们假设它们静止，它们的总能量就等于它们的静止能量 $2m_e c^2$ 而它们的总动量为零。对湮灭继而产生两个光子，每个光子的能量为 $E = hf = m_e c^2 = 511\text{ keV}$，且沿着相反的方向运动。湮灭是正电子最终的结局，511 keV 的特征光子是对湮灭发生的标志。

除了证实电磁辐射的光子模型，对湮灭和对产生还能清晰地说明爱因斯坦关于质量和静止能量的思想。

例 25.9

对产生的临界波长

试求能够产生电子—正电子对的光子的临界波长。

分析 光子至少得有足够的能量产生静止能量均为 $m_e c^2 = 511\text{ keV}$ 的电子和正电子。由于光子能量越小，对应的波长就越大，所以我们从最小光子能量来求临界波长——最大波长。

解 产生一个电子—正电子对所需的最小光子能量为

$$E = 2m_e c^2 = 1.022\text{ MeV}$$

现在我们用光子能量求它的波长：

$$E = hf = \frac{hc}{\lambda}$$

解出波长

$$\lambda = \frac{hc}{E} = \frac{1\,240\text{ eV·nm}}{1.022 \times 10^6\text{ eV}} = 0.001\,21\text{ nm} = 1.21\text{ pm}$$

讨论 快速检查：一个可见光光子波长大约为 500 nm，能量约为 2 eV，这里求出的光子能量是可见光光子能量的 50 万倍，因此波长约为 500 nm/500 000 = 0.001 nm = 1pm。

练习题 25.9 介子 — 反介子对的产生

一个光子要有足够的能量产生介子和反介子，它的最长波长是多大？介子和反介子的质量为 106 MeV/c^2（它们的静止质量为 106 MeV）。这个对产生是光子和原子核相互作用的结果。

应用：正电子发射成像术

正电子发射成像术（PET）是一种基于对湮灭的医学影像技术，被用于诊断心脑疾病和某些类型的癌症诊断。首先将示踪剂植入体内，示踪剂是一种混合物——通常包括葡萄糖、水或者氨——使得放射性原子结合起来。当一个放射性原子在体

内发射正电子时，正电子与电子湮灭并产生两个沿相反方向运动的 511 keV 的伽马射线光子。两个光子会被身体外部的探测环（见图 25.25a）探测到，发射正电子的原子则位于两个探测器之间的线路上。计算机分析众多伽马射线的方向并确定示踪剂的最高浓度区域，然后计算机构造出身体的切片图像（见图 25.25b）。

其他的影像技术比如 X 光片、CT 扫描、核磁共振等可以显示出身体组织的结构，但 PET 扫描能显示出一个器官或者组织的生化活性。比如，心脏的 PET 扫描可以区分正常心脏组织和无功能心肌组织，这有助于心脏科医生判断患者是否适合做搭桥手术或者血管成形术。

由于迅速生长的癌细胞吞噬葡萄糖示踪剂要比健康细胞快，PET 扫描可以准确区分良性肿瘤和恶性肿瘤，帮助肿瘤专家确定癌症患者的最佳治疗方案以及监控疗程中的疗效。脑肿瘤也可精确定位，而不必对患者进行开颅活检。PET 还可用于评估大脑疾病，如阿尔茨海默症、亨廷顿舞蹈症，以及帕金森症、癫痫、中风等。

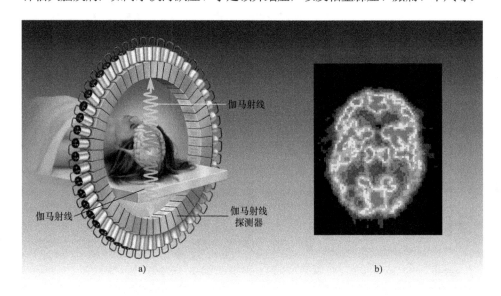

图 25.25　a）当一个正电子和一个电子在体内湮灭时，PET 可探测到伽马射线发射。b）大脑 PET 扫描图。颜色用于区分正电子发射时不同的能级区域。

本章提要

- 当一个量的可能取值都被限制为一系列分立的值，这个量就是量子化的。
- 普朗克建立了一个方程来拟合黑体辐射实验的结果，该方程使得他提出了振子的能量是按照 hf 的整数倍量子化的。振子的频率为 f。普朗克常数现在已经成为物理学的基本常数之一：

$$h = 6.626 \times 10^{-34} \text{ J} \cdot \text{s} \qquad (25\text{-}3)$$

- 光电效应中，电磁辐射入射到一个金属的表面，导致电子从金属中脱离。为了解释光电效应，爱因斯坦提出电磁辐射本身就是量子化的，电磁辐射的量子——也就是说最小可见单位——现在被称为光子。电磁辐射中光子的能量与频率 f 的关系为

$$E = hf \qquad (25\text{-}4)$$

一个电子的最大动能等于光子能量和逸出功 ϕ 的差值。逸

出功是打破电子和金属间的束缚所必须提供的能量。

$$K_{\max} = hf - \phi \qquad (25\text{-}7)$$

（图：$K_{\max} = eV_S$ 为纵轴，f 为横轴，斜率 = h，截距 $f_0 = \dfrac{\phi}{h}$，$-\phi$）

- 一个电子伏特等于带电荷 $\pm e$ 的粒子（一个电子或者一个质子）通过电势差为 1 V 的电场时获得的动能

$$1 \text{ eV} = 1.60 \times 10^{-19} \text{ J} \qquad (25\text{-}5)$$

- 在 X 射线管中，加速电子使之获得动能 K，并入射到一个

靶上。如果电子全部动能被一个光子带走时，X 射线辐射的发射频率最大：

$$hf_{max} = K \qquad (25\text{-}9)$$

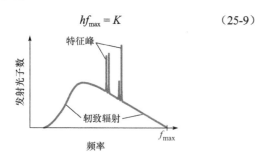

- 康普顿散射中，被靶物质散射的 X 射线比入射 X 射线具有更长的波长，波长偏移与散射角 θ 有关：

$$\lambda' - \lambda = \frac{h}{m_e c}(1 - \cos\theta) \qquad (25\text{-}14)$$

康普顿散射可视为是一个光子和一个静止电子的碰撞。入射光子的动量和动能必须等于散射光子和反冲电子的总动量和动能。

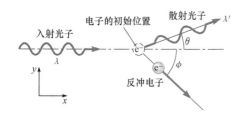

- 单个原子发射和吸收电磁辐射形成波长分立的线状光谱。每个元素都有自己的特征谱，这些谱是由其一系列分立的（量子化的）能级决定的。一个原子通过发射和吸收光子在能级间跃迁（图 25.19），发射和吸收的光子能量等于原子两能级能量之差：

$$|\Delta E| = hf \qquad (25\text{-}17)$$

- 氢原子能级为

$$E_n = \frac{E_1}{n^2} \qquad (25\text{-}23)$$

基态能量（最低能级）为

$$E_1 = -13.6 \text{ eV} \qquad (25\text{-}22)$$

- 氢原子的玻尔模型假定电子是在围绕原子核的圆形轨道上运动，这些轨道的半径和能量是量子化的。尽管用玻尔模型的计算给出了正确的能级［式（25-22）及式（25-23）］，但是玻尔模型还是存在着严重的缺陷，并已被氢原子的量子力学描述取代（26 章）。

- 荧光材料吸收紫外辐射并经过一系列步骤衰变。其中一步或多步涉及可见光光子的发射。

- 在对产生过程中，当高能光子通过一个大质量粒子时产生一个电子—正电子对。在对的湮灭过程中，电子—正电子对湮灭，产生两个光子。

思考题

1. 🌐 请用光子模型解释为什么紫外辐射对你的皮肤有害，而可见光却无害。

2. 在实验中用可见光照射一个靶，并测量不同角度的散射光波长。该实验是否会显示出散射光子的康普顿偏移？请解释。

3. 如何通过观测氢原子发射光谱中的清晰谱线来证明所有电子都带有相同电荷？

4. 描述 X 射线连续谱产生的过程。在该光谱中是否存在最大波长或最小波长？请解释。

5. 制作黑白胶片的暗室用红色灯泡的灰暗灯光不会损坏胶片。为什么要用红色灯泡而不是白色或者蓝色或者其他什么颜色的灯泡？

6. 在康普顿散射和光电效应中，电子都是从入射光子获得能量。那么这两个过程有什么本质区别？

7. 对于能量超过 1.02 MeV 的光子而言，什么过程变得最为重要？

8. 在光电效应实验中，截止电势差是如何确定的？对于从金属表面发出的电子，截止电势差能告诉我们什么信息？

9. 解释为什么氢原子吸收谱中的所有谱线都会在发射谱中出现，但并非发射谱中所有谱线都会出现在吸收谱中？［提

示：激发态寿命很短。］

10. 🌐 人眼在低光水平时视网膜的光响应依赖于入射光激发视杆细胞中的光敏分子。这些分子在激发时会改变形状，从而导致细胞中能够向大脑触发神经脉冲的其他变化。要解释为什么即使在低光照水平下这些变化也会发生，光的光子模型比波动模型具有怎样的优势？

11. 在光电效应实验中，用电磁辐射照射两种不同的金属（1 和 2）。金属 1 对红光和蓝光都会产生光电子。金属 2 只对蓝光产生光电子，对红光不产生。哪种金属对紫外辐射产生光电子？哪种金属可能会对红外辐射产生光电子？谁的逸出功更大？

选择题

🔘 学生课堂应答系统

1. 一个向靶原子核靠近的电子减速，并向外辐射出部分能量。该过程叫作什么过程？

   (a) 康普顿效应　　　　(b) 光电效应
   (c) 轫致辐射　　　　　(d) 黑体辐射
   (e) 受激发射

2. ⊕ 在康普顿效应中，一个波长为 λ、频率为 f 的光子被一个初始状态静止的电子散射。在该过程中，

(a) 电子从光子获得能量，所以散射光子的波长小于 λ。

(b) 电子向散射光子提供能量，所以光子频率大于 f。

(c) 动量不守恒，但是能量守恒。

(d) 光子失去能量，所以散射光子的频率小于 f。

3. ⊕ 两束激光每秒钟发出相同数量的光子，假如第一束激光发射蓝光，而第二束发射红光，则第一束的辐射功率是

(a) 大于第二束的发射功率。

(b) 小于第二束的发射功率。

(c) 等于第二束的发射功率。

(d) 不知道发射的时间间隔所以不可能确定。

4. ⊕ 从一个光谱实验中分析数据，实验确定的每个巴尔末系的波长的倒数与 $1/(n_i^2)$ 的关系用点画出，其中 n_i 是发生到 $n = 2$ 跃迁的初始能级。则这条线的斜率是

(a) 巴尔末系最短的波长。

(b) $-h$，h 是普朗克常数。

(c) 巴尔末系最长波长的倒数。

(d) $-hc$，h 是普朗克常数。

(e) $-R$，R 是里德伯常数。

5. ⊕ 在光电效应实验中，用单一波长的光入射到金属表面上，当入射光强度增加时，

(a) 截止电势差增加。　　(b) 截止电势差减小。

(c) 逸出功增加。　　　　(d) 逸出功减小。

(e) 以上都不对。

计算、证明题

ⓒ 综合概念 / 定量题

🩺 生物医学应用

◆ 较难题

25.3　光电效应

1. 一台 200 W 的红外激光器发射波长为 2.0×10^{-6} m 的光子，一台 200 W 的紫外灯发射波长为 7.0×1.0^{-8} m 的光子。（a）单个红外光子和单个紫外光子哪个能量更大？（b）单个红外光子和单个紫外光子的能量分别是多大？（c）它们分别每秒发射多少光子？

2. 求（a）3.1 eV 的光子的波长和（b）频率。

3. 铷金属表面的逸出功为 2.16 eV，（a）若入射光波长为 413 nm，则电子的最大初动能是多少？（b）该金属表面的红限波长是多少？

4. 要让一个电子从金属中逃逸需要的最小能量是 2.60 eV，则能从这种金属中电离一个电子的光子最大波长是多少？

5. 在光电效应实验中，用六个不同的紫外光源照射同一块金属。各光源发出的光波长和强度都不同，按照截止电势差从最大到最小的顺序排列这六种光源。（a）$\lambda = 200$ nm，$I = 200$ W/m²；（b）$\lambda = 250$ nm，$I = 250$ W/m²；（c）$\lambda = 250$ nm，

$I = 200$ W/m²；（d）$\lambda = 300$ nm，$I = 100$ W/m²；（e）$\lambda = 100$ nm，$I = 20$ W/m²；（f）$\lambda = 200$ nm，$I = 40$ W/m²。

6. 波长为 220 nm 的紫外光照射钨表面并电离电子。截止电压为 1.1 V，在该电压下正好可阻止任何电子到达另一电极。则钨的逸出功是多少？

7. ⓒ 光电效应实验中使用两个不同的单色光源，一个是黄光（580 nm），另一个是紫光（425 nm）。金属表面的光电效应红限频率为 6.20×10^{14} Hz。（a）这两个光源都能使该金属发生光电效应发出光电子吗？请解释。（b）从该金属电离一个电子需要多大能量？（使用 $h = 4.136 \times 10^{-15}$ eV·s。）

8. ◆ 一束 640 nm 的激光发出 1 s 直径为 1.5 mm 的脉冲。该脉冲的有效电场是 120 V/m，则每秒钟发射多少光子？［提示：参看 22.6 节］

25.4　X 射线的产生

9. 要产生波长为 0.250 nm 的 X 射线需要在 X 射线管两侧加的最小电压是多少？

10. 一个 X 射线管中加电压 40.0kV。则从该管中发出的连续 X 射线谱中最小波长是多少？

11. 证明 X 射线管中的截止频率正比于电子加速的电压。

25.5　康普顿散射

12. 一个波长为 0.150 nm 的 X 射线光子与一个初始静止的电子碰撞，散射光子从与入射光子夹角为 80.0° 的方向飞出。求（a）波长的康普顿偏移；（b）散射光子的波长。

13. X 射线照射靶并探测到散射 X 射线。已知入射 X 射线波长 λ 和散射角 θ，试按照从大到小的顺序排列散射 X 射线的波长。（a）$\lambda = 1.0$ pm，$\theta = 90°$；（b）$\lambda = 1.0$ pm，$\theta = 60°$；（c）$\lambda = 4.0$ pm，$\theta = 120°$；（d）$\lambda = 1.6$ pm，$\theta = 60°$；（e）$\lambda = 1.6$ pm，$\theta = 120°$；（f）$\lambda = 4.0$ pm，$\theta = 2.0°$。

14. 波长为 0.148 00 nm 的光子向东飞行，被初始静止的电子散射。散射光子的波长为 0.149 00 nm，则散射电子的速度是多少？

15. 一光子入射一个静止的电子，散射光子波长为 2.81 pm，并沿着与入射光子方向夹角为 29.5° 的方向运动。（a）入射光子的波长是多少？（b）电子的最终动能是多大？

16. ◆ 波长为 0.010 0 nm 的入射光子发生康普顿散射，散射光子波长为 0.012 4 nm，使光子发生散射的电子动能该变量是多大？

25.6　光谱与早期原子模型

25.7　氢原子的玻尔模型　原子能级

17. 求处在定态 $n = 4$ 的氢原子的能量。

18. 基态氢原子吸收能量为 12.1 eV 的光子，则该原子将激发到哪个能级？

19. 要使初始处在 $n = 2$ 态的氢原子电离需要多少能量？

20. 当氢原子从 $n = 6$ 跃迁到 $n = 3$ 态时，求发出的辐射波长。

21. 氢原子中的电子处在 $n = 5$ 能级。（a）若氢原子中的电子返回基态并发出辐射，那么会发射出的最小光子数是多少？（b）能发出的最大光子数是多少？

22. 一种荧光固体吸收波长为 320 nm 的紫外光光子。若该固体消耗了 0.500 eV 的能量并将剩余能量通过单个光子释放出来，则发射出来的光波长是多少？

23. 直接代入基本常数数值证明玻尔半径 $a_0 = \hbar^2 / \left(m_e k e^2\right)$ 的数值为 5.29×10^{-11} m。

24. ◆ 根据玻尔模型计算基态氢原子中的电子速度。

25. 处在 $n = 3$ 态的氢原子中的电子的轨道半径是多大？

26. 求双电子电离的锂离子（Li^{2+}）的玻尔半径。

27. 氢原子光谱中的一条谱线是亮黄色且波长为 587.6 nm，那么产生这条谱线的氢原子中的相应两个能级的能量差是多少电子伏特？

28. 一个波长位于可见光区域（400 ～ 700 nm）的光子使得双电离的锂离子（Li^{2+}）发生从 n 到（$n+1$）态的跃迁，则 n 的最小可能值是多少？

25.8　对的湮灭和产生

29. 能产生电子—正电子对的光子最大波长是多少？

30. 一个光子从一个原子核附近经过，并产生总能量均为 8.0 MeV 的电子和正电子，该光子的波长是多少？

31. 一个介子和一个反介子在湮灭时处于静止状态，它们的质量是电子质量的 207 倍，它们湮灭产生两个能量相同的光子，则这两个光子的波长各为多少？

合作题

32. 计算（a）普朗克常数的数值；（b）密立根在 1916 年的实验中所用金属的逸出功。密立根打算用实验证明爱因斯坦的光电效应方程，结果表明他的数据的确支持爱因斯坦的预言。

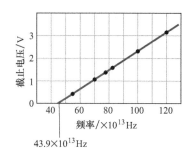

43.9×10¹³Hz

33. ⓒ 根据题中描述的步骤估算光电效应的弛豫时间（经典物理的结果，在实验中没有观测到）。令入射辐射强度为 0.01 W/m²。（a）若原子的面积是（0.1 nm）²，求每秒落在原子上的能量。（b）若逸出功为 2.0 eV，落在这样的面积上的能量需要花多长时间（经典物理）才能积累到足以释放一个光电子？（c）用光子模型简要解释为何这种时间弛豫在实验中没有观测到。

34. ◆ ⓒ 设想你有一个玻璃管充满原子氢气（是 H 而不是 H_2）。假设原子初始都处在基态，用光谱范围从红外到可见光以及紫外的不同波长单色光照射该气体。在某些波长单色光照射时，H 原子会发射出可见光。（a）如果发射光中有且仅有两个可见光波长，那么你能否判断出入射光的波长？（b）使得 H 原子发射可见光的入射光最大波长是多少？在该入射光入射时，哪个（些）波长的光会发射出来？（c）入射光波长多大时会形成氢离子（H^+）？

综合题

35. ⓢ 猫头鹰具有良好的夜间视力，因为它能探测到 5.0×10^{-13} W/m² 的微弱光强。若猫头鹰的瞳孔直径为 8.5 mm，那么对于波长为 510 nm 的光，猫头鹰每秒最少能探测到多少个光子？

36. ⓢ 紫外光照射常用于消毒医疗器械、清洁饮用水以及对果汁进行巴氏杀菌。微生物很小，而紫外光可以穿透细胞核并损坏微生物的 DNA 分子。如果要用一个能量为 4.6 eV 的光子去破坏 DNA 分子，那么在紫外线消毒法中使用的最大波长是多少？

37. ⓢ 一台 0.20 MV 的 X 射线机所产生的 X 射线最短波长是多少？

38. 一支激光笔的输出功率约为 1 mW，（a）若激光波长为 670 nm，则该激光一个光子的能量和动量是多大？（b）该激光笔每秒发出多少光子？（c）这些光子带走动量从而产生对该激光笔的平均冲力是多大？

39. 以下数据是在光电效应实验中用四种不同波长的入射光获得的截止电压数据。（a）描点画出截止电压随波长倒数变化的曲线图。（b）直接从图中读出金属逸出功和红限波长的数值。（c）该曲线的斜率是多少？比较图中曲线斜率与理论斜率的值（用基本常数计算得到）。

颜色	波长 /nm	截止电压 /V
黄光	578	0.40
绿光	546	0.60
蓝光	436	1.10
紫外光	366	1.60

40. 要产生最小波长为 45.0 pm 的 X 射线，需要在 X 射线管施加多大的电压？

41. 镭 -226 放射源中的原子核发射能量为 186 keV 的光子，这些光子被金属靶中的电子散射。用一个探测器测量散射光子的能量随着散射角 θ 的变化，求 $\theta = 90.0°$ 到 180.0° 之间被散射的 γ 射线能量。

42. ⓒ 用钨靶研究光电效应。钨的逸出功是 4.5 eV，入射光子能量为 4.8 eV。（a）红限频率是多少？（b）截止电压是多少？（c）请解释为何在经典物理中没有红限频率？

43. 在光电效应实验中使用金属钨。钨的逸出功为 4.5 eV。（a）若用波长为 0.20 μm 的紫外光照射钨，计算截止电压。

（b）如果关闭反向截止电压（即阴极和阳极电压相同），0.20 μm 的入射光产生 3.7 μA 的光电流，则当入射光波长为 400 nm 且光强不变时，光电流多大？

44. 氢原子发射谱中的莱曼系是电子从某一激发态跃迁到基态形成的，计算莱曼系最长的三个波长。

45. ◆ 在康普顿散射实验中，初始静止的电子沿着入射 X 射线光子的方向反弹，假如反冲电子的动能为 0.20 keV，则入射 X 射线的波长是多大？散射 X 射线的波长多大？

46. ◆ⓒ 处在基态的氢原子吸收一个 97 nm 的紫外光子，进而辐射一个或多个光子并返回基态。（a）若吸收紫外光子前氢原子静止，那么吸收后的反冲速度是多少？（b）有没有不同的方法让该氢原子返回基态？有多少种方法？（c）对于在（b）中所有可能的方法，请给出发射光子的波长，并区分其是可见光、紫外光、红外、X 射线等。

练习题答案

25.1 4.2×10^{-19} J

25.2 8.30×10^{29} 个光子/秒

25.3 385 nm（$K_{max} = 0.82$ eV）

25.4 10.0 kV

25.5 3.71 pm

25.6 397 nm——大部分人看不到

25.7 室温下，原子几乎都处在基态。吸收谱只显示从基态开始的跃迁——莱曼系。它们全部是紫外光。在高温下，部分原子通过碰撞激发到 $n = 2$ 的能级。这些原子可以吸收巴尔末系发出的光子，产生从 $n = 2$ 到更高能级的跃迁。

25.8 （a）13.6 eV；（b）54.4 eV；（c）在 He^+ 中，由于原子核电荷数加倍，电子被更紧密地束缚。

25.9 5.85 fm

检测题答案

25.2 在全功率下，灯丝足够热，足以发射整个可见光谱（甚至还有红外辐射）的电磁辐射，所以光看起来是白色的。在较低的功率，灯丝温度较低。其结果是，所发射的电磁辐射的峰值移向更低的频率，从而在混合色中相对于其他颜色光而言，红色光的量增加了。

25.3 光子的能量正比于其频率，处在红限频率的光子，其能量刚够将一个电子从金属中释放出来，低于红限频率的光子没有足够的能量释放金属中的电子。

25.5 碰撞中动量和能量都守恒。电子初始动能为零，电子反冲，以一定的动能运动，因此散射光子比入射光子能量减少（波长更长）了。

25.7 $E = E_i - E_f = (-0.54 \text{ eV}) - (-3.40 \text{ eV}) = 2.86 \text{ eV}$

第 26 章

量子物理

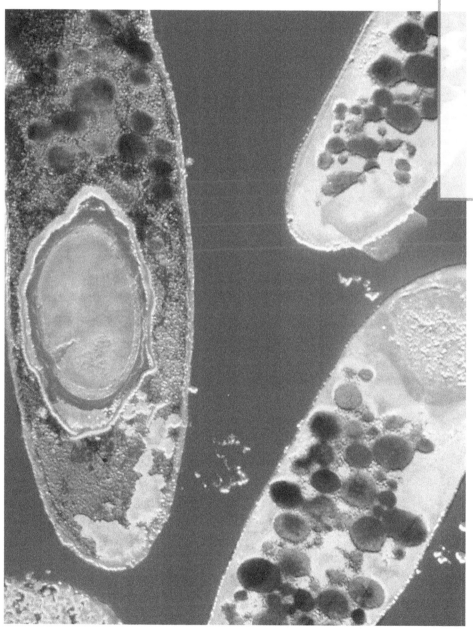

酪酸梭状芽孢杆菌的彩色透射电子显微图，放大近 5 万倍。

生物学家和药物研究者在获取非常精密的细节信息时，通常使用电子显微镜而非光学显微镜。电子显微镜为什么能比光学显微镜具有更高分辨率？电子显微镜的分辨率有什么限制吗？（答案请见第318页）

生物医学应用

- 电子显微镜（26.3 节；计算题 7 和 8）
- 医学应用中的激光（26.9 节；例 26.5；练习题 26.5）

概念与技能预备

- 量子化（23.1 节）
- 光子（25.3 节）
- 双缝干涉实验（23.5 节）
- 衍射和光学仪器的分辨本领（23.9 节）
- 电磁波的强度（22.6 节）
- X 射线衍射（23.10 节）
- 原子能级和玻尔模型（25.7 节）
- 驻波的波长和频率计算（11.10 节）

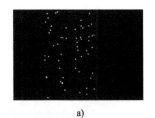

图 26.1 双缝干涉图样：光强在屏上随着位置的变化。与图 23.18 对比。

链接：

对于大量的光子，量子物理给出与经典波动理论双缝干涉图样相同的结果。

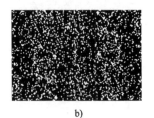

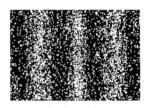

图 26.2 双缝实验中一次只有一个光子通过缝。当大量光子入射时，实验再现了通常的双缝干涉图样。

26.1　波粒二象性

经典物理中粒子与波尖锐对立，量子物理则使得这种对立变得模糊起来。干涉和衍射实验（见 23 章）证明了光的波动性。另一方面，在光电效应、康普顿散射以及对产生和湮灭（见 25 章）中，电磁辐射与物质的相互作用似乎表明它是由叫作光子的粒子所组成的。在量子物理中，粒子和波这两种描述是互补的。在某些情况下，光像波多一点，像粒子少一点，在另外一些情况下，则又像粒子多一点，像波少一点。

双缝干涉实验

设想在双缝干涉实验中将屏换成一系列光电计数器——一种可以对光子进行计数的装置。每个光电计数器记录一段时间内到达那里的光子数。由于光强正比于光子数，光子数在"屏"上随着位置变化的图像看上去就与照相底片所记录的光强图样一样。光电计数器记录下了在最大和最小值之间的平滑变化（见图 26.1）。

现在假设减小入射光强，使得一次只有一个光子发射。在波的图像中，干涉图样是由于通过每个缝的电磁波叠加产生的。如果一次只有一个光子发射，还会出现干涉图样么？常识告诉我们到达探测器的光子只能通过两个缝中的一个，而不可能同时从两个缝通过。

实验结果是什么呢？起先，光子好像是在任意位置出现（见图 26.2a），无法预测下一个光子会在哪被探测到。随着实验的继续，光子在某些地方明显比其他地方数量更多（见图 26.2b）。我们还是无法预测下一个光子在哪里着陆，但是某些区域探测到光子的概率高于其他区域。假如实验可以长时间进行下去，光子会形成明显的干涉条纹（见图 26.2c）。在很长时间之后，光强图样与 26.1 中——双缝干涉图样——完全相同，即便是一次只有一个光子通过狭缝。然而，即便是形成了清晰的干涉图样之后，我们依旧无法预测下一个光子会出现在哪。

波粒二象性似乎看起来很奇怪，即便是最伟大的物理学家也有同感。玻尔曾经说："谁不为量子力学感到震惊，谁就还没理解它。"形成常识的日常观察中量子效应并不显著。当我们研究量子力学时，如果觉得很困惑千万别泄气，量子力学对任何人都不是显而易见的，但这也在一定程度上成为使其令人着迷的原因。美国物理学家理查德·费曼（1918—1988）这样说："我打算告诉你自然界是如何运行的，假如你就认为或许她就是这样运行的，那么你会发现她如此可爱，如此迷人。"

概率

在双缝实验中，我们永远无法预测一个光子会出现在哪，但是我们可以计算出光子落在给定区域的概率。初始完全一样的两个光子可能会落在屏上完全不同的地方，把光当成波计算光强图样相当于基于大量光子假设的统计平均。

电磁波强度等于单位时间通过单位面积的能量：

$$I = \frac{能量}{时间 \cdot 面积}$$

在波动图像中，强度正比于电场强度平方：

$$I \propto E^2$$

在光子图像中，每个光子携带确定的能量，因此

$$I = \frac{光子数}{时间 \cdot 面积} \times 每个光子的能量$$

穿过给定面积的光子数正比于光子穿过该面的概率：

$$I \propto \frac{光子数}{时间 \cdot 面积} \propto \frac{发现一个光子的概率}{时间 \cdot 面积}$$

因此，发现一个光子的概率正比于电场强度的平方。电场作为空间和时间的函数可被当作波函数——描述波的数学函数——因此在空间某区域发现一个光子的概率正比于该区域波函数的平方。

26.2　物质波

1923 年，法国物理学家路易斯·德布罗意（1892—1987）提出光的波粒二象性也适用于像电子和质子这样的粒子。假如麦克斯韦成功处理为波动的光也具有粒子性，那么一个电子为什么就不会具有波动性？但是电子的波长会是多大呢？德布罗意提出光子的动量和波长之间的关系［见式（25-11）］同样适用于其他任何粒子。此后不久，就有确凿的实验证据证实德布罗意关于电子和其他粒子波动性的假说成立。描述一个粒子运动的物质波波长被称为**德布罗意波长**。

> **链接：**
>
> λ 与 p 之间的这一关系对于光子、电子、中子、或者任何其他粒子都一样成立。

德布罗意波长

$$\lambda = \frac{h}{p} \tag{26-1}$$

电子衍射

怎样才能观测到像电子这样的粒子的波动性呢？波的标志是干涉和衍射。1925 年，美国物理学家克林顿·戴维逊（1881—1958）和雷斯特·革末（1896—1971）将一束低能电子束打在镍晶靶上并观测到散射电子数与散射角 ϕ 成函数关系的规律（见图 26.3）。电子数的最大值出现在散射角 $\phi = 50°$ 的方向。是什么原因使得散射电子数的最大值出现在特定角度方向上呢？这个最大值是干涉或者衍射所造成的么？如果是，那么电子可能就具有类似于波的性质。

后来的分析显示，假如电子的波长用德布罗意关系式（见计算题 38）求出，那么最大值出现的特定角度可由 X 射线衍射的布拉格公式［见式（23-15）］求得。散射电子就像散射 X 射线一样出现干涉，最大强度出现的特定角度处波程差是波长的整数倍。

图 26.3　戴维逊 - 革末实验的装置。

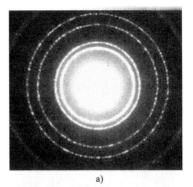

a)

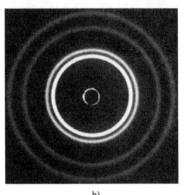

b)

图 26.4 a）由多晶氧化铝样品产生的电子衍射图样。在到达样品前，电子同看屏的中心运动，每条环都是特定角度的散射电子相长干涉形成的。b）同一样品产生的 X 射线衍射图样。由于 a）中特别选定电子能量使得电子的德布罗意波长与 b）中 X 射线波长相同，所以明环出现在相同角度处。

戴维逊和革末观测到了一个很宽的明条纹。他们使用的低能电子并不会进入晶体很深处，所以电子是从相对很少的晶面上散射的。就像光栅上大量的狭缝使得明纹变窄，假如电子从晶体的所有晶面散射，电子衍射的明纹也会变得尖锐。1927 年，英国物理学家 G. P. 汤姆逊$^{\ominus}$（1892—1975）用高能电子进行了电子衍射实验，他没有用单晶作为样品，而是使用了多晶——许多随机取向的小晶体。在 X 射线衍射中，多晶样品产生的最大值是一系列由相长干涉而导致的同心明环。当 X 射线波长与电子波长相同时，汤姆逊看到了与 X 射线衍射图样完全一样的电子衍射环状图样（见图 26.4）。这些实验表明德布罗意的假说是正确的，波长为 $\lambda = h/p$ 的电子与相同波长的 X 射线一样会发生衍射。

✓ 检测题 26.2

当一个电子被加速到更高速度时，其德布罗意波长会发生什么变化？

例 26.1

电子衍射实验

在一个电子衍射实验中，让电子通过电势差为 8.0 kV 的电场加速。（a）求电子的德布罗意波长。（b）求相同样品上能够产生相同衍射图样的 X 射线光子的波长和能量。

⚠️ **分析** 波长和动量的关系对于电子和光子都是相同的，但是波长和能量的关系却有所不同。X 射线衍射明纹的布拉格条件［见式（23-15）］要求相邻晶面反射的 X 射线的光程差是波长的整数倍。干涉和衍射的最大和最小值光程差条件总是与波长有关。因此，为了给出相同的衍射图样，X 射线必须与电子具有相同的波长。我们预计 X 射线光子的能量与电子的动能不同——光子的动量和能量关系与有质量的粒子是不同的。

解 （a）假如电子通过电势差为 8.0 kV 的电场加速，它们将具有 8.0 keV 的能量，我们得用国际单位制下的动能才能求出国际单位制下的动量：

$$K = 8\,000 \text{ eV} \times 1.6 \times 10^{-19} \text{ J/eV} = 1.28 \times 10^{-15} \text{ J}$$

电子的动能（8.0 keV）比其静止能量（511 keV）小，所以电子是非相对论的——我们可以用 $p = mv$ 和 $K = \frac{1}{2}mv^2$，消去速度 v，根据 K 求出 p，动量为

$$p = \sqrt{2mK} = \sqrt{2 \times 9.11 \times 10^{-31} \text{ kg} \times 1.28 \times 10^{-15} \text{ J}}$$
$$= 4.83 \times 10^{-23} \text{ kg} \cdot \text{m/s}$$

波长为

$$\lambda = \frac{h}{p} = \frac{6.626 \times 10^{-34} \text{ J} \cdot \text{s}}{4.83 \times 10^{-23} \text{ kg} \cdot \text{m/s}} = 1.372 \times 10^{-11} \text{ m} = 13.7 \text{ pm}$$

（b）X 射线需要有相同的波长（13.7 pm），具有这一波长的光子能量为

$$E = hf = \frac{hc}{\lambda} = \frac{1.24 \text{ keV} \cdot \text{nm}}{0.013\,72 \text{ nm}} = 90.4 \text{ keV}$$

讨论 另外一种解决方法不需要（a）转化为国际单位，$p = \sqrt{2mK}$ 两侧同乘 c 变为 $pc = \sqrt{2mc^2K}$。对于一个电子，$mc^2 = 511$ keV，则

$$\lambda = \frac{h}{p} = \frac{hc}{pc} = \frac{hc}{\sqrt{2mc^2K}} = \frac{1.24 \text{ keV} \cdot \text{nm}}{\sqrt{2 \times 511 \text{ keV} \times 8.0 \text{ keV}}}$$
$$= 0.013\,7 \text{ mm} = 13.7 \text{ pm}$$

练习题 26.1 中子的德布罗意波长

求与 22 keV 的光子具有相同德布罗意波长的中子的动能。

$\ominus$ 一点有趣的历史：J. J. 汤姆逊因在 19 世纪九十年代末发现电子而著名，他测量了电子的荷质比。他的儿子 G.P. 汤姆逊则进行了电子衍射的开创性实验，父亲的实验表明电子是粒子，儿子的实验却证明电子的波动性。

例 26.2

衍射图样的大小和电子能量

电子衍射实验使用的是多晶铝样品。电子产生如图 26.4a 所示的环状图样，假如电子的加速电压增大，衍射环半径会如何变化呢？图 26.5 中给出了衍射环的一种形式。

分析 衍射环是由干涉相长产生的。从两个连续晶面反射的电子间的波程差是波长的整数倍，随着加速电压的增大，波长随之改变。接下来我们来分析一下要保证额外的波程差等于波长的固定倍数，ϕ 角需如何变化。

解和讨论 更大的加速电压可为电子提供更大的动能和更大的动量。动量越大，德布罗意波长越小。由于波程差必须始终等于波长的固定整数倍，所以波长越小，产生相长干

涉所需的波程差就越小。由图 26.5b，ϕ 角越小波程差越小。由图 26.5a，ϕ 角越小则环半径越小。因此每条明环的环半径随着电子能量的增加而逐渐减小。

练习题 26.2 双缝图样

双缝实验中使用单一能量的电子束（所有电子都具有相同动能）取代光束，可以得到与光一样的干涉图样。干涉极大值所在角度都满足 $d \sin \theta = m\lambda$ [见式（23-10）]，这里 d 是双缝间距，λ 是电子束的德布罗意波长。当加速电压增加时，干涉图样将会发生什么变化？

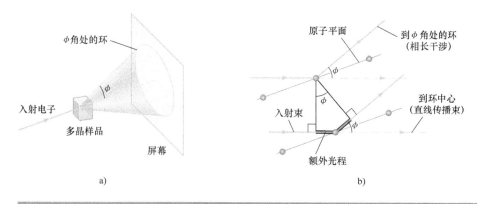

图 26.5 a）与入射电子束夹角 ϕ 的散射电子形成的衍射图样中的一条环。b）从原子两个连续晶面反射的电子束之间的波程差。

后来，中子衍射实验在晶体上实现了，又一次证明了德布罗意的假设 $\lambda = h/p$。今天，X 射线、电子以及中子衍射实验已成为探测微观结构的常用工具。它们之间又有不同。电子没有 X 射线的穿透性，所以电子更适合用于研究表面的微观性质。X 射线主要与原子中的电子相互作用。假如样品主要是由较轻的元素构成，电子比较少，X 射线衍射就不太适合。在这种情况下，通常使用中子衍射。中子与样品中的原子核相互作用，由于它们是电中性的，所以几乎不与电子发生相互作用。中子衍射专门用于确定蛋白质或者其他生物大分子结构中氢原子的位置。

近些年，人们还用原子或者分子束实现了干涉和衍射实验。即使用由 60 个碳原子紧束缚成形如足球的"布基球"的分子束，也显示出了量子理论所预言的干涉现象。

物质波和概率

考虑双缝实验中使用电子束替换光束，即便我们每次只向双缝发射一个电子，干涉图样也会出现。每个电子就像光子一样作为一个局域粒子打在屏上并留下一个小点。当很多电子打在屏上，干涉图样变得明显起来——与光子一样（见图 26.2）。从双缝发出的物质波的干涉决定了电子在屏上特定点出现的概率。物质波干涉相长的地方，电子出现的概率就高；物质波干涉相消的地方，电子出现的概率就低。

干涉图样表明电子波从两个缝通过。假如我们用一台探测器记录每个电子到底是通过哪个缝，探测器却总是发现电子要么通过这个缝，要么通过那个缝，却从来不会两个都通过。而且当我们使用探测器时，干涉图样消失了！

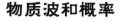

链接：

电子双缝实验产生的干涉图样与光的一样。

26.3　电子显微镜

普通光学显微镜的分辨率受到衍射现象的限制（见23.9节）。理想情况下，物体上能够分辨（显微镜形成的图像可辨认）的距离约为波长的一半。一台光学显微镜若使用可见光中最短的400 nm光，可分辨的距离约为200 nm，与原子和分子的尺度相比，这是个很大的距离，固体中的原子间距通常只有0.2 nm。

为了提高分辨率，一种可能是使用紫外显微镜，这种显微镜使用的波长可低到200 nm左右，对于更小的波长，很难制作出有效的镜头。

一束电子可以很容易地具有0.2 nm左右甚至更小的波长。要使电子具有0.2 nm的波长，只需电子通过37.4 V电压的电场加速，通常用于电子显微镜的电子能量更大，因而波长更短。不过电子显微镜的分辨率也会受到透镜像差的限制——用于聚焦电子束和形成图像的电磁"镜头"的缺陷。

解释一台电子显微镜的工作原理可以不用讨论电子的波动性。我们曾经通过追踪光线用几何光学描述过光学显微镜，同样地，我们可以按照电子被磁镜头弯曲和被样品散射的轨迹来分析电子显微镜。电子显微镜相对于光学显微镜的优势在于电子的波长更小，这使得"几何电子光学"可以拓展到更小的物体。缺点是电子显微镜要求真空。

透射电子显微镜　电子显微镜有几种不同形式。与我们熟悉的光学显微镜最接近的一种被称为透射电子显微镜或者TEM（见图26.6a、b）。当一束平行电子通过样品时，样品中某点散射的电子会通过磁透镜再次在屏上的一点聚焦，从而在屏上形成样品的实像。这些电子通过样品不能有明显的减速，因此TEM只能用于薄的样品——最大厚度大约100 nm左右。TEM可以分辨的细节小到0.2 nm——比使用200 nm波长的紫外显微镜精确500倍。

电子显微镜的分辨率有极限么？

图26.6　两种电子显微镜，在这两种显微镜中，电子都是从一个热灯丝发出后被阴阳极之间的电场加速。a）在TEM中，一个聚光镜头形成一束平行电子束，并通过一个小孔限制其直径。在电子束通过样品后，物镜形成实像。一个或者更多投影透镜放大该图像并将其投影在底片上、荧光屏上或者CCD（电荷耦合装置）摄像头上（与摄像机一样）。b）百合植物（斑龙芋）薄壁细胞的彩色透射电子显微图。图中给出了原子核（浅绿色）、DNA（蓝色）、线粒体（红色）、细胞壁（深绿色）和淀粉粒（浅黄色）。c）在SEM中，聚光镜头形成一条窄束，电子束偏转器是一组可使电子束扫过样品的线圈。物镜使得电子束在样品上聚焦为一点，从样品聚焦点上弹出的二次电子束将被电子集电极探测到，这一电信号将被反馈给监视器或者计算机。d）果蝇爪部和爪垫的彩色扫描电子显微图像。

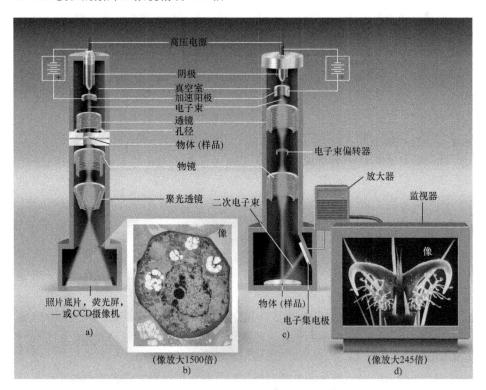

高压电源

阴极
真空室
加速阳极
电子束
透镜
孔径
物体（样品）

物镜

聚光透镜

照片底片，荧光屏，
—或CCD摄像机

a)

像

（像放大1500倍）

b)

电子束偏转器

放大器

二次电子束

物体（样品）
电子集电极

c)

监视器

像

（像放大245倍）

d)

扫描电子显微镜　另外一种电子显微镜是扫描电子显微镜（SEM），是使用磁透镜先将一束电子聚焦到样品上的一点（见图26.6c、d）。这些初级电子将二级电子打出样品，用一台电子收集器探测产生的二级电子数目。初级电子束通过一个电子束偏转器后扫过整个样品，样品上每一点发射出的二级电子数通过计算机测量并构建出一幅样品图像。SEM 的分辨率没有 TEM 那么高——最高可达 10 nm 左右。但是，SEM 并不要求使用薄的样品，且由于 SEM 对样品表面的轮廓很敏感，所以更适合产生三维结构图像。

其他电子显微镜　扫描透射电子显微镜（STEM）像 SEM 一样逐点扫过样品，但是这种显微镜探测的是透过样品的电子。其他种类的电子显微镜还包括要在 26.10 节中讨论的扫描隧道显微镜（STM）。

26.4　不确定原理

　　19 世纪末，牛顿力学、电磁学的麦克斯韦方程组以及热力学被认为是发展到了巅峰——并且都被实验很好地证实了——以至于有些科学家认为不会再有新的基本原理被发现了。有些人甚至成了完全的决定论者。他们的理由是某一时刻的宇宙状态（所有粒子的位置和速度）可以决定随后所有时刻的状态。在理论上，所有粒子未来的位置和速度原则上都可以用牛顿定律计算出来。

　　量子力学是非决定论的。在 26.1 节和 26.2 节的双缝实验中，即使是理论上也不可能预测任何一个光子或者电子出现在屏上的什么位置。1927 年，德国物理学家维尔纳·海森堡（1901—1976）提出了**海森堡不确定原理**，描述了不确定的性质。假如我们设计一个实验想同时确定一个粒子的位置和动量，不确定原理认为，即使是在理想的实验中，同时测量位置和动量的精度也是有限制的。若用 Δx 表示位置 x 坐标的不确定度，Δp_x 表示动量 x 分量的不确定度，那么有

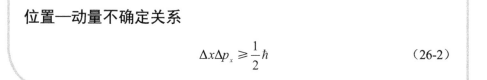

位置—动量不确定关系

$$\Delta x \Delta p_x \geqslant \frac{1}{2}\hbar \qquad (26\text{-}2)$$

不确定原理的严格应用要求精确定义 x 和 p_x 的不确定度，这些定义超出了本书的要求。不过我们只是应用不确定原理进行大致的数量级估算，也就是说，不确定原理可以用来进行不确定度的大致估算。

　　为什么位置和动量不可能同时精确确定？这是波粒二象性所导致的结果。在量子物理中，一个局域的粒子可以用一个波包来表示——一列在空间有限扩展的波（见图 26.7a）。粒子的动量与波长有关，为了得到局域的波包，我们需要加入不同波长的波（见图 26.7b），这些波在波包以外彼此相消，波包的长度越短，需要混合的波长的范围就越大（见图 26.7c）。同样地，粒子位置的不确定度越小，其动量的不确定度就越大。较小波长范围的波的叠加会产生一个较长的波包——因为波长彼此接近，各波在较长距离上彼此都保持同相。因此，动量的不确定度越小，位置的不确定度就越大。

　　在牛顿力学中，作用在一个粒子上的力决定了这个粒子的运动。对于粒子轨迹的计算或者测量精度并没有根本性限制。与之相反，不确定原理则为同时获知位置和动量的精度设定了基本的限制。在 t 时刻我们知道一个粒子的位置越精确，在同一时刻得到的它的动量就越不精确。时刻 t 时的动量的不确定度意味着我们无法精确预测 $t+\Delta t$ 时刻粒子所在的位置。因此，即便是从理论上也不可能得到一个粒子随时间变化的运动轨迹。

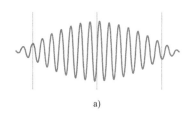

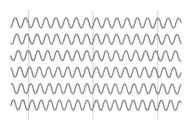

图 26.7　a）代表一个局域粒子的波包。粒子位置的不确定度是波包的宽度。b）这六个波的波长略有不同，它们在中间同相。离开中间位置，不同波长的相位差逐渐积累，这六个波的总和是 a）中的波包。（只加这六个波产生的波包实际上像是拍频图样的重复包，要获得真实的不重复的局域波包，需要加入小范围波长的无限多个波。）c）大范围的波长——在同一个平均波长附近——用于产生一个像这个波包一样较窄的波包。一个位置不确定度较小的粒子可用一个大范围波长的波包来表示，从而使其动量不确定度较大。

检测题 26.4

玻尔的氢原子模型为什么与不确定原理矛盾？

例 26.3

单缝实验中的不确定度

用一个宽度为 a 的水平单缝进行电子衍射实验（见图 26.8）。令缝中心为 $y = 0$ 点，通过缝的电子的 y 坐标在 $y = -a/2$ 和 $y = +a/2$ 之间。这样，y 在平均位置（$y = 0$）的 $\pm a/2$ 之内，所以 y 坐标的不确定度（Δy）估计值为 $a/2$。（a）离开缝张角为 θ 的电子动量的 y 分量是多少？（b）大部分电子落在衍射主极大之内。由此估计通过缝的电子的 Δp_y 不确定度。（c）求乘积 $\Delta y \Delta p_y$。如何与不确定原理给出的限制值进行比较？

分析 对于很宽的缝（$a \gg \lambda$），衍射效应很小，y 的不确定度很大，因而 p_y 的不确定度很小，电子直线运动并形成一个几何阴影。对于窄缝，电子在屏上形成衍射图样。电子能够散开形成衍射图样是因为它们的动量 y 分量随着电子通过缝而发生变化。衍射图样越宽，电子通过缝的 Δp_y 就越大。

解 （a）图 26.9 给出了以 θ 角向屏运动的电子的动量矢量，其 y 分量为

$$p_y = p \sin \theta$$

（b）一级极小的角度为

$$\sin \theta = \frac{\lambda}{a} \qquad (23\text{-}12)$$

因此，落在中央主极大区域的电子的动量 y 分量范围是

$$-\frac{p\lambda}{a} < p_y < \frac{p\lambda}{a}$$

动量 y 分量的不确定度约为

$$\Delta p_y = \frac{p\lambda}{a}$$

（c）不确定度乘积为

$$\Delta y \Delta p_y = \frac{a}{2} \times \frac{p\lambda}{a} = \frac{p\lambda}{2}$$

由于 $\lambda = h/p$

$$\Delta y \Delta p_y = \frac{ph}{2p} = \frac{1}{2}h$$

这里 $\Delta y \Delta p_y$ 的估计值比不确定原理所要求的最小值（$\Delta y \Delta p_y \geqslant \frac{1}{2}h$）大 2θ 倍。

讨论 粗略的计算表明不论缝宽或电子的波长是多少，$\Delta y \Delta p_y$ 的乘积都是普朗克常数 h 的数量级，与不确定原理相一致，这两个不确定度彼此相互制约，缝越宽（Δy 越大）衍射效应就越小（Δp_y 越小）；缝越窄（Δy 越小）则衍射图样越大（Δp_y 越大）。

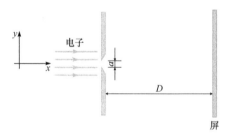

图 26.8 电子单缝衍射实验。

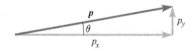

图 26.9 以一定角度 θ 运动的电子动量为图中所示的 $\boldsymbol{p}$，$\boldsymbol{p}$ 的分量可通过直角三角形求得。

练习题 26.3 束缚电子

一个电子被束缚在一个长度为 150 nm 的"量子线"中。电子沿着量子线长度方向的动量分量的最小不确定度是多大？沿着量子线方向的电子速度分量的最小不确定度是多大？

能量—时间不确定关系

另一对不确定关系与能量有关。如果一个系统（比如一个原子）处在一个量子态上的时间为 Δt，那么这个态的能量不确定度与该态的寿命（Δt）有关

$$\Delta E \Delta t \geqslant \frac{1}{2}h \qquad (26\text{-}3)$$

26.5　束缚粒子的波函数

一个不受束缚的粒子具有任意动量和能量，在电子衍射实验或者电子显微镜中所使用的电子德布罗意波波长理论上没有限制。相反地，原子中的电子只能有某些分立的或者说量子化的能级。这一差异源于电子的束缚，受到束缚的粒子具有量子化的能级。

绳上的横波是个很好的类比，一条长绳上的行波可以具有任意波长，但是对于一列驻波，波被限制在长度为 L 的绳上，只有某些波长是可能出现的（见11.10 节），假如绳子两端固定，允许的波长是

$$\lambda_n = \frac{2L}{n} \quad (n = 1, 2, 3, \cdots) \tag{11-11b}$$

对于最长的波长（$\lambda = 2L$），绳子以其最低可能频率（基频）振动。驻波是经典的量子化例子。

对于像电子这样的粒子也会出现类似的情形。假如电子不受束缚，它们的德布罗意波波长或能量就没有限制；而当电子受到束缚时，只允许他们具有某些可能的波长和能量值。

绳中波的波函数 $y(x, t)$ 给出了位移 y 随绳中位置（x）和时间（t）变化的函数关系。一个一维粒子的量子力学波函数写作 $\psi(x, t)$。在绳上的横波波函数不难解释：它告诉我们绳上某一点偏离平衡位置的位移有多大。这里我们先不说 ψ 所代表的含义。

箱中粒子

束缚粒子最简单的模型就是一个只能一维运动的粒子被束缚在长度为 L 的绝对不可穿透的"墙"中。在 $x = 0$ 到 $x = L$ 之间的区域中粒子是自由的——也就是说它的势能不变。但不论该粒子能量多大都不能离开这个区域，这个模型被称为**箱中粒子**（请记住这个"箱子"是一维的）。

按这种方式束缚的粒子的波函数与两端固定的绳中横波的波函数完全一样，所以我们获得可能波长的相同结果：

$$\lambda_n = \frac{2L}{n} \quad (n = 1, 2, 3, \cdots) \tag{26-4}$$

粒子的德布罗意波长与动量有关：

$$p_n = \frac{h}{\lambda_n} = \frac{nh}{2L} \tag{26-5}$$

图 26.10 给出了基态（能量最低的量子态）和前三个激发态——也就是说 $n = 1, 2, 3, 4$——的波函数。

束缚粒子的能量有多大？能量是势能和动能之和。箱中各处的势能都相同，简单起见，我们令箱中势能 $U = 0$，则可通过动量求出动能：

$$K = \frac{1}{2}mv^2 = \frac{(mv)^2}{2m} = \frac{p^2}{2m} \tag{26-6}$$

$$E = K + U = \frac{p^2}{2m} + 0 = \frac{n^2h^2}{8mL^2} \tag{26-7}$$

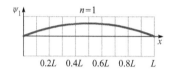
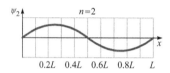
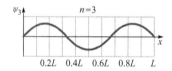
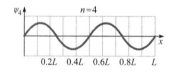

图 26.10　箱中粒子的波函数（$n = 1, 2, 3, 4$）。

链接：
　　箱中粒子的波长与弦两端固定的波相同（见11.10 节）。

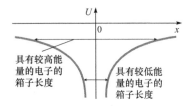

图26.11　氢原子中电子的势能随着 x 变化的函数。简单地假设电子束缚在一维箱子中，原子核位于 $x=0$ 处。

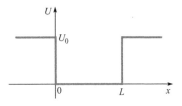

图26.12　处在有限长箱子中的粒子。

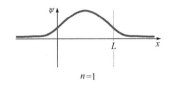

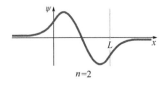

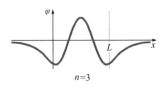

图26.13　处在有限长箱中的粒子的波函数（$n=1,2$ 和 3）。

图26.14　量子围栏的扫描隧道显微镜图像。在这张伪彩色图像中清晰可见电子驻波。电子被铜表面48个铁原子所形成的围栏"篱笆"束缚。围栏半径 7.13 nm。

就像绳中弦波有最低可能频率的基模一样，束缚粒子也有最小可能能量的基态（$n=1$），基态能量为

$$E_1 = \frac{h^2}{8mL^2} \tag{26-8}$$

非零最小能量的存在具有十分重要的意义。一个受到束缚的粒子动能不会为零，束缚在越小的箱中的粒子具有越大的基态能量。这一结论也受到不确定关系的支持：箱越小意味着位置的不确定度（$\Delta x \approx L/2$）越小，因而动量的不确定度越大。尽管动量的大小指的是箱中粒子的动量（$p=h/\lambda$），但是动量的 x 分量可以取 $+p$ 或者 $-p$，所以对于基态 $\Delta p_x \approx h/(2L)$，不确定关系的乘积为

$$\Delta x \Delta p_x \approx \frac{1}{2}L \times \frac{h}{2L} = \frac{1}{4}h = \frac{\pi}{2}h$$

如果用不确定关系来估计箱中粒子的基态能量，对两个不确定度使用估计值，结果只差一个 π 因子。

激发态的能量为

$$E_n = n^2 E_1 \tag{26-9}$$

与氢原子一样，箱中的粒子可从激发态 n 跃迁到较低的能态 m，发射出的光子能量为

$$E = E_n - E_m \tag{26-10}$$

注意 n 越大，能级间隔越大。与此相反，氢原子的能级随着 n 的增加而更加靠近，为什么会不一样？箱中的粒子不论能量多大都是被束缚在相同的长度 L 之内，而氢原子内束缚电子的势能则是逐渐改变的（见图26.11），也就是说相当于电子能量越大箱子越长。

有限长箱子

一维束缚粒子更真实一些的模型是粒子被束缚在有限长的箱子中。在这一模型中，"墙"还是不能穿透。如图26.12所示，箱外的势能（$U=U_0$）高于箱内的势能（$U=0$）。对于束缚在有限长箱子中的粒子，束缚态的能量仍旧是量子化的（$E<U_0$），但是只有有限多个束缚态。如果粒子能量 E 大于 U_0，则粒子不再被束缚在箱中，此时粒子的状态由于不再束缚在箱中，所以可能具有连续的波长和能量。

在有限长的箱中，束缚态的波函数在箱壁处和箱外不必再为零，它们中有一部分会延伸穿过壁，且随着其与壁的距离增加而指数衰减（见图26.13）。根据经典物理，能量 $E<U_0$ 的粒子是根本不可能跑到箱外的区域中的，这样会使动能为负。许多实验已经证实束缚粒子的波函数的确会延伸到箱外，与量子力学的预言完全一致。

应用：量子围栏

1993年，IBM的研究人员制造了量子围栏（见图26.14）——一个二维的有限箱子用于束缚电子。围栏是铜晶体表面上的48个铁原子组成的半径为 7.13 nm 的圆环状围栏。铁原子形成的环状围栏将电子束缚在其中，波纹显示出电子波函数形成的环状驻波。研究人员首次使用扫描隧道显微镜（见26.10节）观察每次移动一个铁原子后形成的围栏图像。

波函数的解释

1925年，奥地利物理学家埃尔温·薛定谔（1887—1961）读到了德布罗意

关于粒子波动性的论文，薛定谔在几周之内就给出了量子力学的基本方程。量子力学的波函数就是薛定谔方程的解。

波函数的统计解释是由德国物理学家马克斯·玻恩（1882—1970）给出的：

> 粒子出现在某个位置的概率正比于波函数的模平方：$P \propto |\psi|^2$。

更准确地说，我们不能指望在一个单一数学点处找到粒子，但我们可以计算一个粒子出现在一个空间小区域中的概率。在一维情况下，$|\psi|^2 \Delta x$ 表示在 x 到 $x+\Delta x$ 之间发现粒子的概率。

量子物理在某种程度上是概率性的，而经典物理则不是。一个粒子的未来并不完全由它的现在决定。两个粒子即便完全相同且处在相同的环境中，也有可能按照不同的方式运动。处在相同激发态的两个氢原子在同一时间并不会按照相同的方式返回基态。一个氢原子处在激发态的时间可能会比另一个氢原子更长，并且它们可能有不同的中间步骤。我们最多只能求出单位时间辐射不同能量的光子的概率。

概率在核物理中也处于核心地位（见 27 章）。比如一批相同的放射性核在不同时间衰变且可能按照不同过程衰变。我们可以预测并且测量半衰期——核衰变一半时的时间间隔——但是我们无法知道哪个核会在什么时间或者按照什么过程衰变。

26.6　氢原子：波函数和量子数

氢原子的量子图像与玻尔模型有很大不同。电子并非是在绕着质子的环形轨道上做轨道运动——也不是任何其他形状的轨道。我们最多只能计算出在给定位置处发现电子的概率。

或许你已经看到图 26.15 中电子被描述成电子云的图像。电子云是用来表示电子概率分布的一种方式。并不是电子真的扩散成了一团模糊的云。任何确定电子位置的测量都会发现电子是点粒子。（至于电子是不是点粒子，实验已经表明电子的尺度小于 10^{-17} m，是质子尺度的 $\dfrac{1}{100}$，比原子的尺度小 10^{-7} 倍。）尽管电子并非沿着轨道运动，但它的确具有动能并且具有与其运动有关的角动量。

由于被原子核束缚的电子限制在原子核周围的空间内运动，所以其能量是量子化的。处在确定能量的定态的束缚粒子是一列驻波，电子的波函数则是三维驻波。

与质子相距距离为 r 的电子的势能为

$$U = -\frac{ke^2}{r}$$

这里 $k = 1/(4\pi\varepsilon_0) = 8.99 \times 10^9$ N·m²/C² 是库仑常数。基态电子的能量与玻尔模型中的结果一样为 $E_1 = -13.6$ eV。正如你在计算题 24 中将会看到的，电子势能在距核 $2a_0$ 处为 E_1（见图 26.16）。（回忆一下，$a_0 = \hbar^2/(m_e ke^2) = 52.9$ pm 是氢原子的"玻尔半径"。）由于 $E = K+U$，所以 $r = 2a_0$ 处的动能为零。根据经典物理，电子不可能出现在 $r > 2a_0$ 处，但是就像有限箱中的粒子波函数延伸穿墙一样，电子的波函数延伸到了 $r > 2a_0$ 的区域。

由于势能并不守恒，所以波函数的波长并非单一不变的。图 26.17a 中给出

图 26.15　氢原子基态的电子云表示。云代表概率密度——云越黑的地方越有可能找到电子。电子云以原子核（图中未显示）为中心。

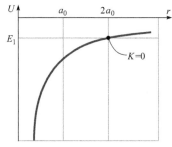

图26.16 电子的静电势能随着到核的距离 r 变化的函数（$U = -ke^2/r$）图示。E_1 是基态能量。由于 $E = K+U$，所以任意距离 r 处的动能是代表 E_1 的水平线与代表 $U(r)$ 的曲线之间的差值。

了基态（$n=1$）波函数 $\psi(r)$。虽然波函数在 $r=0$ 处有最大值，但是最可能发现电子处并非距核距离为 0 处，而是 a_0 处（见图26.17b、c）。

量子数

事实表明电子的量子状态并不只是由 n 来决定。确定一个量子态需要四个**量子数**。整数叫 n 作**主量子数**。能级与玻尔能量相同：

$$E_n = \frac{E_1}{n^2}, \quad E_1 = -\frac{m_e k^2 e^4}{2\hbar^2} = -13.6\,\text{eV} \tag{26-11}$$

对于给定的主量子数 n，电子具有 n 个不同的量子化的轨道角动量 L 的大小。

$$L = \sqrt{l(l+1)}\,\hbar, \quad l = 0, 1, 2, \cdots, n-1 \tag{26-12}$$

对于给定的 n，**轨道角动量量子数** l 可以取 0 到 $n-1$ 之间的任意整数。对于基态（$n=1$），$l=0$ 是唯一可能的值，基态角动量必有 $L=0$。对于更高的 n，相应的态同时具有非零的和等于零的 L。 注意由于 L 与电子的运动有关，所以被称为轨道角动量，但是记住电子并不是沿着一条确定好的轨道运动的。

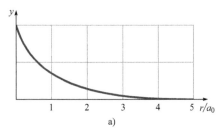

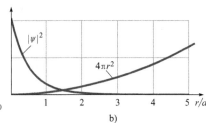

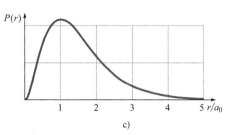

图26.17 a）氢原子中电子的基态波函数。b）$|\psi|^2$ 图和 $4\pi r^2$ 图，这两个竞争因子决定着在给定距质子的距离上发现电子的概率。$|\psi|^2$ 是单位体积内的概率。以核为圆心，半径为 r 到 $r+\Delta r$ 之间的薄球壳的空间体积是（$4\pi r^2$）乘以厚度 Δr。c）$4\pi r^2|\psi|^2$ 的图，它正比于在距核 r 到 $r+\Delta r$ 之间的距离上发现电子的概率，这一概率在 $r=a_0$ 处最大。

轨道角动量量子数 l 只决定轨道角动量 L 的大小，那么轨道角动量的方向呢？方向也是量子化的，对于给定的 n 和 l，L 沿着 z 轴方向的分量具有 $2l+1$ 个量子化的取值：

$$L_z = m_l \hbar, \quad m_l = -l, -l+1, \cdots, -1, 0, +1, \cdots, l-1, l \tag{26-13}$$

轨道磁量子数 m_l 可以取 $-l$ 到 $+l$ 之间的任意整数。

图26.18 给出了氢原子几个量子态的概率密度 $|\psi|^2$。注意角动量为零（$l=0$）的态是球对称的，而 $l \neq 0$ 态则不是。

电子除了与运动有关的轨道角动量外，还有一个内禀角动量 S，其大小为 $S = (\sqrt{3}/2)\hbar$。最初电子被认为是沿着一个轴自转——我们现在仍称 S 为自旋角动量——但其实不是。据我们所知，电子是一个点粒子，要通过自转产生这个角动量，电子必须大一些且会违反相对论。自旋角动量像电荷和质量一样也是电子的内禀属性。

电子具有相同的自旋角动量大小，但是 S 的 z 分量有两个可能的取值：

$n=1, l=m_l=0$

$$S_z = m_s \hbar, \quad m_s = \pm \frac{1}{2} \qquad (26\text{-}14)$$

$n=2, l=m_l=0$

自旋磁量子数　m_s 的两个可能取值通常被称为自旋向上和自旋向下。（由于当原子处在外磁场中时状态能量取决于量子数 m_l 和 m_s 的取值，所以它们被称为磁量子数。）

氢原子中电子的状态完全由四个量子数 n、l、m_l 和 m_s 决定。

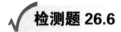 **检测题 26.6**

当主量子数 $n=2$ 时，列出氢原子所有可能电子状态的量子数。

$n=3, l=m_l=0$

26.7　不相容原理　原子中电子的排布（除氢原子外）

根据泡利不相容原理——以奥地利裔瑞士物理学家泡利（1900—1958）的名字命名——原子中任何两个电子都不能处在完全相同的量子态。与氢原子一样，原子中电子的量子态是由四个量子数 n、l、m_l 和 m_s 确定的（见表 26.1）。不过电子的能级与氢原子中的电子能级并不一样，在多电子原子中，电子间相互作用不能忽略。此外，不同元素的核电荷数也不一样，因此，不同种类的原子相同的四个量子数集代表着不同的能级。

$n=2, l=1, m_l=0$

$n=3, l=1, m_l=0$

图 26.18　氢原子几个量子态的概率密度 $|\psi|^2$ 的电子云表示。图中将概率密度在单一平面上显示出来，要想知道电子云在三维情况下的图像，可以想象将这些图都沿着一个垂直轴旋转起来。

表 26.1　原子中电子状态的量子数

符号	量子数	可能取值
n	主量子数	$1, 2, 3, \cdots$
l	轨道角动量子数	$0, 1, 2, 3, \cdots, n-1$
m_l	轨道磁量子数	$-l, -l+1, \cdots, -1, 0, 1, \cdots, l-1, l$
m_s	自旋磁量子数	$-\frac{1}{2}, +\frac{1}{2}$

表 26.2　电子次壳层概述

$l=$	0	1	2	3	4	5
光谱学符号	s	p	d	f	g	h
次壳层状态数	2	6	10	14	18	22

壳层和次壳层　具有相同 n 值的电子态被称为**壳层**，每个壳层是由一个或多个次壳层构成的，每个次壳层是 n 和 l 的特定组合。次壳层通常是在 n 的数值后跟随代表 l 的小写字母来进行表示。字母 s、p、d、f、g 和 h 分别表示 $l=0$、1、2、3、4 和 5（见表 26.2）。例如，$3p$ 表示 $n=3$ 和 $l=1$ 的次壳层。字母 s、p 和 d 来自量子理论出现之前的光谱线相关表示法。主要的或首要的（英文 principal 的首字母为 p）光谱线来自于 $l=1$ 的次壳层。$l=0$ 的次壳层的谱线看上去很锐利（英文 sharp 的首字母为 s），而 $l=2$ 的次壳层谱线看起来要比其他谱线更分散（英文 diffuse 的首字母为 d）。

由于轨道角动量量子数 l 可以是从 0 到 $n-1$ 的任意整数，可取 n 个可能的值，所以给定壳层包含 n 个次壳层。所以，在 $n = 3$ 的壳层中有 3 个次壳层：3s、3p 和 3d。次壳层符号的上标表示有多少电子在该次壳层上。这种简缩记法用来表示原子中的电子排布。例如，氮原子的基态是 $1s^2 2s^2 2p^3$，说明有两个电子在 1s 次壳层，两个电子在 2s 次壳层，还有三个电子在 2p 次壳层。

轨道　每个次壳层都是由一个或多个**轨道**组成的，用 n、l 和 m_l 来表示。由于 m_l 的取值可以是从 $-l$ 到 $+l$ 的任意整数，所以一个次壳层有 $2l+1$ 个轨道。因此，s 次壳层只有一个轨道，p 次壳层有三个轨道，而 d 次壳层则有五个轨道等。每条轨道可以容纳两个电子：一个自旋向上（$m_s = +\frac{1}{2}$）一个自旋向下（$m_s = -\frac{1}{2}$）。

可以表述如下（见计算题 41）

$$\text{一个次壳层中的电子状态数是 } 4l+2 \text{ 个,}$$
$$\text{一个壳层的状态数是 } 2n^2 \text{ 个。} \qquad (26\text{-}15)$$

基态排布　原子基态（最低能态）的电子排布是通过电子状态填充形成的，从最低的能级开始，直到所有电子都填充完毕。根据泡利不相容原理，每个态只能有一个电子。一般说来，次壳层随着能量增加依次为

$$1s,\ 2s,\ 2p,\ 3s,\ 3p,\ 4s,\ 3d,\ 4p,\ 5s,\ 4d,\ 5p,\ 6s,\ 4f,\ 5d,\ 6p,\ 7s \quad (26\text{-}16)$$

但是也有一些例外。不同原子的次壳层能量并不相同，不同的核电核数和电子间相互作用使得不同原子的能级也不相同，所以，比如铬原子（Cr，原子序数 24）的基态是 $1s^2 2s^2 2p^6 3s^2 3p^6 4s^1 3d^5$ 而不是 $1s^2 2s^2 2p^6 3s^2 3p^6 4s^2 3d^4$。同样地，铜（Cu，原子序数 29）的基态是 $1s^2 2s^2 2p^6 3s^2 3p^6 4s^1 3d^{10}$ 而不是 $1s^2 2s^2 2p^6 3s^2 3p^6 4s^2 3d^9$。前 56 号元素中只有 8 个元素的次壳层顺序是例外与式（26-16）不同。它们是

Cr，Cu，Nb，Mo，Ru，Rh，Pd，Ag

原子序数大于 56 的元素中发现了更多的电子排布异常。

例 26.4

砷原子的电子排布

砷原子的基态电子排布是什么？（原子序数 33）

分析　砷原子原子序数是 33，所以中性砷原子有 33 个电子，砷并非上面所说的原子序数 ≤ 56 的原子中的例外，所以它的次壳层是按照式（26-16）中所列的顺序依次填充到 33 个电子全部填充完。每个次壳层可容纳 $4l+2$ 个电子。每个 s（$l = 0$）次壳层最多容纳 $4 \times 0 + 2 = 2$ 个电子，每个 p（$l = 1$）次壳层容纳 $4 \times 1 + 2 = 6$ 个，每个 d（$l = 2$）次壳层则容纳 $4 \times 2 + 2 = 10$ 个。

解　我们根据总电子数填充次壳层：$1s^2 2s^2 2p^6 3s^2 3p^6 4s^2 3d^{10}$ 共 $2+2+6+2+6+2+10 = 30$ 个电子。剩下的 3 个电子填入下一个能级——4p。因此砷的基态电子排布可写为

$$1s^2 2s^2 2p^6 3s^2 3p^6 4s^2 3d^{10} 4p^3$$

讨论　要仔细检查电子排布是否是一个例外的元素：
- 把电子总数加起来。
- 按照式（26-16）核对次壳层填充。
- 除了最后一个次壳层外，确保所有次壳层都是填满的（s^2，p^6，d^{10}）。

假如排布通过这三个测试就是对的。

练习题 26.4　磷的电子排布

磷的电子排布是什么（原子序数 15）？

填充轨道 假如一个次壳层并未填满，电子在次壳层的轨道间是如何分布的呢？回想一下，一个次壳层包含 $2l+1$ 个轨道，每条轨道可容纳两个电子态。作为一个规则，直到每个轨道上都有一个电子占据，其后的电子才会挤在一条轨道上，处在一条轨道上的两个电子具有相同的空间分布——相同的电子云。因而处在单一轨道上的两个电子平均来说要比处在不同轨道的两个电子彼此更加靠近。如果电子在不同轨道上，电子彼此远离，电子排斥作用会使得能量更低，例如，砷原子中的三个 $4p$ 电子（见例 26.4）处在基态的不同轨道上：一个电子 $m_l = 0$，一个 $m_l = +1$，还有一个 $m_l = -1$。

应用：理解元素周期表

元素周期表是按照原子序数 Z 增加的顺序而排布的。一个元素的原子核核电荷数为 $+Ze$，则它的中性原子包含 Z 个电子。此外，同一列中的元素是根据它们的电子排布排在一起的（见表 26.3）。具有相同电子排布的元素通常倾向于具有相同的化学性质。

表 26.3　元素周期表根据电子排布排列的元素

1A	2A	3B ～ 8B, 1B, 2B	3A	4A	5A	6A	7A	8A
碱金属	碱土族	过渡元素，镧系 和铜系					卤族	惰性气体
s^1	s^2	$d^n s^2$, $d^n s^1$ 或 $f^m d^n s^2$	$s^2 p^1$	$s^2 p^2$	$s^2 p^3$	$s^2 p^4$	$s^2 p^5$	$s^2 p^6$（He 除外）

注：元素周期表按照电子排布安排同一列元素，具有相同电子排布的元素通常倾向于具有相同的化学性质。该表格仅列出了超出前面惰性气体的电子排布的次壳层。

尽管不同原子的次壳层能级各不相同，图 26.19 还是给出了不同原子次壳层的能级一般图像。注意其中每个 s 次壳层及其之下的次壳层的间隔比实际的情形大。对于给定壳层，s 次壳层是最低能量的次壳层。当开始一个新的壳层时（具有较大的 n 值），电子离核越远束缚越弱。最稳定的电子排布——那些很难电离且没有化学反应活性的——所有在 s 次壳层之下的次壳层都填满。具有这种稳定电子排布的元素被称为惰性气体（8A 族）。氦的排布 $1s^2$——在 $2s$ 之下仅有的次壳层是填满的。其他的惰性气体最高能量的次壳层都是填满的 p 次壳层：氖（所有 $3s$ 之下的次壳层都填满），氩（$4s$ 之下都填满），氪（$5s$ 之下都填满），氙（$6s$ 之下都填满），氡（$7s$ 之下都填满）。

将一个氦原子激发到其第一激发态（$1s^1 2s^1$）所需的能量相当大——约为 20 eV——这是因为 $1s$ 和 $2s$ 次壳层之间的能级差很大。将一个锂原子激发到其第一激发态所需要的能量要小得多（约 2 eV）。锂和其他碱金属（1A 族）都在惰性气体排布之外还有一个电子。为简便起见，由于原子中只有惰性气体排布之外的那些电子才参与化学反应，所以我们通常只写出

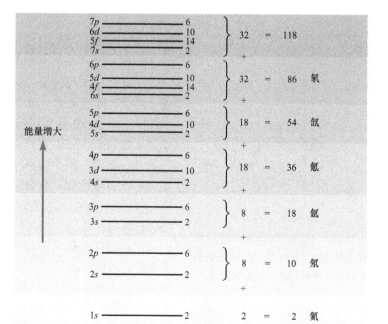

图 26.19 原子次壳层的能级图。不同原子的次壳层能量彼此不同，此图只是给出能级的相对空间分布的一般图像。次壳层从底部（最低能级）向上依次填充。

满壳层以外的电子光谱标识。因而，锂的排布表示为 $\lfloor He \rfloor 2s^1$，钠表示为 $\lfloor Ne \rfloor 3s^1$，等等。s 次壳层的单个电子束缚相当弱，所以很容易从原子中脱离，使得碱金属具有很高的反应活性，它们很容易放弃它们"额外"的电子形成电荷为 +e 的惰性气体排布的离子。**化学价**是一个原子在化学反应中可以获得、失去或者分享的电子数目，所以碱金属是 +1 价的金属。

卤族元素是惰性气体排布少一个电子，所以碱金属与高反应活性的卤族元素（7A 族）会形成离子键。比如，氯（Cl，$[Ne]3s^23p^5$）只需要获得一个电子就可成为惰性气体氩元素（Ar，$[Ne]3s^23p^6$）的电子排布，所以卤族元素是 -1 价。钠可以将其弱束缚的电子给氯，留下两个处于稳定惰性气体排布的离子（Na^+ 和 Cl^-），两个离子间的静电吸引作用形成离子键：NaCl。

碱土元素（2A 族）都在惰性气体排布之外拥有一个填满的 s 次壳层（s^2）。由于填满的 s 次壳层产生一定的稳定作用，它们没有碱金属活跃，但是它们也可以放出两个 s 电子成为惰性气体排布，所以碱土元素通常表现出 +2 价。

越靠近元素周期表的中间区域，元素的化学性质就越敏感。当两个或者两个以上的元素在轨道上有可共享的为配对的电子，就会形成共价键。碳元素尤其有趣，它的基态是 $1s^22s^22p^2$，两个 2p 电子处在不同的轨道上，所以有两个为配对的电子，处在基态的碳是 2 价的。不过要使得碳原子激发到 $1s^22s^12p^3$ 态并不需要很多能量，在这个态上有四个未配对的电子（2s 轨道和三个 2p 轨道每个都只有一个电子），所以同样也有 4 价的碳。

在各族族号 1A，2A，…，7A 的"A"前的数字表示满壳层之外的电子数。对于过渡元素，d 次壳层是填满的，它们的电子排布在 $0 \leqslant n \leqslant 10$ 时通常是［满壳层］d^ns^2，不过有时是［满壳层］d^ns^1。对于镧系和锕系元素，f 次壳层是填满的，它们的电子排布是［满壳层］$f^md^ns^2$，$0 \leqslant m \leqslant 14$ 且 $0 \leqslant n \leqslant 10$。相比于 s 次壳层和 p 次壳层，d 和 f 次壳层很少参与化学反应，所以过渡元素、镧系和锕系元素的化学性质主要取决于它们最靠外的 s 次壳层。

26.8 固体中的电子能级

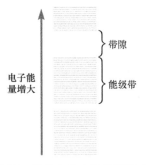

图 26.20 固体中的电子能级形成能级间隔很小的能级带，带间隙是没有电子能级存在的能量区间。

孤立原子向外辐射一系列离散的光子能量，反映了原子中电子能级的量子化。尽管气体放电管中包含大量气体原子（或分子），但是其压力很低，使得其中的原子的平均距离都很远。只要不同原子中的电子的波函数不是明显重叠，每个原子都会像单独存在时一样辐射相同能量的光子。

另一方面，固体向外辐射连续光谱而不是线状光谱，难道电子能量的量子化出了什么问题呢？能级仍旧是量子化的，不过大多数情况下它们彼此靠得很近，以至于可将它们视为连续的能级**带**，**带间隙**是没有电子能级存在的能量区间（见图 26.20）。

固体的电子基态的构成与原子中的基态构成是一样的：电子从最低能态开始，其状态根据泡利不相容原理按照能量升高的顺序依次向上填充。室温下的固体并非处在基态，不过其电子排布与基态并没有显著不同。额外的热能促使少量电子（尽管数量依旧不小）进入较高能级，使得一些较低能态出现空位。电子状态受到热激发的能量范围很小——k_BT 的量级，其中 k_B 是玻耳兹曼常数（$k_B = 1.38 \times 10^{-23}$ J/K $= 8.62 \times 10^{-5}$ eV/K）。

导体、半导体和绝缘体

固体的基态电子排布（即热力学零开时的排布）决定着其导电性能。假如

$T = 0$ 时电子填充的最高能态处在能带中间区域，该能带只是部分填充，这种固体是导体（见图 26.21）。要使电流流动，电场（可能是连接到导体上的电池产生的）必须能够改变传导电子的动量和能量，只有当传导电子附近有空的可跃迁的电子能态时这才能实现。由于能带只是部分填满，在比最高占据能级能量略高一点的区域中会有大量空电子能态可供跃迁。

另一方面，假如基态电子排布填充电子能态恰好填充到能带顶，那么固体是半导体或者绝缘体。两者的区别在于完全占据的能带（价带）上方的能带间隔 E_g 与相应的热能（$\approx k_B T$）的对比，因而两者的差别取决于固体的温度。

大部分室温下的半导体的能带间隔大约 0.1 eV 到 2.2 eV 之间。在技术上最为重要的半导体硅的能带间隔为 1.1 eV，是室温下相应热能（≈ 0.025 eV）的 40 倍。由于在同一能带附近没有可用的空能级，所以激发到较高能级的电子数比导体少得多，仅有的载流电子都是能够激发到能带间隔之上大部分是空的能带（导带）。

由于只有相对少数的电子能够进入导带，所以价带顶部附近也只留下相同数量的空的电子态。附近能态的电子很容易"掉进"这些**空穴**，填充一个空位且产生又一个空位，空穴的行为看起来就与带电 $+e$ 的粒子一样，在外电场作用下，沿着电子运动的相反方向移动。半导体中的电流有两种情况：电子导电和空穴导电。

26.9　激光

激光会产生高强度、相干且单色性好的平行光，激光（laser）这一词汇由"受激发射光放大"（light amplification by stimulated emission of radiation）一词的首字母组成。

受激发射

当光子能量为 $\Delta E = E' - E$ 时，光子会被吸收并将电子激发到较高能级（见图 26.22a），其中 E' 是原子中的空能级，而 E 是被填充的较低能级。假如较高能级被填充，而较低能级空闲，则电子会自发发射一个能量为 ΔE（见图 26.22b）的光子后掉进较低能级。

除了吸收和自发发射过程，原子和光子的第三种相互作用首先由爱因斯坦在 **1917 年**提出，称为**受激发射**（见图 26.22c），该过程是一种共振过程。假如电子处在高能级，低能级空闲，能量为 ΔE 的入射光子会促使电子发射一个光子并掉进低能级。原子发射出的光子与激发该发射过程的入射光子完全相同：它们具有相同的能量和波长，沿着相同的方向运动，并且彼此同相。

如果发生一连串的受激发射，相同光子的数量就会增加——出现光放大。由于所有光子都相同，所以这种光束是相干的；由于所有光子波长都相同，所以光束是单色的；由于所有光子都沿相同方向运动，所以光束是平行的。

亚稳态

当大部分原子都处在基态，电子填充最低能级时，怎样才能发生一连串的受激发射呢？处于激发态的原子很快会通过自发发射光子返回到基态。在这种情况下，由于处在激发态的原子很少，受激发射能量为 ΔE 的光子的概率是非常小的，光子更容易被处于基态的原子吸收。

要产生一连串相同光子，一定要使受激发射比吸收更易发生：更多的原子处

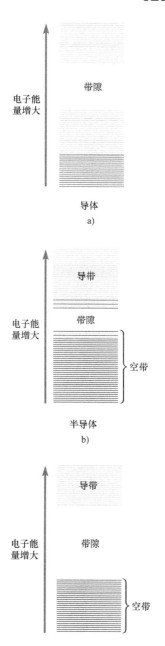

图 26.21　电子能带 a）导体，b）半导体，c）绝缘体。水平线表示电子能级，加黑的线是被电子占据的能级。室温下的半导体 b）中，价带大部分被填满，但有少量电子热激发到导带，在价带顶的附近留下一些空位。

图 26.22　原子吸收，自发发射和受激发射一个光子的过程。所有光子的能量都是 $E'-E$（两个能级之差）。对于发射出来的光子，要么是自发发射的，要么是受到入射光子激发发射的，电子初始时都必须处在较高能级 E'。在受激发射中，能量为 $E'-E$ 的入射光子激发一个原子发出一个光子。两个光子的能量、相位和方向都完全相同。

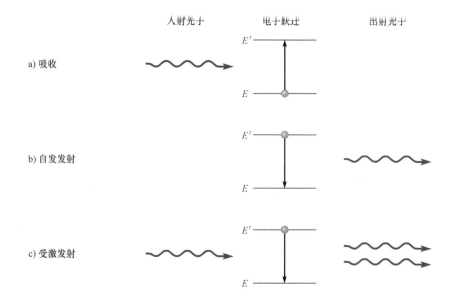

在较高的能级状态而不是处在较低的能级状态。由于这是通常情形的逆反情况，所以被称为**布居数翻转**。如果较高能级的寿命很短——也就是说原子会很快发射出一个光子——就很难实现布居数翻转。但是，有些激发态——被称为**亚稳态**——在自发发射发生前具有相对较长的寿命。如果原子能够足够快地泵浦到亚稳态，布居数翻转就会发生。

红宝石激光器

有一种获得布居数翻转的方法叫作**光泵浦**。具有正确波长的入射光被吸收后，原子先跃迁到一个短寿命的激发态，然后再从这个状态向亚稳态自发衰变。红宝石激光器（见图 26.23a），发明于 1960 年，就是使用光泵浦。红宝石是将三

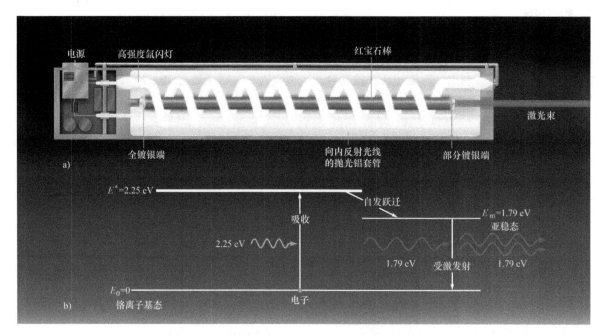

图 26.23　a）红宝石激光器。b）红宝石激光器的能级图。如果 2.25eV 的入射光子被铬离子吸收，就会发生光泵浦，使得铬离子处在 E^* 的激发态中的一个。铬离子然后衰变到亚稳态 E_m。如果离子就处在亚稳态，一个 1.79 eV 的光子经过时会受激发射一个全同的 1.79 eV 光子。

氧化二铝晶体（蓝宝石）中的部分铝原子用铬原子替代。铬离子 Cr^{3+} 的能级如图 26.23b 所示。标记 E_m 的态是能量在基态 E_0 之上 1.79 eV 的亚稳态。在基态之上 2.25 eV 的能量位置，存在着一条间隔紧密的能级带 E^*。如果一个原子激发到 E^* 中的能级并迅速衰变到亚稳态 E_m，原子会在亚稳态保持相当长的时间。

要产生激光，红宝石棒的两端需要抛光并镀银成为镜子。一端是部分透明的，一个高强度的闪光灯线圈缠绕在红宝石棒上，产生一系列迅速而高强度的闪光。550nm 的光被吸收，将 Cr^{3+} 离子泵浦到 E^* 态，然后从这个态开始通过自发衰变到达亚稳态 E_m。（其他自发衰变则恰好返回基态。）强的光泵浦产生的布居数反转使得亚稳态上的离子数超过了基态的离子数。最后，一些离子自发发射波长 694 nm 的光子（能量为 1.79 eV，位于光谱的红光区域）从亚稳态衰变到基态，这些光子继而会导致亚稳态上其他铬原子的受激发射，只有那些平行于红宝石棒轴线的发射光子会被棒两端的镜子多次来回反射，用以持续受激发射。这些光子中的一部分会通过棒部分镀银的一端逃脱出来形成一束狭窄而强烈的相干光束。

其他激光器

与红宝石激光器一样，Nd：YAG 激光器也是由一个光泵浦棒构成。Nd：YAG 是钇铝榴石（yttrium aluminum garnet）的缩写，这种材料是一种无色晶体，曾被用于仿制钻石，在其中掺入一些钕原子（Nd）作为杂质。钕离子中有适合产生激光的亚稳态。与红宝石只能产生脉冲激光不同的是，Nd：YAG 既可以产生脉冲光束也可以产生连续的光束（见思考题 11）。Nd：YAG 激光器可以产生波长 1064nm（红外）的高功率激光束，通常用于工业和医药领域。

氦—氖（He—Ne）激光器通常用于学校实验室和较早的条码阅读器。在气体放电管中充入氦气和氖气的低压混合气体，氦—氖激光器是用电泵浦：通过放电激发氦原子到能量在基态之上 20.61 eV 的亚稳态（见图 26.24）。氖原子在其基态之上 20.66 eV 处有一个亚稳态——比氦原子的亚稳态能级高 0.05 eV。被激发的氦原子可与处在基态的氖原子通过非弹性碰撞使得氖原子处在亚稳态而氦原子返回基态。额外的 0.05 eV 能量来自于原子的动能。受激发射使得原子处在能量为 18.70 eV 的激发态，自发跃迁则使其迅速返回基态。

二氧化碳激光器与氦—氖激光器原理一样，可产生红外光束（波长 10.6 μm）。气体放电管中充入 CO_2 和 N_2 的低压混合气体。N_2 分子通过放电激发，CO_2 分子通过与被激发的 N_2 分子碰撞而激发到亚稳态。最强大的连续波激光器通常就是用二氧化碳激光器，单束光的功率可超过 10 kW，一束几乎完全平行的光束可聚焦到一个很小的点，使得 CO_2 激光器可以自如地切割、钻孔、焊接和加工最硬的金属。二氧化碳激光器也常应用于医药领域。

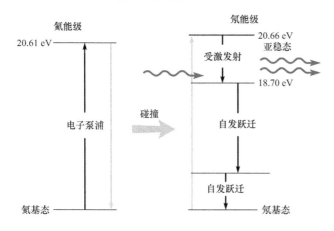

图 26.24 氦—氖激光器的简化能级图。

图 26.25　一位病人正经过光学激光手术来矫正她的视力。这种治疗过程被称为 LASIK 手术（准分子激光原位角膜磨镶术）。

半导体激光器是小型、廉价、高效和可靠性好的激光器。它们常用于 CD 和 DVD 播放器、条形码阅读器、激光打印机、激光笔中。半导体激光器是电泵浦的：电流将电子从价带泵浦到导带，当电子从导带返回价带时会发射光子，因而这种激光器的光束波长取决于半导体的能带间隔。

应用：医学中的激光器

激光器广泛应用于外科手术以摧毁肿瘤、烧灼血管，并用来粉碎肾结石和胆结石。可以通过激光束照射眼睛的瞳孔将脱落的视网膜"焊接"复位。激光手术还被用来重塑眼角膜以矫正近视（见图 26.25）。激光束可以通过内窥镜中的光纤诱导到肿瘤部位，光纤还可以引导激光束进入动脉，从动脉壁除去血栓斑块。在光动力癌症治疗中，先将光敏药物注射到血液中，这种药物选择性地聚集在肿瘤组织中，然后将合适频率的激光通过内窥镜传送到肿瘤部位，激光会引起激活药物的化学反应，使之变得具有毒性，从而破坏肿瘤细胞和给肿瘤供氧的血管。

例 26.5

光凝

使用氩离子激光器修复血管畸形和眼睛视网膜破裂的过程称为光凝术。被组织吸收的激光使得组织温度持续升高，直到蛋白质凝固，形成修复裂痕的疤痕组织。由氩激光器发射的主要波长是 514 nm 和 488 nm。（a）这些波长的光子能量是多少？（b）这两种波长是什么颜色的光？这两种波长都对血管有效吗？

分析　与光波长相对应的光子能量是 $E = hc/\lambda$。22.3 节中列出了可见光的颜色及相应的波长。一种波长的光是否有效取决于是否被强烈吸收。

解和讨论　（a）光子能量为

$$E = \frac{hc}{\lambda} = \frac{1\,240\ \text{eV} \cdot \text{nm}}{514\ \text{nm}} = 2.41\ \text{eV}$$

及

$$E = \frac{hc}{\lambda} = \frac{1\,240\ \text{eV} \cdot \text{nm}}{488\ \text{nm}} = 2.54\ \text{eV}$$

（b）波长 514 nm 的光是绿光，488 nm 的是蓝光。由于红色血管反射红色并吸收其他颜色的辐射，所以两种波长的光对血管都有效。

概念性练习题 26.5　**红宝石激光器和血液**

从红宝石激光器发出的光对血液是有作用的话，那么红宝石激光器可用于血管畸形的治疗吗？

26.10　隧道效应

束缚在有限箱子范围内的粒子的波函数可以扩展到箱子之外的一些区域，这些区域在经典物理看来，一个没有足够能量的粒子是根本不可能进入的（见 26.5 节）。在这些经典禁戒的区域中，波函数呈指数衰减。假如经典禁戒区域是有限长的，就会出现一种有趣但很重要的现象——**隧道效应**。

图 26.26a 给出了隧道效应可能发生的情形。一个粒子初始限制在一个一维箱子中，在它右边，有一厚度为 a 的有限势垒。根据经典物理，如果 $E < U_0$，则粒子不可能跑出箱子，它没有足够的能量。

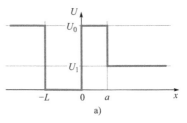

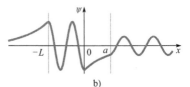

图 26.26　a）一个能量为 $E < U_0$ 的粒子限制在长度为 L 的有限箱子中。箱中的势能为零，两边的势能为 U_0。势垒的右侧势能为 U_1，当 $U_1 < E < U_0$ 时，粒子可以隧穿逃出箱子。b）能够隧穿跑出箱子的粒子的波函数图。

但是，当 $U_1 < E < U_0$ 时，经典的结论是错误的，会有一定的概率能够在箱子外发现粒子。粒子的波函数只是在 $x = 0$ 到 $x = a$ 之间指数衰减，对于 $x > a$ 的区域，尽管由于势垒中造成的指数衰减使得波函数的幅度减小了（见图 26.26b），但波函数再次成为正弦曲线。$x > a$ 区域的波函数幅度决定了在箱子外单位时间内发现粒子的概率。

由于波函数在势垒中指数衰减，所以当势垒厚度增加时，隧穿概率会显著下降。对于一个相对宽的势垒，隧穿概率随着势垒宽度指数衰减：

$$P \propto e^{-2\kappa a} \qquad (26\text{-}17)$$

式（26-17）中，P 表示单位时间内发生隧道效应的概率，a 表示势垒宽度，而 κ 则表示势垒高度的测量值：

$$\kappa = \sqrt{\frac{2m}{\hbar^2}(U_0 - E)} \qquad (26\text{-}18)$$

式（26-17）在 $e^{-2\kappa a} \ll 1$ 时近似成立。随势垒厚度变化的隧穿概率对于极厚的势垒会更为复杂。

一个粒子也有可能会隧穿进入箱子，一个粒子如果初始时位于图 26.26 中势垒的右侧，则随后可能会在箱子中发现它（在势垒的左侧）。

应用：扫描隧道显微镜

扫描隧道显微镜（STM）利用隧穿概率对势垒厚度的指数依赖关系，可产生出高度放大的表面图像。在 STM 中，将一根非常细的金属电极非常近地放在所关注的表面附近。电极针尖必须比普通的针更精细——理想情况下在电极针尖上应该只有一个原子。针尖与样品之间的距离通常只有几纳米。这种设备必须与各种振动隔离，在通常环境下会有 1 000 nm 甚至更大的振幅。样品和针尖都被放置在真空室中。

在针尖和样品之间施加一个很小的电势差 $\Delta V \approx 10$ mV，这样电子就可以在针尖和样品之间隧穿了。电子需要隧穿的势垒是针尖和样品的逸出功所产生的（见图 26.27），束缚在金属中的电子比金属外的电子能量更低。

当针尖扫描过整个表面，针尖与样品之间的距离不断调整以始终满足隧穿电流保持不变（见图 26.28）。由于该电流随着距离 a 指数变化，所以针尖移动时保持 a 为常数。所以针尖的移动准确地反映出下方的表面情况。一台 STM 很容易显示出表面上单个原子的图像（见图 26.14）。

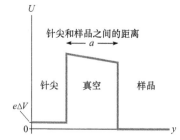

图 26.27 STM 的针尖到样品之间距离为 a 时电子隧穿的势能简化模型。施加的电势差 ΔV 使得针尖和样品间产生 $e\Delta V$ 的势能差。正常情况下，一个电子必须克服金属的逸出功——几个电子伏特——才能逃离金属。这里，由于针尖和样品相距只有几个纳米，电子可以隧穿通过金属的逸出功产生的势垒。

例 26.6

改变隧穿电流

假如一台 STM 扫描一个距离为 $a = 1.000$ nm 的表面。势垒的高度为 $U_0 - E = 2.00$ eV。如果表面与 STM 针尖之间的距离减少 1.0%（= 0.010 nm，约为最小原子半径的五分之一），估计隧穿电流变化的百分比。

分析 隧穿电流与单位时间内隧穿通过的电子数成正比，进而与单位时间的隧穿概率成正比［见式（26-17）中的 P］，因此，单位时间的概率比等于隧穿电流的比值。

解 单位时间的隧穿概率为

$$P \propto e^{-2\kappa a} \qquad (26\text{-}17)$$

其中

$$\kappa = \sqrt{\frac{2m}{\hbar^2}(U_0 - E)} \qquad (26\text{-}18)$$

$$= \sqrt{\frac{2 \times 9.109 \times 10^{-31} \text{ kg}}{[6.626 \times 10^{-34} \text{ J} \cdot \text{s}/(2\pi)]^2} \times (2.00 \text{ eV} \times 1.602 \times 10^{-19} \text{ J/eV})}$$

$$= 7.245 \times 10^9 \text{ m}^{-1}$$

由于针尖移动 0.010 nm 靠近表面，距离从 $a = 1.000$ nm 变为 $a' = 0.990$ nm。隧穿概率比为

$$\frac{P_{a'}}{P_a} = \frac{e^{-2\kappa a'}}{e^{-2\kappa a}} = e^{-2\kappa(a'-a)}$$

指数量为

$$2\kappa(a'-a) = 2 \times 7.245 \times 10^9 \text{ m}^{-1} \times (-0.010 \times 10^{-9} \text{ m})$$
$$= -0.144\ 9$$

单位时间的概率比为

$$\frac{P_{a'}}{P_a} = e^{0.144\ 9} = 1.16$$

那么电流比也是 1.16。针尖与样品之间距离减少 1.0% 使得隧穿电流增加 16%。

讨论 正如预期，距离的减少意味着隧穿电流的增加。

距离很小的变化导致电流很大的变化是由于禁戒区域中波函数的指数衰减造成的，这使得 STM 成为非常灵敏的仪器。

我们检查一下计算中 κ 的单位：

$$\sqrt{\frac{\text{kg}}{\text{J}^2 \cdot \text{s}^2} \times \text{J}} = \sqrt{\frac{\text{kg}}{\text{s}^2} \times \frac{1}{\text{J}}} = \sqrt{\frac{\text{kg}}{\text{s}^2} \times \frac{\text{s}^2}{\text{kg} \cdot \text{m}^2}} = \text{m}^{-1}$$

练习题 26.6　当针尖远离时隧穿电流的变化

估算一下当针尖远离 1.00%（从 1.000 0 nm 到 1.010 0 nm）时，隧穿电流变化的百分比。

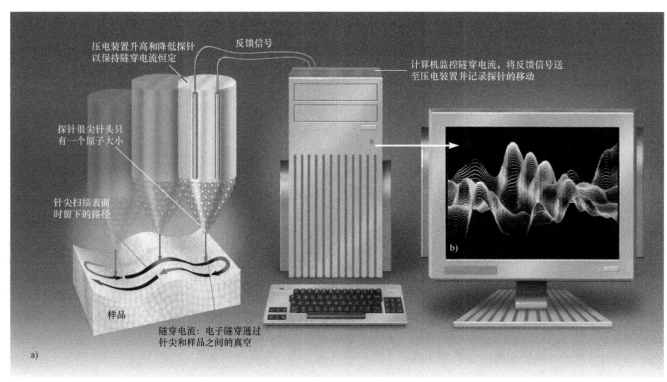

图 26.28 a）扫描隧道显微镜（STM）的原理图。b)DNA 分子片段的扫描隧道显微图像。螺旋结构的平均螺距是 3.5nm（见黄色波峰）。（文前彩插）

应用：基于隧道效应的原子钟

氨分子（NH_3）的隧穿被利用来制作第一台原子钟。该分子的三维结构是三个氢原子形成一个等边三角形。氮原子与三个氢原子的距离相等。氮原子有两个可能的平衡位置：它可以在 H 原子所在平面的任意一侧。

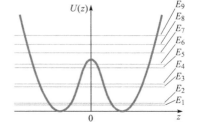

图 26.29 NH_3 分子中原子的势能是其沿着 z 轴的位置的函数，垂直于三个 H 原子所在的平面。对于最低的六个振动能级，氮原子从一边隧穿到另一边。

氮原子的势能如图 26.29 所示。平衡位置是 $U(z)$ 的两个极小值处。在这两个极值之间的势垒是由于原子间的库仑排斥作用形成的。NH_3 分子的基态中，N 原子没有足够的能量在两个平衡位置之间沿着 z 轴往复运动，但是它可以在两个平衡位置中间来回振动：N 原子来回隧穿通过势垒。隧穿概率决定振动的频率为 2.4×10^{10} Hz。由于这一振动依赖于隧穿效应，所以这一频率要比典型的分子振动频率低得多，这使得第一台原子钟很容易就成为时间标准。

本章提要

- 量子物理中的两种描述，粒子和波是相辅相成互为补充的。一个粒子的波长称为德布罗意波长：

$$\lambda = \frac{h}{p} \qquad (26\text{-}1)$$

- 不确定关系为我们同时测量一个粒子的位置和动量的精确程度设置了极限：

$$\Delta x \Delta p_x \geqslant \frac{1}{2}\hbar \qquad (26\text{-}2)$$

- 如果一个系统处在一个量子态上的时间为 Δt，那么根据能量—时间不确定关系，这个态的能量不确定度与该态的寿命有关：

$$\Delta E \Delta t \geqslant \frac{1}{2}\hbar \qquad (26\text{-}3)$$

- 束缚粒子有驻波形式的波函数。束缚导致德布罗意波波长和能量的量子化。

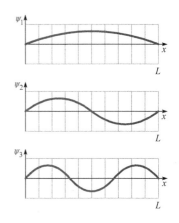

- 一维箱中的粒子的波长与弦上驻波类似：

$$\lambda_n = \frac{2L}{n} \quad (n = 1, 2, 3, \cdots) \qquad (26\text{-}4)$$

- 波函数的模平方正比于粒子在给定空间区域中出现的概率。
- 原子中电子的量子态可用四个量子数描述：
  - 主量子数 $n = 1, 2, 3, \cdots$
  - 轨道角动量量子数 $l = 0, 1, 2, 3, \cdots, n-1$
  - 轨道磁量子数 $m_l = -l, -l+1, \cdots, -1, 0, +1, \cdots, l-1, l$
  - 自旋磁量子数 $m_s = -\frac{1}{2}, +\frac{1}{2}$
- 根据泡利不相容原理，原子中任何两个电子不能处在完全相同的量子态。
- 一组具有相同 n 值的电子态被称为一个壳层。次壳层是 n 和 l 的特定组合。次壳层的光谱项表示是在 n 的数值后面用对应 l 值的字母来表示。
- 在固体中，大量电子态的密集能级形成能带，带隙是没有电子能级存在的能量区间。导体，半导体和绝缘体通过它们的能带结构可进行区分。
- 若一个电子处在较高能级，而较低能级空闲，那么一个能量为 ΔE 的入射光子能够导致光子的发射，这个从原子中发出的光子与入射光子相同。
- 激光是基于受激发射，为了使受激发射发生的可能性超过受激吸收，就必须实现粒子数反转（高能态的粒子数比低能态的多）。
- 束缚粒子的波函数可以扩展到经典物理认为粒子能量不足因而不可能存在的区域。假如经典禁戒的区域是有限长度，就会发生隧穿效应。

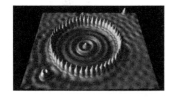

思考题

1. 一个电子衍射实验得到的图样与用相同样品的 X 射线衍射实验得到的图样相同。我们如何知道电子和 X 射线的波长是相同的？如果它们能量相同，是否会获得相同的图样？

2. 有时人们会说在热力学零开时所有分子的运动，即振动和转动都终止了，你同意吗？请解释。

3. 不确定关系不允许我们把原子中的电子考虑成是按照确定的轨道运动。那么为什么我们可以确定高尔夫球、彗星之类的物体的运动轨迹？［提示：动量不确定度与速度的不确定度之间的关系是怎样的？］

4. 我们该如何解释电子云代表着原子中的电子态？

5. 在一台光泵浦激光器中，光泵浦产生的光束波长总是比激光束波长短，请解释。

6. 如图所示，Nd: YAG 激光器采用四能级系统，而红宝石激光器采用三能级系统（对比图 26.23b）。哪种激光器更易实现粒子数反转？为什么？请解释为什么 Nd: YAG 激光器能产生持续光束，而红宝石激光器只能产生短暂的激光脉冲。

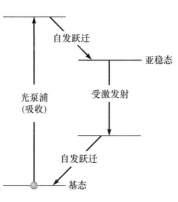

7. 复印机（见 16.2 节）的核心部件是在一个滚筒上涂一层光敏导体——一种半导体，在黑暗中是非常好的绝缘体，但

当用光照射时，又会允许电荷自由移动。光是如何允许电荷在半导体材料内自由移动的呢？光敏导体的能带间隔多大？如果感光鼓变热，是应该提高还是降低图像的明暗区域之间的反差？

8. 我们如何证明物质波的存在？

9. 请解释为什么半导体的电阻率随着温度的升高而降低？

10. 当铝暴露在氧气中时，会在铝的外边形成一层非常薄的氧化铝层。氧化铝是非常好的绝缘体。但是如果两条铝线缠绕在一起，即使氧化层未被清洗掉，电流也会从一条铝线流向另一条，这为什么会发生？

选择题

🔘 学生课堂应答系统

1. 下列表述中哪个是正确的？
   （a）氢原子中电子的主量子数不影响其能量。
   （b）处在基态的电子的主量子数为零。
   （c）电子状态的轨道角动量量子数总比这个态的主量子数小。
   （d）电子的自旋量子数可以取四个不同值中的任何一个。

2. 下列关于氢原子中电子能级的表述中哪个是对的？
   （a）氢原子中的电子可以用一列行波很好地描述。
   （b）一个具有正能量的电子是一个被束缚的电子。
   （c）处在稳定能级的电子向外辐射电磁波是因为电子绕核加速运动。
   （d）基态电子的轨道角动量为零。
   （e）处在状态 n 的电子只能向 $n+1$ 态或者 $n-1$ 态跃迁。

3. 下列哪个表述是对的？
   （a）晶体中的原子间距太小，无法观测到物质波的衍射现象。
   （b）只有带电粒子才有与之相应的物质波。
   （c）当具有相同动能的电子或者中子入射到单晶时，会出现相同的衍射图样。
   （d）具有适合能量的电子、中子以及 X 射线入射单晶时能产生相同的衍射图样。
   （e）像棒球这样的宏观物体观测不到波动现象是因为这些宏观物体的德布罗意波波长太长了。

4. 泡利不相容原理：
   （a）表明在原子中，任何两个电子不能具有相同的量子数集。
   （b）认为原子中任意两个电子不能具有相同的轨道。
   （c）将电子与原子核排斥开。
   （d）将质子从电子轨道排斥开。

5. 假如一个粒子被限制在一个边长为 L 的三维立方盒子区域中：
   （a）该粒子的动量各分量不确定度为 $h/(\pi L)$。
   （b）该粒子的波长不会小于 $2L$。
   （c）只要该粒子动量的 x 分量的不确定度是有限值，就可以完全确定其动量的 y 分量和 z 分量。
   （d）该粒子的动能存在上限，但没有下限。

计算题

🅖 综合概念 / 定量题
🅖 生物医学应用
◆ 较难题

26.2　物质波

1. 质量为 0.50 kg 的篮球以 10 m/s 的速度运动时，德布罗意波长多大？为什么篮球通过篮筐时我们看不到衍射现象？

2. 一名学生体重 81 kg，他刚学习了物质波，了解到当他穿过 81 cm 宽、12 cm 深的门廊时会发生衍射现象。（a）若该学生的波长与门廊的尺寸完全一样时才会出现衍射现象，则该学生最快通过该门廊的速度是多少才能出现衍射？（b）在该速度下，该学生要花多长时间才能通过该门廊？

3. 以 $\frac{3}{5}c$ 速度运动的电子的德布罗意波长是多大？

4. 用电子束替代 X 射线衍射实验中 16 keV 的 X 射线进行衍射实验。要产生与 X 射线衍射图样（用相同的晶体）相同的衍射图样，电子束的动能应为多大？

5. 0.100 keV 的光子与 0.100 keV 的电子的波长之比是多少？

6. 一块用于 X 射线衍射光栅的镍晶体，用在电子衍射实验中。若两个衍射图样相同，且 X 射线光子的能量为 $E = 20.0$ keV，则电子的动能是多少？

26.3　电子显微镜

7. 🅖 要用普通显微镜分辨出一个细胞的细节，你所用的波长必须与你想观测的细胞细节的尺寸相同或者更小。假设你想看到直径约为 20 nm 的核糖体，（a）用紫外显微镜需要的最小光子能量是多少？（在实际情况中，对于如此短的波长还没有有效的镜头。）（b）如果用电子显微镜，电子的最小动能是多少？（c）要达到这样的能量，电子需要用多大的电压加速？

8. 🅖🅖 一幅生物样品的图像分辨率是 5 nm，（a）德布罗意波波长为 5.0 nm 的电子的动能是多大？（b）要具有这样的波长，电子需要用多大的电压加速？（c）为什么不用波长刚好为 5 nm 的光学显微镜为样品成像？

26.4　不确定原理

9. 若题 1 中的篮球动量不确定度与动量的比值为 $\Delta p/p = 10^{-6}$，则其位置的不确定度是多少？

10. 在棒球比赛中，雷达测得一个 144 g 的棒球以 137.32 ± 0.10 km/h 的速度运动。（a）棒球位置的最小不确定度是多少？（b）若以同样精度测得一个质子的运动速度，则其位置的最小不确定度是多少？

11. 🅒 一颗质量为 10.000 g 的子弹速度为 300 m/s。速度的精确度可达 0.04% 以内。（a）根据不确定关系估计子弹位置的最小不确定度。（b）一个电子的速度为 300 m/s，精确到 0.04%。估算该电子位置的最小不确定度。（c）从这些结果中你能得出什么结论？

12. ◆ 一束电子通过 40.0 nm 宽的单缝，在 1.0 m 远处的屏上形成的衍射图样的中央明纹宽度为 6.2 cm。则通过狭缝的电子束的动能是多少？

13. ◆ 欧米伽粒子（Ω）在其产生后平均约 0.1 ns 发生衰变。其静止能量为 1672 MeV。估算 Ω 粒子静止能量不确定度的比值（$\Delta E_0/E_0$）。[提示：用能量—时间的不确定关系，式（26-3）。]

26.5　束缚粒子的波函数

14. 束缚在原子核尺度（1.0 fm）区域中的电子的最小动能是多少？

15. 若将氢原子中的电子视为长度为玻尔直径 $2a_0$ 的一维箱子中的电子模型，则该"原子"的基态能量是多少？这个结果与实际的基态能量相比怎么样？

16. 箱中粒子的模型常被用于粗略估算基态能量。假设你有一个中子被束缚在长度为一个原子核直径（即 10^{-14} m）的一维箱子中，则这个被束缚的中子的基态能量是多少？

17. ◆ 一个电子被束缚在一个一维箱子中。当该电子从其第一激发态跃迁到其基态时，它发射出一个能量为 1.2 eV 的光子。（a）该电子的基态能量（电子伏特单位下）是多少？（b）若电子从第二激发态直接跃迁到基态或者通过中间态向基态跃迁，请列出电子可能发射的光子的所有能量（在电子伏特单位下）。在同一个能级图中标出所有这些跃迁。（c）箱子的长度是多少（在纳米单位下）？

26.6　氢原子：波函数和量子数；26.7　不相容原理　原子中电子的排布（除氢原子外）

18. 氢原子中有多少个电子态的量子数满足 $n = 3$ 且 $l = 1$？用量子数标出这些态并列出来。

19. 在一个原子中具有相同 n 和 l 值的电子最多有多少？

20. 镍原子的基态是什么电子排布（Ni，原子序数 28）？

21. 溴原子基态的外层电子的轨道角动量最大可能值是多少？

22. Ⓒ（a）氟原子（$Z = 9$）和氯原子（$Z = 17$）基态的电子排布是怎样的？（b）这两个元素为什么位于元素周期表中相同的列中？

23. （a）求 $n = 2$ 且 $l = 1$ 的电子的轨道角动量 L 的大小，用 $\hbar$ 表示。（b）L_z 的允许取值是哪些？（c）z 轴正向与 L 的夹角是多大时对应 L_z 分量的量子化允许取值？

24. ◆Ⓒ（a）证明氢原子基态能量可写作 $E_1 = -ke^2/(2a_0)$，这里 a_0 是玻尔半径。（b）根据经典物理，根本不可能在离原子核距离大于 $2a_0$ 处发现能量为 E_1 的电子，请解释为什么？

26.8　固体中的电子能级；26.9　激光；26.10　隧道效应

25. 发光二极管（LED）具有一种性质，可以通过电池的电能将电子激发到导带，当电子掉回价带时发射光子。（a）若该二极管的能带带隙是 2.36 eV，则该 LED 发出的光的波长是多大？（b）发出什么颜色的光？（c）包含二极管的电路中最小电池电压需要多大？

26. 氦氖激光器中通常发出的光波长是多大？（见图 26.24）

27. 红宝石激光器发出的激光波长为 694.3 nm，红宝石晶体 6.00 cm 长，折射率为 1.75。将红宝石晶体中的光视为沿着晶体长度方向的驻波。则晶体中包含多少个波长？（晶体中的驻波有助于减少光束中波长的范围。）

28. ◆ 一个质子和一个氘核（带有与质子的相同电荷但是质量是其 2.0 倍）入射厚度为 10.0 fm "高度"为 10.0 MeV 的势垒，这两个粒子的动能都是 3.0 MeV，（a）哪个粒子穿过势垒的可能性更高？（b）求隧穿概率之比。

合作题

29. 一个质量为 10 g 的小球束缚在长为 10 cm 的箱子中，以 2 cm/s 的速度运动。（a）小球的量子数 n 是多少？（b）我们为什么看不到小球能量的量子化效应？[提示：计算 n 态和 $n + 1$ 态之间的能量差，该小球的速度变化了多少？]

30. 一个自由中子（也就是说一个自己单独存在的中子，而不是在原子核中的中子）并不是一个稳定的粒子。其平均寿命是 15 min，在此之后它将衰变为一个质子、一个电子以及一个反中微。使用能量—时间不确定关系 [见式（26-3）] 以及质量和静止能量的关系估算自由中子固有质量的不确定度。与中子的平均质量 $1.67×10^{-27}$ kg 相比较。（尽管中子质量的不确定度小到无法测量，但是极短寿命的不稳定粒子在测量质量时会有明显的变化。）

综合题

31. 米奇向一个 3.0 m 深的许愿井中投入一枚 2.0 g 的硬币。在该硬币到达井底之前，硬币的德布罗意波长是多少？

32. 能量—时间不确定关系允许虚粒子的产生，这是一种在真空中出现但存在很短时间 Δt 后即消失的粒子。只要满足 $\Delta E \Delta t \approx \hbar/2$ 即可发生，这里 ΔE 是粒子的静止能量。（a）根据不确定关系，一个从真空中产生的电子能存在多久？（b）根据不确定关系，真空中产生的质量为 7 kg 的铅球能存在多久？

33. 在图 26.4b 中，X 射线频率为 $1.0×10^{19}$ Hz。则图 26.4a 中电子需要多大的电压加速？

34. 用 2.0 eV 的光子进行双缝干涉实验。用电子通过同一对双缝进行实验，如果电子和光子的干涉图样相同（也就是说明纹间距相同），电子的动能是多大？

35. 碲（Te，原子序数 52）的基态电子排布是怎样的？

36. Ⓒ 一颗子弹以 300.0 m/s 的速度离开步枪的枪管。子弹的质量为 10.0 g。（a）子弹的德布罗意波长是多少？（b）将

波长 λ 与质子（约 1 fm）的直径进行比较。（c）是否有可能观测到子弹的波动性，如衍射现象？请解释。

37. 箱中粒子模型常用于粗略估计能级间隔。假设你有一个质子，束缚在长度等于一个原子核尺度（大约 10^{-14} m）的一维盒子中。（a）该箱中质子的第一激发态和基态的能量差是多少？（b）如果激发态质子掉回基态并将这些能量以光子形式发射出来，则发射出的电磁波波长和频率是多大？处在光谱中的什么位置？（c）画出基态和前三个激发态的质子波函数 ψ 随位置变化的函数曲线。

38. ◆ 在戴维逊—革末实验中（见 26.2 节），电子在撞击靶之前通过 54.0 V 电压的电场加速。（a）求电子的德布罗意波长。（b）镍的布拉格晶面间距已知，可通过 X 射线衍射研究来确定。镍的最大晶面间距（对应给出最大光强的衍射明纹）为 0.091 nm，根据布拉格定律［式（23-15）］，用电子的德布罗意波长求一级明纹的布拉格角。（c）这与在 130° 散射角观测得到的明纹是否一致？［提示：散射角和布拉格角并不一样。画个图给出这两个角的关系。］

39. ◆（a）画出有限箱子［对于 $0 < x < L$ 的区域 $U(x) = 0$，其他区域 $U(x) = U_0 > 0$］中的电子 $n = 5$ 态的波函数的定量关系图。（b）如果 $L = 1.0$ mm 且 $U_0 = 1.0$ keV，请估算存在多少个束缚态？

40. ◆ 一维箱中的电子基态能量为 0.010 eV。（a）箱子的长度是多少？（b）画出电子最低的三个能态的波函数。（c）电子处在第二激发态（$n = 3$）时的波长是多大？（d）电子处在基态时吸收一个波长为 15.5 μm 的光子，求能随后被电子发射出来的光子的波长。

41. ◆（a）给出次壳层 $4l+2$ 的电子状态数。［提示：首先，每个轨道有多少态？第二，每个次壳层有多少轨道？］（b）对每个次壳层中的状态数求和，证明一个壳层的状态数为 $2n^2$ 个。提示：从 1 到 $2n-1$ 的前 n 个整数奇数之和是 n^2。将最大数和最小数加起来，把求和成对重组：

$$1 + 3 + 5 + \cdots + (2n-5) + (2n-3) + (2n-1)$$
$$= [1 + (2n-1)] + [3 + (2n-3)] + [5 + (2n-5)] + \cdots$$
$$= 2n + 2n + 2n + \cdots = 2n \times \frac{n}{2} = n^2$$

练习题答案

26.1 0.26 eV

26.2 能量增加 $\Rightarrow$ 波长减小；对于给定条纹，波长减小 θ 就减小，所以条纹间距减小（图样收缩）。

26.3 1 km/s

26.4 $1s^2 2s^2 2p^6 3s^2 3p^3$

26.5 红宝石激光器不起作用。血液呈现红色是因为反射红光；红宝石激光器发出的红光会大部分被反射，而不是被吸收。

26.6 -13.5%（减少）

检测题答案

26.2 在更高速度下，电子的动量更大，其德布罗意波长更小（$\lambda = h/p$）。

26.4 在玻尔模型中，电子沿着一条确定的轨道（环形轨道）绕核运动。正如前面章节中所解释的原因，这样的轨道违反不确定原理。

26.6 对于 $n = 2$，$l = 0$ 或 1。对于 $l = 0$，$m_l = 0$；对于 $l = 1$，$m_l = -1$、0 或 1。对于任意 m_l，$m_s = +\frac{1}{2}$ 或 $-\frac{1}{2}$。有八个电子态：$(n, l, m_l, m_s) = \left(2, 0, 0, +\frac{1}{2}\right)$，$\left(2, 0, 0, -\frac{1}{2}\right)$，$\left(2, 1, -1, +\frac{1}{2}\right)$，$\left(2, 1, -1, -\frac{1}{2}\right)$，$\left(2, 1, 0, +\frac{1}{2}\right)$，$\left(2, 1, 0, -\frac{1}{2}\right)$，$\left(2, 1, 1, +\frac{1}{2}\right)$，$\left(2, 1, 1, -\frac{1}{2}\right)$。

核物理

历经三百多年，伦勃朗 1653 年的画作"亚里士多德与荷马半身像"需要清洁，亚里士多德的黑裙出现了损坏的迹象，但并不清楚裙下的原始画作是否也出现了损坏。纽约大都会博物馆的管理员在对画作进行修复和清理之前，需要尽可能多地了解画作的损坏区域。艺术史学家则想知道伦勃朗在创作这幅画时是否改变过它的构图。为了帮助提供这些信息，这幅画作被送到布鲁克海文国家实验室的核反应堆。那么核反应堆是如何帮助博物馆管理员和艺术史学家了解一幅画作的信息的呢？（答案请见 364 页）

生物医学应用

- 放射性碳年代测定法（27.4 节；例 27.9；练习题 27.9；计算题 18，21）
- 辐射的生物效应（27.5 节；例 27.11；思考题 5 ~ 7；计算题 24 ~ 26，33）
- 放射性示踪（27.5 节；计算题 41）
- 正电子成像术（27.5 节；思考题 8）
- 放射疗法（27.5 节；计算题 22）

- 卢瑟福散射实验（25.6 节）
- 基本相互作用力（2.7 节）
- 质量和静止能量（24.7 节）
- 不相容原理（26.7 节）
- 指数函数（附录 A.3，18.10 节）
- 隧道效应（26.10 节）

27.1 原子核的结构

在原子中，电子受到带正电核的原子核的静电束缚作用。在 25 和 26 章中，我们通常把原子核处理为质量很大的点电荷，从而不会受到电子对它的静电力影响。实际上，原子核是原子中电子质量的数千倍，并且只占据原子体积中很微小的一部分（约为 10^{12} 分之一甚至更少）。原子核的有限质量和体积对电子组态有着微弱的影响，并进而影响原子的化学性质。但是，原子核有着自己复杂的结构，并在放射性衰变和核反应中表现出来。

原子核是质子和中子束缚在一起的集合。质子和中子都被称为核子（在原子核中发现的粒子）。**原子序数** Z 是原子核中质子的数目。每个质子都带电荷 $+e$，而中子不带电，所以原子核的电荷是 $+Ze$。中性原子中的电子数也与 Z 相等。质子数则决定着一个原子属于哪个元素或者化学物种。

人们曾经以为一种元素的所有原子都是完全一样的，但是我们现在知道同一元素存在着不同的**同位素**。一个元素的各种同位素的原子核中都具有相同的质子数，但是它们的中子数（N）不同所以质量不同。因此，不同的同位素核子的总数也不一样。核子数 A 是质子和中子数的总和：

$$A = Z + N \qquad (27\text{-}1)$$

任意特定种类的原子核被称为核素，用 A 和 Z 的值来表示其特征。核子数 A 也被称为**质量数**。由于一个原子几乎所有质量都集中在原子核，并且质子和中子的质量近似相等，所以一个原子的质量近似与核子数成正比。

由于一种元素的不同同位素的质量不同，所以可以使用质谱仪对它们进行区分（见 19.3 节）。有时同位素的不同质量对于化学反应率也有影响，但是总体而言，不同同位素的化学性质几乎一样。另一方面，不同核素具有完全不同的核性质。中子数的多少代表着原子核的结合力有多强，以至于有些原子核是稳定的，而有些则不稳定（放射性）。原子核能级、放射性半衰期以及放射性衰变模式是特定核素的全部特征，对于同一元素的两个同位素而言，这三个量截然不同。

许多表示用于区分核素。化学符号 O 表示氧元素。要确定出氧的特定同位素，必须给出质量数。氧 -18，O-18，O^{18} 以及 ^{18}O 都表示 $A = 18$ 的氧的同位素。有时将原子序数包含在其中也很有用，即便很累赘。氧有 8 个质子，当把原子序数包含在表达形式中时，尽管在某些较早的文献中可见 $_8O^{18}$，但更推荐的表达形式是 $^{18}_8O$。

✓ 检测题 27.1

对于核素 $^{23}_{11}Na$，其原子核中有多少质子？多少中子？质量数是多少？

例 27.1

求中子数

^{18}O 原子核中有多少中子？

分析　上标给出核子数（A）。我们查周期表找到氧的原子序数（Z），则中子数为 $N = A - Z$。

解　^{18}O 原子核有 18 个核子，氧的原子序数是 8，所以其原子核中有 8 个质子。中子数 $18 - 8 = 10$。

讨论　氧的不同同位素有不同的中子数，但质子数相同。

练习题 27.1　辨认元素

写出具有 44 个质子和 60 个中子的核素的符号（按照 ^A_ZX 形式），并辨认这一元素。

原子质量单位　通常情况下用原子质量单位来表示原子核质量要比用千克更方便。最新的原子质量单位的符号是 "u"，在较早的文献中还常写作 "amu"。

原子质量单位定义为中性碳原子 ^{12}C 质量的 $\frac{1}{12}$，u 和 kg 之间的单位转换关系是

$$1\ \mathrm{u} = 1.660\ 539 \times 10^{-27}\ \mathrm{kg} \qquad (27\text{-}2)$$

核子的质量约为 1 u，而电子则比这轻得多（见表 27.1）。因此，一个原子核（或者一个原子）的质量近似为 A 个原子质量单位——这正是为什么 A 被称为质量数的原因。

元素周期表中给出的原子质量是该种元素的各种同位素自然状态下在地球上的相对丰度的平均值。在核物理中，我们必须通过查核素表（见附录 B）来获取特定核素的质量。

表 27.1　质子、中子和电子的质量和电荷

粒子	质量（u）	电荷
质子	1.007 276 5	$+e$
中子	1.008 664 9	0
电子	0.000 548 6	$-e$

例 27.2

估算质量

估算 1mol ^{14}C 的质量，用 kg 表示。

分析　我们可以先估算各种核子为 1 u 时的质量，并忽略质量相对很小的电子。1 mol 包含的原子数是阿伏加德罗常数，然后我们将原子质量转化为 kg。

解　一个 ^{14}C 原子核中有 14 个核子，所以 ^{14}C 原子的质量约为 14 u，1 mol 包含的原子数是阿伏加德罗常数，因此 1 mol 质量约为

$$M = N_A m = 6.02 \times 10^{23} \times 14\ \mathrm{u} = 8.4 \times 10^{24}\ \mathrm{u}$$

转化成 kg 为

$$8.4 \times 10^{24}\ \mathrm{u} \times 1.66 \times 10^{-27}\ \mathrm{kg/u} = 0.014\ \mathrm{kg}$$

讨论　注意 1 mol 质量数为 14 的同位素的质量约为 14 g，

原子质量单位的定义就是使原子质量单位下一个原子的质量在数值上等于 1 mol 原子的克质量。

有两个原因使得原子核的质量并不完全等于 A 个原子质量单位。其一是质子和中子的质量并不是恰好等于 1 u；其二是即便它们恰好等于 1 u，正如我们在 27.2 节中要看到的一样，原子核的质量小于单个质子和中子质量的总和。附录 B 列出了 ^{14}C 原子质量更为精确的值：14.003 242 0 u。

练习题 27.2　估算 u 单位下的原子核质量

一个具有 9 个中子的氧原子核的质量在原子质量单位下大约是多少？

核的大小

我们如何才能知道原子核的大小呢？第一个实验证据是卢瑟福的 α 粒子被金原子核散射的实验（25.6 节）。通过分析不同散射角方向观测到的 α 粒子的个数，我们可以估计出金原子核的大小。相同的实验也用其他原子核进行过。最

$_1^1$H

$_2^4$He

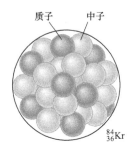

质子　中子

$_{36}^{84}$Kr

图 27.1 把原子核视为一系列硬球（代表核子）聚集在一个球中的简化模型。

近，电子衍射也被用于探究原子核的结构。用极短波的电子，我们不只可以确定原子核的大小，还能同时了解其内部结构。

这些实验以及其他一些实验都表明所有原子核的质量密度都几乎一样——原子核的体积正比于其质量。将一个原子核设想为充满小球的球形容器（见图 27.1），每个小球代表一个核子，核子都紧密地聚在一起，彼此靠拢。原子核的质量和体积正比于核子数，所以单位体积内的质量（密度 ρ）几乎与核子数无关。若用 m 表示原子核质量，V 表示其体积，A 表示质量数，那么有

$$m \propto A \text{ 且 } V \propto A$$

$$\Rightarrow \rho = \frac{m}{V} \text{ 与 } A \text{ 无关。}$$

大部分原子核的形状都近似是球形，所以

$$V = \frac{4}{3}\pi r^3 \propto A$$

$$\Rightarrow r^3 \propto A \text{ 或 } r \propto A^{1/3} \tag{27-3}$$

原子核的半径正比于质量数的立方根。实验表明比例常数近似为 1.2×10^{-15} m：

原子核的半径

$$r = r_0 A^{1/3} \tag{27-4}$$

$$r_0 = 1.2 \times 10^{-15} \text{ m} = 1.2 \text{ fm} \tag{27-5}$$

国际单位制中词头"f"表示毫微微，fm 表示毫微微米，也被称为费米，是用意大利物理学家费米（Enrico Fermi，1901—1954）的名字命名。原子核的半径范围从 1.2 fm（$A = 1$）到 7.7 fm（$A \approx 260$）。

尽管原子核都具有大致相同的质量密度，但是原子并不是这样。较重的原子通常比较轻的原子密度更大。一个原子体积的增加与其质量的增加并不同步。尽管较大的原子拥有更多的电子，但是这些电子由于核电荷数的增加，平均而言更加紧密束缚，因此，有些固体和液体（其中的原子紧密压在一起）具有更大的密度。

例 27.3

钡原子核的半径和体积

钡 138 原子核的半径和体积是多大？

分析　要求一个原子核的半径，我们必须知道质量数 A，在此题中为 138。要求体积，我们假设原子核近似为球形。

解　为求半径，我们用式（27-4），代入 $A = 138$

$$r = r_0 A^{1/3}$$
$$= 1.2 \text{ fm} \times 138^{1/3} = 6.2 \text{ fm}$$

原子核的体积近似为

$$V = \frac{4}{3}\pi r^3$$

式（27-4）两边立方得

$$r^3 = r_0^3 A$$

因此原子核的体积近似为

$$V = \frac{4}{3}\pi r_0^3 A$$

现在我们代入数值

$$V = \frac{4}{3}\pi \times \left(1.2 \times 10^{-15} \text{ m}\right)^3 \times 138 = 1.0 \times 10^{-42} \text{ m}^3$$

例 27.3 续

讨论　半径（6.2 fm）在预期的 1.2 fm 到 7.7 fm 之间，式 $V = \frac{4}{3}\pi r_0^3 A$ 说明原子核的体积正比于核子数（A），与期望的一致。每个核子占据的体积为 $\frac{4}{3}\pi r_0^3$。

练习题 27.3　镭原子核的体积

镭 -226 原子核的体积是多大？

27.2　结合能

强相互作用力

是什么使得核子都束缚在原子核中？引力太弱，不可能是引力，而静电力会使得质子彼此排斥。核子是通过**强相互作用力**束缚在一起的。这种力是在 2.7 节中讨论过的四种基本相互作用力（还有引力、电磁力以及弱相互作用力）之一。质子和中子间的强相互作用力几乎没有区别。

与引力和电磁力不同的是，强相互作用力是极短程的力。引力和电磁力的作用范围是无限远，在质点间的作用力的大小随着距离的 $1/r^2$ 减小。相比较而言，两个核子之间的强相互作用力只对 **3.0 fm** 或更近的距离显得重要。由于强力是很短程的作用力，一个核子只能被其在原子核内最近的邻居吸引。另一方面，由于静电排斥作用是长程力，所有原子核内的质子都排斥其他质子。这两个彼此竞争的相互作用力决定着哪个原子核是稳定的。

结合能和质量亏损

原子核的**结合能** E_B 是将一个束缚质子和中子的原子核系统分离成单个自由质子和中子所需要的能量。由于原子核是一个束缚系统，其总能量小于 Z 个质子和 N 个中子相距很远独立存在时的总能量。

链接：

结合能的概念是一种了解原子核是如何按照能量方式而不是力的方式结合在一起的途径。

> **结合能**
>
> E_B =（Z 个质子和 N 个中子的总能量）−（原子核的总能量）　(27-6)

结合能的概念除了用于原子核还用于一些系统，一个质子和一个电子彼此远离时的总能量比两者一起束缚在氢原子中（处在基态）的能量高 13.6 eV，所以氢原子的结合能是 13.6 eV。在多电子原子中，结合能并不等于电离能，电离能是移除一个电子所需要的能量，而结合能则是移除所有电子所需要的能量。

一个粒子的质量是其静止能量的量度——在其总能量的参考系中它是静止的（见 24.7 节）：

$$E_0 = mc^2 \qquad (24\text{-}7)$$

由于一个原子核的静止能量小于 Z 个质子和 N 个中子的总静止能量，所以原子核的质量小于质子和中子的总质量，这一质量差叫作**质量亏损** Δm，它来自于我们利用施加能量来打破原子核以获得 Z 个单独的质子和 N 个单独的中子。由式（24-7），质量亏损与结合能有关：

质量亏损和结合能

$$\Delta m = (Z \text{个质子和 } N \text{个中子的质量}) - (\text{原子核的质量}) \quad (27\text{-}7)$$

$$E_B = (\Delta m)c^2 \quad (27\text{-}8)$$

核物理中常用的能量单位是 MeV（兆电子伏）。当我们使用 MeV 表示式（27-8）中的能量，用原子质量单位表示其中的质量，不难知道 c^2 的单位是 MeV/u，可以表示为

$$c^2 = 931.494 \text{ MeV/u} \quad (27\text{-}8)$$

附录 B 中的质量表给出了中性原子的质量，其中包括电子的质量和原子核的质量。要求原子序数 Z 的原子核的质量，从中性原子的质量中减去 Z 个电子的质量。电子与核的结合能远小于电子的静止能量，可以忽略。

例 27.4

氮 -14 原子核的结合能

求 ^{14}N 原子核的结合能。

分析 从附录 B 可得 ^{14}N 原子的质量是 14.003 074 0 u。N 原子的质量包括 7 个电子的质量。从原子质量中减去 $7m_e$ 即得到原子核的质量。进而我们可求出质量亏损和结合能。

解

^{14}N 原子核的质量 = 14.003 074 0 u-$7m_e$

　　　　　　　　= 14. 003 074 0 u-7×0.000 548 6 u

　　　　　　　　= 13.999 233 8 u

^{14}N 原子核有 7 个质子和 7 个中子，质量亏损为

$\Delta m = (7 \text{个质子和 } 7 \text{个中子的质量}) - (\text{原子核的质量})$

　　　= 7×1.007 276 5 u+7×1.008 664 9 u-13.999 233 8u

　　　= 0.112 356 0 u

因而得结合能

$E_B = (\Delta m)c^2 = 0.112 356 0 \text{ u}×931.494 \text{ MeV/u}$

　　　= 104.659 MeV

讨论 由于原子中电子的结合能非常小，所以我们假设一个原子的质量等于原子核的质量加上电子的质量。

简单起见，我们可以用氮原子的质量和氢原子的质量分别取代氮原子核的质量和质子的质量。因为每一项都包含 7 个电子的质量，所以电子的质量可以消掉：

$\Delta m = (7 \text{个 } ^1\text{H 原子和 } 7 \text{个中子的质量}) - (^{14}\text{N 原子的质量})$

　　　= 7×1.007 825 0 u + 7×1.008 664 9 u-14.003 074 0 u

　　　= 0.112 355 3 u

练习题 27.4 氮 −15 的结合能

计算 ^{15}N 原子核的结合能。^{15}N 原子核的质量是 14.996 269 u。[提示：这次你已知的是原子核的质量而不是原子的质量。]

结合能曲线

图 27.2 所示为每个核子的结合能随着质量数变化的函数曲线。回想一下，强相互作用力束缚核子时只对其最近的邻居产生束缚作用。对于小的核素，由于最近的邻居核子平均数很小，所以没有足够的核子实现完全束缚。随着核子数增加，由于最近的邻居核子平均数增加，所以每个核子的结合能会变得更大，直到达到一个点。因而我们会看到每个核子的结合能随着 A 的增加而急剧增加。

一旦当核素达到一定的尺度，除了那些在表面上的核子外，所有其他核子都有了尽可能多的最邻近的核子，增加更多的核子不会显著增加由强相互作用力引起的每个核子的平均结合能，而库仑排斥作用则因其是长程作用力而随之不断累

积。所以，当 $A \approx 60$ 时，增加更多的核子会使得每个核子的平均结合能减小。由于库仑排斥作用比强相互作用弱，所以与 A 比较小时的急剧增加相比，此时的减小相对平缓。

除了最小的核素外，每个核子的平均结合能在 $7 \sim 9$ MeV 的范围之内。例如，在例 27.4 中，我们求出 ^{14}N 的结合能是 104.659 MeV，^{14}N 每个核子的结合能是

$$\frac{104.659\,\text{MeV}}{14\,\text{个核子}} = 7.475\,64\,\text{MeV/ 核子}$$

最紧密束缚的核素在 $A \approx 60$ 附近，结合能约为 8.8 MeV/ 核子。

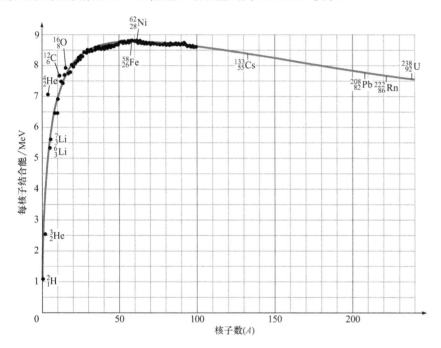

图 27.2 核子数为 A 的最稳定核素每个核子（E_{B}/A）的结合能。单个点是 $A < 100$ 的数据，光滑曲线给出总体趋势。（$A \geqslant 100$ 的数据点数值与图中曲线差别不大所以略去。）$^{62}_{28}$Ni 是所有核素中单位核子结合能最大的元素（8.795 MeV），$^{58}_{26}$Fe 和 $^{56}_{26}$Fe 次之（分别为 8.792 MeV 和 8.790 MeV）。$^{4}_{2}$He、$^{12}_{6}$C 和 $^{16}_{8}$O 的数据点明显位于曲线之上——这些核素与具有相同 A 值的核素相比尤其稳定。

核能级

中子和质子遵守泡利不相容原理：原子核中不可能有两个完全相同的核子处在相同的量子态上。与原子能级一样，一组密集的核能级成为一个壳层。与原子中电子状态的描述一样（见图 27.3），我们可以用质子和中子状态的占据情况来描述原子核的量子态。两个质子中每个可以占据一个质子能级（一个自旋向上，一个自旋向下），两个中子可以各占据一个中子能级。质子和中子的能级相同。核力对于质子和中子而言几乎相同。主要的区别在于质子除了强相互作用力之外会受到库仑斥力的影响。

原子核的结构很复杂，能级间隔的范围从数十 keV 到几 MeV。处在激发态的原子核可通过发射一个或者多个伽马射线光子返回基态。[伽马射线和 X 射线的区别更多在于产生源而不是能量。激发态原子核发射的光子或者在对湮灭中发射的光子（见 25.8 节）称为伽马光子。激发态原子发射的高能光子、电子与靶碰撞（见 25.4 节）减速时发射的高能光子或者同步辐射中循环的带电粒子发射的高能光子通常都被称为 X 射线。] 正如原子能级可以通过测量激发态原子发射的光子波长推定出来一样，激发态原子核发射的伽马光子的能量测量也可以推定出核能级。每种核素都有其自己的特征伽马谱，可用于辨认这种核素。与可见光谱中通常是通过波长标识不同的是，伽马射线光谱通常可标识光子能量。在这两种情况中，使用的物理量都是更易测量的物理量。

能级图可用于解释轻而稳定的核素的中子数和质子数往往趋于相等的原因。

链接：

泡利不相容原理应用于原子中的电子（26.7 节）和原子核中的中子。

图27.3中给出了三种不同核素的能级图，其中每种核素都有12个核子。图中能级并非准确定量表示，只是用于说明大体状况。任意质子能级上最多只能有两个质子，任意中子能级上最多只能有两个中子。质子和中子能级是相同的，质子间的库仑排斥作用使得质子能级在能量上略高于中子能级。6个质子加6个中子的能量可能要比5个质子和7个中子的能量低一些。

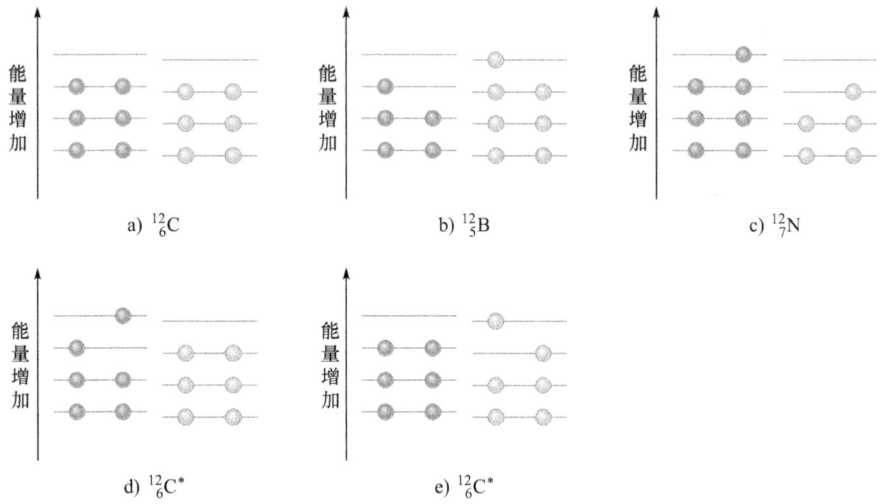

图27.3 $A=12$ 的某些核素的定量能级图。黑球表示质子，灰球表示中子。对比图26.19的原子能级图，是 $^{12}_{6}C$ 稳定的，而 $^{12}_{5}B$ 和 $^{12}_{7}N$ 是不稳定的。d）和 e）中的星号表示 $^{12}_{6}C^{*}$ 是激发态，$^{12}_{6}C^{*}$ 可以通过发射一个能量等于能级差的光子而返回基态（$^{12}_{6}C$）。$^{12}_{5}B$ 和 $^{12}_{7}N$ 可以分别发射一个电子或者质子后变为 $^{12}_{6}C$（见贝塔衰变，27.3节）。

　　对于较重的元素情况更为复杂。由于中子不受库仑排斥作用影响，所以质子间的库仑排斥作用对于更多中子的情况（$N>Z$）更有利。对于较大的核素，库仑排斥作用由于其长程作用的特点而变得更为重要：每个质子都会排斥原子核中所有其他质子。相比于中子能级，质子能级随着排斥质子的全部静电势能的累积而越来越高。因此，大的核素通常拥有过剩的中子（$N>Z$）。另一方面，中子过剩也是有限制的：中子比质子略重，所以如果有太多过剩中子，原子核的质量（以及相应的能量）就会高于一个或多个中子转变为质子时的质量。

　　图27.4所示为稳定核素（绿色点表示）的质子数（Z）和中子数（N）。对于最小的核素，$N\approx Z$。随着核子总数（$A=Z+N$）增加，中子数的增加快于质子数的增加。最大的稳定核素的中子数约为质子数的1.5倍。

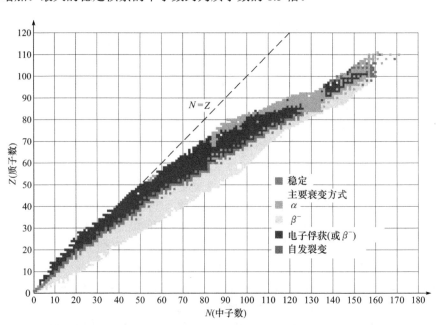

图27.4 最常见的核素图。稳定核素用绿色点表示。注意稳定核素随着 N/Z 比例增长的大致趋势。（文前彩插）

27.3　放射性

　　法国物理学家亨利·贝克勒耳（1852—1908）于 1896 年偶然间发现了放射性。他发现铀盐能够在没有外界能源比如阳光的情况下自发地发射出辐射。这种辐射可以将照相底板曝光，即使用黑纸包住底板不见光也能被这种辐射曝光。

　　核素可以被分为两大类。一类是稳定的，另一类是不稳定的，或者说是**放射性**的。一个不稳定的核素通过发射出辐射——参与一个自发的核反应——而**衰变**。（这种辐射可以包括但不限于电磁辐射。）发射的辐射种类不同，核反应可以将原子核变成不同核素，这些核素具有不同电荷或者不同核子数，或者两者都不同。

　　科学家在研究放射性时很快就分辨出放射性核素发出的三种不同辐射，它们分别用三个希腊字母命名，称为阿尔法（α）射线，贝塔（β）射线，以及伽马（γ）射线。这三者之间最初的区别在于穿透物质的能力不同（图 27.5）。α 射线穿透能力最低，只能通过几厘米的空气，会被人类的皮肤、厚纸以及其他固体完全遮挡。β 射线可以在空气中走得更远——通常大约 1 m——且能穿透手或者一张厚的金属箔。γ 射线的穿透能力要比 α 和 β 射线强得多。后来，当它们的电荷和质量被确定后，电荷及质量便用于区分这三种类型的辐射——并且是最终的区分方法。

　　在大约 1 500 种已知的核素中，只有 20% 是稳定的。所有最大的核素（$Z > 83$）都是放射性的。据我们所知，稳定的原子核会永远存在，不会发生自发衰变。每个放射性核素都依照核素的平均特征寿命发生衰变。寿命的范围很大，从大约 10^{-22} s（相当于让光通过原子核直径这样的距离所花的时间）到 10^{+28} s（宇宙年龄的 10^{10} 倍）。

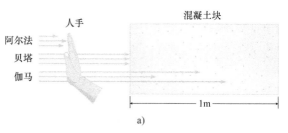
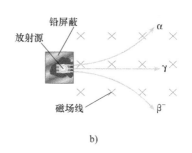

图 27.5　阿尔法、贝塔以及伽马射线的区别　a）它们穿透物质的能力以及　b）它们的电荷。

放射性衰变中的守恒律

　　在核反应中，不论是否是自发发生，总电荷是守恒的。另外一条守恒律是核子数必须保持不变。我们可用这两条守恒律对核反应式进行平衡。把电子、正电子和中子像原子核那样用符号表示会十分有用，上标标出核子数，下标标出以 e 为单位的电荷数（见表 27.2）。然后可以根据两边上标是否相同判断反应中核子数是否守恒，根据两边下标是否相同判断反应中电荷是否守恒。

表 27.2　放射性衰变和其他核反应中通常涉及的粒子

粒子名称	符号	电荷（单位为 e）	核子数
电子	e^-, β^-, $_{-1}^{0}e$	−1	0
正电子	e^+, β^+, $_{1}^{0}e$	+1	0
质子	p, $_{1}^{1}p$, $_{1}^{1}H$	+1	1
中子	n, $_{0}^{1}n$	0	1
阿尔法粒子	α, $_{2}^{4}\alpha$, $_{2}^{4}He$	+2	4
光子	γ, $_{0}^{0}\gamma$	0	0
中微子	ν, $_{0}^{0}\nu$	0	0
反中微子	$\bar{\nu}$, $_{0}^{0}\nu$	0	0

另一条守恒律在放射性衰变中十分重要：所有核反应的能量也都守恒。一个动能很小或者没有动能的原子核衰变是如何产生具有很大动能的产物的？这些能量从何而来？在自发的核反应中，放射性原子核的静止能量一部分转变成了产物的动能。静止能量中转变为其他形式能量的部分被称为**衰变能**。要使动能增加，静止能量必须相应减少。那些自发衰变的原子核的反应产物的总质量必须小于原来的放射性原子核的质量。换句话说，反应产物必须比原来的核更紧密地结合在一起。衰变能量是放射性核的结合能与产物总结合能之间的差值。

阿尔法衰变

现在已知阿尔法"射线"就是 ^{4}He 原子核。氦原子核是两个质子和两个中子组合的系统，这些核子非常紧密的束缚在一起，一个阿尔法粒子的质量是 4.001 506 u，电荷是 +2e。

在阿尔法衰变中，原（母）核素通过 α 粒子发射变为"子"核素。平衡该反应后表明子核素的核子数减少了 4，电荷数减少了 2。用 P 表示母核素，D 表示子核素，发射 α 粒子的自发反应为

阿尔法衰变

$$_Z^A\text{P} \rightarrow {}_{Z-2}^{A-4}\text{D} + {}_2^4\alpha \qquad (27\text{-}10)$$

α 粒子发射的最常见类型是大的核素（$Z > 83$）的放射性衰变。由于 $Z > 83$ 的核素都不稳定，所以最直接趋向稳定的方式就是通过发射一个 α 粒子使得 Z 和 N 都减少 2。α 粒子的发射会使得中子与质子的比值增加，例如，$_{92}^{238}$U 的中子质子比为（238-92）/92 = 1.587，发射一个 α 粒子后，$_{92}^{238}$U 变成中子质子比更高的 $_{90}^{234}$Th：（234-90）/90 = 1.600。因此，中子质子比更小的大核素比起中子质子比更大的相同核素更有可能发生 α 衰变。

例 27.5

一个 α 衰变

钋 -210 发生 α 衰变，标识出子核素。

分析　首先我们从元素周期表中查出钋的原子序数。下面我们写出未知核素和一个 α 粒子产物参与的核反应。配平反应后得到子核的 Z 和 A 值。

解　钋的原子序数是 84。则该反应为

$$_{84}^{210}\text{Po} \rightarrow {}_Z^A(?) + {}_2^4\alpha$$

这里 A 和 Z 分别是子核的核子数和原子序数。由电荷守恒

$$84 = Z + 2$$

因此，$Z = 82$。由核子数守恒

$$210 = A + 4$$

则 $A = 206$。在元素周期表中查原子序数 82 可知该元素是铅。因此子元素是铅 -206（$_{82}^{206}\text{Pb}$）。

讨论　写出反应式很容易核对总的核子数和总的电荷数在反应中都是守恒的。

$$_{84}^{210}\text{Po} \rightarrow {}_{82}^{206}\text{Pb} + {}_2^4\alpha$$

练习题 27.5　由子求母

氡 -222 是一种放射性气体，在某些方面对健康有害，它是由其他核素通过 α 衰变产生的。标识出其母核素。

阿尔法衰变中的能量　在 α 衰变中，释放的衰变能由子核和 α 粒子分别获得。动量守恒决定了能量的分配，因此，在特定放射性衰变中释放出的 α 粒子具有特征性的能量（假定母核的初始动能很小且可被视为零）。

例 27.6

铀 -238 的阿尔法衰变

^{238}U 可以通过发射一个 α 粒子而衰变

$$^{238}\text{U} \rightarrow {}^{234}\text{Th} + \alpha$$

^{238}U、^{234}Th 以及 $^{4}_{2}$He 的原子质量分别为 238.050 788 2 u、234.043 601 2 u 和 4.002 603 3 u。（a）求衰变能。（b）求 α 粒子的动能，假定母核 ^{238}U 初始静止。

分析　可用原子质量进行计算。$^{238}_{92}$U 原子的质量包括 92 个电子，$^{234}_{90}$Th 和 $^{4}_{2}$He 原子的总质量也包括 90+2 = 92 个电子。

我们期望大部分动能都由 α 粒子获得，因为它的质量远小于钍原子核。

动量守恒确定两个粒子间如何分配动能。

解　（a）反应产物的总质量为

$$234.043\ 601\ 2\ \text{u} + 4.002\ 603\ 3\ \text{u} = 238.046\ 204\ 5\ \text{u}$$

小于母核质量，质量改变量为

$$\Delta m = 238.046\ 204\ 5\ \text{u} - 238.050\ 788\ 2\ \text{u} = -0.004\ 583\ 7\ \text{u}$$

Δm 表示质量改变量：末态质量减去初态质量。（当我们把原子核的质量亏损用 Δm 表示时，设想反应是将一个原子核分成组成它的质子和中子。）该反应的质量减少意味着静止能量的减少，根据爱因斯坦质能关系，静止能量的改变量为

$$\begin{aligned} E &= (\Delta m)c^2 = -0.004\ 583\ 7\ \text{u} \times 931.494\ \text{MeV/u} \\ &= -4.269\ 7\ \text{MeV} \end{aligned}$$

由能量守恒，反应产物的动能比母核动能多 4.269 7 MeV，衰变能为 4.269 7 MeV。

（b）暂时假定子核和 α 粒子可以按非相对论处理，它们的动能与它们的动量关系为

$$K = \frac{p^2}{2m}$$

动量守恒要求它们的动量必须大小相等方向相反。因此动能比为

$$\frac{K_\alpha}{K_{\text{Th}}} = \frac{p^2/(2m_\alpha)}{p^2/(2m_{\text{Th}})} = \frac{m_{\text{Th}}}{m_\alpha} = \frac{234.043\ 601\ 2}{4.002\ 603\ 3} = 58.472\ 8$$

两个动能加起来必须等于 4.2697 MeV：

$$K_\alpha + K_{\text{Th}} = 4.269\ 7\ \text{MeV}$$

K_{Th} 用动能比表示：

$$K_\alpha + \frac{K_\alpha}{58.472\ 8} = 4.269\ 7\ \text{MeV}$$

解得 $K_\alpha = 4.197\ 9$ MeV。

讨论　质量改变量是负的：衰变后的总质量小于衰变前的总质量。U 核的部分质量（或者更准确地说静止能量）变成了反应产物的动能。由于有一定量的能量被释放，所以衰变能是正的。

由于 α 粒子的动能远小于其静止能量（约为 4u×931.494 MeV/u ≈ 3 700 MeV），动能用非相对论形式表示是合理的。相对论的计算表明我们的答案三位有效数字都是准确的。

练习题 27.6　钋 -210 衰变中的阿尔法粒子的能量

求 ^{210}Po 衰变中发射的 α 粒子的动能：

$$^{210}_{84}\text{Po} \rightarrow {}^{206}_{82}\text{Pb} + \alpha$$

贝塔衰变

贝塔粒子是电子或者正电子（有时还称为贝塔负 [β⁻] 和贝塔正 [β⁺] 粒子）。在 β⁻ 衰变中，发射一个电子，原子核中的一个中子转变为质子，因此质量数并未发生变化，但是原子核的电荷数增加了 1：

贝塔负衰变

$$^{A}_{Z}\text{P} \rightarrow {}^{A}_{Z+1}\text{D} + {}^{0}_{-1}\text{e} + {}^{0}_{0}\bar{\nu} \qquad (27\text{-}11)$$

符号 $\bar{\nu}$ 代表**反中微子**，一种不带电荷，质量可忽略的粒子。

在 β⁺ 衰变中，发射一个正电子，原子核中的质子转变为中子。正电子是电子的反粒子（见 25.8 节），它具有与电子一样的质量，但是带正电荷 $+e$。在这一衰变中原子核的电荷数减少 1：

贝塔正衰变

$$_Z^A P \rightarrow _{Z-1}^A D + _{+1}^0 e + _0^0 \bar{\nu} \qquad (27\text{-}12)$$

符号 $_{+1}^0 e$ 代表发射的正电子，而 ν 代表不带电荷且质量可忽略的**中微子**。正电子很快就会遇到一个电子，它们将会湮灭并产生一对光子（见 25.8 节）。

　　与 α 衰变不同的是，放射性核的 β 衰变并不会改变核子数，本质上 β 衰变只是把中子转变为质子或者把质子转变为中子。由于中子的质量大于质子加上一个电子的质量，所以自由的中子会通过 β⁻ 发射而自发衰变。这一过程的半衰期是 10.2 min。一个自由的质子不会自发衰变成一个中子加一个正电子的，这会违反能量守恒。但是在一个原子核中，一个质子可以通过发射一个正电子而转变为一个中子。使得这一过程发生的能量来自于原子核结合能的变化。因此，原子核中发生的基本 β 衰变反应是

$$\beta^-: \quad _0^1 n \rightarrow _1^1 p + _{-1}^0 e + _0^0 \bar{\nu}$$

$$\beta^+: \quad _1^1 p \rightarrow _0^1 n + _{+1}^0 e + _0^0 \nu$$

　　贝塔衰变中质量数不会发生变化，但是会改变中子与质子的比值。如果一个核素的中子数太多而不稳定的话，很有可能通过 β⁻ 进行衰变，通过发射一个电子使原子核中的中子变为质子。中子数少的核素则更可能通过 β⁺ 进行衰变吗，发射一个正电子使质子变为中子。在这两种情况中，总电荷始终守恒。

中微子的预言和发现　贝塔衰变最初曾经因为观察到电子（或正电子）能量的连续谱而存在困惑。对于 α 衰变，给定衰变反应中发射的 α 粒子的动能是确定的，被认为是能量和线性动量守恒的结果。基于同样的原因，科学家们认为给定衰变反应中发射的 β 粒子的能量也应该是单一确定的。但是，当这一动能被测量出来时，人们发现发射出的 β 粒子的动能是连续的，一直达到一个最大值（见图 27.6）。这一最大动能与科学家们所认为的 β 粒子的动能是一致的。

　　为什么大量 β 粒子的能量比预期的更低？科学家们是发现了某一守恒律（能量或动量）的例外情况么？尽管一些很有威望的科学家——包括尼尔斯·玻尔——开始考虑能量守恒已被打破，但是沃尔夫冈·泡利最终给出了其他的解释，这一解释后来被证明是正确的。泡利猜测发射的不是一个粒子而是两个粒子，β 粒子和另外一个尚未发现的粒子。假如原子核发射两个粒子而不是一个粒子，那么它们的动能可以按照各种可能的方式分配，它们的能量和动量都能守恒。两个相加为零的动量矢量肯定是大小相等方向相反，但是三个动量矢量可以有无限种方式相加为零，且总动能不变。

　　恩瑞克·费米将这一假想粒子称为中微子。中微子的符号是希腊字母 ν。反中微子写作 $\bar{\nu}$。我们将在 28 章中研究，反中微子（$\bar{\nu}$）在 β⁻ 衰变中发射，而中微子（ν）在 β⁺ 衰变中发射。探测中微子之难是很显然的，因为它们不参与电磁相互作用或者强相互作用。在泡利预言它们存在之后 25 年才真正观测到了中微子。一个中微子穿过地球时发生相互作用的机会只有 10^{12} 分之一。大量的中微子从太阳出发飞向我们，它们每秒钟都在穿过你的身体却不造成任何不良影响。

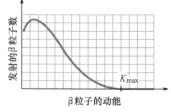

图 27.6　从特定核素 β 衰变中发射出的电子的典型连续能谱。

例 27.7

氮 -13 的贝塔衰变

质量数为 13 的氮同位素（^{13}N）不稳定，会发生贝塔衰变。(a) ^{14}N 和 ^{15}N 是氮的稳定同位素，你认为 ^{13}N 会发生 β^- 衰变还是 β^+ 衰变？请解释。(b) 写出衰变反应式。(c) 计算发射的贝塔粒子的最大动能。

分析　确定是 β^- 衰变还是 β^+ 衰变的关键在于判断原子核的不稳定是由于中子太多还是中子太少造成的。

解　(a) 氮的稳定同位素比 ^{13}N 拥有更多的中子，所以 ^{13}N 的不稳定是由于中子太少。贝塔衰变应该将一个质子转变为中子以增加中子—质子比。这意味着原子核的电荷数减少 e，所以必须产生一个正电子（电荷 = $+e$）保持电荷守恒。我们认为 ^{13}N 会发生 β^+ 衰变。

(b) 由于会发射一个正电子，所以一定会伴随发射一个中微子（不是反中微子）。Z 从 7（氮）到 6（碳）减少 1，A 不变。反应为

$$^{13}_{7}\text{N} \rightarrow {}^{13}_{6}\text{C} + {}^{0}_{+1}\text{e} + {}^{0}_{0}\nu$$

电荷和核子数都保持守恒：13 = 13+0 以及 7 = 6+1。

(c) 从附录 B 中可查出，^{13}N 和 ^{13}C 的原子质量分别为 13.005 738 76 u 和 13.003 354 8 u。要求出核的质量，我们从这两个值中都减去 Zm_e，正电子的质量与电子质量相同：m_e = 0.000 548 6u。则中微子质量小到可以忽略。如果 M_N 和 M_C 表示原子质量，则有

$$\Delta m = \left[(M_C - 6m_e) + m_e\right] - (M_N - 7m_e)$$
$$= M_C - M_N + 2m_e$$
$$= 13.003\ 354\ 8\ \text{u} - 13.005\ 738\ 6\ \text{u} + 2 \times 0.000\ 548\ 6\ \text{u}$$
$$= -0.001\ 286\ 6\ \text{u}$$

质量减少了，一定是发生了自发衰变。衰变能为

$$E = |\Delta m|c^2 = 0.001\ 286\ 6\ \text{u} \times 931.494\ \text{MeV/u} = 1.198\ 5\ \text{MeV}$$

此即为正电子的最大动能，它获得了几乎所有能量，只留下小到可以忽略的中微子和子核。

讨论　通常是可以确定一个放射性核素是 β^- 衰变还是 β^+ 衰变的，但是也有例外。例如，$^{40}_{19}$K 既可以 β^+ 衰变也可以 β^- 衰变。确定衰变方式的唯一途径是比较产物质量和放射性核素质量，判断自发衰变在能量上是否可能发生。

　注意 β^+ 衰变中电子质量（包含在原子质量中）不会像 α 衰变中那样自动抵消。

练习题 27.7　钾 -40 衰变中的电子最大能量

求 $^{40}_{19}$K 在 β^- 衰变中发射电子的最大能量。

电子俘获

任何能够发生 β^+ 衰变的核素都可以通过**电子俘获**进行衰变，这两个过程都将一个质子变为一个中子。在电子俘获过程中，原子核吸收原子中的一个电子，而不是发射一个正电子，基本反应过程为

$$^{0}_{-1}\text{e} + {}^{1}_{1}\text{p} \rightarrow {}^{1}_{0}\text{n} + {}^{0}_{0}\nu \tag{27-13}$$

当一个原子核俘获一个电子时，唯一的反应产物就是子核和中微子。由于反应产物只有两个粒子，所以动量和能量守恒决定了释放出的能量由每个粒子分配多少比例。中微子质量很小，带走了几乎所有的动能，反冲子核只有几电子伏特的动能。有些核素则由于母核与子核之间的质量差小于一个正电子质量，只能通过电子俘获衰变，但不能通过 β^+ 进行衰变。

伽马衰变

伽马射线是高能光子，伽马射线的发射不会使电荷数和核子数发生变化，所以不会使原子核变成不同的核素。与原子中的电子在不同能级间跃迁会发射光子一样，当一个处在激发态的原子核跃迁到较低能态时发射出一个 γ 光子。

在图 27.7 中给出了铊 -208 原子核（$^{208}_{81}$Tl）的部分能级。处在激发态的原子核会跳到较低的能级并放出一个光子。例如，从右边数第三个箭头，从 492 keV 到 40keV 就表示一个发射 452 keV 光子的跃迁。

为了强调一个原子核处在激发态，我们在相应符号后用星号上标标记：$^{208}_{81}$Tl*。一个激发态的铊 -208 原子核发射一个光子的 γ 衰变可写作

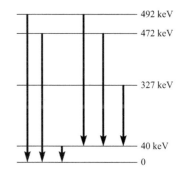

图 27.7　$^{208}_{81}$Tl 的能级图。向下的箭头表示 γ 衰变中允许的跃迁。

链接：

一束伽马射线就是一个光子。

$$^{208}_{81}\text{Tl}^* \rightarrow ^{208}_{81}\text{Tl} + \gamma$$

阿尔法和贝塔衰变的子核并不总是在基态。有时子核处在激发态，然后发射一个或者多个 γ 光子后到达基态。因此，在 α 衰变中发射的 α 粒子可能会具有不同的动能，其动能取决于衰变产生的子核所处的激发态。例如，$^{212}_{83}\text{Bi}$可以通过 α 衰变形成图 27.7 中$^{208}_{81}\text{Tl}^*$五个能态（基态和四个激发态）中的任意一个态。$^{212}_{83}\text{Bi}$衰变中的 α 粒子光谱仍然是分立的，但是会有五个分立的值而不是一个。在 β 衰变中，假如子核处在激发态，那么电子（或者正电子）、反中微子（或中微子）以及子核的动能会更小。电子（或正电子）的动能谱依然是连续的。

其他放射性衰变方式

还有很多其他的放射性衰变方式，这里给出几种其他衰变方式的例子：

$$^{8}_{6}\text{C} \rightarrow ^{7}_{5}\text{B} + ^{1}_{1}\text{p} \qquad （质子发射）$$

$$^{10}_{3}\text{Li} \rightarrow ^{9}_{3}\text{B} + ^{1}_{0}\text{n} \qquad （中子发射）$$

$$^{252}_{98}\text{Cf} \rightarrow ^{137}_{53}\text{I} + ^{112}_{45}\text{Rh} + 3^{1}_{0}\text{n} \qquad （自发裂变）$$

$$^{226}_{88}\text{Ra} \rightarrow ^{212}_{82}\text{Pb} + ^{14}_{6}\text{C} \qquad （非 ^{4}_{2}\text{He} 的原子核发射）$$

$$^{128}_{52}\text{Te} \rightarrow ^{128}_{54}\text{Xe} + 2^{0}_{-1}\text{e} + 2\bar{\nu} \qquad （双贝塔发射）$$

注意所有这些反应的电荷和核子数都守恒。许多核素可以通过不止一个途径衰变，尽管这些衰变方式通常概率并不相同。

27.4 放射性衰变率与半衰期

什么因素决定着一个不稳定的原子核什么时候发生衰变？放射性衰变是一种只能用概率描述的量子力学过程。对于一群全同的核素，它们不会同时全部衰变，也不可能预测哪一个在什么时候会衰变。一个原子核衰变的概率与它过去的历史以及其他原子核都是无关的。每个放射性核素都有确定的单位时间的衰变概率，记作 λ（在这里不是指波长）。单位时间的衰变概率也被称为**衰变常数**。由于概率就是一个数字，所以衰变常数的国际单位制中单位是 s^{-1}（单位时间的概率）。

$$衰变常数\lambda = \frac{衰变概率}{时间} \qquad (27\text{-}14)$$

一个原子核在很短时间间隔 Δt 内衰变的概率为 $\lambda \Delta t$。

N 个全同放射性原子核的集合中每一个核在单位时间内都有相同的概率衰变。原子核是独立的——一个原子核衰变与其他原子核的衰变无关。由于衰变独立，所以在很短的时间间隔 Δt 内衰变的平均数是任意一个衰变概率的 N 倍：

$$\Delta N = -N\lambda \Delta t \qquad (27\text{-}15)$$

负号不能丢，由于随着原子核衰变，剩下的原子核逐渐减少，所以 N 的变化量是负值。式（27-16）给出了 Δt 时间内会发生衰变的期望平均值。由于放射性衰变是一种统计过程，我们无法观测到衰变的准确个数。如果 N 足够大，那么我们认为式（27-16）就非常接近我们观测的结果。但是，当 N 比较小时，期望值的误差就会非常大。衰变数$|\Delta N|$统计涨落的实际测量值与$\sqrt{|\Delta N|}$数量级相同。也就是说，如果衰变的期望平均值是 10 000，则在特定实验中发生的实际衰变数在平均值上下大约$\sqrt{10\,000} = 100$的范围内变化。

由于假设原子核数是常数 N，式（27-16）只对短时间间隔 $\Delta t \ll 1/\lambda$ 的情况有效。如果时间间隔很长以至于 N 出现显著变化，那么我们该如何处理 N 的值呢？用初始值？终值？平均值？只要 $\Delta t \ll 1/\lambda$，我们就可以确定 $|\Delta N| \ll N$，这意味着 N 没出现显著变化。

活度　一个样品单位时间的放射性衰变数被称为衰变率或者**活度**（符号 R）。活度的国际单位制中单位是贝克勒耳（Bq），以亨利·贝克勒耳的名字命名。以下三种对于活度国际单位的表达方式是等价的：

$$1\text{Bq} = 1\frac{\text{衰变}}{\text{s}} = 1\text{s}^{-1} \qquad (27\text{-}16)$$

活度的其他常用单位还有居里（Ci），以发现了钋和镭的波兰裔法国物理学家居里夫人（Marie Sklodowska Curie，1867—1934）的名字命名：

$$1\text{ Ci} = 3.7 \times 10^{10}\text{ Bq} \qquad (27\text{-}17)$$

如果在很短时间间隔 Δt 内的衰变数是 $|\Delta N|$，那么活度为

$$R = \frac{\text{衰变数}}{\text{单位时间}} = \frac{-\Delta N}{\Delta t} = \lambda N \qquad (27\text{-}18)$$

　　式（27-19）中，$N (\Delta N / \Delta t)$ 的变化率是 N 的负常数（$-\lambda$）倍。放射性衰变中剩余的原子核数（尚未衰变的个数）为

$$N(t) = N_0 e^{-t/\tau} \qquad (27\text{-}19)$$

图 27.8 给出了 N 随着 t 变化的曲线图。对于放射性衰变而言，时间常数为

$$\tau = \frac{1}{\lambda} \qquad (27\text{-}20)$$

N_0 是 $t = 0$ 时的原子核数。时间常数也被称为**平均寿命**，因为它表示一个原子核在衰变前存在的平均时间。　不过要是认为原子核会"变老"那就是个误解了。在石头里存在了上百万年的一个铀 -238 原子核与数秒前刚刚在核反应中产生的铀 -238 原子核发生衰变的可能性相同，不多也不少。像式（27-18）和式（27-19）告诉我们期望有多少原子核会发生衰变，而不是哪一个会发生衰变。

> **链接：**
> 　　每当一个量的变化率是一个负常数乘以这个量，则这个量是时间的指数函数。

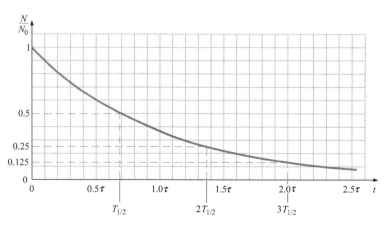

图 27.8　剩下的放射性核（N/N_0）随时间的函数变化图。

由于衰变率正比于原子核数，所以也是指数衰减的：

$$R(t) = R_0 e^{-t/\tau} \qquad (27\text{-}21)$$

与其他指数衰减的物理量一样，时间常数 τ 是这个物理量减少到初值的 $1/e \approx$ 36.8% 时所用的时间。在 τ 的时间间隔内，63.2% 的原子核发生了衰变，剩下 36.8%。在 2τ 的时间间隔内，$1/e^2 \approx 13.5\%$ 的原子核尚未衰变，而 $1-1/e^2 \approx 86.5\%$ 的已衰变。

半衰期 放射性衰变通常用**半衰期** $T_{1/2}$ 描述而不用时间常数 τ。半衰期是原子核中的一半发生衰变所需要的时间。经过两个半衰期后，仍有四分之一的原子核未衰变。经过 m 个半衰期，$\left(\dfrac{1}{2}\right)^m$ 幸存。可表示为

$$T_{1/2} = \tau \ln 2 \approx 0.693\tau \tag{27-22}$$

这里是 ln2（以 e 为底的）的自然对数，则

$$N(t) = N_0 \left(2^{-t/T_{1/2}}\right) = N_0 \left(\frac{1}{2}\right)^{t/T_{1/2}} \tag{27-23}$$

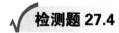 **检测题 27.4**

锰 -54 的半衰期是 312.0 天。在 936.0 天的时间内 Mn-54 样品中有多少原子核发生衰变？

例 27.8

氮 -13 的放射性衰变

^{13}N 的半衰期是 9.965 min。（a）如果样品在 $t=0$ 时含有 3.20×10^{12} 个 ^{13}N 原子，则 40.0 min 后还有多少 ^{13}N 原子核。（b）$t=0$ 和 $t=40.0$ min 时 ^{13}N 的活度是多少？用 Bq 单位表示活度。（c）在 1 s 的时间间隔内任意一个 ^{13}N 原子核衰变的概率是多少？

分析 （a，b）$t=0$ 时的原子核数是 $N_0 = 3.20 \times 10^{12}$ 个，半衰期为 $T_{1/2} = 9.965$ min。题中要求 $t=40.0$ min 时的 N，以及 $t=0$ 和 $t=40.0$ min 时各自的 R。由于 40.0 min 的时间间隔约为半衰期的四倍，我们可以先估计一下解：N 和 R 在每个半衰期都乘上 $\dfrac{1}{2}$。

（c）只有当 1 s 可被视为很短的时间间隔时，1 s 间隔的衰变概率是 λ。由于半衰期是 9.965 min = 597.9 s，1 s 是半衰期中很小的一部分，因而可被视为很短的时间间隔。

解 （a）经过一个半衰期后剩下一半原子核，两个半衰期后剩下 $\dfrac{1}{2} \times \dfrac{1}{2} = \left(\dfrac{1}{2}\right)^2$，四个半衰期后剩下 $\left(\dfrac{1}{2}\right)^4$。因此，四个半衰期后原子核数为

$$N = \left(\frac{1}{2}\right)^4 \times 3.20 \times 10^{12} = 2.00 \times 10^{11}$$

用式（27-24）可给出精确结果

$$N(t) = N_0 \left(\frac{1}{2}\right)^{t/T_{1/2}} = N_0 \left(\frac{1}{2}\right)^{40.0/9.965} = 1.98 \times 10^{11}$$

（b）活度与原子核数的关系由式（27-19）可得：

$$R = \lambda N = \frac{N}{\tau}$$

时间常数与半衰期的关系由式（27-23）可得

$$\tau = \frac{T_{1/2}}{\ln 2} = \frac{9.965\,\text{min} \times 60\ \text{s/min}}{0.693\,15} = 862.6\ \text{s}$$

接下来我们将 $t=0$ 和 $t=40.0$ min 的原子核数代入求出这两个时刻的衰变率，时间常数保持不变。

在 $t=0$

$$R_0 = \frac{N_0}{\tau} = \frac{3.20 \times 10^{12}}{862.6\ \text{s}} = 3.71 \times 10^9\ \text{Bq}$$

在 $t=40.0$ min

$$R = \frac{N}{\tau} = \frac{1.98 \times 10^{11}}{862.6\ \text{s}} = 2.30 \times 10^8\ \text{Bq}$$

（c）每秒的概率为

$$\lambda = \frac{1}{\tau} = 1.159\,3 \times 10^{-3}\ \text{s}^{-1}$$

一个原子核在 1 s 的间隔内衰变概率为 0.001 159 3.

讨论 作为检验，四个半衰期后的 R 应该是 R_0 的 $\dfrac{1}{16}$ 倍：

$$\frac{1}{16} \times 3.71 \times 10^9\ \text{Bq} = 2.30 \times 10^8\ \text{Bq}$$

例 27.8 续

由于 40.0 min 略大于四个半衰期，所以 t = 40.0 min 的活度要比 $2.30×10^8$ Bq 略小。

如果半衰期并不大于 1 s，则 1 s 内的衰变概率就不等于 λ。对于更长的时间间隔，我们按如下的方法求衰变概率：

$$\text{衰变概率} = \frac{\text{衰变的期望值}}{\text{初始值}} = \frac{|\Delta N|}{N_0} = \frac{N_0 - N}{N_0} = 1 - e^{-t/\tau}$$

练习题　27.8　在一个半衰期的一半时间之后剩余的个数

t = 5.0 min 时，还有多少 ^{13}N 原子？

应用：放射性碳年代测定

应用十分广泛的放射性碳年代测定技术（常被称为碳年代测定法）就是基于碳的一种稀有同位素的放射性衰变。地球上天然存在的碳几乎所有都是碳的两种稳定同位素——98.9% 是 ^{12}C，而 1.1% 是 ^{13}C。但是也有微量的 ^{14}C——大约每 10^{12} 个碳原子中有一个。碳 -14 同位素 ^{14}C 的半衰期是 5730 年，相对较短。由于地球年龄大约 $4.5×10^9$ 年，如果没有不断地得以补充，可以预期的是当今根本找不到碳 -14。

碳 -14 是由于地球大气层被宇宙射线轰击所产生的。宇宙射线是来自宇宙空间的极端高能的带电粒子——大多数是质子。当这些粒子中的一个轰击地球上层大气中的一个原子时，产生二次粒子簇射，其中包含大量的中子。通常每个宇宙射线粒子可产生大约一百万个中子。这些中子中的一部分继而与大气层中的 ^{14}N 原子核反应产生 ^{14}C：

$$n + {}^{14}N \to {}^{14}C + p \tag{27-24}$$

^{14}C 形成 CO_2 分子，然后飘落在地面上，在这里空气中的 ^{14}C 会被植物吸收并形成碳酸盐。动物通过吃植物和其他动物摄入 ^{14}C。生物体或者矿物质中的 ^{14}C 会发生贝塔衰变：

$$^{14}C \to {}^{14}N + e^- + \bar{\nu} \tag{27-25}$$

^{14}C 不断通过宇宙射线产生的速率与 ^{14}C 衰变速率之间的平衡使得大气层中 ^{14}C 与 ^{12}C 原子的平衡比等于 $1.3×10^{-12}$。如果生物体是活的，那么碳会与环境进行交换，所以生物体会维持与环境相同的 ^{14}C 的相对丰度。大气层中或活生物体中碳 -14 的活度是每克碳 0.25 Bq（见计算题 21）。假如生物体死去，或者 ^{14}C 被吸收变成矿物质，碳与环境的交换就停止了。随着生物体内 ^{14}C 的衰变，^{14}C 与 ^{12}C 的比值随之减小。可测量样品中 ^{14}C 与 ^{12}C 的比值并用于确定样品的年龄，其中一种方式是测量碳 -14 的每克碳的碳 -14 活度。

例 27.9

测定木炭样本

对一块埃及考古遗迹中的木炭进行放射性碳测定。样品质量为 3.82 g，^{14}C 的活度为 0.64 Bq，则木炭样品的年龄是多少？

分析　假如树是活的，它含有的 ^{14}C 的相对丰度会与环境相同。当一棵树被砍伐制成木炭之后，由于不再与环境交换 ^{14}C，其相对丰度会逐渐减少。随着 ^{14}C 原子核的减少，^{14}C 的活度也随之减少。在一个半衰期 5 730 年的时间内活度从其初值开始指数衰减。我们假设古埃及环境中的相对丰度与今天相同，则初始活度为每克碳 0.25 Bq。

解　^{14}C 的活度指数衰减：

$$R(t) = R_0 e^{-t/\tau}$$

初始活度为

例 27.9 续

$$R_0 = 0.25\ \text{Bq/g} \times 3.82\ \text{g} = 0.955\ \text{Bq}$$

当前的活度为 $R = 0.64\ \text{Bq}$。现在我们从 R 和 R_0 中解出 t。

$$\frac{R}{R_0} = \mathrm{e}^{-t/\tau}$$

两边同时取自然对数，将 t 从指数中求出来：

$$\ln\frac{R}{R_0} = \ln \mathrm{e}^{-t/\tau} = -\frac{t}{\tau}$$

$$t = -\tau\ln\frac{R}{R_0} = -\frac{T_{1/2}}{\ln 2}\ln\frac{R}{R_0}$$

$$= -\frac{5\ 730\ \text{yr}}{\ln 2} \times \ln\frac{0.64\ \text{Bq}}{0.955\ \text{Bq}} = 3\ 300\ \text{yr}$$

木炭年龄为 3 300 年。

讨论 作为检验，我们可以试着判断

$$R_0\left(2^{-t/T_{1/2}}\right) = R$$

$$R_0\left(2^{-t/T_{1/2}}\right) = 0.955\ \text{Bq} \times 2^{-3\ 300\ \text{yr}/5\ 730\ \text{yr}} = 0.955\ \text{Bq} \times 0.671$$

$$= 0.64\ \text{Bq} = R$$

练习题 27.9　奥茨的年龄

1991 年，一位徒步旅行者在意大利阿尔卑斯山的一块冰川上发现了一具裸露在外自然风干冷冻的男性遗体。研究者们称之为奥茨，他成为众所周知的冰人。经测量，冰人遗体的 ^{14}C 活度为每克碳 0.131 Bq。这位冰人是多久以前死去的？

例 27.10

一个非生物样本中 ^{14}C 活度的逐年减少

在一个非生物样本中，^{14}C 活度每年减少百分之几？

分析 题目中既没给出初始的活度，也没有给出一年期结束时的活度，不过我们只是要把改变量用初始活度的百分比表示出来，这也是一种表示分数改变量（活度的改变量占初始活度的分数比值）的方法。令初始活度为 R_0，一年后的活度为 R。要求的量为

$$\frac{\Delta R}{R_0} = \frac{R - R_0}{R}$$

用百分比表示。

解 活度 R 和 R_0 的关系为

$$R(t) = R_0\left(2^{-t/T_{1/2}}\right)$$

我们用这个形式而没用指数形式 $R = R_0\mathrm{e}^{-t/\tau}$ 是因为已知的是半衰期而不是时间常数。我们不知道 R_0 或 R，不过我们可以求出两者的比值。

$$\frac{R}{R_0} = 2^{-t/T_{1/2}} = 2^{-1/5\ 730} = 0.999\ 879$$

现在我们来求一年中的分数改变量。

$$\frac{\Delta R}{R_0} = \frac{R - R_0}{R} = \frac{R}{R_0} - 1 = 0.999\ 879 - 1 = -0.000\ 121$$

碳 -14 活度一年减少 0.012%。

讨论 这里活度的微小改变说明了为什么我们并不期望碳 -14 年代测定法能够精确到特定的年。

练习题 27.10　测年精度

假如确定一个陶瓷碎片 ^{14}C 活度的精度可达 ±0.1%，那么这个瓷片的测年精度（假设没有其他不精确的来源）是多少？［提示：活度改变 0.1% 需要多长的时间间隔］

碳定年可用于研究历史长达 60 000 年左右的标本，这一时间跨度大约相当于 ^{14}C 的 10 个半衰期。标本越古老，^{14}C 的活度就越小。对于极古老的样品，很难精确地测量 ^{14}C 的活度。半衰期也影响和限制着样本测年的精度。即使我们所有的假设都成立，我们也不能指望碳测年给出的年龄确切到年。一年是一个半衰期很小的一部分，因此活度在一年的时间内变化很小（如例 27.10 所示）。

最简单的一种碳定年提出的一个主要假设是 ^{14}C 与 ^{12}C 在地球大气层的平衡比在过去的 60 000 年中是一直不变的。这是一个很好的假设么？我们如何检验它？在相对较短的时间内进行检验的一种方法是从很老的树木中——或从古代树木的遗迹中——采取树心样品，并测量 ^{14}C 在不同时间的活度。树的年轮则给出一种独立的方法来确定样品不同部分的年龄。

目前，科学家们认为 ^{14}C 在大气层的相对丰度在过去 1 000 年中没有显著变化（直到 20 世纪初），尽管在过去的 60 000 年中变化较大，达到的峰值比现在高 40%。幸运的是，放射性碳定年可以随着 ^{14}C 在大气层的相对丰度变化进行校准。树的年轮则可校准回溯到 11 000 年左右。在日本的水月湖，死去的藻类层每年沉入湖底，并且会在下一次藻类层沉底之前覆盖上一层黏土沉积物。浅色藻类和暗黏土的交替层叠与树的年轮一样可读出年龄，放射性碳数据会根据过去 43 000 年中 ^{14}C 在大气层中的不同丰度进行变化。

由于人类活动的影响，^{14}C 在大气层中相对丰度的变化从 20 世纪开始变得迅速起来。化石燃料燃烧的急剧增加使得大量旧碳——也就是 ^{14}C 丰度很低的碳——被释放进大气中。从 20 世纪 40 年代起，开放环境的核试验、原子弹以及核反应进一步增加了大气层中 ^{14}C 的相对丰度。在遥远的将来，很难再用放射性碳年代测定法为 20 世纪的工艺品测定年代了。

放射性年代测定中使用的其他同位素

除了 ^{14}C，放射性年代测定法还使用其他一些放射性核素。常用于测定地质构造年代的同位素（半衰期在数十亿年左右）包括铀 -235（0.7）、钾 -40（1.2）、铀 -238（4.5）、钍 -232（14）和铷 -87（49）。有一种直接计算地球年龄的方法就是基于在地面样品和陨石中各种铅同位素丰度。Pb-206 和 Pb-207 是分别从 U-238 和 U-235 开始的放射性衰变长链的最终产物。

铅 -210，只有 22.20 年的半衰期，在过去 100 至 150 年用于地质年代测定。它作为氡气的衰变产物，形成于含铀 -238 的岩石中。大气层中的氡气衰变形成铅 -210 后，这种铅的同位素降落到地球上，积聚在地面上，并存储在土壤中或者是在湖泊和海洋沉积物中，或者是在冰川中。沉积层的年龄可以通过测量铅 -210 的含量来确定。

量子力学隧道效应解释阿尔法衰变中放射性半衰期

量子力学一个早期成就就是对一个特定 α 衰变的半衰期和 α 粒子的动能之间的相关性进行了解释。该动能在很窄的范围内（4 ～ 9 MeV）变化，但是半衰期范围从 10^{-5} s 到 10^{25} s（10^{17} 年）。尽管具有这种范围上的巨大差异，这两个量却仍是密切相关的（见图 27.9a），α 粒子的能量越高，半衰期就越短。

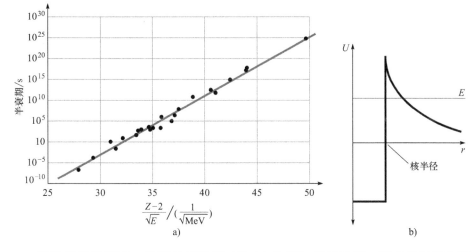

图 27.9　a）α 粒子的半衰期和能量（E）之间的相关性。Z 是母核素的原子序数。注意纵坐标是对数坐标，随着横坐标轴的数值增大能量减少。b）α 粒子的势能 U 随着到原子核中心的距离 r 变化的简化模型。α 粒子的能量为 E。

这种相关性源于 α 粒子必须隧穿（见 26.10 节）出原子核。考虑原子核中的一个 α 粒子面对图 27.9b 的简化势能曲线图给出的势能作用。在原子核内，α 粒子的势能是大致恒定的。在原子核的边界之外，不再有将 α 粒子拉向核的强大吸引力，α粒子只感受到来自原子核［由于失去两个质子，所以带电荷 +(Z-2)e］的库仑斥力。这里的势垒高于α粒子的能量 E。由于势垒随着距离增加以 1/ r 逐渐变窄，所以低能量的α粒子，不仅远低于势垒的顶部，它们面对的势垒也更宽得多，高能量的α粒子具有更高的隧穿概率并因此具有更短的半衰期。

27.5　辐射的生物效应

我们都是持续暴露在辐射中的。辐射的生物效应取决于辐射的种类、身体吸收了多少辐射以及暴露在辐射中的时间。电离辐射是一种能量足以使原子或分子电离的辐射——通常在 1eV 和几十 eV 之间。一个能量约为 1 MeV 的α粒子、β粒子或者γ射线可能会使上万分子电离。活体细胞中的分子由于辐射而发生电离会具有化学活性，并对细胞的正常活动和繁殖产生影响。

电离辐射的吸收剂量等于每个组织单位质量所吸收的辐射能量。吸收剂量的国际单位制是格雷（Gy）：

$$1 \text{ Gy} = 1 \text{ J/kg} \tag{27-26}$$

吸收剂量的其他常用单位是拉德：

$$1 \text{ rad} = 0.01 \text{ Gy} \tag{27-27}$$

"rad" 是辐射吸收剂量（radiation absorbed dose）的头字母。

不同类型的辐射，即便吸收剂量一样，所导致的生物损伤程度也是不同的，对健康的影响也取决于是什么组织暴露在辐射中。为了考虑这些因素，定义了一种叫作品质因子（QF）的物理量——有时也叫作相对生物效应（RBE）——用来表示各种辐射类型。品质因子是不同类型的辐射相比于 200 keV 的 X 射线（其 QF = 1）所导致的生物损伤的测量相对值。QF 的变化取决于不同类型的辐射（阿尔法，贝塔，伽马）、辐射的能量、暴露组织的种类以及所考虑的生物学效应。表 27.3 给出一些典型的 QF 值。

要计算暴露于辐射所导致的生物损伤，我们先计算**生物等效剂量**。生物等效剂量的国际单位是西弗特（Sv）。

等效剂量（西弗特）= 吸收剂量（格雷）×QF　　（27-28a）

等效剂量（雷姆）= 吸收剂量（拉德）×QF　　（27-28b）

表 27.3　典型的 QF 值（品质因子）

伽马射线	0.5 ～ 1
贝塔粒子	1
质子，中子	2 ～ 10
阿尔法粒子	10 ～ 20

例 27.11

脑扫描中的生物等效剂量

一位体重 60.0 kg 即将进行脑扫描的病人注射了 20.0 mCi 的放射性核素锝 -99 即 $^{99}\text{Tc}^{\text{m}}$。（上角标 "m" 表示亚稳态，亚稳态的 $^{99}\text{Tc}^{\text{m}}$ 衰变到基态的半衰期是 6.0 h。）$^{99}\text{Tc}^{\text{m}}$ 原子核衰变时发射一个 143 keV 的光子。假设这些光子中的一半都逃出身体而不发生相互作用，那么该病人接受了多少生物等效剂量？这些光子的 QF 是 0.97，假设所有身体内的 $^{99}\text{Tc}^{\text{m}}$ 都衰变。

分析　我们用活度（20.0 mCi）和半衰期（6.0 h）可以计算出 $^{99}\text{Tc}^{\text{m}}$ 的原子核数。然后我们可以确定有多少光子在身体中被吸收。被吸收的光子数乘以每个光子的能量（143 keV）可求出吸收的总辐射能。吸收剂量是每个组织单位质量吸收的辐射能。生物等效剂量就是吸收剂量乘以品质因子。

解　注射物的活度用贝克勒耳（Bq）单位表示为

$$R_0 = 20.0 \times 10^{-3} \text{ Ci} \times 3.7 \times 10^{10} \text{ Bq/Ci} = 7.4 \times 10^8 \text{ Bq}$$

活度与原子核数 N 的关系为

$$R_0 = \lambda N_0 = \frac{N_0}{\tau}$$

则注射的原子核数为

$$N_0 = \tau R_0 = \frac{T_{1/2}}{\ln 2} R_0 = \frac{6.0 \text{ h} \times 3\,600 \text{ s/h}}{\ln 2} \times 7.4 \times 10^8 \text{ s}^{-1}$$
$$= 2.306 \times 10^{13}$$

例 27.11 续

这些原子核每个都发射一个光子，一半光子被身体吸收。每个光子的能量是 143keV，因此，吸收的总能量用焦耳表示为

$$E = \frac{1}{2} \times \left(2.306 \times 10^{13}\right) \times 1.43 \times 10^{5} \times \left(1.60 \times 10^{-19}\right)$$
$$= 0.264 \, \mathrm{J}$$

吸收剂量为

$$\frac{0.264 \, \mathrm{J}}{60.0 \, \mathrm{kg}} = 0.004 \, 4 \, \mathrm{Gy}$$

生物等效剂量等于吸收剂量乘以品质因子

$$0.004 \, 4 \, \mathrm{Gy} \times 0.97 = 0.004 \, 3 \, \mathrm{Sv}$$

讨论 放射性材料的量通常用其活度表示（"20.0mCi 的 $^{99}\mathrm{TC^m}$"），而不是用质量、摩尔数或原子核数。正如前面所见，放射性原子核的数目可以通过活度和半衰期计算出来。

练习题 27.11 根据活度确定质量

5.0mCi 的 $^{60}_{27}\mathrm{Co}$ 的质量是多大？

来自天然辐射源的平均辐射剂量 一个人一年接受的平均辐射剂量约为 0.006 2 Sv，其中一半来自天然辐射源，一半来自人类活动（见图 27.10）。平均来说，大约 2/3 来自天然源的剂量是由于吸入氡-222 气体及其衰变产物。氡-222 是由存在于土壤和岩石中的镭-226 通过 α 衰变不断产生的。氡气通常通过地基裂缝进入房子。$^{222}\mathrm{Rn}$ 原子核的吸入为肺部提供了大剂量 α 粒子辐射。进入建筑物的氡气在各处的量变化很大。在一些地方，氡气不是太大的问题。在其他地方，土壤中和地质构造中存在大量的镭，这使得氡气更容易找到途径进入地下室，它是导致肺癌（仅次于吸烟）的一个主要原因。幸运的是，通过并不昂贵的测试就可以确定空气中氡气的浓度。在氡成为问题的地方，密封地下室裂缝和增加通风往往十分必要。

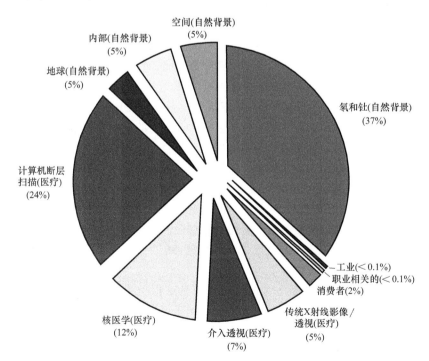

图 27.10 影响美国居民的辐射源。大约一半的辐射剂量来自自然辐射源（氡气，矿石，宇宙射线），大约一半来自医学诊断和治疗。

年均剂量中约 0.000 7 Sv 是由于存在于食物和水中的放射性核素进入人体（如 $^{14}\mathrm{C}$ 和 $^{40}\mathrm{K}$），或存在于土壤和建筑材料中（如钍、镭、钍和铀）。另外 0.000 3 Sv 是由于宇宙射线。居住在高海拔地区的人们和在飞机上度过很多时间的人，宇宙射线剂量显著地高。飞行在 35 000 ft 高的商业喷气机，接受的剂量约为 7×10^{-6} Sv/h，

所以飞行 40 h 使得平均宇宙射线剂量加倍，飞行 90 h，相当于医疗和牙齿暴露的年平均剂量。

人类活动的平均剂量　人类活动增加了平均每年剂量，这一增加量约等于来自天然源的平均剂量。这些额外的辐射剂量大部分来自医疗和牙齿的诊断和治疗。核武器实验以及核反应堆所产生的平均每年剂量大约为 10^{-5} Sv，不过在某些地方会高得多（比如在乌克兰，由于切尔诺贝利核事故造成的灾难）。

辐射的短期和长期影响　单一的大剂量辐射会导致辐射病，症状包括恶心、腹泻、呕吐和脱发。如果剂量足够大，辐射病可能会致命。4 ～ 5 Sv 左右的单剂量有一半的可能性致命。辐射剂量小得多的长期影响包括患癌及基因突变的风险增加。在美国，核监督管理委员会对使用放射性材料工作的成人职业性暴露在辐射中的剂量限制在小于 0.050 Sv/yr 的水平，高于正常水平（普通公众为 0.001 Sv/yr）。

辐射穿透

不同种类的辐射穿透生物组织（或其他材料）的能力也不同。人体组织中一个 α 粒子根据粒子能量的不同，范围可从 0.03 mm 到 0.3 mm。α 粒子可以被几厘米的空气阻挡住，也可以被只有 0.02 mm 厚的铝箔阻挡住。由于每个 α 粒子可以电离大量分子，所以它是潜在的最具破坏性的辐射形式。另一方面，它们不能穿透皮肤，所以人体外的 α 发射体并不那么危险。氡气是危险的，因为 α 衰变发生在体内，肺部组织直接暴露在辐射中。同样，如果 α 发射体是存在于食物中，它们可以将大剂量的辐射传递到消化道，而那些半衰期较长的 α 发射体进而可以与其他身体组织作用（例如，放射性碘聚集在甲状腺和放射性铁在血液中累积）。

β^- 粒子（电子）比 α 粒子更具穿透力。它们在人体组织内活动的范围可多达几厘米（这仍然取决于能量）。它们可以穿透数米空气，需要用大约 1 cm 厚的铝板才能阻挡住它们。高速电子不仅电离分子，而且还通过韧致辐射发射 X 射线（25.4 节），而 X 射线比电子本身更具有穿透性。β^+ 粒子（正电子）活动范围非常有限，它们与电子迅速湮灭，产生两个光子。

尽管 β 发射体没有 α 发射体那么明显，但如果体内发现 β 发射体会更加危险。20 世纪 50 年代的核武器大气层试验产生了许多危险的放射性核素，在其中有一种放射性锶 -90 是铀 -235 裂变产生的。锶在化学性质上类似于钙，两者都是碱土金属。Sr 位于周期表中 Ca 的正下方。通过大气层试验产生的锶 -90 进入人类食品，并被成长中孩子的骨骼和牙齿吸收。锶 -90 发生 β 衰变的半衰期是 29 年，但由于钙（锶）会在身体内停留相当长的时间，这种放射性核素在骨骼中的存在直到其消失，会产生显著的辐射剂量并有可能增加白血病和其他癌症的发病率。幸运的是，现在在国际上禁止了大气层试验，与锶 -90 及其他人工产生放射性核素等有关的发病率已经比过去减少了。

对于给定的材料和能量 α 粒子和电子都具有相当明确的活动范围。它们通过与分子的大量碰撞失去能量。相反，γ 射线光子可以通过一种单独相互作用（通过光电效应、康普顿散射或对产生）失去大部分甚至所有能量。这些相互作用发生的概率可以使用量子力学计算。对于一定能量的光子，我们只能预测其在给定材料中运动的平均距离。例如，5 MeV 的光子有一半能穿过 23 cm 甚至更远距离进入体内。5 MeV 的光子有一半可以穿透厚度为 1.5 cm 或以上的铅。光子的穿透能力可用半吸收层（half-value layer）作为量度，它是一半光子所能够穿过的材料厚度。

辐射的医学应用

医学诊断中的放射性示踪剂

辐射和放射性材料有很多医学应用。**放射性示踪剂**是重要的诊断工具。在例 27.11 中曾经提到一例。锝 -99 的亚稳态是钼 -99 的 β 衰变产物。大多数核激发态在很短的时间内衰变到基态，从大约 10^{-15} s 至 10^{-8} s。锝 - 99 的亚稳态有长达 6.0 h 的半衰期，是放射性示踪剂的完美选择。如果半衰期过短，大部分 $^{99}Tc^m$ 在到达肿瘤细胞之前就衰变了。如果半衰期太长，那么在一个合理的时间长度内，活度会很小且 γ 射线只有一小部分能探测到。

血—脑屏障阻碍锝（以锝氧化物的形式注入，并且附着在血红细胞上）扩散进入正常的脑细胞，但肿瘤的异常细胞不具有这样的屏障。因此，肿瘤可通过大脑发出的 γ 射线的观测影响来定位。

有一种成像的方法是使用**闪烁相机**（见图 27.11）。铅准直板上钻有平行小孔。铅会吸收 γ 射线，因此，只有那些平行于小孔出射的光子才能通过铅板。铅板背面是一块闪烁晶体，当 γ 光子撞击这种晶体时，会产生一个光脉冲。准直器上每个孔都有一个光电倍增管，用于检测这些光脉冲。通过在不同角度移动闪烁相机，我们可以进行"三角形"循环并找出肿瘤的位置。

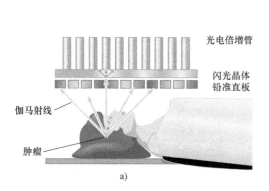
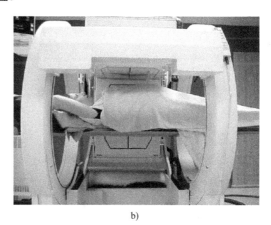

图 27.11 a）闪烁照相机的简化图。放射性示踪剂在肿瘤中积累并且发射 γ 射线。一个 γ 射线光子通过准直板上的小孔后会被仪器探测到。b）此图显示一台携带两个探测头的闪烁相机，一台在病人的胸部之上，另一台则在她左侧。铅板、闪光晶体和光电倍增管都隐藏在网格标记的摄像头后面。

同样地，TlCl（氯化铊）更易聚集在血液凝块的部位。铊 -201 具有 73 h 的半衰期。当铊 -201 在身体内发生 β 衰变时，γ 射线也会随着子核掉到基态而发射出来。然后就可用闪烁相机来定位凝块。

放射性示踪剂在科学研究以及在临床诊断中都有应用。例如，铁与其他大多数元素都不同，放射性铁 59 被用于确定铁是不是在体内新陈代谢。更确切地说，一旦一个铁原子与血红蛋白分子相结合，它就会在红血球整个存活期间一直存在。甚至即便红血球死亡，铁还可以循环利用于其他细胞。

正电子成像术（PET）

在正电子成像术（PET）中，将正电子发射体（衰变方式是 $β^+$ 的放射性同位素）注入体内。在 PET 中最普遍使用的示踪剂是氟代脱氧糖。该分子中的氟核素是正电子发射体（^{18}F）。在人体内发射的正电子很快就会与电子湮灭产生两个相反方向运动的 γ 射线光子。身体周围的探测器环（见图 25.25）会探测到这些光子。PET 的用途包括检测肿瘤和转移癌，评估冠状动脉疾病，定位心力衰竭引起的心脏损伤，以及诊断中枢神经系统紊乱。

放射疗法 **放射疗法**用于癌症治疗。癌细胞更容易受到辐射的破坏作用，部分是因为它们是快速分裂的。因此，放射治疗的想法是提供足够的辐射破坏恶性细胞，而不会对正常细胞造成太大的损害。该辐射内用外用都可进行。内用放射疗法将放射性核素注射到肿瘤中，或积聚在肿瘤部位（很大程度上像示踪剂一样）。在一种很有前途的靶向癌细胞辐射新技术中，单个放射性原子被封闭在由碳和氮原子形成的微观笼中，笼上附着着一种蛋白质，可以锁定癌细胞表面某个特定的蛋白质，当把这个笼移动到细胞内后，在一系列放射性衰变中释放出的 α 粒子就会杀死癌细胞。

外用辐射可用轫致辐射或其他过程中产生的 X 射线，钴 -60 发射出可用于辐射治疗的 γ 射线。钴 -60 被保持在开有一个小孔的铅盒中，以使 γ 射线被限制在肿瘤的部位。

伽马刀放射手术 钴 -60 疗法的一种高级形式被称为**伽马刀放射手术**。在这种技术中，使用一个开有上百个小孔（见图 27.12）的球形铅"罩"将 γ 射线汇聚到大脑中一个很小的区域中。按照这种方式，肿瘤处由于所有 γ 射线汇聚于此，其上的辐射剂量远大于周围组织的辐射剂量。

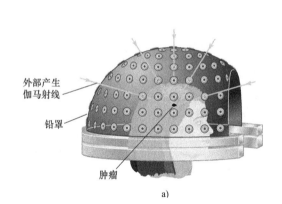

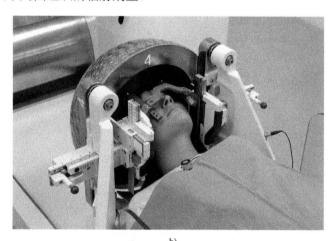

a)

b)

图 27.12 a）用于伽马刀放射手术的铅"罩"示意图。b）病人被仔细安置在罩中以确保 γ 射线在大脑中希望的点会聚。铅防护板可保护身体不受辐射影响。

医院中的粒子加速器 有些医院有回旋加速器（见 19.3 节）或其他粒子加速器。其目的是双重的。加速器可用于制造具有短半衰期的放射性核素。而较长半衰期的放射性核素既可在加速器上也可在核反应堆中制造出来。第二，加速的带电粒子束可用于放射疗法。

27.6 人工核反应

在放射性过程中，一个不稳定的原子核通过自发核反应而衰变，并在衰变过程中释放出能量。人工核反应是不可能自发发生的，是由原子核与其他物质碰撞产生的，其他反应物可以是其他的原子核、质子、中子、α 粒子或者光子。

我们已经见过一个人工核反应的例子。当高能中子与氮 -14 原子核碰撞时，碳 -14 即在该核反应中形成：

$$n + {}^{14}N \rightarrow {}^{14}C + p \qquad (27\text{-}24)$$

式（27-25）也是**中子活化**的一个例子，在中子活化过程中，一个稳定的原子核通过吸收一个中子转变为放射性的原子核。

自发的核反应总是释放能量，所以产物的总质量总小于反应物的总质量。与此相反的是，人工核反应则将反应物的部分动能转变为静止能量。因此产物的总质量可能会大于、小于或者等于反应物的总质量。参与这种反应的原子核并不一定具有放射性，一个稳定的原子核被其他粒子碰撞时也会参与这种反应。卢瑟福在 1919 年首次观察到了这种反应：

$$\alpha + {}^{14}N \rightarrow {}^{17}O + p \tag{27-29}$$

当靶原子核吸收入射粒子时，反应就会发生，形成一个中间复合原子核。在式（27-30）的反应中，复合原子核是 ${}^{18}F$：

$$ {}_{2}^{4}He + {}_{7}^{14}N \rightarrow {}_{9}^{18}F \rightarrow {}_{8}^{17}O + {}_{1}^{1}H $$

✓ 检测题 27.6

在式（27-25）给出的人工核反应中形成的中间复合原子核是什么？

例 27.12

中子活化

考虑如下反应

$$ n + {}^{24}Mg \rightarrow p + ? $$

（a）确定产物原子核和中间复合原子核。（b）该反应是放能反应还是吸能反应？也就是说，这个反应是放出能量还是要求输入能量才能发生？计算能量释放（如果是放能反应）或者能量吸收（如果是吸能反应）。

分析　产物原子核和复合原子核可通过平衡反应式进行辨认：总电荷和核子总数必须保持不变。能量可通过产物总质量大于还是小于反应物的总质量来确定。

解　（a）镁的原子序数是 12，反应更全面的表达为

$$ {}_{0}^{1}n + {}_{12}^{24}Mg \rightarrow {}_{12}^{25}(?) \rightarrow {}_{11}^{24}(?) + {}_{1}^{1}p $$

这里我们已经确定总电荷和总核子数保持不变。根据元素周期表，原子序数 11 是 Na，我们已经知道原子序数 12 是镁。因此，产物原子核为 ${}_{11}^{24}Na$，中间原子核为 ${}_{12}^{25}Mg$。

（b）比较反应物总质量和产物总质量，根据附录 B，原子质量为

$$ {}^{24}Mg\ 的质量 = 23.985\ 04\ 17\ u $$
$$ {}^{24}Na\ 的质量 = 23.990\ 962\ 8\ u $$
$$ {}^{1}H\ 的质量 = 1.007\ 825\ 0\ u $$
$$ n\ 的质量 = 1.008\ 664\ 9\ u $$

用原子质量是合适的，因为两边包含相同电子数（12）的额外质量。那么反应物总质量是

$$ 1.008\ 664\ 9\ u + 23.985\ 041\ 7\ u = 24.993\ 706\ 6\ u $$

而产物总质量为

$$ 1.007\ 825\ 0\ u + 23.990\ 962\ 8\ u = 24.998\ 787\ 8\ u $$

因此，反应发生后总质量增加：

$$ \Delta m = 24.998\ 787\ 8\ u - 24.993\ 706\ 6\ u = +0.005\ 081\ 2\ u $$

由于产物质量大于反应物质量，所以该反应是吸能反应。反应后的动能小于反应前。吸收的能量为

$$ E = (\Delta m)\ c^2 = 0.005\ 081\ 2\ u \times 931.494\ MeV/u $$
$$ = 4.733\ 1\ MeV $$

讨论　我们认为只要反应物的总动能至少比产物的总动能多 4.733 1 MeV，这个反应就有可能发生。不过它并非是最有可能发生的，还有其他反应与之竞争，比如单光子或多光子发射：

$$ {}_{0}^{1}n + {}_{12}^{24}Mg \rightarrow {}_{12}^{25}Mg^{*} \rightarrow {}_{12}^{25}Mg + \lambda $$

对于其他情况，竞争反应可能还包括 α 衰变、β 衰变或者裂变。

练习题 27.12　产生碳-14 的反应

确定反应 $n + {}^{14}N \rightarrow {}^{14}C + p$ 是放射反应还是吸热反应。多少能量被放出或者被吸收？

核反应堆是怎样帮助文物保护者和艺术史学家们了解一幅画作的呢？

应用：中子活化分析

中子活化分析（NAA）是一种用于研究珍贵艺术品、稀有考古学样本、地质样品等的技术。可用来确定哪种元素存在于样品中——即便是那些只有微量存在的元素。中子活化分析比起其他分析方法最大的优势在于它是微创的。整幅画作可以无须像质谱仪分析那样刮下颜料进行分析。艺术史学家知道不同的历史时期使用不同的油画颜料，颜料的测定可以帮助分析绘画的日期，它也可以检测真伪、修补以及绘画画布。

样品中的元素可由激活原子核衰变时发出的特征 γ 射线的能量来辨识。通过不同时间的 γ 射线谱，半衰期也可用于识别目的。γ 射线光谱的定量分析可得出样品中不同元素的浓度。这种类型的中子活化分析已用来研究阿波罗登月计划带回的月球样品、刑事调查中可作为法庭证据的子弹和枪击残留拭子、海洋化石和沉积物、纺织品、考古发掘的文物等。这里只举了几个例子。

中子活化分析使得艺术史学家可以不用损害画作就确定画作的哪个部分用了哪些颜料，即使是画作底层也可分析。在亚里士多德与荷马半身像中，中子活化分析帮助揭示出了围裙和帽子的损坏程度。艺术史学家还得到一些关于伦勃朗的构图随着他的绘画在发生变化的结论，比如改变亚里士多德的服装、改变胳膊和肩膀位置、改变了手臂和肩膀的位置、改变奖章位置以及改变荷马的半身像的高度。历史学家知道，画布原来的高度已经失去了 14 英寸，早期胸围的位置帮助他们得出结论，丢失的画布大部分是在底部。

27.7 裂变

如图 27.2 所示，非常大的原子核中每个核子的结合能比中等质量的原子核中核子的结合能更小。大原子核的结合能被质子间的长程库仑排斥作用削弱。原子核中的每个质子都与所有其他质子彼此排斥。强相互作用力将核子都束缚在原子核中，是一种短程力。每个核子只受到最近邻居的束缚。在大核素中，最近的邻居平均数是近似不变的，所以强相互作用力不会增加每个核子的结合能来抵消库仑排斥作用引起的每个核子的结合能的减少。

因此，一个大的原子核可以分裂为两个更小束缚更紧的原子核，并在该过程中释放能量，这被称为**裂变**。这个词是从生物学借来的。当一个细胞分裂成两个时就是细胞裂变。核裂变是由德国和奥地利的科学家哈恩［Otto Hahn］、斯特拉斯曼［Fritz Strassman］、迈特纳［Lise Meitner］和弗里施［Otto Frisch］在1938年发现的。

一些非常大的原子核能自发裂变。例如，放射性的铀-238 可以分离成两个裂变产物，虽然它更容易通过发射 α 粒子而衰变。裂变也可以通过入射一个中子、质子、氘核（^{2}H 核）、α 粒子或光子来诱发。俘获慢中子的裂变存在链式反应的可能性。铀-235 是唯一天然存在的可以由慢中子诱发裂变的放射性核素。

假设一个慢中子被 ^{235}U 原子核捕获。由于中子在束缚于原子核时放出能量，所以形成的复合核 ^{236}U 处在激发态。被激发的原子核形状被拉长（见图 27.13）。核子之间的吸引力倾向于将原子核拉回一个球体的形状，而质子间的库仑斥力趋于向两端推开。如果激发能足够大，则形成头颈状，且原子核分裂成两部分。然后库仑斥力推开分开的两个部分，使它们不会重新组合成一个单一的核。

图 27.14 给出了一个原子核被拉伸并分裂为两个时的势能。要形成拉伸形状，原子核的势能需增加大约 6MeV，没有入射粒子提供这一能量，自发裂变只有通过量子力学隧穿效应穿过 6MeV 的能垒才能发生（见 26.10 节）。隧穿概率远低于 α 衰变的概率。假如 ^{238}U 只通过自发裂变进行衰变，则其半衰期大概会是 10^{16} 年。

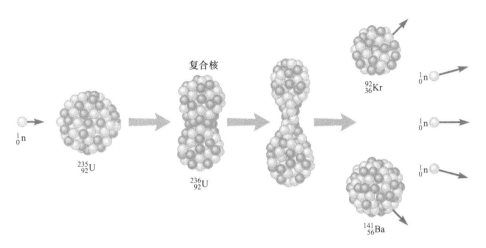

图 27.13　^{235}U 通过慢中子俘获诱导的裂变。除了两个子核还有释放出来的一些中子。

对于一个给定的母核，很多不同的裂变都有可能发生。这里有 ^{235}U 通过俘获慢中子发生人工裂变的两个例子：

$$_0^1 n + _{92}^{235} U \rightarrow _{92}^{236} U^* \rightarrow _{56}^{141} Ba + _{36}^{92} Kr + 3_0^1 n \quad (27\text{-}30)$$

$$_0^1 n + _{92}^{235} U \rightarrow _{92}^{236} U^* \rightarrow _{54}^{139} Xe + _{38}^{95} Sr + 2_0^1 n \quad (27\text{-}31)$$

注意这两个例子中，两个子核的质量显著不同。两个 ^{235}U 裂变碎片的质量比从 1 到略超过 2（一个质量是另一个质量的两倍多）。更可能的分裂质量比约为 1.4 ～ 1.5（见图 27.15）。

除了子核，裂变反应还释放出中子。大原子核比小原子核拥有更多过剩的中子。当一个大的核裂变时，会释放出一些多余的中子。^{235}U 的裂变可以释放多达 5 个中子。大量裂变反应释放的平均数约为 2.5。裂变碎片本身往往仍然拥有过多中子。不稳定的碎片经历一次或多次 β 衰变，直到形成稳定核素时才停止。在裂变的链式反应（见图 27.16）中，数百个不同的放射性核素——大部分不是自然存在的——产生出来。

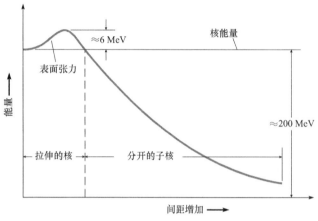

图 27.14　自发裂变中两个分开的子核间的势能随核间距的变化。

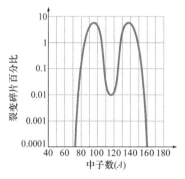

图 27.15　^{235}U 裂变碎片的质量分布。注意纵坐标是对数坐标。

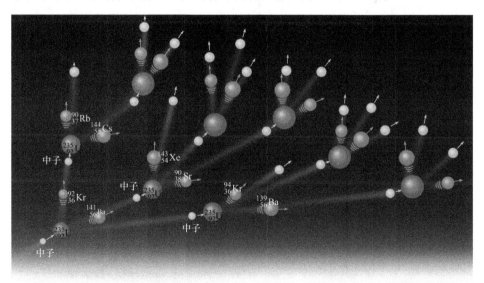

图 27.16　裂变链式反应。裂变发生时中子释放出来并可以继续触发其他原子核的裂变。

例 27.13 显示，裂变反应释放出的能量是巨大的——通常单独一个核的分裂释放约为 200 MeV 的能量。为了从裂变中得到宏观上显著的能量，大量的原子核必须分裂。一个中子就可以诱发 ^{235}U 裂变，每次裂变平均产生 2.5 个中子，这些中子的每一个可以继续诱发其他原子核裂变的**链式反应**。不受控制的链式反应是原子弹的基础。要建设性地利用裂变释放出的能量，必须对链式反应加以控制。

例 27.13

裂变反应中产生的能量

估算式（27-30）的裂变反应中释放出的能量。用图 27.2 估算 $^{235}_{92}U$、$^{141}_{56}Ba$ 和 $^{92}_{36}Kr$ 中每个核子的结合能。

分析 释放的能量等于结合能的增量。结合能可通过读出图 27.2 中每个核子结合能再乘以核子数来进行估算。

解 由图 27.2，$^{235}_{92}U$、$^{141}_{56}Ba$ 和 $^{92}_{36}Kr$ 每个核子的结合能大约分别为 7.6 MeV，8.25 MeV 和 8.75 MeV，再乘以核子数可求出总结合能。结合能：

$$^{235}_{92}U \approx 235 \times 7.6 \text{ MeV} = 1\ 786 \text{MeV}$$

$$^{141}_{56}Ba \approx 141 \times 8.25 \text{MeV} = 1\ 163 \text{MeV}$$

$$^{92}_{36}Kr \approx 92 \times 8.75 \text{MeV} = 805 \text{MeV}$$

结合能的增量为

$$1\ 163 \text{ MeV} + 805 \text{ MeV} - 1\ 786 \text{ MeV} = 182 \text{ MeV}$$

裂变反应释放的能量约为 180 MeV。

讨论 从一个裂变反应到另一个裂变反应释放的能量不会变化太多。$A \approx 240$ 的核素的结合能约为 7.6 Mev/核子。裂变产物的平均结合能约为 8.5 MeV/核子。因此，我们估计释放的能量比 1 MeV/核子略小。

要进一步改善这一估计结果，我们可以用母核和子核质量对反应中释放出的能量做精确计算。

练习题　27.13 较小的核素能裂变吗？

假设 $^{54}_{24}Cr$ 原子核俘获一个慢中子：

$$^{1}_{0}n + ^{54}_{24}Cr \rightarrow ^{55}_{24}Cr^{*}$$

解释为什么裂变没有发生。可能会发生什么呢？

应用：裂变反应堆

大多数现代裂变反应堆（见图 27.17）使用浓缩铀作为燃料。只有 ^{235}U 能维持链式反应，^{238}U 可以捕获中子而不分裂。自然存在的铀 99.3% 为 ^{238}U，只有 0.7% 的 ^{235}U。有这么多 ^{238}U 在吸收中子，就很难维持链式反应。在浓缩铀中，^{235}U 的含量提高到百分之几。在裂变反应中产生的中子具有很大的能量。这些快中子同样可能被 ^{238}U 或 ^{235}U 原子核俘获。但是，如果中子减速，那么它们更容易被 ^{235}U 俘获并诱发裂变。因此，将一种被称为减速剂的物质包含在燃料芯中。减速剂包括氢（在水中或氢化锆）、氘（^{2}H，重水分子）、铍或碳（如石墨）。减速剂的功能是通过与中子碰撞使中子减速，但不会俘获太多中子。由于动能的部分损失随靶质量的增加而降低，所以轻的原子核为中子减速是最有效的。

图 27.17 压水裂变反应堆。高压水是主冷却剂，将热量从内核传递到闭合环中的热交换器。（在其他一些反应堆中，液体钠作为主冷却剂。）热交换器从主冷却剂中提取热量制造蒸汽，蒸汽驱动连接到发电机的电动涡轮。在本质上，内核的裂变反应像一个为热机提供热量的炉子。与所有热机一样，余热必须排放到环境中。在这种情况下，冷却水要从附近的水体提取。水从蒸汽机中吸热，然后在冷却塔中蒸发使废热进入空气。

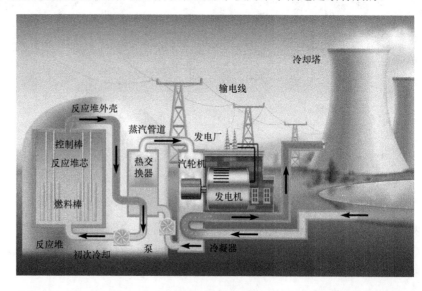

为了控制链式反应，用一种很容易吸收中子的物质制成控制棒，如镉或硼。将控制棒下降到燃料芯可以吸收更多的中子，或缩回来吸收较少的中子。在正常操作中，反应堆是至关重要的：平均每次裂变有一个中子去启动另一个裂变。一个关键反应堆会产生稳定的输出功率。如果反应堆是亚临界，则平均一次裂变反应产生不了中子去接着导致另一个裂变。因为裂变反应的发生越来越少，链式反应最终停止。一个反应堆可以通过降低控制棒使反应堆处于亚临界而停机。如果反应堆是超临界的话，则平均每个裂变产生一个以上的中子诱导另一个裂变。因此，每秒裂变反应的数量在超临界反应器中增加了。反应堆在启动时必须能够短时间处于超临界状态。

裂变反应堆除了发电外还有其他目的。它们还为中子活化分析和中子衍射实验提供了中子源。来自反应堆的中子也可用来生产用于医疗用途的人造放射性同位素。增殖反应堆的裂变反应的副产物则是从其燃料芯中的铀 -238 产生出比其消耗掉的更多的可裂变材料（钚 -239）。^{239}Pu 可留在燃料芯进行裂变和产生动力，或者被提取并用于制造原子弹。因此，增殖反应堆可能会助长核武器扩散。

裂变反应堆的问题

尽管裂变反应堆并不产生"温室"气体（因而与全球气候变化无关），但是它们需要认真设计以防止有害的放射性材料进入环境。1986 年还是苏联一部分的乌克兰的切尔诺贝利反应堆发生重大事故（见图 27.18）。简陋的反应堆设计和反应堆操作人员一系列的失误造成两次爆炸，向大气中释放放射性裂变产物，并使得燃料芯的石墨减速剂冲进火焰。石墨大火持续了 9 天。估计泄漏辐射量达到 10^{19} Bq 的数量级。随风飘散的放射性物质覆盖了乌克兰、白俄罗斯、俄罗斯、波兰、斯堪的纳维亚半岛和东欧。

2011 年，地震和海啸给日本东北地区带来的灾害，导致了福岛第一核电站的六个反应堆一系列事故。其中三个反应堆是地震发生后在运行中被自动关闭。海堤保护工厂的设计只能承受 5.7 m 的海啸，远远低于地震后一个小时左右袭来的 14 m 高的海啸。应急冷却系统失效，并且反应堆堆芯开始过热。堆芯的崩溃、爆炸和火灾损坏了建筑物和反应堆外壳结构，将放射性物质释放到环境中。储存在水池的乏燃料棒过热，在冷却水烧干后释放出更多的放射性物质。日本政府疏散了工厂附近方圆 20 km 内的人。受损的反应堆及周边地区的清理预计将需要十年或更长时间才能完成。

图 27.18 切尔诺贝利核电站分解第四反应堆鸟瞰图。

一个持续存在的问题是如何安全地运输和储存放射性废料。当可裂变材料耗尽时，乏燃料棒从反应堆堆芯中取出，乏燃料棒含有必须存放数千年的高放射性裂变产物。除了用过的燃料，反应堆的其他部分经过中子活化可具有放射性。运行约 30 年后，反应堆的结构性材料已被辐射削弱，这时反应堆必须退役。

从 1978 年开始，一直持续到 2011 年，美国政府研究内华达州的雅克山，以确定是否可以作为永久存储库将裂变反应堆约 77 000 t 的高放射性核废料存储在那里。随后的研究表明，沙漠地带的地质可能不像原本认为的那样稳定。尽管有相当大的公众和政治力量反对，该地区还是在 2002 年被国会选为国家的高放射性废料永久存储地点。但是反对意见和法律纠纷一直持续不断，在 2011 年的预算中，美国国会取消该地区的发展资金，这使得美国没有任何长期储存高放射性废料的计划。到目前为止，这些废料仍旧储存在 120 多个反应堆中。

27.8 聚变

太阳和其他恒星辐射出的能量都是通过核**聚变**产生的。聚变和裂变在本质上是相反的，与大原子核分裂成两个较小的核不同，聚变将两个小原子核聚合成一个更大的原子核。裂变核聚变都会释放能量，因为它们都向着更大的每个核子结合能方向进行（见图27.2）。由于每核子结合能在低质量数区域迅速增加，所以可以预期聚变中每个核子释放的能量要比裂变大得多。

这里给出一个聚变反应的例子：

$$^2H + {}^3H \rightarrow {}^4He + n \qquad (27\text{-}32)$$

两个氢原子核聚变形成一个氦原子核，反应释放出 17.6 MeV 的能量，相当于每个核子 3.52 MeV——比每个核子 0.75 ~ 1 MeV 的典型裂变反应大得多。尽管这一反应产生大量能量，但该反应在室温下不能发生。氘核（^2H）和氚核（^3H）必须足够接近才能发生反应。室温下，两个带正电的原子核的动能太小，无法克服它们相互之间的库仑排斥作用。但是，太阳内部的温度约为 2×10^7 K，原子核的平均动能为 $\frac{3}{2}k_BT \approx 2.52$ keV，这样的平均动能仍远小于发生聚变反应所需的大小（见例 27.14），不过一些能量更大的原子核拥有足够大的动能克服库仑斥力。由于聚变反应依赖于高温下才有的大动能，所以也被称为热核反应。

质子—质子循环   德裔美国物理学家汉斯·贝特（1906—2005）提出用两个聚变循环来解释恒星中能量的产生。一个循环被称为质子-质子循环：

$$p + p \rightarrow {}^2H + e^+ + \nu \qquad (27\text{-}33a)$$
$$p + {}^2H \rightarrow {}^3He \qquad (27\text{-}33b)$$
$$^3He + {}^3He \rightarrow {}^4He + 2p \qquad (27\text{-}33c)$$

质子-质子循环的净效果是将四个质子聚合成一个 ^4He 原子核。（前两个反应必须每个都发生两次，以形成第三个反应所需的两个 ^3He 核。）这三步可被总结为

$$4p \rightarrow {}^4He + 2e^+ + 2\nu$$

每个正电子与一个电子湮灭，因此质子-质子循环的全部反应为

$$4p + 2e^- \rightarrow {}^4He + 2\nu \qquad (27\text{-}34)$$

碳循环   一些恒星中聚变反应还有其他循环**碳循环**：

$$p + {}^{12}C \rightarrow {}^{13}N \qquad (27\text{-}35a)$$
$$^{13}N \rightarrow {}^{13}C + e^+ + \nu \qquad (27\text{-}35b)$$
$$p + {}^{13}C \rightarrow {}^{14}N \qquad (27\text{-}35c)$$
$$p + {}^{14}N \rightarrow {}^{15}O \qquad (27\text{-}35d)$$
$$^{15}O \rightarrow {}^{15}N + e^+ + \nu \qquad (27\text{-}35e)$$
$$p + {}^{15}N \rightarrow {}^{12}C + {}^4He \qquad (27\text{-}35f)$$

这里碳-12 核的作用很像催化剂，在开始和结束时出现。两个正电子湮灭之后，净效果与质子-质子循环一样：

$$4p + 2e^- \rightarrow {}^4He + 2\nu$$

碳循环释放的总能量与质子—质子循环释放的总能量相同。我们说"释放总能量"指的是所有光子和产生的中微子［通过式（27-35）在式（27-33）中没有体现］的总能量加上 ^{4}He 核的动能减去质子和电子的初始动能。

例 27.14

碳循环的第一步

（a）计算碳循环第一步中释放出的能量。（b）估算能让该反应发生所需的质子和 ^{12}C 核的最小动能。

分析　要计算释放的能量，我们必须确定反应物和产物的质量差，对于最小初动能，我们知道两个带正电的粒子彼此排斥，我们可以求出它们刚刚"接触"时两者之间的距离，并求出该位置处的静电势能。

解　（a）问题中的反应是

$$p + {}^{12}C \rightarrow {}^{13}N$$

由于 7 个电子的额外质量等于反应物和产物的原子质量，所以我们在计算中使用原子质量。初始质量为

$$1.007\,825\,0\ u + 12.000\,000\,0\ u = 13.007\,825\,0\ u$$

质量增量为

$$\Delta m = 13.005\,738\,6\ u - 13.007\,825\,0\ u = -0.002\,086\,4\ u$$

释放的能量为

$$E = 0.002\,086\,4\ u \times 931.494\ MeV/u = 1.943\,5\ MeV$$

（b）由式（27-4），质子和 ^{12}C 核的半径是 1.2 fm 且

$$1.2\ fm \times 12^{1/3} = 2.75\ fm$$

为估计质子和 ^{12}C 核刚刚"接触"时的静电势能，我们求两个点电荷 $+e$ 和 $+6e$ 相距 3.95 fm 时的静电势能。

$$U_E = \frac{6ke^2}{r} = \frac{6 \times (9 \times 10^9\ N \cdot m^2/C^2) \times (1.60 \times 10^{-19}\ C)^2}{3.95 \times 10^{-15}\ m}$$
$$= 3.50 \times 10^{-13}\ J = 2\ MeV$$

反应能够发生所需的质子和 ^{12}C 核的最小总动能为 2 MeV。

讨论　释放的能量 1.943 5 MeV，既包括动能的增加，也包括光子能量的增加。

练习题 27.14　碳循环的第二步

计算碳循环第二步中释放的能量。

应用：恒星中的核聚变

恒星就像是把较轻的核素变成较重核素的工厂。像太阳这样的恒星，大多数聚变反应从氢产生氦。在更高的内核温度下，更重的核素可以参与聚变反应。在 $A = 60$ 附近的核素一路攀升到结合能曲线的峰值（见图 27.2），它们是由恒星内部的核聚变反应形成的。一旦一个恒星内核含有丰富的结合能曲线顶端附近的元素，如铁和镍，聚变反应就会停止。重核素没有铁和镍结合那么紧密，所以聚变反应不再释放能量。最终大恒星在自己的引力作用下内爆，内爆提供了重核素聚变需要的能量。最终恒星可能会爆炸产生超新星。爆炸产生的冲击波中还会发生额外的巨变的中子俘获反应，形成最重的核素。形成于超新星的核素，再加上那些在恒星内核早已形成的核素，被爆炸散入太空。组成我们以及我们周围环境的所有原子在它们到达地球前都是由一个或多个超新星散布到宇宙空间中的。除了氢（以及小部分其他轻元素）以外，地球上发现的所有元素要么是恒星内核的组成部分，要么来自超新星（或者这些元素的放射性衰变产物）。

应用：聚变反应堆

在热核炸弹（即氢弹）中，裂变炸弹产生能够进行不可控核聚变反应的高温。几十年来，研究人员试图实现持续可控的聚变反应。作为能源的聚变比起裂变有很多优点，聚变的燃料要比裂变的燃料更容易获得。最有发展前景的可控聚变反应是氘 - 氘聚变（^{2}H + ^{2}H）或者氘 - 氚聚变［^{2}H + ^{3}H，式（27-32）］。氘很容易从海水中获取，海水中的水分子大约有 0.0156% 含有氘原子。氚的天然丰度很小，但是不难产生。

裂变反应堆最大的问题之一是需要安全存放数千年的放射性核废料。而聚变反应堆产生的放射性废料少，不必存储很长时间。

图 27.19 托卡马克是实现受控聚变反应最有前途的方法之一。在如此高的温度下，燃料中的原子都分离形成等离子体——一种电子和带正电的核形成的混合物。磁场将带电原子核限制的一个环形真空室内部。原子核围绕磁场线做螺旋运动，并且受磁场约束不会与真空室壁发生碰撞。

环形磁铁　防护屏蔽　进口　等离子体

但是，持续受控的巨变反应还没有实现，主要问题在于发生聚变反应所需的燃料处在极高温（估计大约为 10^8 K，比太阳内部的温度还高），同时还要保持原子核彼此碰撞所需的高密度。普通的容器不可能使用，当原子核与容器壁碰撞时会失去太多动能，而容器也会在高温下汽化。两个主要约束方案正在尝试。一种是磁约束（见图 27.19）。另一种是惯性约束，这种方案使用来自各方向的强激光束快速加热一个小型燃料球，在燃料球汽化之前使之发生内爆和聚变反应。

本章提要

- 一个特定的核素的特征在于，其原子序数 **Z**（质子数）及其核子数 **A**（质子和中子的总数）。元素的同位素具有相同原子序数但不同数目的中子。

- 所有核素的质量密度都大致相同，原子核的半径

$$r = r_0 A^{1/3} \qquad (27\text{-}4)$$

这里

$$r_0 = 1.2 \times 10^{-15} \text{ m} = 1.2 \text{ fm} \qquad (27\text{-}5)$$

- 原子核的结合能 E_B 是将一个束缚质子和中子的原子核系统分离成单个自由质子和中子所需要的能量。由于原子核是一个束缚系统，其总能量小于 Z 个质子和 N 个中子相距很远静止存在时的总能量。

$$E_B = (\Delta m) c^2 \qquad (27\text{-}8)$$

（每核子结合能(MeV) 纵轴，核子数(A) 横轴的图）

- 在任何核反应中，总电荷和核子总数都是守恒的。

- 一个不稳定的或者放射性的核素通过发射辐射的方式衰变。

阿尔法衰变　$^A_Z\text{P} \rightarrow {}^{A-4}_{Z-2}\text{D} + {}^4_2\alpha$ （27-10）

贝塔负衰变　$^A_Z\text{P} \rightarrow {}^A_{Z+1}\text{D} + {}^{\ 0}_{-1}\text{e} + {}^0_0\bar{\nu}$ （27-11）

贝塔正衰变　$^A_Z\text{P} \rightarrow {}^A_{Z-1}\text{D} + {}^{\ 0}_{+1}\text{e} + {}^0_0\nu$ （27-12）

伽马衰变　$\text{P}^* \rightarrow \text{P} + \gamma$

- 每种放射性核素都有一个单位时间特征衰变概率 λ。具有 N 个原子核的样品活度 R 为

$$R = \frac{\text{衰变数}}{\text{单位时间}} = \frac{-\Delta N}{\Delta t} = \lambda N \qquad (27\text{-}18)$$

活度通常用贝克勒耳来量度（1 Bq= 每秒 1 次衰变）或者居里（1 Ci = 3.7×10^{10} Bq）

- 放射性衰变中剩余的原子核数（尚未衰变的个数）是指数函数

$$N(t) = N_0 e^{-t/\tau} \qquad (27\text{-}19)$$

这里时间常数为 $\tau = 1/\lambda$。半衰期是原子核中的一半发生衰变所需要的时间。

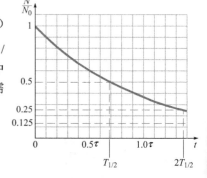

$$T_{1/2} = \tau \ln 2 \approx 0.693\tau$$

$$(27\text{-}22)$$

本章提要续

- 吸收剂量等于每个组织单位质量所吸收的辐射能量，单位是格雷（$1\ Gy = 1\ J/kg$）或拉德（$1\ rad = 0.01\ Gy$）。

- 品质因子（QF）是不同类型的辐射所导致的生物损伤的测量相对值。生物等效剂量为

$$生物等效剂量 = 吸收剂量 \times QF \qquad (27\text{-}28)$$

- 大的原子核可以通过分裂为两个更小、束缚更紧密的原子核而释放能量，这一过程叫作裂变。裂变反应中放出的能量巨大——单独一个原子核的分裂会产生的能量通常约为 200 MeV。

- 核聚变是将两个小原子核合并形成一个更大的原子核。聚变中每个核子释放的能量通常都比裂变大得多。

思考题

1. 贝克勒耳和其他科学家使用什么方法确定 α 射线带正电，β 射线带负电，γ 射线不带电？请解释他们是如何发现 α 射线的荷质比是 H^+ 离子的一半，β 射线与"阴极"射线（电子）荷质比相同。（见 19 章）

2. 为什么具有相同动能的慢中子要比质子更容易诱发核反应（比如在中子活化反应和诱导核裂变反应中）？

3. 在例 27.4 的类似计算中为什么我们可以忽略原子中电子的结合能？电子结合能会产生质量亏损效应么？

4. 单个原子（或者稀薄气体中的原子）向外辐射具有该原子特征的分立能量的光子。在致密物质中，辐射光谱是准连续的。为什么原子核光谱不是这样的？为什么即便是从固体中发射出来的 γ 射线都具有相同的特征能量？

5. 碘在人体内的有效半衰期约为 140 天，随着生物过程从体内消除。碘 -131 的放射性半衰期是 8 天。假设有一些放射性 ^{131}I 核在体内存在，若没有新的 ^{131}I 核被引入体内，则要经过多长时间之后只有一半 ^{131}I 留在体内：少于 8 天、介于 8 天和 140 天之间，或者超过 140 天？解释你的理由。

6. 从 $^{238}_{92}$U 开始一直衰变到 $^{206}_{82}$Pb 为止的一系列衰变中会产生氡 -222。^{222}Rn 的半衰期是 3.8 天。（a）这么短的半衰期，为什么迄今为止 ^{222}Rn 气体没有全都衰变？（b）如果 ^{222}Rn 的半衰期更短些，比如几秒，则它对我们来说是更具危险性还是危险更低？如果半衰期更长些，比如数千年，又会怎样？

7. 放射性 α 发射器在体外是相对无害的，但是如果被人摄入或者吸入却很危险，请解释原因。

8. 裂变反应堆和回旋加速器通常产生不同种类的同位素。反应堆主要通过中子活化来产生同位素，这样产生的同位素往往多是中子（中子质子比高）。而回旋加速器只能对质子或者氦核之类的带电粒子进行加速。当稳定的原子核被质子或氦核轰击时，产生的放射性同位素是缺中子的（低中子质子比）。（a）请解释为什么回旋加速器不能加速中子？（b）假设一家医院需要用于正电子发射成像（PET）的放射性同位素，则核反应堆或回旋加速器哪个更可能提供这些所需的放射性同位素？请解释。

9. 为什么聚变反应堆产生的放射性废料要比裂变反应堆少？
[提示：比较裂变反应产物与聚变反应产物。]

选择题

🖥 学生课堂应答系统

1. 🖥 固体铅的质量密度是固体铝的四倍，什么原因使得固体铅密度如此大？
   （a）Pb 原子比 Al 原子小。
   （b）Pb 原子核比 Al 原子核小。
   （c）Pb 原子核比 Al 原子核重。
   （d）Pb 原子核比 Al 原子核密度大。
   （e）Pb 原子的电子比 Al 原子多。

2. 🖥 对于所有稳定的原子核
   （a）原子核的质量小于 $Zm_p + (A{-}Z)m_n$。
   （b）原子核的质量大于 $Zm_p + (A{-}Z)m_n$。
   （c）原子核的质量等于 $Zm_p + (A{-}Z)m_n$。
   （d）以上都不对。

3. 🖥 下列设想的核反应哪个违反核子数守恒？
   （a）$^{10}_{5}B + ^{4}_{2}He \rightarrow ^{13}_{7}N + ^{1}_{1}H$
   （b）$^{10}_{5}B + ^{1}_{0}n \rightarrow ^{11}_{5}B + \beta^- + \overline{\nu}$
   （c）$^{23}_{11}Na + ^{1}_{1}H \rightarrow ^{20}_{10}Ne + ^{4}_{2}He$
   （d）$^{14}_{7}N + ^{1}_{1}H \rightarrow ^{13}_{6}C + \beta^+ + \nu$

4. 对于所有稳定的原子核
   （a）质子数和中子数相同。
   （b）质子数多于中子数。
   （c）中子比质子多。
   （d）以上都不对。

5. 以下哪个单位是放射性核素衰变常数 λ 的单位？
   （a）s　　　　（b）Ci　　　　（c）rad
   （d）s^{-1}　　　（e）rem　　　（f）MeV

计算题

🔵 综合概念 / 定量题
🔵 生物医学应用
🔷 较难题

27.1 原子核的结构

1. 估算 75 kg 重的人体内的核子数。

2. 按照中子数从大到小排列下列核素顺序：

(a) $_2^4$He   (b) $_2^3$He   (c) $_1^2$H   (d) $_3^6$Li

(e) $_5^7$B   (f) $_3^4$Li

3. 写出拥有 21 个中子的钾同位素的符号（按照 $_Z^A$X 形式）

4. 在 ^{136}Xe 原子核中有多少质子？

5. 求 $^{107}_{43}$Tc 原子核的半径和体积。

27.2 结合能

6. 求氘核（^{2}H 核）的结合能，一个氘核（不是氘原子）的质量是 2.013 553 u。

7. (a) 求 ^{16}O 原子核的结合能。(b) 每个核子的平均结合能是多少？用图 27.2 检验你的答案。

8. ^{14}N 原子核的质量亏损是多大？

9. (a) ^{1}H 原子电子（基态）结合能所产生的质量亏损是多少？(b) 如果我们从 ^{1}H 原子的质量中减去一个电子的质量来计算 ^{1}H 核的质量，是否需要考虑质量亏损？

10. 用质谱仪测得 $^{238}_{92}$U$^+$ 离子的质量是 238.050 24 u。(a) 用该结果计算出 $^{238}_{92}$U 原子核的质量。(b) 求 $^{238}_{92}$U 原子核的结合能。

27.3 放射性

11. 写出 $^{40}_{19}$K 经过 β$^-$ 衰变后产生的子核素。

12. 写出 $^{22}_{11}$Na 经过电子俘获过程发生的衰变反应并标识产生的子核素。

13. 镭 -226 的衰变过程 $^{226}_{88}$Ra→$^{222}_{86}$Rn+$_2^4$He。若 $^{226}_{88}$Ra 原子核在衰变前静止，且 $^{222}_{86}$Rn 核处在基态，估算 α 粒子的动能。（假设 $^{222}_{86}$Rn 核只带走小部分动能）。

14. 计算当 $^{40}_{19}$K 发生 β$^-$ 衰变时 β 粒子的最大动能。

15. 证明 ^{19}O 不可能发生自发 α 衰变。

16. 钠的同位素 $^{22}_{11}$Na 经过 β$^+$ 发射而衰变。假设子核的动能和发射中微子的总能量都是零，估算正电子的最大可能动能。[提示：注意电子质量。]

27.4 放射性衰变率与半衰期

17. 某种放射性核素的半衰期是 200.0 s，一种只包含该放射性核素的样品初始活度为 80000.0 s^{-1}。(a) 600.0 s 后的活度是多少？(b) 初始有多少核？(c) 每秒钟任意一个核发生衰变的概率是多少？

18. 对在危地马拉的一个地窖中发现的遗骨进行碳年代测定。这些遗骨的 ^{14}C 活度经测量为每克碳 0.242 Bq。这些遗骨的年龄大概有多大？

19. 放射性 $^{214}_{83}$Bi 样品的半衰期是 19.9 min，活度为 0.058 Ci。则 1.0 h 后它的活度是多少？

20. 计算 1.0 g 镭 -226 的活度是多少居里。

21. 本题中你将会证明生物样本中 ^{14}C 活度为每克碳 0.25 Bq 的结论（27.4 节）。(a) ^{14}C 的衰变常数 λ 是多少？(b) 1.00 g 碳中有多少 ^{14}C 原子？1 mol 碳原子质量为 12.011 g，^{14}C 的相对丰度为 $1.3×10^{-12}$。(c) 用 (a) 和 (b) 中你得到的结果计算生物样本中每克碳的 ^{14}C 活度。

22. 放射性同位素 ^{131}I 用于诊断和治疗甲状腺疾病，可通过核反应堆中的碲中子活化反应产生。一家医院接收了一批初始活度为 $3.7×10^{10}$ Bq 的 ^{131}I 货物。2.5 天后，有些病人需要服用的剂量是每人 $1.1×10^9$ Bq，那么能治疗多少病人？

23. 放射性样本中含有等量的 ^{15}O 和 ^{19}O 原子核。用附录 B 中的半衰期确定需要多久 ^{19}O 核是 ^{15}O 的两倍。在这段时间内，有百分之多少 ^{19}O 核发生了衰变？

27.5 辐射的生物效应

24. 在放射性 α 衰变中产生一个动能约为 6 MeV 的 α 粒子。当一个 α 粒子通过物质时（比如生物组织），会与分子发生电离碰撞，并损失一部分动能提供给电离出来的电子克服结合能。若身体内一个分子的典型电离能约为 20 eV，则 α 粒子趋于静止之前，大致有多少分子会被 α 粒子电离？

25. 某些种类的癌症可以通过用高能质子定向轰击癌细胞来有效地治疗。假如 $1.16×10^{17}$ 个质子，每个质子具有 950 keV 的能量，入射质量为 3.82 mg 的肿瘤。如果这些质子的品质因子是 3.0，则生物等效剂量是多少？

26. 估算平均每个人肺中镭 -222 气体的数量级是多少 Ci。假设由镭 -222 发射的 α 粒子是 0.1 rem/yr。半衰期是 3.8 天。你需要计算出发射 α 粒子的能量。

27.6 人工核反应

27. 中子活化样品发射的伽马射线能量等于汞 -198 原子核从一个激发态衰变为基态的能量，如果发生的反应是 n + (?) → ^{198}Hg* + e$^-$ + $\bar{\nu}$，则在中子活化之前出现在样品中的核素 "(?)" 是什么？

28. 艾琳和让·弗雷德里克·约里奥·居里在一项获得 1935 年诺贝尔化学奖的实验中，用 α 粒子定向轰击 $^{27}_{13}$Al 形成高度不稳定的磷同位素 $^{31}_{15}$P，磷立即衰变成磷的其他同位素和其他产物 $^{30}_{15}$P。令居里惊讶的是，磷的衰变一直持续到 α 粒子轰击之后，直到 $^{30}_{15}$P 发射 β$^+$ 形成其他产物。写出该反应，表示出其他产物。

27.7 裂变

29. 估算式（27-31）的裂变反应释放的能量。从图 27.2 中查找该核素的每核子结合能。

30. ^{235}U 的一个可能的裂变反应为 ^{235}U + n → ^{141}Cs + ^{93}Rb + ?n，其中 "?n" 代表一个或多个中子。(a) 有多少中子？(b) 从图 27.2 中你可以查出反应中三个核素的每核子近似结合能。用这些信息估算该裂变反应释放的总能量。(c) 对释放的能量进行精确计算。(d) 该反应中 ^{235}U 原子核的静止能量释放出百分之多少？

27.8　聚变

31. 质子—质子循环中释放的总能量是多少［式（27-34）］？

32. 比较 1.0 kg 铀同位素 ^{235}U 在式（27-30）的裂变反应中释放的能量与 1.0 kg 的氢经过式（27-32）的聚变反应释放的能量。

合作题

33. 氡气（Rn）是通过镭 $^{226}_{88}Ra$ 的 α 衰变产生的。（a）这一衰变中产生的 Rn 同位素原子核中有多少中子，有多少质子？（b）学生公寓地下室的空气中含有 1.0×10^7 个 Rn 原子核，Rn 原子核本身是放射性的，也会通过发射一个 α 粒子而衰变。Rn 的半衰期是 3.8 天，则该房间中 Rn 衰变每秒发射出多少 α 粒子？

34. 假设一种放射性样本中在 $t = 0$ 时，包含 A 和 B 两种等量的放射性核素，A 的半衰期是 3.0 h，而 B 的半衰期是 12.0 h。求以下时刻的衰变率或者活度比值 R_A/R_B（a）$t = 0$（b）$t = 12.0$ h，（c）$t = 24.0$ h

综合题

35. 下面这些未标识的原子核哪些彼此是同位素？$^{175}_{71}?$、$^{71}_{32}?$、$^{175}_{74}?$、$^{167}_{71}?$、$^{71}_{30}?$ 和 $^{180}_{74}?$。

36. 碳的同位素 ^{15}C 比 ^{14}C 衰变得更快。（a）根据附录 B，写出 ^{15}C 衰变的核反应。（b）^{15}C 衰变时有多少能量释放出来？

37. 图 27.7 是 ^{208}Tl 的能级图。图中所示的 6 个跃迁发出的光子能量是多大？

38. $^{106}_{52}Te$ 是放射性的，经过 α 衰变变为 $^{102}_{50}Sn$。$^{102}_{50}Sn$ 也是放射性的，半衰期为 4.6 s，在 $t = 0$ 时，一个样品包含 4.00 mol 的 $^{106}_{52}Te$ 和 1.50 mol 的 $^{102}_{50}Sn$。$t = 25$ μs 时，该样品包含 3.00 mol 的 $^{106}_{52}Te$ 和 2.50 mol 的 $^{102}_{50}Sn$，则 $t = 50$ μs 时还有多少 $^{102}_{50}Sn$？

39. ⓒ 地球形成时期的 ^{238}U 原子还有多少仍存在？地球年龄取 4.5×10^9 年。（b）同样地对于 ^{235}U 又是怎样的？这能否解释何以今天地球上 ^{238}U 原子是 ^{235}U 的一百多倍？

40. ⓒ 卢瑟福和盖革曾经确定了 α 粒子的荷质比，他们还进行了另外一项实验以确定其电荷。将一个 α 粒子源放进一个装有荧光屏的真空室，通过真空室的玻璃窗可以看到每当 α 粒子撞击屏幕时出现的闪光。他们用磁场使得 β 粒子偏转远离屏幕，以确保每个闪光都代表一个 α 粒子。（a）为何磁场中的 β 粒子偏转比以相同速度运动的 α 粒子要大得多？（b）通过计数闪光，他们可以确定每秒钟撞击屏幕（R）的 α 粒子数。然后他们用一个与验电器相连的金属盘取代屏幕，并测量在 Δt 时间内积聚的电荷 Q。则通过 R、Q、Δt 求 α 粒子的电荷是多少？

41. 放射性碘 ^{131}I 用于某些医学诊断。（a）假如一份样品的初始活度是 64.5 mCi，则样品中 ^{131}I 的质量是多少？（b）4.5 天后活度变为多少？

42. 一块太空陨石含 3.00 g 的 $^{147}_{62}Sm$ 和 0.150 g 的 $^{143}_{60}Nd$。$^{147}_{62}Sm$ 经 α 衰变变为半衰期为 1.06×10^{11} 年的 $^{143}_{60}Nd$。假如陨石初始不含 $^{143}_{60}Nd$，那么陨石年龄有多大？

43. 有一种起搏器的能源供应是靠微量的放射性 ^{238}Pu。这种核素半衰期为 87.7 年，并通过 α 衰变的方式进行衰变。这种起搏器通常每 10.0 年更换一次。（a）^{238}Pu 放射源的活度在 10 年内衰变百分之多少？（b）发射出的 α 粒子的能量为 5.6 MeV。假设效率为 100%——所有 α 粒子的能量都用于运行起搏器。若起搏器初始有 1.0 mg 的 ^{238}Pu，则初始功率输出和 10.0 年后的功率输出分别是多少？

44. ◆ ⓒ 第一个被观测到的核反应（由卢瑟福在 1919 年观测到）是 $\alpha + ^{14}_7N \rightarrow p + (?)$。（a）标出反应产物"(?)"。（b）该反应要发生，α 粒子必须与氮原子核接触。计算它们恰好接触时的中心间距。（c）假如 α 粒子和氮原子核初始相距很远，则它们要碰撞所需的最小动能是多少？（d）反应产物的总动能比（c）中的动能更大还是更小？为什么？算出动能差。

练习题答案

27.1 $^{104}_{44}Ru$（钌）　　**27.2**　17 u

27.3　1.6×10^{-42} m^3　　**27.4**　115.492 MeV

27.5　$^{226}_{88}Ra$（镭 -226）　　**27.6**　5.304 3 MeV

27.7　1.311 1 MeV　　**27.8**　2.26×10^{12}

27.9　5 300 年前　　**27.10**　±8 年　　**27.11**　4.4 μg

27.12　放能；放出 0.625 9 MeV

27.13　由图 27.2，A = 60 左右的核素结合最紧密，它们具有最高的每核子结合能。由于子核素以及放出的中子的总质量要比 $^{55}_{24}Cr^*$ 复合核的质量还大，所以裂变不能发生。更可能地，$^{55}_{24}Cr^*$ 发射一个电子以及一个或多个 γ 射线，留下一个稳定的 $^{55}_{25}Mn$ 原子核作为最终产物。

27.14　1.198 5 MeV

检测题答案

27.1　$^{23}_{11}Na$ 有 11 个质子和 23-11 = 12 个中子，质量数为 23。

27.4　3 个半衰期后，还有（1/2）^{3} = 1/8 的 Mn-54 原子核。因此 3 个半衰期内，它们有 7/8 衰变了。

27.6　平衡电荷和核子数揭示出中间原子核是

$$^{15}_7N \left(^1_0n + ^{14}_7N \rightarrow ^{15}_7N \rightarrow ^1_1H + ^{14}_6C \right)。$$

第 28 章

粒子物理

位于瑞士日内瓦的欧洲核物理研究机构（CERN）建立的大型强子对撞机（LHC），用于实现动能高达 7TeV（$= 7 \times 10^{12}$ eV）的质子在 14 TeV 能量上的碰撞。研究能量越来越高的粒子碰撞的目的是什么？（答案请见第 382 页）

瑞士日内瓦

LHCb探测器

AtlaS
探测器

CMS
紧凑型
μ介子螺线管

Alice
大离子碰撞实验

- 反粒子（25.8 节）
- 基本相互作用；统一（2.7 节）
- 质量和静止能量（24.7 节）

28.1　基本粒子

物理学的一个首要目标就是寻找宇宙的基本组成部分，并了解它们之间的相互作用。在公元前五世纪，希腊哲学家德谟克利特推测，所有的物质由不可分割的单位组成，它们如此的渺小以至于无法看到。然而，我们现在所谓的原子并非不可分割：它们由束缚于一个原子核的一个或多个电子组成。而原子核又是质子和中子的束缚集合。那么电子、质子和中子是物质的基本组成部分吗？

夸克

我们现在知道质子和中子都有内部结构，因此不是基本粒子。每个质子或中子都包含三个**夸克**。夸克是基本粒子，它的存在是 1963 年由莫瑞·盖尔曼（1929—）和乔治·茨威格（1937—）分别独立提出的。盖尔曼为夸克命名是取自詹姆斯·乔伊斯的《芬尼根守灵夜》中的一句台词："向麦克老大三呼夸克（Three quarks for Muster Mark）"。尽管最初提出的是三个夸克，但是一系列的实验表明一共有六个夸克（见表 28.1）。夸克质量可用 GeV/c^2 表示，这是一种常用于高能物理的质量单位。由于 $c^2 = 0.931\,494\ \text{GeV}/u^2$ [见式（27-9）]，故 $1\ u = 0.931\,494\ \text{GeV}/c^2$。

这六个夸克，每一个都有质量相同电荷相反的对应反夸克。在 25.8 节中，我们看到电子和它的反粒子正电子会湮灭，产生两个带走能量和动量的光子。也可以产生电子 - 正电子对。相同地，其他粒子 - 反粒子对都可以产生和湮灭。湮灭并不总是产生一对光子。例如，可以产生一个不同的粒子 - 反粒子对。反夸克是在夸克符号上加一个横杠。例如，u 夸克的反粒子写作 ū。

夸克是在散射实验中首次探测到的，与卢瑟福实验中（见 25.6 节）发现原子核的方式相同。1968—1969 年间，由美国物理学家杰尔姆·弗里德曼（1930—）和亨利·肯德尔（1926—1999）主导并与加拿大物理学家理查德·泰勒（1929—）协作在斯坦福直线加速器中心（SLAC）开展实验，研究了高能电子被质子和中子散射的效应。实验表明，电子是被每个质子或中子内部的点状物体散射的。

虽然已有许多实验在寻找夸克，但一个孤立的夸克尚未观察到。我们现在认为由于夸克间相互作用——**强相互作用**——（28.2 节）的不寻常性质，要观测到独立的夸克甚至在原理上就不可能实现，一个束缚的夸克 - 反夸克对被称为**介子**，夸克和反夸克三个一组的束缚态称为**重子**（见图 28.1）。介子和重子统称为**强子**。质子是含有两个上夸克和一个下夸克的重子（uud）。中子是包含一个上夸克和两个下夸克的重子（udd）。

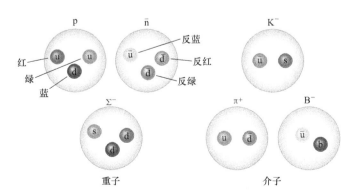

图 28.1　一些强子的夸克含量。（颜色的重要性在 28.2 节中讨论）

已经观察到数百强子，到目前为止每一个都与夸克模型是一致的。除了质子和中子，其他强子的半衰期都很短——最长的半衰期也小于 0.1 μs。原子核内的中子是稳定的，但一个孤立中子的平均寿命是 14.8 min，此后会衰变为一个质子，一个电子和一个反中微子（$n \to p + e^- + \bar{\nu}_e$）。质子似乎也是稳定的，实验已经表明，如果它不稳定，其半衰期为至少 10^{29} 年——大约是宇宙年龄的 10^{19} 倍。

表 28.1 给出三代夸克（由罗马数字表示）。每一代有两种夸克，一种带电荷 $+\frac{2}{3}e$，另一种带电荷 $-\frac{2}{3}e$。夸克的电荷是基本电荷 e 的分数倍，但夸克总是出现在介子或强子中，使得电荷的最小可观察单位为 e。每一代夸克比前一代的质量更大。普通物质仅包含第一代夸克（u 和 d）。

表 28.1　6 个夸克

名称	符号	反粒子	电荷	质量（GeV/c^2）	代数
上	u	$\bar{u}$	$\pm\frac{2}{3}e$	0.001 7 ~ 0.003 3	I
下	d	$\bar{d}$	$\mp\frac{1}{3}e$	0.004 1 ~ 0.005 8	
奇	s	$\bar{s}$	$\mp\frac{1}{3}e$	0.08 ~ 0.13	II
粲	c	$\bar{c}$	$\pm\frac{2}{3}e$	1.18 ~ 1.34	
底	b	$\bar{b}$	$\mp\frac{1}{3}e$	4.1 ~ 4.4	III
顶	t	$\bar{t}$	$\pm\frac{2}{3}e$	170 ~ 174	

注：± 或 ∓ 的上面符号是表示粒子，下面符号表示反粒子。
　　夸克质量的精确值还不知道，表格中列出的是实验给出的质量范围。

超级神冈，世界上最大的地下中微子天文台，位于日本池野山下 1 km 深处。该图为工作人员正在清洗 11 200 个光电倍增管中的一部分形成的 50 cm 直径面，这些光电倍增管线状排列形成圆柱形内嵌探测器的墙面。运行过程中，这种内嵌探测器中充满了 32 000 t 超纯水。当带电粒子以大于水中光速的速度通过水时，带电粒子发出可被光电倍增光探测到的蓝色光。1998 年，超级神冈宣布获得确凿的实验证据表明中微子的质量不为零。

轻子

尽管质子和中子是由夸克组成的，但是还没有实验表明电子有任何内部结构。电子属于另外一组叫作**轻子**的基本粒子（见表 28.2）。

六个轻子（和它们的反粒子）像夸克一样被分组为三代。每一代都有一个粒子带电荷 $-e$ 和一个不带电荷的中微子。从一代到下一代质量也增加。与夸克一样，普通物质仅包含第一代轻子。电子是原子的基本组成部分。正电子（e^+）是电子的反粒子，在放射性原子核的 β^+ 衰变中会发射正电子以及一个电子中微子 ν_e（见 27.3 节）。在 β^- 衰变中，除发射电子外，还会发射电子反中微子（$\bar{\nu}_e$）。核聚变也会释放电子中微子和反中微子（见 27.8 节）。地球沐浴在一个稳定的中微子流中，每秒每平方厘米截面上大约有 10^{11} 个从太阳内部核聚变产生的中微子。

中微子可以穿过物质，只有很小的概率与其他物质相互作用，所以中微子是很难观察到的。很长一段时间中微子被认为是无质量的，但是最近实验结果表明，中微子确实有质量。宇宙中的中微子要比所有其他轻子和夸克的总和还多。然而，即使它们如此众多，但因为它们的质量是如此之小，所以中微子对宇宙质量并没有明显的贡献。

μ 介子是第一个观测到的二代粒子。宇宙射线——大部分是质子的高能粒子流，来自外层空间——不断轰击地球上层大气。宇宙射线粒子通常能量在 GeV 的范围内，但已经观测到有些能量超过了 10^{11} GeV 的，远高于粒子加速器所能获得的能量。当宇宙射线粒子与地球大气层中高处的原子碰撞时，产生可在地球表面探测到的次级粒子——包括电子、正电子、μ 介子和伽玛射线——的簇射。首次观测到正电子就是在宇宙射线簇射中。μ 介子以大约 $1/cm^2/min$ 的速率如雨点般降临到我们身边。

无论是 μ 子还是 τ 子都不稳定，它们被认为是根本粒子，或初级粒子，因为它们没有表现出任何亚结构。中微子可以从一种类型的中微子转换为另一种。这种效应被称为中微子振荡，可以用来解释为什么从太阳到达地球的电子中微子比原先预测的数量要小——一些电子中微子在到达地球之前转化为 μ 子中微子或是 τ 子中微子。

表 28.2　六种轻子

名称	符号	反粒子	电荷	质量（GeV/c^2）	代数
电子	e^-	e^+	$\mp e$	0.000 511	**I**
电子中微子	ν_e	$\overline{\nu}_e$	0	< 0.000 000 002	
μ 介子	μ^-	μ^+	$\mp e$	0.106	**II**
μ 子中微子	ν_μ	$\overline{\nu}_\mu$	0	< 0.000 19	
τ 子	τ^-	τ^+	$\mp e$	1.777	**III**
τ 子中微子	ν_τ	$\overline{\nu}_\tau$	0	< 0.018 2	

注：该表给出与最新实验相一致的中微子质量的最大值。

$\mp$ 的上面符号是表示粒子，下面符号表示反粒子。注意带负电的轻子的反粒子记作加号，表示这些反粒子电荷为正，但是其符号上没有横杠。

✓ 检测题 28.1

原子中发现了哪个夸克和轻子？

28.2　基本相互作用

夸克和轻子并不是故事的全部，它们之间的相互作用是怎样的呢？在 2.7 节我们介绍了宇宙中四种基本相互作用：强相互作用、电磁相互作用、弱相互作用和引力相互作用。这些相互作用有时也被称为力，但在某种意义上要比牛顿物理学（其中力是动量的变化率）要广泛得多。最根本的"力"远比推或拉的含义丰富得多，它们包括粒子之间发生的所有变化：粒子 - 反粒子对的湮灭与产生，不稳定粒子的衰变，夸克结合成强子，以及各种反应。

每种相互作用都可以被理解为是一种粒子的交换，这种粒子称为**传递**或**交换粒子**（见表 28.3）。交换粒子是由一个粒子发射和由另一个粒子吸收，它可以将一个粒子的动量和能量传递给到另一个粒子。电磁相互作用通过光子传递。弱相互作用是由三个粒子（W^+、W^- 和 Z^0）中的一个来传递。20 世纪 60 年代美国物理学家史蒂芬·温伯格（1933—）和格拉肖（1932—），与巴基斯坦物理学家阿卜杜勒·萨拉姆（1926—1996）一起预言了它们的存在。一组由意大利物理学家卡洛·卢比亚（1934—）领导的科学家团队在 1982—1983 年间首次观察到这三个粒子。强相互作用是由胶子传递的，引力被认为是通过被称为引力子的粒子传递的，这种粒子迄今尚未观测到。像光子、胶子和引力子这些粒子都是不带电荷无质量的。而夸克和轻子这种作为基本粒子的交换粒子显然是没有内部结构的。

表28.3　四种基本相互作用和它们的交换粒子

相互作用	相对强度	力程 /m	影响哪些基本粒子？	交换粒子	交换粒子的质量（GeV/c^2）
强	1	10^{-15}	夸克	胶子（g）	0
电磁	10^{-2}	∞	电荷	光子（γ）	0
弱	10^{-6}	10^{-17}	夸克和轻子	W^+，W^-，Z^0	80.4，80.4，91.2
引力	10^{-43}	∞	所有	引力子 *	0

注：* 预言存在但尚未观测到（迄今）。

　　该相对强度是相对于相距 0.03 fm 的一对上夸克间的作用力。

日常物理演示

　　为了感受一下传递力的粒子，找一位朋友和一个较重的实心球。将重球来回投掷。这个球就是传递或交换颗粒，从你们中的一个人携带动量和能量传递给另一个人。这是一种排斥力。如果你们都站在滑板上或穿溜冰鞋玩就更有意思了。不过，这样的类比只能说明排斥力。

强相互作用

　　强相互作用将夸克束缚在一起形成强子。夸克通过强相互作用相互影响，但轻子不是这样。就像一个粒子的电荷决定它的电磁相互作用一样，夸克携带决定强相互作用的强荷（或色荷）。只有一种（正）电荷及其相反（负）电荷，但强荷有三种（称为红色、蓝色和绿色），其中每一个又都有自己的相反型（称为反红、反蓝和反绿）。色荷与我们视觉上认为的光的颜色无关。它们只是一种比喻：就像红色、蓝色和绿色像素在电视屏幕上结合起来会形成白色。红夸克、蓝夸克和绿夸克结合在一起形成无色（白色）的组合。

　　重子总是每种颜色的夸克各包含一个，一个反重子则总是每种反色的反夸克各含一个，介子总是包含一个某种颜色的一个夸克和对应的反色的一个反夸克，比如红色夸克和一个反红的反夸克（见图28.1）。在每种情况下，强力都保持夸克在一起构成无色组合，就类似于电磁力保持负电荷和正电荷在一起形成一个净电荷为零的中性原子。图28.1描绘了作为夸克和反夸克无色组合的每个强子。在图28.1中所示的颜色组合只是举例，质子中的d夸克不是必须为蓝色，它可以是任何颜色，只要三个夸克能组成无色组合即可。

　　虽然可以将一个电子从一个原子中拽走，留下净电荷不为零的离子，但是夸克禁闭理论认为，强作用力不允许将一个夸克拽出无色组——这正是为什么观测不到独立的夸克。正如两个离子间的电磁力要比两个中性原子间的电磁力大得多，将一个夸克从一个无色组中拽出会留下两组不是白色的夸克，两组之间的作用力会极强，且与电磁力不同的是，强作用力会随着短程距离的增加而变得更加强。

　　胶子作为强相互作用力的传递粒子，是保持夸克在一起的"胶水"。虽然光子自己不带电荷作为电磁相互作用的传递粒子，但是胶子是带强（色）荷的，胶子的发射或吸收会改变夸克的颜色。这导致了电磁和强相互作用的差异。夸克不断放出和吸收胶子，胶子本身也发射和吸收胶子。如果一个夸克被拉出无色组合，越来越多的胶子会被发射出来，因而力会随着夸克间距离的增加而变强。如果有足够的能量来拉开夸克，部分能量会被用来产生一个夸克 - 反夸克对。新产生的夸克从一个组中脱离，而新产生的反夸克则是从另一个组中脱离的，这两个组都是无色的。因此，即使强子产生和衰减为其他粒子的高能碰撞，夸克最终也总是在一个无色组合中。

当我们说一个质子包含三个夸克（uud）时，我们实际是说其净量子数匹配对应的图像。夸克被不断地发射和吸收的胶子云所包围，夸克 - 反夸克对从这些胶子中不断产生和湮灭，所有这些都是在质子的体积内发生的。胶子云和夸克 - 反夸克对的能量对于质子的静止能量（0.938 GeV）是有贡献的，这比两个上夸克和一个下夸克的静止能量总和（小于 0.02 GeV）大得多。将三个夸克束缚在一起形成核子的同一个基本相互作用也会将核子束缚在一起形成一个原子核。然而，夸克之间的力比无色核子之间的力强得多，正如两离子之间的电磁力远大于两个中性原子之间的电磁力。

✓ 检测题 28.2

为什么没有观测到两个夸克（qq）或者四个夸克（qqqq）组成的粒子？［提示：考虑夸克的色荷。］

弱相互作用

弱相互作用是通过交换三个粒子（W^+、W^- 和 Z^0）中的一个来进行的，这三个粒子中有两个是带电荷的。所有这三个粒子都有质量，这也限制了弱相互作用的作用程。尽管轻子不带色荷所以不参与强相互作用，但是轻子和夸克都带弱荷，并因此都参与弱相互作用。

弱相互作用允许夸克味（上，下，奇，粲，底，顶）从一种改变为另一种。由于无法观测到孤立的夸克，所以一种夸克味到另一种夸克味的转变发生在强子之中。

例如，放射性核的 β^- 衰变可描述成是原子核内一个中子变为一个质子（见 27.3 节）

$$n \rightarrow p + e^- + \bar{\nu}_e$$

由于中子是 udd，而质子是 uud，在更基本的层面上是中子内的下夸克通过发射一个 W^- 转变成了上夸克：

$$d \rightarrow u + W^-$$

W^- 很快又会衰变成一个电子和一个电子反中微子。

> **链接：**
> 弱相互作用可以改变夸克味，还能改变中微子味（见 28.1 节）。

标准模型

成功描述强、弱和电磁相互作用以及三代夸克和轻子的量子力学称为粒子物理的**标准模型**。标准模型具备实验测量量（比如粒子质量和力荷），且对数十年内的粒子物理实验结果进行了预言，其预言的精度是任何其他理论都无法相比的。

虽然这是一项了不起的成就，但是标准模型仍然是不完备的。它产生的问题比它解决的问题还多，我们会在本章的结尾介绍其中的一些问题。

28.3 统一

牛顿的万有引力定律是统一的早期例子。在牛顿之前，科学家们不明白，相同的力让苹果从树上掉落地面，同时也保持着行星绕太阳的轨道运动。十九世纪，麦克斯韦表明，电场和磁场力是相同的基本电磁相互作用的不同方面。

在统一方面最近取得的成功是电弱理论。对于普通物质，电磁相互作用和弱

> **链接：**
> 物理学的一个主要目标就是理解世界的最基础和最根本层面上是怎样运行的。这个目标的一部分就是用极少数的基本相互作用来描述宇宙间各种不同的力。

相互作用具有完全不同的力程、强度和效应。格拉肖、萨拉姆和温伯格提出，在约 1 TeV 或更高的能量时，两者之间的差异开始消退，直到它们无法区分，最终合并为一种单一的**电弱相互作用**。

最终的目标是将所有力都描述成一种单一的相互作用。许多物理学家认为，**大爆炸**——宇宙诞生的爆炸（见图 28.2）——之后的瞬间只有一个基本相互作用。随着宇宙的冷却和膨胀，首先引力分离出来，然后强相互作用分离出来，出现三个基本相互作用（引力，强，电弱）。最后，电弱分成弱相互作用和电磁相互作用。所有这些相互作用的分离过程都发生在宇宙大爆炸后的第一个 10^{-11} s 内。更高能量的加速器可能会告诉我们电弱和强相互作用会统一为一种单一的相互作用。

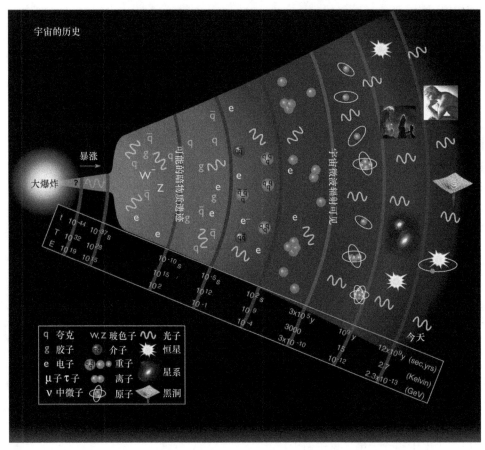

图 28.2　宇宙的历史。

- 大爆炸后的第一个 10^{-43} s，时空的光滑构造还不存在，只有一种基本相互作用：一种超作用力。
- 大约 10^{-43} s，引力从其他相互作用中分离出来，这时存在两种基本相互作用（引力和强 - 电弱）。时空形成。夸克、轻子和交换粒子出现。粒子 - 反粒子对产生和湮灭。辐射主导的宇宙：光子的总能量远大于物质的总能量。
- 大约 10^{-36} s 开始，一个呈指数快速膨胀的短暂时期（称为暴涨时期）开始。经过大约 10^{-32} s，暴涨使得宇宙体积增加至少 10^{78} 倍。在暴涨期间，微小的量子波动尺寸被放大，产生宇宙的大尺度结构，最终导致星系的形成。暴涨时期之后，宇宙继续膨胀，但速度很慢。
- 10^{-34} s，强相互作用与电弱相互作用分离。
- 10^{-11} s，弱相互作用与电磁相互作用分离，因而形成四种基本相互作用。
- 10^{-5} s，随着强子形成，夸克禁闭开始。宇宙继续变冷，重的强子湮灭或衰变，剩下轻的强子（比如质子、中子和介子）、轻子以及光子。
- 原子核在 10 s 时开始形成，但是原子即使有也很少，因为大量光子的能量比电离一个原子需要的能量还多。
- 在 3×10^{5} 年，宇宙温度冷却到 3 000 K 左右，在该温度下处在平衡态的光子大部分能量太小不足以电离原子，因此原子开始形成，宇宙首次变得对光子透明。我们今天看到的宇宙微波背景辐射是从这个时代遗留下来的，但光子能量要小得多，因为现在的宇宙冷却到只有 2.7 K。

引力仍然是一个绊脚石,尽管自从爱因斯坦试图将引力和其他力统一起来时,它就一直是物理学的一个目标。标准模型不包括引力,试图发展引力的量子理论已经在当代物理学中产生了一些最令人兴奋的想法,如弦理论和可能存在的四维以上的高维时空。广义相对论作为爱因斯坦的引力理论,可以很好地用于大尺度的现象——天文上的长距离和长时间——但对于量子力学的微观世界却束手无策。物理学家们在小尺度范畴可以用量子力学,而不必担心广义相对论,因为引力的影响可以忽略不计。因此,标准模型已经成功地解释了粒子物理学的众多实验,尽管它忽略了引力。

超对称

一些物理学家发展出超对称理论,可以帮助统一强相互作用和电弱相互作用。在标准模型中,基本粒子被分为两大类。费米子是构成物质的夸克和轻子,玻色子是传递力的作用的交换粒子。超对称基于平等处理玻色子和费米子,它预言每种基本粒子都有数量相等的费米子和玻色子。例如,超对称性预言,电子有玻色子伴子(超电子),而光子有费米子伴子(光微子)。迄今还没有直接的实验证据证明超对称粒子的存在,LHC 的目标之一就寻找它们存在的实验证据。

更高的维度

理论物理学家们发现,在他们的宇宙模型中包含额外的维度可能会使量子力学与引力相调和,并有可能将引力与其他基本作用力进行统一。弦理论和膜世界理论代表着我们思想中关于空间和时间以及粒子是什么正在发生根本性的改变。

根据弦论和 M 理论,各种轻子和夸克并非根本物质,它们是一种被称为弦的一维物质的不同振动模式,弦存在于 10 或 11 个维度的宇宙中。额外的 6 或 7 个维度的尺寸非常小,我们无法直接观测它们。为直观起见,想象一根薄丝的表面:它是一个二维表面,但其中一个维度是非常小的。按照类似的方式,弦理论中提出的额外维度也是"蜷缩"在大约 10^{-35} m 的长度尺度上。要探测如此小的距离,需要大约 10^{16} TeV 的加速器能量——在可预见的未来不可能实现的加速器能量。实验必须寻找弦理论的间接验证。

其他理论提出,我们能观测到的粒子存在于一个六维或者七维宇宙中的四维膜(熟悉的三维空间和一维时间)。在膜世界的理论中,额外维度不必像在弦理论中那样小,它们可以不到一毫米大,而我们所在的膜宇宙仅延伸质子半径的 $\frac{1}{1\,000}$ 就可进入额外维度。如果有两个额外维度,引力预计在不到一毫米的距离上将正比于 $1/r^4$。科学家们正试图测量极小距离上的引力强度,看看这个预言是否正确。尽管有七个额外维度,作为弦论中的主要变量,仍有可能会在大约一个原子核的尺度上对引力的强度产生可测的影响。

28.4 粒子加速器

粒子加速器是通过设计产生高能碰撞来研究基本粒子和相互作用的仪器。同步回旋加速器是一种环形的粒子加速器,具有许多独立的射频(RF)空腔。每次一束粒子通过一个 RF 空腔,电场使粒子动能得到提升。这种仪器是环形的,以使粒子能够多次通过射频腔。粒子还会从环周围的强磁体的磁极之间通过,这使得粒子的路径大致弯曲成圆形。因为带电粒子在加速时会向外辐射,所以每次磁铁改变粒子运动方向时,粒子都会失去能量。这部分失去的动能也必须由射频腔补充。一旦粒子达到所需的能量,它们继续在储存环中作环状运动,直到它们在检测器内实现碰撞。有一种储存环与同步加速器类似，它也有磁铁弯曲粒子的路径，并通过加速来补充失去了动能。在某些情况下，在相同的仪器既充当同步加速器也作储存环。

在直线加速器中，带电粒子沿着一条直线运动，而不是绕着圆环运动。因此没有径向加速度，辐射导致的能量损失少得多。另一方面，相同的射频腔不能像在同步加速器中那样用来反复加速带电粒子。小型直线加速器用于将粒子送入同步加速器。斯坦福直线加速器中心是目前正在运行的唯一的大型直线加速器。将在 LHC 之后兴建的下一个大型加速器可能是拟议中的国际直线对撞机。

增加带电粒子的动能后，粒子加速器会将这些带电粒子猛烈碰撞在一起，接着进行一系列的衰变，直到形成可探测的稳定粒子。通过产生存在于宇宙早期的高能量，在实验室中创造出曾经存在的不稳定粒子。要想探测尺度越来越小的物质就要获得更高的能量。回顾一下，一个粒子的德布罗意波长与其动量成反比 [$\lambda = h/p$，式（26-1）]。更高的碰撞能量使得产生大质量的粒子成为可能。

大型强子对撞机占据了一个周长为 27 km 的环形隧道，该隧道以前是大型正负电子对撞机的容身之处。LHC 的设计目的是要实现能量高达 14 TeV 的质子 - 质子碰撞。沿环一周放置的五千个超导磁体引导并聚焦两束粒子沿着相反的方向运动，通过 27 km 长的高真空管。大型探测器位于两束粒子的四个交点。这些碰撞产生的夸克和胶子的混合物与大爆炸后百万分之一秒夸克和胶子结合成强子之前的情形相同。

为什么要研究能量越来越高的碰撞？

28.5 粒子物理中尚待解决的问题

许多物理学家认为粒子物理学正处在革命的边缘。到目前为止，标准模型是非常成功的，但它是不完备的。粒子物理学家试图回答的问题包括：

如何解释基本粒子的质量？标准模型不能解释为什么夸克和轻子的质量有它们的观测值。为什么基本粒子的质量范围这么大？顶夸克的质量约为质子质量的 175 倍，有如此大质量的会是基本粒子么？

解释基本粒子质量的一个主要理论称为希格斯机制。该理论认为，存在一个弥漫于整个空间中的场。粒子是由于与这种**希格斯场**的相互作用而产生了质量。如果没有希格斯场，夸克和轻子都会是无质量的，且弱力将会像电磁力一样是长程的，因为 W 和 Z 也成为如光子一样无质量的粒子。如果希格斯理论是正确的，在 LHC 上应该可以观测到一个被叫作希格斯玻色子的存在。

夸克和轻子是真正的根本粒子么？探测更小的尺度以揭示更细小的结构要求有更高的粒子能量，从而需要更强大的加速器。在 LHC 上，研究人员们正在搜寻夸克或轻子存在亚结构的任何可能线索，这将进而为 ILC 的设计提供指引。

质子是真正稳定的么？还是有微小的概率会衰变成其他粒子？质子即使只有微小的概率衰变也可能会影响宇宙的最终命运。

是什么构成了宇宙中的暗物质？近年来，我们已经了解到宇宙是由约 5% 的普通物质（构成恒星和行星）、23% 的暗物质以及 72% 是暗能量组成的。邻近的星系之间和星系自身的内层和外层之间存在额外的引力吸引作用，这可以由构成星系的普通物质的质量进行计算。提供额外引力的看不见的（因此称之为暗）物质有着怎样的性质？

占宇宙约 72% 的暗能量的本质是什么？科学家们发现，宇宙的膨胀正在加速，而不是减速。宇宙的加速膨胀是由于整个宇宙中暗能量的存在，但我们几乎不知道它是什么。

反物质哪去了？如果物质和反物质之间有对称性，为什么我们在宇宙中几乎没有观察到反物质？如果大爆炸创造了等量的物质和反物质，反物质去哪了？为了回答这个问题，实验学家们计划在 LHC 上寻找粒子和反粒子行为上的差异。

引力可以与其他基本相互作用统一吗？换句话说，四种基本相互作用可以被理解为一种单一相互作用的不同方面吗？在这一统一中是否会涉及超对称？

为什么宇宙是四维（三维空间和一维时间）的？还是说它实际上有四个以上的维度，如果有，为什么只表现出四个？

从以上这些问题和其他许多悬而未决的问题来看，粒子物理学似乎即将进入一个令人兴奋且充满革命性的重大发现时代。

本章提要

- 质子和中子都不是基本粒子，它们由夸克和胶子组成。
- 根据标准模型，基本粒子是六个夸克（上、下、奇、粲、底和顶）、六种轻子（电子、μ 子、τ 子以及对应的三种中微子）、夸克和轻子的反粒子以及强、弱、电磁相互作用的交换粒子。
- 孤立的夸克尚未观测到，夸克被强相互作用力束缚成无色组。色荷在强相互作用中的角色与电磁相互作用中的电荷一样，但更复杂。

- 在普通物质中只发现了第一代夸克和轻子（上、下、电子和电子中微子）。
- 在大爆炸刚刚发生之后，只有一种单一的相互作用，首先，引力分离出来，然后是强相互作用；最后是弱和电磁相互作用分离出来，进而产生我们现在所认知的四种基本相互作用。
- 高能量的新型粒子加速器将对标准模型以及各种与之竞争的理论进行检验。

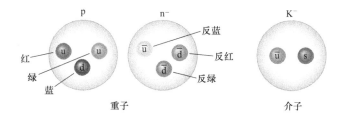

思考题

1. 构成原子的基本粒子有哪些？
2. 是什么装置使得科学家在 20 世纪后半期能够创造出数百种不同的强子？
3. 为什么从太阳发出抵达地球的电子中微子要比最初预计的少？
4. 有多少不同的强子是稳定的（目前已知的）？
5. 轻子家族中都有哪些粒子？
6. 为什么 μ 子有时被称为"重电子"？
7. e 是电荷的最小基本单位么？电荷可观测的最小单位是什么？［提示：试试组成一个带有电荷并非 e 的整数倍的介子或者重子。］请解释。
8. 描述"色"作为一种量子数在夸克中的应用。
9. 为什么我们没有察觉每秒有 10^{14} 个中微子穿过我们的身体？
10. 在同步加速器中，带电粒子沿着圆轨道运动时被加速。在直线型加速器中，带电粒子则沿着直线运动。它们各有什么优缺点？

11. 在固定靶实验中，加速器中的高能带电粒子撞击一个静止靶。相比之下，在对碰束实验中，两束粒子加速到高能状态，当两束粒子聚焦在一起时，沿相反方向运动的粒子发生正碰。描述两类实验相对于对方的一个优点。［提示：对于对碰束实验的优点，不仅要从碰撞中粒子的总动能去考虑，还要考虑有多少能量用于产生新粒子。记得动量在碰撞中必须守恒。］
12. 为什么中子在原子核中是稳定的，而单独的中子却不稳定呢？是什么因素决定原子核中的中子处在稳定状态的？［提示：考虑能量守恒。］

选择题

1. 一个重子是由以下哪些部分组成的
　（a）任意奇数个夸克。
　（b）三个不同色的夸克。
　（c）三个颜色匹配的夸克。
　（d）一个无色的夸克 - 反夸克对。

2. 夸克味包括
   - （a）上，下。
   - （b）红，绿。
   - （c）μ子，π子
   - （d）蓝绿色，紫红色。
   - （e）轻子，胶子

3. 弱相互作用的媒介子是
   - （a）轻子
   - （b）光子
   - （c）胶子
   - （d）W^+，W^-，Z^0
   - （e）介子

4. 强相互作用的交换粒子是
   - （a）引力子
   - （b）光子
   - （c）胶子
   - （d）强子
   - （e）中微子

5. 下列这些粒子哪个是通过强作用力相互作用？
   - （a）夸克
   - （b）引力子
   - （c）电子
   - （d）轻子
   - （e）中微子

合作题

◆ 较难题

蓝 # 详细解答在学生解题手册中

1. 决定一种力的作用程的两个因素是载力子的质量和海森堡不确定原理［式（26-3）］。假设载力子的能量不确定度由其静止能量给出，且该粒子以接近光速运动。则载力子为质量是 92 GeV/c^2 的 Z 粒子的弱相互作用力作用程是多大？将该结果与表 26.3 中的弱相互作用力相比较。

2. ◆ 在斯坦福的直线加速器上，电子和正电子以极高的能量碰撞在一起以产生其他基本粒子。假设一个电子和一个正电子，静止能量均为 0.511 MeV，相互碰撞以产生一个质子（静止能量 938 MeV）、一个电中性的 K 中介子（498 MeV）以及一个带负电的西格玛重子（1197 MeV）。该反应可表示为：

$$e^+ + e^- \rightarrow p^+ + K^0 + \overline{\Sigma}^-$$

要使该反应能发生，电子和正电子的最小动能是多少？假设它们具有相同的能量。

综合题

注意：当一个粒子的静止能量相比于其动能可以忽略的话，这个粒子就是极端相对论粒子。进而有

$$E = K + E_0 \gg E_0 \text{ 且 } E = \sqrt{(pc)^2 + E_0^2} \approx pc$$

3. 反质子的夸克组成是怎样的？［提示：将组成质子的三个夸克全都用相应的反夸克替代。］

4. 以下衰变分别对应哪种基本相互作用力？［在每个衰变中，衰变产物中都有一个在揭示对应的相互作用力。］
   - （a）$\pi^+ \rightarrow \mu^+ + \nu_\mu$；
   - （b）$\pi^0 \rightarrow \gamma + \gamma$；
   - （c）$n \rightarrow p^+ + e^- + \overline{\nu}_e$。

5. 几种基本相互作用力可能会在大约 10^{19} GeV 的能量上统一在一起。求一个静止能量为 10^{19} GeV 的粒子的质量（千克单位）。

6. 一个动能为 7.0 TeV 的电子的德布罗意波波长是多少？

7. K^0 介子可以衰变为两个 π 子：$K^0 \rightarrow \pi^+ + \pi^-$。该粒子的静止能量为 $K^0 = 497.7$ MeV。$\pi^+ = \pi^- = 139.6$ MeV 假如 K^0 在衰变前静止，则衰变后 π^+ 和 π^- 的动能是多少？

8. LHC 上要产生 7.0 TeV 的质子沿着 27 km 的圆周轨道运动，估算所需的磁场强度。根据牛顿第二定律，首先写出用粒子动量 p、电荷 q 以及半径 r 表示的磁场强度 B。即使是使用经典物理进行的推导，该表达式从相对论角度讲也是对的。（估算值会比实际值 8.33 T 低很多，在 LHC 中，质子并不是在匀强磁场中运动，它们在磁体间沿着直线段运动。）

9. 一个中性的 π 子（质量 0.135 GeV/c^2）通过电磁相互作用衰变为两个光子：$\pi^0 \rightarrow \gamma + \gamma$。则每个光子的能量是多少，假设 π 子静止？

10. 在一个加速器中，动能相等的两个质子发生正碰，发生下列反应：$p + p \rightarrow p + p + p + \overline{p}$。则每个入射质子束的最小可能动能是多少？

计算题 11 和 12。

确定这些粒子的夸克组成：

11. 电荷为零的重子由上夸克和/或奇夸克和/或反夸克组成。

12. 带电量 $-e$ 的介子由上和/或下夸克以及/或反夸克组成。

13. 带电 π 子要么衰变为介子，要么衰变为一个电子。π^- 的两种衰变模式为：$\pi^- \rightarrow \mu^- + \overline{\nu}_\mu$ 和 $\pi^- \rightarrow e^- + \overline{\nu}_e$。写出 π^+ 对应的两种衰变模式。［提示：π^+ 是 π^- 的反粒子。衰变反应中的每个粒子都用其相应的反粒子替代。］

14. 静止的西格玛重子衰变成一个拉姆达重子和一个光子：$\Sigma^0 \rightarrow \Lambda^0 + \gamma$。重子的静止能量由 $\Sigma^0 = 1\ 192$ MeV 和 $\Lambda^0 = 1\ 116$ MeV 给出。则光子波长是多大？［提示：用相对论公式，并确定动量和能量都是守恒的。］

检测题答案

28.1 两个夸克（u 和 d）和一个轻子（电子）。

28.2 夸克束缚系统只能在无色组合中存在。还没有粒子包含两个夸克或者四个夸克，因为这样的组合不可能无色。

综合复习：第 24~28 章

复习题

1. 一艘星际飞船发生故障，船员被迫要进行撤离，此时它正以 0.78 c 的速度向地球飞行。一个 12.0 m 长的逃生舱将和乘客一起弹出星际飞船并以相对于星际飞船 0.63 c 的速度送向地球。地球上的观测者测得该逃生舱有多长？

2. 根据狭义相对论，有质量的物体运动速度不能超过光速。小金说她知道有些运动速度比光速更快的物体，她告诉你可以考虑地球上装有大功率激光器的可转动灯塔，可向月球发射激光束。（a）如果灯塔转动的周期是 6.00 s，则激光器发出的光在月球表面的运动速度有多快？（b）你如何向小金解释这一结果并不违反狭义相对论？

3. 一位实验室观测者测得电子的动能为 1.02×10^{-13} J。该电子的速度是多少？

4. （a）波长为 300 nm 的光入射逸出功为 1.4 eV 的金属，则出射电子的最大速度是多少？（b）如果用 800 nm 波长的光入射逸出功为 1.6 eV 的金属，会有电子从金属中脱离出来吗？（c）假如光强加倍，（a）和（b）又会有怎样的答案？

5. 在电压为 8.95 kV 的电场加速下的电子通过宽度为 6.6×10^{-10} m 的单缝，则距离缝 2.50 m 处的屏上的中央亮纹宽度是多少？

6. 锶 -90（$^{90}_{38}$Sr）是一种在核裂变中产生的放射性元素，可通过 β⁻ 衰变变为半衰期为 28.8 年的钇（Y）。（a）写出 $^{90}_{38}$Sr 的衰变方式。（b）2.0 kg 的 $^{90}_{38}$Sr 的初始活度是多少？（c）1 000 年内活度将变为多少？

7. 一个静止的拉姆达粒子（Λ）通过反应：$\Lambda \rightarrow p + \pi^-$ 衰变为一个质子和 π 子。这些粒子的静止能量分别为 Λ：1 116 MeV，p：938 MeV，π^-：139.6 MeV。用能量和动量守恒确定质子和 π 子的动能。

8. 波长 180 nm 的紫外光入射金属并电离出电子。电子的最大初动能不是由截止电压决定，而是由垂直于电子速度的匀强磁场决定。对于一个确定的金属，最大初动能的电子进入 7.5×10^{-5} T 半径为 6.7 cm 的磁场。（a）该金属的逸出功是多少？（b）电子如果沿着最大或最小半径的路径运动会具有最大动能吗？

9. 一份金样品，$^{198}_{79}$Au 发生放射性衰变，初始以 1.00×10^{10} Bq 的衰变率衰变为 $^{198}_{80}$Hg。半衰期为 2.70 天。（a）8.10 天后的衰变率是多少？（b）衰变过程中会放出什么粒子？

10. 假设我们正在远离地球旅行，老鹰号飞船追赶并超过我们，沿着与我们相同的方向运动。我们测量它的速度是 0.50 c，我们回看地球，发现地球正以 0.90 c 的速度远离我们。如果地球上的人测量老鹰号的速度，他们会得到什么值？

11. 显微镜是使用光子去定位原子中距离在 0.01 nm 内的电子。则按照这种方式定位的电子的动量最小不确定度的数量级是多少？

12. 如果一个原子只有四个可供电子跃迁的不同能级，那么该原子能发射多少条不同波长的谱线？

13. 给你两个 X 射线管，A 和 B。管 A 中，电子被电压为 10 kV 的电场加速。管 B 中，电子则经过 40 kV 电压加速。则管 A 与管 B 中 X 射线的最小波长之比是多少？

14. ✦ 🔘 $^{208}_{81}$Tl⁺ 原子核（质量为 208.0 u）发射 452 keV 的光子并跃迁到一个较低能态。假设该原子核初始静止，计算光子发射后该原子核的动能。[提示：假设原子核可按非相对论情况处理。]

15. 🔘 一位 65 kg 的病人在全身三分之一体重的分布上经过胸部 X 射线诊断，还接受了 20 mrad 的生物等效剂量。如果 X 射线品质因子为 0.90，则病人身体吸收了多少能量？

MCAT 复习题

以下内容包括 MCAT 考试材料，由全美医学院联合会（AAMC）授权使用。

阅读文字并回答其后问题：
以下是对三种常见放射性衰变模式的讨论。

阿尔法衰变

有些重原子核通过自发发射阿尔法粒子（α）而衰变，阿尔法粒子由两个中子和两个质子组成，与 ⁴He 核一样，举一个例子，^{238}Pu 的 α 衰变

$$^{238}_{94}\text{Pu} \rightarrow {}^{234}_{92}\text{U} + {}^{4}_{2}\alpha$$

α 粒子质量为 4u（6.6×10^{-27} kg），所带正电荷电量是质子的两倍。

贝塔衰变

贝塔粒子（β⁻）是一种高能电子。典型的 β⁻ 衰变可以用 ^{36}Cl 的衰变来说明

$$^{36}_{17}\text{Cl} \rightarrow {}^{36}_{18}\text{Ar} + \beta^- + \bar{\nu}$$

这里 $\bar{\nu}$ 是反中微子，是在该衰变中额外产生的粒子。

β⁻ 衰变中发射的电子所携带的动能范围很广，所携带的最大能量叫作贝塔谱限，由相关原子核的相对能态所决定。

原子核中 β⁻ 衰变的净效果是一个中子被一个质子取代。

伽马衰变

伽马射线（γ）是没有质量且不带电荷的极高能电磁波，它们是激发态的原子核从较高能级向较低能级跃迁时发射出来的。

[注意：1 u（原子质量单位）= 1.66×10^{-27} kg。质子、中

子以及电子的质量分别是 1.007 3 u, 1.008 7 u 和 9.11×10⁻³¹ kg。 1 u 的等效能量是 931 MeV（10⁶ eV），1 eV = 1.6×10⁻¹⁹ J。]

1. 假如一个初始静止的镭原子发射一个 4.8 MeV 的 α 粒子，以下哪个答案是 α 粒子的近似速度？

 A. $1.5×10^6$ m/s　　　　B. $2.3×10^6$ m/s

 C. $1.5×10^7$ m/s　　　　D. $3.0×10^7$ m/s

2. 在一个放射系中，一个原子核通过几步发生衰变，钍系从 ^{232}Th 原子核开始，相继发射以下粒子：一个 α、两个 β⁻、四个 α、一个 β⁻、一个 α，并最终发射一个 β⁻ 后成为稳定原子核。该系的最终产物是下列哪个？

 A. $^{208}_{82}$Pb　　　　　　B. $^{208}_{88}$Ra

 C. $^{220}_{82}$Pb　　　　　　D. $^{220}_{88}$Ra

3. 将一个原子核打碎成其各组成部分所需的能量叫结合能，该能量等效的质量为原子核自己的质量与它的各组成部分质量和的差值。已知 ^{7}Li 的质量为 7.014 u，以下哪个选项是该同位素的结合能？

 A. 0.038 MeV　　　　B. 0.043 MeV

 C. 35.0 MeV　　　　　D. 40.0 MeV

4. 以下哪个选项最恰当地描述了初始速度矢量垂直于磁场方向的 α、β⁻ 和 γ 射线进入匀强磁场后的运动？

 A. 三条射线都不会弯曲。

 B. 三条射线向同一个方向弯曲。

 C. γ 射线不弯曲，α 和 β⁻ 沿着一个方向弯曲。

 D. γ 射线不弯曲，α 和 β⁻ 沿着相反方向弯曲。

5. 当一个原子核发射 2.5 MeV 的 γ 射线后，该原子核的质量减少

 A. $2.8×10^{-28}$ kg　　　　B. $1.2×10^{-28}$ kg

 C. $4.5×10^{-30}$ kg　　　　D. $8.6×10^{-31}$ kg

6. 一份 $^{24}_{11}$Na 的样品半衰期为 15 h。如果样品活度（单位时间的衰变）在 24 h 后为 100 mCi，则该样品的初始活度最接近：

 A. 200 mCi　　　　B. 300 mCi

 C. 600 mCi　　　　D. 1 000 mCi

7. 将 $^{20}_{10}$Ne 原子核打碎为其各组成部分所需的能量等效质量为 0.173 u，下列哪个是该原子的原子质量？

 A. 19.987 u　　　　B. 20.002 u

 C. 20.219 u　　　　D. 20.333 u

8. 一个以 $^{238}_{92}$U 开始的放射系的中间产物是 $^{234}_{92}$U，下列哪个衰变能从 $^{238}_{92}$U 产生 $^{234}_{92}$U？

 A. β⁻, β⁻, β⁻, β⁻　　　　B. α, β⁻, β⁻, β⁻

 C. α, α, β⁻, β⁻　　　　　D. α, β⁻, β⁻

9. 加入一个放射性同位素半衰期为 8 个月，该同位素样品有多少比例在 2 年后依然存在？

 A. $\frac{1}{32}$　　B. $\frac{1}{16}$　　C. $\frac{1}{8}$　　D. $\frac{1}{4}$

阅读以下段落并回答随后的问题。

铊 -201 负荷显像是一种非介入式临床诊疗方式，用于对心血管疾病的程度和严重性进行诊断评估。医生使用成像的结果作为一种工具来选择最合适的治疗方案。铊 -201 是一种放射性同位素，会出现电子俘获过程

$$^{201}_{81}Tl + e^- \rightarrow ^{201}_{80}Hg^* + \nu$$

（在电子俘获过程中，一个轨道电子——通常是一个 1s 或一个 2s——被原子核俘获，并产生一个中微子。）产生的 Hg 原子核通常会发生 γ 衰变。

$^{201}_{81}$Tl 的半衰期是 73 h，其能谱由大约 88% 的能量范围在 69—83 keV 的 X 射线和大约 12% 的能量为 135 和 167 keV 的 γ 射线组成。

在通常的成像过程中，患者在跑步机上行走，直到能保持高水平的负荷。成像所需的负荷水平取决于各种生理参数（如脉搏、血压）和患者的反应（胸口痛、肌肉疲劳）。一个患者要达到可用的负荷水平所需要的平均时间通常为 20 ~ 30 min，当然加快速度和跑步机的倾斜角度 θ_{in} 可以大大缩短这一时间。建立心脏负荷 5 min 后，铊标记的药物会进入患者的血液中。这种放射性药物通过循环系统在心脏内部分布。从衰变的放射性同位素发射的光子会被一台放置在患者胸部附近的光子探测器记录到。

（注意：普朗克常数是 $4.15×10^{-15}$ eV·s，光速是 $3.0×10^8$ m/s。）

10. 在 $^{201}_{80}$Hg 的 γ 衰变过程中，原子序数 Z 和质量数 A 会出现下列哪种情况？

 A. Z 守恒，A 增加。　　　　B. Z 和 A 都守恒。

 C. Z 增加，A 守恒。　　　　D. Z 和 A 都减小。

11. 下列哪一项是 $^{201}_{81}$Tl 原子的正确组成？

 A. 201 个质子，201 个中子，201 个电子。

 B. 120 个质子，81 个中子，120 个电子。

 C. 81 个质子，201 个中子，81 个电子。

 D. 81 个质子，120 个中子，81 个电子。

12. 一份 $^{201}_{81}$Tl 样品的活度在其衰变过程中如何变化？活度：

 A. 随时间指数增加。

 B. 随时间线性减少。

 C. 随时间指数减少。

 D. 保持恒定。

13. 关于从 $^{201}_{81}$Tl 中发射的 135 keV 的 γ 射线的波长，以下哪一项是正确的？

 A. $\dfrac{(4.15×10^{-15})(3.0×10^8)}{1.35×10^5}$ m

 B. $\dfrac{(4.15×10^{-15})(3.0×10^8)}{1.35×10^3}$ m

 C. $\dfrac{4.15×10^{-15}}{(3.0×10^8)(1.35×10^3)}$ m

 D. $(4.15×10^{-15})(3.0×10^8)(1.35×10^5)$ m

答　案

第 16 章

选择题

1. (j) **2.** (e) **3.** (c) **4.** (d) **5.** (b)

计算题

1. 9.6×10^{5} C **2.** (a) 得到 (b) 3.7×10^{9} **3.** (a) 负电荷 (b) 等量的正电荷 **4.** 球 A 和球 C 都是 $Q/4$；球 B 是 0 **5.** (a)=(b), (d), (c)=(e)
6. -5.0×10^{-7} C **7.** 2.7×10^{9} **8.** 8.617×10^{-11} C/kg **9.** $16F$ **10.** 4×10^{-10} N
11. 1.2 N, 沿负 x 轴方向向下 28° **12.** 6.21 μC 和 1.29 μC **13.** 0.72N, 向东 **14.** 3.2×10^{12} m/s^2, 向上 **15.** 1.5×10^{8} N/C, 指向 -15 μC 的电荷
16. A, B, C, D, E **17.** $\dfrac{k|q|}{2d^{2}}$, 向右 **18.** 否 **19.** $x=3d(-1+\sqrt{2})\approx1.24d$

20. (a)

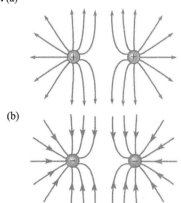

(b)

21. 1.98×10^{6} N/C, 向上 **22.** x 轴负向向上偏 75.4°, 距离为 0.254 m
23. 13 N/C **24.** 0.586 m **25.** (e),(c),(b),(a)=(d)=(f) **26.** (a) 8.010×10^{-17} N, 向下 (b) 2.40×10^{-19} J **27.** (a) 重力是电力的 1/3, 所以重力不能忽略。(b) 1.78m **28.** 1.3×10^{5} N/C **29.** (a) 指向正极板 (b) 0.78 mm
30. -5 μC **31.** (a) 7 μC (b) -11 μC
32.

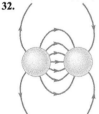

33. (a) 6.8×10^{6} N/C (b) 0 (c) 2.3×10^{6} N/C **34.** (a) $\Phi_{E/\!/}=0$, $\Phi_{E\perp\text{out}}=Ea^{2}$, $\Phi_{E\perp\text{in}}=-Ea^{2}$。(b) 0 **35.** 1.68×10^{4} N·m^2/C **37.** -3.72×10^{-23} C/m
38. (a) 0

39. (a)

(b) $E(r\leqslant a)=0$; $E(a<r<b)=\dfrac{2k\lambda}{r}$; $E(r\geqslant b)=0$

40. (a) 4.0×10^{4} N/C, 向上 (b) 正电荷 **41.** (a) 2 mN (b) 库仑定律只适用于点电荷或电荷自身的尺度远远小于它们之间的距离的情形 (c) 偏小
42. (a) $|Q_S|=1.712\times10^{20}$ C, $|Q_E|=5.418\times10^{14}$ C (b) 不会, 这样电力只能是排斥力 **43.** 5.9kg **44.** 2.6pN, 向下 **45.** $x=33$ cm **46.** -1.5 nC
47. $E_x=2.89\times10^{5}$ N/C; $E_y=2.77\times10^{6}$ N/C **48.** (a) 8.4×10^{7} m/s (b) 6.6ns
49. -1.45×10^{-5} C **50.** (a) $E=\dfrac{kq}{\left(y-\dfrac{d}{2}\right)^{2}}-\dfrac{kq}{\left(y+\dfrac{d}{2}\right)^{2}}$; 沿 y 轴正方向

(b) $E\approx\dfrac{2kqd}{y^{3}}$; $1/y^{3}$; 不矛盾

第 17 章

选择题

1. (f) **2.** (e) **3.** (d) **4.** (f) **5.** (b) **6.** (b)

计算题

1. (a)=(d), (b)=(e), (c) **2.** (a) -4.36×10^{-18} J (b) 两电荷之间是吸引力; 如果两电荷离得远, 则电势能更高。 **3.** 2.3×10^{-13} J **4.** 4×10^{-20} J
5. -17.5 μJ **6.** -11.2 μJ **7.** -2.70 μJ **8.** 4.49 μJ **9.** 75 nJ **10.** $E=0$; $V=2.3\times10^{7}$ V **11.** (a) -1.5 kV (b) -900 V (c) 600 V; 增大
(d) -6.0×10^{-7} J; 减小 (e) 6.0×10^{-7} J **12.** (a) 正电荷 (b) 10.0 cm
13. (a)

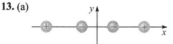

(b) 36 kV **14.** 9.0 V **15.** (a) $V_a=300$ V; $V_b=0$ (b) 0 **16.** (a) $V_b=-899$ V; $V_c=0$ (b) 1.80 μJ **17.** A, B, E, D, C **18.** (a) Y (b) 5.0 V

19.

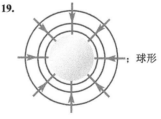

; 球形

20. (a) 3.6 kW (b) 5.4 J **21.** $2e$ **22.** 9.612×10^{-14} J **23.** (a) 电势较低处
(b) -188 V **24.** 2.6 kV **25.** 2.8×10^{-16} J **26.** 2.56×10^{-17} J
27. (c), (b), (e), (d), (a)=(f) **28.** 18 μC **29.** 612 μC **30.** (a) 不变 (b) 增加
31. (a) 不变 (b) 增强 (c) 增加 **32.** (a) 0.347 pF (b) 0.463 pF **33.** 8.0 pF
34. 4.51×10^{6} m/s **35.** 略 **36.** (a) 3.3×10^{3} V/m (b) 6.0×10^{2} V/m
37. (a) 1.1×10^{5} V/m, 指向后腿 (b) A 牛 **38.** 0.30 mm **39.** 89 nF
40. (a) 7.1 μF (b) 1.1×10^{4} V **41.** 能量增加了 50% **42.** (a) 0.18 μF
(b) 8.9×10^{8} J **43.** (a) 18 nC (b) 1.3 μJ **44.** (a) 630 V (b) 0.063 C
45. 0.27 mJ **46.** (a) 0.14 C (b) 0.30 MW **47.** (a) 向上 (b) $\dfrac{v_ymd}{e\Delta V}$

(c) 减少 **48.** (a) 0 (b) -6.3 μJ **49.** (a) 3×10^{-20} J (b) ≈2 MJ/kg。蒸发热是 2.256 MJ/kg; 不是巧合, 因为必须破坏液态水中的氢键才能形成气态。
50. 3.204×10^{-17} J **51.** 9.0 mV **52.** 3.0 ns **53.** (a) 4.9×10^{-11} C
(b) 3.1×10^{8} 个 离 子 **54.** 1.44×10^{-20} J **55.** 5×10^{-14} F **56.** (a) $7.0\times$

10⁴ m/s，向上 (b) 7.0 mm 57. (a) 电刀比重刀大 2 500 倍
(b) $v_x = 35.0$ m/s；$v_y = 7.00$ m/s 58. (a) 83 pF (b) 3.8×10^{-3} m²
(c) 1.2 kV 59. 0.1 J 60. 3.2×10^{-17} J 61. $3.0U_0$ 62. 8.0 V/m

(b) 5.37 mA (c) 5.79 mA 40. 1.25 mΩ 41. 50 kΩ 42. 120 Ω；并联
(b) 应该将电流表的读数乘以 1.20 才能得到正确的结果。 43. 5.5 V
44. 8.04 kΩ 45. (a) 2.08 kV (b) 13.9 μF (c) 护理人员大喊"远离！"
是警示其他人远离患者以免被电到。能够使心脏起搏的电流也同样
可以使心脏停跳。 46. (a) 632 V (b) 63.2 mC (c) 6.7 Ω 47. (a) $I_1 =$
$I_2 = 0.30$ mA；$V_1 = V_2 = 12$ V (b) $I_1 = I_2 = 0.18$ mA；$V_1 = 12$ V；$V_2 = 7.3$ V
(c) $I_1 = I_2 = 25$ μA；$V_1 = 12$ V；$V_2 = 0.99$ V

第 18 章
选择题

1. (a) 2. (f) 3. (c) 4. (b) 5. (b)

计算题

1. 4.3×10^4 C 2. (a) 从阳极指向灯丝 (b) 0.96 μA 3. 2.0×10^{15} 电子 /s
4. 22.1 mA 5. 810 J 6. (a) 264 C (b) 3.17 kJ 7. (b), (d), (a) = (e), (f), (c)
8. 5.86×10^{-5} m/s 9. 8.1 min 10. 12 mA 11. 50 h 12. 1.3 A 13. 0.794
14. (a) 50 V (b) 避免成为电路的一部分 15. 2×10^{19} 离子 /cm³
16. 2.5 mm 17. 1 750 ℃ 18. 4.0 V；4.0 A

19. $E = \rho \dfrac{I}{A}$，其中 ρ 是电阻率。 20. 电场不变，电阻率降低，漂移速
率增大。 21. (a) 7.0 V (b) 18 Ω 22. (a) 23.0 μF (b) 368 μC (c) 48 μC
23. (a) 5.0 Ω (b) 2.0 A 24. (a) 1.5 μF (b) 37 μC 25. (a) 0.50 A
(b) 1.0 A (c) 2.0 A 26. (a) $R/8$ (b) 0 (c) 16 A 27. (a) 8.0 μF (b) 17 V
(c) 1.0×10^{-4} C 28. (a) 2.00 Ω (b) 3.00 A (c) 0.375 A
29.

支路	I/A	方向
AB	0.20	从右向左
FC	0.12	从左向右
ED	0.076	从左向右

30. 75 V；8.1 Ω 31. 4.0 W 32. 0.50 A 33. 是；600 W 34. 80.0 J

35. (a)

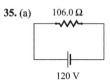

(b) 1.1 A (c) 41 V (d) 上支路：0.68 A；下支路：0.45 A (e) $P_{50} = 64$ W；
$P_{70} = 14$ W；$P_{40} = 18$ W 36. $P_4 = 4.82$ W；$P_5 = 1.36$ W 37. (a) 81 W
(b) 更小

38. (a)

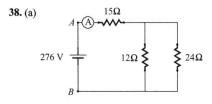

(b)

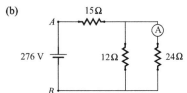

39. (a)

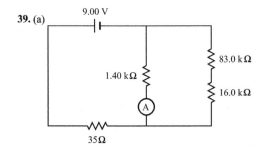

48. (a)

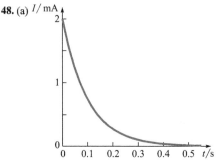

(b) 20 mW (c) 1 mJ 49. (a) 4.2 mC (b) 470 μF (c) 130 Ω (d) 74 ms
50. (a) 40 A (b) 32 J 51. 50 mA 52. (a) 6.5 Ω (b) 18 A (c) 0.86 mm
(d) 21 A
53. (a)

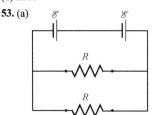

(b) $\dfrac{4\mathscr{E}^2}{R}$
(c)

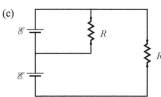

右侧的灯泡更亮。

54. (a) 1.9×10^5 W (b) 铜：1.2 cm；铝：1.5 cm (c) 铜：1.0 kg/m；铝：
0.48 kg/m 55. 6.5 kJ 56. (a) 2.00 A (b) 1.00 A 57. 31 μA 58. 9.3 A
59. $\dfrac{\mathscr{E}^2}{2R}$ 60. (a) 16% (b) 更少 61. 14 Ω 62. 3.0 A 63. (a) 1 600 Ω
(b) 0.075 A (c) 1.9 A (d) 10 64. (a) a、e 和 f (b) 灯泡 3 最亮；灯泡
1 和 2 一样亮。(c) 灯泡 3:0.25 A；灯泡 1 和 2：0.13 A 65. $9R_0$
66. $v_{Au} = 3v_{Al}$ 67. (a) 9.9 nC

(b)

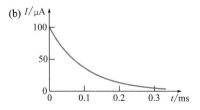

(c) 50 nJ 68. (a) 2 mA (b) 3 mA (c) 3 mW (d) 增大的因子大于 2。

综合复习：16~18 章
复习题

1. 12.0 μC 2. 6.24 N，方向沿正 x 轴向下偏 16.1° 3. (a) −238 nC
(b) 0.889 N 4. (a) 7.35×10^4 V (b) 5.04×10^4 V (c) 1.04×10^{-3} J
5. 24 μm；−100 m 6. (a) 上板带正电，下板带负电 (b) 1.67×10^{-13} J
7. (a) 2.00 A (b) 0.50 A (c) 38 Ω 8. (a) 8.00 V (b) 由于没有电流流

过电源，所以其内阻不影响测量。 **9.** 2.0 **10.** (a) 1.1 (b) 0.48 (c) 铝 **11.** (a) 8.7×10^{-4} s (b) 1.2 Ω (c) 74 kW **12.** 51 s **13.** (a) 220 V (b) 0.60 m/s (c) 1.2 nN (d) 由于 $F_E \ll F_D$，所以实际上不能忽略黏滞力。考虑黏滞力时，电势差会变大。

MCAT 复习题

1. D **2.** C **3.** C **4.** B **5.** A **6.** D **7.** A **8.** C **9.** D **10.** C **11.** C **12.** C **13.** C

第 19 章
选择题

1. (g) **2.** (e) **3.** (c) **4.** (c) **5.** (b) **6.** (d)

计算题

1. (a) F (b) A；磁感应线在 A 点密度最高而在 F 点的密度最低

2.

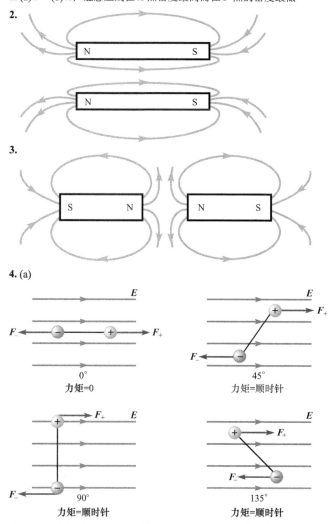

3.

4. (a)

力矩=0
力矩=顺时针
力矩=顺时针
力矩=顺时针

(b) 平行于电场线 **5.** 2.4×10^{-12} N 向上 **6.** 5.1×10^{-13} N 向北 **7.** 5.1×10^{-14} N 指出页面 **8.** 4.4×10^{-14} N 指出页面 **9.** 7.2×10^{-21} N 向北 **10.** (a) 5.1 cm (b) 8.3° (c) 向右 **11.** 西北 56° 和东北 56° **12.** 粒子 1 为负；粒子 2 为正 **13.** 0.78 T **14.** 2.83×10^{7} m/s **15.** 2.85 T **16.** 13.0 u **17.** (a) 14 u (b) 氮 **18.** (a) 29 cm (b) 1.17 **19.** 略 **20.** 4.22×10^{6} m/s **21.** 0.48 mm/s **22.** (a) 不能 (b) $V_H = 0$ **23.** (a) 7.99×10^{5} m/s (b) 9.58×10^{5} V/m 向北 (c) 路径 2 (d) 6.95 mm **24.** $\dfrac{E^2}{2B^2 \Delta V}$ **25.** (a) 0.50 T (b) 我们不知道电流和磁场的方向；因此，我们令 $\sin \theta = 1$ 而得到磁感应强度的最小值。**26.** (a) 北 (b) 15.5 m/s **27.** (a) $F_顶 =$

0.75 N 沿 $-y$ 方向；$F_底 = 0.75$ N 沿 $+y$ 方向；$F_左 = 0.50$ N 沿 $+x$ 方向；$F_右 = 0.50$ N 沿 $-x$ 方向 (b) 0 **28.** (a) 水平以下 18° 而水平分量正南 (b) 42 A **29.** (e)、(b) =(f)、(a) =(d)、(c) **30.** 0.0013 N·m **31.** 略 **32.** 略

33.

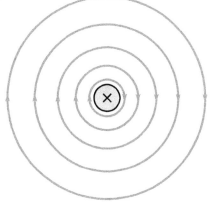

34. (a) 22 m (b) 1.4 μT，约 3% 的地球磁场；可能对导航没有太大的影响，因为鸽子在电源线上方仅有很短的时间。 **35.** 1.6×10^{-5} T 指出页面 **36.** 8.0×10^{-5} T 向下 **37.** 1.5×10^{-17} N 沿 $-y$ 方向 **38.** (a) BDCA (b) 在 C 点，2.0×10^{-5} T 指入页面；在 D 点，5.9×10^{-5} T 指出页面

39. 5.4 mT **40.** (a) $B_1 = \dfrac{\mu_0 I_1}{2\pi d}$ 垂直导线平面 (b) $\dfrac{\mu_0 I_1 I_2 L}{2\pi d}$ 指向 I_1 (c) $B_2 = \dfrac{\mu_0 I_2}{2\pi d}$ 垂直导线平面并与 B_1 反向 (d) $\dfrac{\mu_0 I_1 I_2 L}{2\pi d}$ 指向 I_2 (e) 吸引 (f) 排斥 **41.** 2.2×10^{4} 匝 **42.** 80 μT 向右 **43.** 0.11 mT 向右 **44.** (a) 4.9 cm (b) 相反

45. (a)

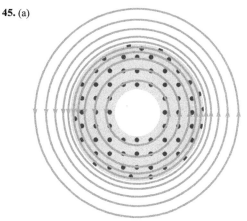

(b) $\dfrac{\mu_0 I}{2\pi r}$ 从上面看逆时针 **46.** 略 **47.** n 取决于 r，$B = \dfrac{\mu_0 NI}{2\pi r}$；磁场不是均匀的，因为 $B \propto \dfrac{1}{r}$ **48.** 9.3×10^{-24} N·m **49.** (a) 1.1 mA (b) 9.3×10^{-24} A·m² (c) 它们一样 **50.** (a) 正 (b) 西 (c) 北 (d) $\Delta V_1 = 1.6$ kV；$\Delta V_2 = 320$ V (e) $\Delta V_1 = 1.4$ kV；$\Delta V_2 = 280$ V **51.** (a) 0.35 m/s (b) 4.4×10^{-6} m³/s (c) 东边的引头 **52.** 2.0×10^{-23} N **53.** 1.3 μV **54.** 1.25×10^{-17} N 沿 $+x$ 方向 **55.** (a) 10 A (b) 分开 **56.** (a) 1.2×10^{7} Hz (b) 2.2×10^{10} Hz

57. 20.1 cm/s **58.** 2.0×10^{-7} T 向上 **59.** 指入页面 **60.** $\arctan \dfrac{\mu_0 NI}{2rB_H}$

61. (a)

边	电流方向	磁场方向	力方向
顶	右	指出页面	被长导线吸引
底	左	指出页面	被长导线排斥
左	上	指出页面	右
右	下	指出页面	左

(b) 1.0×10⁻¹ N 远离长导线　**62.** 5.0 A　**63.** (a) 20 MHz　(b) 3.3×10⁻⁵ J

(c) 2.1 MV(d) 100 rev　**64.** (a) 顺时针　(b) $\dfrac{2\pi m}{eB}$

第 20 章

选择题

1. (c)　**2.** (c)　**3.** (d)　**4.** (b)　**5.** (b)

计算题

1. (a) $\dfrac{vBL}{R}$　(b) 逆时针　(c) 左　(d) $\dfrac{vB^2L^2}{R}$　**2.** (a) $\dfrac{vB^2L^2}{R}$　(b) $\dfrac{v^2B^2L^2}{R}$

(c) $\dfrac{v^2B^2L^2}{R}$　(d) 能量守恒，因为外力做功的速率等于电阻的耗散功率。

3. (a) 3.44 m/s　(b) 每秒重力势能的变化量和电阻的耗散功率是相同的，

即 0.505 W。　**4.** 3.3 T　**5.** (a) 正　(b) $\dfrac{1}{2}\omega BR^2$　**6.** (a) 向左端　(b) 斜面

向上　(c) $\dfrac{ma_0R}{L^2B^2}$　**7.** (a) 0.090 Wb　(b) 0.16 Wb　(c) −z 方向　**8.** (a) 顺

时针　(b) 远离长直导线　(c) 2.0 Wb/s　**9.** 向右（远离线圈 1）

10. (a) 28.8 mV　(b) 5.13 A　**11.** (a) 0.070 A　(b) 逆时针　**12.** 0.50 μV

13. (a) $B\omega R^2/2$　(b) 结果是以恒定速度 v 运动的杆的动生电动势值的一半，这是合理的，因为在转动杆上的不同点具有从 0 到 v 范围的不同速度。**14.** (a) 顺时针　(b) 短暂的一瞬间　(c) 向右　(d) 向左

15. (a) 0.750 A　(b) 3.00 A；蒂姆应该关闭除草机，因为电动机的电线原本不是打算维持这么大的电流。若这个电流通过电线很长时间，电线会燃烧起来。　**16.** 110 V　**17.** (a) 1/20　(b) 1 000　**18.** 2.00

19. 28 V；0. 53 A　**20.** (a) 顺时针　(b) 逆时针

(c)
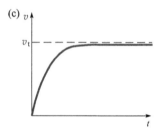

21. (a) $\dfrac{\mu_0 N_1 N_2 \pi r^2 I_m \sin\omega t}{L}$　(b) $\dfrac{\mu_0 N_1 N_2 \pi r^2 \omega I_m \cos\omega t}{L}$　**22.** 1.8×10⁻⁷ Wb

23. 增至其初始值的 2.0 倍　**24.** 略　**25.** 1.6 mV　**26.** $L_{eq} = \dfrac{L_1 L_2}{L_1 + L_2}$

27. (a) $V_{5.0} = 2.0$ V；$V_{10.0} = 4.0$ V　(b) 10.0 Ω：0；5.0 Ω：6.0 V　(c) 1.2 A

28. (a) $I_1 = 1.7$ mA；$I_2 = 0$；$V_{3.0} = 0$；$V_{27} = 45$ V；$P = 75$ mW；感应电动势 = 45 V　(b) $I_1 = 1.7$ mA；$I_2 = 15$ mA；$V_{3.0} = V_{27} = 45$ V；$P = 0.75$ W；感应电动势为 0　**29.** (a) 5.7×10⁻⁶ s　(b) 1.1×10⁻⁵ J　(c) 8.8×10⁻⁶ s 这比 (a) 部分多，因为储存在电感器中的能量正比于电流的平方。电流的平方变为电流的最大值的平方的 67% 比电流自己变为最大电流的 67% 需要花更长时间。　**30.** (a) 0.27 W　(b) 0.27 W　(c) 0.55 W

31. (a) 38 mJ　(b) −7.5 W　(c) −38 mW　(d) 69 ms　**32.** (a) 45 mA　(b) 1.0 ms

(c) $U = 76$ μJ；$I\mathscr{E}_L = 0.10$ W；$P = 0.10$ W　(d) 31 mA；0.70 ms

33. (a) 向左　(b) 电流会加倍。　(c) 电流减小到零。　**34.** (a) 指入页面　(b) 不会　(c) 没有　(d) F 是指出页面；不会，电子受到垂直于导线长度的推力；没有感应电动势。边 1 的情况与边 3 相同。

35. (a) $F_2 = \dfrac{\omega B^2 AL}{R}\sin\omega t$ 向下 和 $F_4 = \dfrac{\omega B^2 AL}{R}\sin\omega t$ 向上　(b) 边 1 和边 3 所受的磁力总是平行于转轴。　(c) $\dfrac{2\omega r B^2 AL}{R}\sin^2\omega t$ 逆时针　(d) 力矩

是逆时针方向，而角速度为顺时针方向，所以磁力矩会趋于减小角速度。

36. (a) 顺时针　(b) 8.0 V　(c) 向上　(d) R 减少；I 减少；磁力增加

37. $\dfrac{\mu_0 N^2 a^2}{2\pi R}$　**38.** 7.0×10⁻⁵ Wb　**39.** 0.81 mJ　**40.** (a) 120　(b) $I_1 = 0.48$ A；

$I_2 = 4.1$ mA　**41.** (a) 不　(b) 不　**42.** (a) 0.035 mT　(b) 这是可能的，但不太可能，因为地球磁场处处变化。　**43.** (a) $I(t) = \dfrac{\mathscr{E}_m}{\omega L}\cos\omega t$　(b) ωL

(c) $\dfrac{\pi}{2\omega}$　**44.** (a) 3.1 V　(b) 最北端的翼尖　**45.** $\dfrac{\mu_0 N_1 N_2 \pi r_1^2}{L_2}\dfrac{\Delta I_2}{\Delta t}$

第 21 章

选择题

1. (i)　**2.** (d)　**3.** (a)　**4.** (c)　**5.** (c)

计算题

1. 每秒 120 次　**2.** 18 A　**3.** 6 000 W；吹风机的加热元件会烧坏，因为它并不是为这样大的功率设计的。　**4.** (a) 35 A　(b) 3.2 kW　**5.** −5.7 V 和 5.7 V　**6.** 略　**7.** 27 Hz　**8.** (a) 12.7 kΩ　(b) 17 mA　**9.** 略

10. (a) $\dfrac{2\omega CV}{\pi}$　(b) $\dfrac{\omega CV}{\sqrt{2}}$　(c) 方均根电流是交变电流的平方的平均值的平方根。平方倾向于强调高电流值，所以在进行平均时它们比低电流值贡献大。

11.
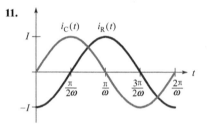

12. 150 Hz　**13.** (a) 430 Ω　(b) 3.1 cm

14. (a)

L/H	V/V
0.10	0.83
0.50	4.2

(b) 11 mA

15. (a) 180°　(b) 4.0 V

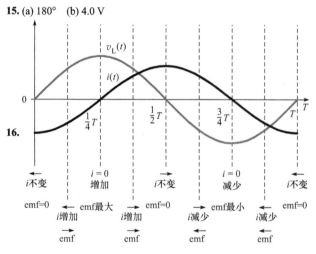

16.

17. 71.2 mH　**18.** 2 kΩ　**19.** (a) $\phi = -40°$，$V_L = 3.4$ V，$V_C = 9.2$ V，$V_R = 6.9$ V。

(b)
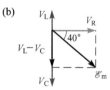

20. (a) 0.71　(b) 44°　**21.** (a) 65°　(b) $R = 25$ Ω；$L = 0.29$ H；$C = 4.9×10^{-5}$ F

22. $Z = 20.3$ Ω，$\cos\phi = 0.617$，$\phi = 51.9°$

23. (a) $V_L = 919$ V，$V_R = 771$ V　(b) 不，因为电压不同相。

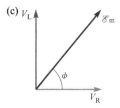

(c) V_L ℰ$_m$ ϕ V_R

24. (a) 32 Hz　(b) $\dfrac{1}{\sqrt{2}}$　(c) ℰ超前 I 为 $\dfrac{\pi}{4}$ rad = 45°　(d) 210 Ω　25. (a) 15.7 Ω
(b) 18.6 Ω　(c) 53.7 mA　(d) 57.5°　26. 减少为原来的 1/$\sqrt{2}$
27. ω_0 = 22.4 rad/s，f_0 = 3.56 Hz　28. (a) 210 μF　(b) 210 pF　29. (a) 0°
(b) 2.4 V　(c) I_{rms} 减小　30. (a) 745 rad/s　(b) 790 Ω　(c) V_R = ℰ$_m$ = 440 V；
$V_C = V_L$ = 125 V　31. (a) 0°

(b) 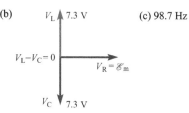　(c) 98.7 Hz

V_L 7.3 V
$V_L - V_C = 0$
V_R = ℰ$_m$
V_C 7.3 V

32. (a) 8.1 Ω　(b) 8.1 Ω　(c) 7×10^{-4} H　(d) $f_{co} = \dfrac{1}{2\pi\sqrt{LC}}$　33. (a) 750 rad/s
(b) V_L　(c) V_{ab} = 440 V；V_{bc} = 1.1 kV；V_{cd} = 1.1 kV；V_{bd} = 0；V_{ad} = 440 V
V_R
V_C
(d) 750 rad/s　(e) 3.5 A　34. (a) 0.3 H　(b) 可以，但电感器以较小的能量损耗降低输出，因此，它是调光器的一个更好的选择。　35. (a) 0.51 Ω　(b) 2.2 MW　(c) 150 000
(d) 14 A　(e) 98 W　36. (a) 27.3 Ω　(b) 8.74 V　37. 每秒 120
次　38. (a) 5.9 kW　(b) 便宜且密度较低　39. (a) 4.53 kΩ
(b) 24 mA　40. 1.0 mA　41. (a) 69.8 Ω　(b) 185 mH
42. (a) 20 A　(b) 26 A　43. (a) 0.95　(b) 470 Ω　(c) 4.2 A
(d) 4.0 kW　44. (a) 6.4 MW　(b) 0.12 MW；15 kV：53%，110 kV：0.99%
45. (a) 53 kV·A　(b) 不　(c) 负载因子可以小于1，因为变压器可能提供一个无功负载。即使负载消耗的功率比一个纯电阻负载少，变压器必须提供相同的电流，并且在其绕组和铁心中具有相同的热量。
46. (a) 33.8 Ω　(b) V_L = 286 V；V_{rms} = 202 V　(c) 8.46 A　(d) 1.07 kW
(e) $i(t)$ = (8.46 A)sin[(390 rad/s)t − 0.480 rad]　47. (a) X_1 = 2.65 kΩ；X_2 = 21.2 Ω
(b) Z_1 = 3.32 kΩ；Z_2 = 2.00 kΩ　(c) 1.00 mA　(d) 电流超前电压；$\phi_{12.0}$ =
53.0°；$\phi_{1.50}$ = 0.608°

综合复习：19 ～ 21 章

复习题

1. 1.2 N·m；当线圈的平面平行于螺线管轴线时。　2. (a) 1.66×10^{-4} T
沿 +x 轴　(b) 指出页面　(c) 8.84 A　3. 1.8×10^{-17} N 在侧视图中指出页面
（或在正视图中向右）　4. (a) 8.5 C　(b) 5.7 C　5. (a) 向右　(b) 13.6 m/s
(c) 所施加的电动势必须增加，因为在电路中长度较长的导轨电阻增大，并由于随着杆的运动变快感应电动势越来越大（ℰ = vBL）。6. (a) 功率减半。　(b) 功率是其原始值的 4/5。　7. (a) 445 Hz　(b) 电流　(c) −67°
(d) 0.51 A　(e) 67 W　(f) V_R = 180 V；V_L = 150 V；V_C = 590 V　8. 1.73×10^{-7} T
9. (a) vB 北　(b)

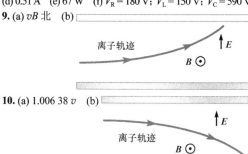

10. (a) 1.006 38 v　(b)

离子轨迹　E　B ⊙

离子轨迹　E　B ⊙

(c) 0.993 66 D　11. 18 kA　12. 6 V

MCAT 复习题

1. A　2. D　3. D　4. B　5. B　6. C　7. A　8. D

第 22 章

选择题

1. (f)　2. (b)　3. (d)　4. (b)　5. (c)

计算题

1. 东西　2. 在由竖直的电偶极子天线和波的传播方向确定的竖直平面中　3. 上下　4. (a) 磁场　(b) 3.6 mV　(c) 25 mV　5. 2.5 GHz　6. 1.62
7. 1.67 ns　8. (a) 455 nm　(b) 4.34×10^{14} Hz　9. (a) 5.00×10^6 m　(b) 地球的半径为 6.4×10^6 m，这接近波长值。　(c) 无线电波　10. (a) 约1个八度　(b) 约8个八度　11. (a) 9.462 min　(b) 11.05 min　12. 5 000 km；这指的是在一次振荡中，一秒的 1/60，家中电流产生的电磁波已经传播了美国的整个长度。　13. 2.0×10^{-12} T；30 GHz　14. (a) 7.5 mV/m；
3.0 MHz　(b) 4.5 mV/m；沿 +x 方向　15. (a) −z 方向　(b) $E_x = -cB_m\sin(kz + \omega t)$，
$E_y = E_z = 0$　16. $E_y = E_m\cos(kx - \omega t)$，$E_x = E_z = 0$ 和 $B_z = \dfrac{E_m}{c}\cos(kx - \omega t)$，
$B_x = B_y = 0$；其中，$\omega = \dfrac{1}{\sqrt{LC}}$ 和 $k = \dfrac{1}{c\sqrt{LC}}$　17. 260 V/m　18. 2.4 s
19. 9×10^{26} W　20. 略　21. (a) 7.3×10^{-22} W　(b) 1.3×10^{-12} W　(c) E_{rms} =
1.9×10^{-12} V/m，$B_{rms} = 6.5 \times 10^{-21}$ T　22. (a)=(b)，(e)，(d)，(c)
23. (a) $\dfrac{1}{4} I_0\sin^2 2\theta$　(b) 45°　24. 21.1%　25. (a) a　(b) c　(c) $0.750I_1$
26.

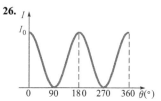

I　I_0　0　90　180　270　360　θ(°)

27. 是；南北　28. 680 km/m 远离　29. (a) f_2　(b) 1.2 kHz　30. 5×10^7 m/s
31. (a) f_1　(b) −10.3 kHz　32. 8.7 min　33. 19 s　34. 3.0 cm　35. (a) 紫外线　(b) 0.300 cm　(c) 15 500 个波长　36. (a) 1.1 kW/m²　(b) 6.4 MW/m²
(c) 0.16 mJ　37. 略　38. 2.2×10^4 rad/s，4.4×10^4 rad/s 和 6.6×10^4 rad/s
39. $\langle u \rangle = 4.53 \times 10^{-15}$ J/m³，$I = 1.36 \times 10^{-6}$ W/m²　40. (a) 8.0×10^5 W/m²
(b) 1.8×10^{-9} W/m²

第 23 章

选择题

1. (a)　2. (a)　3. (e)　4. (d)　5. (e)

计算题

1. (a) 5.0 km　(b) 由于光程差为 10 km（2 倍波长）且反射存在 λ/2 半波损失，所以产生相消干涉。　2. 1530 kHz　3. $5I_0$　4. (a) 3.2 cm　(b)1.1
5. 560 nm　6. (a) 向外　(b)15 cm　7. 480 nm　8. 497 nm　9. (a) 607 nm，
496 nm 和 420 nm　(b) 683 nm，546 nm 和 455 nm　10. (a) 接触，零
(b)140 nm　(c) 280 nm　11. 667　14. $m = 3$；$d = 2.7 \times 10^{-5}$ m
16. 1.46 mm　17. 1.64 mm　18. 711 nm　19. 31.1°　20. 5 000 缝 / 厘米
21. (a)5　(b)

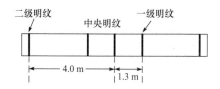

二级明纹　中央明纹　一级明纹
4.0 m　1.3 m

22. (a) 2 449.2 nm 和 631 nm (b) 18 条谱线 **23.** (a) 3 (b) $\theta_{b1}-\theta_{a1}=$ 0.04°，$\theta_{b2}-\theta_{a2}=0.11°$，$\theta_{b3}-\theta_{a3}=0.91°$ (c) 第三级 **24.** (a) 0.050 mm (b) 1.0 cm **25.** 6.3 mm **26.** (a) 变宽 (b) 3.3 cm **27.** 170 μm **28.** 0.012° **29.** 0.47 mm **30.** (a) $\sin\Delta\theta = n\sin\beta$ **31.** 1 μm；如果这些细胞更加集中，我们的分辨率不会改善，因为衍射足以使图像模糊，多出来的细胞也无法改善这种情况。 **32.** (a) 最大值

(b)

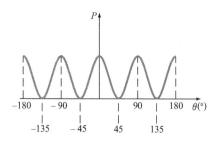

(c)

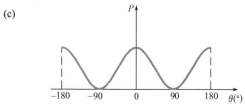

33. 12 m **34.** 20 km **35.** 0, 330 nm, 660 nm, 990 nm 和 1.3 μm **36.** 1.7 μs **37.** (a) 0.10 mm (b) 0.51 mm **38.** (a) 100 nm (b) 280 nm；140 nm (c) 会的；虽然所有可见光波长都不会出现完全的相长干涉，但是除了 560 nm（唯一会出现完全相消干涉的波长）之外的某些波长可见光会出现反射。

39. $t = \dfrac{\lambda}{2n_{膜}}$

40. (a)

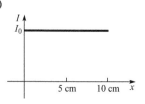

(b)

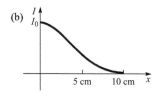

(c)

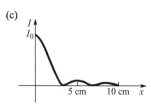

41.

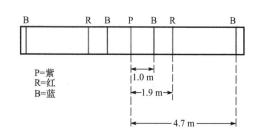

P=紫
R=红
B=蓝

42. 1.09 mm **44.** (a) 0.15 mm (b) 不能

综合复习：22 ~ 23 章

复习题

1. 85 ms **2.** (a) 5.2×10^{14} Hz (b) 2.00×10^8 m/s/s；390 nm；5.2×10^{14} Hz **3.** (a) 飞机以至少 $3\lambda=638.8$ m 的高度从胡安尼塔的头顶飞过。 (b) 425.9 m 和 851.7 m **4.** 这些灯不能发射出相干光。 **5.** 400 nm **6.** (a) 1.80×10^{-6} m (b) 2.24 m (c) 6.33 m (d) 不能，因为角度不够小。 **7.** (a) 相邻明纹间距随着缝间距增加而减小。 (b) 相邻明纹间距随着缝到屏的距离增加而线性增大。 (c) 你应该增大到屏的距离或者减小缝间距，或者同时进行。 **8.** 3.15 m **9.** 5 条 **10.** (a) 3.9 mm (b) 7.8 mm **11.** (a) 0.500 m (b) 聚光 (c) 在物体一侧距离透镜 2.00 m 处 (d) 5 倍于物体高度 (e) 正立

MCAT 复习题

1. A **2.** C **3.** B **4.** C **5.** C **6.** A

第 24 章

选择题

1. (e) **2.** (d) **3.** (a) **4.** (b) **5.** (b)

计算题

1. 2.2 μs **2.** (a) 0.87c (b) c **3.** 8.9 h **4.** 0.001 c **5.** (a) 30 岁 (b) 3 420 **6.** 7.7 ns **7.** (a) 2 m (b) 0.50 m **8.** (a) 79 m (b) 610 ns (c) 530 ns **9.** 13 m **10.** (a) 1.0 m (b) 0.92 m **11.** (a) 7.5 μs (b) 13 μs **12.** 6.0 km **13.** 3.00×10^8 m/s **14.** 0.946 c **15.** $\dfrac{1}{5}c$ **16.** $\dfrac{5}{13}c$ **17.** 0.66c **18.** (a) 6.7×10^9 kg·m/s (b) 0.50 年 **19.** (a) 0.999 80 c (b) 0.010 ns **20.** 1.546×10^7 m/s **21.** (a) 750 MeV (b) 0.349 08 c (c) 7.03 m **22.** 增加 1.00×10^{-14} kg **23.** 2.0×10^{47} J **24.** 5.58 MeV **25.** 0.595 c **26.** 2.7×10^{15} J **27.** 4.9mc **28.** 6.5 MeV/c **29.** 1 MeV/c $= 5.344\times10^{-22}$ kg·m/s **30.** (a) 这些电子是相对论性的。 (b) 0.63 c **31.** 略 **32.** 略 **33.** (a) 4 500 m (b) 15 μs (c) 15 μs (d) 500 000 **34.** (a) 1.87×10^8 m/s (b) 0.625 c (b) 64.0 ns **35.** 19.2 min **36.** 33.9 MeV **37.** 0.66 c **38.** 1.326 GeV **39.** (a) 7.2 m (b) 10 m (c) 21 m **40.** 6.3 km **41.** 略 **42.** (a) 409 MeV/c (b) 147 MeV (c) 495 MeV/c² **43.** (a) 32 J (b) 3.3 m (c) $(1-1.1\times10^{-23})c =$ 0.999 999 999 999 999 999 999 999 989 c **44.** (a) $\dfrac{\gamma}{f_s}$ (b) $\dfrac{\gamma}{f_s}\left(1+\dfrac{v}{c}\right)$ **45.** 92 年 **46.** (a) 2.98×10^5 m/s (b) 1.63×10^7 m/s

第 25 章

选择题

1. (c) **2.** (d) **3.** (a) **4.** (e) **5.** (e)

计算题

1. (a) 紫外 (b) 红外：9.9×10^{-20} J；紫外：2.8×10^{-18} J (c) 红外：2.0×10^{21} 光子/秒；紫外：7.0×10^{19} 光子/秒 **2.** (a) 400 nm (b) 7.5×10^{14} Hz **3.** (a) 0.84 eV (b) 574 nm **4.** 477 nm **5.** (e), (a) = (f), (b) = (c), (d) **6.** 4.5 eV **7.** (a) 不能；只有紫光能。 (b) 2.56 eV **8.** 2.2×10^{14} 光子/秒 **9.** 4.96 kV **10.** 31.0 pm **11.** 略 **12.** (a) 2.00 pm (b) 152 pm **13.** (c), (e), (f), (a), (d), (b) **14.** 4.45×10^6 m/s 飞向东南 62.6° **15.** (a) 2.50×10^{-12} m (b) 55.6 keV **16.** 2.4×10^4 eV **17.** -0.850 eV **18.** $n=3$ **19.** 3.40 eV **20.** 1.09 μm **21.** (a) 一个 (b) 四个 **22.** 370 nm **23.** 略 **24.** 2.19×10^6 m/s **25.** 0.476 nm **26.** 17.6 pm **27.** 2.11 eV **28.** $n=4$ **29.** 1.21 pm **30.** 7.75×10^{-14} m **31.** 1.17×10^{-14} m **32.** (a) 6.66×10^{-34} J·s (b) 1.82 eV **33.** (a) 1×10^{-22} J/s (b) 3.2×10^3 s (c) 当具有足够能量的单个光子撞击金属时，会立刻发射出一个电子。 **34.** (a) $\lambda = 97.3$ nm (b) 102.6 nm；102.6 nm, 121.5 nm 和 656.3 nm (c) $\lambda \leqslant 91.2$ nm **35.** 73 光子/秒 **36.** 270 nm **37.** 6.2pm **38.** (a) 1.9 eV；9.9×10^{-28} kg·m/s

(b) $3×10^{15}$ 光子/秒　(c) $3×10^{-12}$ N

39. (a)

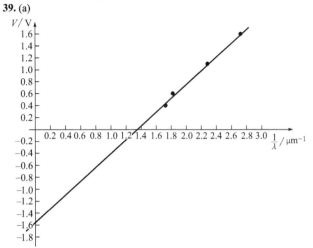

(b) 1.57 eV, 741 nm　(c) 1 160 V·nm　**40.** 27.6 kV

41. E_{90} = 136 keV; E_{180} = 108 keV　**42.** (a) $1.1×10^{15}$ Hz　(b) 0.3 V　(c) 经典理论认为电子可以吸收任意频率的电磁辐射。　**43.** (a) 1.7 V　(b) 0

44. 121.5 nm, 102.6 nm, 97.23 nm　**45.** 散射: 176 pm, 入射: 171 pm

46. (a) 4.1 m/s　(b) 有 4 种方法发射 6 个不同的光子

(c)

跃迁	λ/nm	种类
4→3	1875	红外
4→2	486	可见光
4→1	97	紫外
3→2	656	可见光
3→1	103	紫外
2→1	122	紫外

第 26 章

选择题

1. (c)　**2.** (d)　**3.** (d)　**4.** (a)　**5.** (a)

计算题

1. $1.3×10^{-34}$ m; 波长比篮筐直径小得多——小 10^{-34} 的因子!

2. (a) $1.0×10^{-35}$ m/s　(b) $3.8×10^{26}$ 年　**3.** 3.23 pm　**4.** 250 eV　**5.** 101

6. 391 eV　**7.** (a) 62 eV　(b) 0.003 8 eV　(c) 0.0038 V　**8.** (a) 0.060 eV

(b) 0.060 V　(c) 5 nm 是 X 射线波长　**9.** $1×10^{-29}$ m　**10.** (a) $1.3×10^{-32}$ m

(b) $1.1×10^{-6}$ m　**11.** (a) $4×10^{-32}$ m　(b) 0.5 mm　(c) 不确定原理在宏观世界可以忽略, 但是在原子尺度上不能忽略。**12.** 0.98 eV　**13.** $2×10^{-15}$

14. 380 GeV　**15.** 33.57 eV　**16.** 2 MeV　**17.** (a) 0.40 eV　(b) E_{31} = 3.2 eV, E_{32} = 2.0 eV, E_{21} = 1.2 eV　(c) 0.97 nm

18. 6 个态

n	3	3	3	3	3	3
ℓ	1	1	1	1	1	1
m_ℓ	-1	-1	0	0	1	1
m_s	$-\frac{1}{2}$	$+\frac{1}{2}$	$-\frac{1}{2}$	$+\frac{1}{2}$	$-\frac{1}{2}$	$+\frac{1}{2}$

19. $2(2\ell+1)$　**20.** $1s^2 2s^2 2p^6 3s^2 3p^6 4s^2 3d^8$　**21.** $2\sqrt{3}\hbar = 3.655×10^{-34}$ kg·m²/s

22. (a) F: $1s^2 2s^2 2p^5$; Cl: $1s^2 2s^2 2p^6 3s^2 3p^5$　(b) p^5 支壳层　**23.** (a) $\sqrt{2}\hbar$

(b) $-\hbar$, 0, $\hbar$　(c) 45°, 90°, 135°　**24.** 略　**25.** (a) 525 nm　(b) 绿　(c) 2.36 V

26. 633 nm　**27.** 151 000 个波长　**28.** (a) 质子　(b) 120　**29.** (a) $6×10^{28}$

(b) 能级间的能量差小到无法测到。　**30.** $\Delta m = 6.5×10^{-55}$ kg,

$\dfrac{\Delta m}{m} = 3.9×10^{-28}$　**31.** $4.3×10^{-32}$ m　**32.** (a) $6.440×10^{-22}$ s　(b) $8×10^{-53}$ s

33. 1.7 kV　**34.** $3.9×10^{-6}$ eV　**35.** $1s^2 2s^2 2p^6 3s^2 3p^6 4s^2 3d^{10} 4p^6 5s^2 4d^{10} 5p^4$

36. (a) $2.21×10^{-34}$ m　(b) 大约小 10^{-19}　(c) 不会, 该波长比任何装置的尺度都小得多, 衍射可以忽略。**37.** (a) 6 MeV　(b) 0.2 pm, $1×10^{21}$ Hz, 伽马射线

(c)

基态:

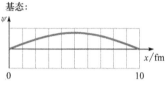

第一激发态:

第二激发态:

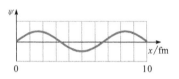

第三激发态:

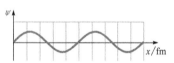

38. (a) 167 pm　(b) 66.5°　(c) 是的

39. (a)

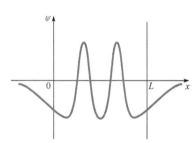

(b) 51　**40.** (a) 6.1 nm

(b)

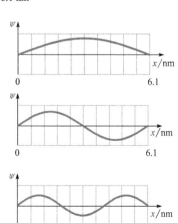

(c) 4.1 nm　(d) $\lambda_{31} = 15.5\ \mu m$; $\lambda_{32} = 25\ \mu m$; $\lambda_{21} = 41\ \mu m$　**41.** 略

第 27 章

选择题

1. (b)　**2.** (a)　**3.** (d)　**4.** (f)　**5.** (d)

计算题

1. 4.5×10^{28}　**2.** (d), (a) = (e), (b) = (c) = (f)　**3.** $^{40}_{19}K$　**4.** 54　**5.** 5.7 fm; $7.7\times10^{-43}m^3$　**6.** 2.225 MeV　**7.** (a) 127.619 MeV　(b) 7.976 19 MeV/ 核子　**8.** 0.112 355 3 u　**9.** (a) 1.46×10^{-8} u　(b) 不需要　**10.** (a) 238.000 32 u　(b) 1.801 69 GeV　**11.** $^{40}_{20}Ca$　**12.** $^{22}_{11}Na + ^{0}_{-1}e \rightarrow ^{22}_{10}Ne + ^{0}_{+1}v$; $^{22}_{10}Ne$　**13.** 4.870 7 MeV　**14.** 1.3111 MeV　**15.** 略　**16.** 1.820 MeV　**17.** (a) $10\ 000\ s^{-1}$ (b) 2.308×10^7　(c) $3.466\times10^{-3}\ s^{-1}$　**18.** 270 年　**19.** 0.0072 Ci　**20.** 0.99 Ci　**21.** (a) $3.83\times10^{-12}\ s^{-1}$　(b) 6.5×10^{10} 个原子　(c) 0.25 Bq/g　**22.** 27 位病人　**23.** 34.46 s; 58.87%　**24.** 3×10^5 个分子　**25.** 1.4×10^{10} Sv　**26.** 10^{-8} Ci　**27.** $^{197}_{79}Au$　**28.** $^{30}_{15}P \rightarrow ^{30}_{14}Si + ^{0}_{+1}e$　**29.** 200 MeV　**30.** (a) 2　(b) 200 MeV　(c) 179.947 MeV　(d) $\approx 0.000\ 822$　**31.** 26.7313 MeV　**32.** 裂变释放 7.1×10^{13} J/kg，聚变释放 34×10^{13} J/kg。　**33.** (a) 136 个中子；86 个质子　(b) 每秒 21 个阿尔法粒子　**34.** (a) 4.0　(b) 0.50 (c) 0.063　**35.** $^{175}_{71}(Lu)$和$^{167}_{71}(Lu)$；$^{175}_{74}(W)$ 和$^{180}_{74}(W)$　**36.** (a) $^{15}_{6}C \rightarrow ^{15}_{7}N + ^{0}_{-1}e + ^{0}_{0}\bar{v}$　(b) 9.771 74 MeV　**37.** 从左到右能量依次为：492 keV, 472 keV, 40 keV, 452 keV, 432 keV, 287 keV　**38.** 3.25 mol **39.** (a) 0.50　(b) 0.012, 能　**40.** (a) 贝塔粒子的质量远远小于阿尔法粒子的质量。(b) $q_\alpha = \dfrac{Q}{R\Delta t}$　**41.** (a) 5.2×10^{-7} g　(b) 44 mCi　**42.** 7.67×10^9 年 **43.** (a) 8%　(b) $P_0 = 0.57$ mW; $P_{10.0} = 0.52$ mW　**44.** (a) $^{17}_{8}O$　(b) 4.8 fm (c) 4.2 MeV　(d) 小，1.1917 MeV

第 28 章

选择题

1. (b)　**2.** (a)　**3.** (d)　**4.** (c)　**5.** (a)

计算题

1. 1.1×10^{-18} m　**2.** 1.316 GeV　**3.** $\overline{u}\overline{u}\overline{d}$　**4.** (a) 弱　(b) 电磁　(c) 弱　**5.** 20 ng **6.** 1.8×10^{-19} m　**7.** 109.3 MeV　**8.** 5.4 T　**9.** 67.5 MeV　**10.** 938 MeV **11.** uss　**12.** $\overline{u}d$　**13.** $\pi^+ \rightarrow \mu^+ + v_\mu$ 和 $\pi^+ \rightarrow e^+ + v_e$　**14.** 1.7×10^{-14} m

综合复习：24 ～ 28 章

复习题

1. 3.91 m　**2.** (a) 4.03×10^8 m/s　(b) 在月球表面移动的并非具有质量的物体，所以不违反相对论。**3.** $0.895c = 2.68\times10^8$ m/s　**4.** (a) 9.8×10^5 m/s (b) 不发射电子　(c) 光强加倍对电子速度没有影响，假如光强加倍之前没有电子发射，那么光强加倍也不会导致电子发射。　**5.** 9.8 cm **6.** (a) $^{90}_{38}Sr \rightarrow ^{90}_{39}Y + ^{0}_{-1}e + ^{0}_{0}\bar{v}$　(b) 1.0×10^{16} Bq　(c) 3.6×10^5 Bq　**7.** 质子：5.5 MeV；π 子：33 MeV　**8.** (a) 4.7 eV　(b) 最大　**9.** (a) 1.25×10^9 Bq (b) 一个电子和一个反中微子　**10.** 0.966 c　**11.** 10^{-4} eV·s/m　**12.** 六条 **13.** 4:1　**14.** 0.527 eV　**15.** 4.8×10^{-3} J

MCAT 复习题

1. C　**2.** A　**3.** D　**4.** D　**5.** C　**6.** B　**7.** A　**8.** D　**9.** C　**10.** B **11.** D　**12.** C　**13.** A

致谢

我们感谢康奈尔大学的全体教职员工和学生。他们曾给予我们无数帮助。我们特别感谢我们的朋友和同事鲍勃·利伯曼，作为文稿经纪人他引导着我们一路走来，激励我们成为优秀的物理教师。唐纳德 F.霍尔科姆、珀西斯·德雷尔、彼得·李佩治和菲尔·克莱斯基阅读了部分手稿，提出了许多有益的建议。拉斐尔·利特尔提出了许多富有创新性的想法，他是一名典型的具有高度创造性并且充满活力的教师。

我们感谢托马斯·阿里亚斯、戴维 G.卡塞尔、伊迪丝·卡塞尔、格伦·弗莱彻、克里斯·汉雷和李佛·特纳，他们使用此书的第 3 版讲授物理 1101-1102 课程时，做出了许多有益的讨论。我们感谢充满热情的、富有才华的助教们。我们尤其要感谢学习物理 1101-1102 课程的学生们，他们耐心地教会了我们如何讲授物理。

我们感谢麦格劳 - 希尔的编辑玛丽·赫尔利、黛布拉·哈希、彼得·马萨尔、夏娃·立顿的热情指导。对于这个项目取得的成果，他们不知疲倦的努力是无价的。我们感谢琳达·戴弗利幽默、愉快且一丝不苟的文字加工。我们还感谢丹尼·麦尔当为此书提供了如此之多的优秀照片。我们感谢桑迪·威尔——我们的出版经理，她稳定地把握着大局，帮助确保这一出版物的高质量。我们还要感谢出版此书的麦格劳 - 希尔组建起的这个天才且专业的团队，包括卡丽·汉伯格、朱迪·班诺维茨、香农·考克斯、劳拉·富勒、戴维·哈希、雪莉·帕登、玛丽·鲍威尔、玛丽·简·兰佩、迈克尔·兰格、丽莎·尼克斯、托马斯·提姆特、丹·华勒斯，以及其他许多为使此书的出版付出过辛勤努力的人们。

我们感谢库尔特·诺林和比尔·费勒斯，他们对手稿进行了准确的校对，写出了每章后面练习题的解答，给出了许多有益的建议。

我们感谢迈克尔·费米埃诺、托德·佩德罗、约翰·维萨特、珍妮特·谢尔、沃伦·基普斐、丽贝卡·威廉姆斯和迈克·尼克尔斯，他们提供了一些物理学在医学和生物学方面的应用；感谢尼克·泰勒和麦克·施特劳斯提供了每章后面的习题以及综合复习题；感谢尼克·泰勒写出了思考题的答案。

艾伦：首先，我深深地感谢我的家人。玛丽安、凯蒂、夏洛特、朱莉和丹尼莎，没有你们的爱、鼓励和耐心，我无法完成此书。

鲍勃和贝蒂：我们感谢女儿帕米拉在康奈尔和范德比尔特读硕士研究生期间的同学和朋友，他们很早就激起我们写这本书的热情，促进了此项目的实施。我们感谢我们所珍视的、曾对帕米拉如此重要的菲利浦·梅西医生。我们感谢布勒乐团[⊖]的朋友们，亚历克斯、达蒙、戴夫和格雷厄姆，他们热爱物理，与欧洲航天局火星任务的工作者们一起激励欧洲的年轻人探索奇妙的物理世界。最后，我们要感谢我们的女儿詹妮弗，我们的外孙贾斯珀、达希尔、奥利弗和昆廷，感谢女婿吉姆的宽容，由于忙于写作此书，在很长时间内我们都较少关注他们。

审阅人、课堂测试者和顾问

衡量大学物理教师和学生的需求，了解我们在多大程度上满足了这些需求，

⊖ 英国摇滚乐团。——译者注

并对不足之处进行改进，这本教科书反映出我们在这几个方面所付出的大量努力。我们收集了大量的信息，它们来自评阅、课堂测试和专门的研究小组。

在研究工作的开始阶段，我们委托美国和加拿大的授课教师评阅此书，请他们在内容、组织、插图以及教辅等方面提出改进意见。这些审阅人的详细建议是我们改编此书的基础。

我们招募了三组教授，帮助指导更新的内容。一组教授在教学中使用电子媒体和在线作业，指导我们 ConnectPlus 网站的更新。在课堂上应用物理教育最新研究成果的教授们帮助我们研制在线作业簿和其他辅助材料。最后，我们感谢西密歇根大学的迈克尔·费米埃诺教授、卢瑟学院的托德·佩德罗教授和贝勒大学的约翰·维萨特教授，他们提出了在教材中将生物和医学应用结合起来的新方法。

考虑了所有这些意见后，现在这本教材集广泛的知识、深度和许许多多大学物理教师的经验于一体。从教材的内容、准确性以及组织方式到插图的质量，他们的影响随处可见。

我们感谢以下教师们深思熟虑的意见和建议：

第 4 版的审阅者和参与者

Rhett Allain *Southeastern Louisiana University*

Bijaya Aryal *Lake Superior State University*

Raymond Benge *Tarrant County College*

George Bissinger *East Carolina University*

Ken Bolland *The Ohio State University*

Catalina Boudreaux *The University of Texas–san Antonio*

Mike Broyles *Collin College*

Paul Champion *Northeastern University*

Michael Crescimanno *Youngstown State University*

Donald Driscoll *Kent State University–Ashtabula*

John Farley *The University of Nevada–Las Vegas*

Jerry Feldman *The George Washington University*

Margaret Geppert *Harper College*

Athula Herat *Slippery Rock University*

Derrick Hilger *Duquesne University*

Klaus Honscheild *The Ohio State University*

Robert Klie *The University of Illinois–Chicago*

Rabindra Mohapatra *The University of Maryland–College Park*

Michael Pravica *The University of Nevada–Las Vegas*

Gordon Ramsey *Loyola University–Chicago*

Steven Rehse *Wayne State University*

Alvin Saperstein *Wayne State University*

Ben Shaevitz *Slippery Rock University*

Donna Stokes *The University of Houston*

Michael Thackston *Southern Polytechnic State Univers*

Donald Whitney *Hampton University*

Yumei Wu *Baylor University*

Zhixian Zhou *Wayne State University*

以前版本的审阅者、参与者和专门的研究小组成员

David Aaron *South Dakota State University*

Bruce Ackerson *Oklahoma State University*

Iftikhar Ahmad *Louisiana State University–Baton Rouge*

Peter Anderson *Oakland Community College*

Karamjeet Arya *San Jose State University*

Charles Bacon *Ferris State University*

Becky Baker *Missouri State University*

David Bannon *Oregon State University*

Natalie Batalha *San Jose State University*

David Baxter *Indiana University*

Philip Best *University of Connecticut–Storrs*

George Bissinger *East Carolina University*

Julio Blanco *California State University, Northridge*

Werner Boeglin *Florida International University–Miami*

Thomas K. Bolland *The Ohio State University*

Richard Bone *Florida International University*

Arthur Braundmeier, Jr. *Southern Illinois University–Edwardsville*

Hauke Busch *Augusta State University*

David Carleton *Missouri State University*

Soumitra Chattopadhyay *Georgia Highlands College*

Lee Chow *University of Central Florida*

Rambis Chu *Texas Southern University*

Francis Cobbina *Columbus State Community College*

John Cockman *Appalachian State University*

Teman Cooke *Georgia Perimeter College*

Andrew Cornelius *University of Nevada–Las Vegas*

Carl Covatto *Arizona State University*

Jack Cuthbert *Holmes Community College*

Orville Day *East Carolina University*

Keith Dienes *University of Arizona*

Russell Doescher *Texas State University–San Marcos*

Gregory Dolise *Harrisburg Area Community College–Harrisburg*

Aaron Dominguez *University of Nebraska–Lincoln*

James Eickemeyer *Cuesta College*

Steven Ellis *University of Kentucky–Lexington*

Abu Fasihuddin *University of Connecticut–Storrs*

Gerald Feldman *George Washington University*

Frank Ferrone *Drexel University*

John Fons *University of Wisconsin–Rock County*

Lyle Ford *University of Wisconsin–Eau Claire*

Gregory Francis *Montana State University*

Carl Frederickson *University of Central Arkansas*

David Gerdes *University of Michigan*

Jim Goff *Pima Community College–West*

Omar Guerrero *University of Delaware*

Gemunu Gunaratne *University of Houston*

Robert Hagood *Washtenaw Community College*

Ajawad Haija *Indiana University of Pennsylvania*

Hussein Hamdeh *Wichita State University*

James Heath *Austin Community College*

Paul Heckert *Western Carolina University*

Thomas Hemmick *Stony Brook University*

Gerald Hite *Texas A&M University–Galveston*

James Ho *Wichita State University*

Laurent Hodges *Iowa State University*

William Hollerman *University of Louisiana–Lafayette*

Klaus Honscheid *The Ohio State University*

Chuck Hughes *University of Central Oklahoma*

Yong Suk Joe *Ball State University*

Linda Jones *College of Charleston*

Nikolaos Kalogeropoulos *Borough of Manhattan, Community College/CUNY*

Daniel Kennefick *University of Arkansas*

Raman Kolluri *Camden County College*

Dorina Kosztin *University of Missouri–Columbia*

Liubov Kreminska *Truman State University*

Allen Landers *Auburn University*

Eric Lane *University of Tennessee at Chattanooga*

Mary Lu Larsen *Towson University*

Kwong Lau *University of Houston*

Paul Lee *California State University–Northridge*

Geoff Lenters *Grand Valley State University*

Alfred Leung *California State University–Long Beach*

Pui-Tak Leung *Portland State University*

Jon Levin *University of Tennessee, Knoxville*

Mark Lucas *Ohio State University*

Hong Luo *University at Buffalo*

Lisa Madewell *University of Wisconsin–Superior*

Rizwan Mahmood *Slippery Rock University*

George Marion *Texas State University–San Marcos*

Pete Markowitz *Florida International University*

Perry Mason *Lubbock Christian University*

David Mast *University of Cincinnati*

Lorin Swint Matthews *Baylor University*

Mark Mattson *James Madison University*

Richard Matzner *University of Texas*

Dan Mazilu *Virginia Polytechnic Institute & State University*

Joseph Mc Cullough *Cabrillo College*

Rahul Mehta *University of Central Arkansas*

Nathan Miller *University of Wisconsin–Eau Claire*

John Milsom *University of Arizona*

Kin-Keung Mon *University of Georgia*

Ted Morishige *University of Central Oklahoma*

Krishna Mukherjee *Slippery Rock University*

Hermann Nann *Indiana University*

Meredith Newby *Clemson University*

Galen Pickett *California State University–Long Beach*

Christopher Pilot *Maine Maritime Academy*

Amy Pope *Clemson University*

Scott Pratt *Michigan State University*

Michael Pravica *University of Nevada–Las Vegas*

Roger Pynn *Indiana University*

Oren Quist *South Dakota State University*

W. Steve Quon *Ventura College*

Natarajan Ravi *Spelman College*

Michael Roth *University of Northern Iowa*

Alberto Sadun *University of Colorado–Denver*

G. Mackay Salley *Wofford College*

Phyllis Salmons *Embry Riddle Aeronautical University*

Jyotsna Sau *Delaware Technical & Community College*

Douglas Sherman *San Jose State University*

Natalia Sidorovskaia *University of Louisiana–Lafayette*

Bjoern Siepel *Portland State University*

Joseph Slawny *Virginia Polytechnic Institute & State University*

Clark Snelgrove *Virginia Polytechnic Institute & State University*

John Stanford *Georgia Perimeter College*

Michael Strauss *University of Oklahoma*

Elizabeth Stoddard *University of Missouri–Kansas City*

Donna Stokes *University of Houston*

Colin Terry *Ventura College*

Cheng Ting *Houston Community College–Southeast*

Bruno Ullrich *Bowling Green State University*

Gautam Vemuri *IUPUI*

Melissa Vigil *Marquette University*

Judy Vondruska *South Dakota State University*

Carlos Wexler *University of Missouri–Columbia*

Joe Whitehead *University of Southern Mississippi*

Daniel Whitmire *University of Louisiana–Lafayette*

Craig Wiegert *University of Georgia*

Arthur Wiggins *Oakland Community College*

Suzanne Willis *Northern Illinois University*

Weldon Wilson *University of Central Oklahoma*

Scott Wissink *Indiana University*

Sanichiro Yoshida *Southeastern Louisiana University*

David Young *Louisiana State University*

Richard Zajac *Kansas State University–Salina*

Steven Zides *Wofford College*

We are also grateful to our international reviewers for their comments and suggestions:

Goh Hock Leong *National Junior College–Singapore*

Mohammed Saber Musazay *King Fahd University of Petroleum and Minerals*

教师反馈表

美国麦格劳 - 希尔教育出版公司（McGraw-Hill Education）是全球领先的教育资源与数字化解决方案提供商。为了更好地提供教学服务，提升教学质量，麦格劳 - 希尔教师服务中心于 2003 年在京成立。在您确认将本书作为指定教材后，请填好以下表格并经系主任签字盖章后返回我们（或联系我们索要电子版），我们将免费向您提供相应的教学辅助资源。如果您需要订购或参阅本书的英文原版，我们也将竭诚为您服务。

★ 基本信息

姓		名		性别	
学校		院系			
职称		职务			
办公电话		家庭电话			
手机		电子邮箱			
通信地址及邮编					

★ 基本信息

主讲课程 -1		课程性质		学生年级	
学生人数		授课语言		学时数	
开课日期		学期数		教材决策者	
教材名称、作者、出版社					

★ 基本信息

提供配套教学课件	
（请注明作者 / 书名 / 版次）	
推荐教材	
（请注明感兴趣领域或相关信息）	
其他需求	
意见和建议（图书和服务）	
是否需要最新图书信息	是、否
是否有翻译意源	是、否

系主任签字 / 盖章

 **Higher Education**

网址：http://www.mcgraw-hill.com.cn

机械工业出版社高等教育分社
北京市西城区百万庄大街 22 号 （100037）
电话：（010）88379722
Email:jinkui_zhang@163.com